T0239091

TEDATA (Hrsg.)

Roloff/Matek Bauteilkatalog

Herbert Wittel | Dieter Muhs | Dieter Jannasch | Joachim Voßiek
**Roloff/Matek Maschinenelemente**
Normung, Berechnung, Gestaltung - Lehrbuch und Tabellenbuch

19., überarb. u. erw. Aufl. 2009. XX, 808 S. mit 711 Abb., 75 vollst. durchgerechn.
Beispl. und einem Tabellenbuch mit 282 Tab. mit VIII, 240 S. Geb. mit CD.
EUR 36,90                                                    ISBN 978-3-8348-0689-5

Inhalt: Konstruktionsgrundlagen - Toleranzen und Passungen - Festigkeitsberechnung
- Tribologie - Kleb- und Lötverbindungen - Schweiß-, Niet- u. Schraubverbindungen -
Bolzen- u. Stiftverbindungen - Elastische Federn - Achsen, Wellen, Zapfen -
Wellen/Nabenverbindungen - Kupplungen - Bremsen - Wälz- und Gleitlager - Riemen-
und Kettentriebe - Rohrleitungen - Dichtungen - Zahnräder und Zahnradgetriebe -
Außenverzahnte Stirnräder, Kegelräder, Schraubrad- und Schneckengetriebe


Herbert Wittel | Dieter Muhs | Dieter Jannasch | Joachim Voßiek
**Roloff/Matek Maschinenelemente Formelsammlung**
Interaktive Formelsammlung auf CD-ROM

9., akt. Aufl. 2008. 302 S. Br. Mit CD. EUR 20,90        ISBN 978-3-8348-0534-8

Inhalt: Toleranzen, Passungen, Oberflächenbeschaffenheit - Festigkeitsberechnung -
Tribologie - Kleb- und Lötverbindungen - Schweiß-, Niet- und Schraubenverbindun-
gen - Bolzen- und Stiftverbindungen - Federn - Achsen, Wellen - Wellen-/ Nabenver-
bindungen - Kupplungen - Wälz- und Gleitlager - Riemen- und Kettentriebe - Dichtungen - Zahnradgetriebe - Außenverzahnte Stirnräder, Kegelräder, Schraubrad- und
Schneckengetriebe


Dieter Muhs | Herbert Wittel | Dieter Jannasch | Joachim Voßiek
**Roloff/Matek Maschinenelemente Aufgabensammlung**
Aufgaben, Lösungshinweise, Ergebnisse

14., vollst. überarb. Aufl. 2007. VI, 336 S. mit 436 Abb. Br. EUR 26,90
                                                    ISBN 978-3-8348-0340-5

Inhalt: Fragen - Aufgaben - Lösungshinweise - Ergebnisse zu den Kapiteln des Lehr-
buchs Roloff/Matek Maschinenelemente


**www.viewegteubner.de**

TEDATA (Hrsg.)

# Roloff/Matek Bauteilkatalog

Maschinen- und Antriebselemente
Erzeugnisse und Hersteller nach eCl@ss

CD mit Zugangsdaten zur Bauteildatenbank online

Mit über 300 Tabellen zu Richtwerten,
Einbau, Betrieb und Hersteller

**VIEWEG+
TEUBNER**

Bibliografische Information der Deutschen Nationalbibliothek
Die Deutsche Nationalbibliothek verzeichnet diese Publikation in der
Deutschen Nationalbibliografie; detaillierte bibliografische Daten sind im Internet über
<http://dnb.d-nb.de> abrufbar.

Die Datenerhebung konnte nicht mit allen für die Übersicht wichtigen Herstellern innerhalb der zeit-
lichen Vorgaben abgeschlossen werden. In diesen Fällen wurden auch die Ergebnisse eigener Recher-
chen verwendet. Sie sind in den Produkttabellen mit einem * gekennzeichnet. Für die Richtigkeit,
Vollständigkeit und Genauigkeit der Angaben können wir trotz größtmöglicher Sorgfalt keine Haf-
tung übernehmen. Bei Fragen zu den Erzeugnissen wende man sich  unmittelbar an die Hersteller.

1. Auflage 2009

Alle Rechte vorbehalten
© Vieweg+Teubner | GWV Fachverlage GmbH, Wiesbaden 2009

Lektorat: Thomas Zipsner | Christian Kannenberg

Vieweg+Teubner ist Teil der Fachverlagsgruppe Springer Science+Business Media.
www.viewegteubner.de

Umschlaggestaltung: KünkelLopka Medienentwicklung, Heidelberg
Druck und buchbinderische Verarbeitung: STRAUSS GMBH, Mörlenbach
Gedruckt auf säurefreiem und chlorfrei gebleichtem Papier.
Printed in Germany

ISBN 978-3-8348-0922-3

# Vorwort

Technisches Wissen ist der wichtigste Rohstoff für Innovationen. Neue Produktgenerationen und Technologien sind ohne eine systematische Nutzung des verfügbaren Wissens nicht mehr denkbar. Und auch im täglichen Betrieb, der durch regelmäßige Qualitätsoffensiven und Produktionsoptimierungen gekennzeichnet ist, kann man auf neueste externe Erkenntnisse und Entwicklungsergebnisse nicht verzichten. Der Informationsbeschaffung kommt daher in den Unternehmen eine ebenso wichtige Rolle zu wie der Material- und Teilebeschaffung. Sie rückt als Rohstoffquelle immer mehr in den Mittelpunkt des Wissensmanagements.

Dieser neue Roloff/Matek Bauteilkatalog ist Teil des mehrbändigen bewährten Werkes. Er zeigt erstmals das breite verfügbare Angebot an Standardbauteilen des Maschinenbaus im Rahmen einer anerkannten Gliederungssystematik. So wird ein schneller, unmittelbarer Zugang sowohl zu den Teileinformationen wie zu den Bezugsquellen dieser Elemente gefunden: Maschinen- und Antriebselemente, Verbindungselemente, Federn, Schmier- und Klebstoffe sowie elektrische und hydraulische Antriebe.

Das dem Katalog zugrunde liegende Ordnungssystem ecl@ss wurde in den vergangenen Jahren unter Mitarbeit vieler namhafter Unternehmen im deutschsprachigen Raum erarbeitet. Aufgrund seiner Offenheit bietet es eine hervorragende Ausgangsbasis für einen raschen Ausbau sowohl der Struktur wie der Ebene der Produktgruppen. Hier, in den Tabellen der Produktgruppenebene, werden die Bauteile mit ihren charakteristischen Sachmerkmalen verwaltet. Da diese Merkmale herstellerneutral definiert werden, gewährleisten sie die für den Auswahlprozess unabdingbare Vergleichbarkeit der am Markt erhältlichen Erzeugnisse.

Der Roloff/Matek Bauteilkatalog schließt die Lücke zwischen den Produktkatalogen ausgewählter Standardlieferanten und den innovativen und kostengünstigen Lösungen ebenfalls am Markt tätiger, doch häufig unbekannter Mitbewerber. In die erste Ausgabe dieses Kataloges haben wir etwa 300 verschiedene Produktgruppen und das Angebot von mehr als 1000 Herstellern aufgenommen. Die Auswahl orientiert sich an den Inhalten des Roloff/Matek Maschinenelemente-Fachbuches und ist auf die tägliche Praxis des Maschinenbau-Konstrukteurs zugeschnitten. Bei der Festlegung der charakteristischen Produktmerkmale musste allerdings zugunsten der Übersichtlichkeit auf vollständige Beschreibungsdaten verzichtet werden. Detailliertere Angaben zu den Herstellerangeboten werden jedoch auf der Webseite der Roloff/Matek-Bauteildatenbank gemacht, die über den Zugang auf der beigelegten CD erreicht werden kann.

Damit gibt der Roloff/Matek Bauteilkatalog Konstrukteuren, Einkäufern und Studenten eine kompakte und systematische Übersicht über das am deutschsprachigen Markt verfügbare Angebot an Maschinen- und Antriebselementen. Dem Studenten bietet er wertvolle Hilfe bei der Anfertigung von Stücklisten einer Konstruktion, bei der zwischen Kaufteilen oder Sonderkonstruktionen unterschieden werden muss. Gleichzeitig macht er mit Klassifizierungssystemen und Sachmerkmalsleisten vertraut.

Mit der Zusammenstellung dieses Kataloges haben sich über viele Monate mehrere meiner Mitarbeiter befasst. Sie haben in dieser Zeit viele tausend Anrufe getätigt, E-Mails geschrieben, Excel-Tabellen ausgewertet, Ergänzungen und Korrekturen angebracht. Zuvor mussten bereits die relevanten Produktgruppen und Sachmerkmalslisten zusammengestellt werden, denn nicht alle in ecl@ss enthaltenen Klassen finden in dieser Publikation Platz. Den daran Beteiligten möchte ich ebenso herzlich danken wie den Herstellern, die diese Erhebung unterstützt haben, und dem Lektorat des Verlages, von dem wir die Anregung zu diesem Katalog und viele weitere wertvolle Hinweise erhielten.

Bochum, im August 2009                                                       *Willi Gründer*

# Inhaltsverzeichnis

## A ÜBERSICHT ........................................................................... 1

| | | |
|---|---|---|
| 1 | Einleitung ................................................................... | 3 |
| 2 | Bauteilverzeichnis nach ecl@ss .................................. | 5 |
| 2.1 | Ordnungssysteme und Katalogisierung ....................... | 5 |
| 2.1.1 | Die Klassifizierung von Erzeugnissen ........................ | 5 |
| 2.1.2 | Sachmerkmale als Unterscheidungskriterium ............. | 7 |
| 2.2 | Kommunikation und E-Commerce ............................... | 8 |
| 2.2.1 | Der XML-Standard im Supply Chain Management ...... | 8 |
| 2.2.2 | Der automatisierte Austausch von Katalogdaten ......... | 9 |
| 2.2.3 | Externes Wissen für die Produktentwicklung ............. | 11 |
| 3 | Erhebung der Daten .................................................... | 13 |

## B BAUTEILKATALOG MASCHINENELEMENTE ..................................... 15

| | | |
|---|---|---|
| **23000000** | **Maschinenelement, Befestigungsmittel, Beschlag** ............. | 17 |
| **23020000** | **Welle** | **17** |
| **23020100** | **Gelenkwelle** ............................................................. | 17 |
| 23020101 | Gelenkwelle mit Längenausgleich ............................... | 17 |
| 23020102 | Gelenkwelle ohne Längenausgleich ............................ | 18 |
| 23020103 | Doppelgelenkwelle ...................................................... | 18 |
| 23020104 | Gelenk ......................................................................... | 19 |
| 23020105 | Flanschgelenk ............................................................. | 19 |
| 23020106 | Doppelgelenk............................................................... | 19 |
| 23020108 | DIN Flansch (Gelenkwelle)......................................... | 20 |
| 23020109 | SAE Flansch (Gelenkwelle) ........................................ | 20 |
| 23020110 | Kreuzverzahnter Flansch (Gelenkwelle) ..................... | 20 |
| **23020111** | **Nabenflansch (Gelenkwelle)** .................................... | 20 |
| 23020112 | Zapfenkreuz (Gelenkwelle).......................................... | 21 |
| **23020200** | **Formwelle** ................................................................. | 21 |
| 23020290 | Formwelle (nicht klassifiziert) .................................... | 21 |
| **23020300** | **Keilwelle**................................................................... | 21 |
| 23020390 | Keilwelle (nicht klassifiziert) ..................................... | 21 |

**23020400** **Welle-Nabe-Verbindung** ........................................................................... 22
23020401 Spannelement (Welle-Nabe-Verbindung) ...................................................... 22
23020402 Innenspannsystem ......................................................................................... 23
23020403 Außenspannsystem ......................................................................................... 23

**23030000** **Kupplung (nicht elektrisch)** **24**

**23030900** **Kupplung (starr)** ......................................................................................... 24
23030901 Scheibenkupplung (starr) ............................................................................... 24
23030902 Schalenkupplung ............................................................................................. 24
23030903 Stirnzahnkupplung .......................................................................................... 24

**23031000** **Kupplung (drehstarr)** ................................................................................. 25
23031001 Klauenkupplung (drehstarr) ........................................................................... 25
23031002 Zahnkupplung .................................................................................................. 25
23031003 Kreuzscheibenkupplung ................................................................................. 26
23031004 Parallelkurbelkupplung .................................................................................. 26
23031005 Ganzmetallkupplung (biegenachgiebig) ........................................................ 26
23031006 Lamellenkupplung .......................................................................................... 27

**23031100** **Kupplung (elastisch)** ................................................................................... 28
23031101 Klauenkupplung (elastisch) ............................................................................ 28
23031102 Bolzenkupplung (elastisch) ............................................................................ 29
23031103 Scheibenkupplung (elastisch) ......................................................................... 29
23031104 Kupplung (metallelastisch) ............................................................................. 30
23031105 Kupplung (hochelastisch) ............................................................................... 30
23031107 Kupplung (drehelastisch) ................................................................................ 31
23031108 Kupplung (drehelastisch, spielfrei) ................................................................ 32

**23031400** **Kupplung (schaltbar)** .................................................................................. 32
23031403 Mechanischbetätigte Schaltkupplung ............................................................ 32
23031404 Hydraulischbetätigte Schaltkupplung ............................................................ 33
23031405 Pneumatischbetätigte Schaltkupplung ........................................................... 33
23031406 Elektromagnetischbetätigte Schaltkupplung .................................................. 34
23031407 Kupplung (Fliehkraft, reibschlüssig) ............................................................. 34
23031408 Richtungsbetätigte (Freilaufkupplung) .......................................................... 34

**23031500** **Kupplung (Dauermagnetisch, nichtschaltbar)** ........................................... 35
23031501 Dauermagnetische Synchron Kupplung ......................................................... 35

**23031600** **Schlupfkupplung** ........................................................................................ 35
23031601 Hydrodynamische Kupplung .......................................................................... 35
23031602 Induktionskupplung ........................................................................................ 35
23031603 Dauermagnetische Schlupfkupplung .............................................................. 35

**23031700** **Überlastkupplung (Drehmomentbegrenzer)** .............................................. 36
23031702 Translatorische Überlastkupplung .................................................................. 36

23031703 Reibschlüssige Drehmomentbegrenzer ........................................................ 36
23031704 Formschlüssige Drehmomentbegrenzer ....................................................... 37

**23031800 Kupplung mit Messsensor** .......................................................................... 37
23031890 Kupplung mit Meßsensor (nicht klassifiziert) ............................................ 37

**23040000 Bremse** **38**

**23040900 Mechanische Bremse** ................................................................................... 38
23040901 Magnetbremse ............................................................................................... 38
23040902 Hydraulische Bremse .................................................................................... 38
23040903 Pneumatische Bremse .................................................................................... 39
23040904 Manuelle Bremse ........................................................................................... 39

**23041000 Elektrische Bremse** ..................................................................................... 39
23041001 Magnetpulverbremse ..................................................................................... 39
23041002 Wirbelstrombremse ....................................................................................... 39
23041003 Hysteresebremse ........................................................................................... 40

**23041100 Fluidbremse** ................................................................................................. 40
23041190 Fluidbremse (nicht klassifiziert) .................................................................. 40

**23050000 Wälzlager, Gleitlager, Gelenklager** **41**

**23050100 Gleitlager** ..................................................................................................... 41
23050101 Trockengleitlager ........................................................................................... 41
23050102 Aerodynamisches Lager ................................................................................. 41
23050103 Aerostatisches Lager ...................................................................................... 42
23050104 Magnetlager ................................................................................................... 42
23050105 Gelenkkopf (Gleitlager) ................................................................................. 42
23050106 Gelenklager .................................................................................................... 43
23050107 Mehrflächengleitlager .................................................................................... 43
23050108 Hydrodynamische Gleitlager ......................................................................... 44
23050109 Hydrostatische Gleitlager .............................................................................. 44

**23050700 Lineareinheit** ................................................................................................ 45
23050701 Linear-Kugellager .......................................................................................... 45
23050704 Welle (Lineareinheit) ..................................................................................... 46
23050705 Profilschienen-Wälzführung .......................................................................... 47

**23050800 Radial-Kugellager** ........................................................................................ 48
23050801 Rillenkugellager ............................................................................................. 48
23050802 Spannlager ...................................................................................................... 49
23050803 Schrägkugellager ........................................................................................... 50
23050806 Pendelkugellager ........................................................................................... 51

**23050900 Radial-Rollenlager** ...................................................................................... 51
23050901 Zylinderrollenlager ........................................................................................ 52

23050902    Federrollenlager.................................................................................... 52
23050904    Nadelkranz........................................................................................... 53
23050905    Nadelhülse........................................................................................... 53
23050906    Nadelbüchse........................................................................................ 53
23050907    Nadellager, massiv............................................................................. 54
23050909    Innenring (Nadellager).................................................................... 54
23050910    Kegelrollenlager................................................................................. 55
23050911    Pendelrollenlager............................................................................... 56
23050912    Tonnenlager........................................................................................ 57
23050913    Toroidal-Rollenlager.......................................................................... 57

**23051000    Axial-Kugellager**................................................................................. 58
23051001    Axial-Rillenkugellager....................................................................... 58
23051002    Axial-Schrägkugellager...................................................................... 59
23051090    Axial-Kugellager (nicht klassifiziert).............................................. 59

**23051100    Axial-Rollenlager**................................................................................ 60
23051101    Axial-Zylinderrollenlager.................................................................. 60
23051102    Axial-Nadellager................................................................................. 60
23051103    Axial-Pendelrollenlager..................................................................... 61
23051104    Axial-Kegelrollenlager....................................................................... 61

**23051200    Kombinierte Axial/Radiallager**........................................................ 61
23051201    Nadel-Schrägkugellager..................................................................... 61
23051202    Nadel-Axialkugellager....................................................................... 62
23051203    Nadel-Axialzylinderrollenlager....................................................... 62
23051204    Axial-Radial-Rollenlager.................................................................. 62
23051205    Kreuzrollenlager................................................................................. 63

**23051400    Drehverbindung (Lager)**..................................................................... 63
23051490    Drehverbindung (Lager, nicht klassifiziert)................................... 63

**23051500    Stützrolle und Kurvenrolle (Lager)**................................................. 64
23051501    Stützrolle (Lager)................................................................................ 64
23051502    Kurvenrolle (Lager)........................................................................... 64

**23051600    Gehäuselagereinheit**............................................................................ 65
23051601    Stehlagergehäuseeinheit.................................................................... 65
23051602    Flanschlagergehäuseeinheit.............................................................. 65
23051603    Spannlagergehäuseeinheit................................................................. 66

**23060000    Schmiermittel, Kühlmittel, Schmiervorrichtung                                67**

**23060100    Schmierstoff**........................................................................................ 67
23060101    Schmierstoff (flüssig)........................................................................ 67
23060102    Schmierstoff (pastös)......................................................................... 67
23060103    Metallbearbeitungsöl (-flüssigkeit)................................................. 68

| | | |
|---|---|---|
| **23061200** | **Übertragungsflüssigkeit** | 68 |
| 23061201 | Hydraulikflüssigkeit | 68 |
| 23061202 | Wärmeträgeröl | 69 |
| 23061203 | Bremsflüssigkeit | 69 |

| | | |
|---|---|---|
| **23070000** | **Dichtung** | **70** |

| | | |
|---|---|---|
| **23070900** | **Gleitringdichtung, Versorgungssystem** | 70 |
| 23070921 | Gleitringdichtung (Komplett) | 70 |

| | | |
|---|---|---|
| **23071200** | **Membrandichtung, Balgdichtung** | 70 |
| 23071201 | Membrandichtung | 70 |
| 23071202 | Balgdichtung | 71 |

| | | |
|---|---|---|
| **23071500** | **Flachdichtung** | 72 |
| 23071501 | Gestanzte Dichtung | 72 |
| 23071502 | Spiraldichtung | 72 |
| 23071503 | Profilierte-, Ummantelte Flachdichtung | 73 |
| 23071504 | Metalldichtung | 73 |
| 23071590 | Flachdichtung (nicht klassifiziert) | 74 |

| | | |
|---|---|---|
| **23071600** | **Rundschnur-, Profilschnur Dichtung** | 75 |
| 23071601 | O-Ring | 75 |

| | | |
|---|---|---|
| **23071700** | **Wellendichtring (rotatorische Dichtung)** | 76 |
| 23071701 | Radial-Wellendichtring | 76 |
| 23071702 | Axial-Wellendichtring | 77 |

| | | |
|---|---|---|
| **23071800** | **Stopfbuchsdichtung** | 77 |
| 23071801 | Geflechtspackung | 77 |

| | | |
|---|---|---|
| **23071900** | **Translatorische Dichtung** | 78 |
| 23071901 | Stangendichtung | 78 |
| 23071902 | Kolbendichtung | 78 |
| 23071903 | Abstreifring (translatorische Dichtung | 79 |
| 23071904 | Führungselement, Stützring | 79 |

| | | |
|---|---|---|
| **23080000** | **Feder** | **80** |

| | | |
|---|---|---|
| **23080100** | **Druckfeder** | 80 |
| 23080101 | Schraubendruckfeder | 80 |

| | | |
|---|---|---|
| **23080200** | **Zugfeder** | 81 |
| 23080201 | Schraubenzugfeder | 81 |

| | | |
|---|---|---|
| **23080300** | **Torsionsfeder** | 81 |
| 23080301 | Drehfeder | 81 |
| 23080302 | Drehstabfeder | 82 |

**23080400**    **Tellerfeder** ............................................................................................. 82
23080490    Tellerfeder (nicht klassifiziert) ........................................................ 82

**23080500**    **Blattfeder** .............................................................................................. 82
23080501    Blattfeder (Straßenfahrzeug) .......................................................... 82
23080502    Blattfeder (Schienenfahrzeug) ........................................................ 83
23080503    Kontaktfeder ................................................................................... 83

**23089000**    **Feder (sonstige)** ...................................................................................... 83
23089001    Spiralfeder ....................................................................................... 83

**23090000**    **Scheibe, Ring**                                                                                        **84**

**23090100**    **Scheibe, Ring (plan, ballig)** ................................................................... 84
23090101    Scheibe, Ring (plan, ballig, rund) ................................................... 84
23090102    Scheibe (plan, ballig, eckig) ........................................................... 85

**23090200**    **Scheibe, Ring (keilförmig)** ..................................................................... 85
23090290    Scheibe, Ring (keilförmig, nicht klassifiziert) ................................ 85

**23090300**    **Sicherungselement (Schraube, Welle)** ................................................. 86
23090301    Zahn-, Feder-, Spannscheibe ......................................................... 86
23090302    Sicherungsblech (Welle, Schraube) ................................................ 86
23090303    Sicherungsring (Querschnitt rechteckig) ........................................ 87
23090304    Sicherungsring (Querschnitt rund) ................................................. 87

**23100000**    **Bolzen, Splint, Keil**                                                                                 **88**

**23100100**    **Bolzen, Stift** ............................................................................................ 88
23100101    Stift ................................................................................................. 88
23100102    Spannstift, Spannhülse ................................................................... 89
23100190    Bolzen, Stift (nicht klassifiziert) ..................................................... 90

**23100400**    **Splint, Federstecker** ............................................................................... 91
23100401    Splint ............................................................................................... 91
23100402    Federstecker .................................................................................... 91

**23100500**    **Passfeder, Keil, Scheibenfeder** ............................................................. 92
23100590    Passfeder, Keil, Scheibenfeder (nicht klassifiziert) ........................ 92

**23100600**    **Hülse** ....................................................................................................... 92
23100601    Distanzhülse .................................................................................... 92
23100602    Gewindehülse .................................................................................. 93

**23110000**    **Schraube, Mutter**                                                                                     **94**

**23110100**    **Schraube (mit Kopf)** ............................................................................... 94
23110101    Schraube, flach aufliegend, Außenantrieb ...................................... 94
23110102    Schraube, flach aufliegend, Innenantrieb ....................................... 95

23110103 Senkkopfschraube, Innenantrieb .................................................................. 96
23110104 Schraube mit Rechteckkopf............................................................................ 97
23110106 Schraube, selbstarretierend ............................................................................ 97
23110110 Sonderschraube............................................................................................... 98
23110111 Holzschraube .................................................................................................. 99
23110112 Blechschraube................................................................................................ 100
23110113 Schraube, nicht flach aufliegend, Außenantrieb............................................ 101
23110114 Passschraube (mit Kopf) ................................................................................ 101
23110115 Dehnschraube (mit Kopf) .............................................................................. 102
23110116 Rändelschraube.............................................................................................. 103
23110117 Schraube (gewindeformend) ......................................................................... 104
23110118 Bohrschraube................................................................................................. 104
23110119 Kopfschraube (ohne Antriebsmerkmal) ........................................................ 105
23110120 Hohlschraube................................................................................................. 105
23110121 Halfenschraube.............................................................................................. 106

**23110300 Gewindestange, Gewindestift**............................................................... 107
23110301 Gewindestange ............................................................................................... 107
23110302 Gewindestift, -Bolzen, Schaftschraube ......................................................... 108
23110303 Stiftschraube, Schraubenbolzen..................................................................... 108

**23110700 Mutter (rund, n-kant)** ............................................................................. 110
23110701 Mutter (sechs-, n-kant) .................................................................................. 110
23110704 Kronenmutter................................................................................................. 111
23110705 Mutter mit Klemmteil..................................................................................... 112
23110706 Überwurfmutter (Verschraubung) ................................................................. 112
23110707 Rundmutter..................................................................................................... 113
23110708 Rändelmutter.................................................................................................. 114
23110709 Mutter mit Scheibe, unverlierbar................................................................... 114
23110710 Mutter mit Handantrieb ................................................................................. 115
23110711 Federmutter.................................................................................................... 115

**23110900 Gewindeeinsatz, Nietmutter, Schweißmutter**........................................ 115
23110901 Gewindeeinsatz.............................................................................................. 115
23110902 Einpressmutter, Gewindebuchse ................................................................... 116

**23120000 Stift, Nagel, Haken, Niet** 117

**23120400 Niet**............................................................................................................ 117
23120401 Vollniet.......................................................................................................... 117
23120402 Blindniet ........................................................................................................ 117
23120403 Hohlniet ......................................................................................................... 118
23120404 Nietstift.......................................................................................................... 118

**23170000 Verzahnungselement und Trieb** 119

**23170100 Verzahnungselement**.............................................................................. 119

23170101 Stirnrad (Verzahnungselement) ........................................................ 119
23170103 Kegelrad ............................................................................................ 121
23170104 Kegelradsatz ..................................................................................... 122
23170105 Schneckenwelle ................................................................................ 123
23170106 Schneckenrad .................................................................................... 124
23170107 Schneckensatz ................................................................................... 125
23170108 Zahnstange (Verzahnungselement) ................................................... 126
23170109 Zahnsegment ..................................................................................... 127

**23170200 Riementrieb** .................................................................................... **128**
23170201 Keilriemen ........................................................................................ 128
23170204 Flachriemen ...................................................................................... 129
23170205 Zahnriemen ....................................................................................... 130
23170208 Keilriemenscheibe ............................................................................ 131
23170209 Flachriemenscheibe .......................................................................... 131
23170210 Zahnriemenscheibe ........................................................................... 132
23170211 Rundriemen ...................................................................................... 133
23170290 Riementrieb (nicht klassifiziert) ....................................................... 133

**23170400 Kettentrieb** .................................................................................... **134**
23170403 Standardrollenkette ........................................................................... 134
23170404 Wartungsfreie Rollenkette ................................................................ 135
23170405 Edelstahlkette ................................................................................... 135
23170406 Rollenkette mit Anbauteilen ............................................................. 136
23170407 Elastomerprofilketten ....................................................................... 136
23170408 Langgliederrollenkette ...................................................................... 136
23170409 Hohlbolzenketten .............................................................................. 137
23170410 Buchsenkette ..................................................................................... 137
23170411 Seitenbogenketten ............................................................................. 138
23170412 Stauförderkette .................................................................................. 138
23170420 Spezial- und Sonderkette .................................................................. 138
23170430 Förderkette, großteilig ...................................................................... 139
23170450 Kettenrad .......................................................................................... 139
23170451 Kettenscheibe ................................................................................... 140

**23180000 Schwingungsdämpfer** **141**

**23189000 Schwingungsdämpfer** ...................................................................... 141
23189001 Stoßdämpfer ..................................................................................... 141
23189003 Drahtseilfedern ................................................................................. 141

**23300000 Lineartechnik** **142**

**23300100 Gleitführung** ................................................................................... 142
23300101 Lineargleitlager (Gleitführung) ........................................................ 142
23300103 Wellen (Gleitführung) ...................................................................... 142
23300106 Lineargleitlagereinheit (Gleitführung) ............................................. 143

**23300200** **Laufrollenführung** ........................................... 143
23300201 Laufrollenführung (komplett) ................................ 143
23300202 Führungsschiene (Laufrollenführung) ........................ 144
23300203 Führungswagen (Laufrollenführung) ......................... 144

**23300300** **Linearkugellagerführung** .................................. 145
23300301 Linearkugellager, Linearkugellagerführung ................. 145
23300303 Wellen (Linearkugellagerführung) .......................... 145
23300306 Linearkugellagereinheit (Linearkugellagerführung) ......... 146

**23300400** **Profilschienenführung** .................................... 146
23300401 Kugelumlaufführung (Profilschienenführung, komplett) ...... 146
23300402 Führungsschiene (Profilschienenführung) ................... 147
23300404 Rollenumlaufführung (Profilschienenführung, komplett) ..... 147

**23300500** **Käfigschienenführung** ..................................... 148
23300501 Kugelführung (Käfigschienenführung) ....................... 148
23300502 Rollenführung (Käfigschienenführung) ...................... 148
23300503 Kreuzrollenführung (Käfigschienenführung) ................. 148
23300504 Nadelführung (Käfigschienenführung) ....................... 149

**23300600** **Teleskopschienenführung** .................................. 149
23300690 Teleskopschienenführung (nicht klassifiziert) ............. 149

**23300700** **Trapezgewindetrieb** ....................................... 149
23300790 Trapezgewindetrieb (nicht klassifiziert) .................. 149

**23300800** **Kugelgewindetrieb** ........................................ 150
23300890 Kugelgewindetrieb (nicht klassifiziert) ................... 150

**23300900** **Rollengewindetrieb** ....................................... 150
23300901 Planetenrollengewindetrieb ................................ 150
23300902 Rollengewindetrieb mit Rollenrückführung .................. 151

**23301000** **Zahnstangentrieb** ......................................... 151
23301090 Zahnstangentrieb (nicht klassifiziert) .................... 151

**23301100** **Zahnriementrieb** .......................................... 151
23301190 Zahnriementrieb (nicht klassifiziert) ..................... 151

**23301500** **Lineartisch** .............................................. 152
23301501 Lineartisch Gleitführung .................................. 152
23301502 Lineartisch Laufrollenführung ............................. 152
23301503 Lineartisch Linearkugellagerführung ....................... 152
23301504 Lineartisch Profilschienenführung ......................... 153
23301505 Lineartisch Käfigführung .................................. 153

**23301800** **Elektomechanischer Zylinder** .............................. 154
23301890 Elektomechanischer Zylinder (nicht klassifiziert) ......... 154

**23301900    Elektromechanische Hubsäule** ....................................................... 155
23301990    Elektromechanische Hubsäule (nicht klassifiziert) ...................... 155

**23302100    Elektromechanischer Kettenantrieb** .............................................. 155
23302190    Elektromechanischer Kettenantrieb (nicht klassifiziert) ............ 155

**23302400    Elektromechanischer Schwenkantrieb** ........................................ 155
23302490    Elektromechanischer Schwenkantrieb (nicht klassifiziert) ........ 155

**23320000    Getriebe für industrielle Anwendungen                          156**

**23320100    Zahn- und Keilriemengetriebe (industrielle Anwendung)** ......... 156
23320101    Stirnradgetriebe .................................................................... 156
23320102    Flachgetriebe ........................................................................ 158
23320103    Kegelradgetriebe ................................................................... 159
23320104    Schneckengetriebe ................................................................ 161
23320105    Planetengetriebe ................................................................... 163
23320106    Turbogetriebe ....................................................................... 164
23320107    Spielarme Getriebe ............................................................... 165
23320108    Schaltgetriebe ....................................................................... 166
23320109    Spindelhubgetriebe ............................................................... 166
23320110    Keilriemengetriebe ................................................................ 167

**23320200    Stufenlos einstellbares Getriebe** ................................................ 167
23320201    Mechanisches Getriebe .......................................................... 167
23320202    Hydrodynamisches Getriebe .................................................. 167
23320203    Hydrostatisches Getriebe ....................................................... 168

**23330000    Klebstoff (technisch)                                           169**

**23330100    Klebstoff (technisch)** ................................................................... 169
23330101    Sprühklebstoff ...................................................................... 169
23330104    Schmelzklebstoff ................................................................... 169
23330190    Klebstoff (technisch, nicht klassifiziert) ................................ 169

**27000000    Elektro-, Automatisierungs- und Prozessleittechnik** .............. 170

**27010000    Generator                                                      170**

**27010200    Generator (10-100 MVA)** .............................................................. 170
27010290    Generator (10-100 MVA, nicht klassifiziert) ........................... 170

**27010300    Generator (< 10 MVA)** ................................................................. 170
27010390    Generator (< 10 MVA, nicht klassifiziert) ............................... 170

**27020000 Elektrischer Antrieb** **171**

**27022100 Niederspannungs-Drehstrom-Asynchronmotor**............................................ 171
27022101 NS-Drehstrom-Asynchronmotor, Käfigläufer (IEC) ..................................... 171
27022102 NS-Drehstrom-Asynchronmotor, Käfigläufer (IEC, Ex) ............................ 173
27022103 NS-Drehstrom-Asynchronmotor, Käfigläufer (NEMA) .............................. 174
27022104 NS-Drehstrom-Asynchronmotor, Schleifringläufer (IEC) ........................... 174
27022105 NS-Drehstrom-Asynchronmotor, Schleifringläufer (NEMA) ...................... 175
27022106 NS-Drehstrom-Asynchronmotor, Käfigläufer (polumschaltbar, IEC) ......... 175
27022107 NS-Drehstrom-Asynchronmotor, Käfigläufer (polumschaltbar, IEC,Ex) .... 176
27022108 NS-Drehstrom-Asynchronmotor, Käfigläufer (polumschaltbar, NEMA) ..... 177

**27022200 Hochspannungs-Drehstrom-Asynchronmotor**............................................ 177
27022201 HS-Drehstrom-Asynchronmotor, Käfigläufer (IEC) ..................................... 177
27022202 HS-Drehstrom-Asynchronmotor, Käfigläufer (IEC, Ex) ............................. 178
27022203 HS-Drehstrom-Asynchronmotor, Käfigläufer (NEMA) .............................. 178
27022204 HS-Drehstrom-Asynchronmotor, Schleifringläufer (IEC) ........................... 178
27022205 HS-Drehstrom-Asynchronmotor, Schleifringläufer (NEMA) ...................... 178

**27022300 1-Phasen-Wechselstrommotor** ................................................................... 179
27022301 Spaltpolmotor .............................................................................................. 179
27022302 Kondensatormotor ....................................................................................... 180
27022303 Motor mit Widerstandshilfsphase ................................................................ 180
27022304 Universalmotor ............................................................................................ 181

**27022400 Synchronmotor** ........................................................................................... 181
27022401 Synchronmotor (IEC) .................................................................................. 181
27022402 Synchronmotor (IEC, Ex) ............................................................................ 182

**27022500 DC-Motor**..................................................................................................... 182
27022501 DC-Motor (IEC) .......................................................................................... 182
27022502 DC-Motor (IEC, Ex) .................................................................................... 183

**27022600 Servomotor** ................................................................................................. 184
27022601 Servo-Asynchronmotor ................................................................................ 184
27022602 Servo-Synchronmotor................................................................................... 185
27022603 Servo-DC-Motor........................................................................................... 186
27022604 Schrittmotor ................................................................................................. 187

**27022700 Anwendungsbezogener Motor**................................................................... 187
27022701 Aufzugmotor................................................................................................. 187
27022702 Unwuchtmotor.............................................................................................. 187
27022703 Ventilatormotor ............................................................................................ 188
27022704 Tauchpumpenmotor ..................................................................................... 188
27022705 Spaltrohrmotor ............................................................................................. 188
27022706 Rollgangsmotor ............................................................................................ 188

27022707     Schubankermotor (Bremsfunktion) ............................................................. 189
27022708     Motorspindel......................................................................................... 189
27022709     Umrichterantrieb.................................................................................... 190

**27022700     Anwendungsbezogener Motor** ............................................................. 191
27022790     Anwendungsbezogener Motor (nicht klassifiziert) ................................. 191

**27022800     Linearantrieb** ...................................................................................... 192
27022801     Linearmotor .......................................................................................... 192

**27023000     Getriebemotor** .................................................................................... 193
27023001     AC-Getriebemotor (Festdrehzahl) .......................................................... 193
27023002     AC-Getriebemotor (polumschaltbar) ...................................................... 194
27023003     AC-Getriebemotor (elektrisch verstellbar) .............................................. 195
27023004     Getriebemotor mit angebauten dezentralen Komponenten ...................... 195
27023005     Servo-Getriebemotor (elektrisch verstellbar) .......................................... 196
27023006     AC-Getriebemotor (mechanisch verstellbar) ........................................... 196
27023007     DC-Getriebemotor (elektrisch verstellbar) .............................................. 197

**27300000     Hydraulik                                                                                        198**

**27300200     Zylinder** ............................................................................................. 198
27300201     Differentialzylinder (Hydraulik) ............................................................ 198
27300202     Gleichgangzylinder (Hydraulik) ............................................................. 199
27300208     Teleskopzylinder (Hydraulik) ................................................................ 199

**27301100     Motor (Hydraulik)** ............................................................................... 200
27301101     Axialkolbenmotor (Hydraulik) ............................................................... 200
27301107     Zahnradmotor (Hydraulik) .................................................................... 200
27301190     Motor (Hydraulik, nicht klassifiziert) ..................................................... 200

**27301200     Hydraulikpumpe** .................................................................................. 201
27301202     Axialkolbenpumpe (Hydraulik) .............................................................. 201
27301203     Flügelzellenpumpe (Hydraulik) .............................................................. 201
27301207     Radialkolbenpumpe (Hydraulik) ............................................................ 201
27301208     Schraubenspindelpumpe (Hydraulik) ..................................................... 202

**27302000     Schlauch (Hydraulik)** .......................................................................... 202
27302090     Schlauch (Hydraulik, nicht klassifiziert) ................................................ 202

## C  HERSTELLERVERZEICHNIS ............................................................. 205

**Literaturhinweise** .........................................................................................337

# Übersicht

# 1 Einleitung

Konstruktion und Produktentwicklung im Maschinenbau beruhen auf langjährig gewonnenen Erkenntnissen und Erfahrungen. Dies spiegelt sich eindrucksvoll in den großen Daten- und Dokumentenbeständen der Systeme für das Produktdaten- und Product Lifecycle-Management. Sie formen das Fundament, auf dem sich das technische Knowhow eines Unternehmens gründet und weiterbildet. Dennoch können die Entwicklungsabteilungen auf die Zuarbeit externer Dienstleister und Lieferanten nicht verzichten. Denn die Anforderungen an Teilsysteme und Einzelkomponenten steigen und lassen eigene, selbständige Teilehersteller entstehen, die aufgrund ihrer Spezialisierung zumeist kostengünstigere, oft aber auch technisch überlegene Lösungen anbieten. So erhalten neben Beratungsleistungen und Forschungsergebnissen auch Zulieferungen und Katalogteile einen wachsenden Anteil am Wertschöpfungsprozess eines Unternehmens.

Dies führt zwangsläufig zu einem erhöhten Informationsbedarf bei den Konstrukteuren, denn die vermehrte Nutzung von Standard- und Katalogteilen lässt die Anzahl der benötigten Kataloge, Produktbeschreibungen und Datenblätter exponentiell ansteigen. Zwar mussten die Konstrukteure sich schon immer über das Angebot ihrer Zulieferer unterrichten, doch betraf dies in aller Regel nur wenige Komponenten und Hersteller. Wenn nun die Auswahl extern zu beschaffender Maschinen- und Anlagenkomponenten einen immer größeren Raum einnimmt, muss auch das verfügbare Informationsangebot so beschaffen sein, dass es dem Konstrukteur ausreichende funktionelle und preisliche Optionen eröffnet.

Mit dem vorliegenden Bauteilkatalog sind Maschinenbaukonstrukteure in der Lage, schnell und zuverlässig die Hersteller der am häufigsten verwendeten Erzeugnisse des Maschinenbaus zu finden. Hierbei handelt es sich um Maschinen- und Antriebselemente, um Hydraulikkomponenten und Elektromotoren. Geordnet wird dieses Bezugsquellenverzeichnis mit Hilfe von ecl@ss, einem Klassifizierungssystem, das inzwischen in vielen Branchen der deutschen Industrie zum Einsatz kommt. Das Ordnungssystem ist vergleichbar mit dem Inhaltsverzeichnis eines Buches. Es weist jedem Objekt des betrieblichen und investiven Bedarfs in seiner Begriffshierarchie einen eindeutigen Platz zu. Über diese Baumstruktur findet man ohne Umwege zur gewünschten Produktgruppe und kann sich alle hier verzeichneten Hersteller auflisten lassen.

Zu jeder Produktgruppe gehört eine Tabelle mit Anbietern und den wesentlichen Eigenschaften ihrer Erzeugnisse. Die Anzahl der Eigenschaften musste aufgrund redaktioneller Randbedingungen auf vier Sachmerkmale begrenzt werden, obwohl es in manchen Klassen zwanzig und mehr Merkmale geben kann. Die Darstellungsform der Produkteigenschaften ist so gewählt worden, dass sie die oftmals verwirrende Vielfalt von Katalogdaten auf wenige Merkmale reduziert und im Auswahlprozess ein Höchstmaß an Transparenz und Vergleichbarkeit schafft.

Der Bauteilkatalog ist ein Nachschlagewerk für die tägliche Arbeit und gibt eine schnelle Orientierung über das Angebot an Komponenten und Aggregaten des Maschinenbaus. Er wäre allerdings unvollständig, würde er nicht durch eine ständig aktuelle internetbasierte Version begleitet werden. Der Schlüssel zu dieser Online-Ausgabe findet sich auf der beigelegten CD. Sie führt zur Roloff/Matek-Bauteildatenbank, in der die Einträge der Buchausgabe enthalten sind, darüber hinaus aber auch alle Ergänzungen und Aktualisierungen, die nach dem Erscheinungsdatum dieses Katalogs vorgenommen wurden. Des Weiteren finden sich in dieser Datenbank eine Reihe von Dimensionierungs- und Auswahlprogrammen, eine Übersicht der zu berücksichtigenden Normen und ein Informationsforum mit produktgruppenbezogenen Hinweisen zu wissenschaftlichen Instituten, Literaturquellen, Fachzeitschriften und Verbänden.

# 2  Bauteilverzeichnis nach ecl@ss

## 2.1  Ordnungssysteme und Katalogisierung

### 2.1.1  Die Klassifizierung von Erzeugnissen

Bei der Klassifizierung werden Ordnungssysteme geschaffen, die mit ihrer Begriffshierarchie in vielen technischen und wissenschaftlichen Anwendungen dafür sorgen, dass man sich in der Fülle von Informationsangeboten zurechtfindet. Auf der unteren Ebene sind in der Regel Objekte, die mit identischen Merkmalen beschrieben werden können, zu Objektklassen zusammengefasst. Zu einem solchen Klassifizierungssystem zählt auch ecl@ss, ein System zur Klassifizierung von Produkteigenschaften, das innerhalb weniger Jahre in Deutschland zum Klassifikationsstandard für das gesamte Beschaffungswesen geworden ist (siehe **Abb. 1**).

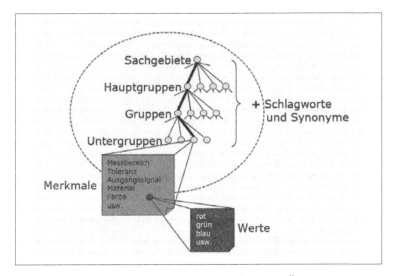

**Abb. 1:** ecl@ss-Struktur (aus: Kurzanleitung für ecl@ss-Änderungsanträge)

ecl@ss besteht aus den Komponenten Klassifikation und Sachmerkmalsleisten, wobei die in der Klassifikation festgeschriebene Produktgruppenstruktur vier Ebenen aufweist. Dabei enthält die untere Ebene Produktgruppen mit identischen Merkmalen. Das System ecl@ss wurde im Gegensatz zu vielen Vorgängern nicht für eine isolierte Branche oder Anwendung entwickelt, sondern von Beginn an für das gesamte Beschaffungswesen konzipiert, und umfasst inzwischen die in **Abb.2** dargestellten Gruppen.

Im Roloff/Matek Bauteilkatalog finden sich knapp 300 Produktgruppen aus den Hauptgruppen „23 Maschinenelement, Befestigungsmittel, Beschlag" und „27 Elektro-, Automatisierungs- und Prozessleittechnik". Ausgewählt wurden diese Gruppen unter dem Gesichtspunkt, dass der Maschinenbaukonstrukteur hier möglichst viele der von ihm täglich benötigten Komponenten und die dazu gehörigen Hersteller schnell und in möglichst großer Auswahl findet. Da sich sowohl das Angebot an klassifizierten Produktgruppen erweitern wird als auch die Nachfrage nach Produktgruppen seitens der Leser, wird ein kontinuierlicher Ausbau der heute berücksichtigten Hauptgruppen erfolgen. Dabei spielt die schnelle Integration neuer Produkte und Branchen in die Klassifikationsstruktur mittels web-basiertem Online-Service für Hersteller, Lieferanten und Verbraucher eine Schlüsselrolle.

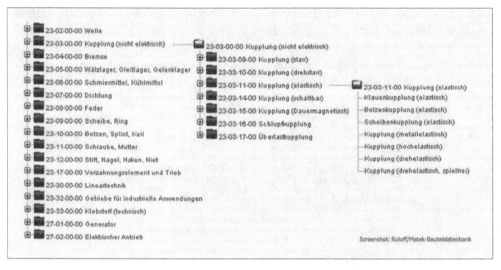

**Abb.2:** Ausgewählte Hauptgruppen der Sachgebiete Maschinenelemente und Elektrotechnik nach ecl@ss, Version 6.0.1 (aus: Roloff/Matek-Bauteildatenbank)

eCl@ss ist derzeit der weltweit mit Abstand am schnellsten wachsende konsistente Standard für die Klassifikation und begriffliche Beschreibung von Produkten und wird von weit über 100 – zumeist international operierenden – Unternehmen mit Sitz in Europa und Nordamerika getragen. Sie stellen sicher, dass für die Produktbeschreibungen detaillierte Strukturinformationen auf Basis standardisierter und international abgestimmter Klassifikationsstandards bereitstehen und eine Vielzahl an verschiedenen Handelssprachen unterstützt wird. Neben eCl@ss gibt es eine Reihe weiterer bekannter und in der Praxis eingesetzter Klassifikationssysteme, die z. T. allerdings auf Erzeugnisse und Dienstleistungen bestimmter Branchen beschränkt sind. Hierzu zählen u. a. proficl@ss für die Branchen Bauen, Haustechnik und Industriebedarf sowie ETIM für die Elektroindustrie und den Elektrogroßhandel.

Das von den Vereinten Nationen (UN) initiierte Klassifikationssystem UNSPSC sowohl für Produkte wie für Dienstleistungen deckt dagegen sehr viele Branchen ab und findet Anwender vor allem im angelsächsischen Raum. Die Begriffsbildung erfolgt hier im Gegensatz zu ecl@ss nicht so sehr unter Verwendungsgesichtspunkten, sondern eher in einer funktionsbeschreibenden Weise. UNSPSC kategorisiert wie ecl@ss in vier Ebenen, behandelt aber keine Sachmerkmale und einzelne Objekte.

### 2.1.2 Sachmerkmale als Unterscheidungskriterium

Wird in der Konstruktion ein neues Teil benötigt, muss man zunächst fragen, ob es schon etwas Ähnliches gibt – entweder im eigenen Unternehmen oder als Kaufteil. Hier setzt die DIN 4000 an. Sie will den Konstrukteur und den Einkäufer dabei unterstützen, auf der Basis definierter Merkmale eine Suche im eigenen Produktdaten-Management-System oder in den Teilekatalogen verschiedener Hersteller vorzunehmen. Hierzu hat die DIN eine Vorgehensweise zur Bildung von Sachmerkmalsleisten entwickelt, mit deren Hilfe das vorhandene Teilespektrum beschrieben werden kann. Sachmerkmalsleisten gelten für eine Gruppe von Objekten oder Objektfamilien, deren Eigenschaften es erlauben, mit einem identischen Satz von Merkmalen beschrieben zu werden.

Die Merkmale der nach DIN 4000 beschriebenen Objekte bestehen immer aus einem eindeutigen Satz von Informationen, darunter einem Code, einem Namen und einer Einheit. Zusätzlich können auch, wie in **Abb.3** dargestellt, Schlagworte und Übersetzungen aufgenommen werden. Je nach Anzahl der Merkmale verfügen die Sachmerkmalsleisten, aus denen die Teile-Übersichten gebildet werden, manchmal über beträchtliche Längen.

In den Katalogen der Hersteller sind aufgrund ihres in der Regel eingeschränkten Produktangebotes nur einzelne Ebenen bzw. abgegrenzte Bereiche umfassender Klassifizierungshierarchien enthalten. Sofern die Gruppen dieser Teilstrukturen eindeutige Zuordnungscodes besitzen, können sie allerdings in übergeordnete bzw. standardisierte Ordnungssysteme eingegliedert werden. Oft ist die Zusammenführung der zugrunde liegenden inkompatiblenBegriffs- und Beschreibungswelten jedoch mit beträchtlichen Schwierigkeiten verbunden.

Obwohl die DIN 4000 schon eine sehr lange Geschichte hat, sie geht bis in die 1970er Jahre zurück, erhält sie erst durch die Verbindung mit ecl@ss die ihr zukommende Bedeutung. Denn die ecl@ss-Initiatoren haben zwar die Beschreibungssprache der DIN 4000 für ihr System adaptiert, nicht jedoch das Verfahren der alleinigen Sachmerkmals-Definitionen durch den Normenausschuss Sachmerkmale (NSM). Hier wurde vielmehr ein Weg beschritten, der die Erfahrungen der Open Source-Bewegungen aufnahm, und im Sinne einer zügigen Bereitstellung anwendbarer Strukturen und Inhalte auf die Mitarbeiter möglichst vieler Beteiligter setzte. Dieser Ansatz wird sicherlich zu einer höheren Zahl von Modifikationen führen, macht das Informationssystem allerdings schon heute, nach wenigen Jahren zu einer praktisch brauchbaren Lösung.

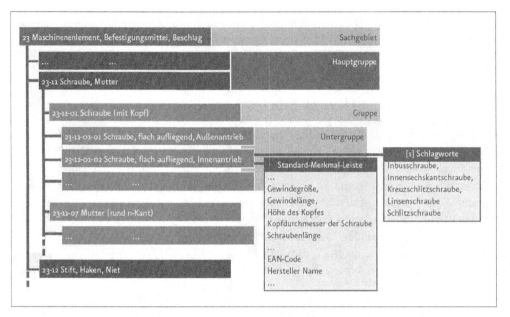

**Abb.3:** Das Sachmerkmalslexikon der DIN 4000 und ecl@ss führen zu eindeutigen
Teilespezifikationen (aus: eCl@ss – die gemeinsame Sprache im eBusiness)

## 2.2 Kommunikation und E-Commerce

### 2.2.1 Der XML-Standard im Supply Chain Management

Von der ersten Produktidee bis zur Auslieferung der Produktdokumentation wird ein technisches Erzeugnis von einer Fülle von Informationen begleitet. Dabei handelt es sich sowohl
um Daten und Dokumente, die dieses Produkt unmittelbar betreffen, als auch um solche der
einzelnen Komponenten. In der Produktentstehung kommen dann zusätzlich noch alle Katalogteile hinzu, die im Entwicklungsprozess zwar betrachtet, aber dann ausgeschlossen werden. Neben den produktbezogenen bzw. technischen Informationen spielt im Supply Chain
Management auch der auftragsbezogene bzw. administrative Datenfluss eine gewichtige Rolle.

An der Erzeugung, Verbreitung und Nutzung produkt- und auftragsbezogener Informationen
sind vom Lieferanten bis zum Kunden zahlreiche Akteure beteiligt. Sie alle benötigen Systeme, die für einen schnellen und sicheren Datenfluss sorgen, gleichzeitig aber auch barriere-
frei miteinander kommunizieren können. Diese Voraussetzung ist bei der Vielzahl der in der
Industrie verwendeten Informationssysteme nur in seltenen Fällen gegeben. Medienbrüche,
aufwendige Schnittstellen und händische Übersetzungen sind deshalb an der Tagesordnung.
Man hat deshalb schon in den 1960er Jahren damit begonnen, im Rahmen des Electronic
Data Interchange (EDI) den Versand und Austausch strukturierter Nachrichten zu ermög-
lichen.

Mit dem vornehmlich in der Automobilindustrie benutzten Standard Edifact konnte sich dann in den 1990er Jahren ein Schnittstellenformat durchsetzen, dessen Verbreitung immer noch wächst. Es ist allerdings nicht nur auf bestimmte Branchen und Unternehmensgrößen, sondern auch auf den auftragsbezogenen Datenfluss beschränkt. Der EDIFACT-Standard wurde inzwischen an die Erfordernisse und spezielle Datentypen mehrerer Branchen angepasst. Die wichtigsten hiervon normierten Business-Dokumente sind: Katalogabfragen, Bestellungen, Auftragsbestätigungen, Lieferankündigungen und Rechnungen.

Während die Inhalte der übertragenen Dokumente bei EDI-Anwendungen immer klare Strukturen aufweisen, sind die bei der Übertragung zwischen verschiedenen Unternehmen zu überwindenden Netzwerkprotokolle aufwändig und kompliziert. Dies erfordert hohe Investitionen in Hardware und Software oder die Einschaltung kostenintensiver Application Service Provider, die den Datenverbund sicherstellen. Mit dem Internet hat sich allerdings eine Kommunikationsplattform etabliert, die sich durch einheitliche Schnittstellen für den Austausch strukturierter Dokumente auszeichnet.

Hier ist insbesondere das Format XML zu nennen. Die Extensible Markup Language entstand aus der Standard Generalized Markup Language – SGML. Das Ziel und die Idee dieses Standards ist es, Struktur und Layout eines Dokuments von seinen Inhalten zu trennen. SGML ist eine Sprache zur Strukturdefinition von Dokumenten sowie der Zuordnung beliebiger Content-Objekte aus unterschiedlichsten Quellen zum Layout. Da sich SGML aufgrund seiner Komplexität und seines Umfangs nur eingeschränkt für die Nutzung im Internet eignete, die Architektur dieser Sprache aber hervorragende Voraussetzungen für die Verarbeitung im World Wide Web mit sich brachte, wurde der mehrere hundert Seiten umfassende SGML-Standard kurzerhand auf zwanzig A4 Seiten zur Extensible Markup Language (XML) komprimiert.

XML findet heute in allen Bereichen der betrieblichen und überbetrieblichen Informationsverarbeitung Verwendung. Anschaulich wird diese Universalität in den Ergebnissen der openTRANS Initiative, in der gemeinsam von wissenschaftlichen Instituten und der Industrie Wege aufgezeigt werden, wie man mit dem offenen und kostenlosen XML-Standard alle wichtigen Geschäftsdokumente für die automatisierte elektronische Kommunikation bereitstellen kann. Dazu zählen Produkt- und Projektdaten ebenso wie die transaktionsorientierten Dokumente im Auftrags- und Rechnungswesen.

## 2.2.2 Der automatisierte Austausch von Katalogdaten

Mit seiner Fähigkeit, Dokumente medienneutral beschreiben zu können, um sie dann über angepasste Templates anwendungsgerecht zu formatieren, eignet sich XML hervorragend für datenbankgestütztes Cross-Media Publishing. XML wurde deshalb schon frühzeitig als Definitionssprache für die Katalogproduktion entdeckt. Denn einerseits erlaubt XML mit geringem Aufwand die Einrichtung von Katalogstrukturen, andererseits können die dabei verwendeten Klassifikationen in andere Ordnungssysteme übersetzt werden. Voraussetzung hierfür ist allerdings, dass entsprechende Mappingtabellen vorhanden sind.

Der Bundesverband Materialwirtschaft, Einkauf und Logistik e. V. (BME) hat bereits Mitte der 1990er Jahre eine Initiative zur Entwicklung eines Standards zur elektronischen Daten-übertragung für Produktkataloge gestartet, der auf XML basierte. Die fachlichen Entwicklun-gen wurden vom Fraunhofer-Institut für Arbeitswirtschaft und Organisation IAO, Stuttgart, und den  Universitäten Duisburg-Essen BLI und Linz durchgeführt. Im Jahr 2005 konnte schließlich das heute weit verbreitete BMEcat-Format als Grundlage für den Austausch von Katalogdaten verabschiedet werden.

BMEcat hat die Aufgabe, den Austausch von Produktkatalogen zwischen Lieferanten und einkaufenden Unternehmen durch die Verwendung standardisierter Dokumente zu vereinfa-chen. Jedem zu beschreibenden Objekt wird zunächst ein Dokument zugeordnet, mehrere Dokumente können zu elektronischen Katalogen zusammengefasst werden. Solche Kataloge werden als Katalogdokumente bezeichnet. Katalogdokumente können neben den standardi-sierten beschreibenden Merkmalen auch Bilder, Grafiken und Zeichnungen enthalten. BME-cat kann natürlich auch zur Beschreibung von Software und Dienstleistungen sowie beliebi-ger anderer, auch immaterieller Güter eingesetzt werden.

Der Informationsfluss ist meist dergestalt, dass der Lieferant den BMEcat-Katalog oder ein einzelnes BMEcat-Dokument mit den Inhalten wie in **Abb.4** dargestellt, an den Einkäufer übermittelt. Hier wird er dann in das hauseigene E-Procurement- oder Katalogmanagement-System eingespielt und mit den Katalogdaten anderer Lieferanten harmonisiert. So kann er den Nutzern unter einer einheitlichen Oberfläche zur Verfügung gestellt werden. BMEcat stellt Daten auch selektiv bereit, so dass beispielsweise die Preisdaten oder Merkmale einzel-ner Produkte aktualisiert werden können. BMEcat eignet sich jedoch ebenfalls zur Beliefe-rung von elektronischen Marktplätzen, die einen aktuellen Überblick über das Produktsorti-ment mehrerer Hersteller geben.  Auch hier wird der Aufwand der Datenpflege durch den standardisierten Austausch produktbezogener Daten und Dokumente erheblich reduziert.

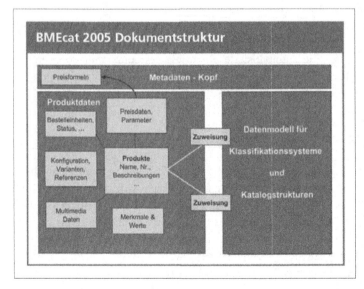

**Abb. 4:**
Die Dokumentenstruktur von BMEcat
(aus: BMEcat – der richti-ge Katalogstandard für Ihr E-Business, Bundesver-band Materialwirtschaft, Einkauf und Logistik e.V.)

Beschleunigt und automatisiert werden kann dieser Prozess der Katalogdatenübermittlung mit Hilfe sog. RSS-Feeds. RSS wird in der Regel verwendet, um Nachrichten in maschinenlesbarer Form im Internet bereitzustellen. Ein RSS-Feed ist eine XML-Datei, die neben einer standardisierten Struktur nur Inhalt aufweist, z. B. einen oder mehrere Nachrichtentexte. Mit Hilfe von RSS-Readern können mehrerer solcher Dienste abonniert, d. h. regelmäßig abgerufen und automatisch zu neuen Nachrichtenübersichten zusammengestellt werden. Analog hierzu ist auch die automatisierte Aktualisierung von Produktübersichten möglich. Dies setzt jedoch voraus, dass die produzierende Industrie die beispielsweise in ecl@ss definierten produktbeschreibenden Merkmale der von ihr hergestellten Erzeugnisse bzw. deren Änderungen über RSS-Feeds bereitstellt. Über die eindeutige Klassifizierung kann dann jeder Nutzer die Informationen der für ihn relevanten Produktklassen identifizieren und seinem internen Katalogsystem zuführen.

Der Einsatz von BMEcat in Verbindung mit RSS-Feeds wird den zwischenbetrieblichen Katalogdatenaustausch von Unternehmen erheblich beschleunigen, denn Lieferanten, die ihren Kunden aktuelle Daten zur unmittelbaren Weiterverarbeitung in internen Informationssystemen liefern können, geben neuen Handelsplattformen, der Automatisierung der Verkaufs- bzw. Beschaffungsprozesse und damit dem elektronischen Geschäftsverkehr insgesamt neue und richtungweisende Impulse.

## 2.2.3  Externes Wissen für die Produktentwicklung

Die elektronischen Archive und das Produktdaten-Management eines Unternehmens zählen zu den wichtigsten Informationsquellen für die Konstruktionstätigkeit. Daneben müssen allerdings auch die externen Wissensquellen für die Produktentwickler stets zugänglich sein. Denn erst die intelligente Befruchtung des firmeneigenen Erfahrungsschatzes mit innovativen externen Erkenntnissen führt zur nachhaltigen Sicherung der Technologieposition und des Markterfolgs. Alle Branchen benötigen deshalb Kommunikationsplattformen, in denen vorhandenes und entstehendes Methoden- und Produktwissen innerhalb einheitlicher und überschaubarer Gliederungen abgebildet, verwaltet und den Endanwendern über leicht zu bedienende Benutzeroberflächen zugänglich gemacht wird. In **Abb. 5** ist ein Ausschnitt aus dem Content-Managementsystems eines solchen Wissensportals wiedergegeben.

Die Notwendigkeit einer neuen Informations- und Kommunikationslogistik gilt insbesondere auch für die Produktentwicklung im Maschinenbau, wo das unverzichtbare externe Wissen oft auf unüberschaubaren, zufälligen Wegen an die Adressaten gelangt. Ein systematischer Zugriff auf das breite Wissensangebot ist hier mit den vorhandenen Informationssystemen nur selten möglich. Diese Situation trifft insbesondere mittelständische Unternehmen, die sich in der Regel keine technischen Redakteure oder Bibliothekare leisten können, um so eine anwenderorientierte Wissensbeschaffung zu betreiben.

Hier übernehmen so genannte Wissensportale in Ergänzung zu den Praxis- und Lehrbüchern der Verlagshäuser die Bereitstellung externen Wissens. Das Augenmerk liegt dabei auf solchen Angeboten, die den Anwendern zeitnah Forschungs- und Entwicklungsergebnisse auch Hochschulen, Normungsgremien und Industrie übermitteln. Daneben spielen allerdings auch

interaktive Konstruktions- und Auswahlwerkzeuge eine zunehmende Rolle in der Produktentwicklung. Sie werden zur Unterstützung der Kunden in immer größerer Zahl von Verbänden, Lieferanten und Forschungsinstituten entwickelt und bereitgestellt.

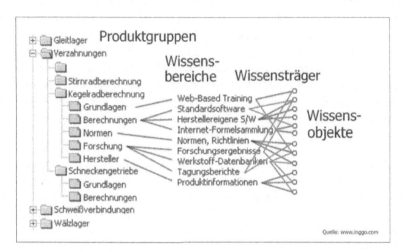

**Abb.5:** Produktbegleitendes und elementares Konstruktionswissen

Moderne Benutzeroberflächen, Programmiersprachen und Datenbanktechnologien ermögli-
chen es, Wissen in handhabbare und leistungsfähige Konstruktions- und Auswahlwerkzeuge
umzuwandeln. Auf der diesem Bauteilkatalog beigelegten CD findet sich eine Formelsammlung zum Maschinenbau und zu Teilbereichen der Mathematik, die diese Technologien nut-
zen. Daneben eröffnet ein Zugang zum Internet die Möglichkeit, nicht nur auf aktualisierte
Daten des Bauteilkataloges zuzugreifen, sondern auch auf Programme zur Auslegung von
Maschinenelementen, mit denen dann die einer Lösung entsprechenden Komponenten gefunden und evaluiert werden können. Die Vorbereitung von Auswahl- und Kaufentscheidungen
wird auf diese Weise erheblich verkürzt und zusätzlich auf eine nachvollziehbare Basis gestellt.

# 3 Auswahl und Erhebung der Daten

Das Katalog- und Klassifizierungssystem ecl@ss unterstellt mit seiner Gliederung viele tausend Produktgruppen einer einheitlichen Beschreibungs- und Zugriffssystematik. Für den Maschinenbaukonstrukteur sind indessen bei weitem nicht alle Gruppen von Interesse. Hier eine angemessene Auswahl zu treffen, ist natürlich für die Akzeptanz eines Bauteilkatalogs von ausschlaggebender Bedeutung. Überdies müssen für die als notwendig erachteten Produktgruppen sowohl die marktführenden wie die hochspezialisierten Hersteller aufgenommen werden. Das Katalogangebot soll also auch die Erzeugnisse jener Anbieter enthalten, die eher die Randbereiche der Sachmerkmale abdecken oder für Qualitäts- und Preisdifferenzierungen sorgen. Im Hinblick auf die Schwerpunktsetzung der Roloff/Matek-Buchreihe konzentriert sich dieser Katalog deshalb auf die Gruppen der Maschinenelemente und der elektrischen Antriebselemente.

Der Herstellerkatalog ist das Ergebnis einer Recherche, die fortdauernd durchgeführt wird und zu einer verbesserten Verknüpfung realer Produktdaten mit den analytischen Verfahren der Bauteildimensionierung im Maschinenbau führen soll. Während Berechnungen im Maschinenbau eine lange Tradition aufweisen und in hohem Grad genormt sind, unterliegen die Definitionen produktbeschreibender Merkmale nur sehr eingeschränkt verbindlichen Normen und Regeln. Dies verursacht nicht nur in der kommerziell geprägten Supply Chain zahlreiche Kommunikationsbrüche, sondern führt auch in Konstruktion und Entwicklung zu einem nicht unerheblichen Mehraufwand durch zusätzliche Umrechnungen, Nachforschungen und Lieferantengespräche. Die den einzelnen Maschinen- und Antriebselementen zugeordneten Sachmerkmale sind deshalb auch unter dem Aspekt der unmittelbaren Einbeziehung in automatische Such- und Auswahlprozesse ausgewählt worden.

In den Bauteilkatalog konnten etwa drei Viertel aller in Frage kommenden Hersteller, die im deutschsprachigen Raum ansässig sind oder dort über Niederlassungen verfügen, aufgenommen werden. Damit macht die unausweichliche Harmonisierung der Produktdaten einen weiteren konkreten Schritt nach vorn. Vor allem auch deshalb, weil der weitaus größte Teil der in die Produkttabellen aufgenommenen Sachdaten uns von den Herstellern auf elektronischem Wege zur Verfügung gestellt wurde, und damit als Basis für einen weiteren dynamischen Ausbau des Katalogs und der Datenbank dienen kann. Zusätzlich zu den Angaben, die uns unmittelbar von den Herstellern übermittelt wurden, haben wir auch Produktdaten aufgenommen, die als Katalogdaten im Internet oder über Druckerzeugnisse öffentlich zugänglich waren.

Das Erzeugnisspektrum der Hersteller wird durch die Angabe minimaler und maximaler Werte ausgewählter Leistungsmerkmale und Eigenschaften repräsentiert, so dass nach den rechnerisch oder experimentell ermittelten Anforderungen an ein Bauteil die Auswahl der in Frage kommenden Zulieferer auf einen Blick möglich ist. Derzeit wird jede einzelne Gruppe durch bis zu vier Merkmale gekennzeichnet. Da auch ecl@ss bislang nicht alle Gruppen mit Sachmerkmalsleisten versehen hat, sind zunächst viele der in diesem Katalog benutzten Merkmale bzw. Merkmalsleisten das Ergebnis eigener Überlegungen.

Bauteilkatalog

# Maschinenelemente

# 23000000 Maschinenelement, Befestigungsmittel, Beschlag

## 23020000 Welle

23020100 Gelenkwelle | 23020101 Gelenkwelle mit Längenausgleich

| Anbieter | max. Drehzahl; (1/min) | | max. Axialversatz; (mm) | | max. Achs- winkelversatz; (°) | | max. Drehmoment; (N m) | |
|---|---|---|---|---|---|---|---|---|
| | von | bis | von | bis | von | bis | von | bis |
| Buck * | 200 | 10000 | - | - | 4 | 45 | 6 | 275000 |
| Elbe Gelenkwellen-Service * | 200 | 10000 | - | - | 5 | 45 | 6 | 275000 |
| Eugen Klein * | - | - | - | - | 25 | 35 | 5500 | 35000 |
| G. Elbe | - | 6000 | - | - | - | - | 250 | 275000 |
| Ganter | - | - | 1 | 10 | - | - | - | - |
| Gebrüder Kempf | - | - | - | - | - | 25 | 2500 | 225000 |
| Gelenkwellen-Serv. T. Lindner* | - | 7000 | 20 | 140 | 1 | 35 | 190 | 35000 |
| GKN-Walterscheid | 1000 | 2000 | - | - | - | - | 9 | 10600 |
| Grob | 200 | 3000 | 0.5 | 1 | 0.25 | 1.5 | 10 | 1700 |
| Haase Neverin * | - | 2400 | - | - | - | - | 500 | 4500 |
| Heinrich Wana | 800 | 7000 | - | - | 18 | 44 | - | - |
| Heinz Strecker | - | - | - | - | 18 | 30 | 100 | 26750 |
| Ingenieurbüro Röder | - | 7000 | - | 1000 | - | 45 | 8 | 275000 |
| JAKOB Antriebstechnik | - | 8000 | - | 2 | - | 2 | 15 | 1600 |
| Mädler | 100 | 4000 | - | 274 | - | 90 | 7.5 | 432 |
| Spicer | - | 6000 | - | 180 | - | 44 | 6500 | 35000 |
| TA Techn. Antriebselemente | - | - | - | - | - | 90 | 0.02 | 2000 |
| Voith Turbo Crailsheim * | 40 | 4500 | - | 1500 | - | 35 | 250 | 14000000 |
| Welte Wenu | - | - | - | - | - | - | 10 | 260000 |
| Wichmann | - | - | - | - | - | - | 150 | 3000000 |
| Willi Elbe * | - | - | - | - | 9 | 60 | 150 | 2500 |
| Wumag Elevant | 500 | 15000 | 0.5 | 1000 | 5 | 350 | 200 | 3400 |

Mit * gekennzeichnete Herstellerangaben entstammen Katalogdaten im Internet oder Firmenschriften.

23020100 Gelenkwelle | 23020102 Gelenkwelle ohne Längenausgleich

| Anbieter | max. Drehzahl; (1/min) | | max. Axialversatz; (mm) | | max. Achs- winkelversatz; (°) | | max. Drehmoment; (N m) | |
|---|---|---|---|---|---|---|---|---|
| | von | bis | von | bis | von | bis | von | bis |
| Flohr Industrietechnik | 4500 | 10000 | - | - | - | 1 | 12 | 1400 |
| G. Elbe | - | 6000 | - | - | - | - | 250 | 275000 |
| GKN-Walterscheid | 1000 | 2000 | - | - | - | - | 9 | 10600 |
| Grob | 200 | 3000 | 0.5 | 1 | 0.25 | 1.5 | 10 | 1700 |
| Heinz Strecker | - | - | - | - | 15 | 55 | 6 | 260000 |
| Ingenieurbüro Röder | - | 7000 | - | 1000 | - | 45 | 8 | 275000 |
| Peter Keller | 200 | 3000 | - | - | - | - | 10 | 550 |
| Spicer | - | 6000 | - | - | - | 44 | 6500 | 35000 |
| TA Techn. Antriebselemente | - | - | - | - | - | 90 | 0.02 | 2000 |
| Voith Turbo Crailsheim * | 40 | 4500 | - | 1500 | - | 35 | 250 | 14000000 |
| Welte Wenu | - | - | - | - | - | - | 10 | 260000 |
| Wichmann | - | - | - | - | - | - | 150 | 3000000 |

23020100 Gelenkwelle | 23020103 Doppelgelenkwelle

| Anbieter | max. Drehzahl; (1/min) | | max. Axialversatz; (mm) | | max. Achs- winkelversatz; (°) | | max. Drehmoment; (N m) | |
|---|---|---|---|---|---|---|---|---|
| | von | bis | von | bis | von | bis | Von | bis |
| Belden Inc. | 500 | 6000 | - | - | 45 | 90 | 1 | 16000 |
| Flohr Industrietechnik | 4500 | 10000 | - | - | - | 1 | 12 | 1400 |
| G. Elbe | - | - | - | - | - | - | 1650 | 16900 |
| Heinz Strecker | - | - | - | - | 18 | 30 | 920 | 26750 |
| Ingenieurbüro Röder | - | 7000 | 0 | 1000 | - | 45 | 8 | 275000 |
| Mädler | 100 | 4000 | - | - | - | 90 | 4.5 | 453 |
| TA Techn. Antriebselemente | - | - | - | - | - | 90 | 0.02 | 2000 |
| Welte Cardan | 10 | 8000 | - | - | 2 | 15 | - | - |
| Wichmann | - | - | - | - | - | - | 1650 | 16900 |
| Wilhelm Sass * | - | - | - | - | - | - | 1000 | 15000 |

23020100 Gelenkwelle | 23020104 Gelenk

| Anbieter | max. Drehzahl; (1/min) | | max. Axialversatz; (mm) | | max. Achs- winkelversatz; (°) | | max. Drehmoment; (N m) | |
|---|---|---|---|---|---|---|---|---|
| | von | bis | von | bis | von | bis | von | bis |
| ATLANTA | 800 | 4000 | - | - | 5 | 35 | 7 | 6000 |
| Flohr Industrietechnik | 4500 | 10000 | 0.1 | 0.5 | - | 1 | 12 | 1400 |
| G. Elbe | - | 6000 | - | - | - | - | 250 | 35000 |
| Heinz Strecker | - | - | - | - | 20 | 45 | 6 | 16900 |
| Ingenieurbüro Röder | - | 7000 | - | 1000 | - | 45 | 8 | 275000 |
| Mädler | 100 | 4000 | - | - | - | 45 | 5 | 504 |
| TA Techn. Antriebselemente | - | - | - | - | - | 45 | 0.02 | 2000 |
| TWK * | - | - | - | - | - | - | - | 0.1 |
| Voith Turbo Crailsheim * | 40 | 4500 | - | - | - | 35 | 250 | 14000000 |
| Welte Wenu | - | - | - | - | - | - | 10 | 260000 |
| Wichmann | - | - | - | - | - | - | 150 | 3000000 |

23020100 Gelenkwelle | 23020105 Flanschgelenk

| Anbieter | max. Drehzahl; (1/min) | | max. Axialversatz; (mm) | | max. Achs- winkelversatz; (°) | | max. Drehmoment; (N m) | |
|---|---|---|---|---|---|---|---|---|
| | von | bis | von | bis | von | bis | von | bis |
| G. Elbe | - | - | - | - | - | - | 250 | 35000 |
| Heinz Strecker | - | - | - | - | 18 | 35 | 250 | 35000 |
| Ingenieurbüro Röder | - | 7000 | - | 1000 | - | 45 | 8 | 275000 |
| Spicer | - | 6000 | - | - | - | 44 | 6500 | 35000 |
| Welte Wenu | - | - | - | - | - | - | 10 | 260000 |
| Wichmann | - | - | - | - | - | - | 150 | 3000000 |

23020100 Gelenkwelle | 23020106 Doppelgelenk

| Anbieter | max. Drehzahl; (1/min) | | max. Axialversatz; (mm) | | max. Achs- winkelversatz; (°) | | max. Drehmoment; (N m) | |
|---|---|---|---|---|---|---|---|---|
| | von | bis | von | bis | von | bis | von | bis |
| ATLANTA | 800 | 4000 | - | - | 5 | 35 | 7 | 6000 |
| G. Elbe | - | - | - | - | - | - | 250 | 35000 |
| Hausm. & Haensgen | - | - | - | - | - | - | 40 | 4600 |
| Ingenieurbüro Röder | - | 7000 | - | 1000 | - | 45 | 8 | 275000 |
| Mädler | 100 | 4000 | - | - | - | 90 | 4.5 | 453 |
| TA Techn. Antriebselemente | - | - | - | - | - | 90 | 0.02 | 1000 |
| Voith Turbo Crailsheim * | 40 | 4500 | - | 500 | 0 | 35 | 250 | 14000000 |
| Welte Wenu | - | - | - | - | - | - | 10 | 260000 |
| Wichmann | - | - | - | - | - | - | 4000 | 15000 |

23020100 Gelenkwelle | 23020108 DIN Flansch (Gelenkwelle)

| Anbieter | max. Drehzahl; (1/min) | | max. Axialversatz; (mm) | | max. Achs-winkelversatz; (°) | | max. Drehmoment; (N m) | |
|---|---|---|---|---|---|---|---|---|
| | von | bis | von | bis | von | bis | von | bis |
| Grob | 200 | 3000 | 0.5 | 1 | 0.25 | 1.5 | 10 | 1700 |
| Ingenieurbüro Röder | - | 7000 | - | 1000 | - | 45 | 8 | 275000 |
| Spicer | - | 6000 | - | - | - | 44 | 6500 | 35000 |
| Welte Wenu | - | - | - | - | - | - | 250 | 260000 |
| Wichmann | - | - | - | - | - | - | 150 | 425000 |
| Wilhelm Sass * | - | - | - | - | - | - | 50 | 35000 |

23020100 Gelenkwelle | 23020109 SAE Flansch (Gelenkwelle)

| Anbieter | max. Drehzahl; (1/min) | | max. Axialversatz; (mm) | | max. Achs-winkelversatz; (°) | | max. Drehmoment; (N m) | |
|---|---|---|---|---|---|---|---|---|
| | von | bis | von | bis | von | bis | von | bis |
| Ingenieurbüro Röder | - | 7000 | - | 1000 | - | 45 | 8 | 275000 |
| Spicer | - | 6000 | - | - | - | 44 | 6500 | 35000 |
| Welte Wenu | - | - | - | - | - | - | 250 | 35000 |
| Wichmann | - | - | - | - | - | - | 600 | 20000 |
| Wilhelm Sass * | - | - | - | - | - | - | 50 | 35000 |

23020100 Gelenkwelle | 23020110 Kreuzverzahnter Flansch (Gelenkwelle)

| Anbieter | max. Drehzahl; (1/min) | | max. Axialversatz; (mm) | | max. Achs-winkelversatz; (°) | | max. Drehmoment; (N m) | |
|---|---|---|---|---|---|---|---|---|
| | von | bis | von | bis | von | bis | von | bis |
| Ingenieurbüro Röder | - | 7000 | - | 1000 | - | 45 | 8 | 275000 |
| Ketten-Wild * | - | - | - | - | - | - | 20 | 2400 |
| Spicer | - | 6000 | - | - | - | 44 | 6500 | 35000 |
| Welte Wenu | - | - | - | - | - | - | 3000 | 35000 |
| Wichmann | - | - | - | - | - | - | 1400 | 28000 |

23020100 Gelenkwelle | 23020111 Nabenflansch (Gelenkwelle)

| Anbieter | max. Drehzahl; (1/min) | | max. Axialversatz; (mm) | | max. Achs-winkelversatz; (°) | | max. Drehmoment; (N m) | |
|---|---|---|---|---|---|---|---|---|
| | von | bis | von | bis | von | bis | von | bis |
| Grob | 200 | 3000 | 0.5 | 1 | 0.25 | 1.5 | 10 | 1700 |
| Ingenieurbüro Röder | - | 7000 | - | 1000 | - | 45 | 8 | 275000 |
| Welte Wenu | - | - | - | - | - | - | 10 | 1500 |
| Wichmann | - | - | - | - | - | - | 190 | 3000 |

23020100 Gelenkwelle | 23020112 Zapfenkreuz (Gelenkwelle)

| Anbieter | max. Drehzahl; (1/min) | | max. Axialversatz; (mm) | | max. Achs- winkelversatz; (°) | | max. Drehmoment; (N m) | |
|---|---|---|---|---|---|---|---|---|
| | von | bis | von | bis | von | bis | von | bis |
| G. Elbe | - | - | - | - | - | - | 250 | 275000 |
| Heinz Strecker | - | - | - | - | - | - | 8 | 16900 |
| IFA-Maschinenbau* | - | - | - | - | - | - | 500 | 7000 |
| Ingenieurbüro Röder | - | 7000 | - | 1000 | - | 45 | 8 | 275000 |
| Voith Turbo Crailsheim * | 40 | 4500 | - | - | - | 35 | 250 | 14000000 |
| Welte Wenu | - | - | - | - | - | - | 10 | 3640000 |
| Wichmann | - | - | - | - | - | - | 150 | 3000000 |

23020200 Formwelle | 23020290 Formwelle (nicht klassifiziert)

| Anbieter | max. Drehzahl; (1/min) | | max. Drehmoment; (N m) | | | | | |
|---|---|---|---|---|---|---|---|---|
| | von | bis | von | bis | | | | |
| BerATec | 1 | 5000 | 1 | 1000000 | - | - | - | - |
| Stadler | - | - | 1 | 10000 | - | - | - | - |

23020300 Keilwelle | 23020390 Keilwelle (nicht klassifiziert)

| Anbieter | max. Drehzahl; (1/min) | | max. Drehmoment; (N m) | | | | | |
|---|---|---|---|---|---|---|---|---|
| | von | bis | von | bis | | | | |
| Bischoff Haugg | - | 6000 | 25 | 2500 | - | - | - | - |
| Ingenieurbüro Röder | - | 7000 | 8 | 275000 | - | - | - | - |
| Ketten Fuchs | - | - | 16 | 54 | - | - | - | - |
| Mädler | - | 10000 | 2.3 | 1455 | - | - | - | - |
| Stadler | - | - | 1 | 10000 | - | - | - | - |

23020400 Welle-Nabe-Verbindung | 23020401 Spannelement (Welle-Nabe-Verbindung)

| Anbieter | max. Drehzahl; (1/min) | | max. Drehmoment; (N m) | | | | | |
|---|---|---|---|---|---|---|---|---|
| | von | bis | von | bis | | | | |
| AMF * | 11 | 48 | - | - | - | - | - | - |
| ATLANTA | - | - | 12 | 6300 | - | - | - | - |
| Birn Antriebselemente | - | - | 12 | 428000 | - | - | - | - |
| Deutsche van Rietschoten * | - | 8000 | 300 | 7350 | - | - | - | - |
| Dr. Erich Tretter | - | - | 0.15 | 36000 | - | - | - | - |
| Flohr Industrietechnik | - | - | 20 | 58100 | - | - | - | - |
| GERWAH | - | - | 2 | 450000 | - | - | - | - |
| H.C. Schmidt | - | - | 15 | 428000 | - | - | - | - |
| Hausm. & Haensgen | - | 3000 | 2 | 1700000 | - | - | - | - |
| KBK | - | - | 6 | 400000 | - | - | - | - |
| KTR Kupplungstechnik | - | 10000 | 2 | 178138 | - | - | - | - |
| Mädler | - | 10000 | 3 | 17600 | - | - | - | - |
| Mühl | - | - | 10 | 1340 | - | - | - | - |
| RH Industrieservice* | - | 30000 | - | 160000 | - | - | - | - |
| ROSTA * | 80 | 2520 | 10 | 750 | - | - | - | - |
| rtz Antriebstk. Dietzenbach | - | - | 2 | 926000 | - | - | - | - |
| SIT | - | - | 2.5 | 1635000 | - | - | - | - |
| SKR Gomadingen | - | - | 1.9 | 1300 | - | - | - | - |
| Stüwe | - | 4500 | 10 | 7500000 | - | - | - | - |
| TA Techn. Antriebselemente | - | - | 20 | 1639521 | - | - | - | - |
| TAS Schäfer | - | - | 20 | 8000000 | - | - | - | - |
| VMA | - | 10000 | 10 | 1400 | - | - | - | - |
| Voith Turbo Crailsheim * | - | 10000 | 300 | 10000000 | - | - | - | - |
| W. Stennei | 10 | 8000 | 22 | 14240 | - | - | - | - |
| Wegima | - | - | 3 | 315000 | - | - | - | - |
| Weidinger | - | - | 3 | 31500 | - | - | - | - |
| Wieland | - | - | 9 | 680 | - | - | - | - |
| Wilhelm Sahlberg | - | - | 6 | 200000 | - | - | - | - |

23020400 Welle-Nabe-Verbindung | 23020402 Innenspannsystem

| Anbieter | max. Drehzahl; (1/min) | | max. Drehmoment; (N m) | | | | | |
|---|---|---|---|---|---|---|---|---|
| | von | bis | von | bis | | | | |
| a + s * | - | - | 6 | 2374000 | - | - | - | - |
| Flohr Industrietechnik | - | - | 3.1 | 739620 | - | - | - | - |
| GERWAH | - | - | 143 | 3532700 | - | - | - | - |
| H.C. Schmidt | - | - | 15 | 40000 | - | - | - | - |
| Hausm. & Haensgen | - | 3000 | 2 | 1700000 | - | - | - | - |
| KBK | - | - | 6 | 400000 | - | - | - | - |
| KTR Kupplungstechnik | - | 5000 | 6 | 797384 | - | - | - | - |
| Mädler | - | 10000 | 3 | 17600 | - | - | - | - |
| RH Industrieservice* | - | 30000 | - | 160000 | - | - | - | - |
| Stüwe | - | 1500 | 10 | 1300 | - | - | - | - |
| TAS Schäfer | - | - | 20 | 3000000 | - | - | - | - |
| Weidinger | - | - | 3 | 1800000 | - | - | - | - |
| Wilhelm Sahlberg | - | - | 6 | 200000 | - | - | - | - |

23020400 Welle-Nabe-Verbindung | 23020403 Außenspannsystem

| Anbieter | max. Drehzahl; (1/min) | | max. Drehmoment; (N m) | | | | | |
|---|---|---|---|---|---|---|---|---|
| | von | bis | von | bis | | | | |
| a + s * | - | - | 6 | 2374000 | - | - | - | - |
| Birn Antriebselemente | - | - | 170 | 62000 | - | - | - | - |
| Flohr Industrietechnik | - | - | 30 | 880000 | - | - | - | - |
| GERWAH | - | - | 9 | 2425000 | - | - | - | - |
| H.C. Schmidt | - | - | 15 | 40000 | - | - | - | - |
| Hausm. & Haensgen | - | 3000 | 20 | 1900000 | - | - | - | - |
| KBK | - | - | 36 | 500000 | - | - | - | - |
| KTR Kupplungstechnik | - | 5000 | 24 | 315000 | - | - | - | - |
| Mädler | - | 5000 | 40 | 3150 | - | - | - | - |
| NWT Haug * | - | - | 10 | 1340 | - | - | - | - |
| Rexnord Dortmund | - | - | 160 | 2000000 | - | - | - | - |
| Stüwe | - | 4500 | 5 | 800 | - | - | - | - |
| TAS Schäfer | - | - | 20 | 8000000 | - | - | - | - |
| Weidinger | - | - | 170 | 800000 | - | - | - | - |
| Wilhelm Sahlberg | - | - | 85 | 75000 | - | - | - | - |

## 23030000 Kupplung (nicht elektrisch)

23030900 Kupplung (starr) | 23030901 Scheibenkupplung (starr)

| Anbieter | max. Drehzahl; (1/min) | | Nenndrehmoment; (N m) | | max. Drehmoment; (N m) | | Durchmesser; (mm) | |
|---|---|---|---|---|---|---|---|---|
| | von | bis | von | bis | von | bis | von | bis |
| BerATec | 910 | 4580 | - | - | 46.2 | 118000 | 25 | 250 |
| Erhard Müller | - | - | - | - | 62 | 6270 | 110 | 460 |
| Flohr Industrietechnik | 500 | 6850 | - | - | 46,2 | 1425 | 25 | 500 |
| Geislinger | 1 | 4 | 1700 | 120000 | 3400 | 240000 | - | - |
| H.C. Schmidt | 750 | 6850 | 50 | 950000 | 69 | 1425000 | 25 | 500 |
| HAT Hummert | - | - | 50 | 800 | - | 1450000 | - | 500 |
| Hausm. & Haensgen | - | - | 46.2 | 950000 | - | - | - | - |
| IB Blumernauer * | 1500 | 4000 | 0.5 | 1250 | - | - | - | - |
| KW Engineering | - | - | - | 1000000 | - | 2000000 | - | 500 |

23030900 Kupplung (starr) | 23030902 Schalenkupplung

| Anbieter | max. Drehzahl; (1/min) | | Nenndrehmoment; (N m) | | max. Drehmoment; (N m) | | Durchmesser; (mm) | |
|---|---|---|---|---|---|---|---|---|
| | von | bis | von | bis | von | bis | von | bis |
| BerATec | 630 | 1700 | - | - | 25 | 40000 | 20 | 200 |
| Flohr Industrietechnik | 580 | 1700 | - | - | 20 | 50000 | 20 | 220 |
| H.C. Schmidt | 560 | 1700 | 25 | 50000 | 63 | 80000 | 20 | 220 |
| HAT Hummert | - | - | 200 | 800 | - | 170000 | - | 280 |
| Hausm. & Haensgen | - | - | 25 | 50000 | - | - | - | - |
| Howaldt & Söhne * | - | - | - | - | 11 | 2250 | - | - |
| Ingenieurbüro Röder | - | 6000 | - | 3000 | - | 5000 | - | 50 |
| Mädler | - | 4000 | 7 | 2700 | 14 | 5400 | 3 | 100 |
| VMA | - | - | 17 | 300 | - | 400 | 10 | 55 |

23030900 Kupplung (starr) | 23030903 Stirnzahnkupplung

| Anbieter | max. Drehzahl; (1/min) | | Nenndrehmoment; (N m) | | max. Drehmoment; (N m) | | Durchmesser; (mm) | |
|---|---|---|---|---|---|---|---|---|
| | von | bis | von | bis | von | bis | von | bis |
| ABP | - | 8000 | - | 1,5 | - | 2 | 6 | 10 |
| Flohr Industrietechnik | - | - | - | - | 340 | 98600 | - | - |
| H.C. Schmidt | - | - | 15 | 1000 | - | - | - | - |
| TA Techn. Antriebselemente | - | 8000 | - | - | 0.2 | 0.2 | 6 | 10 |
| VMA | - | - | 30 | 160 | 300 | 600 | 15 | 50 |
| Voith Turbo Crailsheim * | - | 10000 | 10 | 10000000 | 10 | 10000000 | 30 | 2000 |

Mit * gekennzeichnete Herstellerangaben entstammen Katalogdaten im Internet oder Firmenschriften.

23031000 Kupplung (drehstarr) | 23031001 Klauenkupplung (drehstarr)

| Anbieter | max. Axialversatz; (mm) | | max. Achs- winkelversatz; (°) | | max. Radialversatz; (mm) | | Nenndrehmoment; (N m) | |
|---|---|---|---|---|---|---|---|---|
| | von | bis | von | bis | von | bis | von | bis |
| ABP | - | 1 | - | 1,3 | -0.22 | 0.22 | - | 17,5 |
| ATCO | - | - | - | - | - | - | 1 | 600 |
| ATLANTA | - | - | -1.0 | 1 | -0.5 | 0.5 | 0.1 | 350 |
| JAKOB Antriebstechnik | - | 2 | - | 3 | - | 2.5 | 0.4 | 1000 |
| KBK | 0.6 | 2.2 | 0.9 | 1.2 | 0.04 | 0.24 | 0.7 | 940 |
| R + W | 2 | 2200 | - | 1.5 | - | 0.3 | 2 | 2200 |
| Raja-Lovejoy | 0.3 | 0.38 | 0.5 | 1 | - | - | - | - |
| Romani* | - | - | - | - | - | - | 2 | 800 |
| WITTENSTEIN alpha | 1 | 2 | 0.8 | 1.2 | 0.8 | 1.2 | 0.5 | 1100 |

23030000
Kupplung
(nicht
elektrisch)

23031000 Kupplung (drehstarr) | 23031002 Zahnkupplung

| Anbieter | max. Axialversatz; (mm) | | max. Achs- winkelversatz; (°) | | max. Radialversatz; (mm) | | Nenndrehmoment; (N m) | |
|---|---|---|---|---|---|---|---|---|
| | von | bis | von | bis | von | bis | von | bis |
| A. Flender Bocholt | 1 | 4 | - | - | - | - | 850 | 7200000 |
| ATLANTA | - | - | -1.0 | 1 | -0.4 | 0.4 | 20 | 760 |
| BerATec | 250 | 1000000 | 1 | 1.5 | 0.18 | 7.9 | - | - |
| Deutsche van Rietschoten * | - | - | - | - | 0.35 | 1.2 | 1300 | 62000 |
| Flohr Industrietechnik | 0.25 | 2 | - | - | - | - | 1780 | 21500000 |
| Hausm. & Haensgen | - | - | - | - | - | - | 0.0005 | 7200000 |
| HBE Hydraulik | 1 | 1 | 1 | 1 | 0.3 | 0.7 | 10 | 700 |
| JAURE * | - | - | - | - | - | - | 1780 | 205500 |
| KTR Kupplungstechnik | 1 | 1.5 | 0.5 | 0.5 | 0.4 | 2.2 | 930 | 135000 |
| KW Engineering | 3 | 100 | 0.1 | 10 | - | - | 1000 | 1500000 |
| KWD | 1 | 5 | - | - | 1.2 | 13.5 | 250 | 6300000 |
| Lohmann Wälzlager | - | - | 0.5 | 1 | - | - | 1140 | 135000 |
| M.A.T. MALMEDIE* | - | - | - | - | 0.45 | 3.82 | 2060 | 1654000 |
| Mädler | - | 1 | - | 1 | - | 0.35 | 5 | 20 |
| Raja-Lovejoy | 0.3 | 0.8 | 1 | 1 | - | - | - | - |
| Reich | - | - | - | - | - | - | 1200 | 7780000 |
| SIT | 1 | 1 | - | - | 0.3 | 1.1 | 10 | 2500 |
| Stromag Unna | - | - | - | - | - | - | 20 | 100000 |
| TA Techn. Antriebselemente | 0.05 | 0.2 | 0.5 | 0.5 | 0.1 | 0.25 | 0.7 | 150 |
| Tschan | 3 | 90 | - | 1.5 | 0.07 | 10 | 550 | 290000 |

23031000 Kupplung (drehstarr) | 23031003 Kreuzscheibenkupplung

| Anbieter | max. Axialversatz; (mm) | | max. Achswinkelversatz; (°) | | max. Radialversatz; (mm) | | Nenndrehmoment; (N m) | |
|---|---|---|---|---|---|---|---|---|
| | von | bis | von | bis | von | bis | von | bis |
| Hausm. & Haensgen | - | - | - | - | - | - | 0.06 | 17 |
| Ingenieurbüro Röder | 0.05 | 0.15 | - | 1 | 0.1 | 0.25 | - | 3.65 |
| Mädler | - | 0.25 | - | 0.5 | - | 0.25 | 1.7 | 44 |
| Raja-Lovejoy | - | - | 1 | 3 | - | - | - | - |
| Schmidt-Kupplungen | - | - | 3 | 3 | 1 | 2.5 | 4 | 220 |
| TA Techn. Antriebselemente | 0.05 | 0.2 | 0.5 | 0.5 | 0.1 | 0.25 | 0.7 | 150 |

23031000 Kupplung (drehstarr) | 23031004 Parallelkurbelkupplung

| Anbieter | max. Axialversatz; (mm) | | max. Achswinkelversatz; (°) | | max. Radialversatz; (mm) | | Nenndrehmoment; (N m) | |
|---|---|---|---|---|---|---|---|---|
| | von | bis | von | bis | von | bis | von | bis |
| Hausm. & Haensgen | - | - | - | - | - | - | 35 | 3300 |
| Ingenieurbüro Röder | - | 5 | - | 1 | - | 500 | - | 100000 |
| Schmidt-Kupplungen | 1 | 2 | 0.2 | 0.8 | 23 | 275 | 35 | 6615 |

23031000 Kupplung (drehstarr) | 23031005 Ganzmetallkupplung (biegenachgiebig)

| Anbieter | max. Axialversatz; (mm) | | max. Achswinkelversatz; (°) | | max. Radialversatz; (mm) | | Nenndrehmoment; (N m) | |
|---|---|---|---|---|---|---|---|---|
| | von | bis | von | bis | von | bis | von | bis |
| ATCO | - | - | - | - | - | - | 0.4 | 1500 |
| Autogard Kupplungen | 0.76 | 2.89 | 0.3 | 0.5 | 0.2 | 0.95 | 110 | 200000 |
| Chr. Mayr Mauerstetten | 1.1 | 2.2 | 1 | 2 | 0.3 | 2.6 | 190 | 24000 |
| Flohr Industrietechnik | 0.2 | 1 | 1.2 | 2 | 0.12 | 0.25 | 1 | 500 |
| GERWAH | 0.2 | 1 | 1 | 2 | 0.1 | 0.2 | 0.4 | 5000 |
| Hausm. & Haensgen | - | - | - | - | - | - | 0.05 | 10000 |
| Ingenieurbüro Röder | - | 0.5 | - | 2 | - | 0.3 | - | 100 |
| JAKOB Antriebstechnik | - | 1 | - | 2 | - | 3 | 0.4 | 30000 |
| KW Engineering | - | - | 0.1 | 1 | - | - | 1 | 500000 |
| Lohmann Wälzlager | - | - | - | - | - | - | 63 | 40000 |
| Mädler | 0.35 | 2.5 | 1 | 8 | 0.06 | 1.2 | 0.23 | 51 |
| R + W | 0.01 | 10000 | - | 1.5 | - | 0.4 | 0.01 | 10000 |
| Reich | 0.8 | 7.5 | 1 | 1.5 | 0.3 | 3 | 75 | 870000 |
| Romani* | - | - | - | - | - | - | 0.2 | 500 |
| Schmidt-Kupplungen | 1 | 2 | 0.3 | 1 | 1 | 6.6 | 40 | 7040 |
| TA Techn. Antriebselemente | - | 1.5 | - | 7 | - | 0.95 | 0.015 | 500 |
| Tschan | 0.3 | 0.5 | - | 1 | 0.2 | 0.3 | 2 | 220 |
| ÜV Verbindungssysteme | 0.1 | 0.5 | - | - | 0.1 | 0.3 | 0.3 | 1700 |
| VMA | 0.3 | 0.4 | 1 | 2 | - | - | 1 | 600 |
| Voith Turbo Sonthofen * | - | - | - | - | - | - | - | 540000 |

23031000 Kupplung (drehstarr) | 23031006 Lamellenkupplung

| Anbieter | max. Axialversatz; (mm) | | max. Achswinkelversatz; (°) | | max. Radialversatz; (mm) | | Nenndrehmoment; (N m) | |
|---|---|---|---|---|---|---|---|---|
| | von | bis | von | bis | von | bis | von | bis |
| A. Flender Bocholt | - | - | - | - | - | - | 55 | 1450000 |
| Chr. Mayr Mauerstetten | 0.5 | 2.2 | 1 | 2 | 0.15 | 2.6 | 35 | 24000 |
| Flohr Industrietechnik | - | 5 | - | 1 | - | - | 240 | 117000 |
| Hausm. & Haensgen | - | - | - | - | - | - | 15 | 92000 |
| Helmut Rossmanith | - | - | - | - | - | - | 0.4 | 360 |
| Ingenieurbüro Röder | - | 9 | - | 3 | - | 2.5 | - | 6000 |
| KTR Kupplungstechnik | 0.6 | 5 | 0.5 | 1 | 0.5 | 4 | 15 | 280000 |
| KWD | - | - | - | - | - | - | 40 | 1000000 |
| Lohmann Wälzlager | 0,5 | 1,5 | - | - | - | - | 3100 | 7500 |
| Mädler | 0.2 | 0.2 | 2 | 4 | - | 0.4 | 0.45 | 30 |
| Miba Frictec* | - | 900 | - | - | - | - | - | - |
| MISUMI | - | - | - | - | - | - | 0.15 | 250 |
| Mönninghoff | 0.1 | 3.4 | - | - | 0.12 | 3 | 0.5 | 23000 |
| R + W | 0.01 | 10000 | - | 1.5 | - | 0.4 | 0.01 | 10000 |
| Reich | 0.8 | 7.5 | 1 | 1.5 | 0.3 | 3 | 75 | 870000 |
| Rexnord Betzdorf* | 0.12 | 4.066 | - | - | - | - | 305 | 94694 |
| Rexnord Dortmund | 1 | 8 | 0,3 | 1 | - | - | 280 | 2000000 |
| Siemens Nürnberg * | 0.16 | 8.24 | - | - | - | - | 100 | 106000 |
| SIT | 0.8 | 3.8 | 0.5 | 0.75 | 0.32 | 3.85 | 100 | 65000 |
| TA Techn. Antriebselemente | 0.2 | 0.5 | 1 | 1 | 0.13 | 0.4 | 1.2 | 500 |
| Tschan | 0.7 | 4.4 | 0.25 | 0.5 | 0.3 | 4.6 | 80 | 110000 |

**23030000 Kupplung (nicht elektrisch)**

23031100 Kupplung (elastisch) | 23031101 Klauenkupplung (elastisch)

| Anbieter | max. Drehzahl; (1/min) | | dyn. Drehfeder- steife; (Nm/rad) | | Nenndrehmoment; (N m) | | max. Drehmoment; (N m) | |
|---|---|---|---|---|---|---|---|---|
| | von | bis | von | bis | von | bis | von | bis |
| A. Flender Bocholt | - | - | - | - | 19 | 62000 | 57 | 186000 |
| Aditec | - | - | - | - | 20 | 6000 | - | - |
| Amsbeck Maschinentechnik | 2800 | 14000 | - | - | 3 | 600 | 20 | 4800 |
| ATCO | - | - | - | - | 1 | 600 | - | - |
| BerATec | 600 | 3200 | 12100 | 5500000 | - | - | 250 | 1000000 |
| Birn Antriebselemente | - | - | - | - | 32 | 7200 | - | - |
| DESCH* | 1900 | 3750 | - | - | 10 | 2400 | 20 | 4800 |
| Deutsche van Rietschoten * | 1500 | 6000 | - | - | 150 | 13000 | 310 | 27000 |
| Dötsch Elektromotoren | - | - | - | - | 1 | 10000 | - | - |
| Flohr Industrietechnik | - | - | - | - | 20 | 3200 | - | - |
| GERWAH | 3600 | 47500 | 10 | 30500 | 0.5 | 525 | 0.6 | 1310 |
| H.C. Schmidt | - | 9100 | - | - | 30 | 3150 | 72 | 7200 |
| HAT Hummert | - | - | - | - | 50 | 1000 | - | 25000 |
| Hausm. & Haensgen | - | - | - | - | 2 | 62000 | - | - |
| HBE Hydraulik | 2000 | 19000 | 0.25 | 1344 | 4 | 7500 | 8 | 15000 |
| HFB Wälzlager | 1400 | 5000 | - | - | 19 | 16600 | - | - |
| Ingenieurbüro Röder | - | 6000 | 2.8 | 1200 | 0 | 40000 | - | 120000 |
| JAKOB Antriebstechnik | - | 25000 | 10 | 41256 | 0.4 | 1000 | 0.4 | 1500 |
| KTR Kupplungstechnik | 1400 | 19000 | 140 | 6001130 | 7.5 | 35000 | 15 | 70000 |
| KW Engineering | 2200 | 25000 | 40 | 80 | 15 | 350000 | 100 | 950000 |
| KWD | - | - | 2300 | 9300000 | 25 | 63000 | 50 | 126000 |
| Lohmann Wälzlager | 3 | 5000 | - | - | 40 | 2900 | 40 | 2900 |
| Mädler | 6300 | 14000 | 8 | 45620 | 0.2 | 525 | 0.6 | 1050 |
| MISUMI | 4000 | 45000 | 8 | 20000 | 0.3 | 180 | - | - |
| Mönninghoff | 1300 | 7000 | - | - | 1 | 21200 | 2 | 42400 |
| Nozag | - | - | - | - | 0.4 | 240 | - | 10000 |
| R + W | - | 50000 | 50 | 82600 | 2 | 2200 | 2 | 2200 |
| Reich | 520 | 5000 | 700 | 8500000 | 40 | 1000000 | 120 | 3000000 |
| SIT | 2000 | 14000 | - | - | 11.5 | 6000 | 23 | 12000 |
| Stromag Unna | 1400 | 8500 | - | - | 15 | 16000 | 36 | 40000 |
| TA Techn. Antriebselemente | - | 19000 | - | - | - | - | 1.28 | 7200 |
| Tschan | 900 | 15000 | 0.04 | 5640000 | 4 | 41000 | 12 | 97500 |
| TWK * | - | - | - | - | - | - | - | 1 |
| VMA | - | - | 33 | 91 | 1 | 4 | - | - |
| Wilhelm Sahlberg | 1400 | 19000 | 140 | 6000000 | 7.5 | 35000 | 15 | 70000 |

23031100 Kupplung (elastisch) | 23031102 Bolzenkupplung (elastisch)

| Anbieter | max. Drehzahl; (1/min) | | dyn. Drehfeder-steife; (Nm/rad) | | Nenndrehmoment; (N m) | | max. Drehmoment; (N m) | |
|---|---|---|---|---|---|---|---|---|
| | von | bis | von | bis | von | bis | von | bis |
| A. Flender Bocholt | - | - | - | - | 200 | 1300000 | 600 | 3900000 |
| BerATec | 1200 | 5000 | 2250 | 5620000 | - | - | 40 | 1000000 |
| Birn Antriebselemente | - | - | - | - | 44 | 35120 | - | - |
| DESCH* | - | - | - | - | 200 | 25000 | - | - |
| Dötsch Elektromotoren | - | - | - | - | 1 | 10000 | - | - |
| Flohr Industrietechnik | 550 | 5000 | - | - | 200 | 1300000 | - | - |
| H.C. Schmidt | - | 5000 | - | - | 44 | 35120 | - | - |
| HAT Hummert | - | 10000 | - | - | 200 | 1000 | - | 13000000 |
| Hausm. & Haensgen | - | - | - | - | 50 | 1300000 | - | - |
| Ingenieurbüro Röder | 0 | 3000 | - | - | - | 14000 | 0 | 42000 |
| KTR Kupplungstechnik | 535 | 2000 | 1053000 | 83710000 | 6485 | 377800 | 12970 | 755600 |
| KWD | - | - | 8500 | 188000 | 40 | 1000000 | 80 | 2000000 |
| Lohmann Wälzlager | 480 | 4700 | - | - | 250 | 600000 | 250 | 600000 |
| Reich | 600 | 5700 | - | - | 350 | 350000 | 800 | 800000 |
| RENK Rheine * | - | - | - | - | 98 | 53000 | - | - |
| SHB - Saalfeld * | 1200 | 3000 | - | - | 160 | 25000 | 240 | 37500 |
| Tschan | 1800 | 7600 | 131000 | 67400000 | 1000 | 180000 | 7000 | 550000 |
| Wilhelm Sahlberg | 500 | 2000 | 1000000 | 200000000 | 6000 | 370000 | 12970 | 755600 |

**23030000 Kupplung (nicht elektrisch)**

23031100 Kupplung (elastisch) | 23031103 Scheibenkupplung (elastisch)

| Anbieter | max. Drehzahl; (1/min) | | dyn. Drehfeder-steife; (Nm/rad) | | Nenndrehmoment; (N m) | | max. Drehmoment; (N m) | |
|---|---|---|---|---|---|---|---|---|
| | von | bis | von | bis | von | bis | von | bis |
| Dötsch Elektromotoren | - | - | - | - | 1 | 10000 | - | - |
| Ingenieurbüro Röder | - | 5000 | 2200 | 130000 | - | 15000 | - | 30000 |
| Mönninghoff | 2700 | 7100 | - | - | 100 | 2250 | 200 | 4500 |
| SHB - Saalfeld * | 1100 | 3600 | - | - | 400 | 25000 | 800 | 50000 |
| Stromag Unna | 1500 | 5000 | - | - | 160 | 40000 | 480 | 96000 |
| Voith Turbo Crailsheim * | 1 | 4200 | 1600 | 160000 | 400 | 25000 | 1200 | 75000 |

23031100 Kupplung (elastisch) | 23031104 Kupplung (metallelastisch)

| Anbieter | max. Drehzahl; (1/min) | | dyn. Drehfeder- steife; (Nm/rad) | | Nenndrehmoment; (N m) | | max. Drehmoment; (N m) | |
|---|---|---|---|---|---|---|---|---|
| | von | bis | von | bis | von | bis | von | bis |
| ABP | - | 12000 | - | 250 | - | 1,4 | - | 2 |
| ATCO | - | - | - | - | 0.4 | 1500 | - | - |
| Bervina * | - | - | - | - | - | - | 0.4 | 22 |
| Dötsch Elektromotoren | - | - | - | - | 1 | 10000 | - | - |
| ENEMAC | 6000 | 20000 | 172 | 1547000 | 0.4 | 2500 | 0.4 | 2500 |
| Flohr Industrietechnik | - | - | - | - | 15 | 280000 | - | - |
| H.C. Schmidt | - | 4200 | - | - | 490 | 39100 | - | - |
| Ingenieurbüro Röder | - | 2300 | - | - | - | 160000 | - | 450000 |
| JAKOB Antriebstechnik | - | 30000 | 100 | 18221400 | 0.4 | 30000 | 0.4 | 38000 |
| Mädler | 0.18 | 3.6 | 3 | 6 | 0.15 | 500 | 0.3 | 1000 |
| R + W | - | 100000 | 50 | 10950000 | 0.01 | 10000 | 0.01 | 10000 |
| TA Techn. Antriebselemente | - | 0.95 | - | 7 | 0.015 | 500 | - | 1.5 |
| Voith Turbo Crailsheim * | 1 | 4500 | 2500 | 50000 | 950 | 2650 | 1590 | 4500 |

23031100 Kupplung (elastisch) | 23031105 Kupplung (hochelastisch)

| Anbieter | max. Drehzahl; (1/min) | | dyn. Drehfeder- steife; (Nm/rad) | | Nenndrehmoment; (N m) | | max. Drehmoment; (N m) | |
|---|---|---|---|---|---|---|---|---|
| | von | bis | von | bis | von | bis | von | bis |
| A. Flender Bocholt | - | - | - | - | 24 | 90000 | 48 | 270000 |
| Amsbeck Maschinentechnik | 2700 | 6200 | 550 | 12000 | 36 | 600 | 390 | 9600 |
| Brockmann * | - | - | - | - | 25 | 1102 | 32 | 1316 |
| Dötsch Elektromotoren | - | - | - | - | 1 | 10000 | - | - |
| Flohr Industrietechnik | - | - | - | - | 20 | 2000 | - | - |
| H.C. Schmidt | - | 7500 | - | - | 41 | 38400 | - | - |
| HAT Hummert | - | 5000 | - | - | 25 | 800 | - | 10000 |
| Hausm. & Haensgen | - | - | - | - | 0.5 | 90000 | - | - |
| Ingenieurbüro Röder | - | 10000 | 80 | 3400000 | 10 | 500000 | 10 | 1500000 |
| KTR Kupplungstechnik | 1800 | 6200 | 550 | 166000 | 130 | 9000 | 390 | 27000 |
| KWD | - | - | 1400 | 102000 | 1000 | 100000 | 3000 | 300000 |
| Lohmann Wälzlager | 1800 | 7500 | - | - | 62 | 38400 | 62 | 38400 |
| Mädler | - | 3000 | - | - | 0.25 | 9 | 0.5 | 18 |
| Ortlinghaus | - | - | 589 | 57820 | 40 | 2400 | 100 | 6000 |
| R + W | - | 50000 | 50 | 82600 | 2 | 2200 | 2 | 2200 |
| Reich | 65 | 162000 | 200 | 2800000 | 24 | 100000 | 25 | 150 |
| Rexnord Betzdorf* | 1500 | 7500 | - | - | 22 | 38500 | - | - |
| Siemens Nürnberg * | 500 | 3000 | 22 | 1100 | 1600 | 90000 | 4800 | 270000 |
| Stromag Unna | 1000 | 3800 | - | - | 1150 | 125000 | 3400 | 250000 |
| TA Techn. Antriebselemente | 4000 | 6000 | 10 | 2610 | 3 | 405 | 1.28 | 33.5 |
| Tschan | 2300 | 4000 | 3000 | 70000 | 570 | 6300 | 1710 | 18900 |
| Voith Turbo Crailsheim * | 1 | 10000 | 95 | 5000000 | 140 | 500000 | 420 | 1200000 |
| VULKAN * | - | - | - | - | 1.25 | 80 | - | - |

23031100 Kupplung (elastisch) | 23031107 Kupplung (drehelastisch)

| Anbieter | max. Drehzahl; (1/min) | | dyn. Drehfeder-steife; (Nm/rad) | | Nenndrehmoment; (N m) | | max. Drehmoment; (N m) | |
|---|---|---|---|---|---|---|---|---|
| | von | bis | von | bis | von | bis | von | bis |
| ATLANTA | 2500 | 19000 | - | - | 7.5 | 4200 | - | - |
| Autogard Kupplungen | 1100 | 10000 | 0.21 | 580 | 24 | 75000 | 48 | 150000 |
| Delta * | 5600 | 24000 | - | - | 100 | 50000 | 200 | 100000 |
| Dötsch Elektromotoren | - | - | - | - | 1 | 10000 | - | - |
| Flohr Industrietechnik | - | - | - | - | 20 | 3200 | - | - |
| H.C. Schmidt | - | 10000 | - | - | 40 | 20000 | - | - |
| HBE Hydraulik | 2000 | 19000 | 0.25 | 1344 | 4 | 7500 | 8 | 15000 |
| Ingenieurbüro Röder | - | 10000 | 80 | 3400000 | 10 | 500000 | 10 | 1500000 |
| KTR Kupplungstechnik | 2050 | 8300 | 897 | 176509 | 40 | 5500 | 80 | 11000 |
| KW Engineering | 3500 | 8000 | 40 | 80 | 100 | 2000 | 250 | 2500 |
| KWD | - | - | 270 | 250000 | 5 | 3600 | 10 | 7200 |
| Lohmann Wälzlager | 1800 | 7500 | - | - | 62 | 38400 | 62 | 38400 |
| Mädler | 6.33 | 14000 | 8 | 45620 | 0.3 | 525 | 0.6 | 1050 |
| R + W | - | 50000 | 50 | 82600 | 2 | 2200 | 2 | 2200 |
| Reich | 520 | 19000 | 700 | 8500000 | 10 | 1000000 | 20 | 3000000 |
| RENK Rheine * | - | - | - | - | 3.5 | 540000 | - | - |
| Rexnord Betzdorf* | 1500 | 7500 | - | - | 22 | 38500 | - | - |
| RH Industrieservice* | - | 8000 | - | - | - | 4000 | - | 7000 |
| SIBRE Siegerland | 1500 | 3450 | - | - | 940 | 19200 | 1880 | 38400 |
| TA Techn. Antriebselemente | 4000 | 6000 | 10 | 2610 | 3 | 405 | 1.28 | 33.5 |
| Tschan | 1900 | 9100 | - | - | 40 | 4000 | 80 | 8000 |
| Voith Turbo Crailsheim * | 1 | 10000 | 95 | 5000000 | 140 | 500000 | 420 | 1200000 |
| Wegima | - | - | - | - | 3 | 1200 | 10 | 3600 |

**23030000 Kupplung (nicht elektrisch)**

23031100 Kupplung (elastisch) | 23031108 Kupplung (drehelastisch, spielfrei)

| Anbieter | max. Drehzahl; (1/min) | | dyn. Drehfeder- steife; (Nm/rad) | | Nenndrehmoment; (N m) | | max. Drehmoment; (N m) | |
|---|---|---|---|---|---|---|---|---|
| | von | bis | von | bis | von | bis | von | bis |
| ABP | - | 8000 | - | 1,5 | - | 1,5 | - | 0,18 |
| ATCO | - | - | - | - | 0.4 | 1500 | - | - |
| Chr. Mayr Mauerstetten | 5600 | 28000 | 0.3 | 45 | 13 | 1040 | 26 | 2080 |
| Dötsch Elektromotoren | - | - | - | - | 1 | 10000 | - | - |
| Flohr Industrietechnik | - | - | - | - | 20 | 3200 | - | - |
| H.C. Schmidt | - | 9000 | - | - | 40 | 20000 | - | - |
| Hausm. & Haensgen | - | - | - | - | 2 | 2200 | - | - |
| HBE Hydraulik | 5000 | 28000 | 32 | 10540 | 3 | 405 | 6 | 810 |
| Ingenieurbüro Röder | - | 10000 | 80 | 3400000 | 10 | 500000 | 10 | 1500000 |
| JAKOB Antriebstechnik | - | 30000 | 10 | 18221400 | 0.4 | 30000 | 0.4 | 38000 |
| KTR Kupplungstechnik | 0.14 | 0.24 | 0.9 | 1.2 | 0.2 | 2400 | 0.4 | 3 |
| Mädler | 3600 | 38000 | 16 | 45620 | 0.2 | 262 | 0.4 | 525 |
| Mönninghoff | 2700 | 7100 | - | - | 100 | 2250 | 200 | 4500 |
| NovoNox * | - | - | 5.2 | 280 | 0.4 | 300 | - | - |
| R + W | - | 100000 | 50 | 10950000 | 0.01 | 10000 | 0.01 | 10000 |
| SIT | 4000 | 40000 | 43 | 49500 | 1.2 | 1040 | 2.4 | 2080 |
| TA Techn. Antriebselemente | 5000 | 28000 | 10 | 2610 | 3 | 405 | 6 | 810 |
| Wilhelm Sahlberg | 2350 | 47000 | 5 | 316000 | 0.2 | 2400 | 0.3 | 4800 |

23031400 Kupplung (schaltbar) | 23031403 Mechanischbetätigte Schaltkupplung

| Anbieter | max. Drehzahl; (1/min) | | Nenndrehmoment; (N m) | | max. Drehmoment; (N m) | | | |
|---|---|---|---|---|---|---|---|---|
| | von | bis | von | bis | von | bis | | |
| Hausm. & Haensgen | - | - | 15 | 1200 | - | - | - | - |
| Intorq | - | - | 7.5 | 480 | - | - | - | - |
| KTR Kupplungstechnik | 855 | 3280 | 35 | 12500 | 70 | 25000 | - | - |
| KW Engineering | - | - | 1800 | 200000 | 4300 | 488000 | - | - |
| KWD | - | - | 25 | 1600 | - | - | - | - |
| Mönninghoff | 1000 | 4500 | 5 | 6000 | - | - | - | - |
| Nexen Europe * | 2000 | 3700 | 230 | 2030 | - | - | - | - |
| Ortlinghaus | - | - | 20 | 5300 | - | - | - | - |
| PRODAN | - | 5000 | 25 | 200000 | 25 | 200000 | - | - |
| Rexnord Dortmund | - | - | 90 | 30700 | 90 | 30700 | - | - |
| Stromag Unna | - | - | 30 | 20000 | 30 | 2000 | - | - |
| VMA | - | - | 2.5 | 300 | - | - | - | - |

23031400 Kupplung (schaltbar) | 23031404 Hydraulischbetätigte Schaltkupplung

| Anbieter | max. Drehzahl; (1/min) | | Nenndrehmoment; (N m) | | max. Drehmoment; (N m) | | | |
|---|---|---|---|---|---|---|---|---|
| | von | bis | von | bis | von | bis | | |
| DESCH* | - | - | - | - | 625 | 14260 | - | - |
| KANIA | 500 | 3400 | 300 | 65000 | - | - | - | - |
| KWD | - | - | 280 | 910000 | - | - | - | - |
| Ortlinghaus | - | - | 200 | 1650000 | - | - | - | - |
| PRODAN | - | 3000 | 100 | 325000 | 100 | 325000 | - | - |
| Rexnord Betzdorf* | 1800 | 5000 | 45 | 200000 | - | - | - | - |
| Rexnord Dortmund | - | - | 400 | 100000 | 400 | 100000 | - | - |
| Stromag Unna | - | - | 120 | 2000000 | 280 | 2000000 | - | - |
| Voith Turbo Crailsheim * | - | 5000 | - | 300000 | - | 420000 | - | - |

**23030000 Kupplung (nicht elektrisch)**

23031400 Kupplung (schaltbar) | 23031405 Pneumatischbetätigte Schaltkupplung

| Anbieter | max. Drehzahl; (1/min) | | Nenndrehmoment; (N m) | | max. Drehmoment; (N m) | | | |
|---|---|---|---|---|---|---|---|---|
| | von | bis | von | bis | von | bis | | |
| DESCH* | - | - | - | - | 150 | 6150 | - | - |
| KWD | - | - | 220 | 4600 | - | - | - | - |
| Mönninghoff | 3000 | 5000 | 100 | 2500 | - | - | - | - |
| Ortlinghaus | - | - | 20 | 115000 | - | - | - | - |
| PRODAN | - | 3000 | 50 | 55000 | 50 | 55000 | - | - |
| Rexnord Betzdorf* | 1800 | 5000 | 45 | 200000 | - | - | - | - |
| Rexnord Dortmund | - | - | 100 | 40000 | 100 | 40000 | - | - |
| Stromag Unna | - | 7500 | 120 | 66000 | 10 | 100000 | - | - |
| TAT-Technom * | 600 | 5500 | - | - | 54 | 78000 | - | - |

23031400 Kupplung (schaltbar) | 23031406 Elektromagnetisch betätigte Schaltkupplung

| Anbieter | max. Drehzahl; (1/min) | | Nenndrehmoment; (N m) | | max. Drehmoment; (N m) | | | |
|---|---|---|---|---|---|---|---|---|
| | von | bis | von | bis | von | bis | | |
| DESCH* | - | - | - | - | 100 | 480000 | - | - |
| Dötsch Elektromotoren | - | - | 10 | 5000 | - | - | - | - |
| Ingenieurbüro Röder | - | 4000 | 700 | 7000 | 700 | 15000 | - | - |
| KANIA | 500 | 6000 | 2 | 12500 | - | - | - | - |
| KEB Barntrup | - | 10000 | 0.5 | 1500 | - | - | - | - |
| KENDRION | 2000 | 16000 | 0.2 | 260 | - | 350 | - | - |
| MACCON | 100 | 1000 | 1.7 | 8.5 | - | - | - | - |
| Magneta | 10000 | 10000 | 0.3 | 5 | 5 | 5 | - | - |
| Mönninghoff | 950 | 5000 | 20 | 16000 | - | - | - | - |
| Ortlinghaus | - | - | 12 | 100000 | - | - | - | - |
| PRODAN | - | 10000 | 2 | 15000 | 2 | 15000 | - | - |
| Rexnord Betzdorf* | 1500 | 8000 | 10 | 22000 | - | - | - | - |
| Rexnord Dortmund | - | - | 10 | 22000 | 10 | 22000 | - | - |
| Stromag Unna | - | - | 12.5 | 12000 | 20 | 16000 | - | - |
| TAT-Technom * | 1500 | 10000 | - | - | 1.6 | 6000 | - | - |
| ZF Friedrichshafen * | - | - | 5 | 320 | 5000 | 9000 | - | - |

23031400 Kupplung (schaltbar) | 23031407 Kupplung (Fliehkraft, reibschlüssig)

| Anbieter | max. Drehzahl; (1/min) | | Schaltdrehzahl; (min-1) | | Nenndrehmoment; (N m) | | max. Drehmoment; (N m) | |
|---|---|---|---|---|---|---|---|---|
| | von | bis | von | bis | von | bis | von | bis |
| Amsbeck Maschinentechnik | 300 | 15000 | - | 3500 | 3 | 5000 | - | - |
| DESCH* | - | - | - | - | - | - | 1.6 | 4480 |
| GKN-Walterscheid | - | - | - | - | 600 | 5000 | - | - |
| Ingenieurbüro Röder | 1600 | 5800 | 800 | 1100 | 80 | 2500 | 280 | 9000 |
| Rexnord Dortmund | - | - | - | - | 270 | 24000 | 270 | 24000 |
| VMA | - | - | - | - | 2.5 | 300 | - | - |

23031400 Kupplung (schaltbar) | 23031408 Richtungsbetätigte (Freilaufkupplung)

| Anbieter | max. Drehzahl; (1/min) | | Nenndrehmoment; (N m) | | max. Drehmoment; (N m) | | | |
|---|---|---|---|---|---|---|---|---|
| | von | bis | von | bis | von | bis | | |
| Flamang Maschinen | - | 14500 | 0.8 | 200000 | 1.6 | 400000 | - | - |
| GMN Paul Müller | - | 10000 | 0.3 | 7500 | - | - | - | - |
| Rexnord Dortmund | - | - | 65 | 92500 | 260 | 370000 | - | - |
| TA Techn. Antriebselemente | 0 | 8200 | - | - | - | 70000 | - | - |
| Tsubakimoto Europe | 30 | 3600 | - | - | - | - | - | - |

23031500 Kupplung (Dauermagnetisch, nichtschaltbar) | 23031501 Dauermagnetische Synchron Kupplung

| Anbieter | max. Drehzahl; (1/min) | | Nenndrehmoment; (N m) | | max. Drehmoment; (N m) | | | |
|---|---|---|---|---|---|---|---|---|
| | von | bis | von | bis | von | bis | | |
| Chr. Mayr Mauerstetten | 3000 | 4000 | 0.1 | 6 | - | - | - | - |
| Dötsch Elektromotoren | - | - | 1 | 500 | - | - | - | - |
| DST Dauermagnet | - | - | 1 | 8800 | - | - | - | - |
| GERWAH | 3000 | 10000 | 1.2 | 150 | 50 | 500 | - | - |
| KTR Kupplungstechnik | - | 3600 | 0.1 | 400 | 0.15 | 530 | - | - |
| TA Techn. Antriebselemente | - | 1000 | 0.5 | 40.6 | 0.6 | 46 | - | - |

23031600 Schlupfkupplung | 23031601 Hydrodynamische Kupplung

| Anbieter | max. Drehzahl; (1/min) | | Nenndrehmoment; (N m) | | max. Drehmoment; (N m) | | | |
|---|---|---|---|---|---|---|---|---|
| | von | bis | von | bis | von | bis | | |
| A. Flender Bocholt | 600 | 3600 | - | - | - | - | - | - |
| Lohmann Wälzlager | - | 3700 | - | - | 1 | 200 | - | - |
| Siemens Geared Motors | 600 | 3600 | - | - | - | - | - | - |
| Voith Turbo Crailsheim * | - | 7000 | - | 300000 | - | 420000 | - | - |

23031600 Schlupfkupplung | 23031602 Induktionskupplung

| Anbieter | max. Drehzahl; (1/min) | | Nenndrehmoment; (N m) | | max. Drehmoment; (N m) | | | |
|---|---|---|---|---|---|---|---|---|
| | von | bis | von | bis | von | bis | | |
| HAT Hummert | - | - | - | - | - | 400 | - | - |
| Stromag Unna | - | 8000 | 80 | 2600 | 80 | 75000 | - | - |

23031600 Schlupfkupplung | 23031603 Dauermagnetische Schlupfkupplung

| Anbieter | max. Drehzahl; (1/min) | | Nenndrehmoment; (N m) | | max. Drehmoment; (N m) | | | |
|---|---|---|---|---|---|---|---|---|
| | von | bis | von | bis | von | bis | | |
| TA Techn. Antriebselemente | - | 1000 | 0.5 | 40.6 | 0.6 | 46 | - | - |

23031700 Überlastkupplung (Drehmomentbegrenzer) | 23031702 Translatorische Überlastkupplung

| Anbieter | Auslösekraft; (N) | | | | | | | |
|---|---|---|---|---|---|---|---|---|
| | von | bis | | | | | | |
| Chr. Mayr Mauerstetten | 75 | 300000 | - | - | - | - | - | - |
| R + W | 100 | 70000 | - | - | - | - | - | - |
| Romani* | 0.1 | 3000 | - | - | - | - | - | - |

23031700 Überlastkupplung (Drehmomentbegrenzer) | 23031703 Reibschlüssige Drehmomentbegrenzer

| Anbieter | max. Drehzahl; (1/min) | | Schaltmoment; (Nm) | | Nenndrehmoment; (N m) | | max. Drehmoment; (N m) | |
|---|---|---|---|---|---|---|---|---|
| | von | bis | von | bis | von | bis | von | bis |
| ATCO | - | - | - | - | 2.5 | 550 | - | - |
| Chr. Mayr Mauerstetten | 690 | 8500 | 2 | 50000 | 2 | 50000 | 2 | 50000 |
| Dr. Erich Tretter | - | - | - | - | - | - | 0.15 | 36000 |
| Flamang Maschinen | - | - | - | - | 3 | 1280 | 3 | 1280 |
| GKN-Walterscheid | - | - | - | - | 400 | 16000 | - | - |
| H.C. Schmidt | - | - | - | - | 3 | 1106 | - | - |
| Hausm. & Haensgen | - | 10000 | 0.5 | 23000 | 0.5 | 23000 | - | 10000 |
| KTR Kupplungstechnik | - | 10000 | - | - | 0.5 | 7000 | - | - |
| KW Engineering | - | - | 5 | 80000 | 5 | 80000 | 5 | 80000 |
| KWD | - | - | - | - | 25 | 18000 | - | - |
| MACCON | - | - | - | - | 0.1 | 4 | - | - |
| Mädler | 544 | 2120 | 0.54 | 800 | 0.024 | 600 | 0.54 | 800 |
| Mönninghoff | 250 | 5000 | - | - | 10 | 3800 | - | - |
| PRODAN | - | - | - | - | 10 | 160000 | - | - |
| R + W | - | 160000 | 0.1 | 160000 | 0.1 | 160000 | 0.1 | 160000 |
| Rexnord Dortmund | - | - | 3.5 | 40000 | 3.5 | 40000 | 3.5 | 40000 |
| TA Techn. Antriebselemente | - | 500 | - | - | - | - | - | 5000 |
| Voith Turbo Crailsheim * | - | - | 30 | 10000000 | 300 | 10000000 | 300 | 10000000 |

23031700 Überlastkupplung (Drehmomentbegrenzer) | 23031704 Formschlüssige Drehmomentbegrenzer

| Anbieter | max. Drehzahl; (1/min) | | Schaltmoment; (Nm) | | Nenndrehmoment; (N m) | | max. Drehmoment; (N m) | |
|---|---|---|---|---|---|---|---|---|
| | von | bis | von | bis | von | bis | von | bis |
| ATCO | - | - | - | - | 2.5 | 550 | - | - |
| Autogard Kupplungen | - | 6000 | 2 | 400000 | 1 | 400000 | 1 | 400000 |
| Chr. Mayr Mauerstetten | 690 | 8500 | 0.65 | 190000 | 0.65 | 190000 | 0.65 | 190000 |
| ENEMAC | - | - | - | - | 0.5 | 3000 | 0.9 | 3000 |
| GERWAH | 3470 | 9240 | 5 | 1400 | 5 | 1400 | 5 | 1400 |
| Hausm. & Haensgen | - | 5000 | 0.1 | 2800 | 0.1 | 2800 | - | 5000 |
| JAKOB Antriebstechnik | - | 8000 | 1 | 3600 | 1 | 3600 | 1 | 3600 |
| KBK | - | - | 0.1 | 1600 | 7 | 1600 | 7 | 1600 |
| KTR Kupplungstechnik | - | 5000 | 2.5 | 8000 | 2.5 | 8000 | - | - |
| Mädler | 850 | 3300 | 2.5 | 800 | 2.5 | 800 | 5 | 800 |
| Mönninghoff | 750 | 4500 | - | - | 5 | 6000 | - | - |
| R + W | - | 160000 | 0.1 | 160000 | 0.1 | 160000 | 0.1 | 160000 |
| TA Techn. Antriebselemente | - | 500 | - | - | - | - | - | 5000 |
| Wegima | - | - | - | - | 0.7 | 1000 | - | - |

**23030000 Kupplung (nicht elektrisch)**

23031800 Kupplung mit Messsensor | 23031890 Kupplung mit Meßsensor (nicht klassifiziert)

| Anbieter | max. Drehzahl; (1/min) | | Nenndrehmoment; (N m) | | max. Drehmoment; (N m) | | | |
|---|---|---|---|---|---|---|---|---|
| | von | bis | von | bis | von | bis | | |
| Geislinger | 510 | 3600 | 2090 | 18700000 | 6792.5 | 6077500 | - | - |

## 23040000 Bremse

23040900 Mechanische Bremse | 23040901 Magnetbremse

| Anbieter | max. Drehzahl; (1/min) | | Bremsmoment; (Nm) | | zul. Schaltarb. (pro Schaltung); (J) | | zul. Schaltarb. (Dauerschaltung); (J) | |
|---|---|---|---|---|---|---|---|---|
| | von | bis | von | bis | von | bis | von | bis |
| ABM Greiffenberger * | - | - | 0.9 | 250 | - | - | - | - |
| Bischoff * | 700 | 4500 | 680 | 6000 | - | - | - | - |
| Chr. Mayr Mauerstetten | 250 | 6000 | 0.7 | 4300 | 200 | 45000000 | - | - |
| Deutsche van Rietschoten * | - | 8000 | 50 | 5000 | - | 2500000 | - | 3000000000 |
| Dötsch Elektromotoren | - | - | 1 | 3000 | - | - | - | - |
| Intorq | - | - | 0.12 | 10000 | - | - | - | - |
| KANIA | 2000 | 5000 | 1.5 | 1000 | 1000 | 250000 | - | - |
| KEB Barntrup | 1500 | 6000 | 0.5 | 3000 | 1100 | 100000 | - | - |
| KENDRION | - | 1000 | 0.3 | 1000 | 1000 | 1000000 | - | - |
| Kurt Maier * | 1800 | 3600 | 5 | 1000 | - | - | - | - |
| Magtrol Schweiz | - | 20000 | 0.02 | 26 | - | - | - | - |
| Neudecker & Jolitz* | - | - | 7.5 | 800 | 30000 | 58000 | - | - |
| Precima-Magnettechnik * | 4000 | 6000 | 7.5 | 120 | - | - | - | - |
| PRODAN | - | 10000 | 2 | 15000 | - | - | - | - |
| Rexnord Dortmund | 55 | 22000 | 55 | 22000 | 30000 | 980000 | 300000 | 9800000 |
| Steinlen * | - | - | 8 | 800 | - | - | - | - |
| Stromag Unna | 20 | 16000 | 12.5 | 10000 | - | - | - | - |

23040900 Mechanische Bremse | 23040902 Hydraulische Bremse

| Anbieter | max. Drehzahl; (1/min) | | Bremsmoment; (Nm) | | zul. Schaltarb. (pro Schaltung); (J) | | zul. Schaltarb. (Dauerschaltung); (J) | |
|---|---|---|---|---|---|---|---|---|
| | von | bis | von | bis | von | bis | von | bis |
| Deutsche van Rietschoten * | - | 8000 | 5 | 500000 | - | 150000000 | - | 200000000000 |
| Hanning & Kahl * | - | - | - | 45000 | - | - | - | - |
| KANIA | 2000 | 3500 | 180 | 4500 | 4000 | 95000 | - | - |
| KWD | - | - | 90 | 160000 | - | - | - | - |
| Neudecker & Jolitz* | - | - | 7.5 | 800 | 30000 | 58000 | - | - |
| Ortlinghaus | - | - | 50 | 110000 | - | - | - | - |
| PRODAN | - | 3000 | 100 | 325000 | - | - | - | - |
| Rexnord Dortmund | - | - | 63 | 40000 | 8000 | 920000 | 160000 | 18500000 |
| Stromag Unna | - | - | 65 | 130000 | - | - | - | - |
| Weforma | - | - | 0.4 | 800000 | - | - | - | - |

Mit * gekennzeichnete Herstellerangaben entstammen Katalogdaten im Internet oder Firmenschriften.

23040900 Mechanische Bremse | 23040903 Pneumatische Bremse

| Anbieter | max. Drehzahl; (1/min) | | Bremsmoment; (Nm) | | zul. Schaltarb. (pro Schaltung); (J) | | zul. Schaltarb. (Dauerschaltung); (J) | |
|---|---|---|---|---|---|---|---|---|
| | von | bis | von | bis | von | bis | von | bis |
| Deutsche van Rietschoten * | - | 8000 | 5 | 50000 | - | 15000000 | - | 30000000000 |
| Nexen Europe * | 1900 | 3800 | - | - | - | - | - | - |
| Ortlinghaus | - | - | 20 | 22000 | - | - | - | - |
| PRODAN | - | 3000 | 50 | 55000 | - | - | - | - |
| Stromag Unna | - | - | 25 | 10500 | - | - | - | - |

**23050000 Bremse**

23040900 Mechanische Bremse | 23040904 Manuelle Bremse

| Anbieter | max. Drehzahl; (1/min) | | Bremsmoment; (Nm) | | zul. Schaltarb. (pro Schaltung); (J) | | zul. Schaltarb. (Dauerschaltung); (J) | |
|---|---|---|---|---|---|---|---|---|
| | von | bis | von | bis | von | bis | von | bis |
| Deutsche van Rietschoten * | - | 8000 | 5 | 50000 | - | 15000000 | - | 30000000000 |
| Laipple / Brinkmann * | - | - | 0.4 | 1500 | - | - | - | - |
| PINTSCH BAMAG | 3000 | 6000 | 10 | 800 | - | - | - | - |
| PRODAN | - | 5000 | 25 | 200000 | - | - | - | - |
| Rexnord Betzdorf* | 3000 | 7000 | 1.4 | 500000 | 3800 | 65000 | - | - |
| Ringspann | - | - | 20 | 75 | - | - | - | - |

23041000 Elektrische Bremse | 23041001 Magnetpulverbremse

| Anbieter | max. Drehzahl; (1/min) | | Bremsmoment; (Nm) | | zul. Schaltarb. (pro Schaltung); (J) | | zul. Schaltarb. (Dauerschaltung); (J) | |
|---|---|---|---|---|---|---|---|---|
| | von | bis | von | bis | von | bis | von | bis |
| Double E Company * | 1800 | 2500 | 65 | 250 | - | - | - | - |
| Magneta | - | - | 10 | 320 | - | - | - | - |
| Magtrol Schweiz | - | 3000 | 0.6 | 1200 | - | - | - | - |
| Suco Scheuffele * | 2000 | 10000 | - | - | - | - | - | - |

23041000 Elektrische Bremse | 23041002 Wirbelstrombremse

| Anbieter | max. Drehzahl; (1/min) | | Bremsmoment; (Nm) | | zul. Schaltarb. (pro Schaltung); (J) | | zul. Schaltarb. (Dauerschaltung); (J) | |
|---|---|---|---|---|---|---|---|---|
| | von | bis | von | bis | von | bis | von | bis |
| HAT Hummert | - | 15000 | 0.1 | 800 | - | - | - | - |
| Magtrol Schweiz | - | 100000 | 0.15 | 560 | - | - | - | - |
| Stromag Unna | 200 | 75000 | 200 | 75000 | - | - | - | - |

23041000 Elektrische Bremse | 23041003 Hysteresebremse

| Anbieter | max. Drehzahl; (1/min) | | Bremsmoment; (Nm) | | zul. Schaltarb. (pro Schaltung); (J) | | zul. Schaltarb. (Dauerschaltung); (J) | |
|---|---|---|---|---|---|---|---|---|
| | von | bis | von | bis | von | bis | von | bis |
| Magtrol Schweiz | - | 40000 | 0.018 | 56.5 | - | - | - | - |
| Mobac* | 6000 | 20000 | 0.023 | 26.5 | - | - | - | - |

23041100 Fluidbremse | 23041190 Fluidbremse (nicht klassifiziert)

| Anbieter | max. Drehzahl; (1/min) | | Bremsmoment; (Nm) | | zul. Schaltarb. (pro Schaltung); (J) | | zul. Schaltarb. (Dauerschaltung); (J) | |
|---|---|---|---|---|---|---|---|---|
| | von | bis | von | bis | von | bis | von | bis |
| Voith Turbo Crailsheim * | - | 5000 | - | 5000 | - | - | - | - |

## 23050000 Wälzlager, Gleitlager, Gelenklager

23050100 Gleitlager | 23050101 Trockengleitlager

| Anbieter | dynamische Tragzahl; (N) | | statische Tragzahl; (N) | | Flächenpressung; $(N/mm^2)$ | | Durchmesser; (mm) | |
|---|---|---|---|---|---|---|---|---|
| | von | bis | von | bis | von | bis | von | bis |
| Aditec | - | - | - | - | - | - | 1 | 2500 |
| ALFATEC | - | - | - | - | 5 | 150 | 30 | 300 |
| AMTAG | - | - | - | - | - | 250 | 2 | 2000 |
| August Dreckshage | - | - | - | - | 23 | 150 | 5 | 50 |
| Caspar Gleitlager | - | 25000000 | - | 45000000 | - | 250 | 2 | 650 |
| Eisenhart Laeppché | - | - | - | - | - | - | 5 | 300 |
| FEDERAL MOGUL DEVA | - | - | - | - | - | 320 | 10 | 1000 |
| GGB | - | - | - | - | 140 | 250 | 2 | 300 |
| GLT - GleitLagerTechnik | - | - | - | - | 5 | 250 | 2 | 500 |
| GTS Gleit.Technik System | - | - | - | - | 10 | 160 | 2 | 300 |
| H.C. Schmidt | - | - | - | - | - | - | 5 | 200 |
| Helgerit | - | - | - | - | - | - | 3 | 300 |
| HEPCO | - | - | 1.13 | 135 | 5 | 80 | 5 | 80 |
| Hunger Dichtungen | 50 | 14625 | 60 | 17550 | 130 | 290 | 20 | 250 |
| Knapp | - | - | - | - | 100 | 250 | 3 | 160 |
| LHG | - | - | - | - | - | - | 2 | 300 |
| Lohmann Wälzlager | 0.72 | 2360 | 2.24 | 7350 | - | - | 3 | 300 |
| Mädler | - | - | - | - | 18 | 250 | 3 | 60 |
| MISUMI | 0.157 | 290 | 0.157 | 980 | 10 | 98 | 3 | 100 |
| OILES Deutschland | - | - | - | - | 2 | 100 | 2 | 1800 |
| PAN/Baumgärtner | - | - | - | - | - | - | 1 | 2700 |
| RMF Richener* | - | - | - | - | - | - | 10 | 400 |
| Rodriguez | - | - | - | - | 3628 | 435424 | 5 | 80 |
| SKF Antriebselemente | 0.72 | 3550 | 2.24 | 7350 | - | 250 | 3 | 300 |
| Techno-Parts | - | - | - | - | - | - | 5 | 300 |
| Ulrich Traude * | - | - | - | - | - | - | 3 | 160 |
| WAELAG | - | - | - | - | - | - | 3 | 100 |
| WSW Wälzlager | - | - | - | - | - | 280 | 3 | 100 |

23050100 Gleitlager | 23050102 Aerodynamisches Lager

| Anbieter | dynamische Tragzahl; (N) | | statische Tragzahl; (N) | | Durchmesser; (mm) | | | |
|---|---|---|---|---|---|---|---|---|
| | von | bis | von | bis | von | bis | | |
| ALFATEC | - | - | 5 | 150 | 30 | 300 | - | - |
| Eisenhart Laeppché | - | - | - | - | 5 | 500 | - | - |

Mit * gekennzeichnete Herstellerangaben entstammen Katalogdaten im Internet oder Firmenschriften.

23050100 Gleitlager | 23050103 Aerostatisches Lager

| Anbieter | dynamische Tragzahl; (N) | | statische Tragzahl; (N) | | Durchmesser; (mm) | | | |
|---|---|---|---|---|---|---|---|---|
| | von | bis | von | bis | von | bis | | |
| ALFATEC | - | - | 5 | 150 | 30 | 300 | - | - |
| Eisenhart Laeppché | - | - | - | - | 12 | 500 | - | - |

23050100 Gleitlager | 23050104 Magnetlager

| Anbieter | dynamische Tragzahl; (N) | | statische Tragzahl; (N) | | Durchmesser; (mm) | | | |
|---|---|---|---|---|---|---|---|---|
| | von | bis | von | bis | von | bis | | |
| ALFATEC | - | - | 5 | 150 | 30 | 300 | - | - |
| Eisenhart Laeppché | - | - | - | - | 5 | 500 | - | - |

23050100 Gleitlager | 23050105 Gelenkkopf (Gleitlager)

| Anbieter | Nennw. Bohrungs-durchmesser; (mm) | | Auslenkwinkel; (°) | | | | | |
|---|---|---|---|---|---|---|---|---|
| | von | bis | von | bis | | | | |
| ALFATEC | 30 | 300 | - | - | - | - | - | - |
| ASK Kugellagerfabrik | 3 | 50 | 12 | 17 | - | - | - | - |
| Durbal | 5 | 80 | - | - | - | - | - | - |
| Eisenhart Laeppché | 5 | 200 | - | - | - | - | - | - |
| Findling | 5 | 1000 | - | - | - | - | - | - |
| FLURO-Gelenklager * | 2 | 200 | 6 | 35 | - | - | - | - |
| GLT - GleitLagerTechnik | 6 | 500 | - | - | - | - | - | - |
| Hirschmann | 2 | 50 | 1 | 25 | - | - | - | - |
| Hunger Dichtungen | 20 | 320 | 4 | 8 | - | - | - | - |
| Knapp | 6 | 200 | 6 | 15 | - | - | - | - |
| LHG | 35 | 120 | 5 | 15 | - | - | - | - |
| Mädler | 2 | 30 | 6 | 17 | - | - | - | - |
| mbo Oßwald | 2 | 50 | 6 | 19 | - | - | - | - |
| RH Industrieservice* | 4 | 100 | - | 20 | - | - | - | - |
| SKF Antriebselemente | 5 | 200 | 3 | 17 | - | - | - | - |
| TA Techn. Antriebselemente | 5 | 30 | - | - | - | - | - | - |
| WAELAG | 5 | 500 | - | - | - | - | - | - |
| WSW Wälzlager | 5 | 120 | 6 | 17 | - | - | - | - |

23050100 Gleitlager | 23050106 Gelenklager

| Anbieter | Nennw. Bohrungs- durchmesser; (mm) | | Auslenkwinkel; (°) | | | | | |
|---|---|---|---|---|---|---|---|---|
| | von | bis | von | bis | | | | |
| ALFATEC | 30 | 300 | - | - | - | - | - | - |
| ASK Kugellagerfabrik | 3 | 50 | 12 | 17 | - | - | - | - |
| Axel Weiss | 4 | 1250 | 3 | 16 | - | - | - | - |
| Durbal | 5 | 320 | - | - | - | - | - | - |
| Eisenhart Laeppché | 5 | 1000 | - | - | - | - | - | - |
| FEDERAL MOGUL DEVA | 20 | 1000 | - | - | - | - | - | - |
| Findling | 5 | 1000 | - | - | - | - | - | - |
| FLURO-Gelenklager * | 3 | 360 | 6 | 35 | - | - | - | - |
| GLT - GleitLagerTechnik | 6 | 500 | - | - | - | - | - | - |
| Hirschmann | 2 | 50 | 1 | 25 | - | - | - | - |
| Hunger Dichtungen | 20 | 1000 | 3 | 17 | - | - | - | - |
| John & Molt* | 2 | 50 | 13 | 16 | - | - | - | - |
| Knapp | 4 | 600 | 6 | 21 | - | - | - | - |
| LHG | 30 | 1000 | 5 | 15 | - | - | - | - |
| Mädler | 5 | 30 | 3 | 13 | - | - | - | - |
| mbo Oßwald | 3 | 50 | 5 | 19 | - | - | - | - |
| OILES Deutschland | 20 | - | 6 | 9 | - | - | - | - |
| PAN/Baumgärtner | 20 | 2500 | - | - | - | - | - | - |
| RH Industrieservice* | 4 | 300 | - | 20 | - | - | - | - |
| SKF Antriebselemente | 4 | 1000 | 2 | 19 | - | - | - | - |
| TA Techn. Antriebselemente | 5 | 30 | - | - | - | - | - | - |
| WAELAG | 3 | 500 | - | - | - | - | - | - |
| WSW Wälzlager | 12 | 320 | 0.5 | 11 | - | - | - | - |

**23050000**
Wälzlager,
Gleitlager,
Gelenklager

23050100 Gleitlager | 23050107 Mehrflächengleitlager

| Anbieter | dynamische Tragzahl; (N) | | statische Tragzahl; (N) | | Durchmesser; (mm) | | | |
|---|---|---|---|---|---|---|---|---|
| | von | bis | von | bis | von | bis | | |
| ADMOS | - | - | - | - | 30 | 500 | - | - |
| ALFATEC | - | - | 5 | 150 | 30 | 300 | - | - |
| Eisenhart Laeppché | - | - | - | - | 5 | 500 | - | - |
| Mädler | - | - | - | - | 3 | 60 | - | - |
| Schunk | - | - | - | - | 50 | 600 | - | - |

23050100 Gleitlager | 23050108 Hydrodynamische Gleitlager

| Anbieter | dynamische Tragzahl; (N) | | statische Tragzahl; (N) | | Durchmesser; (mm) | | | |
|---|---|---|---|---|---|---|---|---|
| | von | bis | von | bis | von | bis | | |
| Aditec | - | - | - | - | 1 | 2500 | - | - |
| ADMOS | - | - | - | - | 30 | 500 | - | - |
| ALFATEC | - | - | 5 | 150 | 30 | 300 | - | - |
| AMTAG | - | - | - | 250 | 2 | 2000 | - | - |
| Caspar Gleitlager | - | 10000000 | - | 26000000 | 10 | 350 | - | - |
| Edelmann | - | - | - | - | 40 | 450 | - | - |
| Eisenhart Laeppché | - | - | - | - | 5 | 500 | - | - |
| GTS Gleit.Technik System | - | - | 10 | 50 | 2 | 120 | - | - |
| Helgerit | - | - | - | - | 2 | 125 | - | - |
| Mädler | - | - | - | - | 3 | 50 | - | - |
| PAN/Baumgärtner | - | - | - | - | 100 | 2700 | - | - |
| RENK Hannover * | 1200 | 34000 | 800 | 16900 | 110 | 850 | - | - |
| Spieth-Maschinenelemente | - | - | - | - | 30 | 140 | - | - |
| ZOLLERN * | 1.8 | 60 | 0.89 | 102 | 10 | 940 | - | - |

23050100 Gleitlager | 23050109 Hydrostatische Gleitlager

| Anbieter | dynamische Tragzahl; (N) | | statische Tragzahl; (N) | | Durchmesser; (mm) | | | |
|---|---|---|---|---|---|---|---|---|
| | von | bis | von | bis | von | bis | | |
| Aditec | - | - | - | - | 1 | 2500 | - | - |
| ADMOS | - | - | - | - | 30 | 500 | - | - |
| ALFATEC | - | - | 5 | 150 | 30 | 300 | - | - |
| Caspar Gleitlager | - | 10000000 | - | 26000000 | 10 | 350 | - | - |
| Edelmann | - | - | - | - | 40 | 450 | - | - |
| Eisenhart Laeppché | - | - | - | - | 5 | 500 | - | - |
| PAN/Baumgärtner | - | - | - | - | 100 | 2700 | - | - |
| Schunk | - | - | - | - | 50 | 600 | - | - |

23050700 Lineareinheit | 23050701 Linear-Kugellager

| Anbieter | Breite; (mm) | | Innendurchmesser; (mm) | | statische Tragzahl; (N) | | Außendurchmesser; (mm) | |
|---|---|---|---|---|---|---|---|---|
| | von | bis | von | bis | von | bis | von | bis |
| August Dreckshage | 22 | 211 | 5 | 100 | 400 | 28140 | 12 | 150 |
| Dr. Erich Tretter | 10 | 290 | 3 | 150 | 100 | 55400 | 7 | 210 |
| Eisenhart Laeppché | - | - | 3 | 80 | - | - | - | - |
| Findling | 15 | 215 | 5 | 60 | - | - | 10 | 90 |
| FSG* | 17 | 45 | 30 | 60 | 33000 | 195000 | 52.5 | 153.8 |
| Grob | - | - | - | - | 500 | 6000 | - | - |
| HEPCO | 19 | 80 | 6 | 40 | 210 | 4430 | 6 | 40 |
| HIWIN | 16.5 | 77.6 | 8 | 50 | 220 | 3850 | 16 | 75 |
| INA Schaeffler | - | - | 12 | 50 | 0.24 | 9.2 | - | - |
| Knapp | 22 | 165 | 5 | 80 | - | - | 12 | 120 |
| Lineartechnik Korb | - | - | 3 | 150 | 105 | 83925 | 6 | 200 |
| LSC | - | - | 3 | 80 | - | - | 3 | 80 |
| Mädler | 10 | 100 | 3 | 50 | 44 | 13400 | 7 | 75 |
| MISUMI | 39 | 243 | 3 | 50 | 69 | 15900 | 7 | 80 |
| Rodriguez | 25 | 80 | 8 | 50 | 340 | 15000 | 16 | 62 |
| Romani* | - | - | 2 | 120 | - | - | - | - |
| SKF Antriebselemente | - | - | 3 | 80 | 60 | 29000 | 7 | 120 |
| SNR | - | - | 4 | 60 | 167 | 7550 | 8 | 90 |
| T Race | - | - | 2 | 80 | - | - | 5 | 100 |
| TA Techn. Antriebselemente | 32 | 100 | 12 | 50 | - | - | 22 | 75 |
| WAELAG | 10 | 400 | 3 | 200 | - | - | 8 | 240 |

**23050000**
Wälzlager,
Gleitlager,
Gelenklager

23050700 Lineareinheit | 23050704 Welle (Lineareinheit)

| Anbieter | Länge; (mm) | | Durchmesser; (mm) | | | | | |
|---|---|---|---|---|---|---|---|---|
| | von | bis | von | bis | | | | |
| Antriebsmechanik Kulling * | - | 4000 | - | 950 | - | - | - | - |
| Asedo | - | 445 | 8 | 59 | - | - | - | - |
| August Dreckshage | 1 | 7800 | 5 | 100 | - | - | - | - |
| Centa Antriebe Kirschey | 100 | 6000 | 30 | 200 | - | - | - | - |
| Degler | - | 6500 | 5 | 90 | - | - | - | - |
| Dr. Erich Tretter | 400 | 7000 | 3 | 150 | - | - | - | - |
| Eckert * | - | - | 3 | 50 | - | - | - | - |
| Eisenhart Laeppché | - | - | 3 | 80 | - | - | - | - |
| Findling | - | - | 4 | 80 | - | - | - | - |
| Ganter | 65 | 350 | 18 | 50 | - | - | - | - |
| Gotzeina | - | 800 | 3 | 32 | - | - | - | - |
| IMS * | 80 | 18000 | 10 | 10000 | - | - | - | - |
| INA Schaeffler | 1 | 6000 | 4 | 80 | - | - | - | - |
| Isel Germany * | - | - | 12 | 16 | - | - | - | - |
| Knapp | 12 | 120 | 5 | 80 | - | - | - | - |
| Lineartechnik Korb | 1 | 6800 | 3 | 100 | - | - | - | - |
| LSC | 50 | 6000 | 3 | 80 | - | - | - | - |
| Mädler | 300 | 2000 | 3 | 50 | - | - | - | - |
| MikronTec* | 80 | 1000 | - | - | - | - | - | - |
| MISUMI | 100 | 1500 | 3 | 50 | - | - | - | - |
| MSK* | 200 | 700 | 30 | 350 | - | - | - | - |
| Nozag | - | - | 5 | 50 | - | - | - | - |
| Philipp Lahres | 10 | 3000 | 12 | 60 | - | - | - | - |
| PS Plastik & Stahl* | - | - | 200 | 1500 | - | - | - | - |
| Rodriguez | - | 6000 | 8 | 50 | - | - | - | - |
| Romani* | - | - | 2 | 160 | - | - | - | - |
| Schmitz & Krause* | - | - | 10 | 300 | - | - | - | - |
| SKF Antriebselemente | - | 6200 | 3 | 80 | - | - | - | - |
| SNR | - | - | 4 | 60 | - | - | - | - |
| T Race | 4000 | 4000 | 10 | 100 | - | - | - | - |
| TA Techn. Antriebselemente | - | 6000 | 3 | 100 | - | - | - | - |
| WAELAG | 100 | 6000 | 3 | 150 | - | - | - | - |

23050700 Lineareinheit | 23050705 Profilschienen-Wälzführung

| Anbieter | Länge; (mm) | | Breite; (mm) | | Höhe; (mm) | | | |
|---|---|---|---|---|---|---|---|---|
| | von | bis | von | bis | von | bis | | |
| Anton Uhlenbrock | 35 | 3000 | - | - | - | - | - | - |
| August Dreckshage | 1 | 7800 | 11 | 116 | 14.5 | 86 | - | - |
| Benedikt Starke * | 100 | 6000 | - | - | 5 | 44 | - | - |
| Dr. Erich Tretter | 1000 | 4000 | 8 | 170 | 4 | 90 | - | - |
| Eisenhart Laeppché | 1 | 6000 | - | - | - | - | - | - |
| Findling | 2 | 4000 | - | - | - | - | - | - |
| Franke | 100 | 4000 | 37 | 120 | 19 | 60 | - | - |
| Gemotec* | 70 | 3000 | 42 | 125 | 46 | 105 | - | - |
| Graphic Vision * | 10 | 6000 | 10 | 75 | 3 | 44 | - | - |
| HEPCO | - | - | 20 | 140 | - | - | - | - |
| HIWIN | 22.5 | 295 | 17 | 170 | 8 | 90 | - | - |
| INA Schaeffler | - | 6000 | 12 | 250 | 6 | 120 | - | - |
| Knapp | - | 6000 | 34 | 140 | 24 | 80 | - | - |
| Lineartechnik Korb | 1 | 4000 | 1 | 65 | 2 | 90 | - | - |
| Mädler | 100 | 600 | 17 | 32 | 8 | 16 | - | - |
| MISUMI | 100 | 600 | - | - | - | - | - | - |
| Romani* | 0.01 | 1000 | - | - | - | - | - | - |
| Schunk | 70 | 3000 | 42 | 125 | 46 | 105 | - | - |
| SKF Antriebselemente | 22 | 174 | - | - | 8 | 60 | - | - |
| T Race | 4000 | 4000 | - | - | 15 | 100 | - | - |
| WAELAG | 100 | 10000 | 12 | 170 | 6 | 53 | - | - |

**23050000**
Wälzlager,
Gleitlager,
Gelenklager

23050800 Radial-Kugellager | 23050801 Rillenkugellager

| Anbieter | max. Drehzahl; (1/min) | | dynamische Tragzahl; (N) | | statische Tragzahl; (N) | | Durchmesser; (mm) | |
|---|---|---|---|---|---|---|---|---|
| | von | bis | von | bis | von | bis | von | bis |
| Anton Uhlenbrock | 0.1 | 140000 | 0.54 | 1210 | 0.18 | 4400 | 3 | 1500 |
| ASK Kugellagerfabrik | 2400 | 48000 | 0.51 | 178 | 0.22 | 190 | 3 | 120 |
| CW Bearing | 8000 | 75000 | 310 | 40500 | 111 | 24000 | 3 | 50 |
| DKL - Kugellager * | 3400 | 9500 | 9.95 | 49 | 15.3 | 116 | 10 | 50 |
| Dötsch Elektromotoren | - | - | - | - | - | - | 2 | 500 |
| Eisenhart Laeppché | - | - | - | - | - | - | 1 | 1100 |
| Findling | 1200 | 53000 | 0.64 | 550 | 0.22 | 1290 | 3 | 850 |
| Friedrich Braun | 5000 | 17000 | 3.64 | 43 | 1.56 | 20 | 10 | 40 |
| Gebr. Hilgenberg | - | - | 0.806 | 72.87 | 0.727 | 137 | 3 | 670 |
| Girmann | - | - | - | - | - | - | 10 | 60 |
| GMN Paul Müller | 10000 | 121000 | 1.8 | 29.7 | 0.665 | 16.6 | 5 | 40 |
| Gysin * | | | | | | | | |
| HFB Wälzlager | - | - | 12.8 | 155 | 6.66 | 122 | 20 | 120 |
| igus | - | 4500 | 20 | 294 | 15 | 400 | 3 | 20 |
| INA Schaeffler | 1200 | 53000 | 0.45 | 560 | 0.12 | 1290 | 3 | 850 |
| Ketten-Wild * | - | - | - | - | - | - | 3 | 30 |
| Knapp | - | - | 0.44 | 1210 | 0.15 | 4400 | 2 | 1500 |
| KRW | 500 | 4800 | 25 | 632 | 24 | 1547 | 80 | 950 |
| Lineartechnik Korb | 400 | 40000 | - | - | 0.03 | 2050 | 3 | 800 |
| LTM Mayer | - | - | 0,54 | 1210 | 0,18 | 4400 | 3 | 1500 |
| MISUMI | 0.08 | 1.5 | 0.16 | 29.8 | 0.04 | 19.7 | 2 | 50 |
| Mulco-Europe EWIV | - | 20000 | 7950 | 30000 | 3920 | 13100 | 6 | 12 |
| Myonic * | - | - | 29 | 1013 | 9 | 493 | 1 | 10 |
| NBR Gehäuse | 2800 | 68000 | 0.64 | 163 | 1.37 | 134 | 2 | 180 |
| NKE AUSTRIA | - | - | - | - | - | - | 10 | 1500 |
| NSK Getriebe | - | - | - | - | - | - | 0.8 | 2000 |
| RH Industrieservice* | - | 150000 | - | 1500 | - | 6500 | 3 | 1700 |
| Rodriguez | - | - | 0.8 | 81.5 | 1.3 | 300 | 25 | 1050 |
| SBN Wälzlager | - | - | - | - | - | - | 0.6 | 70 |
| SKF Antriebselemente | - | - | 0.54 | 1300 | 0.18 | 6200 | 3 | 1500 |
| SLF Spindel- und Lagertechnik | - | - | - | - | - | - | 32 | 1600 |
| SMG | - | 4500 | - | 1620 | - | 1080 | 3 | 250 |
| STC-Steyr | 280 | 79300 | 1.2 | 1475 | 0.597 | 4430 | 10 | 1250 |
| UKF | - | - | 4.86 | 42.35 | 0.4 | 7.4756 | 20 | 85 |
| WAELAG | - | 90000 | - | 1290 | - | 5600 | 1 | 850 |
| Wilhelm Sahlberg | 240 | 140000 | 0.5 | 1210 | 0.18 | 4400 | 3 | 1500 |
| ZVL Deutschland * | 2700 | 42000 | 2.838 | 185 | 1.078 | 153 | 3 | 150 |

23050800 Radial-Kugellager | 23050802 Spannlager

| Anbieter | max. Drehzahl; (1/min) | | dynamische Tragzahl; (N) | | statische Tragzahl; (N) | | Durchmesser; (mm) | |
|---|---|---|---|---|---|---|---|---|
| | von | bis | von | bis | von | bis | von | bis |
| Anton Uhlenbrock | - | - | - | - | - | - | 10 | 240 |
| ASK Kugellagerfabrik | - | - | 9.88 | 110.81 | 6.2 | 100.76 | 12 | 90 |
| Dötsch Elektromotoren | - | - | - | - | - | - | 2 | 500 |
| Eisenhart Laeppché | - | - | - | - | - | - | 12 | 140 |
| Findling | - | 13000 | 9.5 | 52 | 4.75 | 36 | 12 | 90 |
| Girmann | - | - | - | - | - | - | 17 | 80 |
| INA Schaeffler | 300 | 10000 | 9.8 | 155 | 4.75 | 131 | 12 | 120 |
| Knapp | - | - | 1.1 | 25.8 | 1.3 | 23.2 | 10 | 140 |
| NSK Getriebe | - | - | - | - | - | - | 12 | 125 |
| RH Industrieservice* | - | 8000 | - | 250 | - | 250 | 12 | 140 |
| SKF Antriebselemente | - | - | - | - | - | - | 12 | 100 |
| WAELAG | - | 15000 | - | 95 | - | 200 | 10 | 100 |

**23050000**
Wälzlager,
Gleitlager,
Gelenklager

23050800 Radial-Kugellager | 23050803 Schrägkugellager

| Anbieter | max. Drehzahl; (1/min) | | dynamische Tragzahl; (N) | | statische Tragzahl; (N) | | Durchmesser; (mm) | |
|---|---|---|---|---|---|---|---|---|
| | von | bis | von | bis | von | bis | von | bis |
| Anton Uhlenbrock | 0.1 | 30000 | 7.02 | 462 | 3.35 | 655 | - | - |
| APB Austria | 2000 | 6600 | 20 | 140 | 31 | 450 | 17 | 200 |
| ASK Kugellagerfabrik | 3800 | 8000 | 10 | 114 | 5.5 | 86.5 | 17 | 70 |
| Dötsch Elektromotoren | - | - | - | - | - | - | 2 | 500 |
| Eisenhart Laeppché | - | - | - | - | - | - | 10 | 775 |
| Findling | 1600 | 56000 | 2.88 | 590 | 1.45 | 1700 | 10 | 775 |
| Friedrich Braun | 2400 | 18000 | 13.4 | 224 | 7.65 | 224 | 20 | 110 |
| GMN Paul Müller | 9700 | 288000 | 0.715 | 104 | 0.27 | 116 | 5 | 120 |
| Hübsch * | 1600 | 30000 | 7.02 | 462 | 3.35 | 655 | 10 | 240 |
| IBC * | 6400 | 30200 | 3,7 | 82,5 | 7,7 | 104 | 10 | 250 |
| INA Schaeffler | 2600 | 32000 | 1.61 | 405 | 0.95 | 530 | 5 | 170 |
| Knapp | - | - | 7.1 | 370 | 3.4 | 550 | 10 | 240 |
| KRW | 480 | 5600 | 14 | 1160 | 19 | 3100 | 80 | 900 |
| Lineartechnik Korb | 950 | 63000 | - | - | 1.45 | 600 | 10 | 200 |
| LTM Mayer | - | - | 7,02 | 364 | 3,35 | 540 | 10 | 240 |
| MISUMI | - | - | 5.35 | 41.5 | 2.6 | 31.5 | 10 | 50 |
| Myonic * | - | - | 146 | 1670 | 51 | 813 | 2 | 8 |
| NBR Gehäuse | 2400 | 45000 | 13.4 | 224 | 7.65 | 224 | 20 | 110 |
| NKE AUSTRIA | - | - | - | - | - | - | 10 | 2000 |
| NSK Getriebe | - | - | - | - | - | - | 10 | 1080 |
| Otto Glas * | 1600 | 30000 | 7.02 | 462 | 3.35 | 655 | 10 | 240 |
| RH Industrieservice* | - | 150000 | - | 1500 | - | 5000 | 10 | 1000 |
| Rodriguez | - | - | 2 | 246 | 4.3 | 998 | 25 | 1050 |
| SBN Wälzlager | - | - | - | - | - | - | 5 | 30 |
| SKF Antriebselemente | - | - | 7.02 | 975 | 3.35 | 4550 | 10 | 240 |
| STC-Steyr | 390 | 29600 | 7.1 | 1650 | 3.2 | 5215 | 10 | 950 |
| Tech. Industriebedarf Pickard* | 1600 | 30000 | 7.02 | 462 | 3.35 | 655 | 10 | 240 |
| UKF | - | - | 2.36 | 397.6 | 1.43 | 565 | 15 | 240 |
| WAELAG | - | 220000 | - | 100 | - | 120 | 5 | 110 |
| Wälzlager Schiller* | 1600 | 30000 | 7.02 | 462 | 3.35 | 655 | 10 | 240 |
| Wilhelm Sahlberg | 1500 | 30000 | 7 | 450 | 3 | 600 | 10 | 240 |
| ZVL Deutschland * | 1100 | 20000 | 8.04 | 142.485 | 4.368 | 110 | 10 | 75 |

23050800 Radial-Kugellager | 23050806 Pendelkugellager

| Anbieter | max. Drehzahl; (1/min) | | dynamische Tragzahl; (N) | | statische Tragzahl; (N) | | Durchmesser; (mm) | |
|---|---|---|---|---|---|---|---|---|
| | von | bis | von | bis | von | bis | von | bis |
| Anton Uhlenbrock | 0.1 | 70000 | 2.51 | 190 | 0.48 | 80 | 5 | 240 |
| ASK Kugellagerfabrik | 4500 | 30000 | 5.5 | 57 | 1.2 | 20.8 | 10 | 60 |
| Dötsch Elektromotoren | - | - | - | - | - | - | 2 | 500 |
| Eisenhart Laeppché | - | - | - | - | - | - | 5 | 150 |
| Findling | 3800 | 36000 | 2.5 | 216 | 0.48 | 95 | 5 | 150 |
| Friedrich Braun | 2600 | 14000 | 15.6 | 163 | 4.65 | 64 | 30 | 100 |
| INA Schaeffler | 3800 | 36000 | 2.5 | 216 | 0.48 | 95 | 5 | 150 |
| Knapp | - | - | 2.5 | 61 | 0.48 | 33 | 5 | 240 |
| Lineartechnik Korb | 2200 | 36000 | 0.475 | 94.5 | 2.53 | 211 | 5 | 110 |
| LTM Mayer | - | - | 2,51 | 60,5 | 0,48 | 32,0 | 5 | 240 |
| NBR Gehäuse | 2600 | 14000 | 15.6 | 163 | 5.2 | 64 | 30 | 100 |
| NKE AUSTRIA | - | - | - | - | - | - | 10 | 60 |
| NSK Getriebe | - | - | - | - | - | - | 5 | 110 |
| RH Industrieservice* | - | 16000 | - | 180000 | - | 80000 | 20 | 110 |
| SBN Wälzlager | - | - | - | - | - | - | 5 | 40 |
| SKF Antriebselemente | - | - | 2.51 | 60.5 | 0.48 | 32 | 5 | 240 |
| SMG | - | - | - | - | - | - | 3 | 250 |
| STC-Steyr | 3800 | 55000 | 5.66 | 190 | 1.2 | 81 | 10 | 130 |
| WAELAG | - | 30000 | - | 180 | - | 86 | 10 | 150 |
| Wilhelm Sahlberg | 2200 | 70000 | 2.5 | 190 | 0.5 | 80 | 5 | 240 |
| ZVL Deutschland * | 1400 | 32000 | 2.15 | 216 | 0.24 | 94.4 | 6 | 120 |

**23050000**
Wälzlager,
Gleitlager,
Gelenklager

23050900 Radial-Rollenlager | 23050901 Zylinderrollenlager

| Anbieter | max. Drehzahl; (1/min) | | dynamische Tragzahl; (N) | | statische Tragzahl; (N) | | Durchmesser; (mm) | |
|---|---|---|---|---|---|---|---|---|
| | von | bis | von | bis | von | bis | von | bis |
| Anton Uhlenbrock | - | - | - | - | - | - | 15 | 280 |
| APB Austria | 300 | 30000 | 12 | 6000 | 10 | 12000 | 15 | 1400 |
| Dötsch Elektromotoren | - | - | - | - | - | - | 2 | 500 |
| Eisenhart Laeppché | - | - | - | - | - | - | 15 | 800 |
| Findling | - | 22000 | 12.7 | 43500 | 10.4 | 134500 | 15 | 1120 |
| INA Schaeffler | 1100 | 22000 | 12.7 | 2700 | 10.4 | 6100 | 15 | 710 |
| Knapp | - | - | 12.7 | 7100 | 10.5 | 14600 | 15 | 800 |
| KRW | 550 | 14880 | 7 | 3349 | 9 | 9451 | 40 | 950 |
| Lineartechnik Korb | 710 | 8000 | 12.7 | 1660 | 15.4 | 2980 | 20 | 500 |
| LTM Mayer | - | - | 12,5 | 7040 | 10,2 | 14600 | 15 | 800 |
| MTK | 315 | 9500 | 49 | 5800 | 40.5 | 10300 | 20 | 1000 |
| NKE AUSTRIA | - | - | - | - | - | - | 15 | 2900 |
| NSK Getriebe | - | - | - | - | - | - | 20 | 2000 |
| PSL Wälzlager | 110 | 2800 | 261 | 19415 | 369 | 59615 | 120 | 1600 |
| RH Industrieservice* | - | 26000 | - | 5000 | - | 11000 | 15 | 600 |
| SKF Antriebselemente | - | - | 12.5 | 7210 | 10.5 | 19300 | 15 | 1120 |
| SLF Spindel- und Lagertechnik | - | - | - | - | - | - | 32 | 1600 |
| SMG | - | - | - | - | - | - | 3 | 250 |
| STC-Steyr | 170 | 21900 | 12.6 | 25780 | 10.2 | 57625 | 15 | 1000 |
| WAELAG | - | 18000 | - | 1660 | - | 2970 | 20 | 500 |
| Wilhelm Sahlberg | 130 | 26000 | 12.5 | 8500 | 10.2 | 18600 | 15 | 1120 |
| WINKEL | 450 | 900 | 31 | 151 | 35.5 | 192 | 30 | 60 |
| ZVL Deutschland * | 250 | 24000 | 13.9 | 6310 | 10.2 | 15300 | 15 | 1180 |

23050900 Radial-Rollenlager | 23050902 Federrollenlager

| Anbieter | max. Drehzahl; (1/min) | | dynamische Tragzahl; (N) | | statische Tragzahl; (N) | | Durchmesser; (mm) | |
|---|---|---|---|---|---|---|---|---|
| | von | bis | von | bis | von | bis | von | bis |
| Eisenhart Laeppché | - | - | - | - | - | - | 5 | 500 |
| Knapp | - | - | - | - | - | - | 35 | 80 |

23050900 Radial-Rollenlager | 23050904 Nadelkranz

| Anbieter | max. Drehzahl; (1/min) | | dynamische Tragzahl; (N) | | statische Tragzahl; (N) | | Durchmesser; (mm) | |
|---|---|---|---|---|---|---|---|---|
| | von | bis | von | bis | von | bis | von | bis |
| Abend Maschinenbau | - | - | - | - | - | - | 100 | 850 |
| Eisenhart Laeppché | - | - | - | - | - | - | 3 | 265 |
| Findling | 1800 | 50000 | 1 | 255 | 1 | 860 | 3 | 265 |
| INA Schaeffler | 1100 | 37000 | 2.7 | 1130 | 1.9 | 2900 | 5 | 380 |
| Knapp | - | - | 1.55 | 255 | 1.3 | 860 | 3 | 265 |
| NSK Getriebe | - | - | - | - | - | - | 4 | 150 |
| RH Industrieservice* | - | 45000 | - | 242 | - | 850 | 3 | 265 |
| SKF Antriebselemente | - | - | 1.51 | 242 | 1.34 | 850 | 3 | 265 |
| WAELAG | - | 50000 | - | 255 | - | 860 | 3 | 265 |

**23050000**
Wälzlager,
Gleitlager,
Gelenklager

23050900 Radial-Rollenlager | 23050905 Nadelhülse

| Anbieter | max. Drehzahl; (1/min) | | dynamische Tragzahl; (N) | | statische Tragzahl; (N) | | Durchmesser; (mm) | |
|---|---|---|---|---|---|---|---|---|
| | von | bis | von | bis | von | bis | von | bis |
| Abend Maschinenbau | - | - | - | - | - | - | 100 | 850 |
| Eisenhart Laeppché | - | - | - | - | - | - | 3 | 60 |
| Findling | - | 26000 | 1.23 | 51.2 | 0.88 | 137 | 3 | 60 |
| INA Schaeffler | 4400 | 46000 | 1.2 | 53 | 0.8 | 135 | 2 | 60 |
| Knapp | - | - | 1.25 | 54 | 0.85 | 135 | 3 | 60 |
| NSK Getriebe | - | - | - | - | - | - | 10 | 82 |
| RH Industrieservice* | - | 26000 | - | 50 | - | 130 | 3 | 60 |
| SKF Antriebselemente | - | - | 1.23 | 51.2 | 0.88 | 137 | 3 | 60 |
| WAELAG | - | 46000 | - | 54 | 0 | 152 | 3 | 50 |

23050900 Radial-Rollenlager | 23050906 Nadelbüchse

| Anbieter | max. Drehzahl; (1/min) | | dynamische Tragzahl; (N) | | statische Tragzahl; (N) | | Durchmesser; (mm) | |
|---|---|---|---|---|---|---|---|---|
| | von | bis | von | bis | von | bis | von | bis |
| Abend Maschinenbau | - | - | - | - | - | - | 100 | 850 |
| Eisenhart Laeppché | - | - | - | - | - | - | 3 | 45 |
| Findling | - | 2600 | 1.23 | 51.2 | 0.88 | 137 | 3 | 60 |
| INA Schaeffler | 4400 | 46000 | 1.2 | 53 | 0.8 | 135 | 2 | 60 |
| Knapp | - | - | 1.25 | 28 | 0.85 | 60 | 3 | 45 |
| NSK Getriebe | - | - | - | - | - | - | 10 | 82 |
| RH Industrieservice* | - | 26000 | - | 50 | - | 130 | 3 | 60 |
| SKF Antriebselemente | - | - | 1.23 | 51.2 | 0.88 | 137 | - | - |
| WAELAG | - | 46000 | - | 54 | - | 152 | 3 | 50 |

23050900 Radial-Rollenlager | 23050907 Nadellager, massiv

| Anbieter | max. Drehzahl; (1/min) | | dynamische Tragzahl; (N) | | statische Tragzahl; (N) | | Durchmesser; (mm) | |
|---|---|---|---|---|---|---|---|---|
| | von | bis | von | bis | von | bis | von | bis |
| Eisenhart Laeppché | - | - | - | - | - | - | 5 | 415 |
| Findling | 1100 | 37000 | 2 | 1000 | 2 | 2900 | 5 | 380 |
| INA Schaeffler | 1100 | 37000 | 2.7 | 1130 | 1.9 | 2900 | 5 | 380 |
| Knapp | - | - | 4.2 | 1000 | 22.5 | 2950 | 5 | 380 |
| Koenig Verbindungselemente | - | - | - | - | - | - | 4.01 | 18.5 |
| Nadella * | 5200 | 52000 | 3950 | 268000 | 4450 | 117000 | 7.38 | 72.64 |
| NKE AUSTRIA | - | - | - | - | - | - | 10 | 500 |
| NSK Getriebe | - | - | - | - | - | - | 8 | 490 |
| SKF Antriebselemente | - | - | 2290 | 968000 | 2000 | 3000000 | 5 | 415 |
| WAELAG | - | 37000 | - | 255 | - | 690 | 5 | 380 |

23050900 Radial-Rollenlager | 23050909 Innenring (Nadellager)

| Anbieter | Breite; (mm) | | Durchmesser; (mm) | | | | | |
|---|---|---|---|---|---|---|---|---|
| | von | bis | von | bis | | | | |
| APB Austria | 12 | 500 | 5 | 1400 | - | - | - | - |
| Eisenhart Laeppché | - | - | 5 | 380 | - | - | - | - |
| INA Schaeffler | 12 | 100 | 5 | 380 | - | - | - | - |
| Knapp | 12 | 100 | 5 | 380 | - | - | - | - |
| NKE AUSTRIA | - | - | 10 | 160 | - | - | - | - |
| NSK Getriebe | - | - | 8 | 490 | - | - | - | - |
| RH Industrieservice* | 12 | 100 | 5 | 380 | - | - | - | - |
| SKF Antriebselemente | 12 | 100 | 5 | 380 | - | - | - | - |
| WAELAG | 12 | 100 | 5 | 380 | - | - | - | - |

23050900 Radial-Rollenlager | 23050910 Kegelrollenlager

| Anbieter | max. Drehzahl; (1/min) | | dynamische Tragzahl; (N) | | statische Tragzahl; (N) | | Durchmesser; (mm) | |
|---|---|---|---|---|---|---|---|---|
| | von | bis | von | bis | von | bis | von | bis |
| Anton Uhlenbrock | - | - | - | - | - | - | 15 | 360 |
| ASK Kugellagerfabrik | 3400 | 17000 | 12 | 122 | 12 | 150 | 15 | 50 |
| Eisenhart Laeppché | - | - | - | - | - | - | 15 | 320 |
| Findling | - | 24000 | 13.4 | 3490 | 13.2 | 10800 | 15 | 1270 |
| INA Schaeffler | 1200 | 24000 | 14.2 | 2240 | 13.5 | 3800 | 15 | 320 |
| Knapp | - | - | 15 | 1150 | 14.5 | 2600 | 15 | 360 |
| KRW | 1300 | 6700 | 80 | 1470 | 120 | 2760 | 60 | 300 |
| Lineartechnik Korb | 430 | 15000 | 13.2 | 2230 | 14.8 | 4600 | 15 | 440 |
| LTM Mayer | - | - | 22,4 | 1120 | 20 | 2550 | 15 | 360 |
| NKE AUSTRIA | - | - | - | - | - | - | 15 | 1500 |
| NSK Getriebe | - | - | - | - | - | - | 15 | 2000 |
| Otto Aschmann* | - | - | 14.2 | 1570 | 13.5 | 3100 | 15 | 320 |
| PSL Wälzlager | 94 | 3200 | 153 | 15823 | 248 | 33590 | 120 | 1098 |
| RH Industrieservice* | - | 15000 | - | 1050 | - | 2400 | 15 | 300 |
| Rodriguez | - | 500 | 22 | 35 | 22 | 35 | 170 | 500 |
| SKF Antriebselemente | - | - | 22.4 | 3190 | 20 | 10800 | 15 | 1270 |
| STC-Steyr | 740 | 17500 | 19 | 2780 | 18.8 | 6295 | 15 | 360 |
| WAELAG | - | 24000 | - | 1570 | - | 3100 | 15 | 320 |
| Wilhelm Sahlberg | 800 | 18000 | 19 | 2750 | 18 | 4750 | 15 | 360 |
| ZVL Deutschland * | 94 | 13000 | 22.8 | 8730 | 22.8 | 24230 | 17 | 630 |

**23050000**
Wälzlager,
Gleitlager,
Gelenklager

23050900 Radial-Rollenlager | 23050911 Pendelrollenlager

| Anbieter | max. Drehzahl; (1/min) | | dynamische Tragzahl; (N) | | statische Tragzahl; (N) | | Durchmesser; (mm) | |
|---|---|---|---|---|---|---|---|---|
| | von | bis | von | bis | von | bis | von | bis |
| Anton Uhlenbrock | - | - | - | - | - | - | 20 | 1800 |
| ASK Kugellagerfabrik | 2200 | 11700 | 43 | 380 | 43 | 455 | 25 | 75 |
| Dötsch Elektromotoren | - | - | - | - | - | - | 2 | 500 |
| Eisenhart Laeppché | - | - | - | - | - | - | 20 | 900 |
| Findling | 75 | 10000 | 37.5 | 16100 | 37 | 50000 | 25 | 1590 |
| INA Schaeffler | 400 | 17000 | 40.5 | 15600 | 33.5 | 35500 | 20 | 900 |
| Knapp | - | - | 35 | 17500 | 34 | 46000 | 20 | 1000 |
| KRW | 430 | 2900 | 208 | 6340 | 260 | 16700 | 80 | 900 |
| Lineartechnik Korb | 60 | 8200 | 26.9 | 24500 | 29.3 | 65000 | 20 | 1400 |
| LTM Mayer | - | - | 49 | 17600 | 44 | 63000 | 20 | 1800 |
| NKE AUSTRIA | - | - | - | - | - | - | 25 | 1800 |
| NSK Getriebe | - | - | - | - | - | - | 20 | 1500 |
| PSL Wälzlager | 94 | 2000 | 501 | 20000 | 874 | 45400 | 140 | 900 |
| RH Industrieservice* | - | 15000 | - | 17600 | - | 63000 | 25 | 1800 |
| SKF Antriebselemente | - | - | 49 | 17600 | 44 | 63000 | 20 | 1800 |
| STC-Steyr | 150 | 16800 | 41.87 | 26915 | 42 | 62560 | 25 | 1000 |
| WAELAG | - | 15000 | - | 6550 | - | 17300 | 20 | 900 |
| Wilhelm Sahlberg | 100 | 17000 | 40 | 18000 | 40 | 63000 | 20 | 1800 |
| ZVL Deutschland * | 150 | 11000 | 44 | 19600 | 43 | 44000 | 25 | 800 |

23050900 Radial-Rollenlager | 23050912 Tonnenlager

| Anbieter | max. Drehzahl; (1/min) | | dynamische Tragzahl; (N) | | statische Tragzahl; (N) | | Durchmesser; (mm) | |
|---|---|---|---|---|---|---|---|---|
| | von | bis | von | bis | von | bis | von | bis |
| Apeltrath & Rundt * | - | - | 20.4 | 125 | 19.3 | 163 | 20 | 260 |
| August Kuhfuss * | 2000 | 7500 | 20.4 | 125 | 19.3 | 163 | 20 | 260 |
| Dötsch Elektromotoren | - | - | - | - | - | - | 2 | 500 |
| Eisenhart Laeppché | - | - | - | - | - | - | 20 | 260 |
| Findling | - | 7500 | 20 | 500 | 19 | 720 | 20 | 160 |
| HWG Wälzlager * | - | - | 1.4 | 60 | 0.98 | 102 | 15 | 420 |
| INA Schaeffler | 700 | 7500 | 20.4 | 1270 | 19.3 | 1930 | 20 | 260 |
| Knapp | - | - | 25 | 550 | 24 | 720 | 20 | 140 |
| KRW | 430 | 2120 | 139 | 1885 | 158 | 2565 | 80 | 320 |
| Max Lamb | - | - | 1.4 | 60 | 0.98 | 102 | 15 | 420 |
| Otto Aschmann* | - | - | 20.4 | 127 | 19.3 | 193 | 20 | 260 |
| SKF Antriebselemente | - | - | - | - | - | - | 20 | 150 |
| STC-Steyr | 600 | 6500 | 20.6 | 1275 | 6.9 | 1940 | 20 | 260 |
| WAELAG | - | 7500 | - | 1270 | - | 1930 | 20 | 260 |
| Wollersen* | 2000 | 7500 | 20.4 | 125 | 19.3 | 163 | 20 | 260 |

**23050000**
Wälzlager,
Gleitlager,
Gelenklager

23050900 Radial-Rollenlager | 23050913 Toroidal-Rollenlager

| Anbieter | max. Drehzahl; (1/min) | | dynamische Tragzahl; (N) | | statische Tragzahl; (N) | | Durchmesser; (mm) | |
|---|---|---|---|---|---|---|---|---|
| | von | bis | von | bis | von | bis | von | bis |
| Anton Uhlenbrock | - | - | - | - | - | - | 25 | 200 |
| Dötsch Elektromotoren | - | - | - | - | - | - | 2 | 500 |
| Eisenhart Laeppché | - | - | - | - | - | - | 20 | 260 |
| SKF Antriebselemente | - | - | 50 | 20400 | 48 | 45000 | 25 | 1250 |

23051000 Axial-Kugellager | 23051001 Axial-Rillenkugellager

| Anbieter | max. Drehzahl; (1/min) | | dynamische Tragzahl; (N) | | statische Tragzahl; (N) | | Durchmesser; (mm) | |
|---|---|---|---|---|---|---|---|---|
| | von | bis | von | bis | von | bis | von | bis |
| Aditec | - | - | - | - | - | - | 1 | 2500 |
| Anton Thurner * | 1500 | 6000 | 5.6 | 37.5 | 5.6 | 82 | 5 | 50 |
| Anton Uhlenbrock | - | - | - | - | - | - | 3 | 670 |
| ASK Kugellagerfabrik | 1500 | 51100 | 10 | 120 | 14 | 300 | 10 | 90 |
| Bearing Service * | - | - | 0.123 | 620 | 0.082 | 3900 | 2 | 530 |
| Bührig-Adam | 950 | 6700 | 16.6 | 450 | 25 | 1340 | 10 | 150 |
| C. Löchel * | - | - | 9950 | 872000 | 14000 | 6100000 | 10 | 670 |
| Dötsch Elektromotoren | - | - | - | - | - | - | 2 | 500 |
| Eisenhart Laeppché | - | - | - | - | - | - | 10 | 560 |
| Erich Haagen * | 300 | 7000 | 8710 | 852000 | 12000 | 6700000 | 10 | 670 |
| Findling | 1000 | 7100 | 10 | 1400 | 14 | 10000 | 10 | 630 |
| Haas u. Kellhofer * | 110 | 36000 | 0.806 | 1900 | 0.72 | 23600 | 3 | 1400 |
| Hans Müllenmeister * | - | - | 16.5 | 296 | 27 | 1060 | 10 | 150 |
| Heinrich Kamps | 560 | 13000 | 9.95 | 852 | 15.3 | 6700 | 10 | 670 |
| Heinrich Skau * | - | - | - | - | 1.2 | 6700 | 10 | 670 |
| Hubert Graf * | 1500 | 16000 | 9 | 425 | 10 | 156 | 10 | 160 |
| INA Schaeffler | 670 | 11700 | 10 | 630 | 14 | 4150 | 10 | 560 |
| Kentenich | 560 | 36000 | 0.806 | 852 | 0.72 | 6700 | 3 | 670 |
| Knapp | - | - | 0.86 | 11000 | 0.8 | 15000 | 3 | 1250 |
| Koseiko * | 9500 | 6300000 | 9950 | 852000 | 15300 | 6700000 | 10 | 670 |
| Kugellager Hagenauer * | - | - | 1.66 | 19.3 | 2.48 | 59.5 | 10 | 120 |
| Kugellager Schleer * | - | - | 0.85 | 852 | 0.77 | 6700 | 3 | 670 |
| Kugellager Vertrieb * | - | - | 1000 | 825000 | 1400 | 35000 | 10 | 870 |
| LFD | 39000 | 72000 | 169 | 1365 | 72 | 500 | 2.5 | 560 |
| Lineartechnik Korb | 380 | 10000 | 10.1 | 705 | 14 | 3500 | 10 | 360 |
| Ludwig Meister | - | - | 9.95 | 852 | 15.3 | 6700 | 10 | 670 |
| METER Deutschland * | - | - | - | - | - | - | 10 | 150 |
| MISUMI | - | - | 10.1 | 29.5 | 14 | 58 | 10 | 30 |
| Myonic * | - | - | 602 | 2393 | 611 | 3191 | 3 | 9 |
| Natterer * | 1350 | 9550 | - | - | - | - | 10 | 250 |
| NKE AUSTRIA | - | - | - | - | - | - | 10 | 1000 |
| NSK Getriebe | - | - | - | - | - | - | 10 | 1000 |
| Otto Glas * | 400 | 26000 | 0.761 | 1960 | 0.72 | 6700 | 3 | 670 |
| PSL Wälzlager | 210 | 790 | 419 | 1377 | 1780 | 11595 | 300 | 1000 |
| RH Industrieservice* | - | 13000 | - | 1900 | - | 23000 | 10 | 1400 |
| SBN Wälzlager | - | - | - | - | - | - | 2 | 90 |
| SKF Antriebselemente | - | - | 0.806 | 1900 | 0.72 | 23600 | 3 | 1400 |
| SLF Spindel- und Lagertechnik | - | - | - | - | - | - | 32 | 1600 |
| SMG | - | - | - | - | - | - | 8 | 250 |
| STAMAG | 36000 | - | 0.80 | 1900 | 0.75 | 23600 | 3 | 1400 |
| STC-Steyr | 290 | 12900 | 10 | 1335 | 15.4 | 13225 | 10 | 1000 |
| Tech. Industriebedarf Pickard* | 400 | 26000 | 0.761 | 1960 | 0.72 | 6700 | 3 | 670 |
| THD | 504 | 27500 | 0.117 | 835 | 0.083 | 6566 | 2 | 670 |

23051000 Axial-Kugellager | 23051001 Axial-Rillenkugellager

| Anbieter | max. Drehzahl; (1/min) | | dynamische Tragzahl; (N) | | statische Tragzahl; (N) | | Durchmesser; (mm) | |
|---|---|---|---|---|---|---|---|---|
| | von | bis | von | bis | von | bis | von | bis |
| Thorlümke & Schöpp | 560 | 36000 | 852 | 0.806 | 0.72 | 6700 | 3 | 670 |
| TTH - Techno Transfer * | - | 1600 | - | 285 | - | 930 | 10 | 150 |
| WAELAG | - | 13000 | - | 630 | - | 4150 | 10 | 560 |
| Wälzlager Schiller* | 400 | 26000 | 0.761 | 1960 | 0.72 | 6700 | 3 | 670 |
| Wilhelm Sahlberg | 400 | 36000 | 0.8 | 850 | 0.7 | 6500 | 3 | 670 |
| ZVL Deutschland * | 400 | 10600 | 10 | 631 | 9.09 | 1280 | 10 | 240 |

23051000 Axial-Kugellager | 23051002 Axial-Schrägkugellager

| Anbieter | max. Drehzahl; (1/min) | | dynamische Tragzahl; (N) | | statische Tragzahl; (N) | | Durchmesser; (mm) | |
|---|---|---|---|---|---|---|---|---|
| | von | bis | von | bis | von | bis | von | bis |
| Aditec | - | - | - | - | - | - | 1 | 2500 |
| August Dreckshage | - | - | - | - | - | - | 15 | 40 |
| Dötsch Elektromotoren | - | - | - | - | - | - | 2 | 500 |
| Eisenhart Laeppché | - | - | - | - | - | - | 30 | 400 |
| Findling | 1500 | 14000 | 5 | 140 | 6 | 435 | 6 | 100 |
| INA Schaeffler | 1300 | 16000 | 12.2 | 680 | 20.7 | 3650 | 12 | 410 |
| Knapp | - | - | 12 | 430 | 12.6 | 195 | 12 | 100 |
| KRW | 1300 | 6000 | 52 | 630 | 120 | 2550 | 80 | 410 |
| Kugellager Hagenauer * | - | - | 10 | 1900 | 14 | 23600 | 10 | 1400 |
| Lineartechnik Korb | 1400 | 11000 | 22.8 | 320 | 53.5 | 1470 | 35 | 180 |
| NSK Getriebe | - | - | - | - | - | - | 15 | 100 |
| RH Industrieservice* | - | 150000 | - | 1500 | - | 5000 | 10 | 1000 |
| SKF Antriebselemente | - | - | 365 | 1460 | 1290 | 15000 | 355.6 | 1371.6 |
| UKF | - | - | 16.9 | 46.45 | 24.65 | 125.7 | 12 | 50 |
| WAELAG | - | 16000 | - | 680 | - | 3650 | 30 | 410 |

23051000 Axial-Kugellager | 23051090 Axial-Kugellager (nicht klassifiziert)

| Anbieter | max. Drehzahl; (1/min) | | dynamische Tragzahl; (N) | | statische Tragzahl; (N) | | Durchmesser; (mm) | |
|---|---|---|---|---|---|---|---|---|
| | von | bis | von | bis | von | bis | von | bis |
| Dötsch Elektromotoren | - | - | - | - | - | - | 2 | 500 |
| Eisenhart Laeppché | - | - | - | - | - | - | 10 | 500 |
| Findling | 2500 | 11700 | 0.9 | 76 | 0.72 | 199 | 3 | 70 |
| INA Schaeffler | 430 | 2800 | 153 | 1760 | 550 | 18300 | 228.6 | 1371.523 |
| Knapp | - | - | 1.5 | 24 | 1.4 | 18 | 7 | 25 |
| Lineartechnik Korb | 2200 | 8000 | - | - | 47.5 | 145 | 15 | 60 |
| NSK Getriebe | - | - | - | - | - | - | 10 | 1000 |
| Rodriguez | - | 2500 | 1.65 | 204 | 3.25 | 750 | 25 | 2050 |
| WAELAG | - | 13000 | - | 630 | - | 4150 | 10 | 560 |

23051100 Axial-Rollenlager | 23051101 Axial-Zylinderrollenlager

| Anbieter | max. Drehzahl; (1/min) | | dynamische Tragzahl; (N) | | statische Tragzahl; (N) | | Durchmesser; (mm) | |
|---|---|---|---|---|---|---|---|---|
| | von | bis | von | bis | von | bis | von | bis |
| Abend Maschinenbau | - | - | - | - | - | - | 10 | 850 |
| Aditec | - | - | - | - | - | - | 1 | 2500 |
| Anton Uhlenbrock | - | - | - | - | - | - | 15 | 630 |
| APB Austria | 240 | 14000 | 15 | 14000 | 30 | 80000 | 15 | 1400 |
| Eisenhart Laeppché | - | - | - | - | - | - | 15 | 320 |
| Findling | 550 | 13000 | 14 | 5500 | 28 | 19900 | 15 | 320 |
| INA Schaeffler | 550 | 13000 | 14 | 5500 | 28 | 19900 | 15 | 320 |
| Knapp | - | - | 14.5 | 2200 | 29 | 14000 | 15 | 630 |
| KRW | 280 | 5400 | 36 | 4500 | 110 | 31060 | 40 | 1000 |
| Lineartechnik Korb | 220 | 3000 | 95.5 | 1420 | 100 | 6550 | 35 | 320 |
| NKE AUSTRIA | - | - | - | - | - | - | 15 | 320 |
| NSK Getriebe | - | - | - | - | - | - | 35 | 500 |
| PSL Wälzlager | 110 | 160 | 4060 | 4060 | 18100 | 18100 | 630 | 630 |
| SKF Antriebselemente | - | - | 11.2 | 4400 | 11.2 | 64000 | 15 | 2540 |
| SLF Spindel- und Lagertechnik | - | - | - | - | - | - | 32 | 1600 |
| STC-Steyr | 110 | 8400 | 11.4 | 10345 | 27 | 60060 | 15 | 1000 |
| WAELAG | - | 13400 | - | 15500 | - | 19900 | 15 | 320 |
| Wilhelm Sahlberg | 200 | 8500 | 10 | 2000 | 27 | 13500 | 15 | 630 |

23051100 Axial-Rollenlager | 23051102 Axial-Nadellager

| Anbieter | max. Drehzahl; (1/min) | | dynamische Tragzahl; (N) | | statische Tragzahl; (N) | | Durchmesser; (mm) | |
|---|---|---|---|---|---|---|---|---|
| | von | bis | von | bis | von | bis | von | bis |
| Abend Maschinenbau | - | - | - | - | - | - | 10 | 350 |
| Aditec | - | - | - | - | - | - | 1 | 2500 |
| Eisenhart Laeppché | - | - | - | - | - | - | 4 | 160 |
| Findling | 1600 | 21000 | 4 | 148 | 8 | 1020 | - | - |
| INA Schaeffler | 1600 | 21000 | 4.4 | 148 | 8 | 1020 | 4 | 160 |
| Knapp | - | - | 4.5 | 1020 | 8 | 150 | 4 | 160 |
| NKE AUSTRIA | - | - | - | - | - | - | 10 | 160 |
| NSK Getriebe | - | - | - | - | - | - | 6 | 160 |
| SKF Antriebselemente | - | - | 4.15 | 125 | 8.3 | 1000 | 4 | 160 |
| WAELAG | - | 21400 | - | 148 | - | 1020 | 4 | 160 |

23051100 Axial-Rollenlager | 23051103 Axial-Pendelrollenlager

| Anbieter | max. Drehzahl; (1/min) | | dynamische Tragzahl; (N) | | statische Tragzahl; (N) | | Durchmesser; (mm) | |
|---|---|---|---|---|---|---|---|---|
| | von | bis | von | bis | von | bis | von | bis |
| Anton Uhlenbrock | - | - | - | - | - | - | 60 | 1600 |
| Eisenhart Laeppché | - | - | - | - | - | - | 60 | 850 |
| Findling | - | - | 330 | 19900 | 885 | 96000 | 60 | 900 |
| INA Schaeffler | 300 | 6000 | 420 | 33000 | 970 | 155000 | 60 | 1180 |
| Knapp | - | - | 340 | 37000 | 900 | 200000 | 60 | 1600 |
| Lineartechnik Korb | 340 | 2000 | 330 | 7850 | 865 | 33000 | 60 | 500 |
| NKE AUSTRIA | - | - | - | - | - | - | 60 | 800 |
| NSK Getriebe | - | - | - | - | - | - | 60 | 1500 |
| SKF Antriebselemente | - | - | 390 | 36800 | 915 | 200000 | 60 | 1600 |
| STC-Steyr | 190 | 5000 | 380 | 26860 | 925 | 122365 | 60 | 1180 |
| WAELAG | - | 3600 | - | 12900 | - | 64000 | 60 | 850 |
| Wilhelm Sahlberg | 90 | 5000 | 350 | 35000 | 900 | 200000 | 60 | 1600 |

23051100 Axial-Rollenlager | 23051104 Axial-Kegelrollenlager

| Anbieter | max. Drehzahl; (1/min) | | dynamische Tragzahl; (N) | | statische Tragzahl; (N) | | Durchmesser; (mm) | |
|---|---|---|---|---|---|---|---|---|
| | von | bis | von | bis | von | bis | von | bis |
| Eisenhart Laeppché | - | - | - | - | - | - | 30 | 1900 |
| Findling | - | - | 710 | 1900 | 2900 | 10700 | 101.6 | 600 |
| INA Schaeffler | 530 | 4000 | 440 | 12900 | 1700 | 69500 | 76.2 | 508 |
| NSK Getriebe | - | - | - | - | - | - | 50 | 1000 |
| PSL Wälzlager | 120 | 710 | 607 | 3350 | 2600 | 21000 | 260 | 852 |
| RH Industrieservice* | - | 15000 | - | 17600 | - | 2400 | 15 | 300 |
| SKF Antriebselemente | - | - | 74.8 | 20500 | 228 | 143000 | 30 | 1770 |
| WAELAG | - | 3600 | - | 12900 | - | 64000 | 60 | 850 |

23051200 Kombinierte Axial/Radiallager | 23051201 Nadel-Schrägkugellager

| Anbieter | max. Drehzahl; (1/min) | | dynamische Tragzahl; (N) | | statische Tragzahl; (N) | | Durchmesser; (mm) | |
|---|---|---|---|---|---|---|---|---|
| | von | bis | von | bis | von | bis | von | bis |
| Eisenhart Laeppché | - | - | - | - | - | - | 12 | 70 |
| Findling | - | - | - | - | - | - | 7 | 70 |
| INA Schaeffler | 5800 | 23600 | 10.6 | 95 | 10.9 | 156 | 12 | 70 |
| Knapp | - | - | - | - | - | - | 12 | 70 |
| RH Industrieservice* | - | 20000 | - | 80 | - | 160 | 12 | 70 |
| WAELAG | - | 23600 | - | 95 | - | 156 | 12 | 70 |

**23050000**
Wälzlager,
Gleitlager,
Gelenklager

23051200 Kombinierte Axial/Radiallager | 23051202 Nadel-Axialkugellager

| Anbieter | max. Drehzahl; (1/min) | | dynamische Tragzahl; (N) | | statische Tragzahl; (N) | | Durchmesser; (mm) | |
|---|---|---|---|---|---|---|---|---|
| | von | bis | von | bis | von | bis | von | bis |
| Eisenhart Laeppché | - | - | - | - | - | - | 7 | 70 |
| Findling | - | - | - | - | - | - | 7 | 70 |
| INA Schaeffler | 2400 | 24000 | 3 | 84 | 3 | 156 | 7 | 70 |
| Knapp | - | - | - | - | - | - | 7 | 35 |
| WAELAG | - | 9200 | - | 50 | - | 92 | 7 | 70 |

23051200 Kombinierte Axial/Radiallager | 23051203 Nadel-Axialzylinderrollenlager

| Anbieter | max. Drehzahl; (1/min) | | dynamische Tragzahl; (N) | | statische Tragzahl; (N) | | Durchmesser; (mm) | |
|---|---|---|---|---|---|---|---|---|
| | von | bis | von | bis | von | bis | von | bis |
| APB Austria | - | - | 14 | 400 | 20 | 1200 | 17 | 200 |
| Eisenhart Laeppché | - | - | - | - | - | - | 15 | 50 |
| Findling | - | - | - | - | - | - | 7 | 70 |
| INA Schaeffler | 1800 | 8500 | 24.9 | 325 | 53 | 1030 | 15 | 90 |
| Knapp | - | - | - | - | - | - | 15 | 50 |
| WAELAG | - | 6500 | - | 61 | - | 177 | 15 | 50 |

23051200 Kombinierte Axial/Radiallager | 23051204 Axial-Radial-Rollenlager

| Anbieter | max. Drehzahl; (1/min) | | dynamische Tragzahl; (N) | | statische Tragzahl; (N) | | Durchmesser; (mm) | |
|---|---|---|---|---|---|---|---|---|
| | von | bis | von | bis | von | bis | von | bis |
| ALFATEC | 1 | 900 | 24 | 421 | 32 | 625 | 40 | 280 |
| APB Austria | - | - | 30 | 600 | 50 | 7000 | 50 | 850 |
| Eisenhart Laeppché | - | - | - | - | - | - | 15 | 90 |
| Findling | - | - | - | - | - | - | 7 | 70 |
| INA Schaeffler | 40 | 440 | 56 | 1040 | 280 | 10300 | 50 | 950 |
| Rodriguez | - | 450 | 35 | 495 | 100 | 5200 | 50 | 650 |
| SLF Spindel- und Lagertechnik | - | - | - | - | - | - | 32 | 1600 |
| TA Techn. Antriebselemente | - | - | 33 | 353 | 14 | 131 | 52.5 | 149 |
| WAELAG | - | 6500 | - | 61 | - | 177 | 15 | 50 |

23051200 Kombinierte Axial/Radiallager | 23051205 Kreuzrollenlager

| Anbieter | max. Drehzahl; (1/min) | | dynamische Tragzahl; (N) | | statische Tragzahl; (N) | | Durchmesser; (mm) | |
|---|---|---|---|---|---|---|---|---|
| | von | bis | von | bis | von | bis | von | bis |
| ALFATEC | 1 | 900 | 24 | 421 | 32 | 625 | 40 | 280 |
| APB Austria | 200 | 2000 | 11 | 750 | 12 | 3500 | 50 | 850 |
| Eisenhart Laeppché | - | - | - | - | - | - | 70 | 500 |
| INA Schaeffler | 275 | 1910 | 18 | 560 | 60 | 2538 | 70 | 500 |
| Knapp | - | - | - | - | - | - | 70 | 500 |
| NSK Getriebe | - | - | - | - | - | - | 20 | 200 |
| Rodriguez | - | 500 | 170 | 10000 | 350 | 20000 | 140 | 2700 |
| Sturm Präzision | 96 | 227 | 66000 | 106000 | 240000 | 590000 | 130 | 1024 |
| WAELAG | - | 755 | - | 560 | - | 2538 | 70 | 500 |

**23050000**
Wälzlager,
Gleitlager,
Gelenklager

23051400 Drehverbindung (Lager) | 23051490 Drehverbindung (Lager, nicht klassifiziert)

| Anbieter | dynamische Tragzahl; (N) | | statische Tragzahl; (N) | | Durchmesser; (mm) | | | |
|---|---|---|---|---|---|---|---|---|
| | von | bis | von | bis | von | bis | | |
| Eisenhart Laeppché | - | - | - | - | 30 | 5000 | - | - |
| Franke | 20 | 149 | 53 | 1942 | 100 | 1500 | - | - |
| HEPCO | - | - | 93 | 1656 | 93 | 1656 | - | - |
| igus | 31 | 320 | - | - | - | - | - | - |
| IMO | 50 | 10700 | 78 | 55000 | 100 | 5200 | - | - |
| INA Schaeffler | - | - | - | - | 40 | 1200 | - | - |
| Knapp | - | - | - | - | 414 | 1094 | - | - |
| Liebherr | - | - | - | - | 600 | 6000 | - | - |
| PSL Wälzlager | - | - | - | - | 130 | 3500 | - | - |
| Rothe Erde | - | - | - | - | - | 4000 | - | - |
| WAELAG | - | 1080 | - | 11000 | 50 | 1030 | - | - |

23051500 Stützrolle und Kurvenrolle (Lager) | 23051501 Stützrolle (Lager)

| Anbieter | Breite; (mm) | | Durchmesser; (mm) | | | | | |
|---|---|---|---|---|---|---|---|---|
| | von | bis | von | bis | | | | |
| ALFATEC | 20 | 300 | 40 | 300 | - | - | - | - |
| APB Austria | 19 | 250 | 15 | 500 | - | - | - | - |
| ASK Kugellagerfabrik | 12 | 32 | 16 | 90 | - | - | - | - |
| Eisenhart Laeppché | - | - | 5 | 300 | - | - | - | - |
| FSG* | 40 | 72 | 165 | 280 | - | - | - | - |
| Harhues & Teufert * | 12 | 29 | 5 | 30 | - | - | - | - |
| HEPCO | 18 | 144 | 18 | 144 | - | - | - | - |
| INA Schaeffler | 12 | 146 | 5 | 130 | - | - | - | - |
| Knapp | 12 | 32 | - | - | - | - | - | - |
| MISUMI | 4.5 | 25.5 | 5 | 52 | - | - | - | - |
| NKE AUSTRIA | - | - | 15 | 50 | - | - | - | - |
| NSK Getriebe | - | - | 45 | 500 | - | - | - | - |
| RH Industrieservice* | 10 | 32 | 5 | 110 | - | - | - | - |
| Schad * | 165 | 1600 | 63.5 | 159 | - | - | - | - |
| Schwartz | 50 | 180 | 80 | 1000 | - | - | - | - |
| SKF Antriebselemente | 11 | 144 | 5 | 130 | - | - | - | - |
| TA Techn. Antriebselemente | 19 | 76 | 34 | 200 | - | - | - | - |
| WAELAG | 7.8 | 146 | 16 | 310 | - | - | - | - |

23051500 Stützrolle und Kurvenrolle (Lager) | 23051502 Kurvenrolle (Lager)

| Anbieter | Breite; (mm) | | Durchmesser; (mm) | | | | | |
|---|---|---|---|---|---|---|---|---|
| | von | bis | von | bis | | | | |
| ALFATEC | 20 | 300 | 40 | 300 | - | - | - | - |
| APB Austria | 50 | 100 | 35 | 90 | - | - | - | - |
| ASK Kugellagerfabrik | 9 | 35 | 13 | 90 | - | - | - | - |
| Eisenhart Laeppché | - | - | 6 | 300 | - | - | - | - |
| Harhues & Teufert * | 28 | 136 | 6 | 42 | - | - | - | - |
| INA Schaeffler | 28 | 100 | 6 | 30 | - | - | - | - |
| Interprecise * | 52 | 100 | 25 | 90 | - | - | - | - |
| Knapp | 8 | 35 | - | - | - | - | - | - |
| MISUMI | 4.5 | 25.5 | 5 | 52 | - | - | - | - |
| NKE AUSTRIA | - | - | 10 | 45 | - | - | - | - |
| NSK Getriebe | - | - | 20 | 60 | - | - | - | - |
| RH Industrieservice* | 28 | 100 | 6 | 90 | - | - | - | - |
| Schwartz | 50 | 180 | 80 | 1000 | - | - | - | - |
| SKF Antriebselemente | 28 | 100 | 6 | 35 | - | - | - | - |
| TA Techn. Antriebselemente | 11 | 20 | 16 | 40 | - | - | - | - |
| WAELAG | 11 | 35 | 16 | 90 | - | - | - | - |

23051600 Gehäuselagereinheit | 23051601 Stehlagergehäuseeinheit

| Anbieter | Breite; (mm) | | Innendurchmesser; (mm) | | Außendurchmesser; (mm) | | | |
|---|---|---|---|---|---|---|---|---|
| | von | bis | von | bis | von | bis | | |
| Anton Uhlenbrock | - | - | - | - | 20 | 160 | - | - |
| ASK Kugellagerfabrik | 31 | 96 | 12 | 90 | 47 | 190 | - | - |
| Dr. Erich Tretter | 20 | 74 | 6 | 25 | - | - | - | - |
| Eisenhart Laeppché | - | - | - | - | 12 | 160 | - | - |
| HFB Wälzlager | 75 | 980 | 30 | 240 | - | - | - | - |
| INA Schaeffler | - | - | - | - | 12 | 120 | - | - |
| Ketten-Wild * | 38 | 54 | 12 | 40 | - | - | - | - |
| Knapp | 38 | 140 | 12 | 125 | - | - | - | - |
| Lineartechnik Korb | 31 | 96 | 12 | 90 | - | - | - | - |
| Mädler | 31 | 100 | 12 | 80 | 40 | 120 | - | - |
| MISUMI | 25.5 | 54.6 | 8 | 50 | 27 | 70 | - | - |
| NSK Getriebe | - | - | - | - | 20 | 150 | - | - |
| RH Industrieservice* | 15 | 250 | 12 | 530 | 47 | 800 | - | - |
| Rodriguez | 31 | 49 | 12 | 40 | 47 | 80 | - | - |
| SMG | 31 | 49.2 | 10 | 45 | 47 | 85 | - | - |
| WAELAG | 125 | 440 | 12 | 120 | 30.2 | 135 | - | - |
| ZVL Deutschland * | 34 | 50 | 25 | 40 | 52 | 80 | - | - |

**23050000**
Wälzlager,
Gleitlager,
Gelenklager

23051600 Gehäuselagereinheit | 23051602 Flanschlagergehäuseeinheit

| Anbieter | Breite; (mm) | | Innendurchmesser; (mm) | | Außendurchmesser; (mm) | | | |
|---|---|---|---|---|---|---|---|---|
| | von | bis | von | bis | von | bis | | |
| ASK Kugellagerfabrik | 31 | 96 | 12 | 90 | 47 | 160 | - | - |
| Dr. Erich Tretter | 31 | 96 | 8 | 40 | - | - | - | - |
| Eisenhart Laeppché | - | - | - | - | 12 | 160 | - | - |
| HFB Wälzlager | 60 | 105 | 20 | 100 | - | - | - | - |
| igus | - | - | 6 | 20 | 5.5 | 9 | - | - |
| INA Schaeffler | - | - | - | - | 12 | 120 | - | - |
| Knapp | 33.3 | 145 | 12 | 140 | - | - | - | - |
| Lineartechnik Korb | 31 | 96 | 12 | 90 | - | - | - | - |
| Mädler | 12.7 | 38.9 | 12 | 50 | 60 | 122 | - | - |
| MISUMI | 25.5 | 54.6 | 8 | 50 | 27 | 70 | - | - |
| NSK Getriebe | - | - | - | - | 20 | 150 | - | - |
| RH Industrieservice* | 15 | 53 | 12 | 100 | 47 | 200 | - | - |
| Rodriguez | 31 | 49 | 12 | 40 | 47 | 80 | - | - |
| SMG | 31 | 49.2 | 10 | 45 | 47 | 85 | - | - |
| WAELAG | 10 | 350 | 12 | 120 | 58.7 | 350 | - | - |
| ZVL Deutschland * | 34 | 58.9 | 25 | 40 | 52 | 80 | - | - |

23051600 Gehäuselagereinheit | 23051603 Spannlagergehäuseeinheit

| Anbieter | Breite; (mm) | | Innendurchmesser; (mm) | | Außendurchmesser; (mm) | | | |
|---|---|---|---|---|---|---|---|---|
| | von | bis | von | bis | von | bis | | |
| ASK Kugellagerfabrik | 31 | 96 | 12 | 90 | 47 | 190 | - | - |
| Eisenhart Laeppché | - | - | - | - | 12 | 160 | - | - |
| HFB Wälzlager | 76 | 122 | 30 | 70 | - | - | - | - |
| INA Schaeffler | - | - | - | - | 12 | 120 | - | - |
| Knapp | 32 | - | 12 | 85 | - | - | - | - |
| Mädler | 12.7 | 38.9 | 12 | 50 | 40 | 122 | - | - |
| NSK Getriebe | - | - | - | - | 12 | 65 | - | - |
| RH Industrieservice* | 15 | 200 | 12 | 400 | 47 | 650 | - | - |
| Rodriguez | 31 | 49 | 12 | 40 | 47 | 80 | - | - |
| WAELAG | 15 | 85 | 12 | 120 | 30.2 | 135 | - | - |

**23050000**
Wälzlager,
Gleitlager,
Gelenklager

## 23060000 Schmiermittel, Kühlmittel, Schmiervorrichtung

23060100 Schmierstoff | 23060101 Schmierstoff (flüssig)

| Anbieter | dynamische Viskosität; (Pas) | | Viskostitätsindex; (-) | | Einsatztemperatur; (°C) | | | |
|---|---|---|---|---|---|---|---|---|
| | von | bis | von | bis | von | bis | | |
| Aral * | 2 | 1500 | 50 | 350 | -50.0 | 250 | - | - |
| Carl Bechem | 10 | 3000 | - | - | -50.0 | 250 | - | - |
| Deutsche BP | 2 | 1500 | 50 | 350 | -50.0 | 250 | - | - |
| EMUTech | 1 | 1500 | - | - | - | - | - | - |
| Friedrich Braun | 90 | 800 | - | - | -30.0 | 260 | - | - |
| Hausm. & Haensgen | 7 | 5000 | - | - | - | - | - | - |
| Klüber | 28.8 | 1650 | - | - | -60.0 | 160 | - | - |
| Lubcon-Lubricant * | 18 | 82 | - | - | -35.0 | 160 | - | - |
| NBR Gehäuse | 90 | 800 | - | - | -50.0 | 260 | - | - |
| OKS | 9 | 5000 | - | - | -80.0 | 450 | - | - |
| omniTECHNIK | - | - | - | - | -50.0 | 100 | - | - |
| Wilhelm Sahlberg | 5 | 4000 | 100 | 300 | -70.0 | 300 | - | - |

**23060000**
Schmiermittel,
Kühlmittel,
Schmier-
vorrichtung

23060100 Schmierstoff | 23060102 Schmierstoff (pastös)

| Anbieter | dynamische Viskosität; (Pas) | | Viskostitätsindex; (-) | | Einsatztemperatur; (°C) | | | |
|---|---|---|---|---|---|---|---|---|
| | von | bis | von | bis | von | bis | | |
| Carl Bechem | 10 | 3000 | - | - | -50.0 | 250 | - | - |
| Hausm. & Haensgen | 15 | 9500 | - | - | - | - | - | - |
| Herzog AG | - | - | - | - | -25.0 | 230 | - | - |
| INA Schaeffler | 22 | 1000 | - | - | - | - | - | - |
| Klüber | 20 | 1500 | - | - | -60.0 | 270 | - | - |
| KM Technology | - | - | - | - | -40.0 | 1400 | - | - |
| OKS | 8 | 9500 | - | - | -60.0 | 1100 | - | - |
| Wilhelm Sahlberg | 15 | 1500 | 100 | 300 | -65.0 | 1400 | - | - |

Mit * gekennzeichnete Herstellerangaben entstammen Katalogdaten im Internet oder Firmenschriften.

23060100 Schmierstoff | 23060103 Metallbearbeitungsöl (-flüssigkeit)

| Anbieter | dynamische Viskosität; (Pas) | | Viskostitätsindex; (-) | | Einsatztemperatur; (°C) | | | |
|---|---|---|---|---|---|---|---|---|
| | von | bis | von | bis | von | bis | | |
| Aral * | 1.3 | 350 | 80 | 130 | 10 | 50 | - | - |
| Carl Bechem | 10 | 3000 | - | - | -50.0 | 250 | - | - |
| Deutsche BP | 1.9 | 350 | 80 | 130 | 10 | 50 | - | - |
| DGM * | 22 | 32 | - | 90 | 20 | 180 | - | - |
| Dörken * | 22 | 46 | - | - | -20.0 | 120 | - | - |
| FMB-Blickle * | 32 | 46 | - | - | 20 | 200 | - | - |
| George | 27.7 | 27.7 | - | - | 20 | 230 | - | - |
| Jokisch * | 28 | 28 | - | - | 5 | 180 | - | - |
| Klüber | - | - | - | - | 10 | 60 | - | - |
| OKS | 15 | 190 | - | - | -50.0 | 180 | - | - |
| Pfinder * | 1 | 1 | - | - | 20 | 100 | - | - |
| R. Tübben | 118 | 118 | - | - | 20 | 150 | - | - |
| Schmierstoffe Hartenberger | 46 | 46 | - | - | 20 | 100 | - | - |
| Steidle MMKS | 75 | 75 | - | - | 20 | 120 | - | - |
| Wilhelm Sahlberg | 20 | 20 | 100 | 100 | - | 200 | - | - |
| Wisura | 4 | 4 | - | - | 20 | 200 | - | - |

23061200 Übertragungsflüssigkeit | 23061201 Hydraulikflüssigkeit

| Anbieter | dynamische Viskosität; (Pas) | | Viskostitätsindex; (-) | | Einsatztemperatur; (°C) | | | |
|---|---|---|---|---|---|---|---|---|
| | von | bis | von | bis | von | bis | | |
| Addinol Schmierstoffe | 15 | 100 | 100 | 400 | - | - | - | - |
| Bodo Köhler * | 32 | 68 | - | - | -20.0 | 120 | - | - |
| C+M * | 15 | 1000 | 46 | 140 | 20 | 700 | - | - |
| Carl Bechem | 10 | 100 | - | - | -40.0 | 180 | - | - |
| Carl Knauber * | 46 | 150 | - | - | -40.0 | 130 | - | - |
| Deutsche BP | 5 | 150 | 90 | 350 | -30.0 | 100 | - | - |
| Deutsche Pentosin-Werke * | - | - | - | - | -40.0 | 130 | - | - |
| EMUTech | 5 | 680 | - | - | - | - | - | - |
| Finke * | - | - | - | - | -20.0 | 100 | - | - |
| Hydroteknik * | - | - | - | - | -40.0 | 130 | - | - |
| Hypneu * | 22 | 68 | - | - | -20.0 | 100 | - | - |
| Industr.Hydraulik Jasinski* | 32 | 46 | - | - | -40.0 | 130 | - | - |
| Neukirch Schmierstoffe * | 46 | 46 | - | - | -25.0 | 90 | - | - |
| Orosol* | 0.876 | 0.876 | 100 | 100 | -20.0 | 120 | - | - |
| Paco Cortés* | 32 | 68 | 82 | 145 | -30.0 | 130 | - | - |
| Pirtek * | 46 | 150 | - | - | -40.0 | 130 | - | - |
| Rauh* | 15 | 1000 | 46 | 140 | -40.0 | 130 | - | - |
| Schlögl * | - | - | - | - | -20.0 | 100 | - | - |

23061200 Übertragungsflüssigkeit | 23061202 Wärmeträgeröl

| Anbieter | dynamische Viskosität; (Pas) | | Viskostitätsindex; (-) | | Einsatztemperatur; (°C) | | | |
|---|---|---|---|---|---|---|---|---|
| | von | bis | von | bis | von | bis | | |
| Addinol Schmierstoffe | 15 | 30 | - | - | - | - | - | - |
| Carl Bechem | - | - | - | - | -10.0 | 340 | - | - |
| Deutsche BP | 8 | 32 | - | 100 | -10.0 | 350 | - | - |
| EMUTech | 32 | 68 | - | - | - | - | - | - |

23061200 Übertragungsflüssigkeit | 23061203 Bremsflüssigkeit

| Anbieter | dynamische Viskosität; (Pas) | | Viskostitätsindex; (-) | | Einsatztemperatur; (°C) | | | |
|---|---|---|---|---|---|---|---|---|
| | von | bis | von | bis | von | bis | | |
| Ossenberg Engels | 700 | 1400 | - | - | - | - | - | - |

**23060000**
Schmiermittel,
Kühlmittel,
Schmier-
vorrichtung

## 23070000 Dichtung

23070900 Gleitringdichtung, Versorgungssystem | 23070921 Gleitringdichtung (Komplett)

| Anbieter | Breite; (mm) | | Außendurchmesser; (mm) | | Durchmesser; (mm) | | | |
|---|---|---|---|---|---|---|---|---|
| | von | bis | von | bis | von | bis | | |
| Aditec | - | - | - | - | 6 | 1200 | - | - |
| Bamberger Dichtungen | 1 | 1000 | 3 | 1000 | 2 | 100 | - | - |
| Burgmann Industries | - | - | - | - | 10 | 500 | - | - |
| CHETRA | - | - | - | - | 10 | 400 | - | - |
| Depac | - | - | - | - | 3 | 500 | - | - |
| Dötsch Elektromotoren | - | - | - | - | 5 | 100 | - | - |
| Freudenberg Simrit | - | - | - | - | 6 | 100 | - | - |
| Hecker-Werke * | - | - | 19.5 | 83 | 10 | 65 | - | - |
| Hunger Dichtungen | 1 | 250 | 1 | 3500 | 1 | 3500 | - | - |
| KACO | - | - | 30 | 40 | 12 | 19 | - | - |
| S.F.K. | 2 | 25 | 20 | 2000 | 20 | 2000 | - | - |
| Schultze GmbH | 1 | 10000 | 1 | 10000 | 1 | 10000 | - | - |
| Seal Maker | 2.2 | 20 | 5 | 2500 | 5 | 2450 | - | - |
| SKF Antriebselemente | 24.7 | 54 | 70.1 | 682.5 | 43 | 610 | - | - |
| Theodor Cordes | 5.7 | 19.9 | - | - | 10 | 38 | - | - |
| Trelleborg | - | - | - | - | 38 | 830 | - | - |

23071200 Membrandichtung, Balgdichtung | 23071201 Membrandichtung

| Anbieter | Breite; (mm) | | Außendurchmesser; (mm) | | Durchmesser; (mm) | | | |
|---|---|---|---|---|---|---|---|---|
| | von | bis | von | bis | von | bis | | |
| Haarmann * | 1 | 10 | 4.5 | 1200 | - | - | - | - |
| Hala * | - | - | 10 | 300 | 4 | 295 | - | - |
| IBK Wiesehahn * | - | - | - | - | 10 | 1200 | - | - |
| Niemeyer * | - | - | - | - | 4 | 240 | - | - |

Mit * gekennzeichnete Herstellerangaben entstammen Katalogdaten im Internet oder Firmenschriften.

23071200 Membrandichtung, Balgdichtung | 23071202 Balgdichtung

| Anbieter | Breite; (mm) | | Außendurchmesser; (mm) | | Durchmesser; (mm) | | | |
|---|---|---|---|---|---|---|---|---|
| | von | bis | von | bis | von | bis | | |
| Aditec | - | - | - | - | 6 | 1200 | - | - |
| Aspag * | 14 | 40 | 24 | 97 | 10 | 70 | - | - |
| Bamberger Dichtungen | 2 | 100 | 3 | 2000 | 2 | 1000 | - | - |
| CHETRA | - | - | - | - | 20 | 200 | - | - |
| dipac Dichtungen * | 14.5 | 73 | 20 | 136 | 10 | 100 | - | - |
| ElringKlinger | - | 500 | 10 | 500 | 5 | 400 | - | - |
| Freudenberg Simrit | - | - | - | - | 10 | 200 | - | - |
| Hecker-Werke * | - | - | 26 | 85 | 16 | 65 | - | - |
| Kremer | - | - | - | - | 2 | 250 | - | - |
| Mädler | 40 | 730 | 61 | 116 | 30 | 58 | - | - |
| Schultze GmbH | 1 | 10000 | 1 | 10000 | - | - | - | - |
| SKF Economos | 20 | 100 | 70 | 600 | 50 | 550 | - | - |
| TA Techn. Antriebselemente | - | - | - | 90 | - | - | - | - |

**23070000**
Dichtung

23071500 Flachdichtung | 23071501 Gestanzte Dichtung

| Anbieter | Breite; (mm) | | Außendurchmesser; (mm) | | Durchmesser; (mm) | | | |
|---|---|---|---|---|---|---|---|---|
| | von | bis | von | bis | von | bis | | |
| 1 NORM + DREH | - | - | - | - | 2 | 60 | - | - |
| Aditec | - | - | - | - | 6 | 1200 | - | - |
| Burgmann Industries | - | - | - | - | 10 | 500 | - | - |
| Carl Schlösser | - | - | 0.5 | 800 | - | - | - | - |
| Dichtungstechnik Schkölen | - | - | 6 | 5000 | - | - | - | - |
| Ernst Lingenberg | - | - | 5 | 100 | - | - | - | - |
| Franz Stickling | 2 | 1030 | 13 | 1040 | 10 | 1000 | - | - |
| Frenzelit-Werke | 0.3 | 6 | 8 | 5000 | 2 | 5000 | - | - |
| HARRY WEGNER * | - | - | 9 | 1400 | - | - | - | - |
| Jacob Nettekoven | - | - | 5 | 2000 | - | 1900 | - | - |
| Jentzsch | - | - | 20 | 3000 | - | - | - | - |
| Karl Späh | 0.1 | 15 | 3 | 1500 | - | - | - | - |
| KLINGER | 3 | - | 10 | - | 10 | - | - | - |
| Krone Dichtungen | 0.3 | 500 | 3 | 200 | 1 | 150 | - | - |
| Lux Dichtungen | 1 | 950 | - | - | 3 | 950 | - | - |
| MB Dichtungen | 5 | 500 | 12 | 5000 | 10 | 4990 | - | - |
| P + S | 1 | 20 | 10 | 600 | 3 | 500 | - | - |
| Reinz | - | - | - | 1500 | - | - | - | - |
| Schultze GmbH | 1 | 10000 | 1 | 10000 | 1 | 10000 | - | - |
| SKF Economos | 0.7 | 5 | - | 1200 | - | 300 | - | - |
| Techno-Parts | 0.5 | 3 | 3 | 1400 | 1 | 1300 | - | - |
| ttv* | 0.3 | 10 | - | - | 4 | 2000 | - | - |
| Westring | - | - | - | - | 0.1 | 10000 | - | - |
| Wilhelm Sahlberg | 0.5 | 20 | 5 | 1500 | 2 | 1460 | - | - |

23071500 Flachdichtung | 23071502 Spiraldichtung

| Anbieter | Breite; (mm) | | Außendurchmesser; (mm) | | Durchmesser; (mm) | | | |
|---|---|---|---|---|---|---|---|---|
| | von | bis | von | bis | von | bis | | |
| Bamberger Dichtungen | 2 | 1000 | - | - | 2 | 1000 | - | - |
| Burgmann Industries | - | - | - | - | 10 | 500 | - | - |
| Dichtungstechnik Schkölen | - | - | 20 | 2000 | - | - | - | - |
| Hunger Dichtungen | 1 | 250 | 1 | 3500 | 1 | 3500 | - | - |
| IDT* | 3.2 | 7.2 | 30 | 1092 | 20 | 1062 | - | - |
| Jentzsch | - | - | 20 | 3000 | - | - | - | - |
| Karl Späh | 0.5 | 10 | 15 | 500 | - | - | - | - |
| MB Dichtungen | 3 | 100 | 18 | 1000 | 12 | 990 | - | - |
| Schultze GmbH | 1 | 10000 | 1 | 10000 | 1 | 10000 | - | - |
| Techno-Parts | 3 | 4.5 | 46 | 813 | 10 | 600 | - | - |
| Westring | - | - | - | - | 5 | 1500 | - | - |
| Wilhelm Sahlberg | 2.5 | 7.2 | 24 | 3060 | 18 | 3030 | - | - |

23071500 Flachdichtung | 23071503 Profilierte-, Ummantelte Flachdichtung

| Anbieter | Breite; (mm) | | Außendurchmesser; (mm) | | Durchmesser; (mm) | | | |
|---|---|---|---|---|---|---|---|---|
| | von | bis | von | bis | von | bis | | |
| Bamberger Dichtungen | 2 | 1000 | - | - | 2 | 1000 | - | - |
| Burgmann Industries | - | - | - | - | 10 | 500 | - | - |
| Dichtungstechnik Schkölen | - | - | 25 | 2500 | - | - | - | - |
| Freudenberg Simrit | - | - | 0.5 | 5 | 20 | 100 | - | - |
| Jentzsch | - | - | 20 | 3000 | - | - | - | - |
| Karl Späh | 2 | 8 | 50 | 350 | - | - | - | - |
| Kudernak * | 5 | 10 | 65 | 2085 | 25 | 2000 | - | - |
| Kuhn Gummiformteile * | 4 | 35.5 | 10.2 | 78 | 6.5 | 49 | - | - |
| Leader Global * | 5 | 25.5 | 47 | 901 | 25 | 641 | - | - |
| MB Dichtungen | 15 | 50 | 18 | 1000 | 18 | 990 | - | - |
| Schultze GmbH | 1 | 10000 | 1 | 10000 | 1 | 10000 | - | - |
| Techno-Parts | 1.5 | 10 | 15 | 2500 | 12 | 2497 | - | - |
| Westring | - | - | - | - | 0.1 | 10000 | - | - |
| Wilhelm Sahlberg | 2 | 4 | 36 | 679 | 18 | 610 | - | - |

**23070000**
Dichtung

23071500 Flachdichtung | 23071504 Metalldichtung

| Anbieter | Breite; (mm) | | Außendurchmesser; (mm) | | Durchmesser; (mm) | | | |
|---|---|---|---|---|---|---|---|---|
| | von | bis | von | bis | von | bis | | |
| 1 NORM + DREH | - | - | - | - | 2 | 60 | - | - |
| Abend Maschinenbau | - | - | - | - | 100 | 850 | - | - |
| Bamberger Dichtungen | 2 | 1000 | - | - | 2 | 1000 | - | - |
| Burgmann Industries | - | - | - | - | 10 | 500 | - | - |
| Carl Schlösser | - | - | 0.5 | 800 | - | - | - | - |
| Dichtungstechnik Schkölen | - | - | 10 | 2500 | - | - | - | - |
| Georg Martin | 0.02 | 4 | 4.5 | 600 | 3.5 | 560 | - | - |
| IDT* | 10 | 16 | 30 | 1092 | 20 | 1062 | - | - |
| Jacob Nettekoven | - | - | 8 | 120 | 4 | 100 | - | - |
| Jentzsch | - | - | 20 | 3000 | - | - | - | - |
| Karl Späh | 1 | 20 | 3 | 1000 | - | - | - | - |
| MB Dichtungen | 5 | 50 | 12 | 1000 | 10 | 990 | - | - |
| Schreiber * | 1 | 2.5 | 8 | 68 | 4 | 60 | - | - |
| Schultze GmbH | 1 | 10000 | 1 | 10000 | 1 | 10000 | - | - |
| Techno-Parts | 0.89 | 15.88 | 6.35 | 7600 | 6.35 | 7600 | - | - |
| WAELAG | 4 | 30 | 9 | 560 | 5 | 500 | - | - |
| Westring | - | - | - | - | 0.1 | 1500 | - | - |
| Wilhelm Sahlberg | 0.9 | 42 | 8 | 3000 | 6 | 2980 | - | - |

23071500 Flachdichtung | 23071590 Flachdichtung (nicht klassifiziert)

| Anbieter | Breite; (mm) | | Außendurchmesser; (mm) | | Durchmesser; (mm) | | | |
|---|---|---|---|---|---|---|---|---|
| | von | bis | von | bis | von | bis | | |
| 1 NORM + DREH | - | - | - | - | 2 | 60 | - | - |
| Aditec | - | - | - | - | 6 | 1200 | - | - |
| AT-Dichtungen * | - | - | 38 | 940 | 18 | 820 | - | - |
| Bamberger Dichtungen | 2 | 1000 | - | - | 2 | 1000 | - | - |
| Burgmann Industries | - | - | - | - | 10 | 500 | - | - |
| Carl Schlösser | - | - | 0.5 | 800 | - | - | - | - |
| Dichtungselemente Hallite | - | - | - | 1000 | - | 1000 | - | - |
| Dichtungstechnik Schkölen | - | - | 6 | 10000 | - | - | - | - |
| Frenzelit-Werke | 0.3 | 6 | 8 | 5000 | 2 | 5000 | - | - |
| Georg Martin | 0.02 | 4 | 4.5 | 600 | 3.5 | 560 | - | - |
| Hunger Dichtungen | 1 | 250 | 1 | 3500 | 1 | 3500 | - | - |
| IDT* | 1.98 | 2.02 | 47.5 | 838 | 22 | 610 | - | - |
| Jacob Nettekoven | - | - | 5 | 2000 | - | 1900 | - | - |
| Jentzsch | - | - | 20 | 3000 | - | - | - | - |
| Karl Späh | 0.1 | 15 | 3 | 1500 | - | - | - | - |
| König & Ronneberger * | 1.25 | 2 | 52 | 85 | 20 | 50 | - | - |
| Krone Dichtungen | 0.3 | 500 | 3 | 200 | 1 | 150 | - | - |
| Lux Dichtungen | - | - | - | - | 3 | 950 | - | - |
| MB Dichtungen | 5 | 500 | 12 | 5000 | 10 | 4990 | - | - |
| Otto Roth | 2 | 3 | 39 | 594 | 18 | 508 | - | - |
| P + S | 1 | 25 | 5 | 1000 | 1 | 800 | - | - |
| Pfefferkorn * | - | - | 5.9 | 34.9 | 3.7 | 27.3 | - | - |
| Pro-Seals * | 1 | 6 | 5.9 | 34.9 | 3.7 | 27.3 | - | - |
| RRG Industrietechnik | 1 | 3 | - | - | - | - | - | - |
| Sattler | - | 30 | - | 310 | - | 250 | - | - |
| Scan Tube | - | - | 3 | 28 | - | - | - | - |
| Schultze GmbH | 1 | 10000 | 1 | 10000 | 1 | 10000 | - | - |
| SKF Economos | 0.1 | 20 | 3 | 1600 | 1 | 1598 | - | - |
| Techno-Parts | 0.5 | 3 | 3 | 1400 | 1 | 1300 | - | - |
| Trelleborg | - | - | - | - | 5 | 700 | - | - |
| Westring | - | - | - | - | 0.1 | 10000 | - | - |
| Wilhelm Sahlberg | 0.5 | 5 | 5 | 1500 | 2 | 1460 | - | - |

23071600 Rundschnur-, Profilschnur Dichtung | 23071601 O-Ring

| Anbieter | Durchmesser; (mm) | | Ringdurchmesser; (mm) | | | | | |
|---|---|---|---|---|---|---|---|---|
| | von | bis | von | bis | | | | |
| 1 NORM + DREH | 2 | 60 | - | - | - | - | - | - |
| Anton Klocke | 1.8 | 690 | 1 | 10 | - | - | - | - |
| Braun | 5 | 500 | 3 | 10 | - | - | - | - |
| C. Otto Gehrckens | - | - | 0.74 | 3000 | - | - | - | - |
| Carl Schlösser | 2 | 100 | - | - | - | - | - | - |
| Dichtungstechnik Schkölen | 2 | 1000 | - | - | - | - | - | - |
| Freudenberg Simrit | 0.8 | 2000 | 0.8 | 10 | - | - | - | - |
| Kudernak | 1,78 | 658,88 | 1,78 | 6,99 | - | - | - | - |
| LINNEMANN * | 10 | 300 | 2.62 | 10 | - | - | - | - |
| NBR Gehäuse | 5 | 500 | - | - | - | - | - | - |
| SKF Antriebselemente | 1.15 | 363 | 1 | 3.5 | - | - | - | - |
| Techno-Parts | 1.8 | 3000 | 0.8 | 30 | - | - | - | - |
| Trelleborg | 0.5 | 5000 | - | - | - | - | - | - |
| ULMAN | 0.74 | 5000 | - | - | - | - | - | - |
| Waelag | 1 | 500 | 1 | 10 | - | - | - | - |
| Westring | 0.1 | 10000 | - | - | - | - | - | - |

23070000
Dichtung

23071700 Wellendichtring (rotatorische Dichtung) | 23071701 Radial-Wellendichtring

| Anbieter | Breite; (mm) | | Außendurchmesser; (mm) | | Durchmesser; (mm) | | | |
|---|---|---|---|---|---|---|---|---|
| | von | bis | von | bis | von | bis | | |
| Alwin Höfert | 6 | 19.05 | 11 | 596.9 | 4 | 546 | - | - |
| Anton Uhlenbrock | 6 | 20 | 10 | 760 | 3 | 710 | - | - |
| AS Dichtungstechnik* | 4 | 25 | 11 | 700 | 4 | 600 | - | - |
| Bamberger Dichtungen | 2 | 100 | 2 | 1000 | 2 | 1000 | - | - |
| Burgmann Industries | - | - | - | - | 10 | 500 | - | - |
| Eisenhart Laeppché | - | - | - | - | 5 | 1000 | - | - |
| ElringKlinger | 3 | 25 | 16 | 300 | 6 | 280 | - | - |
| Freudenberg Simrit | - | - | 10 | 2040 | 3 | 2000 | - | - |
| Friedrich Braun | - | - | 18 | 390 | - | - | - | - |
| Garlock | - | - | - | - | 8 | 3000 | - | - |
| GFD * | 7 | 12 | 22 | 160 | 10 | 130 | - | - |
| H.C. Schmidt | 4 | 15 | - | - | 5 | 500 | - | - |
| Hunger Dichtungen | 6 | 20 | 10 | 1050 | 3 | 1000 | - | - |
| Hülsebusch* | 5 | 20 | 16 | 440 | 6 | 400 | - | - |
| IDG | - | - | 11 | 3050 | 6 | 3000 | - | - |
| KACO | 2 | 20 | 10 | 250 | 5 | 200 | - | - |
| Knapp | 2 | 14 | 8 | 460 | 4 | 430 | - | - |
| Kuhlmann | - | - | - | - | 4 | 15 | - | - |
| NBR Gehäuse | - | - | 18 | 390 | - | - | - | - |
| Propack* | 6.5 | 15 | 22 | 95 | 12 | 75 | - | - |
| ROTHE ERDE * | 50 | 900 | 400 | 8000 | 300 | 7300 | - | - |
| S.F.K. | - | - | 20 | 220 | 20 | 200 | - | - |
| Schultze GmbH | 1 | 10000 | 1 | 10000 | 1 | 10000 | - | - |
| Seal Concept | - | - | - | - | 5 | 2000 | - | - |
| Seal Maker | 4 | 40 | 15 | 2500 | 5 | 2450 | - | - |
| SEALWARE | 2 | 49 | 8 | 2550 | 3 | 2500 | - | - |
| SKF Antriebselemente | 2 | 20.62 | 12 | 3050 | 6 | 3000 | - | - |
| SKF Economos | 7 | 32 | 18 | 4000 | 6 | 3950 | - | - |
| TDS Duddeck * | - | - | - | - | 4 | 1250 | - | - |
| Techno-Parts | 7 | 25 | 16 | 1174 | 6 | 1100 | - | - |
| Tedima* | 5 | 10 | 18 | 165 | 8 | 140 | - | - |
| Trelleborg | - | - | - | - | 3 | 600 | - | - |
| VR Dicht.* | 7 | 20 | 16 | 420 | 6 | 380 | - | - |
| WAELAG | 4 | 50 | 8 | 1600 | 5 | 1500 | - | - |
| Westring | - | - | - | - | 3 | 4000 | - | - |
| Wilhelm Sahlberg | 5 | 20 | 11 | 540 | 4 | 500 | - | - |
| WSW Wälzlager | 3 | 25 | 12 | 440 | 4 | 320 | - | - |

## 23071700 Wellendichtring (rotatorische Dichtung) | 23071702 Axial-Wellendichtring

| Anbieter | Breite; (mm) | | Außendurchmesser; (mm) | | Durchmesser; (mm) | | | |
|---|---|---|---|---|---|---|---|---|
| | von | bis | von | bis | von | bis | | |
| Bamberger Dichtungen | 2 | 100 | 2 | 1000 | 2 | 1000 | - | - |
| Burgmann Industries | - | - | - | - | 10 | 500 | - | - |
| Eisenhart Laeppché | - | - | - | - | 5 | 1000 | - | - |
| Freudenberg Simrit | - | - | 20 | 48 | 6 | 24 | - | - |
| Friedrich Braun | - | - | 18 | 390 | - | - | - | - |
| Hunger Dichtungen | - | - | 10 | 1050 | 3 | 1000 | - | - |
| IDG | 1.4 | 20 | 12 | 2850 | 7 | 2800 | - | - |
| Knapp | - | - | - | - | 3 | 1000 | - | - |
| Kuhlmann | - | - | - | - | 4 | 15 | - | - |
| ROTHE ERDE * | 50 | 900 | 400 | 8000 | 300 | 7300 | - | - |
| Schultze GmbH | 1 | 10000 | 1 | 10000 | 1 | 10000 | - | - |
| Seal Concept | - | - | - | - | 5 | 2000 | - | - |
| Seal Maker | 4 | 65 | 10 | 2500 | 5 | 2450 | - | - |
| SEALWARE | 3 | 30 | 5.5 | 4500 | 2.7 | 4400 | - | - |
| SKF Antriebselemente | 3 | 65 | 5.7 | 2130 | 2.7 | 2070 | - | - |
| SKF Economos | 7 | 32 | 18 | 4000 | 6 | 3950 | - | - |
| Trelleborg | - | - | - | - | 10 | 380 | - | - |
| Westring | - | - | - | - | 3 | 4000 | - | - |
| Wilhelm Sahlberg | 4 | 13 | 17 | 460 | 6 | 380 | - | - |

**23070000**
Dichtung

## 23071800 Stopfbuchsdichtung | 23071801 Geflechtspackung

| Anbieter | Breite; (mm) | | Außendurchmesser; (mm) | | Durchmesser; (mm) | | | |
|---|---|---|---|---|---|---|---|---|
| | von | bis | von | bis | von | bis | | |
| Burgmann Industries | - | - | - | - | 10 | 500 | - | - |
| CHETRA | - | - | - | - | 4 | 30 | - | - |
| Freudenberg Simrit | - | - | 18 | 2048 | 10 | 2000 | - | - |
| Garlock | - | - | - | - | 3 | 32 | - | - |
| Hausm. & Haensgen | - | - | - | - | 10 | 1000 | - | - |
| Hunger Dichtungen | 10 | 250 | 11 | 1860 | 3 | 1800 | - | - |
| Jentzsch | - | - | 4 | 40 | 4 | 500 | - | - |
| MB Dichtungen | 2 | 50 | 5 | 500 | 3 | 500 | - | - |
| Schultze GmbH | 1 | 10000 | 1 | 10000 | 1 | 10000 | - | - |
| Techno-Parts | 3 | 25 | 16 | 10000 | 10 | 10000 | - | - |
| Westring | - | - | - | - | 5 | 4000 | - | - |
| Wilhelm Sahlberg | 4 | 20 | 12 | 1540 | 4 | 1500 | - | - |

23071900 Translatorische Dichtung | 23071901 Stangendichtung

| Anbieter | Breite; (mm) | | Außendurchmesser; (mm) | | Durchmesser; (mm) | | | |
|---|---|---|---|---|---|---|---|---|
| | von | bis | von | bis | von | bis | | |
| Alwin Höfert | 2.2 | 9.5 | - | - | 3 | 780 | - | - |
| C. Otto Gehrckens | - | - | - | - | 1 | 1400 | - | - |
| DICHTOMATIK | 2 | 40 | 7 | 670 | 3 | 650 | - | - |
| Dichtungselemente Hallite | - | - | - | 1000 | - | 1000 | - | - |
| ElringKlinger | - | 50 | 3 | 3000 | 2 | 3000 | - | - |
| Freudenberg Simrit | - | - | 14 | 1640 | 6 | 1600 | - | - |
| Hunger Dichtungen | 3 | 25 | 3 | 3500 | 3 | 3500 | - | - |
| IDG | 2.2 | 31 | 6 | 3050 | 3 | 3000 | - | - |
| KACO | 3 | 30 | 15 | 56 | 6 | 45 | - | - |
| S.F.K. | - | - | 10 | 1500 | 8 | 1500 | - | - |
| Schultze GmbH | 1 | 10000 | 1 | 10000 | 1 | 10000 | - | - |
| Seal Concept | - | - | - | - | 5 | 2000 | - | - |
| Seal Maker | 3 | 30 | 10 | 2500 | 5 | 2500 | - | - |
| SKF Antriebselemente | 2.2 | 100 | 8.9 | 1028 | 4 | 1000 | - | - |
| SKF Economos | - | - | 9.9 | 4000 | 5 | 3900 | - | - |
| Techno-Parts | 2.9 | 30 | 6 | 1600 | 3 | 1600 | - | - |
| Westring | - | - | - | - | 2 | 4000 | - | - |

23071900 Translatorische Dichtung | 23071902 Kolbendichtung

| Anbieter | Breite; (mm) | | Außendurchmesser; (mm) | | Durchmesser; (mm) | | | |
|---|---|---|---|---|---|---|---|---|
| | von | bis | von | bis | von | bis | | |
| Alwin Höfert | 3.2 | 9.2 | 21 | 950 | 1.65 | 934 | - | - |
| C. Otto Gehrckens | - | - | - | - | 1 | 1400 | - | - |
| Daros Industrial Rings | - | - | - | - | 10 | 1000 | - | - |
| DICHTOMATIK | 2 | 40 | 7 | 670 | 3 | 650 | - | - |
| Dichtungselemente Hallite | - | - | 0 | 1000 | 0 | 1000 | - | - |
| ElringKlinger | - | 50 | 3 | 3000 | 2 | 3000 | - | - |
| Freudenberg Simrit | - | - | 14 | 1640 | 6 | 1600 | - | - |
| Hunger Dichtungen | 1.5 | 80 | 10 | 3500 | 5 | 3500 | - | - |
| IDG | 2.2 | 31 | 6 | 3050 | 3 | 3000 | - | - |
| KACO | 3 | 30 | 12 | 250 | 3 | 20 | - | - |
| S.F.K. | - | - | 10 | 1500 | 10 | 1500 | - | - |
| Schultze GmbH | 1 | 10000 | 1 | 10000 | 1 | 10000 | - | - |
| Seal Concept | - | - | - | - | 5 | 2000 | - | - |
| Seal Maker | 3 | 30 | 10 | 2500 | 5 | 2500 | - | - |
| SKF Antriebselemente | 2 | 36 | 10 | 510 | 6 | 491 | - | - |
| SKF Economos | - | - | 8 | 4000 | 3.1 | 3900 | - | - |
| Techno-Parts | 2.1 | 30 | 6 | 1600 | 3 | 1600 | - | - |
| Westring | - | - | - | - | 2 | 4000 | - | - |

23071900 Translatorische Dichtung | 23071903 Abstreifring (translatorische Dichtung

| Anbieter | Breite; (mm) | | Außendurchmesser; (mm) | | Durchmesser; (mm) | | | |
|---|---|---|---|---|---|---|---|---|
| | von | bis | von | bis | von | bis | | |
| Daros Industrial Rings | - | - | - | - | 10 | 500 | - | - |
| DICHTOMATIK | 4 | 20 | 12 | 670 | 4 | 650 | - | - |
| Dichtungselemente Hallite | - | - | - | 1000 | - | 1000 | - | - |
| ElringKlinger | - | 50 | 3 | 3000 | 2 | 3000 | - | - |
| Freudenberg Simrit | - | - | 14 | 1630 | 6 | 1600 | - | - |
| Hunger Dichtungen | 1 | 50 | 3 | 3500 | 1 | 3500 | - | - |
| IDG | 3.7 | 26 | 15 | 3050 | 10 | 3000 | - | - |
| KACO | - | - | 14 | 200 | 8 | 200 | - | - |
| S.F.K. | - | - | 8 | 1500 | 8 | 1500 | - | - |
| Schultze GmbH | 1 | 10000 | 1 | 10000 | 1 | 10000 | - | - |
| Seal Concept | - | - | - | - | 5 | 2000 | - | - |
| Seal Maker | 3 | 30 | 10 | 2500 | 5 | 2500 | - | - |
| SKF Antriebselemente | 2.5 | 14 | 6 | 1120 | 3 | 1100 | - | - |
| SKF Economos | - | - | 14 | 4000 | 6 | 3950 | - | - |
| TDS Duddeck * | - | - | - | - | 6 | 2500 | - | - |
| Techno-Parts | 2.75 | 30 | 6 | 1600 | 3 | 1600 | - | - |
| Westring | - | - | - | - | 2 | 4000 | - | - |

**23070000**
Dichtung

23071900 Translatorische Dichtung | 23071904 Führungselement, Stützring

| Anbieter | Breite; (mm) | | Außendurchmesser; (mm) | | Durchmesser; (mm) | | | |
|---|---|---|---|---|---|---|---|---|
| | von | bis | von | bis | von | bis | | |
| DICHTOMATIK | 2.5 | 40 | 18 | 650 | 13 | 645 | - | - |
| Dichtungselemente Hallite | - | - | - | 1000 | - | 1000 | - | - |
| ElringKlinger | - | 100 | 5 | 3000 | 5 | 3000 | - | - |
| Freudenberg Simrit | - | - | 8 | 1608 | 6 | 1600 | - | - |
| Hunger Dichtungen | 1 | 250 | 3 | 3500 | 1 | 3500 | - | - |
| IDG | 2.5 | 25 | 6 | 3050 | 3 | 3000 | - | - |
| Karl Späh | 0.5 | 10 | 15 | 500 | - | - | - | - |
| S.F.K. | - | - | 10 | 1700 | 10 | 1700 | - | - |
| Schultze GmbH | 1 | 10000 | 1 | 10000 | 1 | 10000 | - | - |
| Seal Concept | - | - | - | - | 5 | 2000 | - | - |
| Seal Maker | 0.5 | 50 | 10 | 2500 | 5 | 2500 | - | - |
| SKF Antriebselemente | 2.5 | 30 | 8 | 1000 | 5 | 996 | - | - |
| SKF Economos | 4 | 25 | 12 | 4000 | 6 | 3394 | - | - |
| Techno-Parts | 1 | 100 | 15 | 10000 | 10 | 10000 | - | - |
| Westring | - | - | - | - | 2 | 4000 | - | - |

## 23080000 Feder

23080100 Druckfeder | 23080101 Schraubendruckfeder

| Anbieter | Länge; (mm) | | Federkraft bei Maximallast; (N) | | Federkonstante; (N/mm) | | Außendurchmesser; (mm) | |
|---|---|---|---|---|---|---|---|---|
| | von | bis | von | bis | von | bis | von | bis |
| Bahner & Schäfer | - | - | - | - | - | - | 0.8 | 12 |
| Baumann Feder | 0,6 | 4770 | - | - | - | - | 2.4 | 865 |
| Brand Anröchte | 0.2 | - | 3 | 10000 | 0.5 | 350 | 3.5 | 180 |
| CEFEG Federnwerk | 4 | 60 | - | - | - | - | - | - |
| CHM-Technik | - | - | - | - | - | - | 1.6 | 6.356 |
| Danly Federn | 25 | 305 | 46 | 11580 | 4.6 | 724 | 10 | 63 |
| Dr. Werner Röhrs | 3 | 3000 | - | - | - | - | 3 | 200 |
| Federntechnik Knörzer | 1 | 25000 | - | - | 0 | 7000 | 1 | 400 |
| Federtechnik Kaltbrunn | - | - | - | - | - | - | - | 15 |
| Füssmann | - | - | - | - | - | - | 0.3 | 8 |
| Ganter | 9 | 52 | - | - | 4 | 245 | 3 | 24 |
| GERWAH | 1.8 | 2000 | 3000 | 5000000 | 100 | 1000000 | 13 | 1000 |
| Girmann | - | - | - | - | - | - | 10 | 80 |
| Gutekunst Federn | 1 | 3000 | 0,256 | 8602 | 0,022 | 900 | 0,6 | 165 |
| Haas Federntechnik | 1 | 20 | - | - | - | - | 0,06 | 1 |
| Hans Ziller | 1 | - | 0,001 | - | 0,001 | - | 1 | 500 |
| Industrievertretung Schlenk | - | - | - | - | - | - | 0.1 | 2.5 |
| Johann Vitz | 1 | 10000 | - | - | - | - | 1 | 50 |
| Münchener Federn * | - | - | - | - | - | - | 1.5 | 90 |
| Pieron | - | 1000 | - | - | - | - | - | 100 |
| Platzmann | 1 | 1500 | - | - | - | - | - | 220 |
| Präzisionstechnik Halle | 5 | 500 | 0,5 | 100 | 0,2 | 30 | 2 | 50 |
| Reiner Schmid | - | - | - | - | - | - | 2.5 | 65 |
| RINGFEDER | 1.8 | 2000 | 3000 | 5000000 | 100 | 1000000 | 13 | 1000 |
| Rudolf Craemer * | 40 | 80 | - | - | - | - | 10 | 12,8 |
| Schrauben & Draht Union | 1.4 | 266.86 | 0.95 | 4606 | 0.05 | 232.86 | 1.2 | 135 |
| Schreiber * | - | - | - | - | - | - | 8 | 25 |
| Süther & Schön | 150 | 175 | - | - | 69,24 | 1001,78 | 23,5 | 70 |
| Walter Fischer * | 5 | - | - | - | 0,005 | 100 | 1.5 | 80 |
| Wilhelm Löbke | 1 | 25000 | - | - | - | - | 0,25 | 20 |

Mit * gekennzeichnete Herstellerangaben entstammen Katalogdaten im Internet oder Firmenschriften.

23080200 Zugfeder | 23080201 Schraubenzugfeder

| Anbieter | Länge; (mm) | | Federkraft bei Maximallast; (N) | | Federkonstante; (N/mm) | | Außendurchmesser; (mm) | |
|---|---|---|---|---|---|---|---|---|
| | von | bis | von | bis | von | bis | von | bis |
| Bahner & Schäfer | - | - | - | - | - | - | 0.8 | 12 |
| Baumann Feder | 7.67 | 3000 | - | - | - | - | 1.35 | 157 |
| Brand Anröchte | 10 | - | 7500 | 7500 | 0.5 | 120 | 4 | 200 |
| CEFEG Federnwerk | 15 | 200 | - | - | - | - | - | - |
| CHM-Technik | - | - | - | - | - | - | 1.6 | 6.356 |
| Dr. Werner Röhrs | 15 | 500 | - | - | - | - | 5 | 80 |
| Federntechnik Knörzer | 1 | 35000 | - | - | - | 1500 | 1 | 230 |
| Federtechnik Kaltbrunn | - | - | - | - | - | - | 0 | 20 |
| Füssmann | - | - | - | - | - | - | 0.3 | 8 |
| Girmann | - | - | - | - | - | - | 10 | 80 |
| Gutekunst Federn | 4.4 | 700 | 0.991 | 2600 | 0.002 | 110.98 | 2.2 | 80 |
| Hans Ziller | 5 | - | 0.001 | - | 0.001 | - | 1 | 100 |
| Industrievertretung Schlenk | - | - | - | - | - | - | 0.1 | 2.5 |
| Johann Vitz | 1 | 10000 | - | - | - | - | 1 | 50 |
| Münchener Federn * | - | - | - | - | - | - | 1.5 | 60 |
| Platzmann | 5 | 1500 | - | - | - | - | - | 110 |
| Präzisionstechnik Halle | 5 | 500 | 0.5 | 100 | 0.2 | 30 | 2 | 50 |
| Reiner Schmid | - | - | - | - | - | - | 2.5 | 65 |
| Schrauben & Draht Union | 7.3 | 407 | 2.32 | 435.17 | 0.11 | 13.2 | 2.5 | 60 |
| Schreiber * | 35 | 150 | - | - | - | - | 5 | 19 |
| Walter Fischer * | 3 | - | - | - | 0.01 | 5 | 2 | 16 |
| Wilhelm Löbke | 1 | 25000 | - | - | - | - | 0.4 | 20 |

23080000
Feder

23080300 Torsionsfeder | 23080301 Drehfeder

| Anbieter | Federrate/Grad Torsionsbew; (Nmm/rad) | | Außendurchmesser; (mm) | | max. Drehmoment; (N m) | | Innendurchmesser; (mm) | |
|---|---|---|---|---|---|---|---|---|
| | von | bis | von | bis | von | bis | von | bis |
| Bahner & Schäfer | - | - | - | - | - | - | 0.8 | 20 |
| Baumann Feder | - | - | - | - | - | - | 0.7 | 286 |
| Brand Anröchte | 2400 | 2400 | 4 | 310 | 150 | 150 | 2.5 | 300 |
| CEFEG Federnwerk | - | - | 2 | 500 | - | - | - | - |
| Federntechnik Knörzer | - | - | - | - | - | - | 1 | 200 |
| Füssmann | - | - | - | - | - | - | 0.3 | 8 |
| Gutekunst Federn | - | - | - | - | 14.86 | 6000 | 2.5 | 32.5 |
| Johann Vitz | - | - | 1 | 10000 | - | - | 1 | 50 |
| Pieron | - | - | 6 | 50 | - | - | - | 50 |
| Platzmann | - | - | 2.6 | 110 | - | - | 2,5 | - |
| Schrauben & Draht Union | - | - | 6 | 40.5 | 67.4 | 6465.41 | 4.4 | 32.5 |
| Walter Fischer * | 0.3 | 10 | 4.5 | 25 | - | - | 4 | 24 |
| Wilhelm Löbke | - | - | 1 | 25000 | - | - | 0.4 | 20 |

23080300 Torsionsfeder | 23080302 Drehstabfeder

| Anbieter | Federrate/Grad Torsionsbew; (Nmm/rad) | | Außendurchmesser; (mm) | | max. Drehmoment; (N m) | | | |
|---|---|---|---|---|---|---|---|---|
| | von | bis | von | bis | von | bis | - | - |
| Füssmann | - | - | 0.3 | 8 | - | - | - | - |

23080400 Tellerfeder | 23080490 Tellerfeder (nicht klassifiziert)

| Anbieter | Höhe; (mm) | | Außendurchmesser; (mm) | | Verh. Federhöhe zu Federdicke; (-) | | Kraft (bei s= 0,75*h0); (Nm) | |
|---|---|---|---|---|---|---|---|---|
| | von | bis | von | bis | von | bis | von | bis |
| Adolf Schnorr | 0.2 | 80 | 3 | 1000 | 1 | 3 | 1 | 7500000 |
| Alstertaler Schrauben | 0.25 | 16 | 8 | 250 | - | - | - | - |
| Böllhoff | 0.3 | 6 | 8 | 100 | - | - | - | - |
| CEFEG Federnwerk | 1 | 3 | - | - | - | - | - | - |
| CHM-Technik | - | - | 3 | 13 | - | - | - | - |
| Dr. Werner Röhrs | 5 | 400 | 6 | 100 | - | - | - | - |
| Febrotec * | 0.33 | 21.8 | 4.75 | 350 | 1,36 | 1,94 | 30.25 | 382807 |
| Federntechnik Knörzer | 2.25 | 21.8 | 6 | 250 | - | - | - | - |
| Hausm. & Haensgen | - | - | 4.2 | 127 | - | - | - | - |
| Hoberg * | 0.13 | 2.2 | 6 | 100 | 0.4 | 1.5 | 8 | 62677 |
| igus | - | - | 10 | 40 | - | - | - | - |
| Joseph Dresselhaus | 3.5 | 5 | 5 | 70 | - | - | - | - |
| Keller & Kalmbach* | 4.2 | 57 | 6 | 112 | - | - | - | - |
| Kuhlmann | 0.3 | 16 | 8 | 250 | - | - | - | - |
| Max Mothes | 0.6 | 8.2 | 8 | 100 | - | - | - | - |
| Max Storch | - | - | 3.2 | 18.3 | - | - | - | - |
| Mercanta * | 0.25 | 1.3 | 8 | 45 | - | - | 119 | 3660 |
| Mühl | 0.45 | 8.2 | 6 | 100 | 0,37 | 0,5 | - | - |
| Otto Roth | 8 | 125 | 3.2 | 71 | 0.3 | 8 | - | - |
| Schrauben & Draht Union | 0.4 | 13 | 8 | 150 | - | - | 25.8 | 139100 |
| Verbindungselemente Engel | 0.6 | 14 | 8 | 180 | - | - | - | - |
| Wagener & Simon | 0.45 | 2.25 | 6 | 35.5 | - | - | - | - |

23080500 Blattfeder | 23080501 Blattfeder (Straßenfahrzeug)

| Anbieter | Breite; (mm) | | Federkonstante; (N/mm) | | Stützweite der Hauptfeder; (mm) | | Dicke; (mm) | |
|---|---|---|---|---|---|---|---|---|
| | von | bis | von | bis | von | bis | von | bis |
| Bahner & Schäfer | 0.1 | 3 | - | - | - | - | - | - |
| Federtechnik Kaltbrunn | 1 | 50 | - | - | - | - | - | - |
| Gutekunst Stahlverf. * | - | - | - | - | - | - | 0.1 | 3 |
| Prause Durotec* | 5 | 600 | - | - | 10 | 2000 | - | - |

23080500 Blattfeder | 23080502 Blattfeder (Schienenfahrzeug)

| Anbieter | Breite; (mm) | | Federkonstante; (N/mm) | | Stützweite der Hauptfeder; (mm) | | Dicke; (mm) | |
|---|---|---|---|---|---|---|---|---|
| | von | bis | von | bis | von | bis | von | bis |
| Federtechnik Kaltbrunn | 1 | 50 | - | - | - | - | 0.2 | 1 |
| Langen & Sondermann* | - | 120 | - | - | - | 1200 | - | 28 |

23080500 Blattfeder | 23080503 Kontaktfeder

| Anbieter | Länge; (mm) | | Breite; (mm) | | Federkonstante; (N/mm) | | Dicke; (mm) | |
|---|---|---|---|---|---|---|---|---|
| | von | bis | von | bis | von | bis | von | bis |
| Haas Federntechnik | - | - | 0.5 | 80 | - | - | 0.05 | 1 |
| HS United * | - | 18 | - | - | - | - | - | 0.4 |
| Johann Vitz | 5 | 100 | 5 | 100 | - | - | 0.05 | 3 |
| Pieron | - | 50 | 10 | 100 | - | - | 0.1 | 1 |
| Platzmann | - | - | 1 | 300 | - | - | 0.1 | 15 |
| Reiner Schmid | - | - | - | - | - | - | 0.3 | 2.5 |

23080000
Feder

23089000 Feder (sonstige) | 23089001 Spiralfeder

| Anbieter | Federrate/Grad Torsionsbew; (Nmm/rad) | | Breite; (mm) | | Dicke; (mm) | | Außendurchmesser; (mm) | |
|---|---|---|---|---|---|---|---|---|
| | von | bis | von | bis | von | bis | von | bis |
| Bahner & Schäfer | - | - | - | - | - | - | 0.8 | 12 |
| Baumann Feder | - | - | 2.4 | 125 | 0.12 | 16 | 0.8 | 3.5 |
| Brand Anröchte | - | - | 1 | 20 | 0.8 | 6 | 15 | 180 |
| CEFEG Federnwerk | - | - | 2 | 30 | 0.1 | 3.5 | - | - |
| CHM-Technik | - | - | - | - | - | - | 3 | 60 |
| Füssmann | - | - | - | - | - | - | 0.3 | 8 |
| Girmann | - | - | - | - | - | - | 10 | 80 |
| Haas Federntechnik | 0.00012 | 0.6 | 0.1 | 2 | 0.015 | 0.5 | 3 | 40 |
| Johann Vitz | - | - | 5 | 10 | - | - | 10 | 50 |
| MISUMI | - | - | - | - | - | - | 2 | 70 |
| Scherdel * | - | - | 2 | 70 | 0.035 | 6 | - | - |

## 23090000 Scheibe, Ring

23090100 Scheibe, Ring (plan, ballig) | 23090101 Scheibe, Ring (plan, ballig, rund)

| Anbieter | Dicke; (mm) | | Außendurchmesser; (mm) | | Innendurchmesser; (mm) | | | |
|---|---|---|---|---|---|---|---|---|
| | von | bis | von | bis | von | bis | | |
| 1 NORM + DREH | - | - | 2 | 80 | - | - | - | - |
| Abend Maschinenbau | - | - | 100 | 850 | - | - | - | - |
| Alstertaler Schrauben | 0.3 | 6 | 5 | 93 | 2.2 | 93 | - | - |
| Andreas Fresemann | 0.5 | 10 | 3 | 350 | 1 | 105 | - | - |
| Anton Uhlenbrock | 2 | 10 | 18 | 180 | 5.5 | 56 | - | - |
| Böllhoff | 0.3 | 4 | 4 | 56 | 1.7 | 31 | - | - |
| BUFAB * | 1.6 | 2.5 | 12 | 24 | 6.4 | 13 | - | - |
| Carl Schlösser | - | - | 0.5 | 800 | - | - | - | - |
| CHM-Technik | - | - | 3 | 10 | 1 | 8 | - | - |
| Dela | 3 | 140 | - | 3500 | - | - | - | - |
| Ernst Lingenberg | - | - | 8 | 50 | - | - | - | - |
| Flügge * | 0.5 | 8 | 4.4 | 83 | 2.1 | 53 | - | - |
| Georg Martin | 0.02 | 4 | 4.5 | 1250 | 3.5 | 1200 | - | - |
| Hans Peter Schulte | 1 | 800 | 3 | 42 | 3 | 30 | - | - |
| Hermann Fröhlich * | 3.5 | 32 | 6 | 280 | 2 | 200 | - | - |
| Hermann Winker | 5 | 30 | 10 | 80 | 6 | 60 | - | - |
| igus | 0.6 | 2.75 | - | - | 5 | 68 | - | - |
| Jochen Langer * | 0.05 | 15 | 5 | 250 | - | - | - | - |
| Joseph Dresselhaus | 0.5 | 8 | 6 | 70 | 3.2 | 54 | - | - |
| Kuhlmann | - | - | 3 | 102 | - | - | - | - |
| Lederer* | 0.3 | 8 | 4 | 98 | 1.7 | 54 | - | - |
| Max Mothes | 0.5 | 14 | 7 | 175 | 2.2 | 104 | - | - |
| Max Müller | 0.05 | 3 | 3 | 990 | 1.5 | 900 | - | - |
| Max Storch | - | - | 1.5 | 54 | - | - | - | - |
| Michalk | 1.6 | 3 | 12 | 37 | 6.4 | 21 | - | - |
| Otto Roth | 0.3 | 12 | 4 | 160 | 17 | 93 | - | - |
| Rudolf Rafflenbeul | 0.02 | 6.5 | 4 | 120 | - | - | - | - |
| Schrauben & Draht Union | 0.5 | 5 | 7 | 66 | 3.2 | 37 | - | - |
| Süther & Schön | 2 | 9 | 21 | 28 | 10.5 | 62 | - | - |
| Thümer-Teile | 0.05 | 1.5 | 3 | 1200 | 2 | 1100 | - | - |
| Torlopp | 0.8 | 4 | 8 | 56 | 2.7 | 31 | - | - |
| Verbindungselemente Engel | 0.3 | 8 | 5 | 92 | 2.2 | 50 | - | - |
| Wagener & Simon | 0.3 | 16.5 | 4 | 98 | 1.7 | 54 | - | - |
| Walter Fischer * | 0.5 | 3.5 | 5 | 80 | 4 | 78 | - | - |

Mit * gekennzeichnete Herstellerangaben entstammen Katalogdaten im Internet oder Firmenschriften.

23090100 Scheibe, Ring (plan, ballig) | 23090102 Scheibe (plan, ballig, eckig)

| Anbieter | Dicke; (mm) | | Außendurchmesser; (mm) | | Innendurchmesser; (mm) | | | |
|---|---|---|---|---|---|---|---|---|
| | von | bis | von | bis | von | bis | | |
| Abend Maschinenbau | - | - | 100 | 850 | - | - | - | - |
| Alstertaler Schrauben | 3 | 10 | 30 | 110 | 9 | 56 | - | - |
| Andreas Fresemann | 0.5 | 10 | 8 | 300 | 1 | 105 | - | - |
| Böllhoff | 2.9 | 9 | 22 | 62 | 9 | 33 | - | - |
| Dela | 3 | 140 | 0 | 3500 | - | - | - | - |
| Ernst Lingenberg | - | - | 8 | 50 | - | - | - | - |
| Georg Martin | 0.02 | 4 | 4 | 1200 | 4 | 1200 | - | - |
| Hans Peter Schulte | 1 | 800 | 3 | 42 | 3 | 30 | - | - |
| Lederer* | 0.3 | 8 | 4 | 98 | 1.7 | 54 | - | - |
| Max Mothes | 3 | 10 | 30 | 160 | 9 | 56 | - | - |
| Mühl | 0.3 | 4 | 4 | 60 | 1.7 | 22 | - | - |
| Otto Roth | 3 | 8 | 30 | 110 | 11 | 39 | - | - |
| Schrauben & Draht Union | 3 | 10 | 30 | 160 | 11 | 56 | - | - |
| Verbindungselemente Engel | 3 | 5 | 30 | 60 | 11 | 22 | - | - |
| Wagener & Simon | 3 | 6 | - | - | 11 | 26 | - | - |
| Yacht Steel | - | - | - | - | 3.2 | 10.4 | - | - |

**23090000**
Scheibe,
Ring

23090200 Scheibe, Ring (keilförmig) | 23090290 Scheibe, Ring (keilförmig, nicht klassifiziert)

| Anbieter | Dicke; (mm) | | Außendurchmesser; (mm) | | Neigungswinkel; (°) | | Innendurchmesser; (mm) | |
|---|---|---|---|---|---|---|---|---|
| | von | bis | von | bis | von | bis | von | bis |
| 1 NORM + DREH | - | - | 2 | 80 | - | - | - | - |
| Andreas Fresemann | 1 | 10 | 3 | 200 | - | - | 1 | 105 |
| Dela | 3 | 140 | 0 | 3500 | - | - | - | - |
| dima * | 4 | 41 | 51 | 628 | - | - | 20 | 495 |
| Flügge * | - | - | 22 | 56 | - | - | 9 | 26 |
| Joseph Dresselhaus | 3.2 | 7.3 | 5.5 | 17 | 8 | 14 | 1 | 8 |
| Keller & Kalmbach* | - | - | 9 | 26 | - | - | - | - |
| Kuhlmann | - | - | 9 | 26 | - | - | - | - |
| Max Mothes | 6.2 | 12.5 | 26 | 68 | - | - | 13 | 37 |
| Schrauben & Draht Union | - | - | 22 | 56 | 8 | 14 | 9 | 26 |
| Wagener & Simon | 4.6 | 10.8 | - | - | - | - | 9 | 26 |

23090300 Sicherungselement (Schraube, Welle) | 23090301 Zahn-, Feder-, Spannscheibe

| Anbieter | Dicke; (mm) | | Außendurchmesser; (mm) | | Innendurchmesser; (mm) | | | |
|---|---|---|---|---|---|---|---|---|
| | von | bis | von | bis | von | bis | | |
| 1 NORM + DREH | - | - | 2 | 125 | - | - | - | - |
| Adolf Schnorr | 0.3 | 20 | 3.2 | 100 | 1.6 | 50 | - | - |
| Andreas Fresemann | 1 | 5 | 8 | 100 | 1 | 70 | - | - |
| Böllhoff | 0.5 | 6 | 6 | 56 | 2.5 | 24 | - | - |
| CEFEG Federnwerk | 0.1 | 3 | - | - | 1 | 100 | - | - |
| Joseph Dresselhaus | 0.6 | 7 | 7 | 70 | 3.2 | 31 | - | - |
| Keller & Kalmbach* | - | - | 3 | 24 | - | - | - | - |
| Kuhlmann | - | - | 2 | 31 | - | - | - | - |
| Lederer* | 0.3 | 1.6 | 4.5 | 48 | 2.2 | 28 | - | - |
| Max Mothes | 0.5 | 8 | 4.4 | 131 | 2 | 100 | - | - |
| Mercanta * | 0.25 | 0.8 | 6 | 22 | 1.3 | 9.75 | - | - |
| Mühl | 0.35 | 2.5 | 3.2 | 54 | 1.7 | 38 | - | - |
| Otto Roth | 0.4 | 7 | 3.8 | 70 | 1.8 | 31 | - | - |
| Schrauben & Draht Union | - | - | - | - | 3.2 | 31 | - | - |
| Wagener & Simon | 0.35 | 4.1 | 3 | 44 | 1.3 | 25 | - | - |

**23090000**
Scheibe,
Ring

23090300 Sicherungselement (Schraube, Welle) | 23090302 Sicherungsblech (Welle, Schraube)

| Anbieter | Dicke; (mm) | | Außendurchmesser; (mm) | | Innendurchmesser; (mm) | | | |
|---|---|---|---|---|---|---|---|---|
| | von | bis | von | bis | von | bis | | |
| 1 NORM + DREH | - | - | 2 | 125 | - | - | - | - |
| Andreas Fresemann | 1 | 5 | 8 | 100 | 1 | 70 | - | - |
| Böllhoff | 0.6 | 2 | 6.3 | 44 | 2.3 | 24 | - | - |
| Flügge * | 0.4 | 2 | 12 | 105 | 3.2 | 54 | - | - |
| Josef Fleckner * | 0.38 | 1.6 | 14 | 82 | 4.38 | 40 | - | - |
| Joseph Dresselhaus | 0.8 | 1.2 | 20 | 58 | 8 | 38 | - | - |
| Keller & Kalmbach* | - | - | 5.3 | 28 | - | - | - | - |
| Kuhlmann | - | - | 10 | 130 | - | - | - | - |
| Lederer* | 0.4 | 2 | 14 | 82 | 4.3 | 40 | - | - |
| Max Mothes | 0.8 | 1.5 | 20 | 130 | 8 | 90 | - | - |
| Mädler | - | - | - | - | 3 | 24 | - | - |
| mbo Oßwald | 2.7 | 5.4 | 7 | 34 | 3 | 12 | - | - |
| Mercanta * | 1.2 | 3 | 10 | 50 | 9.3 | 45.8 | - | - |
| Metallwarenfabrik Armbruster* | 1 | 3 | 21 | 362 | 10 | 280 | - | - |
| Otto Roth | 0.38 | 2 | 8 | 155 | 3.2 | 110 | - | - |
| Schrauben & Draht Union | - | - | - | - | 3.2 | 54 | - | - |
| Wagener & Simon | 2 | 12 | 5.6 | 44.1 | 3 | 30 | - | - |
| ZVL Deutschland * | 1 | 2.5 | 21 | 262 | 10 | 200 | - | - |

23090300 Sicherungselement (Schraube, Welle) | 23090303 Sicherungsring (Querschnitt rechteckig)

| Anbieter | Dicke; (mm) | | Außendurchmesser; (mm) | | Innendurchmesser; (mm) | | | |
|---|---|---|---|---|---|---|---|---|
| | von | bis | von | bis | von | bis | | |
| 1 NORM + DREH | - | - | 2 | 125 | - | - | - | - |
| Andreas Fresemann | 1 | 5 | 8 | 100 | 1 | 70 | - | - |
| Lederer* | 0.4 | 1.5 | 3.7 | 25.9 | 4 | 28 | - | - |
| Mädler | - | - | - | - | 4 | 16 | - | - |
| mbo Oßwald | 2.7 | 5.4 | 7 | 34 | 3 | 12 | - | - |
| Mercanta * | 1 | 2.5 | 21 | 262 | 10 | 200 | - | - |
| Mühl | 0.4 | 3 | 8 | 100 | 3 | 100 | - | - |
| Pieron | - | - | 10 | 100 | 8 | 98 | - | - |
| Schrauben & Draht Union | 0.8 | 6 | - | - | 8 | 360 | - | - |
| Seeger-Orbis | 0.4 | 9 | 8 | 1000 | 3 | 1000 | - | - |

23090300 Sicherungselement (Schraube, Welle) | 23090304 Sicherungsring (Querschnitt rund)

| Anbieter | Außendurchmesser; (mm) | | max. Länge/Ring-durchmesser; (mm) | | Innendurchmesser; (mm) | | | |
|---|---|---|---|---|---|---|---|---|
| | von | bis | von | bis | von | bis | | |
| 1 NORM + DREH | 2 | 125 | - | - | - | - | - | - |
| Andreas Fresemann | 8 | 100 | 1 | 5 | 1 | 70 | - | - |
| CHM-Technik | 3 | 25 | - | - | 1.5 | 22 | - | - |
| Federntechnik Knörzer | 1 | 1200 | - | - | - | - | - | - |
| Joseph Dresselhaus | 4.6 | 180 | 3 | 150 | 2.7 | 142 | - | - |
| Karl L. Althaus | - | - | 30 | 120 | 30.2 | 124.5 | - | - |
| Lederer* | 3.7 | 25.9 | - | - | 4 | 28 | - | - |
| Max Mothes | - | - | 0.4 | 6 | 3 | 380 | - | - |
| mbo Oßwald | 10 | 42 | 1.3 | 3.2 | 1.6 | 25 | - | - |
| Otto Roth | 8.7 | 315 | - | - | 2.7 | 300 | - | - |
| Pieron | 10 | 100 | - | - | 8 | 98 | - | - |
| Seeger-Orbis | 7 | 125 | - | - | 4 | 125 | - | - |
| Wagener & Simon | - | - | 1 | 4 | 4 | 140 | - | - |
| Yacht Steel | 10 | 25 | - | - | 1 | 1.8 | - | - |

**23090000**
Scheibe,
Ring

## 23100000 Bolzen, Splint, Keil

23100100 Bolzen, Stift | 23100101 Stift

| Anbieter | Länge; (mm) | | Durchmesser; (mm) | | | | | |
|---|---|---|---|---|---|---|---|---|
| | von | bis | von | bis | | | | |
| 1 NORM + DREH | 2 | 750 | 2 | 40 | - | - | - | - |
| Alstertaler Schrauben | 2 | 120 | 1 | 30 | - | - | - | - |
| Andreas Fresemann | 5 | 300 | 1 | 40 | - | - | - | - |
| Baumann Feder | - | 110 | 8 | 35 | - | - | - | - |
| Böllhoff | 5 | 120 | 2 | 20 | - | - | - | - |
| Dema | 2 | 400 | 0.5 | 60 | - | - | - | - |
| Girmann | - | - | 5 | 46 | - | - | - | - |
| Gremako * | 4 | 120 | 1 | 25 | - | - | - | - |
| Grünes Herz * | 40 | 400 | 12 | 70 | - | - | - | - |
| Hans Peter Schulte | 5 | 800 | 3 | 42 | - | - | - | - |
| Heinz Soyer* | 6 | 40 | 3 | 7.1 | - | - | - | - |
| Hirt * | 6 | 1000 | 3 | 18 | - | - | - | - |
| Joseph Dresselhaus | 4 | 200 | 2 | 20 | - | - | - | - |
| Kuhlmann | 6 | 120 | 5 | 30 | - | - | - | - |
| Lederer* | 8 | 100 | 1 | 10 | - | - | - | - |
| Max Mothes | 10 | 140 | 2 | 20 | - | - | - | - |
| MDS | 3 | 150 | 2 | 40 | - | - | - | - |
| Ossenberg Engels | - | - | 3 | 20 | - | - | - | - |
| Otto Roth | 4 | 120 | 1 | 20 | - | - | - | - |
| Schrauben & Draht Union | 2.5 | 100 | 1.4 | 24 | - | - | - | - |
| Sternberg Hohenstein | 30 | 1200 | 8 | 120 | - | - | - | - |
| Torlopp | 1 | 1500 | 1 | 250 | - | - | - | - |

Mit * gekennzeichnete Herstellerangaben entstammen Katalogdaten im Internet oder Firmenschriften.

23100100 Bolzen, Stift | 23100102 Spannstift, Spannhülse

| Anbieter | Länge; (mm) | | Dicke; (mm) | | Außendurchmesser; (mm) | | | |
|---|---|---|---|---|---|---|---|---|
| | von | bis | von | bis | von | bis | | |
| 1 NORM + DREH | 2 | 90 | - | - | 2 | 40 | - | - |
| Alstertaler Schrauben | 4 | 100 | - | - | 1 | 40 | - | - |
| Andreas Fresemann | 5 | 300 | 1 | 5 | 1 | 40 | - | - |
| Böllhoff | 4 | 100 | 0.2 | 3 | 1 | 16 | - | - |
| Hans Peter Schulte | 5 | 800 | 1 | 15 | 3 | 42 | - | - |
| Joseph Dresselhaus | - | - | - | - | 1 | 30 | - | - |
| Keller & Kalmbach* | - | - | 1 | 16 | 4 | 120 | - | - |
| Kuhlmann | 5 | 80 | - | - | 2 | 21 | - | - |
| Max Mothes | 4 | 100 | 0.2 | 4 | 1 | 16 | - | - |
| MDS | 8 | 30 | 0.3 | 0.75 | 3 | 6 | - | - |
| Metallwarenfabrik Armbruster* | 24 | 335 | 1.5 | 15 | 20 | 480 | - | - |
| Mühl | 4 | 100 | 0.35 | 3.15 | 1.5 | 16 | - | - |
| Otto Roth | 4 | 200 | 0.2 | 4 | 1 | 20 | - | - |
| Schrauben & Draht Union | 4 | 100 | - | - | 1 | 50 | - | - |
| Wagener & Simon | 4 | 100 | 0.2 | 2.5 | 1 | 12 | - | - |

**23100000**
Bolzen,
Splint,
Keil

23100100 Bolzen, Stift | 23100190 Bolzen, Stift (nicht klassifiziert)

| Anbieter | Länge; (mm) | | Durchmesser; (mm) | | | | | |
|---|---|---|---|---|---|---|---|---|
| | von | bis | von | bis | | | | |
| 1 NORM + DREH | 2 | 750 | 2 | 58 | - | - | - | - |
| Andreas Fresemann | 5 | 300 | 1 | 40 | - | - | - | - |
| CHM-Technik | - | - | 2 | 10 | - | - | - | - |
| Dema | 2 | 400 | 0.5 | 60 | - | - | - | - |
| Ganter | 4 | 15 | 4 | 12 | - | - | - | - |
| Girmann | - | - | 5 | 46 | - | - | - | - |
| Gremako * | 8 | 120 | 4 | 25 | - | - | - | - |
| Grünes Herz * | 50 | 400 | 16 | 56 | - | - | - | - |
| Hans Peter Schulte | 5 | 800 | 3 | 42 | - | - | - | - |
| Heinz Soyer* | 6 | 30 | 3 | 12 | - | - | - | - |
| Joseph Dresselhaus | 4 | 200 | 1 | 30 | - | - | - | - |
| Knapp | 7.8 | 39.8 | 1 | 10 | - | - | - | - |
| Kuhlmann | - | - | 12 | 70 | - | - | - | - |
| Liebermann | - | - | 2 | 20 | - | - | - | - |
| Lubeck * | 51 | 91 | 10 | 20 | - | - | - | - |
| Mädler | 18 | 50 | 6 | 14 | - | - | - | - |
| mbo Oßwald | 5 | 650 | 2 | 65 | - | - | - | - |
| Overhoff * | - | - | 2 | 8 | - | - | - | - |
| Schrauben & Draht Union | 65 | 240 | 12 | 39 | - | - | - | - |
| Sternberg Hohenstein | 30 | 1200 | 8 | 120 | - | - | - | - |
| Süther & Schön | 33.5 | 138 | 10 | 52 | - | - | - | - |
| Torlopp | 1 | 1500 | 1 | 250 | - | - | - | - |
| Wagener & Simon | 6 | 140 | 0.8 | 13 | - | - | - | - |
| WSW Wälzlager | 25 | 310 | 10 | 125 | - | - | - | - |
| Yacht Steel | 14 | 41 | 4 | 14 | - | - | - | - |

23100400 Splint, Federstecker | 23100401 Splint

| Anbieter | Drahtdurchmesser; (mm) | | Durchmesser; (mm) | | | | | |
|---|---|---|---|---|---|---|---|---|
| | von | bis | von | bis | | | | |
| 1 NORM + DREH | 2 | 40 | - | - | - | - | - | - |
| Alstertaler Schrauben | 1 | 16 | - | - | - | - | - | - |
| Andreas Fresemann | 1.5 | 18 | 1.5 | 18 | - | - | - | - |
| Böllhoff | 0.5 | 13 | 1 | 13 | - | - | - | - |
| Girmann | 1 | 16 | - | - | - | - | - | - |
| Joseph Dresselhaus | 1 | 30 | 4 | 200 | - | - | - | - |
| Keller & Kalmbach* | 10 | 112 | 1 | 13 | - | - | - | - |
| Kuhlmann | 1 | 16 | 40 | 250 | - | - | - | - |
| Lederer* | - | - | 1 | 10 | - | - | - | - |
| Max Mothes | 1 | 20 | - | - | - | - | - | - |
| mbo Oßwald | 1.6 | 10 | 4 | 65 | - | - | - | - |
| Otto Roth | 1 | 10 | 3.5 | 56 | - | - | - | - |
| Schrauben & Draht Union | 1 | 16 | - | - | - | - | - | - |
| Sternberg Schmallenberg | 0.8 | 20 | 2 | 8 | - | - | - | - |
| Süther & Schön | 2 | 10 | - | - | - | - | - | - |

23100400 Splint, Federstecker | 23100402 Federstecker

**23100000**
Bolzen,
Splint,
Keil

| Anbieter | Drahtdurchmesser; (mm) | | Durchmesser; (mm) | | | | | |
|---|---|---|---|---|---|---|---|---|
| | von | bis | von | bis | | | | |
| 1 NORM + DREH | 2 | 40 | - | - | - | - | - | - |
| Alstertaler Schrauben | 2.25 | 7 | - | - | - | - | - | - |
| Andreas Fresemann | 2 | 10 | 2 | 10 | - | - | - | - |
| Böllhoff | 2 | 8 | - | - | - | - | - | - |
| Federntechnik Knörzer | 2 | 8 | - | - | - | - | - | - |
| Girmann | 1.2 | 10 | 6 | 45 | - | - | - | - |
| Joseph Dresselhaus | 1 | 30 | 4 | 200 | - | - | - | - |
| Kuhlmann | - | - | 2.5 | 8 | - | - | - | - |
| Max Mothes | 2 | 8 | - | - | - | - | - | - |
| mbo Oßwald | 1.6 | 10 | 4 | 65 | - | - | - | - |
| Otto Roth | 2.25 | 7 | 9 | 56 | - | - | - | - |
| Schrauben & Draht Union | 2.25 | 7 | - | - | - | - | - | - |
| Sternberg Schmallenberg | 0.8 | 20 | 2 | 8 | - | - | - | - |
| Süther & Schön | 3 | 5 | - | - | - | - | - | - |
| Wagener & Simon | 2.5 | 8 | - | - | - | - | - | - |
| Wilhelm Löbke | 0.5 | 12 | 1 | 300 | - | - | - | - |
| Yacht Steel | 2 | 8 | - | - | - | - | - | - |

23100500 Passfeder, Keil, Scheibenfeder | 23100590 Passfeder, Keil, Scheibenfeder (nicht klassifiziert)

| Anbieter | Breite; (mm) | | Höhe; (mm) | | Durchmesser; (mm) | | | |
|---|---|---|---|---|---|---|---|---|
| | von | bis | von | bis | von | bis | | |
| 1 NORM + DREH | 2 | 120 | 2 | 80 | 2 | 120 | - | - |
| Alstertaler Schrauben | 2 | 45 | 2 | 25 | - | - | - | - |
| Andreas Fresemann | 2 | 25 | 2 | 25 | 2 | 25 | - | - |
| Anton Uhlenbrock | 3 | 32 | 3 | 18 | 8 | 210 | - | - |
| Böllhoff | 4 | 10 | - | - | 4 | 16 | - | - |
| CHM-Technik | - | - | - | - | 2 | 5 | - | - |
| Hausm. & Haensgen | - | - | - | - | 10 | 200 | - | - |
| Hermann Fröhlich * | 2 | 45 | 2 | 25 | 6 | 200 | - | - |
| John & Molt* | 2 | 100 | 2 | 50 | - | - | - | - |
| Joseph Dresselhaus | 30 | 45 | 7 | 25 | 8 | 360 | - | - |
| Keller & Kalmbach* | 2 | 20 | - | - | 6 | 200 | - | - |
| Kuhlmann | 2 | 45 | - | - | - | - | - | - |
| LM Melchior * | 8 | 100 | 7 | 50 | 3 | 20 | - | - |
| Masch. Tk Pretzschendorf | 2 | 150 | 2 | 150 | - | - | - | - |
| Max Mothes | 2 | 45 | 2 | 25 | - | - | - | - |
| Mädler | 2 | 18 | 2 | 11 | 6 | 80 | - | - |
| mbo Oßwald | 2 | 100 | 2 | 50 | 2.5 | 50 | - | - |
| Mühl | 2 | 25 | 2 | 25 | 6 | 95 | - | - |
| Otto Roth | 3 | 28 | 3 | 16 | 8 | 95 | - | - |
| Schrauben & Draht Union | 2 | 45 | 2 | 25 | - | - | - | - |
| WAT-Schrauben * | 4 | 18 | 4 | 11 | 10 | 65 | - | - |

23100600 Hülse | 23100601 Distanzhülse

| Anbieter | Länge; (mm) | | Außendurchmesser; (mm) | | Innendurchmesser; (mm) | | | |
|---|---|---|---|---|---|---|---|---|
| | von | bis | von | bis | von | bis | | |
| 1 NORM + DREH | 2 | 800 | 2 | 600 | 1 | 250 | - | - |
| Andreas Fresemann | 10 | 500 | 4 | 60 | 2 | 30 | - | - |
| ART Elektromechanik * | 1 | 32 | - | - | - | - | - | - |
| Bäcker Kunststofftechnik * | 2.5 | 30 | 11 | 25 | 5.2 | 8.23 | - | - |
| Dema | 8 | 400 | 6 | 40 | 4 | 30 | - | - |
| Hans Peter Schulte | 1 | 800 | 3 | 42 | 3 | 30 | - | - |
| Jakob Hülsen | 1 | 6000 | 33.4 | 273.1 | 30.63 | 263.83 | - | - |
| John & Molt* | 4 | 100 | 4 | 20 | 3 | 15 | - | - |
| Max Mothes | 10 | 60 | 8 | 25 | 5 | 16 | - | - |
| mbo Oßwald | 5 | 650 | 4 | 65 | 2 | 50 | - | - |
| MDS | - | - | 5 | 16 | 5 | 16 | - | - |
| Otto Roth | 1 | 17 | 4.5 | 8 | 2.5 | 4.2 | - | - |
| QUICK-OHM * | - | - | 10 | 80 | 10 | 28 | - | - |
| Randack | 10 | 550 | 6 | 1240 | - | - | - | - |
| Skiffy * | 40 | - | 25 | - | 16.5 | - | - | - |
| Sternberg Hohenstein | - | - | 20 | 120 | 10 | 64 | - | - |

23100600 Hülse | 23100602 Gewindehülse

| Anbieter | Länge; (mm) | | Gewindenenn-durchmesser; (mm) | | Außendurchmesser; (mm) | | | |
|---|---|---|---|---|---|---|---|---|
| | von | bis | von | bis | von | bis | | |
| 1 NORM + DREH | 2 | 800 | 1 | 58 | 1 | 58 | - | - |
| Andreas Fresemann | 10 | 120 | 3 | 40 | - | - | - | - |
| Bornemann Gewindetechnik | - | - | 10 | 180 | 10 | 180 | - | - |
| Kuhlmann | 45 | 100 | 5 | 12 | - | - | - | - |
| Lederer* | 6 | 27 | 3 | 20 | 5 | 26 | - | - |
| Liebermann | - | - | 3 | 16 | - | - | - | - |
| Max Mothes | 10 | 60 | 5 | 16 | 8 | 25 | - | - |
| mbo Oßwald | 5 | 650 | 4 | 48 | 4 | 65 | - | - |
| MDS | - | - | 5 | 16 | 5 | 16 | - | - |
| Randack | 10 | 550 | - | - | - | - | - | - |
| Skiffy * | 10 | - | 6 | - | 2.5 | - | - | - |
| Sternberg Hohenstein | - | - | 10 | 64 | 20 | 120 | - | - |

**23100000**
Bolzen,
Splint,
Keil

## 23110000 Schraube, Mutter

23110100 Schraube (mit Kopf) | 23110101 Schraube, flach aufliegend, Außenantrieb

| Anbieter | Gewindenenn-durchmesser; (mm) | | Schraubenlänge; (mm) | | Gewindelänge; (mm) | | Festigkeitsklasse; (-) | |
|---|---|---|---|---|---|---|---|---|
| | von | bis | von | bis | von | bis | von | bis |
| 1 NORM + DREH | 1 | 100 | 3 | 900 | 3 | 900 | - | - |
| Alstertaler Schrauben | 3 | 48 | 5 | 420 | - | - | - | - |
| Andreas Fresemann | 0.5 | 100 | 5 | 1000 | 5 | 1000 | - | - |
| August Friedberg | 15 | 64 | - | - | - | - | - | - |
| Avdel Deutschland | - | - | 5 | 55 | 4 | 50 | - | - |
| Bäcker Kunststofftechnik * | 2 | 24 | 4 | 150 | - | - | - | - |
| Böllhoff | 2.5 | 56 | 5 | 470 | 5 | 470 | - | - |
| BUFAB * | 6 | 80 | 8.8 | 182.5 | 6 | 160 | - | - |
| CHM-Technik | 3 | 10 | - | - | - | - | - | - |
| EJOT | 3 | 14 | 6 | 140 | 6 | 140 | - | - |
| GESI | 2 | 40 | - | - | 4 | 500 | - | - |
| GEVAG Schrauben | 2 | 6 | - | - | 1.8 | 5.5 | 4.9 | 10.9 |
| Industrievertretung Schlenk | 1.8 | 16 | - | - | - | - | - | - |
| Joseph Dresselhaus | 3 | 30 | 20 | 300 | 20 | 300 | - | - |
| Keller & Kalmbach* | 3 | 30 | - | - | 6 | 300 | - | - |
| Knipping | 3 | 12 | 8 | 120 | 8 | 120 | 4.8 | 10.9 |
| Kuhlmann | 10 | 24 | - | - | - | - | - | - |
| Lederer* | 3 | 48 | 30 | 360 | 16 | 97 | - | - |
| Max Mothes | 6 | 56 | 6 | 1000 | 6 | 500 | - | - |
| MDS | 2 | 24 | 5 | 150 | 3 | 120 | - | - |
| Otto Roth | 3 | 36 | 8 | 218.7 | 6 | 200 | - | - |
| Randack | - | - | 10 | 1400 | 6 | 140 | - | - |
| RS-Trading | 1.5 | 78 | - | - | 5 | 300 | 4.8 | 12.9 |
| Schrauben & Draht Union | 3 | 56 | 3 | 600 | - | - | - | - |
| Schrauben Jäger * | 16 | 20 | 10 | 120 | - | - | - | - |
| Sibalco | - | - | 8 | 14 | 6 | 12 | - | - |
| Sternberg Hohenstein | 8 | 72 | - | - | - | - | - | - |
| Thomas Ratsch | 4 | 10 | 20 | 30 | 10 | 13 | - | - |
| Trinon * | 3 | 24 | 6 | 230 | - | - | - | - |
| Verbindungselemente Engel | 3 | 36 | 6 | 180 | - | - | - | - |
| von Beckfort * | 3 | 8 | 6 | 60 | 4 | 60 | - | - |
| Wagener & Simon | 3 | 52 | 6 | 280 | - | - | - | - |
| Wegertseder * | 3.65 | 18.9 | - | - | - | - | - | - |

Mit * gekennzeichnete Herstellerangaben entstammen Katalogdaten im Internet oder Firmenschriften.

23110100 Schraube (mit Kopf) | 23110102 Schraube, flach aufliegend, Innenantrieb

| Anbieter | Gewindenenn-durchmesser; (mm) | | Schraubenlänge; (mm) | | Gewindelänge; (mm) | | Festigkeitsklasse; (-) | |
|---|---|---|---|---|---|---|---|---|
| | von | bis | von | bis | von | bis | von | bis |
| 1 NORM + DREH | 1 | 100 | 3 | 900 | 3 | 900 | - | - |
| Alstertaler Schrauben | 1.4 | 72 | 3 | 600 | - | - | - | - |
| Andreas Fresemann | 2 | 100 | 5 | 1000 | 5 | 1000 | - | - |
| August Friedberg | 5 | 30 | - | - | - | - | - | - |
| Avdel Deutschland | - | - | 5 | 55 | 4 | 50 | - | - |
| Bäcker Kunststofftechnik * | 3 | 16 | 4 | 130 | - | - | - | - |
| Böllhoff | 2.5 | 56 | 5 | 420 | 5 | 420 | - | - |
| CHM-Technik | 3 | 10 | - | - | - | - | - | - |
| EJOT | 1 | 14 | 3 | 140 | 3 | 140 | - | - |
| GESI | 2 | 40 | - | - | 4 | 500 | - | - |
| GEVAG Schrauben | 2 | 6 | - | - | 1.8 | 5.5 | 4.9 | 10.9 |
| Häfele * | - | - | 50 | 70 | - | - | - | - |
| Joseph Dresselhaus | 3 | 30 | 200 | 300 | 20 | 300 | - | - |
| Keller & Kalmbach* | 3 | 30 | - | - | 4 | 200 | - | - |
| Knipping | 3 | 12 | 8 | 120 | 8 | 120 | 4.8 | 10.9 |
| Kuhlmann | 3 | 6 | 10 | 100 | - | - | - | - |
| Lederer* | 1.2 | 36 | 3 | 200 | 15 | 72 | - | - |
| Max Mothes | 6 | 56 | 6 | 1000 | 6 | 500 | - | - |
| MDS | 2 | 24 | 5 | 150 | 3 | 120 | - | - |
| mentec * | 1.8 | 4 | 5 | 25 | - | - | - | - |
| Mühl | 3 | 20 | 4 | 150 | 4 | 46 | 8.8 | 10.9 |
| Otto Roth | 2 | 36 | 4.3 | 304 | 3 | 280 | - | - |
| Randack | - | - | 10 | 1400 | 6 | 140 | - | - |
| RS-Trading | 1.5 | 78 | - | - | 5 | 300 | 4.8 | 12.9 |
| Schrauben & Draht Union | 3 | 72 | 5 | 600 | - | - | - | - |
| Sibalco | - | - | 7.88 | 17.8 | 6 | 16 | - | - |
| Sternberg Hohenstein | 8 | 64 | - | - | - | - | - | - |
| Thomas Ratsch | 4 | 10 | 10 | 50 | 20 | 30 | - | - |
| Trinon * | 2 | 10 | 6 | 100 | - | - | - | - |
| Tweer & Lösenbeck | 1.6 | 6 | 4 | 55 | 3 | 50 | 4.8 | 12.9 |
| Verbindungselemente Engel | 2 | 10 | 3 | 80 | - | - | 4.8 | 8.8 |
| von Beckfort * | 3 | 8 | 6 | 60 | 4 | 60 | - | - |
| Wagener & Simon | 1.6 | 30 | 4 | 160 | - | - | - | - |

23110000
Schraube,
Mutter

23110100 Schraube (mit Kopf) | 23110103 Senkkopfschraube, Innenantrieb

| Anbieter | Gewindenenn-durchmesser; (mm) | | Schraubenlänge; (mm) | | Gewindelänge; (mm) | | Festigkeitsklasse; (-) | |
|---|---|---|---|---|---|---|---|---|
| | von | bis | von | bis | von | bis | von | bis |
| 1 NORM + DREH | 1 | 100 | 3 | 900 | 3 | 900 | - | - |
| Alstertaler Schrauben | 3 | 24 | 6 | 300 | - | - | - | - |
| Andreas Fresemann | 0.5 | 16 | 4 | 150 | 4 | 150 | - | - |
| BauTechnischeSysteme * | 4 | 6 | 50 | 100 | - | - | - | - |
| Bäcker Kunststofftechnik * | 2.5 | 12 | 4 | 86 | - | - | - | - |
| Benfer Spezialschrauben * | 12 | 56 | - | - | - | - | 5.66 | 14.9 |
| Böllhoff | 2.5 | 20 | 4 | 100 | 4 | 100 | - | - |
| CHM-Technik | 3 | 10 | - | - | - | - | - | - |
| EJOT | 2 | 14 | 6 | 140 | 6 | 140 | - | - |
| GESI | 2 | 40 | - | - | 4 | 500 | - | - |
| GEVAG Schrauben | 2 | 6 | - | - | 1.8 | 5.5 | 4.9 | 10.9 |
| Joseph Dresselhaus | 3 | 30 | 200 | 300 | 20 | 300 | - | - |
| Keller & Kalmbach* | 3 | 20 | - | - | 6 | 100 | - | - |
| Knipping | 3 | 12 | 8 | 120 | 8 | 120 | 4.8 | 10.9 |
| Kuhlmann | 3 | 6 | 12 | 80 | - | - | - | - |
| Lederer* | 1.2 | 30 | 4 | 150 | - | - | - | - |
| Manfred Machholz * | 2.2 | 6.38 | 45 | 80 | - | - | - | - |
| Max Mothes | 3 | 24 | 6 | 500 | 6 | 160 | - | - |
| MDS | 2 | 24 | 5 | 150 | 3 | 120 | - | - |
| Mühl | 3 | 20 | 6 | 140 | 6 | 46 | 10.9 | 10.9 |
| Online Schraubenhdl. * | 2 | 8 | - | - | - | - | - | - |
| Otto Roth | 2 | 20 | 4 | 100 | 2.35 | 97.5 | - | - |
| PECO Pelzer * | 3 | 10 | - | - | 5 | 65 | - | - |
| Randack | - | - | 10 | 1400 | 6 | 140 | - | - |
| Schrauben & Draht Union | 3 | 30 | 6 | 400 | - | - | - | - |
| Sternberg Hohenstein | 8 | 64 | - | - | - | - | - | - |
| Trinon * | 3 | 10 | 6 | 100 | - | - | - | - |
| Tweer & Lösenbeck | 1.6 | 6 | 5 | 50 | 3 | 48 | 4.8 | 12.9 |
| Verbindungselemente Engel | 6 | 24 | 40 | 200 | - | - | 5.8 | 12.9 |
| von Beckfort * | 3 | 8 | 6 | 60 | 4 | 60 | - | - |
| Wagener & Simon | 3 | 24 | 6 | 150 | - | - | - | - |

**23110000**
Schraube,
Mutter

23110100 Schraube (mit Kopf) | 23110104 Schraube mit Rechteckkopf

| Anbieter | Gewindenenn-durchmesser; (mm) | | Schraubenlänge; (mm) | | Gewindelänge; (mm) | | Festigkeitsklasse; (-) | |
|---|---|---|---|---|---|---|---|---|
| | von | bis | von | bis | von | bis | von | bis |
| 1 NORM + DREH | 1 | 100 | 3 | 900 | 3 | 900 | - | - |
| Alstertaler Schrauben | 6 | 20 | 16 | 120 | - | - | - | - |
| Andreas Fresemann | 8 | 42 | 10 | 1200 | 10 | 600 | 4.66 | 10.9 |
| CHM-Technik | 3 | 10 | - | - | - | - | - | - |
| EJOT | 3 | 14 | 6 | 100 | 6 | 100 | - | - |
| Ernst Thomas | 8 | 64 | 50 | 6000 | 10 | 1000 | 3.6 | 12.9 |
| GESI | 2 | 40 | - | - | 4 | 500 | - | - |
| Joseph Dresselhaus | 3 | 30 | 200 | 300 | 20 | 300 | - | - |
| Max Mothes | 8 | 20 | 10 | 120 | 10 | 120 | - | - |
| MDS | 2 | 24 | 5 | 150 | 3 | 120 | - | - |
| Randack | - | - | - | - | 6 | 140 | - | - |
| Schrauben & Draht Union | 8 | 80 | 24 | 420 | - | - | - | - |
| Sternberg Hohenstein | 8 | 64 | - | - | - | - | - | - |
| Süther & Schön | 6 | 20 | - | - | 16 | 100 | - | - |

23110100 Schraube (mit Kopf) | 23110106 Schraube, selbstarretierend

| Anbieter | Gewindenenn-durchmesser; (mm) | | Schraubenlänge; (mm) | | Gewindelänge; (mm) | | Festigkeitsklasse; (-) | |
|---|---|---|---|---|---|---|---|---|
| | von | bis | von | bis | von | bis | von | bis |
| 1 NORM + DREH | 1 | 64 | 3 | 900 | 3 | 900 | - | - |
| Andreas Fresemann | 4 | 30 | 10 | 300 | 10 | 200 | 8.8 | 10.9 |
| EJOT | 3 | 14 | 6 | 100 | 6 | 100 | - | - |
| GESI | 2 | 40 | - | - | 4 | 500 | - | - |
| Joseph Dresselhaus | 3 | 30 | 200 | 300 | 20 | 300 | - | - |
| Knipping | 3 | 12 | 8 | 120 | 8 | 120 | 4.8 | 10.9 |
| Kuhlmann | 3 | 5 | 12 | 230 | - | - | - | - |
| MDS | 2 | 24 | 5 | 150 | 3 | 120 | - | - |
| Tweer & Lösenbeck | 1.6 | 6 | 4 | 55 | 3 | 50 | 4.8 | 12.9 |

**23110000**
Schraube,
Mutter

23110100 Schraube (mit Kopf) | 23110110 Sonderschraube

| Anbieter | Gewindenenn-durchmesser; (mm) | | Schraubenlänge; (mm) | | Gewindelänge; (mm) | | Festigkeitsklasse; (-) | |
|---|---|---|---|---|---|---|---|---|
| | von | bis | von | bis | von | bis | von | bis |
| 1 NORM + DREH | 1 | 100 | 3 | 900 | 3 | 900 | - | - |
| ALLESVONHOCH * | 8 | 160 | - | - | - | - | - | - |
| Alstertaler Schrauben | 1 | 120 | 1 | 120 | - | - | - | - |
| Andreas Fresemann | 3 | 100 | 10 | 600 | 10 | 500 | 8.8 | 10.9 |
| AS Tech* | 6 | 300 | - | - | - | - | - | - |
| August Friedberg | 5 | 64 | - | - | - | - | - | - |
| EJOT | 1 | 17 | 3 | 140 | 3 | 140 | - | - |
| Ernst Thomas | 8 | 64 | 50 | 6000 | 10 | 1000 | 3.6 | 12.9 |
| GESI | 2 | 40 | - | - | 4 | 500 | - | - |
| IEW Westendorff | 1 | 1000 | - | - | - | - | 5.6 | 12.9 |
| Joseph Dresselhaus | 3 | 30 | 200 | 300 | 20 | 300 | - | - |
| Knipping | 3 | 12 | 8 | 120 | 8 | 120 | 4.8 | 10.9 |
| mbo Oßwald | 3 | 48 | 5 | 650 | 4 | 600 | - | - |
| MDS | 2 | 24 | 5 | 150 | 3 | 120 | - | - |
| Randack | - | - | 10 | 1400 | 6 | 180 | - | - |
| RS-Trading | 1.8 | 70 | - | - | 5 | 300 | 4.8 | 12.9 |
| Schrauben Betzer * | 1 | 11.8 | 2 | 120 | - | - | 4.66 | 12.9 |
| Sternberg Hohenstein | 8 | 72 | - | - | - | - | - | - |
| Tweer & Lösenbeck | 1.6 | 6 | 4 | 55 | 3 | 50 | 4.8 | 12.9 |
| von Beckfort * | 3 | 8 | 6 | 60 | 4 | 60 | - | - |

**23110000**
Schraube,
Mutter

23110100 Schraube (mit Kopf) | 23110111 Holzschraube

| Anbieter | Gewindenenn-durchmesser; (mm) | | Schraubenlänge; (mm) | | Gewindelänge; (mm) | | Festigkeitsklasse; (-) | |
|---|---|---|---|---|---|---|---|---|
| | von | bis | von | bis | von | bis | von | bis |
| 1 NORM + DREH | 1 | 12 | 12 | 600 | 12 | 600 | - | - |
| Alstertaler Schrauben | 1.6 | 20 | 8 | 200 | - | - | - | - |
| Andreas Fresemann | 5 | 16 | 10 | 360 | 30 | 200 | - | - |
| Böllhoff | 3 | 8 | 6 | 60 | 6 | 60 | - | - |
| GESI | 2 | 40 | - | - | 4 | 500 | - | - |
| Joseph Dresselhaus | 3 | 30 | 200 | 300 | 20 | 300 | - | - |
| Keller & Kalmbach* | 2 | 8 | - | - | 10 | 90 | - | - |
| Kuhlmann | 3 | 24 | - | - | - | - | - | - |
| Lederer* | 2.5 | 6 | 10 | 100 | - | - | - | - |
| MDS | 2 | 24 | 5 | 150 | 3 | 120 | - | - |
| Michalk | 6 | 12 | 30 | 120 | - | - | - | - |
| NovoNox * | 8 | 10 | 45.5 | 107 | 24 | 60 | - | - |
| Online Schraubenhdl. * | 3 | 6 | - | - | - | - | - | - |
| Otto Roth | 2 | 20 | 8 | 600 | 6.8 | 500 | - | - |
| Schrauben & Draht Union | 5 | 20 | 20 | 200 | - | - | - | - |
| Schrauben Jäger * | 3 | 6 | 20 | 50 | - | - | - | - |
| Tweer & Lösenbeck | 1.6 | 5 | 4 | 55 | 3 | 50 | 4.8 | 12.9 |
| Verbindungselemente Engel | 2.5 | 6 | 10 | 120 | - | 70 | - | - |
| Wegertseder * | 2 | 8 | - | - | - | - | - | - |
| Yacht Steel | 2.5 | 8 | 12 | 80 | - | - | - | - |

**23110000**
Schraube,
Mutter

23110100 Schraube (mit Kopf) | 23110112 Blechschraube

| Anbieter | Gewindenenn-durchmesser; (mm) | | Schraubenlänge; (mm) | | Gewindelänge; (mm) | | Festigkeitsklasse; (-) | |
|---|---|---|---|---|---|---|---|---|
| | von | bis | von | bis | von | bis | von | bis |
| 1 NORM + DREH | 1 | 12 | 12 | 600 | 12 | 600 | - | - |
| Alstertaler Schrauben | 2.2 | 6.38 | 4.5 | 100 | - | - | - | - |
| Andreas Fresemann | 1.9 | 6.5 | 9 | 85 | 10 | 75 | - | - |
| Avdel Deutschland | - | - | 11 | 55 | 8 | 50 | - | - |
| Böllhoff | 2.2 | 6.3 | 4.5 | 70 | 4.5 | 70 | - | - |
| BUFAB * | 2.9 | 6.38 | 11.9 | 54.6 | 9.5 | 50 | - | - |
| CHM-Technik | 3 | 10 | - | - | - | - | - | - |
| EJOT | 2.2 | 8 | 5 | 100 | 5 | 100 | - | - |
| GESI | 2 | 40 | - | - | 4 | 500 | - | - |
| GEVAG Schrauben | 2 | 6 | - | - | 1.8 | 5.5 | 4.9 | 10.9 |
| Joseph Dresselhaus | 3 | 30 | 200 | 300 | 20 | 300 | - | - |
| Keller & Kalmbach* | 2.2 | 6.3 | - | - | 4.5 | 30 | - | - |
| Knipping | 2.2 | 8 | 8 | 120 | 8 | 120 | 4.8 | 10.9 |
| Kuhlmann | 2.9 | 8 | 6 | 50 | - | - | - | - |
| Lederer* | 2.2 | 8 | 4.5 | 120 | - | - | - | - |
| Max Mothes | 2.2 | 6.3 | 6.5 | 50 | 6.5 | 50 | - | - |
| MDS | 2 | 24 | 5 | 150 | 3 | 120 | - | - |
| Online Schraubenhdl. * | 2.2 | 6.38 | - | - | - | - | - | - |
| Otto Roth | 2.2 | 8 | 6.3 | 83 | 4.5 | 80 | - | - |
| Schrauben & Draht Union | 2.2 | 6.3 | 4.5 | 70 | - | - | - | - |
| Tweer & Lösenbeck | 1.9 | 4.88 | 4 | 55 | 3 | 50 | 4.8 | 12.9 |
| Verbindungselemente Engel | 2.2 | 6.3 | 4.5 | 90 | - | - | - | - |
| von Beckfort * | 3.5 | 6.3 | 9.5 | 25 | 9.5 | 25 | - | - |
| Wegertseder * | 2.2 | 6.38 | - | - | - | - | - | - |
| Yacht Steel | 2.9 | 5.5 | 9.5 | 38 | - | - | - | - |

23110100 Schraube (mit Kopf) | 23110113 Schraube, nicht flach aufliegend, Außenantrieb

| Anbieter | Gewindenenn-durchmesser; (mm) | | Schraubenlänge; (mm) | | Gewindelänge; (mm) | | Festigkeitsklasse; (-) | |
|---|---|---|---|---|---|---|---|---|
| | von | bis | von | bis | von | bis | von | bis |
| 1 NORM + DREH | 1 | 100 | 3 | 900 | 3 | 900 | - | - |
| Andreas Fresemann | 6 | 30 | 10 | 250 | 10 | 200 | 4.88 | 10.9 |
| Bäcker Kunststofftechnik * | 5 | 10 | 6 | 80 | - | - | - | - |
| GESI | 2 | 40 | - | - | 4 | 500 | - | - |
| Joseph Dresselhaus | 3 | 30 | 200 | 300 | 20 | 300 | - | - |
| Knipping | 3 | 12 | 8 | 120 | 8 | 120 | 4.8 | 10.9 |
| Kuhlmann | 3 | 5 | 12 | 60 | - | - | - | - |
| Max Mothes | 8 | 30 | 20 | 200 | 30 | 150 | - | - |
| MDS | 2 | 24 | 5 | 150 | 3 | 120 | - | - |
| Mühl | 4 | 36 | 6 | 300 | 6 | 300 | 8.8 | 10.9 |
| Randack | - | - | 10 | 1400 | 6 | 100 | - | - |
| Sibalco | - | - | 7.66 | 17.6 | 6 | 16 | | |

23110100 Schraube (mit Kopf) | 23110114 Passschraube (mit Kopf)

| Anbieter | Gewindenenn-durchmesser; (mm) | | Schraubenlänge; (mm) | | Gewindelänge; (mm) | | Festigkeitsklasse; (-) | |
|---|---|---|---|---|---|---|---|---|
| | von | bis | von | bis | von | bis | von | bis |
| 1 NORM + DREH | 6 | 56 | 25 | 480 | 25 | 480 | - | - |
| Alstertaler Schrauben | 8 | 30 | 25 | 200 | - | - | - | - |
| Andreas Fresemann | 12 | 30 | 30 | 200 | 10 | 120 | 8.8 | 12.9 |
| August Friedberg | 5 | 64 | - | - | - | - | - | - |
| Böllhoff | 5 | 12 | 10 | 120 | 10 | 138 | - | - |
| Danly Federn | 5 | 32 | 6 | 250 | 8 | 40 | - | - |
| Ernst Thomas | 20 | 100 | 60 | 6000 | 10 | 1000 | 3.6 | 12.9 |
| GESI | 2 | 40 | - | - | 4 | 500 | - | - |
| John & Molt* | 8 | 52 | 25 | 200 | 9 | 50 | - | - |
| Joseph Dresselhaus | 3 | 30 | 200 | 300 | 20 | 300 | - | - |
| Keller & Kalmbach* | 12 | 24 | - | - | 35 | 100 | - | - |
| Knipping | 3 | 12 | 8 | 120 | 8 | 120 | 4.8 | 10.9 |
| Kuhlmann | 16 | 30 | 45 | 180 | - | - | - | - |
| Manfred Machholz * | 8 | 16 | 25 | 80 | - | - | - | - |
| Marc Seifert * | 8 | 16 | 25 | 40 | - | - | - | - |
| Max Mothes | 8 | 36 | 25 | 200 | 14.5 | 54 | - | - |
| MDS | 2 | 24 | 5 | 150 | 3 | 120 | - | - |
| MISUMI | 2.5 | 16 | 18 | 192 | 2.5 | 24 | - | - |
| Mühl | 3 | 20 | 5 | 120 | 9.25 | 27.4 | 12.9 | 12.9 |
| Otto Roth | 8 | 24 | 30.3 | 215 | 25 | 200 | - | - |
| Randack | - | - | 10 | 1400 | 6 | 72 | - | - |
| Schrauben & Draht Union | 8 | 48 | 25 | 200 | - | - | - | - |
| Sternberg Hohenstein | 8 | 72 | - | - | - | - | - | - |
| Walter Hasenkämper * | 20 | 100 | - | - | - | - | 5.6 | 12.9 |

**23110000**
Schraube,
Mutter

23110100 Schraube (mit Kopf) | 23110115 Dehnschraube (mit Kopf)

| Anbieter | Gewindenenn-durchmesser; (mm) | | Schraubenlänge; (mm) | | Gewindelänge; (mm) | | Festigkeitsklasse; (-) | |
|---|---|---|---|---|---|---|---|---|
| | von | bis | von | bis | von | bis | von | bis |
| 1 NORM + DREH | 8 | 100 | 25 | 480 | 25 | 480 | - | - |
| Alstertaler Schrauben | 12 | 39 | 65 | 240 | - | - | - | - |
| Andreas Fresemann | 6 | 42 | 30 | 300 | 10 | 200 | 4.66 | 12.9 |
| August Friedberg | 5 | 64 | - | - | - | - | - | - |
| Ernst Thomas | 20 | 100 | 60 | 6000 | 10 | 1000 | 3.6 | 12.9 |
| GESI | 2 | 40 | - | - | 4 | 500 | - | - |
| ISG-Schäfer* | 0.5 | 140 | - | - | - | - | - | - |
| Joseph Dresselhaus | 3 | 30 | 200 | 300 | 20 | 300 | - | - |
| MDS | 2 | 24 | 5 | 150 | 3 | 120 | - | - |
| Randack | - | - | 10 | 1400 | 6 | 180 | - | - |
| Schrauben & Draht Union | 12 | 39 | 65 | 240 | - | - | - | - |
| Sternberg Hohenstein | 8 | 72 | - | - | - | - | - | - |

**23110000**
Schraube,
Mutter

23110100 Schraube (mit Kopf) | 23110116 Rändelschraube

| Anbieter | Gewindenenn-durchmesser; (mm) | | Schraubenlänge; (mm) | | Gewindelänge; (mm) | | Festigkeitsklasse; (-) | |
|---|---|---|---|---|---|---|---|---|
| | von | bis | von | bis | von | bis | von | bis |
| 1 NORM + DREH | 6 | 56 | 12 | 480 | 12 | 480 | - | - |
| Alstertaler Schrauben | 3 | 10 | 5 | 80 | - | - | - | - |
| Andreas Fresemann | 3 | 20 | 10 | 300 | 10 | 300 | 8.8 | 12.9 |
| Bäcker Kunststofftechnik * | 3 | 6 | 4 | 75 | - | - | - | - |
| Böllhoff | 3 | 10 | 5 | 40 | 5 | 40 | - | - |
| EJOT | 1 | 14 | 3 | 140 | 3 | 140 | - | - |
| Ganter | 4 | 20 | 10 | 70 | 10 | 70 | - | - |
| GESI | 2 | 40 | - | - | 4 | 500 | - | - |
| IVT Verbindungselemente * | 3 | 12 | - | - | - | - | 4.6 | 10.9 |
| Joseph Dresselhaus | 3 | 30 | 200 | 300 | 20 | 300 | - | - |
| Keller & Kalmbach* | 3 | 8 | - | - | 6 | 30 | - | - |
| Knipping | 3 | 12 | 8 | 120 | 8 | 120 | 4.8 | 10.9 |
| Kuhlmann | 3 | 10 | 5 | 80 | - | - | - | - |
| Max Mothes | 3 | 10 | 6 | 50 | 9 | 30 | - | - |
| Mädler | 4 | 10 | 18 | 63 | 8 | 40 | - | - |
| mbo Oßwald | 3 | 48 | 5 | 650 | 4 | 600 | - | - |
| MDS | 2 | 24 | 5 | 150 | 3 | 120 | - | - |
| MISUMI | 3 | 35 | 8.5 | 80 | 2 | 40 | - | - |
| Mühl | 3 | 8 | 6 | 70 | 4.5 | 66.25 | 5.8 | 5.8 |
| Otto Roth | 3 | 10 | 8.5 | 56 | 6 | 50 | - | - |
| Randack | - | - | 10 | 1400 | 6 | 140 | - | - |
| Schrauben & Draht Union | 3 | 10 | 5 | 25 | - | - | - | - |
| Sibalco | 4 | 6 | 10 | 24 | 6 | 20 | - | - |
| Verbindungselemente Engel | 3 | 10 | 10 | 25 | - | - | - | - |
| WAT-Schrauben * | 2.5 | 12 | 10 | 38 | 8 | 35 | - | - |

23110000
Schraube,
Mutter

23110100 Schraube (mit Kopf) | 23110117 Schraube (gewindeformend)

| Anbieter | Gewindenenn-durchmesser; (mm) | | Schraubenlänge; (mm) | | Gewindelänge; (mm) | | Festigkeitsklasse; (-) | |
|---|---|---|---|---|---|---|---|---|
| | von | bis | von | bis | von | bis | von | bis |
| 1 NORM + DREH | 2 | 10 | 6 | 80 | 6 | 80 | - | - |
| Adolf Würth * | 0.847 | 2.64 | - | - | - | - | - | - |
| Andreas Fresemann | 2.9 | 8 | 10 | 100 | 10 | 100 | 8.8 | 12.9 |
| Avdel Deutschland | - | - | 5 | 55 | 4 | 50 | - | - |
| Böllhoff | 2.2 | 6.3 | 4 | 60 | 4 | 60 | - | - |
| EJOT | 1 | 14 | 3 | 140 | 3 | 140 | - | - |
| GESI | 2 | 40 | - | - | 4 | 500 | - | - |
| GEVAG Schrauben | 2 | 6 | - | - | 1.8 | 5.5 | 4.9 | 10.9 |
| Joseph Dresselhaus | 3 | 30 | 200 | 300 | 20 | 300 | - | - |
| Keller & Kalmbach* | 2.5 | 6 | - | - | 4 | 40 | - | - |
| Knipping | 3 | 12 | 8 | 120 | 8 | 120 | 4.8 | 10.9 |
| Kuhlmann | 2.5 | 6 | 5 | 50 | - | - | - | - |
| MDS | 2 | 24 | 5 | 150 | 3 | 120 | - | - |
| Mühl | 3 | 6 | 4 | 50 | 4 | 50 | - | - |
| Otto Roth | 2 | 6 | 7.6 | 54.6 | 6 | 50 | - | - |
| Schrauben & Draht Union | 2.5 | 8 | 5 | 40 | - | - | - | - |
| Tweer & Lösenbeck | 1.8 | 4.88 | 4 | 50 | 3 | 50 | 4.8 | 12.9 |
| Verbindungselemente Engel | 2 | 8 | 6 | 40 | - | - | - | - |

23110100 Schraube (mit Kopf) | 23110118 Bohrschraube

| Anbieter | Gewindenenn-durchmesser; (mm) | | Schraubenlänge; (mm) | | Gewindelänge; (mm) | | Festigkeitsklasse; (-) | |
|---|---|---|---|---|---|---|---|---|
| | von | bis | von | bis | von | bis | von | bis |
| 1 NORM + DREH | 2 | 10 | 6 | 80 | 6 | 80 | - | - |
| Alstertaler Schrauben | 2.9 | 6.3 | 9.5 | 70 | - | - | - | - |
| Andreas Fresemann | 2.9 | 6.8 | 10 | 120 | 10 | 120 | - | - |
| Böllhoff | 3.5 | 6.3 | 9.5 | 50 | 9.5 | 50 | - | - |
| EJOT | 3 | 8 | 10 | 140 | 10 | 140 | - | - |
| eVendi * | 2.9 | 6.8 | - | - | 19 | 70 | - | - |
| GESI | 2 | 40 | - | - | 4 | 500 | - | - |
| Joseph Dresselhaus | 3 | 30 | 200 | 300 | 20 | 300 | - | - |
| Keller & Kalmbach* | 2.9 | 5.5 | - | - | 9.5 | 50 | - | - |
| Knipping | - | - | 8 | 120 | 8 | 120 | 4.8 | 10.9 |
| Kuhlmann | 3.5 | 6.38 | 13 | 50 | - | - | - | - |
| Manfred Machholz * | - | - | 45 | 70 | - | - | - | - |
| MDS | 2 | 24 | 5 | 150 | 3 | 120 | - | - |
| Mühl | 3.9 | 6.3 | 13 | 50 | 6.6 | 38 | - | - |
| Otto Roth | 3.5 | 6.3 | 12.1 | 80 | 9.5 | 80 | - | - |
| Schrauben & Draht Union | 2.9 | 6.3 | 13 | 70 | - | - | - | - |
| Verbindungselemente Engel | 2.9 | 6.3 | 9.5 | 80 | - | - | - | - |
| Wojtek Pawlowski * | 3,5 | - | 9.5 | 45 | - | - | - | - |

23110100 Schraube (mit Kopf) | 23110119 Kopfschraube (ohne Antriebsmerkmal)

| Anbieter | Gewindenenn-durchmesser; (mm) | | Schraubenlänge; (mm) | | Gewindelänge; (mm) | | Festigkeitsklasse; (-) | |
|---|---|---|---|---|---|---|---|---|
| | von | bis | von | bis | von | bis | von | bis |
| 1 NORM + DREH | 1 | 100 | 3 | 900 | 3 | 900 | - | - |
| Andreas Fresemann | 3 | 45 | 10 | 500 | 10 | 500 | - | - |
| Böllhoff | 5 | 20 | 25 | 200 | 25 | 200 | - | - |
| EJOT | 3 | 14 | 6 | 100 | 6 | 100 | - | - |
| GESI | 2 | 40 | - | - | 4 | 500 | - | - |
| Joseph Dresselhaus | 3 | 30 | 200 | 300 | 20 | 300 | - | - |
| Knipping | 3 | 12 | 8 | 120 | 8 | 120 | 4.8 | 10.9 |
| Lederer* | 5 | 16 | 16 | 200 | 16 | 44 | - | - |
| MDS | 2 | 24 | 5 | 150 | 3 | 120 | - | - |
| Randack | - | - | 10 | 1400 | 6 | 140 | - | - |
| Schrauben & Draht Union | 6 | 24 | 20 | 130 | - | - | - | - |
| Stefan Bülte * | 2 | 12 | 6 | 130 | - | - | - | - |
| Tweer & Lösenbeck | 1.6 | 6 | 4 | 50 | 3 | 50 | 4.8 | 12.9 |
| von Beckfort * | 3 | 8 | 6 | 60 | 4 | 60 | - | - |

23110100 Schraube (mit Kopf) | 23110120 Hohlschraube

| Anbieter | Gewindenenn-durchmesser; (mm) | | Schraubenlänge; (mm) | | Gewindelänge; (mm) | | Festigkeitsklasse; (-) | |
|---|---|---|---|---|---|---|---|---|
| | von | bis | von | bis | von | bis | von | bis |
| 1 NORM + DREH | 4 | 56 | 25 | 480 | 25 | 480 | - | - |
| Alstertaler Schrauben | 8 | 26 | 1 | 1.5 | - | - | - | - |
| Andreas Fresemann | 5 | 30 | 10 | 500 | 10 | 300 | 8.8 | 12.9 |
| EJOT | 5 | 17 | 10 | 40 | 10 | 40 | - | - |
| GESI | 2 | 40 | - | - | 4 | 500 | - | - |
| Joseph Dresselhaus | 3 | 30 | 200 | 200 | 20 | 300 | - | - |
| Kuhlmann | 4 | 22 | - | - | - | - | - | - |
| MDS | 2 | 24 | 5 | 150 | 3 | 120 | - | - |
| MECO Metallwerk * | 4 | 22 | - | - | 17 | 45 | - | - |
| Randack | - | - | 10 | 1400 | 6 | 140 | - | - |
| Robert Sihn * | 4 | 22 | 29 | 57 | 23 | 50 | - | - |
| Schwaderer * | 30 | - | 110 | 120 | 70 | 102 | - | - |

**23110000**
Schraube,
Mutter

23110100 Schraube (mit Kopf) | 23110121 Halfenschraube

| Anbieter | Gewindenenn-durchmesser; (mm) | | Schraubenlänge; (mm) | | Gewindelänge; (mm) | | Festigkeitsklasse; (-) | |
|---|---|---|---|---|---|---|---|---|
| | von | bis | von | bis | von | bis | von | bis |
| Alstertaler Schrauben | 6 | 20 | - | - | 15 | 300 | 46 | 88 |
| Andreas Fresemann | 6 | 42 | 10 | 800 | 10 | 500 | 8.8 | 12.9 |
| GESI | 2 | 40 | - | - | 4 | 500 | - | - |
| Heinze Schrauben * | 6 | 30 | 15 | 100 | 15 | 300 | - | - |
| Joseph Dresselhaus | 3 | 30 | 200 | 300 | 20 | 300 | - | - |
| Keller & Kalmbach* | 6 | 12 | - | - | 15 | 60 | - | - |
| Kuhlmann | 8 | 30 | 60 | 500 | - | - | - | - |
| LANGE Schrauben * | 8 | 10 | 20 | 50 | - | - | - | - |
| MDS | 2 | 24 | 5 | 150 | 3 | 120 | - | - |
| norelem * | 6 | 36 | 25 | 600 | 15 | 340 | 5 | 15 |
| Otto Roth | 6 | 20 | - | - | 15 | 300 | - | - |
| Randack | - | - | 10 | 1400 | 6 | 100 | - | - |
| Schrauben & Draht Union | 6 | 24 | 25 | 200 | - | - | - | - |

**23110000**
Schraube,
Mutter

23110300 Gewindestange, Gewindestift | 23110301 Gewindestange

| Anbieter | Länge; (mm) | | Gewindenenn-durchmesser; (mm) | | Festigkeitsklasse; (-) | | | |
|---|---|---|---|---|---|---|---|---|
| | von | bis | von | bis | von | bis | | |
| | 100 | 3000 | 12 | 60 | - | - | - | - |
| 1 NORM + DREH | 20 | 4000 | 2 | 100 | - | - | - | - |
| Alstertaler Schrauben | 10 | 3000 | 2 | 72 | - | - | - | - |
| Andreas Fresemann | 3 | 70 | 3 | 70 | 10 | 3000 | - | - |
| August Friedberg | - | - | 12 | 36 | - | - | - | - |
| Bäcker Kunststofftechnik * | - | - | 3 | 48 | - | - | - | - |
| Bornemann Gewindetechnik | - | - | 10 | 180 | - | - | - | - |
| Böllhoff | 100 | 3000 | 2 | 48 | - | - | - | - |
| Ernst Thomas | 20 | 6000 | 6 | 100 | 3.6 | 12.9 | - | - |
| GEVAG Schrauben | 35 | 400 | 14 | 42 | 4.66 | 14.9 | - | - |
| Girmann | - | - | 3 | 30 | - | - | - | - |
| Gradel Baudin | - | - | 1.5 | 430 | - | - | - | - |
| Graf | 50 | 3000 | 10 | 70 | - | - | - | - |
| H.C. Schmidt | - | 2000 | 4 | 24 | - | - | - | - |
| Industrievertretung Schlenk | - | - | 3 | 36 | - | - | - | - |
| Joseph Dresselhaus | 1000 | 3000 | 4 | 30 | 40033 | 40068 | - | - |
| Keller & Kalmbach* | - | - | 3 | 36 | - | - | - | - |
| Ketten-Wild * | - | - | 10 | 60 | - | - | - | - |
| Klier Getriebe | 100 | 6000 | 10 | 100 | - | - | - | - |
| Kuhlmann | - | - | 2 | 48 | - | - | - | - |
| Lederer* | 1000 | 3000 | 2 | 36 | - | - | - | - |
| Liebermann | - | - | 2 | 16 | 4.8 | 12.9 | - | - |
| Lorber u. Schramm | 1000 | 3000 | 3 | 20 | - | - | - | - |
| Manfred Machholz * | - | - | 2 | 52 | - | - | - | - |
| Max Mothes | - | 1000 | 3 | 56 | - | - | - | - |
| Mädler | 1000 | 2000 | 4 | 36 | - | - | - | - |
| mbo Oßwald | 4 | 650 | 4 | 48 | - | - | - | - |
| MDS | 3 | 120 | 2 | 24 | - | - | - | - |
| Michalk | - | - | 8 | 20 | - | - | - | - |
| Milles + Hofmann * | - | - | 3 | 36 | 4.6 | 10.9 | - | - |
| Mühl | 1000 | 1000 | 2 | 42 | - | - | - | - |
| Ossenberg Engels | 10 | 350 | 3 | 20 | - | - | - | - |
| Otto Roth | 1000 | 3000 | 2 | 48 | 4.8 | 10.9 | - | - |
| PLANTE * | 10 | 3000 | 2 | 30 | 1 | 5 | - | - |
| Randack | 6 | 180 | - | - | - | - | - | - |
| Robert Adolf Hessmer | 10 | 6000 | 5 | 64 | - | - | - | - |
| Schneider Befestigungen | 1000 | 3000 | 5 | 64 | - | - | - | - |
| Schrauben & Draht Union | 1000 | 2000 | 4 | 64 | - | - | - | - |
| SchraubenExpress * | 10 | 5000 | 3 | 25 | 1 | 4 | - | - |
| Sibalco | - | - | 4 | 12 | - | - | - | - |
| Steiner * | - | - | 4 | 27 | - | - | - | - |
| STS * | 10 | 6000 | - | - | - | - | - | - |
| Süther & Schön | 150 | 2000 | 6 | 30 | 4.8 | 8.8 | - | - |

**23110000**
Schraube,
Mutter

23110300 Gewindestange, Gewindestift | 23110301 Gewindestange

| Anbieter | Länge; (mm) | | Gewindenenn-durchmesser; (mm) | | Festigkeitsklasse; (-) | | | |
|---|---|---|---|---|---|---|---|---|
| | von | bis | von | bis | von | bis | | |
| THG * | 100 | 3000 | 2 | 35 | 1 | 4 | - | - |
| Trinon * | - | - | 2 | 30 | - | - | - | - |
| TTH - Technikhandel * | 5 | 1000 | 3 | 20 | - | - | - | - |
| Verbindungselemente Engel | 1000 | 3000 | 3 | 48 | - | 12.9 | - | - |
| Walter Hasenkämper * | - | - | 20 | 72 | - | - | - | - |
| Yacht Steel | 1000 | 1000 | 4 | 10 | - | - | - | - |

23110300 Gewindestange, Gewindestift | 23110302 Gewindestift, -Bolzen, Schaftschraube

| Anbieter | Gewindenenn-durchmesser; (mm) | | Schraubenlänge; (mm) | | Gewindelänge; (mm) | | Festigkeitsklasse; (-) | |
|---|---|---|---|---|---|---|---|---|
| | von | bis | von | bis | von | bis | von | bis |
| 1 NORM + DREH | 1 | 36 | 2 | 280 | 2 | 280 | - | - |
| Alstertaler Schrauben | 1.4 | 24 | - | - | 2 | 100 | 14 | 45 |
| Andreas Fresemann | 1.5 | 30 | 8 | 100 | 10 | 100 | 8.8 | 12.9 |
| Anton Uhlenbrock | 0.5 | 12 | - | - | - | - | - | - |
| August Friedberg | 12 | 36 | - | - | - | - | - | - |
| Bäcker Kunststofftechnik * | 5 | 12 | 5 | 80 | - | - | - | - |
| Böllhoff | 2 | 24 | 2 | 100 | 2 | 100 | - | - |
| Ernst Thomas | 6 | 100 | 36 | 129 | 20 | 6000 | - | - |
| Girmann | 3 | 30 | - | - | - | - | - | - |
| H.C. Schmidt | 4 | 24 | - | - | - | 100 | 40033 | 40068 |
| Hans Peter Schulte | 5 | 25 | 5 | 200 | 5 | 100 | - | - |
| Hugo Dürholt * | 16 | 24 | - | 740 | - | - | 5.6 | 12.9 |
| Joseph Dresselhaus | 4 | 30 | - | - | 1000 | 3000 | - | - |
| Keller & Kalmbach* | 2 | 12 | - | - | 3 | 40 | - | - |
| Kuhlmann | 1.2 | 24 | 2 | 100 | - | - | - | - |
| Lederer* | 1.6 | 20 | 3 | 140 | - | - | - | - |
| Manfred Machholz * | 3 | 12 | - | - | 3 | 40 | - | - |
| Max Mothes | 3 | 24 | 3 | 160 | 3 | 160 | - | - |
| mbo Oßwald | 4 | 48 | 5 | 650 | 4 | 600 | - | - |
| MDS | 2 | 24 | - | - | 3 | 120 | - | - |
| Michalk | 6 | 12 | - | - | 25 | 100 | - | - |
| Mühl | 2 | 24 | 3 | 120 | 3 | 120 | - | - |
| norelem * | 6 | 20 | 6 | 20 | 6 | 20 | 5 | 6 |
| Ossenberg Engels | 3 | 20 | - | - | 10 | 350 | 4.66 | 10.9 |
| Otto Roth | 2 | 24 | 3 | 100 | 3 | 93.7 | - | - |
| Profil Verbindungstechnik | 5 | 12 | - | - | - | - | - | - |
| Robert Adolf Hessmer | 5 | 64 | - | - | 10 | 6000 | - | - |
| Schneider Befestigungen | 5 | 64 | - | - | - | - | - | - |
| Schrauben & Draht Union | 3 | 24 | 3 | 100 | - | - | - | - |
| Schraubenangebot24 * | 6 | 20 | 140 | 195 | 20 | 100 | - | - |

23110300 Gewindestange, Gewindestift | 23110302 Gewindestift, -Bolzen, Schaftschraube

| Anbieter | Gewindenenn-durchmesser; (mm) | | Schraubenlänge; (mm) | | Gewindelänge; (mm) | | Festigkeitsklasse; (-) | |
|---|---|---|---|---|---|---|---|---|
| | von | bis | von | bis | von | bis | von | bis |
| Sibalco | 4 | 6 | 6 | 12 | 6 | 12 | - | - |
| Sternberg Hohenstein | 8 | 120 | - | - | - | - | - | - |
| Verbindungselemente Engel | 2 | 24 | 3 | 90 | - | - | - | - |
| Wagener & Simon | 2 | 20 | 2 | 100 | - | - | - | - |
| Walter Hasenkämper * | 20 | 120 | - | - | - | - | 5.6 | 12.9 |

23110300 Gewindestange, Gewindestift | 23110303 Stiftschraube, Schraubenbolzen

| Anbieter | Gewindenenn-durchmesser; (mm) | | Schraubenlänge; (mm) | | Gewindelänge; (mm) | | Festigkeitsklasse; (-) | |
|---|---|---|---|---|---|---|---|---|
| | von | bis | von | bis | von | bis | von | bis |
| 1 NORM + DREH | 4 | 56 | 25 | 480 | 25 | 480 | - | - |
| Alstertaler Schrauben | 5 | 36 | 16 | 200 | 16 | 200 | 56 | 88 |
| Andreas Fresemann | 1.5 | 30 | 8 | 300 | 10 | 300 | 8.8 | 12.9 |
| August Friedberg | 12 | 64 | - | - | - | - | - | - |
| Ernst Thomas | 6 | 100 | 36 | 129 | 20 | 6000 | - | - |
| Girmann | 3 | 30 | - | - | - | - | - | - |
| H.C. Schmidt | 4 | 24 | - | - | - | - | - | - |
| Keller & Kalmbach* | 6 | 20 | - | - | 20 | 120 | - | - |
| Kuhlmann | 5 | 16 | 40 | 300 | - | - | - | - |
| Lederer* | 6 | 20 | 20 | 120 | 18 | 46 | - | - |
| LEITERMANN * | 6 | 24 | 32 | 400 | 9 | 250 | - | - |
| Max Mothes | 6 | 36 | 16 | 800 | 10 | 500 | - | - |
| mbo Oßwald | 4 | 48 | 5 | 650 | 4 | 600 | - | - |
| MDS | 2 | 24 | - | - | 3 | 120 | - | - |
| Mühl | 6 | 20 | 20 | 140 | 18 | 65 | 8.8 | 8.8 |
| norelem * | 5 | 20 | 20 | 180 | 7 | 40 | 5 | 15 |
| Ossenberg Engels | 3 | 20 | - | - | 10 | 350 | 4.66 | 10.9 |
| Otto Roth | 5 | 20 | 21 | 145 | 9.8 | 46 | - | - |
| Randack | - | - | - | - | 6 | 180 | - | - |
| Robert Adolf Hessmer | 3 | 52 | - | - | 3 | 3000 | - | - |
| Schrauben & Draht Union | 5 | 36 | 16 | 200 | - | - | - | - |
| Sternberg Hohenstein | 8 | 120 | - | - | - | - | - | - |
| Verbindungselemente Engel | 6 | 24 | 40 | 200 | - | - | 5.8 | 12.9 |

23110000
Schraube,
Mutter

23110700 Mutter (rund, n-kant) | 23110701 Mutter (sechs-, n-kant)

| Anbieter | Gewindenenn-durchmesser; (mm) | | Festigkeitsklasse; (-) | | Mutterhöhe; (mm) | | | |
|---|---|---|---|---|---|---|---|---|
| | von | bis | von | bis | von | bis | | |
| 1 NORM + DREH | 2 | 100 | - | - | 2 | 100 | - | - |
| Alstertaler Schrauben | 1 | 120 | 6 | 12 | 2 | 50 | - | - |
| Andreas Fresemann | 1.2 | 100 | 4.66 | 12.9 | 3 | 100 | - | - |
| Anton Uhlenbrock | 1.6 | 52 | - | - | - | - | - | - |
| August Friedberg | 12 | 42 | 8 | 12 | - | - | - | - |
| Bahr Modultechnik | 4 | 10 | - | - | 2.2 | 8 | - | - |
| Bäcker Kunststofftechnik * | 2 | 24 | - | - | 1.2 | 21.5 | - | - |
| Böhler * | - | - | - | - | 0.8 | 64 | - | - |
| Böllhoff | 2 | 52 | 8 | 10 | 1.6 | 42 | - | - |
| BUFAB * | 6 | 16 | - | - | 5.2 | 14.8 | - | - |
| GESI | 4 | 60 | - | - | 4 | 30 | - | - |
| Girmann | 3 | 30 | - | - | - | - | - | - |
| Hermann Winker | 4 | 59 | 5.9 | 12.9 | 4 | 42 | - | - |
| Joseph Dresselhaus | 2 | 52 | - | - | 1.6 | 42 | - | - |
| Karl-Friedrich Eckhoff * | 24 | 120 | - | - | - | - | - | - |
| Keller & Kalmbach* | 3 | 80 | - | - | - | - | - | - |
| Ketten-Wild * | 10 | 60 | - | - | 15 | 120 | - | - |
| Klier Getriebe | 10 | 60 | - | - | 15 | 90 | - | - |
| Kuhlmann | 3 | 36 | - | - | - | - | - | - |
| Lederer* | 1 | 56 | - | - | 0.8 | 42 | - | - |
| Lippische Eisenindustrie | 12 | 64 | 5 | 12 | - | - | - | - |
| Lubeck * | 10 | 20 | - | - | 1 | 1.5 | - | - |
| Max Mothes | 2 | 100 | 5 | 12 | 1.6 | 80 | - | - |
| Mädler | 3 | 36 | 8 | 10 | 2.4 | 90 | - | - |
| MDS | 2 | 24 | 4 | 12 | 5 | 72 | - | - |
| Mühl | 2 | 42 | 8 | 10 | 1.6 | 34 | - | - |
| norelem * | 3 | 20 | 7 | 9 | 2.2 | 16 | - | - |
| Nosta * | 3 | 48 | 10 | 12 | - | - | - | - |
| NovoNox * | 4 | 20 | - | - | 2.2 | 10 | - | - |
| Otto Roth | 1.7 | 52 | 4 | 10 | 1.2 | 72 | - | - |
| Randack | - | - | 4 | 14 | 6 | 140 | - | - |
| Reker-Nuts * | 3 | 24 | - | - | - | - | - | - |
| Schneider Befestigungen | 5 | 64 | - | - | - | - | - | - |
| Schrauben & Draht Union | 2 | 90 | - | - | - | - | - | - |
| Schrauben Jäger * | 2 | 42 | - | - | - | - | - | - |
| Sibalco | 3 | 6 | - | bis | 2.2 | 5 | - | - |
| Trinon * | 2 | 30 | - | - | - | - | - | - |
| Verbindungselemente Engel | 2 | 48 | 8 | 12 | 1.5 | 37 | - | - |
| Vöhrs Kierspe * | 0.125 | 0.3125 | - | - | 1.3 | 8 | - | - |
| Wagener & Simon | 1 | 52 | - | - | 6.14 | 29 | - | - |
| Winkemann | - | - | - | - | 8 | 100 | - | - |
| Yacht Steel | 3 | 16 | - | - | - | - | - | - |

23110700 Mutter (rund, n-kant) | 23110704 Kronenmutter

| Anbieter | Gewindenenn- durchmesser; (mm) | | Festigkeitsklasse; (-) | | Mutterhöhe; (mm) | | | |
|---|---|---|---|---|---|---|---|---|
| | von | bis | von | bis | von | bis | | |
| 1 NORM + DREH | 2 | 100 | - | - | 2 | 100 | - | - |
| Alstertaler Schrauben | 8 | 100 | 6 | 8 | - | - | - | - |
| Andreas Fresemann | 3 | 100 | 8.8 | 12.9 | 3 | 100 | - | - |
| Böllhoff | 8 | 52 | - | - | 9.5 | 54 | - | - |
| GESI | 4 | 60 | - | - | 4 | 30 | - | - |
| Joseph Dresselhaus | 2 | 52 | - | - | 1.6 | 42 | - | - |
| Karl-Friedrich Eckhoff * | 36 | 120 | - | - | - | - | - | - |
| Keller & Kalmbach* | 5 | 36 | - | - | - | - | - | - |
| Kuhlmann | 6 | 30 | - | - | - | - | - | - |
| Lederer* | 5 | 30 | - | - | 5.5 | 20 | - | - |
| Lippische Eisenindustrie | 12 | 64 | 5 | 12 | - | - | - | - |
| Max Mothes | 8 | 52 | 5 | 10 | 3.2 | 25.48 | - | - |
| MDS | 2 | 24 | 4 | 12 | 5 | 72 | - | - |
| Otto Roth | 6 | 56 | - | - | 7.5 | 57 | - | - |
| Randack | - | - | 4 | 14 | 6 | 140 | - | - |
| Schrauben & Draht Union | 8 | 52 | - | - | - | - | - | - |
| Schraubenangebot24 * | 8 | 42 | - | - | - | - | - | - |
| Sternberg Hohenstein | 8 | 120 | - | - | - | - | - | - |
| Verbindungselemente Engel | 5 | 48 | 8 | 10 | 6 | 50 | - | - |
| Wolters * | 3 | 100 | 6 | 10 | - | - | - | - |

**23110000**
Schraube,
Mutter

23110700 Mutter (rund, n-kant) | 23110705 Mutter mit Klemmteil

| Anbieter | Gewindenenn-durchmesser; (mm) | | Festigkeitsklasse; (-) | | Mutterhöhe; (mm) | | | |
|---|---|---|---|---|---|---|---|---|
| | von | bis | von | bis | von | bis | | |
| 1 NORM + DREH | 2 | 36 | - | - | 2 | 36 | - | - |
| Alstertaler Schrauben | 4 | 48 | 8 | 10 | 4 | 40 | - | - |
| Andreas Fresemann | 3 | 42 | 8.8 | 12.9 | 3 | 100 | - | - |
| August Dreckshage | 8 | 100 | - | - | 8 | 26 | - | - |
| August Friedberg | 12 | 42 | 8 | 12 | - | - | - | - |
| Böllhoff | 3 | 48 | 8 | 10 | 2.4 | 36 | - | - |
| GESI | 4 | 60 | - | - | 4 | 30 | - | - |
| Hermann Winker | 4 | 59 | 5.9 | 12.9 | 4 | 42 | - | - |
| Joseph Dresselhaus | 2 | 52 | - | - | 1.6 | 42 | - | - |
| Keller & Kalmbach* | 3 | 39 | - | - | - | - | - | - |
| Kuhlmann | 6 | 36 | - | - | - | - | - | - |
| Lederer* | 3 | 24 | - | - | 3.7 | 24 | - | - |
| Lippische Eisenindustrie | 12 | 64 | 5 | 12 | - | - | - | - |
| Manfred Machholz * | 4 | 24 | - | - | - | - | - | - |
| Max Mothes | 3 | 48 | 5 | 10 | 1.65 | 42 | - | - |
| Mädler | 10 | 60 | 8 | 8 | 9 | 15 | - | - |
| MDS | 2 | 24 | 4 | 12 | 5 | 72 | - | - |
| Mühl | 3 | 36 | 8 | 10 | 4 | 36 | - | - |
| Otto Roth | 3 | 42 | - | - | 4 | 39 | - | - |
| Randack | - | - | 4 | 14 | 6 | 72 | - | - |
| Schrauben & Draht Union | 2 | 48 | - | - | - | - | - | - |
| Spieth-Maschinenelemente | 10 | 15 | - | - | 14 | 16 | - | - |
| Verbindungselemente Engel | 4 | 24 | 8 | 10 | 3.5 | 23 | - | - |
| Wagener & Simon | 2 | 30 | - | - | 2.4 | 24 | - | - |
| Wolters * | 4 | 72 | 5.8 | 12.9 | - | - | - | - |

23110000
Schraube,
Mutter

23110700 Mutter (rund, n-kant) | 23110706 Überwurfmutter (Verschraubung)

| Anbieter | Gewindenenn-durchmesser; (mm) | | Festigkeitsklasse; (-) | | Mutterhöhe; (mm) | | | |
|---|---|---|---|---|---|---|---|---|
| | von | bis | von | bis | von | bis | | |
| 1 NORM + DREH | 2 | 100 | - | - | 2 | 100 | - | - |
| Andreas Fresemann | 3 | 70 | 8.8 | 12.9 | 3 | 100 | - | - |
| Avit | 14 | 68 | - | - | 17 | 41 | - | - |
| GESI | 4 | 60 | - | - | 4 | 30 | - | - |
| Hans Brügmann * | 8 | - | - | - | 20 | - | - | - |
| Johannes Steiner * | 8 | 30 | - | - | - | - | - | - |
| Joseph Dresselhaus | 2 | 52 | - | - | 1.6 | 42 | - | - |
| Lippische Eisenindustrie | 12 | 64 | 5 | 12 | - | - | - | - |
| MDS | 2 | 24 | 4 | 12 | 5 | 72 | - | - |
| Verbindungselemente Engel | 3 | 12 | - | - | 2.5 | 10 | - | - |

23110700 Mutter (rund, n-kant) | 23110707 Rundmutter

| Anbieter | Gewindenenn-durchmesser; (mm) | | Festigkeitsklasse; (-) | | Mutterhöhe; (mm) | | | |
|---|---|---|---|---|---|---|---|---|
| | von | bis | von | bis | von | bis | | |
| 1 NORM + DREH | 2 | 100 | - | - | 2 | 100 | - | - |
| Alstertaler Schrauben | 3 | 16 | 6 | 6 | 3 | 20 | - | - |
| Andreas Fresemann | 3 | 100 | 8.8 | 12.9 | 3 | 100 | - | - |
| Bahr Modultechnik | 3 | 10 | - | - | 5 | 20 | - | - |
| GESI | 4 | 60 | - | - | 4 | 30 | - | - |
| Graf | 10 | 70 | - | - | 10 | 200 | - | - |
| Hermann Winker | 4 | 59 | 5.9 | 12.9 | 4 | 42 | - | - |
| Joseph Dresselhaus | 2 | 52 | - | - | 1.6 | 42 | - | - |
| Karl-Friedrich Eckhoff * | 12 | 160 | - | - | - | - | - | - |
| Ketten-Wild * | 10 | 60 | - | - | 15 | 90 | - | - |
| Klier Getriebe | 10 | 100 | - | - | 10 | 300 | - | - |
| Lederer* | 1.4 | 12 | - | - | 1.4 | 10 | - | - |
| Lippische Eisenindustrie | 12 | 64 | 5 | 12 | - | - | - | - |
| MDS | 2 | 24 | 4 | 12 | 5 | 72 | - | - |
| Randack | - | - | 4 | 14 | 6 | 180 | - | - |
| Schrauben & Draht Union | 3 | 16 | - | - | - | - | - | - |
| Sternberg Hohenstein | 8 | 120 | - | - | - | - | - | - |
| Verbindungselemente Engel | 4 | 10 | - | - | 4 | 10 | - | - |

**23110000**
Schraube,
Mutter

23110700 Mutter (rund, n-kant) | 23110708 Rändelmutter

| Anbieter | Gewindenenn-durchmesser; (mm) | | Festigkeitsklasse; (-) | | Mutterhöhe; (mm) | | | |
|---|---|---|---|---|---|---|---|---|
| | von | bis | von | bis | von | bis | | |
| 1 NORM + DREH | 2 | 100 | - | - | 2 | 100 | - | - |
| Alstertaler Schrauben | 3 | 10 | 5 | 5 | 4 | 10 | - | - |
| Andreas Fresemann | 3 | 20 | - | - | 10 | 40 | - | - |
| Bäcker Kunststofftechnik * | 3 | 8 | - | - | 5 | 7.5 | - | - |
| Böllhoff | 3 | 10 | - | - | 7.5 | 23 | - | - |
| Cuba Mutter * | 15 | 30 | - | - | 8 | 14 | - | - |
| Ganter | 4 | 20 | - | - | 10 | 70 | - | - |
| GESI | 4 | 60 | - | - | 4 | 30 | - | - |
| Joseph Dresselhaus | 2 | 52 | - | - | 1.6 | 42 | - | - |
| Keller & Kalmbach* | 3 | 10 | - | - | - | - | - | - |
| Kuhlmann | 3 | 10 | - | - | - | - | - | - |
| Lederer* | 2 | 10 | - | - | 3 | 23 | - | - |
| Lippische Eisenindustrie | 12 | 64 | 5 | 12 | - | - | - | - |
| Mädler | 4 | 12 | 5 | 5 | 4 | 25 | - | - |
| mbo Oßwald | 4 | 48 | - | - | 4 | 650 | - | - |
| MDS | 2 | 24 | 4 | 12 | 5 | 72 | - | - |
| MISUMI | 3 | 12 | - | - | 8 | 24 | - | - |
| Mühl | 2 | 10 | 5 | 5 | 3 | 23 | - | - |
| Otto Roth | 3 | 10 | - | - | - | - | - | - |
| Schrauben & Draht Union | 3 | 10 | - | - | - | - | - | - |
| Sibalco | 3 | 8 | - | - | 4 | 8 | - | - |

23110700 Mutter (rund, n-kant) | 23110709 Mutter mit Scheibe, unverlierbar

| Anbieter | Gewindenenn-durchmesser; (mm) | | Festigkeitsklasse; (-) | | Mutterhöhe; (mm) | | | |
|---|---|---|---|---|---|---|---|---|
| | von | bis | von | bis | von | bis | | |
| 1 NORM + DREH | 2 | 100 | - | - | 2 | 100 | - | - |
| Alstertaler Schrauben | 4 | 20 | 8 | 8 | 4 | 20 | - | - |
| Andreas Fresemann | 3 | 42 | 8.8 | 12.9 | 3 | 80 | - | - |
| Böllhoff | 5 | 16 | 8 | 10 | 5 | 16 | - | - |
| GESI | 4 | 60 | - | - | 4 | 30 | - | - |
| Hermann Winker | 4 | 36 | 5.9 | 12.9 | 5 | 42 | - | - |
| Joseph Dresselhaus | 2 | 52 | - | - | 1.6 | 42 | - | - |
| Keller & Kalmbach* | 5 | 20 | - | - | - | - | - | - |
| Lippische Eisenindustrie | 12 | 64 | 5 | 12 | - | - | - | - |
| MDS | 2 | 24 | 4 | 12 | 5 | 72 | - | - |

23110700 Mutter (rund, n-kant) | 23110710 Mutter mit Handantrieb

| Anbieter | Gewindenenn-durchmesser; (mm) | | Festigkeitsklasse; (-) | | Mutterhöhe; (mm) | | | |
|---|---|---|---|---|---|---|---|---|
| | von | bis | von | bis | von | bis | | |
| 1 NORM + DREH | 2 | 100 | - | - | 2 | 100 | - | - |
| Andreas Fresemann | 3 | 20 | - | - | 15 | 80 | - | - |
| Bäcker Kunststofftechnik * | 4 | 10 | - | - | 12 | 25 | - | - |
| Befestigungselem. Technik * | 4 | 24 | - | - | 9.5 | 55 | - | - |
| Böllhoff | 4 | 24 | - | - | 8.5 | 53.5 | - | - |
| GESI | 4 | 60 | - | - | 4 | 30 | - | - |
| Joseph Dresselhaus | 2 | 52 | - | - | 1.6 | 42 | - | - |
| Kuhlmann | 3 | 24 | - | - | - | - | - | - |
| Lederer* | 3 | 16 | - | - | 7.2 | 33 | - | - |
| MDS | 2 | 24 | 4 | 12 | 5 | 72 | - | - |
| Schrauben & Draht Union | 3 | 24 | - | - | | | | |

23110700 Mutter (rund, n-kant) | 23110711 Federmutter

| Anbieter | Gewindenenn-durchmesser; (mm) | | Festigkeitsklasse; (-) | | Mutterhöhe; (mm) | | | |
|---|---|---|---|---|---|---|---|---|
| | von | bis | von | bis | von | bis | | |
| Andreas Fresemann | 3 | 42 | 8.8 | 12.9 | 3 | 60 | - | - |
| GESI | - | - | - | - | 4 | 30 | - | - |
| MDS | 2 | 24 | 4 | 12 | 5 | 72 | - | - |

23110000
Schraube,
Mutter

23110900 Gewindeeinsatz, Nietmutter, Schweißmutter | 23110901 Gewindeeinsatz

| Anbieter | Höhe; (mm) | | Gewindenenn-durchmesser; (mm) | | | | | |
|---|---|---|---|---|---|---|---|---|
| | von | bis | von | bis | | | | |
| 1 NORM + DREH | 3 | 60 | 2 | 20 | - | - | - | - |
| Andreas Fresemann | 10 | 60 | 3 | 20 | - | - | - | - |
| Bornemann Gewindetechnik | 10 | 180 | 10 | 180 | - | - | - | - |
| Böllhoff | 2.9 | 41 | 2 | 42 | - | - | - | - |
| GESI | 4 | 20 | 4 | 16 | - | - | - | - |
| Keller & Kalmbach* | - | - | 3 | 16 | - | - | - | - |
| Kerb-Konus * | 6 | 40 | 2 | 30 | - | - | - | - |
| Kuhlmann | - | - | 2.5 | 30 | - | - | - | - |
| KVT Koenig * | 4.2 | 16.1 | 2 | 12 | - | - | - | - |
| Lederer* | 6 | 27 | 3 | 20 | - | - | - | - |
| MDS | 5 | 40 | 2 | 24 | - | - | - | - |
| Mühl | 6 | 20 | 3 | 24 | - | - | - | - |
| norelem * | 8 | 33 | 5 | 33 | - | - | - | - |
| Otto Roth | 3 | 48 | 3 | 24 | - | - | - | - |
| Schrauben & Draht Union | - | - | 4 | 8 | - | - | - | - |
| Verbindungselemente Engel | 2.5 | 72 | 2.5 | 36 | - | - | - | - |

23110900 Gewindeeinsatz, Nietmutter, Schweißmutter | 23110902 Einpressmutter, Gewindebuchse

| Anbieter | Höhe; (mm) | | Gewindenenn-durchmesser; (mm) | | | | | |
|---|---|---|---|---|---|---|---|---|
| | von | bis | von | bis | | | | |
| 1 NORM + DREH | 3 | 60 | 2 | 20 | - | - | - | - |
| Andreas Fresemann | 10 | 60 | 3 | 20 | - | - | - | - |
| Arnold & Shinjo | 5.5 | 10.8 | 5 | 12 | - | - | - | - |
| Bornemann Gewindetechnik | 10 | 180 | 10 | 180 | - | - | - | - |
| Böllhoff | 5 | 12 | 2 | 8 | - | - | - | - |
| GESI | 4 | 20 | - | - | - | - | - | - |
| Kuhlmann | - | - | 3 | 16 | - | - | - | - |
| MDS | 5 | 40 | 2 | 24 | - | - | - | - |
| Schrauben & Draht Union | - | - | 4 | 8 | - | - | - | - |
| Verbindungselemente Engel | 9 | 21 | 4 | 10 | - | - | - | - |

**23110000**
Schraube,
Mutter

## 23120000 Stift, Nagel, Haken, Niet

23120400 Niet | 23120401 Vollniet

| Anbieter | Länge; (mm) | | Klemmlänge; (mm) | | Durchmesser; (mm) | | | |
|---|---|---|---|---|---|---|---|---|
| | von | bis | von | bis | von | bis | | |
| 1 NORM + DREH | 3 | 200 | 3 | 200 | 1 | 36 | - | - |
| Andreas Fresemann | 10 | 100 | 8 | 100 | 1.5 | 25 | - | - |
| Gebr. Schürholz | 10 | 350 | - | - | 3 | 100 | - | - |
| Joseph Dresselhaus | 6 | 15 | 0.5 | 9.5 | 3.2 | 6 | - | - |
| Keller & Kalmbach* | 6 | 60 | - | - | 3 | 8 | - | - |
| MDS | 5 | 60 | - | - | 3 | 60 | - | - |
| Otto Roth | 4 | 54.8 | - | - | 2 | 8 | - | - |
| Overhoff * | 3 | 120 | - | - | 2 | 10 | - | - |
| Schrauben & Draht Union | 4 | 60 | - | - | 2 | 10 | - | - |
| Schulte * | 30 | 100 | - | - | 1 | 12 | - | - |
| von Beckfort * | 3 | 80 | - | - | 2 | 12 | - | - |

23120400 Niet | 23120402 Blindniet

| Anbieter | Länge; (mm) | | Klemmlänge; (mm) | | Durchmesser; (mm) | | | |
|---|---|---|---|---|---|---|---|---|
| | von | bis | von | bis | von | bis | | |
| 1 NORM + DREH | 3 | 90 | 3 | 90 | 1 | 10 | - | - |
| Andreas Fresemann | 6 | 25 | 6 | 25 | 1.5 | 10 | - | - |
| Avdel Deutschland | 3.2 | 65 | 0.1 | 38 | 2.4 | 16 | - | - |
| Böllhoff | 4 | 30 | 0.5 | 26 | 2.4 | 6.4 | - | - |
| Gesipa * | 8 | 25 | - | - | 3.2 | 6.4 | - | - |
| Ing.-Büro Zimmermann * | - | - | - | - | 5 | 13 | - | - |
| Joseph Dresselhaus | 6 | 15 | 0.5 | 9.5 | 3.2 | 6 | - | - |
| Keller & Kalmbach* | 4 | 30 | - | - | 2.4 | 6 | - | - |
| Kuhlmann | 5 | 50 | - | - | 3 | 6.4 | - | - |
| MDS | 4 | 30 | - | - | 6 | 16 | - | - |
| Otto Roth | 4 | 60 | - | - | 2.4 | 6.4 | - | - |
| Schrauben & Draht Union | 4 | 30 | - | - | 3 | 6 | - | - |
| Sibalco | - | - | - | - | 1 | 12 | - | - |
| Tecfast | 4 | 50 | 0.5 | 45 | 2.4 | 7.8 | - | - |
| Verbindungselemente Engel | 4 | 30 | 0,5 | 25 | 2.4 | 6 | - | - |
| Wagener & Simon | 6 | 25 | 1 | 20 | 3 | 5 | - | - |
| Yacht Steel | 12 | 25 | - | - | 3.2 | 6.4 | - | - |

23120000
Stift, Nagel,
Haken, Niet

Mit * gekennzeichnete Herstellerangaben entstammen Katalogdaten im Internet oder Firmenschriften.

23120400 Niet | 23120403 Hohlniet

| Anbieter | Länge; (mm) | | Klemmlänge; (mm) | | Durchmesser; (mm) | | | |
|---|---|---|---|---|---|---|---|---|
| | von | bis | von | bis | von | bis | | |
| 1 NORM + DREH | 3 | 200 | 3 | 200 | 2 | 36 | - | - |
| Andreas Fresemann | 6 | 25 | 6 | 25 | 1.5 | 10 | - | - |
| Auel Meinerzhagen * | 5 | 40 | - | - | 3 | 8 | - | - |
| Böllhoff | 6 | 60 | 6 | 60 | 2 | 8 | - | - |
| Joseph Dresselhaus | 6 | 15 | 0.5 | 9.5 | 3.2 | 6 | - | - |
| Kuhlmann | 8 | 30 | - | - | 3 | 8 | - | - |
| MDS | 5 | 40 | - | - | 3 | 8 | - | - |
| Overhoff * | 4 | 60 | - | - | 2 | 8 | - | - |
| RivetLi | 6.5 | 14 | - | - | 5.6 | 13 | - | - |
| Schrauben & Draht Union | 8 | 30 | - | - | 3 | 8 | - | - |
| von Beckfort * | 5 | 40 | - | - | 3 | 6 | - | - |

23120400 Niet | 23120404 Nietstift

| Anbieter | Länge; (mm) | | Klemmlänge; (mm) | | Durchmesser; (mm) | | | |
|---|---|---|---|---|---|---|---|---|
| | von | bis | von | bis | von | bis | | |
| 1 NORM + DREH | 3 | 200 | 3 | 200 | 1 | 36 | - | - |
| Andreas Fresemann | 6 | 25 | 6 | 25 | 1.5 | 10 | - | - |
| Joseph Dresselhaus | 6 | 15 | 0.5 | 9.5 | 3.2 | 6 | - | - |
| Kuhlmann | 4 | 60 | - | - | 1.5 | 12 | - | - |
| Ossenberg Engels | 10 | 150 | - | - | 3 | 15 | - | - |
| Overhoff * | 6 | 50 | - | - | 3 | 8 | - | - |

**23120000**
Stift, Nagel,
Haken, Niet

## 23170000 Verzahnungselement und Trieb

23170100 Verzahnungselement | 23170101 Stirnrad (Verzahnungselement)

| Anbieter | Modul m; (mm) | | Profilverschiebung; (mm) | | Schrägungswinkel; (°) | | Durchmesser des Teilkreises; (mm) | |
|---|---|---|---|---|---|---|---|---|
| | von | bis | von | bis | von | bis | von | bis |
| ALFORM * | 0.5 | 50.0 | - | - | - | - | 10.0 | 5000.0 |
| Alfred Thürrauch * | 0.5 | 6 | - | - | - | - | 7 | 400 |
| ATLANTA | 1 | 12 | - | - | - | 20 | 12 | 200 |
| BerATec | 1 | 36 | - | - | - | 42 | 25 | 1200 |
| Berner ABE | 0.8 | 6 | - | - | - | - | - | - |
| Bischoff Haugg | 0.5 | 10 | - | - | - | 45 | 10 | 630 |
| Bönisch Antriebselemente | 1 | 10 | - | - | - | - | 30 | 700 |
| CHM-Technik | 0.2 | 6 | - | - | - | - | 6 | 120 |
| CKW Christian Kremp | 0.1 | 5 | - | - | - | - | - | - |
| Dr. W. Ostermann | 1.5 | 24 | - | - | - | - | 50 | 1200 |
| Eisenbeiss | 1.75 | 24 | - | 0.75 | - | 45 | 30 | 1800 |
| Flohr Industrietechnik | 1 | 8 | - | - | - | - | - | 3000 |
| Franz Morat | 0.5 | 6 | - | - | - | - | 15 | 250 |
| FWT FeinwerkTechnik * | 0.6 | 2.5 | - | - | - | - | 40 | 80 |
| Gebr. BRINKMANN | 1 | 10 | - | - | - | 45 | 20 | 650 |
| Graf | 0.5 | 8 | - | - | - | - | 7 | 320 |
| Güdel | 1 | 8 | - | - | - | 20 | 18 | 300 |
| Gysin * | 0.2 | 4.9 | - | - | - | - | 180 | 300 |
| H.C. Schmidt | 1 | 12 | - | - | - | - | - | - |
| Hagmann | 0.25 | 12 | - | - | - | - | 10 | 900 |
| Hausm. & Haensgen | 0.5 | 10 | - | - | - | - | - | - |
| Heinrich Höner | 0.3 | 18 | -2.0 | 2 | - | 75 | 15 | 1200 |
| Heitmann & Bruun * | 1 | 6 | - | - | - | - | 9 | 381 |
| Helmut Rossmanith | 1 | 8 | - | - | - | 45 | 20 | 700 |
| Henschel | 1 | 35 | - | - | - | 45 | 40 | 1850 |
| Heynau | 0.6 | 6 | - | - | - | 25 | 10 | 300 |
| KAHI | 0.5 | 8 | - | - | - | - | - | - |
| Kautz * | - | - | - | - | - | - | 10 | 800 |
| Kerschbaumer Getriebe | 1 | 20 | - | - | - | - | - | 2000 |
| Ketten Fuchs | 0.5 | 12 | - | - | - | - | 10 | 800 |
| Ketten-Wild * | 0.5 | 3 | - | - | - | - | 6 | 200 |
| Klier Getriebe | 0.2 | 20 | - | - | - | - | - | - |
| Maschinen- und Antriebstech. | 0.5 | 7 | - | - | -45.0 | 45 | 10 | 300 |
| Mädler | 0.5 | 8 | - | - | - | 20 | 6 | 570 |
| MISUMI | - | - | - | - | 20 | 20 | 7.5 | 125 |
| Neugart * | 0.5 | 3 | - | - | - | - | - | - |
| Nozag | 0.3 | 8 | - | - | - | - | - | - |
| Ringhoffer * | 0 | 8 | - | - | - | - | - | 600 |
| ROTAX | 0.5 | 8 | - | - | - | - | - | - |
| RS Sonthofen | 1 | 8 | - | - | - | 45 | 20 | 500 |
| Sauter, Bachmann | 0.5 | 16 | - | - | - | 90 | 5 | 1200 |

23170000
Verzahnungs-
element und
Trieb

Mit * gekennzeichnete Herstellerangaben entstammen Katalogdaten im Internet oder Firmenschriften.

23170100 Verzahnungselement | 23170101 Stirnrad (Verzahnungselement)

| Anbieter | Modul m; (mm) | | Profilverschiebung; (mm) | | Schrägungswinkel; (°) | | Durchmesser des Teilkreises; (mm) | |
|---|---|---|---|---|---|---|---|---|
| | von | bis | von | bis | von | bis | von | bis |
| SBS-Feintechnik | 0.1 | 2 | - | - | - | - | 2 | 145 |
| Schray | 0.5 | 8 | - | - | - | 45 | 3 | 650 |
| Sibalco | 0.5 | 2 | - | - | - | - | 12 | 45 |
| SKR Gomadingen | 0.3 | 5 | - | - | - | - | 3 | 1000 |
| SPN Schwaben Präzision | 0.1 | 12 | - | - | - | 45 | 10 | 800 |
| Stadler | 0.2 | 16 | - | - | - | - | - | - |
| TA Techn. Antriebselemente | 0.5 | 8 | - | - | - | - | 3.8 | 152.8 |
| Tandler | 0.3 | 15 | - | - | - | 45 | 4 | 800 |
| Welter * | 2 | 40 | - | - | - | - | 30 | 3000 |
| WIAG | 1 | 8 | - | - | - | 45 | 15 | 800 |
| Wieland | 1 | 6 | - | - | - | 45 | 25 | 480 |
| Wilhelm Vogel | - | - | - | - | -45.0 | 45 | 1 | 500 |
| WMH Herion * | 5 | 64 | - | - | 19 | 42 | 15 | 60 |
| ZAHNRADB. RUGER | 0.8 | 18 | - | - | - | 45 | 12 | 1800 |
| ZIMM | 0.2 | 30 | - | - | - | - | - | 3000 |

**23170000**
Verzahnungs-
element und
Trieb

23170100 Verzahnungselement | 23170103 Kegelrad

| Anbieter | Modul (Planrad); (mm) | | Teilkegelwinkel; (°) | | Äußerer Teilkreis-durchmesser; (mm) | | Äußere Teilkegellänge; (mm) | |
|---|---|---|---|---|---|---|---|---|
| | von | bis | von | bis | von | bis | von | bis |
| ALFORM * | 1.0 | 10.0 | - | - | - | - | - | - |
| Alfred Thürrauch * | 1 | 3 | - | - | 20 | 110 | - | - |
| Andreas Müller * | 1 | 20 | - | - | - | - | 2 | 500 |
| ASS | 0.2 | 10 | - | - | - | - | - | - |
| ATLANTA | 1 | 5 | 10 | 45 | 25 | 250 | 25 | 250 |
| Bahr Modultechnik | 1 | 4 | - | - | 23.5 | 76 | 15 | 31 |
| Berner ABE | 0.8 | 6 | - | - | - | - | - | - |
| Bischoff Haugg | 0.5 | 10 | 10 | 90 | 10 | 500 | 10 | 350 |
| CHM-Technik | 0.2 | 6 | - | - | 5 | 100 | - | - |
| CKW Christian Kremp | 0.25 | 4 | - | - | - | - | - | - |
| Flohr Industrietechnik | 1 | 21 | - | 1100 | - | - | - | - |
| Graf | 0.5 | 5 | - | - | - | - | - | - |
| Güdel | 1 | 5 | - | - | 19 | 89 | - | - |
| Gysin * | 0.2 | 3 | - | 100 | - | - | - | - |
| H.C. Schmidt | 1 | 6 | - | - | - | - | - | - |
| Hagmann | 0.2 | 8.5 | - | - | 10 | 500 | - | - |
| Hausm. & Haensgen | 1 | 5 | - | - | - | - | - | - |
| Heinrich Höner | 1 | 10 | 10 | 180 | 20 | 550 | 20 | 300 |
| Heitmann & Bruun * | 1 | 5 | - | - | 5 | 225 | 6.5 | 45 |
| KAHI | 1 | 5 | - | - | - | - | - | - |
| Ketten-Wild * | 0.5 | 5 | - | - | 8 | 151.2 | - | - |
| Klier Getriebe | 0.5 | 20 | - | - | - | - | - | - |
| Mädler | 0.8 | 8 | 28 | 152 | 7.5 | 320 | 0.9 | 25 |
| Neugart * | 1 | 4 | - | - | - | - | - | - |
| Nozag | 0.5 | 8 | - | - | - | - | - | - |
| Ringhoffer * | - | 6 | - | 250 | - | - | - | - |
| Sauter, Bachmann | 1 | 8 | 5 | 420 | - | - | - | - |
| SBS-Feintechnik | 0.2 | 1.5 | - | - | 5 | 60 | - | - |
| Stadler | 0.5 | 12 | - | - | - | - | - | - |
| TA Techn. Antriebselemente | 1 | 5 | - | - | - | - | - | - |
| Tandler | 0.3 | 12 | - | - | 4 | 640 | - | - |
| Welter * | 2 | 10 | - | - | 50 | 1000 | - | - |
| Wilhelm Vogel | 1 | 7 | - | - | 1 | 500 | - | - |

23170000
Verzahnungs-
element und
Trieb

23170100 Verzahnungselement | 23170104 Kegelradsatz

| Anbieter | Modul (Planrad); (mm) | | Achswinkel; (°) | | Äuß. Teilkreisdurch-messer Rad 1; (mm) | | Äuß. Teilkreisdurch-messer Rad 2; (mm) | |
|---|---|---|---|---|---|---|---|---|
| | von | bis | von | bis | von | bis | von | bis |
| ASS | 0.2 | 10 | - | 135 | - | - | - | - |
| ATLANTA | 1 | 5 | 90 | 90 | 25 | 250 | 25 | 250 |
| Berner ABE | 0.8 | 6 | - | - | - | - | - | - |
| Bischoff Haugg | 0.5 | 10 | 60 | 120 | 10 | 500 | 10 | 500 |
| Flohr Industrietechnik | 2 | 13 | - | - | - | - | - | - |
| Graf | 0.5 | 5 | - | - | - | - | - | - |
| Grob | 2.5 | 6.5 | 90 | 90 | - | - | - | - |
| H.C. Schmidt | 1 | 6 | - | - | - | - | - | - |
| Hagmann | 0.2 | 8.5 | - | - | 10 | 500 | - | - |
| Hausm. & Haensgen | 1 | 5 | - | - | - | - | - | - |
| Heinrich Höner | 1 | 10 | 20 | 180 | 20 | 550 | 20 | 400 |
| KAHI | 1 | 5 | - | - | - | - | - | - |
| Kautz * | - | - | - | - | - | 300 | - | - |
| Klier Getriebe | 0.5 | 20 | - | - | - | - | - | - |
| Mädler | 0.8 | 8 | 45 | 45 | 7.5 | 320 | 0.9 | 25 |
| Nozag | 0.5 | 8 | - | - | - | - | - | - |
| Ringhoffer * | - | 6 | - | 250 | - | - | - | - |
| Stadler | 0.5 | 12 | - | - | - | - | - | - |
| TA Techn. Antriebselemente | 1 | 5 | - | - | - | - | - | - |
| Tandler | 0.3 | 12 | - | - | 4 | 640 | 4 | 640 |

**23170000**
Verzahnungs-
element und
Trieb

23170100 Verzahnungselement | 23170105 Schneckenwelle

| Anbieter | Breite; (mm) | | Axialmodul; (mm) | | Mittenkreisdurchmesser; (mm) | | | |
|---|---|---|---|---|---|---|---|---|
| | von | bis | von | bis | von | bis | | |
| Abend Maschinenbau | - | - | 150 | 850 | - | - | - | - |
| ATLANTA | 5 | 250 | 1 | 6 | 16 | 120 | - | - |
| Bischoff Haugg | 5 | 400 | 0.5 | 6 | 10 | 200 | - | - |
| CKW Christian Kremp | - | - | 0.4 | 2.5 | - | - | - | - |
| Flohr Industrietechnik | - | - | 1 | 22 | - | - | - | - |
| GFC Coswig | - | - | 1 | 16 | - | - | - | - |
| Graf | - | - | 1 | 4 | - | - | - | - |
| Grob | - | - | 0.5 | 6 | 20.24 | 74 | - | - |
| Güdel | - | - | 4.63 | 47 | 30 | 120 | - | - |
| Gysin * | - | - | 0.2 | 3 | - | 50 | - | - |
| Heinrich Höner | 10 | 500 | 1 | 14 | 20 | 300 | - | - |
| Henschel | 30 | 300 | 2 | 20 | 25 | 200 | - | - |
| Kautz * | - | - | 1 | 10 | - | 300 | - | - |
| Ketten-Wild * | - | - | 0.5 | 2.5 | 11 | 35 | - | - |
| Klier Getriebe | - | - | 0.5 | 15 | - | - | - | - |
| Kownatzki * | - | 250 | - | 20 | - | 300 | - | - |
| Mädler | 12 | 80 | 0.3 | 6 | 7 | 80 | - | - |
| Neugart * | - | - | 1 | 2 | - | - | - | - |
| Nozag | - | - | 0.5 | 6 | - | - | - | - |
| Ringhoffer * | - | - | - | 7 | - | 400 | - | - |
| ROTAX | - | - | 0.5 | 6 | - | - | - | - |
| Stadler | - | - | 0.5 | 12 | - | - | - | - |
| TA Techn. Antriebselemente | - | - | 0.5 | 2 | - | - | - | - |
| Tandler | - | - | 1 | 10 | 10 | 320 | - | - |
| Welter * | - | - | 1 | 20 | 10 | 300 | - | - |

**23170000**
Verzahnungs-
element und
Trieb

23170100 Verzahnungselement | 23170106 Schneckenrad

| Anbieter | Breite; (mm) | | Stirnmodul; (mm) | | Mittenkreisdurchmesser; (mm) | | | |
|---|---|---|---|---|---|---|---|---|
| | von | bis | von | bis | von | bis | | |
| ATLANTA | 5 | 34 | 1 | 6 | 60 | 215 | - | - |
| Bischoff Haugg | 5 | 120 | 0.5 | 6 | 10 | 630 | - | - |
| CHM-Technik | - | - | 0.2 | 6 | 5 | 100 | - | - |
| CKW Christian Kremp | - | - | 0.4 | 2.5 | - | - | - | - |
| Flohr Industrietechnik | - | - | 1 | 22 | - | 4000 | - | - |
| GFC Coswig | - | - | 1 | 16 | - | - | - | - |
| Graf | - | - | 0.5 | 4 | - | - | - | - |
| Grob | - | - | 0.5 | 6 | - | - | - | - |
| Güdel | - | - | - | - | 30 | 120 | - | - |
| Gysin * | - | - | 0.2 | 3 | - | - | - | - |
| Heinrich Höner | 10 | 120 | 1 | 14 | 30 | 600 | - | - |
| Henschel | 20 | 200 | 2 | 20 | 90 | 1800 | - | - |
| Kautz * | - | - | 2 | 10 | 0 | 630 | - | - |
| Ketten-Wild * | - | - | 0.5 | 2.5 | 7.5 | 250 | - | - |
| Klier Getriebe | - | - | 0.5 | 15 | - | - | - | - |
| Mädler | 3 | 40 | 0.3 | 6 | 10 | 360 | - | - |
| Nozag | - | - | 0.5 | 6 | - | - | - | - |
| Ringhoffer * | - | - | 0 | 7 | - | 400 | - | - |
| ROTAX | - | - | 0.5 | 6 | - | - | - | - |
| Sauter, Bachmann | - | - | 0.5 | 16 | 5 | 1200 | - | - |
| Schray | - | - | - | - | 10 | 600 | - | - |
| Stadler | - | - | 0.5 | 8 | - | - | - | - |
| TA Techn. Antriebselemente | - | - | 0.5 | 2 | - | - | - | - |
| Welter * | - | - | 1 | 20 | 25 | 1600 | - | - |

**23170000**
Verzahnungs-
element und
Trieb

23170100 Verzahnungselement | 23170107 Schneckensatz

| Anbieter | Achs-Abstand; (mm) | | Achswinkel; (°) | | Mittenkreisdurchm. Schnecke; (mm) | | Mittenkreisdurchm. Rad; (mm) | |
|---|---|---|---|---|---|---|---|---|
| | von | bis | von | bis | von | bis | von | bis |
| ATEK Willi Glapiak* | 40 | 200 | - | - | - | - | - | - |
| ATLANTA | 32 | 125 | 90 | 90 | 16 | 120 | 60 | 250 |
| Bischoff Haugg | 10 | 300 | 90 | 90 | 10 | 200 | 10 | 630 |
| Flohr Industrietechnik | 1 | 22 | - | - | - | - | - | - |
| Franz Morat | 17 | 125 | - | - | - | - | - | - |
| GFC Coswig | 40 | 500 | - | - | - | - | - | - |
| Graf | 30 | 120 | - | - | - | - | - | - |
| Grob | 22.62 | 280 | 90 | 90 | 20.24 | 74 | - | - |
| Heinrich Höner | 25 | 300 | - | - | 15 | 320 | 30 | 630 |
| Henschel | 80 | 640 | 90 | 90 | - | - | - | - |
| Klier Getriebe | 15 | 500 | - | - | - | - | - | - |
| Mädler | 8.5 | 220 | 90 | 90 | 7 | 80 | 10 | 360 |
| Nozag | 17 | 125 | - | - | - | - | - | - |
| Ringhoffer * | - | 7 | - | 400 | - | - | - | - |
| SBS-Feintechnik | 6 | 100 | - | - | - | - | - | - |
| Stadler | 0.5 | 8 | - | - | - | - | - | - |
| TA Techn. Antriebselemente | 8.5 | 87.5 | - | - | - | - | - | - |
| ZAHNRADB. RUGER | - | 850 | - | - | - | - | - | - |

**23170000**
Verzahnungs-
element und
Trieb

23170100 Verzahnungselement | 23170108 Zahnstange (Verzahnungselement)

| Anbieter | Länge; (mm) | | Breite; (mm) | | Modul m; (mm) | | Schrägungswinkel; (°) | |
|---|---|---|---|---|---|---|---|---|
| | von | bis | von | bis | von | bis | von | bis |
| ATLANTA | 250 | 3000 | 15 | 160 | 1 | 16 | - | 20 |
| Berner ABE | - | - | - | - | 0.8 | 6 | - | - |
| Bönisch Antriebselemente | 10 | 3000 | 100 | 3000 | 1 | 10 | - | - |
| CHM-Technik | - | - | - | - | 0.2 | 4 | - | - |
| CKW Christian Kremp | - | - | - | - | 0.1 | 2.5 | - | - |
| Flohr Industrietechnik | - | - | - | - | 1 | 10 | - | - |
| Graf | - | - | - | - | 1 | 6 | - | - |
| Güdel | - | - | 19 | 99 | 1.5 | 10 | - | 20 |
| Gysin * | - | - | - | - | 0.2 | 2.5 | - | - |
| H.C. Schmidt | - | - | 17 | 80 | 1 | 8 | - | - |
| Hagmann | - | - | - | - | 0.5 | 8 | - | - |
| Hausm. & Haensgen | - | - | - | - | 1 | 6 | - | - |
| Heinrich Höner | - | 6000 | 5 | 200 | 0.5 | 18 | - | 30 |
| Heitmann & Bruun * | 100 | 2000 | 15 | 60 | 1 | 6 | - | - |
| Henschel | - | - | 20 | 150 | 2 | 10 | - | - |
| HEPCO | - | - | 0.5 | 5 | 0.5 | 5 | - | - |
| KAHI | - | - | - | - | 1 | 6 | - | - |
| Kautz * | - | 1500 | - | - | 1 | 7 | - | - |
| Ketten Fuchs | 100 | 3000 | 10 | 100 | 1 | 12 | - | - |
| Ketten-Wild * | 80 | 1200 | 4 | 40 | 1.5 | 3 | - | - |
| Klier Getriebe | - | - | - | - | 0.5 | 20 | - | - |
| Mädler | 250 | 2000 | 4 | 80 | 0.5 | 8 | - | 20 |
| Neugart * | - | - | - | - | 1 | 4 | - | - |
| Nozag | - | - | - | - | 0.5 | 6 | - | - |
| Ringhoffer * | - | - | - | 3000 | 0.5 | 12 | - | - |
| SPN Schwaben Präzision | - | 4000 | - | - | 0.1 | 12 | - | 45 |
| Stadler | - | - | - | - | 0.5 | 12 | - | - |
| TA Techn. Antriebselemente | - | 2000 | 4 | 60 | 0.5 | 6 | - | - |
| Tandler | - | - | - | - | 0.8 | 14 | - | - |
| WITTENSTEIN alpha | 167 | 2000 | 24 | 59 | 2 | 6 | 19.5283 | 19.5283 |

**23170000**
Verzahnungs-
element und
Trieb

23170100 Verzahnungselement | 23170109 Zahnsegment

| Anbieter | Breite; (mm) | | Modul m; (mm) | | Zähnezahl; (one) | | | |
|---|---|---|---|---|---|---|---|---|
| | von | bis | von | bis | von | bis | | |
| Bischoff Haugg | 5 | 400 | 0.5 | 10 | 5 | 500 | - | - |
| H.C. Schmidt | - | - | 1 | 12 | - | - | - | - |
| Hausm. & Haensgen | - | - | 1 | 10 | - | - | - | - |
| Henschel | - | - | 2 | 10 | - | - | - | - |
| HEPCO | - | - | 0.4 | 4 | 0.4 | 4 | - | - |
| Klier Getriebe | - | - | 0.5 | 20 | - | - | - | - |
| Maschinen- und Antriebstech. | - | - | 0.5 | 7 | - | - | - | - |
| Ringhoffer * | - | - | - | 8 | - | 400 | - | - |
| RS Sonthofen | - | - | 1 | 6 | - | 600 | - | - |
| SPN Schwaben Präzision | - | 78 | 0.1 | 12 | 2 | - | - | - |
| Stadler | - | - | 0.2 | 16 | - | - | - | - |
| WIAG | - | - | 1 | 8 | - | - | - | - |

**23170000**
Verzahnungs-
element und
Trieb

23170200 Riementrieb | 23170201 Keilriemen

| Anbieter | Länge; (mm) | | Höhe des Riemens; (mm) | | Wirkbreite; (mm) | | max.zul. Spannung; (N/mm$^2$) | |
|---|---|---|---|---|---|---|---|---|
| | von | bis | von | bis | von | bis | von | bis |
| Anton Uhlenbrock | 410 | 23000 | 6 | 20 | 8 | 50 | - | - |
| Berner ABE | - | - | - | - | 6 | 32 | - | - |
| BGK Endlosband | 300 | 3800 | 2.2 | 12 | 4 | 350 | - | - |
| Birn Antriebselemente | - | - | - | - | 10 | 40 | - | - |
| Emil Gewehr | - | - | 3 | 25 | 5 | 40 | - | - |
| Flohr Industrietechnik | - | - | - | - | 40 | 400 | - | - |
| Fritz Schübel* | 732 | 1650 | 8 | 18 | 9.7 | 22 | - | - |
| Gates * | - | - | 6 | 19 | 10 | 32 | - | - |
| Graf | - | - | - | - | 8 | 32 | - | - |
| H.C. Schmidt | 530 | 5000 | 8 | 13 | 9.7 | 22 | - | - |
| Hausm. & Haensgen | - | - | - | - | 5 | 40 | - | - |
| Herzog AG | - | - | 4 | 20 | 6 | 32 | 1 | 8 |
| Hormuth * | 200 | 12500 | 3 | 52 | 4.2 | 32 | - | - |
| Lux Dichtungen | 190 | 12500 | 3 | 20 | 5 | 32 | - | - |
| Mafdel * | - | - | 6 | 19 | 8 | 32 | - | - |
| Mädler | 630 | 3590 | 6 | 11 | 10 | 17 | - | - |
| Megadyne | 300 | 17000 | 5 | 30 | 9 | 70 | - | - |
| NSW | - | - | 5 | 20 | 8 | 32 | - | - |
| Optibelt* | - | - | 8 | 18 | 9.73 | 22 | - | - |
| RRG Industrietechnik | 1200 | 2500 | 6.5 | 20 | 13 | 32 | - | - |
| SIT | 375 | 15130 | 6 | 23 | 10 | 32 | - | - |
| SKR Gomadingen | 200 | 18000 | 3 | 25 | 5 | 38 | - | - |
| SWR Europe- van Dinther * | 355 | 15240 | 6 | 25 | 9.5 | 40 | - | - |
| W. Stennei | 487 | 18000 | 6 | 25 | 8.5 | 32 | - | - |
| Walther Flender * | 630 | 3550 | 8 | 18 | 10 | 22 | - | - |
| WIAG | 530 | 11200 | 5 | 25 | 8 | 40 | - | - |
| Wieland | 260 | 11200 | 5 | 20 | 8 | 32 | 1.13 | 4.5 |
| Wilhelm Sahlberg | 170 | 12580 | 3 | 25 | 5 | 40 | - | - |

23170200 Riementrieb | 23170204 Flachriemen

| Anbieter | Länge; (mm) | | Höhe des Riemens; (mm) | | Wirkbreite; (mm) | | max.zul. Spannung; (N/mm²) | |
|---|---|---|---|---|---|---|---|---|
| | von | bis | von | bis | von | bis | von | bis |
| BGK Endlosband | 150 | 4250 | 0.5 | 10 | 2 | 600 | - | - |
| Flohr Industrietechnik | - | - | - | - | 40 | 400 | - | - |
| Forbo Siegling | - | - | 1 | 3 | 1 | 500 | - | - |
| Forbo-Helmitin | - | - | 1 | 3 | 1 | 500 | - | - |
| Gates * | - | - | - | - | 25 | 100 | - | - |
| Graf | - | - | - | - | 10 | 100 | - | - |
| H.C. Schmidt | 500 | 5000 | 1 | 5 | 10 | 500 | - | - |
| Hausm. & Haensgen | - | - | - | - | 1 | 1000 | - | - |
| Lux Dichtungen | 200 | 3800 | 1 | 1 | 10 | 100 | - | - |
| Megadyne | 200 | 4250 | 0.5 | 20 | 3 | 600 | - | - |
| MISUMI | 0.5 | 500 | 0.5 | 2.3 | 5 | 300 | - | - |
| Mulco-Europe EWIV | 10 | 100000 | 1 | 2 | - | - | - | - |
| NSW | - | - | 1 | 2 | 25 | 100 | - | - |
| RRG Industrietechnik | - | - | 1 | 4 | 10 | 150 | - | - |
| SIT | 1000 | 22000 | 1 | 4 | 10 | 150 | - | - |
| SKR Gomadingen | 50 | 50000 | 1 | 10 | 1 | 500 | - | - |
| W. Stennei | 200 | 12000 | 2 | 6.75 | 20 | 500 | 10 | 26 |
| Walther Flender * | - | - | - | - | 30 | 150 | - | - |
| WIAG | - | - | 2.3 | 3 | 10 | 100 | - | - |
| Wilhelm Sahlberg | 100 | 20000 | 1 | 9 | 10 | 150 | - | - |

**23170000**
Verzahnungs-
element und
Trieb

23170200 Riementrieb | 23170205 Zahnriemen

| Anbieter | Länge; (mm) | | Höhe des Riemens; (mm) | | Wirkbreite; (mm) | | max.zul. Spannung; $(N/mm^2)$ | |
|---|---|---|---|---|---|---|---|---|
| | von | bis | von | bis | von | bis | von | bis |
| Anton Uhlenbrock | 120 | 22770 | - | - | 6 | 508 | - | - |
| ATLANTA | - | 5000 | - | - | 9 | 170 | - | - |
| Berner ABE | - | - | - | - | 6 | 150 | - | - |
| Bervina * | - | - | 455 | 920 | 25 | 65 | - | - |
| BGK Endlosband | 150 | 4000 | 1 | 10 | 4 | 200 | - | - |
| Birn Antriebselemente | - | - | - | - | 3 | 20 | - | - |
| Breco Antriebstechnik * | 225 | 990 | - | - | 10 | 100 | - | - |
| CHM-Technik | - | - | - | - | 50 | 2000 | - | - |
| ELATECH * | - | - | - | - | 4 | 100 | - | - |
| Emil Gewehr | - | - | 2,4 | 10 | 2 | 460 | - | - |
| Flohr Industrietechnik | - | - | - | - | 40 | 400 | - | - |
| Forbo Siegling | - | - | 1 | 3 | 1 | 500 | - | - |
| Forbo-Helmitin | - | - | 1 | 3 | 1 | 500 | - | - |
| Fritz Schübel* | 50 | 170 | - | - | 6.35 | 25.4 | - | - |
| Gates Mectrol | 120 | 100000 | 2.2 | 10 | 6 | 450 | 4.9 | 35.5 |
| Graf | - | - | - | - | 3.175 | 150 | - | - |
| H.C. Schmidt | 50 | 5000 | 2 | 20 | 4 | 200 | - | - |
| Hausm. & Haensgen | - | - | - | - | 1 | 1000 | - | - |
| Hormuth * | 487 | 1782 | 3.6 | 24 | 3 | 170 | - | - |
| Ketten Fuchs | - | - | 1.3 | 13.2 | 3 | 170 | - | - |
| Lux Dichtungen | 74 | 5012 | 1.3 | 15.7 | 3.175 | 340 | - | - |
| Mangold * | 73.15 | 227.58 | - | - | - | - | - | - |
| Mädler | 91 | 4578 | 1.1 | 10 | 6 | 85 | - | - |
| Megadyne | 100 | - | 1.1 | 15 | 3 | 600 | - | - |
| MISUMI | 76 | 5012 | 1.11 | 10.2 | 4 | 60 | - | - |
| Mulco-Europe EWIV | 1100 | 22000 | 1.2 | 11.7 | 4 | 100 | - | - |
| NSW | - | - | 2.2 | 10 | 6 | 150 | - | - |
| RRG Industrietechnik | - | 22700 | 2.2 | 11.2 | 6 | 150 | - | - |
| SIT | 120 | 22000 | 1.7 | 11 | 4 | 170 | - | - |
| SKR Gomadingen | 36 | 30000 | - | - | 1 | 500 | - | - |
| WIAG | 76 | 29988 | 1.14 | 10 | 3 | 711 | - | - |
| Wieland | 89.41 | 100000 | 1.1 | 10.2 | 3.2 | 400 | 7.4 | 84.3 |
| Wilhelm Sahlberg | 120 | 4578 | 1.14 | 10 | 6 | 170 | - | - |

**23170000**
Verzahnungs-
element und
Trieb

23170200 Riementrieb | 23170208 Keilriemenscheibe

| Anbieter | Außendurchmesser; (mm) | | Wirkbreite; (mm) | | Anzahl Rillen; (-) | | Rillenabstand; (mm) | |
|---|---|---|---|---|---|---|---|---|
| | von | bis | von | bis | von | bis | von | bis |
| Anton Uhlenbrock | 50 | 1250 | 9.7 | 22 | 1 | 12 | - | - |
| Birn Antriebselemente | - | - | 50 | 1250 | - | - | - | - |
| Bönisch Antriebselemente | 10 | 1000 | 6 | 500 | 1 | 25 | 1 | 100 |
| DESCH* | 56 | 1600 | 8.5 | 27 | 1 | 20 | 12 | 28.6 |
| Flohr Industrietechnik | - | - | 40 | 400 | - | - | - | - |
| H.C. Schmidt | 56 | 1250 | 9.7 | 22 | 1 | 5 | - | - |
| Hausm. & Haensgen | - | - | 1 | 500 | - | - | - | - |
| Lux Dichtungen | - | - | - | - | 1 | 10 | - | - |
| Lütgert | 50 | 1250 | 5 | 250 | - | - | - | - |
| Mädler | 70 | 320 | 10 | 17 | 1 | 3 | 8 | 15 |
| SIT | 50 | 1250 | 8.5 | 19 | 1 | 8 | 12 | 25.5 |
| SKR Gomadingen | 20 | 500 | 5 | 500 | 1 | 10 | - | - |
| W. Stennei | 54 | 1600 | 8.5 | 32 | 1 | 20 | 12 | 44.5 |
| Wegima | - | - | - | - | 1 | 4 | - | - |
| WIAG | 40 | 450 | 10 | 200 | 1 | 85 | 2.34 | 18 |
| Wieland | 50 | 480 | 8 | 32 | 1 | 5 | 10 | 34 |
| Wilhelm Sahlberg | 50 | 630 | 5 | 40 | 1 | 5 | - | - |

23170200 Riementrieb | 23170209 Flachriemenscheibe

| Anbieter | Außendurchmesser; (mm) | | Wirkbreite; (mm) | | Anzahl Rillen; (-) | | Rillenabstand; (mm) | |
|---|---|---|---|---|---|---|---|---|
| | von | bis | von | bis | von | bis | von | bis |
| Birn Antriebselemente | - | - | 50 | 630 | - | - | - | - |
| Bönisch Antriebselemente | 10 | 1000 | 6 | 500 | 1 | 25 | 1 | 100 |
| Emil Gewehr | 63 | 200 | 50 | 200 | - | - | - | - |
| Flohr Industrietechnik | - | - | 40 | 400 | - | - | - | - |
| H.C. Schmidt | 50 | 1000 | 10 | 500 | - | - | - | - |
| Hausm. & Haensgen | - | - | 1 | 500 | - | - | - | - |
| Lütgert | 63 | 630 | 50 | 315 | - | - | - | - |
| MISUMI | 15 | 100 | 6 | 500 | - | - | - | - |
| SKR Gomadingen | 10 | 500 | 1 | 500 | - | - | - | - |
| W. Stennei | 50 | 1600 | 32 | 400 | - | - | - | - |
| WIAG | 40 | 450 | 15 | 250 | - | - | - | - |
| Wilhelm Sahlberg | 63 | 630 | 32 | 160 | - | - | - | - |

**23170000**
Verzahnungs-
element und
Trieb

23170200 Riementrieb | 23170210 Zahnriemenscheibe

| Anbieter | Breite; (mm) | | Außendurchmesser; (mm) | | Zahnteilung; (mm) | | Anzahl Zahnlücken; (-) | |
|---|---|---|---|---|---|---|---|---|
| | von | bis | von | bis | von | bis | von | bis |
| Anton Uhlenbrock | 8 | 187 | - | - | 2.5 | 20 | - | - |
| Bahr Modultechnik | 26 | 48 | 18.3 | 61.1 | - | - | - | - |
| Berner ABE | - | - | 20 | 480 | - | - | - | - |
| Birn Antriebselemente | 10 | 1000 | - | - | - | - | - | - |
| Bischoff Haugg | 5 | 400 | 20 | 630 | 1 | 20 | 15 | 500 |
| Bönisch Antriebselemente | 6 | 200 | 10 | 1000 | 3 | 20 | 10 | 216 |
| CKW Christian Kremp | 2 | 80 | - | - | - | - | - | - |
| DESCH* | - | - | 9.5 | 962 | - | - | - | - |
| Flohr Industrietechnik | 40 | 400 | - | - | - | - | - | - |
| Graf | 9 | 350 | 8.79 | 956 | - | - | - | - |
| H.C. Schmidt | 10 | 170 | 50 | 1000 | 2.5 | 20 | 8 | 150 |
| Hausm. & Haensgen | 1 | 500 | - | - | - | - | - | - |
| Ketten Fuchs | 9 | 110 | 9 | 960 | 2.5 | 20 | - | - |
| KISTENPFENNIG * | 300 | 1100 | - | - | - | - | 60 | 220 |
| Korsten * | 25 | 90 | 13 | 296 | - | - | - | - |
| Mädler | 6 | 102 | 10.6 | 398 | - | - | - | - |
| Megadyne | 16 | 150 | 9 | 1500 | 2 | 20 | 10 | 250 |
| MISUMI | 5 | 67 | 12 | 260 | 2 | 14 | 10 | 72 |
| RRG Industrietechnik | 10 | 187 | 57 | 296 | - | - | 34 | 264 |
| SIT | 5 | 180 | 10 | 1180 | 3 | 22.225 | 10 | 264 |
| SKR Gomadingen | 2 | 500 | 3 | 500 | 1 | 31.75 | 8 | 280 |
| Wegima | 9 | 362 | - | - | 2.5 | 20 | 10 | 216 |
| WIAG | 4 | 650 | 10 | 800 | 1 | 31.75 | 7 | 300 |
| Wieland | 16 | 187 | 6 | 960 | 2.032 | 14 | 10 | 216 |
| Wilhelm Sahlberg | 10 | 202 | 9 | 960 | 2.5 | 14 | 10 | 216 |

23170200 Riementrieb | 23170211 Rundriemen

| Anbieter | Länge; (mm) | | Durchmesser; (mm) | | | | | |
|---|---|---|---|---|---|---|---|---|
| | von | bis | von | bis | | | | |
| Berner ABE | - | - | 3 | 20 | - | - | - | - |
| Flohr Industrietechnik | - | - | 40 | 400 | - | - | - | - |
| Forbo Siegling | - | - | 3 | 15 | - | - | - | - |
| Forbo-Helmitin | - | - | 3 | 15 | - | - | - | - |
| Graf | 10 | 200000 | 2 | 20 | - | - | - | - |
| H.C. Schmidt | 200 | 5000 | 4 | 20 | - | - | - | - |
| Hausm. & Haensgen | - | - | 3 | 12 | - | - | - | - |
| Herzog AG | - | - | 2 | 20 | - | - | - | - |
| Lux Dichtungen | 30000 | 200000 | 2 | 18 | - | - | - | - |
| Mafdel * | - | - | 2 | 20 | - | - | - | - |
| NSW | - | - | 2 | 20 | - | - | - | - |
| RRG Industrietechnik | - | - | 2 | 20 | - | - | - | - |
| SKR Gomadingen | 20 | 50000 | 1 | 18 | - | - | - | - |
| Wieland | 260 | 50000 | 2 | 20 | - | - | - | - |
| Wilhelm Sahlberg | 100 | 10000 | 2 | 15 | - | - | - | - |

23170200 Riementrieb | 23170290 Riementrieb (nicht klassifiziert)

| Anbieter | Länge; (mm) | | Wirkbreite; (mm) | | | | | |
|---|---|---|---|---|---|---|---|---|
| | von | bis | von | bis | | | | |
| Lux Dichtungen | 2.5 | 13 | - | - | - | - | - | - |
| Lütgert | 355 | 1000 | - | - | - | - | - | - |
| MISUMI | 12 | 26 | 4 | 12.7 | - | - | - | - |
| SKR Gomadingen | 20 | 15000 | 1 | 1000 | - | - | - | - |

**23170000**
Verzahnungs-
element und
Trieb

23170400 Kettentrieb | 23170403 Standardrollenkette

| Anbieter | Länge; (mm) | | Breite; (mm) | | max.zul. Spannung; $(N/mm^2)$ | | Teilung; (-) | |
|---|---|---|---|---|---|---|---|---|
| | von | bis | von | bis | von | bis | von | bis |
| Anton Uhlenbrock | - | - | 2.8 | 68.58 | - | - | 6 | 114.3 |
| Antriebstechnik Obermüller * | - | - | 7.4 | 147 | - | - | 6 | 114.3 |
| ATLANTA | - | 10000 | 2.7 | 17.02 | - | - | 4 | 25.4 |
| BDAT * | - | - | 2.88 | 328 | - | - | 9.375 | 63.5 |
| Brandau Friedewald * | - | - | 5.72 | 31.55 | - | - | 9.525 | 50.8 |
| CHM-Technik | 150 | 1500 | - | - | - | - | - | - |
| Gronemeyer * | - | - | 4.15 | 103.81 | - | - | 5 | 114.3 |
| H.C. Schmidt | - | - | 2.8 | 68.58 | - | - | 6 | 114.3 |
| Hausm. & Haensgen | - | - | 5 | 76.2 | - | - | - | - |
| Heitmann & Bruun * | - | - | - | - | - | - | 6 | 50.87 |
| IWIS | 350 | 2500 | 11.8 | 23.4 | 90 | 130 | 8 | 9.525 |
| KAHI | - | - | - | - | - | - | 6 | 114.3 |
| Ketten Fuchs | - | - | 7.4 | 281 | - | - | 5 | 300 |
| Ketten Wulf | 8.4 | 103 | 7.9 | 95.5 | - | - | 6.35 | 76.2 |
| Ketten-Wild * | - | - | 4 | 50.87 | - | - | .6 | 50.87 |
| Kettenfabrik Unna * | - | - | 3 | 17 | - | - | - | - |
| Korsten * | - | - | 7.4 | 281 | - | - | 6 | 76.2 |
| Mädler | 0.01 | 100 | 2.7 | 25.4 | - | - | 4 | 38.1 |
| MISUMI | 19.05 | 3048 | 2.38 | 15.88 | 0.31 | 14.71 | 4.763 | 25.4 |
| Nozag | - | - | 6.7 | 150.2 | - | - | - | - |
| Renold Arnold & Stolzenberg | - | - | - | - | - | - | 5 | 114.3 |
| Rexnord Betzdorf* | - | - | 7.4 | 328 | - | - | 6 | 114 |
| RH Industrieservice* | 5 | - | 7.4 | 281.6 | - | - | 5 | 114.3 |
| Schleelein * | - | - | 13.5 | 184 | - | - | 9.53 | 50.8 |
| TA Techn. Antriebselemente | - | 5000 | 2.7 | 3 | 1800 | 2950 | 4 | 8 |
| Urny | - | - | - | - | - | - | 6 | 63.5 |
| W. Stennei | - | - | 5.72 | 30.99 | 9000 | 450000 | 9.525 | 50.8 |
| Wilhelm Sahlberg | 100 | 50000 | 3.18 | 31 | - | - | 8 | 50.8 |
| Wippermann jr. | 7.4 | 281 | 2.5 | 45.72 | 2.2 | 1720 | 5 | 76.2 |

23170400 Kettentrieb | 23170404 Wartungsfreie Rollenkette

| Anbieter | Länge; (mm) | | Breite; (mm) | | max.zul. Spannung; (N/mm²) | | Teilung; (-) | |
|---|---|---|---|---|---|---|---|---|
| | von | bis | von | bis | von | bis | von | bis |
| Antriebstechnik Obermüller * | - | - | 16.7 | 35.4 | - | - | 12.7 | 25.4 |
| Brandau Friedewald * | - | - | 27.1 | 131.9 | - | - | 9.525 | 50.8 |
| H.C. Schmidt | - | - | 2.8 | 68.58 | - | - | 6 | 114.3 |
| Hausm. & Haensgen | - | - | 5 | 76.2 | - | - | - | - |
| Heitmann & Bruun * | - | - | - | - | - | - | 9.525 | 38.1 |
| KAHI | - | - | - | - | - | - | 12.7 | 19.05 |
| Ketten Fuchs | - | - | 13.5 | 150 | - | - | 9.525 | 38.1 |
| Mädler | 0.01 | 100 | 7.75 | 17.02 | - | - | 12.7 | 25.4 |
| Nozag | - | - | 16.6 | 150.2 | - | - | - | - |
| Renold Arnold & Stolzenberg | - | - | - | - | - | - | 9.525 | 38.1 |
| Rexnord Betzdorf* | - | - | 18.2 | 69.5 | - | - | 12.7 | 25.4 |
| TA Techn. Antriebselemente | - | 5000 | 3.175 | 7.938 | 295 | 784 | 6.35 | 12.7 |
| Wilhelm Sahlberg | 100 | 50000 | 5.56 | 17 | - | - | 9.525 | 25.4 |
| Wippermann jr. | 13.5 | 150 | 5.72 | 38.1 | 9.6 | 523 | 9.525 | 38.1 |

23170400 Kettentrieb | 23170405 Edelstahlkette

| Anbieter | Länge; (mm) | | Breite; (mm) | | max.zul. Spannung; (N/mm²) | | Teilung; (-) | |
|---|---|---|---|---|---|---|---|---|
| | von | bis | von | bis | von | bis | von | bis |
| Anton Uhlenbrock | - | - | 7.75 | 17.02 | - | - | 12.7 | 25.4 |
| BDAT * | - | - | 18.2 | 39.9 | - | - | 8 | 25.4 |
| Brandau Friedewald * | - | - | 16.8 | 47.2 | - | - | 9.525 | 31.75 |
| Gronemeyer * | - | - | 57.2 | 190.5 | - | - | - | - |
| H.C. Schmidt | - | - | 2.8 | 68.58 | - | - | 6 | 114.3 |
| Hausm. & Haensgen | - | - | 5 | 76.2 | - | - | - | - |
| Heitmann & Bruun * | - | - | - | - | - | - | 6 | 25.4 |
| KAHI | - | - | - | - | - | - | 6 | 114.3 |
| Ketten Fuchs | - | - | 7.4 | 43.2 | - | - | 6 | 31.75 |
| Korsten * | - | - | 8.66 | 68 | - | - | 8 | 25.4 |
| Mädler | 0.01 | 100 | 2.8 | 17.02 | - | - | 6 | 25.4 |
| MISUMI | 21.8 | 3048 | 1.83 | 9.53 | 0.05 | 0.69 | 3.747 | 15.875 |
| Nozag | - | - | 8.66 | 101.8 | - | - | - | - |
| Renold Arnold & Stolzenberg | - | - | - | - | - | - | 4 | 38.1 |
| Rexnord Betzdorf* | - | - | 18.2 | 43 | - | - | 12.7 | 25.4 |
| RH Industrieservice* | 5 | - | 7.4 | 281.6 | - | - | 5 | 114.3 |
| TA Techn. Antriebselemente | - | 5000 | 2.7 | 3 | 1800 | 2950 | 4 | 8 |
| Urny | - | - | - | - | - | - | 6 | 31.75 |
| Wilhelm Sahlberg | 100 | 50000 | 3.18 | 31 | - | - | 8 | 50.8 |
| Wippermann jr. | 8.6 | 99.9 | 3 | 17.02 | 4 | 108 | 8 | 25.4 |

23170000
Verzahnungs-
element und
Trieb

23170400 Kettentrieb | 23170406 Rollenkette mit Anbauteilen

| Anbieter | Länge; (mm) | | Breite; (mm) | | max.zul. Spannung; $(N/mm^2)$ | | Teilung; (-) | |
|---|---|---|---|---|---|---|---|---|
| | von | bis | von | bis | von | bis | von | bis |
| BDAT * | - | - | 27 | 157.2 | - | - | 9.525 | 25.4 |
| Brandau Friedewald * | - | - | - | - | - | - | 9.525 | 50.8 |
| H.C. Schmidt | - | - | 2.8 | 68.58 | - | - | 6 | 114.3 |
| Hausm. & Haensgen | - | - | 5 | 76.2 | - | - | - | - |
| KAHI | - | - | - | - | - | - | 9.525 | 63.5 |
| Ketten Fuchs | - | - | 8.66 | 100 | - | - | 8 | 38.1 |
| Ketten-Wild * | - | - | 4.1 | 45.75 | - | - | 12.7 | 50.87 |
| Korsten * | - | - | 8 | 38.1 | - | - | 4.776 | 37.9 |
| Mädler | 0.01 | 100 | 5.72 | 17.02 | - | - | 9.525 | 25.4 |
| MISUMI | 38.1 | 3048 | 4.78 | 15.88 | 2.75 | 10.69 | 9.525 | 25.4 |
| Nozag | - | - | 6.7 | 150.2 | - | - | - | - |
| Renold Arnold & Stolzenberg | - | - | - | - | - | - | 5 | 38.1 |
| RH Industrieservice* | 5 | - | 7.4 | 281.6 | - | - | 5 | 114.3 |
| Urny | - | - | - | - | - | - | 12.7 | 50.8 |
| Wippermann jr. | 7.4 | 281 | 2.5 | 45.72 | 2.2 | 1720 | 5 | 76.2 |

23170400 Kettentrieb | 23170407 Elastomerprofilketten

| Anbieter | Länge; (mm) | | Breite; (mm) | | max.zul. Spannung; $(N/mm^2)$ | | Teilung; (-) | |
|---|---|---|---|---|---|---|---|---|
| | von | bis | von | bis | von | bis | von | bis |
| Brandau Friedewald * | - | - | - | - | - | - | 37.3 | 191.9 |
| Gronemeyer * | - | - | 82.5 | 304.5 | - | - | - | - |
| H.C. Schmidt | - | - | 2.8 | 68.58 | - | - | 6 | 114.3 |
| KAHI | - | - | - | - | - | - | 12.7 | 25.4 |
| Renold Arnold & Stolzenberg | - | - | - | - | - | - | 12.7 | 25.4 |
| RH Industrieservice* | 12.7 | - | 20 | 61.6 | - | - | 12.7 | 38.1 |
| Urny | - | - | - | - | - | - | 12.7 | 25.4 |

23170400 Kettentrieb | 23170408 Langgliederrollenkette

| Anbieter | Länge; (mm) | | Breite; (mm) | | max.zul. Spannung; $(N/mm^2)$ | | Teilung; (-) | |
|---|---|---|---|---|---|---|---|---|
| | von | bis | von | bis | von | bis | von | bis |
| H.C. Schmidt | - | - | 2.8 | 68.58 | - | - | 6 | 114.3 |
| KAHI | - | - | - | - | - | - | 25.4 | 101.6 |
| Ketten Fuchs | - | - | 20.5 | 53.87 | - | - | 31.75 | 76.2 |
| Renold Arnold & Stolzenberg | - | - | - | - | - | - | 25.4 | 76.2 |
| Rexnord Betzdorf* | - | - | 18.9 | 41 | - | - | 25.4 | 50.8 |
| RH Industrieservice* | 25.4 | - | 16.6 | 66 | - | - | 25.4 | 101.6 |
| Urny | - | - | - | - | - | - | 25.4 | 31.75 |
| Wippermann jr. | 17 | 43.2 | 7.75 | 19.56 | 18 | 95 | 25.4 | 63.5 |

23170400 Kettentrieb | 23170409 Hohlbolzenketten

| Anbieter | Länge; (mm) | | Breite; (mm) | | max.zul. Spannung; (N/mm$^2$) | | Teilung; (-) | |
|---|---|---|---|---|---|---|---|---|
| | von | bis | von | bis | von | bis | von | bis |
| Anton Uhlenbrock | - | - | 7.85 | 15.75 | - | - | 12.7 | 50.8 |
| BDAT * | - | - | 17.2 | 35.5 | - | - | 12.7 | 50.87 |
| Brandau Friedewald * | 5 | - | 15.5 | 59 | - | - | 19.5 | 400 |
| H.C. Schmidt | - | - | 2.8 | 68.58 | - | - | 6 | 114.3 |
| KAHI | - | - | - | - | - | - | 9.525 | 100 |
| Ketten Fuchs | - | - | 10.2 | 117 | - | - | 12.7 | 400 |
| Ketten Wulf | 35 | 180 | 16 | 78 | - | - | 40 | 250 |
| Renold Arnold & Stolzenberg | - | - | - | - | - | - | 25.4 | 100 |
| Rexnord Betzdorf* | - | - | 18.5 | 45 | - | - | 15.875 | 50.8 |
| RH Industrieservice* | 12.7 | - | 16.4 | 43.3 | - | - | 12.7 | 100 |
| Urny | - | - | - | - | - | - | 12.7 | 25.4 |
| Wippermann jr. | 10.2 | 35.6 | 3.3 | 15.2 | 10 | 100 | 12.7 | 50.8 |

23170400 Kettentrieb | 23170410 Buchsenkette

| Anbieter | Länge; (mm) | | Breite; (mm) | | max.zul. Spannung; (N/mm$^2$) | | Teilung; (-) | |
|---|---|---|---|---|---|---|---|---|
| | von | bis | von | bis | von | bis | von | bis |
| Brandau Friedewald * | 5 | - | 21 | 66 | - | - | 40 | 500 |
| H.C. Schmidt | - | - | 2.8 | 68.58 | - | - | 6 | 114.3 |
| IWIS | 350 | 2500 | 9.9 | 23.7 | 90 | 130 | 7 | 9.525 |
| KAHI | - | - | - | - | - | - | 15 | 100 |
| Ketten Fuchs | - | - | 11.6 | 63 | - | - | 6.356 | 45 |
| Ketten Wulf | - | - | 18.5 | 116 | - | - | 15 | 100 |
| Ketten-Wild * | - | - | 24 | 70 | - | - | 20 | 250 |
| Mädler | 0.01 | 5 | 2.7 | 2.7 | - | - | 4 | 4 |
| Renold Arnold & Stolzenberg | - | - | - | - | - | - | 12.7 | 25.4 |
| Wippermann jr. | 26 | 63 | 14 | 30 | 12.5 | 80 | 15 | 45 |

**23170000**
Verzahnungs-
element und
Trieb

23170400 Kettentrieb | 23170411 Seitenbogenketten

| Anbieter | Länge; (mm) | | Breite; (mm) | | max.zul. Spannung; (N/mm$^2$) | | Teilung; (-) | |
|---|---|---|---|---|---|---|---|---|
| | von | bis | von | bis | von | bis | von | bis |
| Anton Uhlenbrock | - | - | 7.75 | 12.57 | - | - | 12.7 | 19.05 |
| BDAT * | - | - | 17.1 | 27.1 | - | - | 12.7 | 19.05 |
| Gronemeyer * | - | - | 41.4 | 304.8 | - | - | 19.5 | 50 |
| H.C. Schmidt | - | - | 7.75 | 19.05 | - | - | 12.7 | 19.05 |
| KAHI | - | - | - | - | - | - | 9.525 | 50.8 |
| Ketten Fuchs | - | - | 8.23 | 21 | - | - | 9.525 | 25.4 |
| Renold Arnold & Stolzenberg | - | - | - | - | - | - | 9.525 | 25.4 |
| Rexnord Betzdorf* | - | - | 18.3 | 27.1 | - | - | 12.7 | 19.05 |
| Tsubakimoto Europe | - | - | - | - | 350 | 600 | - | - |
| Wippermann jr. | 17.2 | 37.4 | 7.75 | 17.02 | 6.3 | 60 | 12.7 | 25.4 |

23170400 Kettentrieb | 23170412 Stauförderkette

| Anbieter | Länge; (mm) | | Breite; (mm) | | max.zul. Spannung; (N/mm$^2$) | | Teilung; (-) | |
|---|---|---|---|---|---|---|---|---|
| | von | bis | von | bis | von | bis | von | bis |
| Gronemeyer * | - | - | 190 | 304.8 | - | - | - | - |
| KAHI | - | - | - | - | - | - | 9.525 | 50.8 |
| Ketten Fuchs | - | - | 27 | 65 | - | - | 12.7 | 25.4 |
| Renold Arnold & Stolzenberg | - | - | - | - | - | - | 19.05 | 19.05 |
| Tsubakimoto Europe | - | - | 75 | 200 | - | - | - | - |
| Urny | - | - | - | - | - | - | 12.7 | 25.4 |
| Wippermann jr. | 48 | 99.9 | 11.68 | 17.02 | 29 | 120 | 19.05 | 50.8 |

23170400 Kettentrieb | 23170420 Spezial- und Sonderkette

| Anbieter | Länge; (mm) | | Breite; (mm) | | max.zul. Spannung; (N/mm$^2$) | | Teilung; (-) | |
|---|---|---|---|---|---|---|---|---|
| | von | bis | von | bis | von | bis | von | bis |
| Bosch Rexroth Gronau | 20 | 40000 | 3 | 600 | - | - | 7.9375 | 127 |
| Franz Morat | - | - | - | - | - | - | 25 | 60 |
| H.C. Schmidt | - | - | 2.8 | 100 | - | - | 6 | 200 |
| Heitmann & Bruun * | - | - | 7.9 | 85 | - | - | 12.7 | 50.87 |
| KAHI | - | - | - | - | - | - | 6 | 114.3 |
| Kettenfabrik Unna * | 31 | 45 | 4.5 | 148 | - | - | 14 | 66 |
| Mädler | 0.01 | 100 | 5.72 | 11.68 | - | - | 9.525 | 19.05 |
| Renold Arnold & Stolzenberg | - | - | - | - | - | - | 5 | 38.1 |
| Rexnord Betzdorf* | - | - | 71.5 | 182.3 | - | - | 50.8 | 152.4 |
| Urny | - | - | - | - | - | - | 6 | 63.5 |
| Wieland | 324 | - | 13 | 300 | 24 | 46 | 9.525 | 50.87 |
| Wippermann jr. | 7.4 | 281 | 2.5 | 45.72 | 2.2 | 1720 | 5 | 76.2 |

23170400 Kettentrieb | 23170430 Förderkette, großteilig

| Anbieter | Länge; (mm) | | Breite; (mm) | | max.zul. Spannung; (N/mm²) | | Teilung; (-) | |
|---|---|---|---|---|---|---|---|---|
| | von | bis | von | bis | von | bis | von | bis |
| BDAT * | - | - | 76.2 | 190.5 | - | - | 10 | 50 |
| Gronemeyer * | - | - | 84 | 256 | - | - | - | - |
| KAHI | - | - | - | - | - | - | 40 | 1000 |
| Ketten Fuchs | - | - | 33 | 153 | - | - | 40 | 600 |
| Renold Arnold & Stolzenberg | - | - | - | - | - | - | 25.4 | 609.6 |
| Tsubakimoto Europe | - | - | 40 | 1000 | 20 | 900 | 16 | 90 |

23170400 Kettentrieb | 23170450 Kettenrad

| Anbieter | Breite; (mm) | | Teilung; (-) | | Zähnezahl; (one) | | Durchmesser des Teilkreises; (mm) | |
|---|---|---|---|---|---|---|---|---|
| | von | bis | von | bis | von | bis | von | bis |
| ATLANTA | 2.6 | 24.1 | 4 | 25.4 | 8 | 76 | 15.68 | 921.96 |
| BDAT * | 4.38 | 113.7 | 9.525 | 31.75 | 8 | 150 | 24.89 | 921.98 |
| BerATec | 2.7 | 35 | 5 | 63.5 | - | - | 17.75 | 1000 |
| Bischoff Haugg | 5 | 400 | 6 | 40 | 8 | 100 | 50 | 630 |
| Bosch Rexroth Gronau | 3 | 600 | 7.9375 | 127 | 13 | 150 | 30 | 2400 |
| Bönisch Antriebselemente | 3 | 25 | 5 | 40 | 10 | 100 | 30 | 1000 |
| CHM-Technik | - | - | - | - | - | - | 10 | 50 |
| CKW Christian Kremp | 2 | 40 | - | - | - | - | - | - |
| Gronemeyer * | 2.3 | 47.86 | - | - | 5 | 114 | 8 | 1152.7 |
| Gysin * | - | - | 5 | 12.4 | - | - | - | 180 |
| H.C. Schmidt | 2.8 | 68.58 | 6 | 114.3 | 8 | 125 | 12 | 1000 |
| Hausm. & Haensgen | 5.3 | 45 | - | - | - | - | - | - |
| HEKO * | 5 | 69 | 35 | 147 | 6 | 30 | 179 | 847 |
| IWIS | 3.3 | 5.2 | 6.35 | 9.525 | 18 | 50 | 40 | 140 |
| KAHI | - | - | - | - | - | - | 15 | 2000 |
| Karl Hemb | 15.875 | 38.1 | - | - | 5 | 200 | - | - |
| Ketten Fuchs | 2.6 | 50 | 5 | 600 | 5 | 200 | 14.8 | 900 |
| Ketten-Wild * | 5.38 | 16.2 | 1 | 8 | 13 | 114 | 13.8 | 646 |
| Kettenfabrik Unna * | 23 | 75 | - | - | 4 | 65 | 41 | 766 |
| Klier Getriebe | 8 | 250 | - | - | 8 | 125 | - | - |
| Korsten * | 0.48 | 145.7 | 5 | 50.87 | 8 | 125 | 9.8 | 404.7 |
| Maschinen- und Antriebstech. | 3 | 30 | 4 | 25.4 | 7 | 40 | 10 | 400 |
| Mädler | 2.45 | 24.1 | 4 | 38.1 | 8 | 114 | 15.45 | 922 |
| MISUMI | 1.6 | 14.6 | 3.747 | 25.4 | 12 | 40 | 14.475 | 170.42 |
| Murtfeldt | 6.3 | 14 | - | - | 15 | 23 | 60.64 | 185.96 |
| Nozag | 2.38 | 24 | - | - | - | - | - | - |
| Renold Arnold & Stolzenberg | 2.5 | 29.4 | 4 | 50.87 | 11 | 114 | 14.198 | 921.815 |
| RH Industrieservice* | 2.3 | 29.4 | 6 | 50.8 | 8 | 125 | 15.67 | 922.2 |
| ROTAX | - | - | 6 | 31.75 | - | - | - | - |
| Schleelein * | 5.3 | 23.6 | - | - | 8 | 40 | 24.89 | 485.62 |

23170000
Verzahnungs-
element und
Trieb

23170400 Kettentrieb | 23170450 Kettenrad

| Anbieter | Breite; (mm) | | Teilung; (-) | | Zähnezahl; (one) | | Durchmesser des Teilkreises; (mm) | |
|---|---|---|---|---|---|---|---|---|
| | von | bis | von | bis | von | bis | von | bis |
| Schwartz | 10 | 100 | - | - | - | - | 80 | 1000 |
| Stadler | - | - | 6 | 50.8 | - | - | - | - |
| TA Techn. Antriebselemente | 2.5 | 7.11 | 4 | 8 | 10 | 57 | 14 | 145 |
| Urny | - | - | - | - | 8 | 114 | - | - |
| W. Stennei | 5.3 | 24.13 | 9.525 | 50.8 | 8 | 76 | 24.89 | 921.98 |
| Wilhelm Sahlberg | 2.6 | 29.4 | 8 | 50.8 | 8 | 90 | 15.68 | 1455.61 |
| Wippermann jr. | 2.6 | 45 | 5 | 76.2 | 11 | 114 | 19.42 | 2765.44 |

23170400 Kettentrieb | 23170451 Kettenscheibe

| Anbieter | Breite; (mm) | | Teilung; (-) | | Zähnezahl; (one) | | Durchmesser des Teilkreises; (mm) | |
|---|---|---|---|---|---|---|---|---|
| | von | bis | von | bis | von | bis | von | bis |
| BDAT * | 4.38 | 113.7 | 4.776 | 38.1 | 8 | 125 | 24.89 | 1125.83 |
| BerATec | 2.7 | 35 | 5 | 63.5 | - | - | 17.75 | 1000 |
| Bönisch Antriebselemente | 3 | 25 | 5 | 40 | 10 | 100 | 30 | 1000 |
| H.C. Schmidt | 2.8 | 68.58 | 6 | 114.3 | 8 | 125 | 12 | 1000 |
| Hausm. & Haensgen | 5.3 | 45 | - | - | - | - | - | - |
| IWIS | 3.3 | 5.2 | 6.35 | 9.525 | 18 | 50 | 40 | 140 |
| KAHI | - | - | - | - | - | - | 15 | 2000 |
| Karl Hemb | 15.875 | 38.1 | - | - | 5 | 200 | - | - |
| Klier Getriebe | 2.5 | 180 | - | - | 8 | 125 | - | - |
| Mädler | 2.45 | 24.1 | 6 | 38.1 | 8 | 120 | 15.67 | 934 |
| Nozag | 2.38 | 24 | - | - | - | - | - | - |
| Renold Arnold & Stolzenberg | 2.6 | 29.4 | 6 | 50.87 | 13 | 95 | 25.071 | 768.2228 |
| RH Industrieservice* | 2.6 | 29.4 | 6 | 50.8 | 8 | 125 | 15.67 | 922.2 |
| Schleelein * | 5.3 | 23.6 | - | - | 8 | 40 | 24.89 | 485.62 |
| Schwartz | 10 | 100 | - | - | - | - | 80 | 1000 |
| TA Techn. Antriebselemente | 2.5 | 7.11 | 4 | 8 | 10 | 57 | 14 | 145 |
| Urny | - | - | - | - | 8 | 114 | - | - |
| W. Stennei | 5.3 | 24.13 | 9.525 | 50.8 | 8 | 76 | 24.89 | 921.98 |
| Wilhelm Sahlberg | 2.6 | 29.4 | 8 | 50.8 | 8 | 90 | 15.68 | 1455.61 |
| Wippermann jr. | 2.6 | 45 | 5 | 76.2 | 11 | 114 | 21.3 | 2765.44 |

## 23180000 Schwingungsdämpfer

23189000 Schwingungsdämpfer sonstige | 23189001 Stoßdämpfer

| Anbieter | Hub; (mm) | | max. Energie-aufnahme; (Nm/Hub) | | max. Energie-aufnahme; (Nm/h) | | | |
|---|---|---|---|---|---|---|---|---|
| | von | bis | von | bis | von | bis | von | bis |
| Zimmer Techn. Werkstätten * | 1 | 50 | 1 | 3000 | 2400 | 190000 | - | - |
| Weforma * | 4 | 250 | 0,4 | 24000 | 2000 | 105600 | - | - |
| ACE * | 4 | 406 | 0,68 | 126500 | 5650 | 5400000 | - | - |
| BVE Controls * | 3 | 1400 | 6 | 805000 | 12400 | 9744196 | - | - |
| KMS * | 6 | 150 | 3 | 3420 | 10800 | 255000 | - | - |

23189000 Schwingungsdämpfer sonstige | 23189003 Drahtseilfedern

| Anbieter | zul. Druckbelastung; (N) | | zul. Schubbelastung; (N) | | | | | |
|---|---|---|---|---|---|---|---|---|
| | von | bis | von | bis | von | bis | von | bis |
| BVE Controls * | 3,74 | 6450 | - | - | - | - | - | - |

Mit * gekennzeichnete Herstellerangaben entstammen Katalogdaten im Internet oder Firmenschriften.

## 23300000 Lineartechnik

23300100 Gleitführung | 23300101 Lineargleitlager (Gleitführung)

| Anbieter | Breite; (mm) | | statische Tragzahl; (N) | | Außendurchmesser; (mm) | | Innendurchmesser; (mm) | |
|---|---|---|---|---|---|---|---|---|
| | von | bis | von | bis | von | bis | von | bis |
| August Dreckshage | 22 | 100 | 525 | 87500 | 12 | 75 | 5 | 50 |
| Caspar Gleitlager | 2 | 250 | - | 40000000 | 3 | 650 | 2 | 650 |
| Danly Federn | 18 | 148 | - | - | 32.5 | 93 | 18 | 80 |
| Eisenhart Laeppché | 30 | 100 | - | - | 22 | 75 | 12 | 50 |
| HEPCO | 22 | 150 | 1130 | 135000 | 5 | 80 | 5 | 80 |
| INA Schaeffler | 22 | 75 | - | - | 22 | 75 | 12 | 50 |
| Mädler | 22 | 100 | 280 | 41500 | 12 | 75 | 5 | 50 |
| MISUMI | 8 | 188 | 157 | 980000 | 9 | 120 | 3 | 100 |
| PBC Lineartechnik | 17 | 125 | 445 | 103005 | 12 | 62 | 6 | 50 |
| Rodriguez | 27 | 165 | - | - | 12 | 120 | 50 | 80 |
| SKF Antriebselemente | - | - | 60 | 29000 | 12 | 120 | 5 | 80 |
| TA Techn. Antriebselemente | 32 | 125 | 270 | 10200 | 12 | 90 | 5 | 60 |
| WAELAG | - | - | - | - | 5 | 360 | 3 | 350 |
| Weidinger | 5 | 200 | - | - | 7 | 550 | 5 | 500 |

23300100 Gleitführung | 23300103 Wellen (Gleitführung)

| Anbieter | Länge; (mm) | | Durchmesser; (mm) | | | | | |
|---|---|---|---|---|---|---|---|---|
| | von | bis | von | bis | | | | |
| August Dreckshage | 1 | 7800 | 5 | 100 | - | - | - | - |
| Broda * | - | - | 5 | 120 | - | - | - | - |
| Caspar Gleitlager | 2 | 1000 | 2 | 150 | - | - | - | - |
| Danly Federn | 100 | 500 | 18 | 80 | - | - | - | - |
| Eisenhart Laeppché | - | - | 12 | 50 | - | - | - | - |
| HEPCO | 5 | 80 | 5 | 80 | - | - | - | - |
| INA Schaeffler | 1 | 8000 | 12 | 50 | - | - | - | - |
| Mädler | 300 | 2000 | 3 | 50 | - | - | - | - |
| MISUMI | 10 | 1500 | 3 | 50 | - | - | - | - |
| PBC Lineartechnik | 1 | 5700 | 3 | 60 | - | - | - | - |
| Rodriguez | 6000 | 60000 | 5 | 80 | - | - | - | - |
| SKF Antriebselemente | 200 | 6200 | 3 | 80 | - | - | - | - |
| TA Techn. Antriebselemente | - | 6000 | 3 | 100 | - | - | - | - |
| WAELAG | 100 | 6000 | 3 | 150 | - | - | - | - |
| Weidinger | 50 | 12000 | 5 | 500 | - | - | - | - |

Mit * gekennzeichnete Herstellerangaben entstammen Katalogdaten im Internet oder Firmenschriften.

23300100 Gleitführung | 23300106 Lineargleitlagereinheit (Gleitführung)

| Anbieter | Länge; (mm) | | Breite; (mm) | | Höhe; (mm) | | statische Tragzahl; (N) | |
|---|---|---|---|---|---|---|---|---|
| | von | bis | von | bis | von | bis | von | bis |
| August Dreckshage | 1 | 7800 | 11 | 116 | 14.5 | 86 | 525 | 87500 |
| Caspar Gleitlager | - | 2000 | - | 250 | - | 3 | - | 125000000 |
| Eisenhart Laeppché | 23 | 35 | 15 | 30 | 8 | 15 | - | - |
| INA Schaeffler | 1 | 8000 | 42 | 130 | 34 | 98 | - | - |
| MISUMI | 100 | 800 | - | - | 50 | 100 | - | - |
| PBC Lineartechnik | 20 | 3600 | 17 | 125 | 6 | 136.52 | 445 | 103005 |
| Rodriguez | 24 | 70 | 32 | 103 | 27 | 92 | - | - |
| TA Techn. Antriebselemente | 32 | 176 | 18 | 135 | 28 | 100 | 270 | 10200 |
| WAELAG | 100 | 4000 | - | - | 15 | 120 | - | - |
| Weidinger | 30 | 20000 | 30 | 180 | 30 | 60 | 60000 | 1000000 |

23300200 Laufrollenführung | 23300201 Laufrollenführung (komplett)

| Anbieter | Breite des Führungs-wagens; (mm) | | Länge der Führ-ungsschiene; (mm) | | Länge des Führ-ungswagens; (mm) | | Wagenhöhe; (mm) | |
|---|---|---|---|---|---|---|---|---|
| | von | bis | von | bis | von | bis | von | bis |
| ANT Schweinfurt * | 135 | 165 | - | - | - | - | 85 | 165 |
| August Dreckshage | 37 | 120 | 1 | 4000 | 64 | 165 | 19 | 60 |
| Bahr Modultechnik | 70 | 295 | - | - | 86 | 260 | 41 | 170 |
| Broda * | - | - | - | - | 18 | 43 | - | - |
| Dr. Erich Tretter | 65 | 146 | 100 | 6100 | 85 | 150 | 20.4 | 51.8 |
| Eisenhart Laeppché | 50 | 205 | - | - | 20 | 240 | 20 | 55 |
| Franke | 37 | 120 | 100 | 4000 | 64 | 165 | 19 | 60 |
| HEPCO | 40 | 630 | 1 | 3950 | 50 | 950 | 50 | 950 |
| INA Schaeffler | 55 | 190 | 1 | 8000 | 50 | 235 | 20.5 | 48.4 |
| Knapp | 165 | 220 | 200 | 6000 | 165 | 300 | 50.5 | 63.5 |
| Parker Hannifin | 37 | 120 | - | 4000 | 74 | 175 | 19 | 60 |
| PBC Lineartechnik | 19 | 153 | - | - | 60 | 162 | 13 | 71.5 |
| Rollon | 18 | 63 | 2000 | 4080 | 60 | 345 | 15 | 50.5 |
| Romani* | - | - | - | - | 50 | 2000* | - | - |
| T Race | - | - | - | - | 60 | 350 | 10 | 100 |
| TA Techn. Antriebselemente | 45 | 240 | - | 3000 | 100 | 240 | 16 | 50 |
| WAELAG | 63 | 70 | - | 5800 | 92 | 104 | 30 | 36 |

**23300000**
Lineartechnik

23300200 Laufrollenführung | 23300202 Führungsschiene (Laufrollenführung)

| Anbieter | Länge; (mm) | | Breite; (mm) | | Höhe; (mm) | | | |
|---|---|---|---|---|---|---|---|---|
| | von | bis | von | bis | von | bis | | |
| ALFATEC | 1 | 12000 | 20 | 200 | 40 | 395 | - | - |
| August Dreckshage | 1 | 4000 | 12 | 45 | 14.7 | 46 | - | - |
| Dr. Erich Tretter | 100 | 6100 | 27 | 56 | 15.5 | 34 | - | - |
| Eisenhart Laeppché | 1 | 8000 | 20 | 120 | 5 | 98.6 | - | - |
| Franke | 100 | 4000 | 12 | 45 | 14.7 | 46 | - | - |
| Graf | 1000 | 100000 | - | - | - | - | - | - |
| HEPCO | 1 | 3950 | 12 | 120 | 1 | 3950 | - | - |
| INA Schaeffler | 1 | 8000 | 20 | 52 | 12.2 | 98.6 | - | - |
| Knapp | 200 | 6000 | 16.9 | 36 | 14.5 | 36 | - | - |
| LSC | 2000 | 8000 | - | - | - | - | - | - |
| PBC Lineartechnik | 1 | 6000 | 20 | 201.5 | 10.25 | 71.2 | - | - |
| Rollon | 2000 | 4080 | 18 | 63 | - | - | - | - |
| Romani* | 100 | 100000 | - | - | - | - | - | - |
| SKF Antriebselemente | - | - | 7 | 86 | 4.5 | 39.8 | - | - |
| T Race | 4000 | 4000 | - | - | - | - | - | - |
| TA Techn. Antriebselemente | - | - | 16 | 35 | 16 | 33.4 | - | - |
| WAELAG | - | 5800 | 20 | 23 | 19.5 | 25.5 | - | - |

23300200 Laufrollenführung | 23300203 Führungswagen (Laufrollenführung)

| Anbieter | Länge; (mm) | | Breite; (mm) | | Höhe; (mm) | | | |
|---|---|---|---|---|---|---|---|---|
| | von | bis | von | bis | von | bis | | |
| August Dreckshage | 64 | 165 | 37 | 120 | 17.6 | 56 | - | - |
| Dr. Erich Tretter | 85 | 150 | 65 | 146 | 20.4 | 51.8 | - | - |
| Eisenhart Laeppché | 1 | 8000 | 50 | 205 | 20 | 66.1 | - | - |
| Franke | 64 | 165 | 37 | 120 | 19 | 60 | - | - |
| HEPCO | 50 | 950 | 40 | 630 | 50 | 950 | - | - |
| INA Schaeffler | 50 | 235 | 55 | 190 | 20.5 | 48.4 | - | - |
| Knapp | 165 | 300 | 165 | 220 | 50.5 | 63.5 | - | - |
| LSC | 50 | 235 | - | - | - | - | - | - |
| PBC Lineartechnik | 60 | 162 | 19 | 153 | 13 | 71.5 | - | - |
| Rollon | 60 | 345 | 18 | 60 | 6 | 20 | - | - |
| Romani* | 50 | 2000 | - | - | - | - | - | - |
| SKF Antriebselemente | 22 | 174.1 | 17 | 86 | 6.5 | 60 | - | - |
| T Race | 4000 | 4000 | - | - | - | - | - | - |
| TA Techn. Antriebselemente | 100 | 240 | 45 | 240 | 16 | 50 | - | - |
| WAELAG | 92 | 104 | 63 | 70 | 26 | 31 | - | - |

**23300000**
Lineartechnik

23300300 Linearkugellagerführung | 23300301 Linearkugellager, Linearkugellagerführung

| Anbieter | Breite; (mm) | | statische Tragzahl; (N) | | Außendurchmesser; (mm) | | Innendurchmesser; (mm) | |
|---|---|---|---|---|---|---|---|---|
| | von | bis | von | bis | von | bis | von | bis |
| August Dreckshage | 22 | 211 | 400 | 28140 | 12 | 150 | 5 | 100 |
| Danly Federn | 30 | 265 | - | - | 45 | 112 | 25 | 80 |
| Dr. Erich Tretter | 10 | 290 | 100 | 55400 | 7 | 210 | 3 | 150 |
| Eisenhart Laeppché | 10 | 165 | - | - | 7 | 120 | 3 | 80 |
| HEPCO | 19 | 80 | 210 | 4430 | 6 | 40 | 6 | 40 |
| HIWIN | 16.5 | 77.6 | 220 | 3850 | 16 | 75 | 8 | 50 |
| INA Schaeffler | 12 | 75 | 0.24 | 15.1 | 12 | 75 | 6 | 50 |
| Knapp | 12 | 125 | 100 | 11250 | 12 | 120 | 5 | 80 |
| Lineartechnik Korb | 7 | 270 | 105 | 89235 | 6 | 200 | 3 | 150 |
| LSC | - | - | - | - | - | - | 3 | 80 |
| Mädler | 10 | 100 | 44 | 13400 | 7 | 75 | 3 | 50 |
| MISUMI | 10 | 230 | 105 | 7940 | 7 | 122 | 3 | 50 |
| PBC Lineartechnik | 22 | 209 | 206 | 20000 | 12 | 30 | 6 | 60 |
| Rodriguez | 25 | 80 | 340 | 15000 | 16 | 62 | 8 | 40 |
| Romani* | - | - | - | - | - | - | 2 | 120 |
| SKF Antriebselemente | - | - | 60 | 29000 | 7 | 120 | 3 | 80 |
| TA Techn. Antriebselemente | 15 | 253 | - | - | 12 | 125 | 6 | 80 |
| WAELAG | 10 | 400 | - | - | 8 | 300 | 3 | 250 |

23300300 Linearkugellagerführung | 23300303 Wellen (Linearkugellagerführung)

| Anbieter | Länge; (mm) | | Durchmesser; (mm) | | | | | |
|---|---|---|---|---|---|---|---|---|
| | von | bis | von | bis | | | | |
| August Dreckshage | 1 | 7800 | 5 | 100 | - | - | - | - |
| Danly Federn | 100 | 500 | 25 | 80 | - | - | - | - |
| Dr. Erich Tretter | 400 | 7000 | 3 | 150 | - | - | - | - |
| Eisenhart Laeppché | - | - | 3 | 120 | - | - | - | - |
| HEPCO | 5 | 80 | 5 | 80 | - | - | - | - |
| INA Schaeffler | 1 | 6000 | 4 | 80 | - | - | - | - |
| Knapp | 1000 | 2000 | 5 | 80 | - | - | - | - |
| Lineartechnik Korb | 1 | 6800 | 3 | 100 | - | - | - | - |
| LSC | 50 | 6000 | 3 | 80 | - | - | - | - |
| Mädler | 300 | 2000 | 3 | 50 | - | - | - | - |
| MISUMI | 3 | 1500 | 3 | 50 | - | - | - | - |
| PBC Lineartechnik | 1 | 3600 | 3 | 80 | - | - | - | - |
| Romani* | - | - | 2 | 160 | - | - | - | - |
| SKF Antriebselemente | - | 6200 | 3 | 80 | - | - | - | - |
| TA Techn. Antriebselemente | - | 6400 | 6 | 80 | - | - | - | - |
| WAELAG | 100 | 6000 | 3 | 150 | - | - | - | - |

23300000
Lineartechnik

23300300 Linearkugellagerführung | 23300306 Linearkugellagereinheit (Linearkugellagerführung)

| Anbieter | Länge; (mm) | | Breite; (mm) | | Höhe; (mm) | | statische Tragzahl; (N) | |
|---|---|---|---|---|---|---|---|---|
| | von | bis | von | bis | von | bis | von | bis |
| August Dreckshage | 1 | 7800 | 11 | 116 | 14.5 | 86 | - | - |
| Dr. Erich Tretter | 400 | 7000 | - | - | - | - | 800 | 16300 |
| Eisenhart Laeppché | 1 | 8000 | - | - | - | - | - | - |
| INA Schaeffler | 33 | 224 | 29 | 132 | 29 | 105 | 0.37 | 15.2 |
| Knapp | 100 | 2000 | 52 | 106 | 18 | 45 | 240 | 4770 |
| Lineartechnik Korb | 39 | 224 | 43 | 130 | 18 | 50 | 660 | 12900 |
| Mädler | 28 | 224 | 40 | 280 | 33 | 100 | 510 | 30000 |
| MISUMI | 3 | 50 | - | - | 50 | 100 | - | - |
| PBC Lineartechnik | 22 | 3600 | 22 | 209 | 12 | 50 | 206 | 20000 |
| Rodriguez | 24 | 230 | 32 | 230 | 27 | 40 | 340 | 60000 |
| Romani* | 10 | 80 | - | - | - | - | - | - |
| SKF Antriebselemente | 3 | 80 | - | - | 7 | 120 | 60 | 29000 |
| TA Techn. Antriebselemente | 6 | 80 | 15 | 153 | 12 | 125 | - | - |
| WAELAG | 10 | 400 | 50 | 500 | 50 | 150 | - | - |

23300400 Profilschienenführung | 23300401 Kugelumlaufführung (Profilschienenführung, komplett)

| Anbieter | Breite des Führungs-wagens; (mm) | | Länge der Führ-ungsschiene; (mm) | | Länge des Führ-ungswagens; (mm) | | Wagenhöhe; (mm) | |
|---|---|---|---|---|---|---|---|---|
| | von | bis | von | bis | von | bis | von | bis |
| August Dreckshage | 17 | 170 | 1 | 4000 | 22.5 | 259.6 | 8 | 90 |
| Dr. Erich Tretter | 8 | 170 | 1000 | 6100 | 11.4 | 258 | 3 | 74 |
| Eisenhart Laeppché | 12 | 350 | - | - | 16 | 396 | 5 | 125 |
| Franke | 44.5 | 80.1 | 100 | 4000 | 124 | 242 | 15 | 30 |
| Gemotec* | 42 | 125 | 70 | 3000 | 70 | 3000 | 46 | 105 |
| HEPCO | 20 | 140 | 1 | 4000 | 30 | 223 | 30 | 223 |
| HIWIN | 17 | 170 | - | - | 22.5 | 260 | 8 | 90 |
| INA Schaeffler | 12 | 140 | 1 | 6000 | 19 | 210 | 6 | 70 |
| Knapp | 34 | 140 | 200 | 4000 | 66 | 205.1 | 24 | 68 |
| Lineartechnik Korb | 3 | 126 | 1 | 4000 | 5 | 253 | 3 | 90 |
| LSC | 12 | 100 | - | - | 16 | 196 | 5 | 69.2 |
| Mädler | 17 | 32 | 100 | 600 | 23.5 | 44.5 | 6.5 | 12 |
| MISUMI | 12 | 90 | 40 | 1960 | 17.4 | 124.6 | 4.5 | 33 |
| Rodriguez | 15 | 140 | 250 | 4000 | 7 | 55 | 10 | 80 |
| Rollon | 17 | 140 | 1000 | 4000 | 23.7 | 235 | 8 | 70 |
| Romani* | - | - | - | - | 3 | 300 | - | - |
| Schunk | 42 | 125 | 70 | 3000 | 70 | 3000 | 46 | 105 |
| SKF Antriebselemente | 17 | 86 | - | - | 22 | 174 | 8 | 60 |
| SNR | 17 | 170 | - | - | 23 | 272 | 8 | 90 |
| THK | 34 | 170 | 160 | 3090 | 64.4 | 272 | 24 | 90 |
| WAELAG | 12 | 170 | 0 | 10000 | 19.4 | 253 | 6 | 90 |
| Wilhelm Sahlberg | 34 | 126 | 80 | 4000 | 61.4 | 257.6 | 28 | 90 |

**23300000**
Lineartechnik

23300400 Profilschienenführung | 23300402 Führungsschiene (Profilschienenführung)

| Anbieter | Länge; (mm) | | Breite; (mm) | | Höhe; (mm) | | | |
|---|---|---|---|---|---|---|---|---|
| | von | bis | von | bis | von | bis | | |
| August Dreckshage | 1 | 4000 | 14 | 63 | 5.2 | 53 | - | - |
| Dr. Erich Tretter | 1000 | 6100 | 3 | 63 | 2.6 | 58.5 | - | - |
| Eisenhart Laeppché | 1 | 6000 | 5 | 150 | 4 | 85 | - | - |
| Franke | 100 | 4000 | 20 | 31.6 | 16.7 | 33 | - | - |
| HEPCO | 1 | 4000 | 9 | 53 | 1 | 4000 | - | - |
| INA Schaeffler | 1 | 6000 | 5 | 100 | 3.7 | 80 | - | - |
| Knapp | 200 | 4000 | 15 | 53 | 14 | 44 | - | - |
| Lineartechnik Korb | 1 | 4000 | 1 | 65 | 2 | 53 | - | - |
| LSC | 30 | 2940 | 5 | 53 | 3.7 | 26.5 | - | - |
| Mädler | 100 | 600 | 7 | 15 | 4.8 | 10.8 | - | - |
| MISUMI | 40 | 1960 | 5 | 42 | 4 | 26 | - | - |
| Rodriguez | 250 | 4000 | 7 | 55 | 8 | 38 | - | - |
| Rollon | 1000 | 4000 | 7 | 53 | 4.7 | 38 | - | - |
| Romani* | 100 | 4000 | - | - | - | - | - | - |
| SKF Antriebselemente | - | - | 7 | 45 | 5 | 40 | - | - |
| TA Techn. Antriebselemente | - | 30000 | 17 | 130 | 14.5 | 30 | - | - |
| WAELAG | - | 4000 | 5 | 63 | 3 | 53 | - | - |
| Weidinger | 20 | 20000 | 20 | 120 | 15 | 60 | - | - |
| Wilhelm Sahlberg | 80 | 4000 | 15 | 63 | 15 | 53 | - | - |

23300400 Profilschienenführung | 23300404 Rollenumlaufführung (Profilschienenführung, komplett)

| Anbieter | Breite des Führungs-wagens; (mm) | | Länge der Führ-ungsschiene; (mm) | | Länge des Führ-ungswagens; (mm) | | Wagenhöhe; (mm) | |
|---|---|---|---|---|---|---|---|---|
| | von | bis | von | bis | von | bis | von | bis |
| August Dreckshage | 34 | 170 | 1 | 4000 | 70 | 302.5 | 24 | 90 |
| Dr. Erich Tretter | 34 | 170 | 2000 | 3000 | 70 | 302.5 | 20 | 77 |
| Eisenhart Laeppché | 70 | 250 | - | - | 90 | 375 | 30 | 360 |
| Franke | - | - | 100 | 4000 | 102 | 102 | - | - |
| HIWIN | 34 | 170 | - | - | 68 | 295 | 24 | 90 |
| INA Schaeffler | 70 | 250 | 1 | 6000 | 91 | 372.2 | 36 | 120 |
| Knapp | 104 | 202 | 200 | 4000 | 154 | 346 | 48 | 90 |
| Lineartechnik Korb | 47 | 170 | 1 | 3000 | 44.8 | 229.5 | 24 | 90 |
| LSC | 48 | 250 | - | - | 91 | 372 | 29.5 | 105 |
| Romani* | - | - | - | - | 100 | 4000 | - | - |
| TA Techn. Antriebselemente | 120 | 320 | - | 18000 | 80 | 200 | 10 | 25 |
| WAELAG | 34 | 126 | - | 10000 | 70 | 302.5 | 20 | 77 |

23300000
Lineartechnik

23300500 Käfigschienenführung | 23300501 Kugelführung (Käfigschienenführung)

| Anbieter | Länge; (mm) | | Breite; (mm) | | Höhe; (mm) | | | |
|---|---|---|---|---|---|---|---|---|
| | von | bis | von | bis | von | bis | | |
| Eisenhart Laeppché | 1 | 3000 | - | - | - | - | - | - |
| INA Schaeffler | - | 1500 | 35 | 55 | 25 | 30 | - | - |
| Knapp | 98 | 1498 | 22 | 50 | 10 | 50 | - | - |
| MISUMI | 25 | 70 | 12 | 27 | 4.5 | 10 | - | - |
| Rollon | 1170 | 1970 | 11 | 29 | 22 | 63 | - | - |
| Romani* | 10 | 2000 | - | - | - | - | - | - |
| SKF Antriebselemente | 50 | 400 | 15 | 40 | 30 | 80 | - | - |
| T Race | 100 | 4000 | - | - | 10 | 100 | - | - |

23300500 Käfigschienenführung | 23300502 Rollenführung (Käfigschienenführung)

| Anbieter | Länge; (mm) | | Breite; (mm) | | Höhe; (mm) | | | |
|---|---|---|---|---|---|---|---|---|
| | von | bis | von | bis | von | bis | | |
| Bahr Modultechnik | 200 | 6000 | 120 | 200 | 79 | 129 | - | - |
| Eisenhart Laeppché | 1 | 3000 | - | - | - | - | - | - |
| H.C. Schmidt | 100 | 6000 | 5 | 2000 | 5 | 200 | - | - |
| INA Schaeffler | - | 1500 | 8 | 32 | 16 | 18 | - | - |
| Knapp | 50 | 3000 | 10.5 | 24 | 5 | 10 | - | - |
| Romani* | 10 | 2000 | - | - | - | - | - | - |
| SKF Antriebselemente | 50 | 400 | 15 | 40 | 30 | 80 | - | - |

23300500 Käfigschienenführung | 23300503 Kreuzrollenführung (Käfigschienenführung)

| Anbieter | Länge; (mm) | | Breite; (mm) | | Höhe; (mm) | | | |
|---|---|---|---|---|---|---|---|---|
| | von | bis | von | bis | von | bis | | |
| Eisenhart Laeppché | 20 | 300 | 20 | 35 | 10 | 15 | - | - |
| Gemotec* | 10 | 450 | 22 | 90 | 19 | 85 | - | - |
| INA Schaeffler | 0 | 1500 | 17 | 20 | 8 | 10 | - | - |
| Lineartechnik Korb | 50 | 1000 | 18 | 58 | 8 | 28 | - | - |
| MISUMI | 20 | 180 | 8.5 | 60 | 4 | 28 | - | - |
| Rodriguez | 25 | 1000 | 5 | 88 | 4 | 22 | - | - |
| Romani* | 10 | 2000 | - | - | - | - | - | - |
| Schunk | 10 | 450 | 22 | 90 | 19 | 85 | - | - |
| SKF Antriebselemente | 50 | 400 | 15 | 40 | 30 | 80 | - | - |

23300500 Käfigschienenführung | 23300504 Nadelführung (Käfigschienenführung)

| Anbieter | Länge; (mm) | | Breite; (mm) | | Höhe; (mm) | | | |
|---|---|---|---|---|---|---|---|---|
| | von | bis | von | bis | von | bis | | |
| Eisenhart Laeppché | 1 | 3000 | 10 | 55 | - | - | - | - |
| INA Schaeffler | - | 1500 | 20 | 55 | 25 | 100 | - | - |
| Knapp | 50 | 3000 | 10 | 40 | 2 | 12 | - | - |
| Lineartechnik Korb | 200 | 1200 | 44 | 74 | 22 | 35 | - | - |
| Romani* | 10 | 2000 | - | - | - | - | - | - |

23300600 Teleskopschienenführung | 23300690 Teleskopschienenführung (nicht klassifiziert)

| Anbieter | Länge des Führ-ungswagens; (mm) | | min. Länge; (mm) | | max. Länge; (mm) | | | |
|---|---|---|---|---|---|---|---|---|
| | von | bis | von | bis | von | bis | | |
| Bahr Modultechnik | 164 | 350 | - | - | - | - | - | - |
| Eisenhart Laeppché | 300 | 3000 | - | - | - | - | - | - |
| HEPCO | 60 | 710 | - | - | - | - | - | - |
| HS-Teleskopschienen * | 175 | 1200 | 175 | 1200 | 175 | 1200 | - | - |
| igus | 100 | 600 | - | - | - | - | - | - |
| Rollon | 130 | 1970 | - | - | - | - | - | - |
| Romani* | 10 | 3000 | - | - | - | - | - | - |
| Schock Metallwerk * | 214 | 692 | - | - | - | - | - | - |
| Süssco | - | - | 250 | - | - | 2000 | - | - |
| T Race | 100 | 2500 | - | - | - | - | - | - |

23300700 Trapezgewindetrieb | 23300790 Trapezgewindetrieb (nicht klassifiziert)

| Anbieter | Länge; (mm) | | Breite; (mm) | | Höhe; (mm) | | Länge des Führ-ungswagens; (mm) | |
|---|---|---|---|---|---|---|---|---|
| | von | bis | von | bis | von | bis | von | bis |
| A. Mannesmann | 1000 | 18000 | - | - | - | - | 50 | 250 |
| Bahr Modultechnik | 120 | 3000 | - | - | - | - | 188 | 288 |
| Bornemann Gewindetechnik | - | - | - | - | - | - | 10 | 180 |
| Eisenhart Laeppché | - | - | - | - | - | - | 12 | 50 |
| Gradel Baudin | 100 | 12000 | - | - | - | - | 10 | 430 |
| Grob | 10 | 6000 | - | - | - | - | - | - |
| Hausm. & Haensgen | - | - | - | - | - | - | 1 | 3000 |
| Karl Hipp | - | - | - | - | - | - | 0 | 9 |
| MISUMI | 50 | 2000 | - | - | - | - | 19 | 80 |
| NEFF | 10 | 9000 | - | - | - | - | 10 | 80 |
| Nozag | - | - | - | - | - | - | 10 | 60 |
| Parker Hannifin | 10 | 2500 | 41 | 87 | 53 | 93 | 117 | 200 |
| Rodriguez | 105 | 4000 | 85 | 230 | 32 | 80 | 85 | 230 |
| Romani* | - | - | - | - | - | - | 3 | 60 |
| Stross | 1 | 10000 | - | - | - | - | 1 | 10000 |

23300000
Lineartechnik

23300800 Kugelgewindetrieb | 23300890 Kugelgewindetrieb (nicht klassifiziert)

| Anbieter | Länge; (mm) | | Breite; (mm) | | Höhe; (mm) | | Länge des Führungswagens; (mm) | |
|---|---|---|---|---|---|---|---|---|
| | von | bis | von | bis | von | bis | von | bis |
| A. Mannesmann | 250 | 18000 | - | - | - | - | 25 | 160 |
| Anton Uhlenbrock | 21 | 198 | - | - | - | - | - | - |
| Bahr Modultechnik | 120 | 3000 | - | - | - | - | - | - |
| Dr. Erich Tretter | 125 | 4000 | 380 | 89100 | 320 | 32400 | 15 | 280 |
| Eichenberger Gewinde | 20 | 3000 | - | - | - | - | 4 | 32 |
| Eisenhart Laeppché | - | - | - | - | - | - | 12 | 80 |
| Gradel Baudin | 1000 | 6000 | - | - | - | - | 16 | 80 |
| Grob | 10 | 5600 | - | - | - | - | - | - |
| HEPCO | 15 | 107 | 24 | 135 | 24 | 135 | 15 | 107 |
| Karl Hipp | - | - | - | - | - | - | - | 900 |
| Knapp | 200 | 6000 | 40 | 110 | 48 | 145 | 48.5 | 92 |
| Lineartechnik Korb | 1 | 15000 | - | - | - | - | 4 | 200 |
| MISUMI | 100 | 2000 | - | - | 8 | 25 | 28 | 96 |
| NEFF | 10 | 6000 | - | - | - | - | 12 | 80 |
| Parker Hannifin | 10 | 3200 | 41 | 225 | 53 | 153 | 117 | 310 |
| Rodriguez | 130 | 11000 | 40 | 240 | 58 | 100 | 85 | 320 |
| Romani* | - | - | - | - | - | - | 6 | 160 |
| SKF Antriebselemente | - | 6000 | - | - | - | - | 20 | 161 |
| Stross | 1 | 10000 | - | - | - | - | 1 | 10000 |
| WAELAG | 100 | 5000 | - | - | 10 | 100 | 29 | 350 |
| Wilhelm Sahlberg | 105 | 10000 | 16 | 248 | 24 | 248 | 15 | 475 |

23300900 Rollengewindetrieb | 23300901 Planetenrollengewindetrieb

| Anbieter | Gewindenenndurchmesser; (mm) | | Gewindelänge; (mm) | | Länge des Führungswagens; (mm) | | Gewindesteigung; (mm) | |
|---|---|---|---|---|---|---|---|---|
| | von | bis | von | bis | von | bis | von | bis |
| Eisenhart Laeppché | 5 | 63 | - | - | 30 | 115 | 1 | 10 |
| INA Schaeffler | 5 | 63 | 25 | 1200 | 31 | 115 | 1 | 10 |
| Lineartechnik Korb | 1 | 300 | 1 | 6800 | - | - | 0.025 | 30 |
| Romani* | - | - | - | - | 6 | 60 | - | - |
| SKF Antriebselemente | 8 | 125 | - | 8000 | 44 | 206 | 1 | 5 |
| Stross | 10 | 200 | 1 | 10000 | 1 | 10000 | 1 | 50 |

23300900 Rollengewindetrieb | 23300902 Rollengewindetrieb mit Rollenrückführung

| Anbieter | Gewindenenn-durchmesser; (mm) | | Gewindelänge; (mm) | | Länge des Führ-ungswagens; (mm) | | Gewindesteigung; (mm) | |
|---|---|---|---|---|---|---|---|---|
| | von | bis | von | bis | von | bis | von | bis |
| Eisenhart Laeppché | - | - | - | - | 100 | 1400 | - | - |
| Lineartechnik Korb | 8 | 100 | 1 | 6800 | - | - | 1 | 5 |
| Romani* | - | - | - | - | 6 | 60 | - | - |
| SKF Antriebselemente | 8 | 125 | - | 8000 | 44 | 206 | 1 | 5 |
| Stross | 10 | 200 | 1 | 10000 | 1 | 10000 | 1 | 50 |

23301000 Zahnstangentrieb | 23301090 Zahnstangentrieb (nicht klassifiziert)

| Anbieter | Länge; (mm) | | Breite; (mm) | | Höhe; (mm) | | Länge des Führ-ungswagens; (mm) | |
|---|---|---|---|---|---|---|---|---|
| | von | bis | von | bis | von | bis | von | bis |
| Bahr Modultechnik | - | - | - | - | 49 | 71 | 122 | 300 |
| CKW Christian Kremp | - | - | - | - | - | - | 440 | 1000 |
| Hausm. & Haensgen | - | - | - | - | - | - | 1 | 3000 |
| HEPCO | 200 | 950 | 133 | 570 | 42 | 135 | 200 | 950 |
| SPN Schwaben Präzision | - | - | - | - | - | - | 10 | 4000 |
| TA Techn. Antriebselemente | - | 6000 | 120 | 320 | 10 | 25 | 110 | 200 |

23301100 Zahnriementrieb | 23301190 Zahnriementrieb (nicht klassifiziert)

| Anbieter | Länge; (mm) | | Breite; (mm) | | Höhe; (mm) | | Länge des Führ-ungswagens; (mm) | |
|---|---|---|---|---|---|---|---|---|
| | von | bis | von | bis | von | bis | von | bis |
| Bahr Modultechnik | 195 | 6000 | - | - | - | - | 82 | 745 |
| Gemotec* | 265 | 8100 | 40 | 240 | 52 | 195 | 120 | 600 |
| HEPCO | 108 | 430 | 75 | 350 | 51 | 300 | 108 | 430 |
| Joachim Uhing | - | - | 40 | 220 | - | - | 115 | 240 |
| Ketten-Wild * | - | - | 50 | 300 | - | - | - | - |
| Parker Hannifin | 10 | 7000 | 41 | 225 | 49 | 153 | 117 | 310 |
| Rodriguez | 385 | 1200 | 40 | 240 | 51 | 85 | 120 | 320 |
| Schunk | 265 | 8100 | 40 | 240 | 52 | 195 | 120 | 600 |
| Stross | 1 | 10000 | - | - | - | - | 1 | 10000 |
| TA Techn. Antriebselemente | - | 18000 | 120 | 320 | 10 | 25 | 110 | 200 |
| WAELAG | 100 | 6500 | 45 | 120 | 45 | 120 | 100 | 1500 |

**23300000**
Lineartechnik

23301500 Lineartisch | 23301501 Lineartisch Gleitführung

| Anbieter | Länge; (mm) | | Breite; (mm) | | Verfahrweg; (mm) | | | |
|---|---|---|---|---|---|---|---|---|
| | von | bis | von | bis | von | bis | | |
| Gemotec* | 120 | 400 | 40 | 165 | 1 | 4910 | - | - |
| INA Schaeffler | 130 | 500 | 56 | 56 | 260 | 260 | - | - |
| RK Rose + Krieger | 45 | 310 | 40 | 302 | 1 | 4300 | - | - |
| Rodriguez | 120 | 306 | 40 | 100 | - | 12000 | - | - |
| Romani* | 100 | 2000 | - | - | - | - | - | - |
| Schunk | 120 | 400 | 40 | 165 | 1 | 4910 | - | - |
| TA Techn. Antriebselemente | - | - | - | - | - | 4000 | - | - |

23301500 Lineartisch | 23301502 Lineartisch Laufrollenführung

| Anbieter | Länge; (mm) | | Breite; (mm) | | Verfahrweg; (mm) | | | |
|---|---|---|---|---|---|---|---|---|
| | von | bis | von | bis | von | bis | | |
| Eisenhart Laeppché | 40 | 500 | 50 | 250 | - | - | - | - |
| Gemotec* | 120 | 600 | 40 | 180 | 65 | 7720 | - | - |
| HEPCO | 108 | 430 | 108 | 430 | 1 | 5500 | - | - |
| INA Schaeffler | 130 | 500 | 86 | 155 | 167 | 167 | - | - |
| RK Rose + Krieger | 102 | 500 | 90 | 551 | 1 | 10000 | - | - |
| Rodriguez | 240 | 320 | 76 | 240 | - | 11000 | - | - |
| Romani* | 100 | 2000 | - | - | - | - | - | - |
| Schunk | 120 | 600 | 40 | 180 | 65 | 7720 | - | - |
| SKF Antriebselemente | 35 | 410 | 40 | 100 | 18 | 280 | - | - |
| TA Techn. Antriebselemente | - | - | - | - | - | 4000 | - | - |

23301500 Lineartisch | 23301503 Lineartisch Linearkugellagerführung

| Anbieter | Länge; (mm) | | Breite; (mm) | | Verfahrweg; (mm) | | | |
|---|---|---|---|---|---|---|---|---|
| | von | bis | von | bis | von | bis | | |
| Dr. Erich Tretter | 150 | 320 | 155 | 325 | 400 | 700 | - | - |
| Eisenhart Laeppché | 65 | 280 | 65 | 280 | - | - | - | - |
| Gemotec* | 160 | 280 | 118 | 198 | 40 | 250 | - | - |
| INA Schaeffler | 65 | 280 | 65 | 320 | 340 | 340 | - | - |
| Lineartechnik Korb | 1 | 4000 | 65 | 280 | 1 | 3720 | - | - |
| RK Rose + Krieger | 90 | 120 | 136 | 204 | 1 | 2500 | - | - |
| Rodriguez | 85 | 230 | 85 | 230 | - | 6000 | - | - |
| Romani* | 100 | 2000 | - | - | - | - | - | - |
| Schunk | 160 | 280 | 118 | 198 | 40 | 250 | - | - |
| SKF Antriebselemente | 336 | 2860 | 100 | 230 | 120 | 1945 | - | - |
| TA Techn. Antriebselemente | - | - | - | - | - | 4000 | - | - |

23301500 Lineartisch | 23301504 Lineartisch Profilschienenführung

| Anbieter | Länge; (mm) | | Breite; (mm) | | Verfahrweg; (mm) | | | |
|---|---|---|---|---|---|---|---|---|
| | von | bis | von | bis | von | bis | | |
| Dr. Erich Tretter | 81 | 110 | 114 | 159 | 127 | 978 | - | |
| Eisenhart Laeppché | 180 | 365 | 185 | 325 | - | - | - | - |
| ELMORE | 100 | 250 | 100 | 225 | - | 2500 | - | - |
| Feinmess | 70 | 2000 | 60 | 320 | 50 | 1500 | - | - |
| Franke | 365 | 1880 | - | - | 100 | 1500 | - | - |
| Gemotec* | 120 | 600 | 40 | 455 | 70 | 7720 | - | - |
| Heinz Mayer | 50 | 500 | 50 | 400 | 50 | 8000 | - | - |
| HEPCO | 260 | 375 | 260 | 375 | 1 | 5300 | - | - |
| INA Schaeffler | 200 | 525 | 110 | 410 | 270 | 270 | - | - |
| Lineartechnik Korb | 1 | 2800 | 110 | 310 | 1 | 2200 | - | - |
| MISUMI | 57 | 200 | 29.6 | 220 | 36.5 | 610 | - | - |
| RK Rose + Krieger | 114 | 520 | 50 | 320 | 1 | 10000 | - | - |
| Rodriguez | 100 | 320 | 40 | 240 | - | 12000 | - | - |
| Romani* | 100 | 2000 | - | - | - | - | - | - |
| Schunk | 120 | 600 | 40 | 455 | 70 | 7720 | - | - |
| SKF Antriebselemente | 80 | 1010 | 50 | 300 | 100 | 500 | - | - |
| SNR | 150 | 450 | 155 | 455 | - | - | - | - |
| T Race | 100 | 5000 | 155 | 455 | - | - | - | - |
| TA Techn. Antriebselemente | - | - | - | - | - | 4000 | - | - |

23301500 Lineartisch | 23301505 Lineartisch Käfigführung

| Anbieter | Länge; (mm) | | Breite; (mm) | | Verfahrweg; (mm) | | | |
|---|---|---|---|---|---|---|---|---|
| | von | bis | von | bis | von | bis | | |
| Dr. Erich Tretter | 29 | 166 | 7 | 12 | 7 | 162 | - | - |
| Feinmess | 50 | 640 | 60 | 180 | 5 | 350 | - | - |
| Heinz Mayer | 50 | 500 | 50 | 400 | 20 | 6000 | - | - |
| Rodriguez | 25 | 1010 | 20 | 145 | 12 | 950 | - | - |
| Romani* | 100 | 2000 | - | - | - | - | - | - |
| SKF Antriebselemente | 35 | 410 | 40 | 100 | 18 | 280 | - | - |
| TOSS | 55 | 255 | 30 | 70 | 10 | 125 | - | - |

**23300000**
Lineartechnik

23301800 Elektomechanischer Zylinder | 23301890 Elektomechanischer Zylinder (nicht klassifiziert)

| Anbieter | Verfahrweg; (mm) | | Kraft; (N) | | max. Arbeitsgeschwindigkeit; (m/s) | | | |
|---|---|---|---|---|---|---|---|---|
| | von | bis | von | bis | von | bis | | |
| ADE-Werk * | - | - | 30 | 60 | - | - | - | - |
| AGS | 50 | 1000 | 100 | 4000 | 0.001 | 0.006 | - | - |
| Angst + Pfister CH | 50 | 1000 | 40 | 100000 | 0.0006 | 0.4 | - | - |
| ATLANTA | - | 5000 | 500 | 160000 | - | 0.2 | - | - |
| Eickhoff | - | - | 180000 | 360000 | - | 0.025 | - | - |
| Enzfelder Getriebe | 1 | 3000 | 1 | 1500000 | 0.001 | 1 | - | - |
| Exlar Europe | - | 1.5 | 1 | 17000 | 0.1 | 1.5 | - | - |
| Festo * | 1 | 4500 | 30 | 1600 | 0.2 | 3 | - | - |
| Franke | 100 | 7000 | 1070 | 3120 | - | - | - | - |
| Gemotec* | 70 | 260 | 60 | 160 | 1.2 | 1.5 | - | - |
| Grob | 100 | 1500 | 400 | 40000 | 0.01 | 0.2 | - | - |
| HIWIN | 50 | 500 | 300 | 10000 | 4 | 46 | - | - |
| LINAK Nidda | - | 1000 | - | 13000 | 0.01 | 0.15 | - | - |
| MACCON | - | 1500 | - | 44000 | - | - | - | - |
| Nozag | 1 | 6000 | 1 | 1000000 | - | - | - | - |
| Oriental Motor | 50 | 300 | 70 | 400 | 0.3 | 0.6 | - | - |
| Parker Hannifin | 10 | 5700 | 50 | 5000 | 0.1 | 10 | - | - |
| PFAFF-silberblau | 100 | 2000 | 2000 | 100000 | 0.035 | 0.084 | - | - |
| RK Rose + Krieger | 10 | 2000 | 50 | 25000 | 0.002 | 1 | - | - |
| Rodriguez | - | 2000 | - | 3880 | 0.019 | 1.5 | - | - |
| Romani* | - | - | - | - | 0.005 | 0.1 | - | - |
| Schunk | 70 | 260 | 60 | 160 | 1.4 | 1.5 | - | - |
| SKF Antriebselemente | 50 | 700 | 600 | 4000 | 10 | 174 | - | - |
| SSB Salzbergen | 5 | 5000 | - | 50000 | - | 1 | - | - |
| Stross | 1 | 10000 | 50 | 1000000 | - | - | - | - |
| TA Techn. Antriebselemente | 50 | 1050 | - | 9000 | 0.6 | 110 | - | - |
| WAELAG | - | 500 | 300 | 10000 | 0.11 | 0.46 | - | - |
| WORO | 200 | 450 | 300 | 3500 | 5 | 71 | - | - |

23301900 Elektromechanische Hubsäule | 23301990 Elektromechanische Hubsäule (nicht klassifiziert)

| Anbieter | Verfahrweg; (mm) | | Kraft; (N) | | max. Arbeitsgeschwindigkeit; (m/s) | | | |
|---|---|---|---|---|---|---|---|---|
| | von | bis | von | bis | von | bis | | |
| Andreas Lupold | 420 | 1000 | 250 | 750 | 0.0757 | 0.095 | - | - |
| Baumeister | 10 | 700 | - | - | 15 | 70 | - | - |
| Enzfelder Getriebe | 1 | 3000 | 1 | 300000 | 0.001 | 0.5 | - | - |
| Gemotec* | 70 | 260 | 60 | 160 | 1.2 | 1.5 | - | - |
| HIWIN | - | - | - | - | 8 | 12 | - | - |
| LINAK Nidda | - | 800 | - | 6300 | 0.01 | 0.08 | - | - |
| NEFF | 100 | 2000 | 1500 | 6000 | 10 | 70 | - | - |
| Nozag | 1 | 6000 | 1 | 1000000 | - | - | - | - |
| PFAFF-silberblau | 100 | 1000 | 5000 | 25000 | 0.008 | 0.04 | - | - |
| RK Rose + Krieger | 100 | 1000 | 1000 | 4500 | 0.008 | 0.05 | - | - |
| Rodriguez | - | 600 | 2000 | 6600 | 0.019 | 0.06 | - | - |
| Romani* | - | - | - | - | 0.005 | 0.1 | - | - |
| Schunk | 70 | 260 | 60 | 160 | 1.4 | 1.5 | - | - |
| SKF Antriebselemente | 100 | 700 | 1000 | 4000 | 11 | 60 | - | - |
| SSB Salzbergen | 5 | 300 | 1500 | 50000 | - | 1 | - | - |
| TA Techn. Antriebselemente | 50 | 1050 | - | 9000 | 0.8 | 110 | - | - |

23302100 Elektromechanischer Kettenantrieb | 23302190 Elektromechanischer Kettenantrieb (nicht klassifiziert)

| Anbieter | Verfahrweg; (mm) | | Kraft; (N) | | max. Arbeitsgeschwindigkeit; (m/s) | | | |
|---|---|---|---|---|---|---|---|---|
| | von | bis | von | bis | von | bis | | |
| D+H Mechatronic * | - | - | 150 | 1000 | - | - | - | - |
| Reckfort RWA * | 150 | 600 | 150 | 200 | - | - | - | - |
| Simon RWA * | - | 380 | - | 360 | - | 0.012 | - | - |
| SKF Antriebselemente | 180 | 1000 | 1200 | 1600 | 7 | 12 | - | - |

23302400 Elektromechanischer Schwenkantrieb | 23302490 Elektromechanischer Schwenkantrieb (nicht klassifiziert)

**23300000**
**Lineartechnik**

| Anbieter | Winkelgeschwindigkeit; (rad/s) | | Drehbereich; (°) | | Nenndrehmoment; (N m) | | | |
|---|---|---|---|---|---|---|---|---|
| | von | bis | von | bis | von | bis | | |
| AGS | - | - | 10 | 250 | 1 | 300 | - | - |
| ARIS | - | - | 5 | 330 | - | - | - | - |
| Gemotec* | 150 | 470 | - | - | 7.66 | 142 | - | - |
| Schunk | 150 | 470 | - | - | 7.6 | 142 | - | - |
| Sipos * | - | - | 5 | 40 | 150 | 4300 | - | - |
| SKF Antriebselemente | 3 | 20 | - | - | 70 | 105 | - | - |
| SPN Schwaben Präzision | - | - | - | - | - | 150 | - | - |
| SSB Salzbergen | - | 10 | - | 180 | - | 200 | - | - |

## 23320000 Getriebe für industrielle Anwendungen

23320100 Zahn- und Keilriemengetriebe (industrielle Anwendung) | 23320101 Stirnradgetriebe

| Anbieter | Nennleistung; (W) | | Achs-Abstand; (mm) | | Übersetzung des Getriebes; (-) | | min. Drehzahl des Antriebes; (1/min) | |
|---|---|---|---|---|---|---|---|---|
| | von | bis | von | bis | von | bis | von | bis |
| A. Flender Bocholt | 2.2 | 5864 | 130 | 2022 | 1.25 | 450 | - | 1800 |
| ABM Greiffenberger * | 0.18 | 18.5 | - | - | 2.55 | 483.1 | 8 | 725 |
| AKB * | 138 | 400 | 160 | 250 | - | - | 1468 | 5845 |
| Amsbeck Maschinentechnik | 3 | 40 | 69 | 79 | 1.6 | 3 | 3600 | 3600 |
| BAT Baß | 11 | 588 | - | - | 1.06 | 21.6 | 177 | 3100 |
| Bischoff Haugg | 0.1 | 100 | 25 | 300 | 1 | 100 | - | 3000 |
| Blecher Motoren | 0.12 | 4 | 75 | 120 | 5 | 45 | 20 | 500 |
| Bretzel * | - | - | - | - | 1.24 | 996 | 1300 | 2650 |
| C. u. W. Keller * | - | 900 | - | - | - | - | 60 | 120 |
| C.H. Schäfer | 0.13 | 89.64 | - | - | 9 | 120 | 200 | 3000 |
| Carl Bockwoldt * | 0.12 | 55 | - | - | - | - | 0.6 | 2000 |
| CHM-Technik | - | - | - | - | 10 | 3600 | - | - |
| CMD Compangnie Messian-Durand | - | - | - | - | - | - | 15.0 | 980.0 |
| Color-Technik * | - | - | 25 | 42 | 3 | 1800 | - | - |
| Danfoss Bauer | 0.03 | 75 | 56 | 340 | 2 | 13000 | - | 3600 |
| Demag | 0.18 | 45 | - | 78 | 2.8 | 250 | 3 | 955 |
| Dötsch Elektromotoren | - | - | - | - | 1 | 1500 | - | - |
| Dr. Fritz Faulhaber * | - | - | - | - | 19 | 4629 | - | - |
| Dr. W. Ostermann | - | - | - | - | 1 | 2000 | - | - |
| Eickhoff | 10 | 1200 | - | - | - | - | - | - |
| Eisenbeiss | 30 | 5000 | 110 | 1150 | 1 | 500 | 1 | 15000 |
| Elektrim * | 0.12 | 25 | - | - | - | - | 16 | 400 |
| EMM | 0.12 | 5.5 | - | - | - | - | 6.66 | 417 |
| ENGEL | - | - | - | - | 15 | 43740 | - | - |
| ESR Pollmeier | - | - | - | - | 3 | 70 | - | - |
| GearCon | - | - | - | - | 2 | 1000 | - | - |
| Gebr. BRINKMANN | 0.5 | 400 | - | - | 1 | 100 | - | - |
| Getriebebau NORD* | 0.12 | 37 | - | - | 1.88 | 330.98 | - | - |
| Graessner * | - | - | - | - | 105 | 3200 | - | 4000 |
| Habasit Rossi | 0.09 | 75 | 32 | 180 | 4 | 6300 | 1400 | 2800 |
| Halstrup-Walcher | - | 0.1 | - | - | 1 | 1000 | 0 | 500 |
| Hansen Transmissions | - | - | - | - | 6.3 | 630 | 750 | 1800 |
| Hausm. & Haensgen | - | - | - | - | 1.2 | 11000 | - | - |
| HEIDOLPH ELEKTRO | 0.02 | 0.55 | - | - | 3 | 180 | - | 3000 |
| Helmut Claus * | 0.002 | 0.008 | - | - | 4.17 | 15000 | 500 | 4500 |
| Helmut Rossmanith | - | - | - | - | 2.11 | 2743 | 0.5 | 650 |
| Henschel | 50 | 3000 | 100 | 1500 | 1 | 50 | - | 2000 |
| Heynau | 0.15 | 120 | 25 | 450 | 1 | 14 | 500 | 15000 |
| Heytec * | 0.18 | 2.2 | - | - | 2.1 | 252.4 | 5.38 | 652 |

Mit * gekennzeichnete Herstellerangaben entstammen Katalogdaten im Internet oder Firmenschriften.

23320100 Zahn- und Keilriemengetriebe (industrielle Anwendung) | 23320101 Stirnradgetriebe

| Anbieter | Nennleistung; (W) | | Achs-Abstand; (mm) | | Übersetzung des Getriebes; (-) | | min. Drehzahl des Antriebes; (1/min) | |
|---|---|---|---|---|---|---|---|---|
| | von | bis | von | bis | von | bis | von | bis |
| Hueber Getriebebau | 5 | 6000 | 80 | 1000 | 1.1 | 2000 | 1500 | 1800 |
| K .& A. Knödler | 0.12 | 90 | - | - | 1 | 75 | 1 | 3600 |
| KACHELMANN * | - | - | - | - | 1 | 3.15 | - | - |
| KANIA | 0.12 | 45 | 30 | 140 | 5 | 360 | - | 4500 |
| KEB Barntrup | 0.75 | 45 | - | - | 3.46 | 251 | 1500 | 3000 |
| KEB Schneeberg * | 0.12 | 45 | - | - | - | - | - | - |
| L. Kissling | - | - | - | - | 2.62 | 264.82 | - | - |
| Laipple / Brinkmann * | 0.12 | 45 | - | - | 7.66 | 442.8 | - | - |
| Lenze * | 0.048 | 45 | - | - | - | - | 2 | 1000 |
| Leroy-Somer | 0.09 | 30 | 90 | 375 | 1.25 | 204 | - | 3600 |
| Loher * | - | 3600000 | - | - | - | - | - | 980 |
| Motovario * | 0.12 | 45 | - | - | 1.2 | 350 | - | - |
| MSF | 0.097 | 7.5 | - | - | - | - | - | - |
| Mulco-Europe EWIV | - | 3600 | - | - | - | - | - | 980 |
| Neudecker & Jolitz* | - | 3600 | - | - | 1 | 461 | - | 980 |
| Otto Glas * | - | 3600 | - | - | - | - | - | 980 |
| Pekrun | 10 | 20000 | - | - | 1 | 1000 | 1 | 3000 |
| PIV DRIVES | 1 | 5000 | 94 | 1779 | 1.25 | 710 | 1500 | 1800 |
| PS-Antriebstechnik * | - | - | - | - | 1.516 | 2612.48 | - | - |
| RENK Rheine * | 0.006 | 80000 | 125 | 1000 | 1 | 12 | - | - |
| Rexnord Hameln | 0.12 | 90 | 90 | 310 | 2.8 | 30000 | 0.1 | 550 |
| Rhein-Getriebe * | - | - | 25 | 125 | 60 | 420 | - | - |
| Rögelberg * | - | - | - | - | 1 | 500 | - | - |
| rtz Antriebstk. Dietzenbach | 0.12 | 70 | - | - | 2.5 | 630 | - | 3600 |
| Saia-Burgess | - | - | - | - | - | - | - | 125 |
| SBS-Feintechnik | - | - | - | - | 10 | 70 | - | - |
| SEVA-Tec * | 0.048 | 90 | - | - | 3 | 11000 | - | - |
| Siemens Geared Motors | 2.2 | 5864 | 130 | 2022 | 1.25 | 450 | - | 1800 |
| Speedmec | 0.12 | 4 | 75 | 120 | 5 | 45 | 20 | 500 |
| SPN Schwaben Präzision | 0.09 | 0.7 | - | - | 5.1 | 33.4 | - | - |
| Stiebel | 30 | 85 | - | - | 1.9 | 10 | 1500 | 2800 |
| Stöber * | - | - | - | - | 2 | 276 | - | 4000 |
| Ströter | 0.09 | 22 | 80 | 315 | 4 | 2650 | 710 | 2840 |
| SUMITOMO (SHI) * | 0.12 | 30 | - | - | 21 | 2599 | - | - |
| TA Techn. Antriebselemente | - | - | - | - | - | - | - | 5600 |
| Tramec* | 0.5 | 247 | - | - | 4 | 250 | - | - |
| Transmotec | 0.12 | 0.22 | - | - | - | - | 1.9 | 1400 |
| Voith Turbo Sonthofen * | - | - | - | - | - | 23 | - | - |
| WATT DRIVE | 0.12 | 55 | - | - | 0.8 | 8600 | - | - |
| Wolfgang Preinfalk * | 41.5 | 732 | 304 | 400 | 36 | 98 | 1310 | 1480 |
| Zahnradwerk Köllmann * | 110 | 140 | - | - | 2.7 | 5.42 | 820 | 6000 |
| ZEITLAUF | 0.0015 | 0.075 | 12 | 68.6 | 7.8 | 2136 | 4000 | 4000 |

**23320000**
Getriebe für
industrielle
Anwendungen

23320100 Zahn- und Keilriemengetriebe (industrielle Anwendung) | 23320102 Flachgetriebe

| Anbieter | Nennleistung; (W) | | Achs-Abstand; (mm) | | Übersetzung des Getriebes; (-) | | min. Drehzahl des Antriebes; (1/min) | |
|---|---|---|---|---|---|---|---|---|
| | von | bis | von | bis | von | bis | von | bis |
| Bischoff Haugg | 0.1 | 100 | 25 | 300 | 1 | 100 | - | 3000 |
| C.H. Schäfer | - | - | - | - | 1 | 6 | 100 | 4500 |
| Carl Bockwoldt * | 0.12 | 55 | - | - | - | - | 0.4 | 800 |
| Danfoss Bauer | 0.03 | 75 | 64 | 221 | 9 | 13000 | - | 3600 |
| Demag | 0.18 | 45 | 91 | 395 | 3.69 | 297 | 4 | 460 |
| Dötsch Elektromotoren | - | - | - | - | 1 | 1500 | - | - |
| Dr. W. Ostermann | - | - | - | - | 1 | 2000 | - | - |
| GearCon | - | - | - | - | 15 | 4800 | - | - |
| Gebr. BRINKMANN | 0.25 | 20 | - | - | 1 | 20 | - | - |
| Getriebebau NORD* | 0.12 | 200 | - | - | - | - | - | - |
| Habasit Rossi | 0.09 | 3650 | 32 | 1380 | 2.5 | 12500 | 1400 | 2800 |
| Halstrup-Walcher | - | 0.1 | - | - | 1 | 1000 | - | 500 |
| Hausm. & Haensgen | - | - | - | - | 5 | 20000 | - | - |
| HEIDOLPH ELEKTRO | 0.02 | 0.55 | - | - | 10 | 1100 | - | 3000 |
| Henschel | 50 | 3000 | 100 | 1500 | 1 | 50 | - | 2000 |
| Heynau | 0.15 | 120 | 25 | 450 | 1 | 4 | 500 | 15000 |
| K .& A. Knödler | 0.12 | 1000 | 143 | 1100 | 1 | 20000 | 1 | 3600 |
| KANIA | 0.12 | 22 | 50 | 120 | 8 | 395 | - | 4500 |
| KEB Barntrup | 4 | 30 | - | - | 3.2 | 275 | 1500 | 3000 |
| KEB Schneeberg * | 0.12 | 30 | - | - | - | - | - | - |
| L. Kissling | - | - | - | - | 2.62 | 264.82 | - | - |
| Lenze * | 0.12 | 45 | - | - | - | - | 1.1 | 875 |
| Leroy-Somer | 0.25 | 30 | 95 | 214 | 5 | 315 | - | 3600 |
| Motovario * | 0.12 | 22 | - | - | 7.38 | 394 | - | - |
| MSF | 0.097 | 7.5 | - | - | - | - | - | - |
| Rexnord Hameln | 0.12 | 355 | 115 | 320 | 3.15 | 30000 | 0.1 | 550 |
| rtz Antriebstk. Dietzenbach | 0.3 | 60 | 90.2 | 235.8 | 6.3 | 710 | - | 3600 |
| SEVA-Tec * | 0.048 | 90 | - | - | 3 | 18000 | - | - |
| W. Stennei | 0.37 | 890 | - | - | 1 | 10 | - | - |
| WATT DRIVE | 0.18 | 55 | - | - | 6 | 18000 | - | - |

23320100 Zahn- und Keilriemengetriebe (industrielle Anwendung) | 23320103 Kegelradgetriebe

| Anbieter | Nennleistung; (W) | | Achswinkel; (°) | | Übersetzung des Getriebes; (-) | | min. Drehzahl des Antriebes; (1/min) | |
|---|---|---|---|---|---|---|---|---|
| | von | bis | von | bis | von | bis | von | bis |
| A. Flender Bocholt | 2.5 | 5890 | 90 | 90 | 5 | 400 | - | 1800 |
| AS Reken * | - | - | - | - | 4 | 14 | - | 1500 |
| ASS | 1 | 1000 | - | 135 | 1 | 20 | 1 | 20000 |
| ATLANTA | 0.3 | 30 | - | 90 | 1 | 5 | - | 3000 |
| Bischoff Haugg | 0.1 | 50 | 90 | 90 | 1 | 6 | - | 3000 |
| Broda * | - | - | 15 | 20 | 1 | 3 | 100 | 1400 |
| C. u. W. Keller * | - | 720 | - | - | - | - | - | - |
| CHM-Technik | - | - | - | - | 10 | 3600 | - | - |
| Danfoss Bauer | 0.03 | 75 | 54 | 410 | 9 | 11000 | - | 3600 |
| Demag | 0.18 | 45 | 90 | 90 | 4.85 | 485 | 1.7 | 600 |
| Dötsch Elektromotoren | - | - | - | - | 1 | 1500 | - | - |
| Dr. W. Ostermann | - | - | - | - | 1 | 2000 | - | - |
| Eisenbeiss | 30 | 2000 | 110 | 1150 | 1 | 500 | 1 | 15000 |
| Enzfelder Getriebe | 1 | 60 | - | - | 2 | 4800 | 1 | 6500 |
| GearCon | - | - | - | - | 3 | 1000 | - | - |
| Gebr. BRINKMANN | 0.5 | 100 | - | - | 1 | 20 | - | - |
| Getriebebau NORD* | 0.12 | 160 | - | - | - | - | - | - |
| Graessner * | - | - | - | - | - | 11000 | - | 6000 |
| Graf | - | - | - | - | 0.04236 | 0.04236 | - | - |
| Habasit Rossi | 0.09 | 3650 | 32 | 1380 | 2.5 | 12500 | 1400 | 2800 |
| Hausm. & Haensgen | - | - | - | - | 8.3 | 7000 | - | - |
| HEIDOLPH ELEKTRO | 0.04 | 0.55 | - | 90 | 6 | 170 | - | 3000 |
| Hueber Getriebebau | 1 | 1000 | 75 | 90 | 1 | 5 | 750 | 1500 |
| INKOMA * | - | - | - | - | 1 | 6 | 20 | 3000 |
| K .& A. Knödler | 0.12 | 1000 | - | 90 | 1 | 20000 | 1 | 3600 |
| KACHELMANN * | - | - | - | - | 1 | 11.4 | - | - |
| KANIA | 0.12 | 45 | - | - | 8 | 180 | 0 | 4500 |
| KEB Barntrup | 4 | 45 | - | - | 5.14 | 183 | 1500 | 3000 |
| Klier Getriebe | 0.02 | 120 | - | - | 0.042 | 0.045 | 10 | 6000 |
| L. Kissling | - | - | - | - | 8.06 | 103.96 | - | - |
| Laipple / Brinkmann * | 0.12 | 45 | - | - | 7.66 | 442.8 | - | - |
| Lenze * | 0.12 | 5.5 | - | - | - | - | 16 | 185 |
| Leroy-Somer | 0.25 | 55 | 80 | 315 | 10 | 160 | - | 3600 |
| Motovario * | 0.12 | 45 | - | - | 7.66 | 443 | - | - |
| Nozag | 0.01 | 125 | - | - | 1 | 5 | - | - |
| Pekrun | 10 | 5000 | - | - | 1 | 7 | 1 | 8000 |
| PIV DRIVES | 1 | 5000 | 90 | 90 | 5.6 | 500 | 1500 | 1800 |
| PS-Antriebstechnik * | - | - | - | - | 1 | 6 | - | - |
| Rexnord Hameln | 0.12 | 355 | 112 | 320 | 7.1 | 30000 | 0.1 | 200 |
| rtz Antriebstk. Dietzenbach | 0.12 | 40 | - | - | 6.3 | 315 | - | 3600 |
| SEVA-Tec * | 0.048 | 90 | - | - | 3 | 18000 | - | - |
| Siemens Geared Motors | 2.5 | 5890 | 90 | 90 | 5 | 400 | - | 1800 |

**23320000**
Getriebe für
industrielle
Anwendungen

23320100 Zahn- und Keilriemengetriebe (industrielle Anwendung) | 23320103 Kegelradgetriebe

| Anbieter | Nennleistung; (W) | | Achswinkel; (°) | | Übersetzung des Getriebes; (-) | | min. Drehzahl des Antriebes; (1/min) | |
|---|---|---|---|---|---|---|---|---|
| | von | bis | von | bis | von | bis | von | bis |
| Stiebel | 1.1 | 710 | - | - | 8.28 | 44 | - | 1500 |
| Ströter | 0.09 | 90 | - | - | 3.7 | 180 | 710 | 2840 |
| SUMITOMO (SHI) * | - | - | - | - | 6.38 | 500 | - | - |
| TA Techn. Antriebselemente | - | - | - | - | - | - | - | 2000 |
| Tandler | 0.1 | 1000 | - | 90 | 0.5 | 6 | 1 | 4000 |
| Tramec* | 0.75 | 90 | - | - | 1 | 10 | - | - |
| Vogel Großbettlingen * | 0.9 | 35.6 | - | - | 0.5 | 6 | 50 | 3000 |
| WATT DRIVE | 0.12 | 55 | - | - | 5.5 | 8600 | - | - |
| Wilhelm Vogel | - | - | - | - | 1 | 10 | 7500 | 7500 |
| WITTENSTEIN alpha | 6 | 4200 | - | - | 1 | 10000 | 3000 | 6000 |
| ZAE - AntriebsSysteme | 0.12 | 37 | 90 | 90 | 1 | 4 | 10 | 3000 |
| ZEITLAUF | 0.011 | 0.084 | 90 | 90 | 4.1 | 113 | 4000 | 4000 |
| ZIMM | - | - | - | - | 1 | 5 | - | 3000 |
| ZZ-Antriebe | - | - | - | - | - | - | 50 | 3000 |

23320100 Zahn- und Keilriemengetriebe (industrielle Anwendung) | 23320104 Schneckengetriebe

| Anbieter | Nennleistung; (W) | | Achs-Abstand; (mm) | | Übersetzung des Getriebes; (-) | | min. Drehzahl des Antriebes; (1/min) | |
|---|---|---|---|---|---|---|---|---|
| | von | bis | von | bis | von | bis | von | bis |
| ATEK Willi Glapiak* | - | - | 20 | 400 | 200 | 10500 | - | - |
| ATLANTA | 0.1 | 15 | 32 | 125 | 4.75 | 82 | - | 5000 |
| Atma * | 0.09 | 1.5 | - | - | - | - | 11.0 | 550.0 |
| ATP * | - | - | 40 | 315 | 5 | 83 | - | - |
| BAT Baß | - | - | - | - | 5 | 50 | 125 | 2500 |
| Bischoff Haugg | 0.1 | 75 | 25 | 100 | 10 | 200 | - | 3000 |
| Blecher Motoren | 0.06 | 15 | 25 | 150 | 5 | 100 | 3 | 560 |
| Bonfiglioli * | - | - | - | - | 7 | 10000 | - | 1400 |
| Carl Bockwoldt * | 0.06 | 15 | - | - | - | - | 13.5 | 413 |
| CHM-Technik | - | - | - | - | 10 | 3600 | - | - |
| Danfoss Bauer | 0.03 | 5.5 | 40 | 184 | 4 | 7900 | - | 3600 |
| Dötsch Elektromotoren | - | - | - | - | 5 | 10000 | - | - |
| Dr. W. Ostermann | - | - | - | - | 4 | 100 | - | - |
| Dunkermotoren | 0.01 | 0.5 | 17 | 40 | - | - | - | - |
| EMM | 0.048 | 15 | - | - | 5 | 100 | 14 | 280 |
| ENGEL | - | - | - | - | 4.8 | 56 | - | - |
| Enzfelder Getriebe | 1 | 50 | - | - | 4 | 120 | 1 | 4000 |
| GearCon | - | - | - | - | 5 | 2400 | - | - |
| Gebr. BRINKMANN | 0.5 | 50 | - | - | 1 | 50 | - | - |
| GEMOTEG * | 0.09 | 0.18 | - | - | 5 | 102 | 23 | 1400 |
| Getriebebau NORD* | 0.12 | 4 | - | - | - | - | - | - |
| GFC Coswig | 0.18 | 132 | 40 | 360 | 5 | 2500 | - | - |
| Güdel | 0.42 | 99 | - | 30 | 4.63 | 47 | - | - |
| Habasit Rossi | 0.09 | 55 | 32 | 250 | 4 | 16000 | 1400 | 2800 |
| Hausm. & Haensgen | - | - | - | - | 8.6 | 12400 | - | - |
| HEIDOLPH ELEKTRO | 0.02 | 0.3 | 16 | 33 | 10 | 100 | - | 3000 |
| Helmut Claus * | - | - | - | - | 2.5 | 100 | - | - |
| Helmut Rossmanith | - | - | - | - | 7 | 2250 | 1400 | 2800 |
| Henschel | 5 | 900 | 180 | 750 | 5 | 80 | - | 3000 |
| Heytec * | 0.18 | 4 | - | - | 5 | 100 | - | - |
| Hueber Getriebebau | 1 | 500 | 60 | 630 | 5 | 3800 | 1500 | 1800 |
| Hydraulik Gergen * | 0.09 | 1.5 | - | - | - | - | 11 | 550 |
| K .& A. Knödler | 0.09 | 55 | 32 | 250 | 1 | 605 | 1 | 2800 |
| KANIA | 0.12 | 15 | 25 | 150 | 5 | 5000 | - | 4000 |
| KEB Barntrup | 0.75 | 7.5 | - | - | 5 | 247.5 | 1500 | 3000 |
| Klier Getriebe | 0.4 | 10.5 | - | - | 0.047 | 1.219 | - | - |
| Küenle * | - | - | - | - | 7.5 | 100 | - | - |
| L. Kissling | - | - | - | - | 7 | 100 | - | - |
| Laipple / Brinkmann * | - | - | - | - | 5 | 100 | - | - |
| Langguth * | 0.09 | 8.7 | - | - | 5 | 100 | - | - |
| Leroy-Somer | 0.18 | 9 | 50 | 100 | 5.2 | 100 | - | 3600 |
| Motovario * | 0.048 | 15 | - | - | 5 | 100 | - | - |

23320000
Getriebe für
industrielle
Anwendungen

23320100 Zahn- und Keilriemengetriebe (industrielle Anwendung) | 23320104 Schneckengetriebe

| Anbieter | Nennleistung; (W) | | Achs-Abstand; (mm) | | Übersetzung des Getriebes; (-) | | min. Drehzahl des Antriebes; (1/min) | |
|---|---|---|---|---|---|---|---|---|
| | von | bis | von | bis | von | bis | von | bis |
| MSF | 0.097 | 4 | - | - | 7.5 | 60 | - | - |
| Neudecker & Jolitz* | - | - | - | - | 1 | 461 | - | - |
| Nozag | 0.22 | 1.5 | - | - | 7 | 2700 | - | - |
| Pekrun | 10 | 500 | - | - | 20 | 120 | 0.5 | 1500 |
| PS-Antriebstechnik * | - | - | - | - | 5 | 784.96 | - | - |
| R.E.G. * | 0.05 | 35 | - | - | 7.558 | 287.06 | - | - |
| RGM Ruhrgetriebe | 0.03 | 1.1 | 22 | 65 | - | - | 900 | 4000 |
| Rhein-Getriebe * | - | - | 25 | 125 | 60 | 7000 | - | - |
| rtz Antriebstk. Dietzenbach | 0.06 | 37 | 28 | 150 | 7 | 10000 | - | 3600 |
| SEVA-Tec * | 0.048 | 7.5 | - | - | 5 | 110 | - | - |
| Speedmec | 0.06 | 15 | 25 | 150 | 5 | 100 | 3 | 560 |
| SPN Schwaben Präzision | 0.04 | 3.6 | - | - | 6 | 109 | - | 6000 |
| Stöber * | - | - | - | - | 6 | 683 | - | 3000 |
| Ströter | 0.09 | 4 | - | - | 7 | 100 | 710 | 2840 |
| TA Techn. Antriebselemente | - | - | - | - | - | - | - | 4500 |
| Th. Zürrer AG | - | 3 | 23 | 110 | 5 | 10000 | - | 4000 |
| Tramec* | 0.25 | 9.23 | - | - | - | - | 0.1 | 187 |
| WATT DRIVE | 0.12 | 7.5 | - | - | 3 | 3400 | - | - |
| WITTENSTEIN alpha | 60 | 450 | 50 | 100 | 4 | 40 | 3500 | 6000 |
| ZAE - AntriebsSysteme | 0.12 | 90 | 40 | 315 | 5 | 83 | 10 | 5000 |
| ZEITLAUF | 0.011 | 0.084 | 90 | 90 | 4.1 | 113 | 4000 | 4000 |
| ZIMM | - | - | - | - | 4 | 56 | - | 1500 |

23320100 Zahn- und Keilriemengetriebe (industrielle Anwendung) | 23320105 Planetengetriebe

| Anbieter | Nennleistung; (W) | | Achs-Abstand; (mm) | | Übersetzung des Getriebes; (-) | | min. Drehzahl des Antriebes; (1/min) | |
|---|---|---|---|---|---|---|---|---|
| | von | bis | von | bis | von | bis | von | bis |
| A. Flender Bocholt | 0.4 | 11143 | 90 | 445 | 25 | 4000 | 750 | 3000 |
| Apex Dynamics * | - | - | - | - | 3 | 100 | 1000 | 7000 |
| ASG - Allweier Systeme | 0.2 | 50 | - | - | 3 | 1500 | 5 | 6000 |
| ASS | 1 | 450 | - | - | 0.04236 | 500 | 1 | 4000 |
| Atma * | - | - | - | - | - | - | 1.0 | 500.0 |
| Bahr Modultechnik | - | - | - | - | 1 | 100 | 150 | 7000 |
| Baumüller * | - | - | - | - | 3 | 512 | 6000 | 18000 |
| Bischoff Haugg | 0.1 | 150 | 10 | 75 | 4 | 1000 | 0 | 6000 |
| Bretzel * | - | - | - | - | 3 | 100 | 3000 | 6000 |
| CMD Compangnie Messian-Durand | - | - | - | - | - | - | 0.236 | 1775.0 |
| Danaher Motion | - | - | - | - | 3 | 100 | - | - |
| DekaTec * | - | - | - | - | 5 | 100 | 4800 | 8000 |
| Dötsch Elektromotoren | - | - | - | - | 3 | 1500 | - | - |
| Dunkermotoren | 0.01 | 0.5 | - | - | - | - | - | - |
| Eickhoff | - | - | - | - | 25 | 4000 | - | 2000 |
| Eisele | - | 600 | - | - | 3 | 1000 | - | 6500 |
| Eisenbeiss | 10 | 3000 | 100 | 850 | 5 | 2000 | 0.5 | 500 |
| ELMORE | - | 300 | - | - | 3 | 1000 | - | - |
| ENGEL | - | - | - | - | 5 | 54880 | - | - |
| Enzfelder Getriebe | 1 | 50 | - | - | 1 | 1000 | 1 | 3500 |
| ESR Pollmeier | - | - | - | - | 3 | 220 | 3700 | 5500 |
| GearCon | - | - | - | - | 3 | 23014 | 100 | 10000 |
| Gebr. BRINKMANN | 0.5 | 200 | - | - | 1 | 1000 | - | - |
| GEMOTEG * | - | - | - | - | 3 | 216 | 4000 | 6000 |
| Güdel | - | - | - | - | 5.7 | 61.91 | 1200 | 6000 |
| Habasit Rossi | 0.25 | 55 | - | - | 10 | 3000 | 900 | 2800 |
| Harmonic Drive | 0.15 | 32 | - | - | 5 | 45 | 2500 | 10000 |
| HEIDOLPH ELEKTRO | 0.04 | 3 | - | - | 5 | 130 | - | 3000 |
| Helmut Claus * | - | - | - | - | 3.38 | 857.37 | - | - |
| Heynau | - | - | - | - | 4 | 7 | 6000 | 15000 |
| Heytec * | - | - | - | - | 3 | 343 | 4000 | 6000 |
| Hueber Getriebebau | 1 | 600 | - | - | 4 | 280 | 1500 | 1800 |
| Hydraulik Gergen * | - | - | - | - | - | - | 1 | 500 |
| Jahns Regulatoren | - | - | - | - | 3.46 | 1500 | - | 3500 |
| KEB Barntrup | 0.1 | 5 | - | - | 3 | 100 | 3000 | 6000 |
| L. Kissling | - | - | - | - | 22.65 | 570 | - | - |
| Laipple / Brinkmann * | - | - | - | - | 4 | 2075 | - | - |
| Liebherr | 3000 | 2500000 | - | - | 30 | 1400 | 2000 | 3500 |
| Micromotion * | - | - | - | - | 40 | 80 | 10000 | 30000 |
| NAF Achsenfabrik * | - | - | - | - | 4.67 | 6.9 | 775 | 1160 |
| Neugart * | - | - | - | - | 3 | 100 | 500 | 14000 |

**23320000**
Getriebe für industrielle Anwendungen

23320100 Zahn- und Keilriemengetriebe (industrielle Anwendung) | 23320105 Planetengetriebe

| Anbieter | Nennleistung; (W) | | Achs-Abstand; (mm) | | Übersetzung des Getriebes; (-) | | min. Drehzahl des Antriebes; (1/min) | |
|---|---|---|---|---|---|---|---|---|
| | von | bis | von | bis | von | bis | von | bis |
| Pekrun | 10 | 2000 | - | - | 5 | 2000 | 0.5 | 1500 |
| Peromatic * | - | - | - | - | 1 | 200 | - | - |
| planetroll | 0.3 | 20 | - | - | 3 | 100 | - | - |
| PS-Antriebstechnik * | - | - | - | - | 3 | 1000 | - | - |
| Pulsgetriebe * | - | - | - | - | - | - | 100 | 22000 |
| RENK AG * | 3500 | 50000 | - | - | 2 | 16 | 3600 | 18000 |
| Rhein-Getriebe * | - | - | 25 | 125 | 300 | 7000 | - | - |
| ROLLSTAR | - | 600 | - | - | 3.375 | 5000 | - | 3000 |
| rtz Antriebstk. Dietzenbach | - | - | - | - | 3.5 | 2000 | - | 3600 |
| Siemens Geared Motors | 0.4 | 11143 | 90 | 445 | 25 | 4000 | 750 | 3000 |
| SPN Schwaben Präzision | 0.04 | 25 | - | - | 3 | 700 | - | 6000 |
| Stöber * | - | - | - | - | 3 | 100 | - | 4500 |
| TA Techn. Antriebselemente | - | - | - | - | - | - | - | 3000 |
| Tandler | 0.1 | 1000 | - | - | 3 | 10000 | 1 | 4000 |
| Transmotec | 0.024 | 0.22 | - | - | - | - | 1.6 | 2500 |
| Wilhelm Vogel | - | - | - | - | 3 | 245 | - | - |
| WITTENSTEIN alpha | 1 | 10000 | - | - | 1 | 220 | 1 | 8000 |
| Wolfgang Preinfalk * | 200 | 1000 | - | - | 16 | 39 | 1470 | 1470 |
| ZEITLAUF | 0.004 | 0.2 | - | - | 3.18 | 231 | 4000 | 4000 |

23320100 Zahn- und Keilriemengetriebe (industrielle Anwendung) | 23320106 Turbogetriebe

| Anbieter | Nennleistung; (W) | | Achs-Abstand; (mm) | | Übersetzung des Getriebes; (-) | | min. Drehzahl des Antriebes; (1/min) | |
|---|---|---|---|---|---|---|---|---|
| | von | bis | von | bis | von | bis | von | bis |
| Dötsch Elektromotoren | - | - | - | - | 3 | 1500 | - | - |
| Henschel | 50 | 5000 | 100 | 1500 | 1 | 5 | - | 6000 |
| Hueber Getriebebau | 100 | 15000 | 125 | 560 | 1 | 6 | - | 35000 |
| Pekrun | 100 | 30000 | - | - | 1 | 25 | 990 | 15000 |
| RENK Rheine * | 0.006 | 80000 | 125 | 1000 | 1 | 12 | - | - |

**23320000**
Getriebe für
industrielle
Anwendungen

23320100 Zahn- und Keilriemengetriebe (industrielle Anwendung) | 23320107 Spielarme Getriebe

| Anbieter | Nennleistung; (W) | | Achs-Abstand; (mm) | | Übersetzung des Getriebes; (-) | | min. Drehzahl des Antriebes; (1/min) | |
|---|---|---|---|---|---|---|---|---|
| | von | bis | von | bis | von | bis | von | bis |
| ATLANTA | 0.1 | 15 | 32 | 125 | 4.75 | 50 | - | 5000 |
| Dötsch Elektromotoren | - | - | - | - | 3 | 1500 | - | - |
| ESR Pollmeier | - | - | - | - | 3 | 220 | 3700 | 5500 |
| GearCon | - | - | - | - | 15 | 5000 | - | - |
| Graf | - | - | - | - | 1.25069 | 2.50069 | - | - |
| Harmonic Drive | 0.15 | 32 | - | - | 5 | 45 | 2500 | 10000 |
| Heynau | 0.15 | 120 | - | 450 | 1 | 4 | 500 | 6000 |
| Hueber Getriebebau | 60 | 300 | 200 | 400 | 1 | 4 | 300 | 1500 |
| K .& A. Knödler | 0.12 | 1000 | 143 | 1100 | 1 | 20000 | 1 | 3600 |
| KANIA | 0.06 | 15 | - | - | 3 | 200 | 3000 | 10000 |
| L. Kissling | - | - | - | - | 1 | 6.5 | - | - |
| Nabtesco | - | - | - | - | 27 | 300 | 2160 | 6325 |
| Nozag | - | - | - | - | 35 | 191 | - | - |
| planetroll | 2 | 65 | - | - | 3 | 100 | - | - |
| rtz Antriebstk. Dietzenbach | - | - | - | - | 3 | 100 | - | 3600 |
| SPN Schwaben Präzision | 0.09 | 146 | - | - | 3 | 100 | - | - |
| Stöber * | - | - | - | - | 4.3 | 552 | - | 4000 |
| TA Techn. Antriebselemente | - | - | - | - | - | - | - | 2000 |
| Tandler | 0.1 | 1000 | - | - | 0.25 | 60000 | 1 | 4000 |
| Th. Zürrer AG | - | 3 | 23 | 104 | 5 | 100 | - | 4000 |
| Wilhelm Vogel | - | - | - | - | 3 | 100 | 7500 | 7500 |
| ZAE - AntriebsSysteme | 0.12 | 90 | 40 | 315 | 5 | 83 | 10 | 5000 |
| ZEITLAUF | 0.039 | 0.086 | - | - | 3.9 | 113.1 | 4000 | 4000 |

**23320000**
Getriebe für
industrielle
Anwendungen

23320100 Zahn- und Keilriemengetriebe (industrielle Anwendung) | 23320108 Schaltgetriebe

| Anbieter | Nennleistung; (W) | | Achs-Abstand; (mm) | | Übersetzung des Getriebes; (-) | | min. Drehzahl des Antriebes; (1/min) | |
|---|---|---|---|---|---|---|---|---|
| | von | bis | von | bis | von | bis | von | bis |
| Dötsch Elektromotoren | - | - | - | - | 3 | 1500 | - | - |
| Dr. W. Ostermann | - | - | - | - | 1 | 2000 | - | - |
| Eisenbeiss | 30 | 2500 | 160 | 1150 | 1 | 500 | 10 | 4000 |
| Henschel | 30 | 3000 | 100 | 1500 | 1 | 50 | - | 2000 |
| Heynau | 30 | 120 | - | - | 1 | 16 | 6000 | 15000 |
| Hueber Getriebebau | 100 | 1000 | 100 | 500 | 1.1 | 5.6 | 750 | 1500 |
| K .& A. Knödler | 0.12 | 1000 | 143 | 1100 | 1 | 20000 | 1 | 3000 |
| L. Kissling | - | - | - | - | 1 | 2 | - | - |
| Pekrun | 10 | 20000 | - | - | 1 | 1000 | 1 | 3000 |
| ROLLSTAR | - | 200 | - | - | 1 | 9.55 | - | 1500 |
| Stiebel | 200 | 350 | - | - | - | - | 2200 | 2700 |
| TA Techn. Antriebselemente | - | - | - | - | - | - | - | 2800 |
| Tandler | 0.1 | 1000 | - | - | 1 | 10000 | 1 | 4000 |
| Wilhelm Vogel | - | - | - | - | 1 | 6 | 3000 | 3000 |

23320100 Zahn- und Keilriemengetriebe (industrielle Anwendung) | 23320109 Spindelhubgetriebe

| Anbieter | Nennleistung; (W) | | Achs-Abstand; (mm) | | Übersetzung; (1/m) | | min. Drehzahl des Antriebes; (1/min) | |
|---|---|---|---|---|---|---|---|---|
| | von | bis | von | bis | von | bis | von | bis |
| ATLANTA | 0.1 | 15 | 32 | 80 | - | - | - | 5000 |
| August Dreckshage | 0.12 | 50 | 25 | 196 | 80 | 4000 | - | 3000 |
| Dötsch Elektromotoren | - | - | - | - | 0.1 | 3 | - | - |
| Dr. W. Ostermann | - | - | - | - | 4 | 100 | - | - |
| Enzfelder Getriebe | 0.05 | 50 | - | - | 4 | 120 | 1 | 4000 |
| GearCon | - | - | - | - | 5 | 5000 | - | - |
| Klier Getriebe | 0.2 | 50 | - | - | 0.167 | 0.36 | - | - |
| NEFF | - | - | - | 6000 | 0.04236 | 1.66736 | - | 3000 |
| PFAFF-silberblau | 0.17 | 31 | 20 | 225 | - | - | 50 | 3000 |
| TA Techn. Antriebselemente | - | - | - | - | - | - | - | 3000 |

**23320000**
Getriebe für
industrielle
Anwendungen

23320100 Zahn- und Keilriemengetriebe (industrielle Anwendung) | 23320110 Keilriemengetriebe

| Anbieter | Nennleistung; (W) | | Achs-Abstand; (mm) | | Übersetzung des Getriebes; (-) | | min. Drehzahl des Antriebes; (1/min) | |
|---|---|---|---|---|---|---|---|---|
| | von | bis | von | bis | von | bis | von | bis |
| Bahr Modultechnik | - | - | 60 | 131 | 1 | 3 | - | - |
| ContiTech | 0.001 | 265 | - | - | - | - | 10 | 6000 |
| Dötsch Elektromotoren | - | - | - | - | 3 | 100 | - | - |
| GearCon | - | - | - | - | 5 | 20000 | - | - |
| Hausm. & Haensgen | - | - | - | - | 1 | 5 | - | - |
| Leroy-Somer | 0.25 | 55 | - | - | 3 | 25 | 30 | 1000 |
| Stiebel | 2.6 | 90 | - | - | 7.3 | 20 | - | 1500 |
| W. Stennei | 0.37 | 890 | - | - | 1 | 6 | - | - |

23320200 Stufenlos einstellbares Getriebe | 23320201 Mechanisches Getriebe

| Anbieter | Nennleistung; (W) | | Übersetzung des Getriebes; (-) | | min. Drehzahl des Antriebes; (1/min) | | | |
|---|---|---|---|---|---|---|---|---|
| | von | bis | von | bis | von | bis | | |
| Blecher Motoren | 0.12 | 5.5 | - | - | 3 | 350 | - | - |
| Dötsch Elektromotoren | - | - | 10 | 300 | - | - | - | - |
| Harmonic Drive | 0.001 | 12 | 30 | 320 | 1800 | 14000 | - | - |
| Heynau | 0.18 | 4 | 0.33 | 3 | 0.003 | 5000 | - | - |
| K .& A. Knödler | 0.12 | 4 | 1 | 605 | 1400 | 2800 | - | - |
| PIV DRIVES | 50 | 250 | 0.4 | 2.45 | - | - | - | - |
| planetroll | 0.027 | 11 | - | - | - | - | - | - |
| rtz Antriebstk. Dietzenbach | 0.12 | 2.2 | 5 | 5 | - | 3600 | - | - |
| SEW-EURODRIVE | 0.75 | 45 | 0.05 | 0.047 | - | - | - | - |
| Speedmec | 0.12 | 5.5 | - | - | 3 | 350 | - | - |
| Stöber * | - | - | - | - | - | 3500 | - | - |
| Ströter | 0.09 | 1.5 | 0.04 | 2500 | 450 | 3000 | - | - |
| Tandler | 0.1 | 1000 | 0.222 | 3 | 1 | 1500 | - | - |

23320200 Stufenlos einstellbares Getriebe | 23320202 Hydrodynamisches Getriebe

| Anbieter | Nennleistung; (W) | | Übersetzung des Getriebes; (-) | | min. Drehzahl des Antriebes; (1/min) | | | |
|---|---|---|---|---|---|---|---|---|
| | von | bis | von | bis | von | bis | | |
| Voith Turbo Crailsheim * | 10 | 50000 | - | - | 500 | 7000 | - | - |

**23320000**
Getriebe für
industrielle
Anwendungen

23320200 Stufenlos einstellbares Getriebe | 23320203 Hydrostatisches Getriebe

| Anbieter | Nennleistung; (W) | | Übersetzung des Getriebes; (-) | | min. Drehzahl des Antriebes; (1/min) | | | |
|---|---|---|---|---|---|---|---|---|
| | von | bis | von | bis | von | bis | | |
| Danfoss | - | 850 | - | - | - | 7000 | - | - |
| Linde | 10 | 746 | 0.1 | - | 500 | 3300 | - | - |
| Sauer Danfoss | - | 850 | - | 500 | - | 7000 | - | - |

## 23330000 Klebstoff (technisch)

23330100 Klebstoff (technisch) | 23330101 Sprühklebstoff

| Anbieter | Aushärtungsdauer; (s) | | Bindefestigkeit; $(N/mm^2)$ | | Schälfestigkeit; $(N/mm)$ | | Dauerfestigkeit; $(N/mm^2)$ | |
|---|---|---|---|---|---|---|---|---|
| | von | bis | von | bis | von | bis | von | bis |
| Bodo Möller | 0.0333 | 0.083333 | - | - | - | - | 4 | 9 |

23330100 Klebstoff (technisch) | 23330104 Schmelzklebstoff

| Anbieter | Aushärtungsdauer; (s) | | Bindefestigkeit; $(N/mm^2)$ | | Schälfestigkeit; $(N/mm)$ | | Dauerfestigkeit; $(N/mm^2)$ | |
|---|---|---|---|---|---|---|---|---|
| | von | bis | von | bis | von | bis | von | bis |
| Novamelt | - | - | 1 | 20 | 1 | 20 | 1 | 20 |

23330100 Klebstoff (technisch) | 23330105 Cyanacrylat-Klebstoff

| Anbieter | Aushärtungsdauer; (s) | | Bindefestigkeit; $(N/mm^2)$ | | Schälfestigkeit; $(N/mm)$ | | Dauerfestigkeit; $(N/mm^2)$ | |
|---|---|---|---|---|---|---|---|---|
| | von | bis | von | bis | von | bis | von | bis |
| Bank Klebstoffe | - | - | 12 | 30 | - | - | - | - |
| Bodo Möller | 0,00005 | 0.0166 | - | - | - | - | 10 | 30 |
| Byla Klebstoffe | 0.0006 | 0.003 | 15 | 18 | - | - | 15 | 45 |
| DELO Industrie * | - | 0.6 | - | - | - | 70 | - | - |
| E. Epple * | 0.125 | 30 | - | - | 1.3 | 27.5 | 0.2 | 21 |
| Hausm. & Haensgen | - | - | 2 | 4000 | - | - | - | - |
| Wilhelm Sahlberg | 0.01 | 0.1 | 12 | 28 | - | - | - | - |

23330100 Klebstoff (technisch) | 23330190 Klebstoff (technisch, nicht klassifiziert)

| Anbieter | Aushärtungsdauer; (s) | | Bindefestigkeit; $(N/mm^2)$ | | Schälfestigkeit; $(N/mm)$ | | Dauerfestigkeit; $(N/mm^2)$ | |
|---|---|---|---|---|---|---|---|---|
| | von | bis | von | bis | von | bis | von | bis |
| Bank Klebstoffe | - | - | 6 | 60 | - | - | - | - |
| Bodo Möller | - | - | - | - | - | - | 6 | 12 |
| Byla Klebstoffe | 0.5 | 3 | 10 | 25 | - | - | 10 | 40 |
| E. Epple * | 2 | 30 | - | - | 0.2 | 25 | 0.2 | 20 |
| Hausm. & Haensgen | - | - | - | 4000 | - | - | - | - |
| Knapp | 2 | 12 | 3 | 26 | 15 | 30 | - | - |
| omniTECHNIK | 1 | 6 | 7 | 30 | - | - | 7 | 30 |
| SIKA | 4 | 200 | - | - | 2.2 | 5 | 1 | 10 |
| Silka * | 4 | 200 | - | - | 2.2 | 5 | 1 | 10 |
| Vebatec | 12 | 48 | - | - | - | - | - | - |
| Wilhelm Sahlberg | 0.2 | 20 | 3 | 30 | - | - | - | - |

**23330000**
Klebstoff
(technisch)

Mit * gekennzeichnete Herstellerangaben entstammen Katalogdaten im Internet oder Firmenschriften.

# 27000000 Elektro-, Automatisierungs- und Prozessleittechnik

## 27010000 Generator

27010200 Generator (10-100 MVA) | 27010290 Generator (10-100 MVA, nicht klassifiziert)

| Anbieter | elektrische Leistung; (kW) | | mechanische Leistung; (kW) | | Nenndrehzahl des Antriebes; (1/min) | | | |
|---|---|---|---|---|---|---|---|---|
| | von | bis | von | bis | von | bis | | |
| Leroy-Somer | 1 | 25 | - | - | 333 | 1800 | - | - |
| Lloyd | 10000 | 55000 | 4000 | 35000 | 100 | 1800 | - | - |
| Loher* | 10 | 8000 | - | - | 500 | 3000 | - | - |
| Neudecker & Jolitz* | 4.5 | 41 | - | - | - | - | - | - |
| SSB Salzbergen | - | - | 10 | 30 | 1000 | 3000 | - | - |
| VSM * | 1.1 | 1000 | - | - | 1500 | 8000 | - | - |

27010300 Generator (< 10 MVA) | 27010390 Generator (< 10 MVA, nicht klassifiziert)

| Anbieter | elektrische Leistung; (kW) | | mechanische Leistung; (kW) | | Nenndrehzahl des Antriebes; (1/min) | | | |
|---|---|---|---|---|---|---|---|---|
| | von | bis | von | bis | von | bis | | |
| ELDIN * | 40 | 160 | - | - | - | 1500 | - | - |
| Elektro-Maschinenbau | 150 | 1100 | - | - | 500 | 3000 | - | - |
| Frigoblock * | 10 | 42 | - | - | 500 | 3000 | - | - |
| Leroy-Somer | 0.01 | 2.7 | - | - | 1000 | 3600 | - | - |
| Lloyd | 4000 | 10000 | 4000 | 35000 | 100 | 1800 | - | - |
| MACCON | 0.2 | 99 | 0.2 | 120 | 80 | 1500 | - | - |
| NBE* | 5 | 420 | - | - | 100 | 1500 | - | - |
| Oswald | 10 | 1000 | 10 | 1000 | 10 | 3000 | - | - |
| SSB Salzbergen | - | - | 1 | 10 | 1000 | 3000 | - | - |
| Ziehl-Abegg | 10 | 50 | 12 | 60 | 60 | 300 | - | - |

Mit * gekennzeichnete Herstellerangaben entstammen Katalogdaten im Internet oder Firmenschriften.

© Roloff/Matek Bauteilkatalog 2009

## 27020000 Elektrischer Antrieb

27022100 Niederspannungs-Drehstrom-Asynchronmotor | 27022101 NS-Drehstrom-Asynchronmotor, Käfigläufer (IEC)

| Anbieter | Synchrondrehzahl bei 50 Hz; (1/min) | | Bemessungsspannung; (V) | | Bemessungsleistung; (V A) | | Nenndrehmoment; (N m) | |
|---|---|---|---|---|---|---|---|---|
| | von | bis | von | bis | von | bis | von | bis |
| ABB * | 500 | 3000 | 380 | 15000 | 0.25 | 60000 | 1.2 | 2270 |
| ABM Greiffenberger * | 750 | 10000 | 7 | 690 | 0.06 | 30 | - | - |
| ADDA * | 640 | 3000 | - | - | 0.05 | 200 | - | - |
| Angst + Pfister CH | 300 | 375 | 380 | 690 | 0.09 | 2000 | 0.42 | 100 |
| Antriebe Neumann | 750 | 3000 | - | - | 0.37 | 2800 | 1.2 | 8900 |
| Antriebssysteme Faurndau | 1000 | 3000 | - | - | 5 | 200 | - | - |
| ASTRO * | 10 | 1800 | 3 | 400 | 0.0002 | 0.03 | 0.03 | 1 |
| ATB Antriebstech. Austria * | 1000 | 6000 | - | - | 0.25 | 423 | 6.3 | 1275 |
| ATB Antriebstechnik* | 1000 | 6000 | - | - | 0.25 | 423 | 6.38 | 1275 |
| BEN Buchele | 750 | 3600 | 230 | 690 | 0.11 | 1200 | 1.4 | 9600 |
| Blecher Motoren | 375 | 3600 | 220 | 1000 | 0.06 | 400 | - | - |
| Control Techniques | 1000 | 3000 | - | 400 | 0.25 | 132 | 0.82 | 877 |
| Danfoss Bauer | 500 | 3600 | 110 | 690 | 0.03 | 75 | 0.3 | 200 |
| Demag | 500 | 3000 | 220 | 690 | 0.18 | 45 | 0.63 | 290 |
| Dötsch Elektromotoren | - | - | - | - | 0.06 | 630 | - | - |
| ELDIN * | 350 | 2980 | 220 | 725 | 0.25 | 355 | - | - |
| Elektromotorenwerk Grünhain | 750 | 3000 | 110 | 690 | 0.06 | 7.5 | - | - |
| EMM | 750 | 3000 | 230 | 690 | 0.09 | 160 | - | - |
| ems Elektro-Maschinenbau * | - | - | - | - | 0.04 | 200 | - | - |
| Emtec | - | - | - | - | 0.09 | 750 | - | - |
| Enßlen * | 500 | 6000 | - | - | 0.048 | 1600 | 40 | 1300 |
| EP Bruchköbel * | 500 | 4500 | - | - | 0.06 | 500 | - | - |
| EW HOF | - | 9000 | - | - | - | - | - | - |
| Gather Industrie * | 750 | 3000 | 230 | 690 | 0.12 | 4 | 0.4 | 40 |
| Gefeg Neckar | 1300 | 2700 | 24 | 500 | 0.005 | 0.5 | 0.002 | 1.2 |
| GEMOTEG * | 2810 | 2970 | - | - | 0.9 | 270 | - | - |
| GHV | 1500 | 3000 | 200 | 400 | 0.025 | 0.09 | 0.16 | 0.64 |
| Harms * | 750 | 3000 | - | - | 0.06 | 335 | - | - |
| HEIDOLPH ELEKTRO | 750 | 20000 | 24 | 400 | 0.02 | 2 | 0.01 | 5 |
| Indimas Essel * | - | - | 220 | 2300 | 0.25 | 1000 | - | - |
| INTERROLL | 50 | 3000 | 230 | 400 | 0.018 | 132 | 2.1 | 1142 |
| J.Helmke | 750 | 3000 | 230 | 690 | 0.18 | 1250 | - | - |
| Jan Mauer * | 1000 | 3000 | 230 | 400 | 0.097 | 55 | - | - |
| K .& A. Knödler | 900 | 2800 | 230 | 400 | 1.5 | 55 | 10 | 375 |
| KANIA | 500 | 3000 | 110 | 400 | 0.06 | 45 | - | 250 |
| Karl Zimmermann * | 600 | 3600 | - | - | 0.06 | 500 | - | - |
| KOCO Motion | 7 | 1500 | - | - | 0.006 | 0.2 | - | - |
| Küenle * | 1000 | 2810 | 230 | 400 | 0.12 | 500 | - | - |
| Lack Elektromotoren | 500 | 3000 | - | - | 0.09 | 800 | - | - |
| Laipple / Brinkmann * | - | - | - | - | 0.04 | 315 | - | - |
| Leroy-Somer | 750 | 3000 | 230 | 400 | 0.25 | 900 | 0.3 | 5807 |

27020000
Elektrischer
Antrieb

27022100 Niederspannungs-Drehstrom-Asynchronmotor | 27022101 NS-Drehstrom-Asynchronmotor, Käfigläufer (IEC)

| Anbieter | Synchrondrehzahl bei 50 Hz; (1/min) | | Bemessungsspannung; (V) | | Bemessungsleistung; (V A) | | Nenndrehmoment; (N m) | |
|---|---|---|---|---|---|---|---|---|
| | von | bis | von | bis | von | bis | von | bis |
| Liebherr | 1000 | 1500 | 400 | 690 | 5 | 11 | 40 | 700 |
| Marelli | - | - | 380 | 13800 | 110 | 2000 | - | - |
| Mark Burkhardt* | - | - | - | - | 0.8 | 25000 | - | - |
| MSF | 750 | 3000 | - | - | 0.06 | 360 | - | - |
| Neudecker & Jolitz* | 375 | 3600 | 380 | 420 | 0.09 | 690 | - | - |
| Oriental Motor | 1250 | 1300 | 400 | 400 | 0.025 | 0.09 | 0.19 | 0.7 |
| Oswald | 500 | 20000 | 300 | 690 | 5 | 1000 | 10 | 5000 |
| rtz Antriebstk. Dietzenbach | 750 | 3600 | - | 830 | 0.06 | 200 | - | - |
| SEVA-Tec * | 690 | 2930 | - | - | 0.12 | 400 | - | - |
| SEW-EURODRIVE | 750 | 3000 | 230 | 690 | 0.09 | 200 | 0.66 | 1290 |
| Speedmec | 375 | 3600 | 220 | 1000 | 0.06 | 400 | - | - |
| T-T Electric | 750 | 3000 | 400 | 690 | 0.5 | 900 | 1 | 8000 |
| TA Techn. Antriebselemente | 1350 | 2900 | 230 | 400 | 0.06 | 18.5 | 0.21 | 98.5 |
| Walter Perske | 1500 | 40000 | 110 | 690 | 0.2 | 200 | 0.1 | 450 |
| WEG Germany | - | - | - | - | 0.12 | 355 | - | - |
| Weier | - | - | - | - | 10 | 300 | - | - |
| Willburger System | 9500 | 11400 | - | - | 0.00757 | 0.3 | - | - |
| WL Liedtke * | 2886 | 2932 | - | - | 5 | 120 | - | - |

Mit * gekennzeichnete Herstellerangaben entstammen Katalogdaten im Internet oder Firmenschriften.

27022100 Niederspannungs-Drehstrom-Asynchronmotor | 27022102 NS-Drehstrom-Asynchronmotor, Käfigläufer (IEC, Ex)

| Anbieter | Synchrondrehzahl bei 50 Hz; (1/min) | | Bemessungsspannung; (V) | | Bemessungsleistung; (V A) | | Nenndrehmoment; (N m) | |
|---|---|---|---|---|---|---|---|---|
| | von | bis | von | bis | von | bis | von | bis |
| ABB * | 500 | 3000 | 380 | 15000 | 0.25 | 60000 | 1.2 | 2270 |
| ABM Greiffenberger * | 750 | 10000 | 7 | 690 | 0.06 | 30 | - | - |
| Angst + Pfister CH | 750 | 3000 | 380 | 690 | 0.12 | 55 | 2.5 | 710 |
| Antriebe Neumann | 750 | 3000 | - | - | 0.09 | 160 | 0.3 | 510 |
| Blecher Motoren | 1000 | 3000 | 230 | 690 | 0.12 | 200 | - | - |
| Danfoss Bauer | 500 | 3600 | 110 | 690 | 0.03 | 30 | 0.3 | 200 |
| Dötsch Elektromotoren | - | - | - | - | 0.06 | 630 | - | - |
| EMM | 1500 | 3000 | 230 | 690 | 0.12 | 45 | - | - |
| ems Elektro-Maschinenbau * | - | - | - | - | 0.04 | 200 | - | - |
| Emtec | - | - | - | - | 0.09 | 500 | - | - |
| Enßlen * | 500 | 6000 | - | - | 0.048 | 500 | 40 | 1300 |
| EP Bruchköbel * | 500 | 4500 | - | - | 0.06 | 500 | - | - |
| Gather Industrie * | 750 | 3000 | 230 | 690 | 0.37 | 4 | 1.2 | 40 |
| GEMOTEG * | 2810 | 2970 | - | - | 0.9 | 270 | - | - |
| Harms * | 750 | 3000 | - | - | 0.06 | 335 | - | - |
| Indimas Essel * | - | - | 220 | 2300 | 0.25 | 1000 | - | - |
| Karl Zimmermann * | 600 | 3600 | - | - | 0.06 | 500 | - | - |
| Küenle * | 1000 | 2810 | 230 | 400 | 0.12 | 500 | - | - |
| Lack Elektromotoren | 500 | 3000 | - | - | 0.09 | 11 | - | - |
| Laipple / Brinkmann * | - | - | - | - | 0.04 | 315 | - | - |
| Leroy-Somer | 1000 | 3000 | 230 | 400 | 0.09 | 675 | 2.5 | 2885 |
| Mark Burkhardt* | - | - | - | - | 0.8 | 25000 | - | - |
| Neudecker & Jolitz* | 375 | 3600 | 380 | 420 | 0.09 | 690 | - | - |
| rtz Antriebstk. Dietzenbach | 750 | 3600 | - | 830 | 0.06 | 18.5 | - | - |
| SEW-EURODRIVE | 750 | 3000 | 230 | 415 | 0.12 | 75 | - | - |
| Speedmec | 1000 | 3000 | 230 | 690 | 0.12 | 200 | - | - |
| Walter Perske | 1500 | 40000 | 110 | 690 | 0.2 | 200 | 0.1 | 450 |
| WEG Germany | - | - | - | - | 0.18 | 355 | - | - |

27020000
Elektrischer
Antrieb

27022100 Niederspannungs-Drehstrom-Asynchronmotor | 27022103 NS-Drehstrom-Asynchronmotor, Käfigläufer (NEMA)

| Anbieter | Synchrondrehzahl bei 50 Hz; (1/min) | | Bemessungsspannung; (V) | | Bemessungsleistung; (V A) | | Nenndrehmoment; (N m) | |
|---|---|---|---|---|---|---|---|---|
| | von | bis | von | bis | von | bis | von | bis |
| ABB * | 500 | 3000 | 380 | 15000 | 0.25 | 45000 | 1.2 | 2270 |
| Dötsch Elektromotoren | - | - | - | - | 0.06 | 630 | - | - |
| Gather Industrie * | 750 | 3000 | 230 | 690 | 0.37 | 4 | 1.2 | 40 |
| Gunda Motoren * | 100 | 6000 | - | - | - | - | 0.04 | 9 |
| Harms * | 750 | 3000 | - | - | 0.06 | 335 | - | - |
| HEIDOLPH ELEKTRO | 750 | 20000 | 24 | 400 | 0.02 | 2 | 0.01 | 5 |
| Indimas Essel * | - | - | 220 | 2300 | 0.25 | 1000 | - | - |
| KANIA | 500 | 3000 | 110 | 400 | 0.06 | 45 | - | 250 |
| Karl Zimmermann * | 600 | 3600 | - | - | 0.06 | 500 | - | - |
| Mark Burkhardt* | - | - | - | - | 0.8 | 25000 | - | - |
| Neudecker & Jolitz* | 375 | 3600 | 380 | 420 | 0.09 | 690 | - | - |
| rtz Antriebstk. Dietzenbach | 750 | 3600 | - | 830 | 0.06 | 18.5 | - | - |
| SEW-EURODRIVE | 750 | 3000 | 230 | 690 | 0.09 | 200 | 0.66 | 1290 |
| T-T Electric | 750 | 3000 | 400 | 690 | 0.5 | 355 | 50 | 5000 |
| Walter Perske | 1500 | 40000 | 110 | 690 | 0.2 | 200 | 0.1 | 450 |
| WEG Germany | - | - | - | - | 0.12 | 355 | - | - |

27022100 Niederspannungs-Drehstrom-Asynchronmotor | 27022104 NS-Drehstrom-Asynchronmotor, Schleifringläufer (IEC)

| Anbieter | Synchrondrehzahl bei 50 Hz; (1/min) | | Bemessungsspannung; (V) | | Bemessungsleistung; (V A) | | Nenndrehmoment; (N m) | |
|---|---|---|---|---|---|---|---|---|
| | von | bis | von | bis | von | bis | von | bis |
| ABB * | - | - | 300 | 13800 | 160 | 8000 | - | - |
| BEN Buchele | 750 | 1800 | 230 | 690 | 4 | 530 | 51 | 2812 |
| Dötsch Elektromotoren | - | - | - | - | 0.06 | 630 | - | - |
| Emtec | - | - | - | - | 2 | 2000 | - | - |
| Küenle * | - | - | - | - | 4 | 500 | - | - |
| Leroy-Somer | 750 | 1500 | 230 | 400 | 4 | 300 | - | - |
| Liebherr | 1500 | 1600 | 380 | 460 | 5 | 110 | 40 | 700 |
| Mark Burkhardt* | - | - | - | - | 0.8 | 25000 | - | - |
| WEG Germany | - | - | - | - | 80 | 1000 | - | - |
| Weier | - | - | - | - | 10 | 300 | - | - |

27022100 Niederspannungs-Drehstrom-Asynchronmotor | 27022105 NS-Drehstrom-Asynchronmotor, Schleifringläufer (NEMA)

| Anbieter | Synchrondrehzahl bei 50 Hz; (1/min) | | Bemessungsspannung; (V) | | Bemessungsleistung; (V A) | | Nenndrehmoment; (N m) | |
|---|---|---|---|---|---|---|---|---|
| | von | bis | von | bis | von | bis | von | bis |
| ABB * | - | - | 300 | 13800 | 160 | 8000 | - | - |
| Dötsch Elektromotoren | - | - | - | - | 0.06 | 630 | - | - |
| Küenle * | - | - | - | - | 4 | 500 | - | - |
| Mark Burkhardt* | - | - | - | - | 0.8 | 25000 | - | - |
| WEG Germany | - | - | - | - | 80 | 1000 | - | - |

27022100 Niederspannungs-Drehstrom-Asynchronmotor | 27022106 NS-Drehstrom-Asynchronmotor, Käfigläufer (polumschaltbar, IEC)

| Anbieter | Synchrondrehzahl bei 50 Hz; (1/min) | | Bemessungsspannung; (V) | | Bemessungsleistung; (V A) | | Nenndrehmoment; (N m) | |
|---|---|---|---|---|---|---|---|---|
| | von | bis | von | bis | von | bis | von | bis |
| ABB * | - | - | 3000 | 15000 | 2000 | 55000 | - | - |
| ABM Greiffenberger * | - | - | - | - | 0.06 | 15 | - | - |
| ADDA * | 600 | 3000 | - | - | 0.044 | 160 | - | - |
| Angst + Pfister CH | 750 | 3000 | 380 | 690 | 0.8 | 176 | 2.5 | 100 |
| Antriebe Neumann | - | - | - | - | 0.18 | 180 | 1.14 | 573 |
| BEN Buchele | 500 | 3600 | 230 | 690 | 0.044 | 300 | 0.84 | 1910 |
| Blecher Motoren | - | - | 230 | 690 | 0.12 | 160 | - | - |
| Danfoss Bauer | 500 | 3600 | 110 | 690 | 0.03 | 30 | 0.3 | 150 |
| Demag | 750 | 3000 | 220 | 690 | 0.06 | 4.5 | 0.83 | 15 |
| Dötsch Elektromotoren | - | - | - | - | 0.06 | 630 | - | - |
| Elektromotorenwerk Grünhain | 750 | 3000 | 110 | 690 | 0.048 | 3 | - | - |
| EMM | 750 | 3000 | - | - | 0.1 | 90 | - | - |
| ems Elektro-Maschinenbau * | - | - | - | - | 0.04 | 200 | - | - |
| Emtec | - | - | - | - | 0.1 | 500 | - | - |
| Enßlen * | 500 | 6000 | - | - | 0.048 | 1600 | 40 | 1300 |
| Franz Wölfer * | - | - | - | 690 | 2.2 | 2000 | - | - |
| Gather Industrie * | 750 | 3000 | 230 | 690 | 0.37 | 4 | 1.2 | 40 |
| Indimas Essel * | - | - | 220 | 2300 | 0.25 | 1000 | - | - |
| Jan Mauer * | 1500 | 3000 | - | - | 0.08 | 7.5 | - | - |
| KANIA | 500 | 3000 | 110 | 400 | 0.11 | 25 | - | 250 |
| Karl Zimmermann * | 600 | 3600 | - | - | 0.06 | 500 | - | - |
| Kemmerich * | 450 | 3000 | - | - | 0.07 | 162 | - | - |
| Küenle * | - | - | - | - | 0.18 | 315 | - | - |
| Lack Elektromotoren | 500 | 3000 | - | - | 0.06 | 160 | - | - |
| Leroy-Somer | 750 | 3000 | 230 | 400 | 0.25 | 900 | 0.3 | 5807 |
| Liebherr | 375 | 3000 | 400 | 400 | 7.5 | 18 | 50 | 200 |
| Mark Burkhardt* | - | - | - | - | 0.8 | 25000 | - | - |
| rtz Antriebstk. Dietzenbach | 500 | 3600 | - | 480 | 0.04 | 14.7 | - | - |
| SEW-EURODRIVE | 900 | 3600 | 230 | 415 | 0.06 | 34 | 0.66 | 240 |
| Speedmec | 0.5 | 0.5 | 230 | 690 | 0.12 | 160 | - | - |

27020000
Elektrischer
Antrieb

27022100 Niederspannungs-Drehstrom-Asynchronmotor | 27022106 NS-Drehstrom-Asynchronmotor, Käfigläufer (polumschaltbar, IEC)

| Anbieter | Synchrondrehzahl bei 50 Hz; (1/min) | | Bemessungsspannung; (V) | | Bemessungsleistung; (V A) | | Nenndrehmoment; (N m) | |
|---|---|---|---|---|---|---|---|---|
| | von | bis | von | bis | von | bis | von | bis |
| Uder Motoren * | 1500 | 3000 | - | - | - | - | - | - |
| WEG Germany | - | - | - | - | 0.12 | 355 | - | - |

27022100 Niederspannungs-Drehstrom-Asynchronmotor | 27022107 NS-Drehstrom-Asynchronmotor, Käfigläufer (polumschaltbar, IEC,Ex)

| Anbieter | Synchrondrehzahl bei 50 Hz; (1/min) | | Bemessungsspannung; (V) | | Bemessungsleistung; (V A) | | Nenndrehmoment; (N m) | |
|---|---|---|---|---|---|---|---|---|
| | von | bis | von | bis | von | bis | von | bis |
| ABB * | - | - | 3000 | 15000 | 2000 | 55000 | - | - |
| ABM Greiffenberger * | 750 | 3000 | - | - | 0.06 | 15 | - | - |
| Danfoss Bauer | 500 | 3600 | 110 | 690 | 0.03 | 30 | 0.3 | 150 |
| Dötsch Elektromotoren | - | - | - | - | 0.06 | 630 | - | - |
| ems Elektro-Maschinenbau * | - | - | - | - | 0.04 | 200 | - | - |
| Emtec | - | - | - | - | 0.1 | 300 | - | - |
| Enßlen * | 500 | 6000 | - | - | 0.048 | 1600 | 40 | 1300 |
| Gather Industrie * | 750 | 3000 | 230 | 690 | 0.37 | 4 | 1.2 | 40 |
| Indimas Essel * | - | - | 220 | 2300 | 0.25 | 1000 | - | - |
| Karl Zimmermann * | 600 | 3600 | - | - | 0.06 | 500 | - | - |
| Kemmerich * | 450 | 3000 | - | - | 0.07 | 162 | - | - |
| Küenle * | - | - | - | - | 0.18 | 300 | - | - |
| Leroy-Somer | 1000 | 3000 | 230 | 400 | 0.09 | 675 | 2.5 | 2885 |
| Mark Burkhardt* | - | - | - | - | 0.8 | 25000 | - | - |
| rtz Antriebstk. Dietzenbach | 500 | 3600 | - | 480 | 0.04 | 14.7 | - | - |
| SEW-EURODRIVE | 900 | 3600 | 230 | 415 | 0.06 | 34 | 0.66 | 240 |
| Uder Motoren * | 1500 | 3000 | - | - | - | - | - | - |
| WEG Germany | - | - | - | - | 0.12 | 355 | - | - |

27022100 Niederspannungs-Drehstrom-Asynchronmotor | 27022108 NS-Drehstrom-Asynchronmotor, Käfigläufer (polumschaltbar, NEMA)

| Anbieter | Synchrondrehzahl bei 50 Hz; (1/min) | | Bemessungsspannung; (V) | | Bemessungsleistung; (V A) | | Nenndrehmoment; (N m) | |
|---|---|---|---|---|---|---|---|---|
| | von | bis | von | bis | von | bis | von | bis |
| ABB * | - | - | 3000 | 15000 | 2000 | 55000 | - | - |
| Dötsch Elektromotoren | - | - | - | - | 0.06 | 630 | - | - |
| Gather Industrie * | 750 | 3000 | 230 | 690 | 0.37 | 4 | 1.2 | 40 |
| Indimas Essel * | - | - | 220 | 2300 | 0.25 | 1000 | - | - |
| KANIA | 500 | 3000 | 110 | 400 | 0.11 | 25 | - | 250 |
| Karl Zimmermann * | 600 | 3600 | - | - | 0.06 | 500 | - | - |
| Mark Burkhardt* | - | - | - | - | 0.8 | 25000 | - | - |
| rtz Antriebstk. Dietzenbach | 500 | 3600 | - | 480 | 0.04 | 14.7 | - | - |
| SEW-EURODRIVE | 900 | 3600 | 230 | 415 | 0.06 | 34 | 0.66 | 240 |
| WEG Germany | - | - | - | - | 0.18 | 220 | - | - |

27022200 Hochspannungs-Drehstrom-Asynchronmotor | 27022201 HS-Drehstrom-Asynchronmotor, Käfigläufer (IEC)

| Anbieter | Synchrondrehzahl bei 50 Hz; (1/min) | | Bemessungsspannung; (V) | | Bemessungsleistung; (V A) | | Nenndrehmoment; (N m) | |
|---|---|---|---|---|---|---|---|---|
| | von | bis | von | bis | von | bis | von | bis |
| ABB * | - | - | 500 | 690 | 0.25 | 710 | - | - |
| Antriebe Neumann | 750 | 3000 | - | - | 160 | 2800 | 510 | 8900 |
| ATB Antriebstech. Austria * | - | - | 390 | 500 | 160 | 800 | - | - |
| ATB Antriebstechnik* | - | - | 390 | 500 | 160 | 800 | - | - |
| Dötsch Elektromotoren | - | - | - | - | 500 | 5000 | - | - |
| Emtec | - | - | - | - | 132 | 3000 | - | - |
| Enßlen * | 375 | 3000 | 6000 | 10000 | 200 | 22500 | - | - |
| Indimas Essel * | - | - | 2300 | 11000 | 150 | 4000 | - | - |
| J.Helmke | 250 | 3600 | 3000 | 13800 | 200 | 12000 | - | - |
| Küenle * | - | - | 6000 | 10000 | 200 | 1600 | - | - |
| Lloyd | 200 | 3600 | 3000 | 15000 | 1000 | 25000 | - | - |
| Loher* | 500 | 3000 | - | - | 50 | 10000 | - | - |
| Theo Halter | 300 | 3600 | 3 | 13.8 | 132 | 3000 | - | - |
| WEG Germany | - | - | - | - | 200 | 20000 | - | - |

**27020000**
Elektrischer
Antrieb

27022200 Hochspannungs-Drehstrom-Asynchronmotor | 27022202 HS-Drehstrom-Asynchronmotor, Käfigläufer (IEC, Ex)

| Anbieter | Synchrondrehzahl bei 50 Hz; (1/min) | | Bemessungsspannung; (V) | | Bemessungsleistung; (V A) | | Nenndrehmoment; (N m) | |
|---|---|---|---|---|---|---|---|---|
| | von | bis | von | bis | von | bis | von | bis |
| ABB * | - | - | 500 | 690 | 0.25 | 710 | - | - |
| ATB Antriebstech. Austria * | - | - | 380 | 500 | 160 | 800 | - | - |
| ATB Antriebstechnik* | - | - | 380 | 500 | 160 | 800 | - | - |
| Dötsch Elektromotoren | - | - | - | - | 500 | 5000 | - | - |
| Enßlen * | 375 | 3000 | 6000 | 10000 | 200 | 22500 | - | - |
| Indimas Essel * | - | - | 2300 | 11000 | 150 | 4000 | - | - |
| Küenle * | - | - | 6000 | 10000 | 1600 | 1600 | - | - |
| Lloyd | 200 | 3600 | 3000 | 15000 | 1000 | 25000 | - | - |
| Loher* | 500 | 3000 | - | - | 50 | 10000 | - | - |
| WEG Germany | - | - | - | - | 160 | 1500 | - | - |

27022200 Hochspannungs-Drehstrom-Asynchronmotor | 27022203 HS-Drehstrom-Asynchronmotor, Käfigläufer (NEMA)

| Anbieter | Synchrondrehzahl bei 50 Hz; (1/min) | | Bemessungsspannung; (V) | | Bemessungsleistung; (V A) | | Nenndrehmoment; (N m) | |
|---|---|---|---|---|---|---|---|---|
| | von | bis | von | bis | von | bis | von | bis |
| ABB * | - | - | 500 | 690 | 0.25 | 710 | - | - |
| Dötsch Elektromotoren | - | - | - | - | 500 | 5000 | - | - |
| Indimas Essel * | - | - | 2300 | 11000 | 150 | 4000 | - | - |
| Loher* | 500 | 3000 | - | - | 50 | 10000 | - | - |
| WEG Germany | - | - | - | - | 200 | 20000 | - | - |

27022200 Hochspannungs-Drehstrom-Asynchronmotor | 27022204 HS-Drehstrom-Asynchronmotor, Schleifringläufer (IEC)

| Anbieter | Synchrondrehzahl bei 50 Hz; (1/min) | | Bemessungsspannung; (V) | | Bemessungsleistung; (V A) | | Nenndrehmoment; (N m) | |
|---|---|---|---|---|---|---|---|---|
| | von | bis | von | bis | von | bis | von | bis |
| Dötsch Elektromotoren | - | - | - | - | 500 | 5000 | - | - |
| Emtec | - | - | - | - | 110 | 3000 | - | - |
| Lloyd | 200 | 1800 | 3000 | 15000 | 1500 | 25000 | - | - |
| Loher* | 500 | 3000 | - | - | 50 | 6000 | - | - |
| WEG Germany | - | - | - | - | 125 | 15000 | - | - |

27022200 Hochspannungs-Drehstrom-Asynchronmotor | 27022205 HS-Drehstrom-Asynchronmotor, Schleifringläufer (NEMA)

| Anbieter | Synchrondrehzahl bei 50 Hz; (1/min) | | Bemessungsspannung; (V) | | Bemessungsleistung; (V A) | | Nenndrehmoment; (N m) | |
|---|---|---|---|---|---|---|---|---|
| | von | bis | von | bis | von | bis | von | bis |
| Dötsch Elektromotoren | - | - | - | - | 500 | 5000 | - | - |
| Loher* | 500 | 3000 | - | - | 50 | 6000 | - | - |
| WEG Germany | - | - | - | - | 125 | 15000 | - | - |

27020000
Elektrischer
Antrieb

27022300 1-Phasen-Wechselstrommotor | 27022301 Spaltpolmotor

| Anbieter | Synchrondrehzahl bei 50 Hz; (1/min) | | Bemessungsspannung; (V) | | Bemessungsleistung; (V A) | | Nenndrehmoment; (N m) | |
|---|---|---|---|---|---|---|---|---|
| | von | bis | von | bis | von | bis | von | bis |
| Dötsch Elektromotoren | - | - | - | - | 0.01 | 0.5 | - | - |
| ebm-papst | 2300 | 2600 | 115 | 230 | 0.001 | 0.02 | 0.005 | 0.05 |
| HEIDOLPH ELEKTRO | 1500 | 3000 | 12 | 230 | 0.002 | 0.03 | 0.002 | 0.12 |
| Otto Huber * | 0.5 | 375 | - | - | - | - | 1 | 4 |
| PowerTronic | 1000 | 3000 | 24 | 240 | - | - | - | - |
| ROTEK | - | 3000 | 100 | 230 | - | - | 0.008 | 0.68 |
| Saia-Burgess | 250 | 500 | 12 | 110 | - | - | - | - |
| Uder Motoren * | 1500 | 3000 | - | - | - | - | - | - |

27020000
Elektrischer
Antrieb

27022300 1-Phasen-Wechselstrommotor | 27022302 Kondensatormotor

| Anbieter | Synchrondrehzahl bei 50 Hz; (1/min) | | Bemessungsspannung; (V) | | Bemessungsleistung; (V A) | | Nenndrehmoment; (N m) | |
|---|---|---|---|---|---|---|---|---|
| | von | bis | von | bis | von | bis | von | bis |
| ABB * | - | - | 4800 | 20000 | - | - | - | - |
| ABM Greiffenberger * | - | - | - | - | 0.09 | 2.2 | - | - |
| Angst + Pfister CH | 1500 | 3000 | 220 | 240 | 0.09 | 2.2 | 0.3 | 10 |
| ATB Antriebstech. Austria * | - | - | - | - | 0.09 | 2.2 | - | - |
| ATB Antriebstechnik* | - | - | - | - | 0.097 | 2.2 | - | - |
| BEN Buchele | 750 | 3600 | 110 | 230 | 0.1 | 2.2 | 1.3 | 14 |
| Danfoss Bauer | 450 | 3600 | 110 | 240 | 0.03 | 0.55 | 0.3 | 3.75 |
| dematek | 750 | 3000 | 115 | 230 | 0.003 | 0.09 | 0.017 | 0.55 |
| Dötsch Elektromotoren | - | - | - | - | 0.01 | 3 | - | - |
| Dunkermotoren | 1100 | 2600 | 110 | 230 | 0.002 | 0.087 | 0.01 | 0.32 |
| ebm-papst | 1300 | 2700 | 115 | 230 | 0.01 | 0.2 | 0.1 | 0.7 |
| Elektromotorenwerk Grünhain | 750 | 3000 | 100 | 240 | 0.05 | 3 | - | - |
| Emtec | - | - | - | - | 0.12 | 2.2 | - | - |
| Gather Industrie * | 1000 | 3000 | 230 | 230 | 0.37 | 0.75 | - | - |
| Gefeg Neckar | 1300 | 2700 | 24 | 230 | 0.005 | 0.5 | 0.002 | 1.2 |
| GEMOTEG * | - | - | - | - | 0.9 | 2.5 | - | - |
| GHV | 1500 | 3000 | 200 | 230 | 0.006 | 0.09 | 0.044 | 0.69 |
| HEIDOLPH ELEKTRO | 750 | 3000 | 24 | 230 | 0.01 | 0.55 | 0.04 | 2.5 |
| KANIA | 1000 | 3000 | 110 | 270 | 0.08 | 3 | 0.27 | 16 |
| Lack Elektromotoren | 1500 | 3000 | 230 | 230 | 0.09 | 3 | - | - |
| Leroy-Somer | 1000 | 3000 | 230 | 230 | 0.09 | 5.5 | 0.31 | 34 |
| Oriental Motor | 1150 | 1500 | 220 | 230 | 0.006 | 0.2 | 0.049 | 1.52 |
| PowerTronic | 250 | 3000 | 24 | 240 | - | - | - | - |
| ROTEK | 750 | 1500 | 24 | 230 | 0.018 | 0.051 | 0.009 | 0.054 |
| rtz Antriebstk. Dietzenbach | - | 3600 | - | 230 | 0.09 | 2.2 | - | - |
| T-T Electric | 1000 | 3000 | 220 | 230 | 0.12 | 2.5 | 0.1 | 2 |
| TA Techn. Antriebselemente | 2800 | 2800 | 230 | 230 | 0.01 | 3 | 0.27 | 10.4 |
| Uder Motoren * | - | - | - | - | 0.37 | 3 | - | - |
| WEG Germany | - | - | - | - | 0.25 | 7.5 | - | - |

27022300 1-Phasen-Wechselstrommotor | 27022303 Motor mit Widerstandshilfsphase

| Anbieter | Synchrondrehzahl bei 50 Hz; (1/min) | | Bemessungsspannung; (V) | | Bemessungsleistung; (V A) | | Nenndrehmoment; (N m) | |
|---|---|---|---|---|---|---|---|---|
| | von | bis | von | bis | von | bis | von | bis |
| Dötsch Elektromotoren | - | - | - | - | 0.01 | 3 | - | - |
| HEIDOLPH ELEKTRO | 750 | 3000 | 24 | 230 | 0.01 | 0.55 | 0.04 | 2.5 |
| T-T Electric | 1000 | 3000 | 220 | 230 | 0.11 | 1.5 | 0.1 | 2 |

27022300 1-Phasen-Wechselstrommotor | 27022304 Universalmotor

| Anbieter | Synchrondrehzahl bei 50 Hz; (1/min) | | Bemessungsspannung; (V) | | Bemessungsleistung; (V A) | | Nenndrehmoment; (N m) | |
|---|---|---|---|---|---|---|---|---|
| | von | bis | von | bis | von | bis | von | bis |
| Dötsch Elektromotoren | - | - | - | - | 0.01 | 3 | - | - |
| Gefeg Neckar | 1000 | 10000 | 24 | 230 | 0.005 | 0.5 | 0.05 | 0.3 |

27022400 Synchronmotor | 27022401 Synchronmotor (IEC)

| Anbieter | Synchrondrehzahl bei 50 Hz; (1/min) | | Bemessungsspannung; (V) | | Bemessungsleistung; (V A) | | Nenndrehmoment; (N m) | |
|---|---|---|---|---|---|---|---|---|
| | von | bis | von | bis | von | bis | von | bis |
| ABB * | - | - | 3000 | 15000 | 2000 | 55000 | - | - |
| ABM Greiffenberger * | 1500 | 3000 | - | - | 0.12 | 9 | 0.75 | 28.6 |
| AGS | 375 | 1500 | 24 | 230 | 0.005 | 0.01 | 0.02 | 0.1 |
| Antriebe Neumann | 20 | 500 | - | - | 5 | 1500 | 100 | 716000 |
| Antriebssysteme Faurndau | 500 | 3000 | - | - | 5 | 500 | - | - |
| ASTRO * | 1000 | 1800 | - | - | 0.001 | 0.1 | 0.017 | 13 |
| AUF-Vertrieb * | 250 | 600 | 3 | 230 | - | - | - | - |
| Beldrive | 190 | 315 | 12 | 24 | 0.06 | 0.46 | - | - |
| Color-Technik * | 250 | 300 | 24 | 230 | - | - | 0.006296 | 0.13 |
| Consysta Automation * | - | - | - | - | 0.1 | 13.35 | 0.11 | 60 |
| CPM Motors * | 2000 | 6000 | 12 | 48 | 0.5 | 6 | 3 | 10 |
| CROUZET * | - | - | - | - | 0.0005 | 0.007 | - | - |
| Danaher Motion | - | - | 12 | 24 | - | - | - | - |
| Dötsch Elektromotoren | - | - | - | - | 0.06 | 500 | - | - |
| ems Elektro-Maschinenbau * | - | - | - | - | 0.09 | 20 | - | - |
| GEMOTEG * | - | - | - | - | 0.9 | 200 | - | - |
| IBA Hennies * | - | - | 24 | 230 | - | - | 0.5 | 5 |
| Jauch* | 0.27 | 30 | 1 | 230 | - | - | - | - |
| Kemmerich * | 240 | 2980 | - | - | 0.9 | 500 | - | - |
| Leroy-Somer | 280 | 400 | 220 | 500 | 2 | 750 | 59 | 3576 |
| Lloyd | 100 | 1800 | 3000 | 15000 | 4000 | 35000 | - | - |
| MACCON | 100 | 10000 | 12 | 480 | 0.01 | 8 | 0.01 | 100 |
| Marelli | 750 | 1800 | 380 | 13800 | - | - | - | - |
| Mark Burkhardt* | - | - | - | - | 0.8 | 25000 | - | - |
| Mörz* | - | - | 6 | 230 | - | - | 1 | 38 |
| Oswald | 50 | 9000 | 300 | 690 | 10 | 500 | 100 | 50000 |
| ROTEK | 750 | 1500 | 24 | 500 | 8 | 100 | 0.009 | 0.054 |
| Schneider Electric Motion * | 250 | 1200 | - | - | - | - | 72 | 3300 |
| SSB Salzbergen | 1000 | 7500 | 200 | 400 | 0.2 | 37 | 0.8 | 120 |
| Trietex | - | - | - | - | 14 | 65 | - | - |
| Walter Perske | 1500 | 12000 | 110 | 690 | 0.4 | 10 | 0.3 | 25 |
| WEG Germany | - | - | - | - | 300 | 50000 | - | - |
| Weier | - | - | - | - | 5 | 45 | - | - |
| Ziehl-Abegg | 50 | 500 | 200 | 440 | 2 | 50 | 80 | 3000 |

27020000

Elektrischer Antrieb

27022400 Synchronmotor | 27022402 Synchronmotor (IEC, Ex)

| Anbieter | Synchrondrehzahl bei 50 Hz; (1/min) | | Bemessungsspannung; (V) | | Bemessungsleistung; (V A) | | Nenndrehmoment; (N m) | |
|---|---|---|---|---|---|---|---|---|
| | von | bis | von | bis | von | bis | von | bis |
| ABB * | - | - | 3000 | 15000 | 2000 | 55000 | - | - |
| Color-Technik * | 250 | 300 | 24 | 230 | - | - | 0.006296 | 0.13 |
| Dötsch Elektromotoren | - | - | - | - | 0.06 | 500 | - | - |
| ems Elektro-Maschinenbau * | - | - | - | - | 0.09 | 20 | - | - |
| Lloyd | 100 | 1800 | 3000 | 15000 | 4000 | 35000 | - | - |
| Trietex | - | - | - | - | 14 | 65 | - | - |
| Walter Perske | 1500 | 12000 | 110 | 690 | 0.4 | 10 | 0.3 | 25 |

27022500 DC-Motor | 27022501 DC-Motor (IEC)

| Anbieter | Bemessungsspannung; (V) | | Bemessungsleistung; (V A) | | Nenndrehzahl; (1/min) | | Nenndrehmoment; (N m) | |
|---|---|---|---|---|---|---|---|---|
| | von | bis | von | bis | von | bis | von | bis |
| ABB * | - | - | 9 | 18000 | - | - | - | - |
| AGS | 6 | 36 | 0.005 | 0.01 | 3000 | 3500 | 0.02 | 0.1 |
| Angst + Pfister CH | 12 | 60 | 0.22 | 440 | 13 | 4000 | 0.0047 | 0.9 |
| Antriebe Neumann | - | - | 0.7 | 2700 | 140 | 4000 | 2.2 | 60000 |
| B. Ketterer | 18 | 24 | - | - | 90 | 220 | 3 | 5 |
| Bosch Karlsruhe | 12 | 24 | 0.02 | 2.38 | 1300 | 9500 | 0.02 | 7 |
| Bretzel * | - | - | 0.004 | 0.26 | 3000 | 5000 | - | - |
| Color-Technik * | 4.5 | 12 | 0.044 | 0.26 | 4 | 34000 | 0.0019 | 3.9 |
| CROUZET * | 12 | 48 | 0.0001 | 0.2 | - | - | 0.5 | 25 |
| Danaher Motion | 90 | 180 | - | - | 1750 | 3000 | - | - |
| Dötsch Elektromotoren | - | - | 0.06 | 5000 | - | - | - | - |
| Dunkermotoren | 12 | 60 | 0.02 | 0.24 | 2600 | 4600 | 0.01 | 0.63 |
| E. Kretzschmar * | 12 | 460 | 0.09 | 27 | 1500 | 3000 | - | - |
| ebm-papst | 12 | 60 | 0.01 | 0.5 | 1000 | 30000 | 0.01 | 1 |
| ems Elektro-Maschinenbau * | - | - | 0.05 | 400 | - | - | - | - |
| Emtec | 180 | 600 | 1 | 750 | 500 | 6000 | 10 | 5000 |
| EW HOF | 150 | 600 | 0.1 | 400 | - | - | - | - |
| Gather Industrie * | 12 | 48 | 0.03 | 0.15 | 10 | 4500 | - | - |
| Gefeg Neckar | 12 | 400 | 0.01 | 0.3 | 1000 | 5000 | 0.03 | 1 |
| Hausm. & Haensgen | - | - | 0.25 | 250 | - | - | - | - |
| HEIDOLPH ELEKTRO | 12 | 180 | 0.025 | 0.5 | 1500 | 3000 | 0.02 | 3 |
| Heinzmann * | 24 | 48 | 0.015 | 0.09 | 2000 | 8000 | - | - |
| Indimas Essel * | 100 | 10000 | 0.002 | 2000 | - | - | - | - |
| INTERROLL | 16 | 28 | 0.011 | 0.052 | 11.4 | 920 | 0.3 | 4.3 |
| KAG | - | - | 0.0025 | 0.25 | - | - | - | - |
| Kemmerich * | 12 | 24 | 0.03 | 20.4 | 25 | 240 | - | - |
| KOCO Motion | 2 | 36 | 0.07 | 0.0794 | - | - | 0.002 | 0.0503 |
| Leroy-Somer | 220 | 500 | 2 | 750 | 280 | 400 | 59 | 3576 |
| Lloyd | 100 | 1200 | 10 | 8000 | 1 | 10000 | - | - |

27022500 DC-Motor | 27022501 DC-Motor (IEC)

| Anbieter | Bemessungsspannung; (V) | | Bemessungsleistung; (V A) | | Nenndrehzahl; (1/min) | | Nenndrehmoment; (N m) | |
|---|---|---|---|---|---|---|---|---|
| | von | bis | von | bis | von | bis | von | bis |
| maxon motor | - | 48 | 0.003 | 0.5 | - | 100000 | - | 16 |
| Novomotec | 6 | 32 | 0.003 | 0.08 | 21 | 40686 | 0.0017 | 0.0916 |
| Oriental Motor | 200 | 240 | 0.015 | 0.2 | 80 | 4000 | 0.1 | 68 |
| Peromatic * | - | - | 0.015 | 0.87 | - | - | 0.12 | 3.2 |
| Plettenberg | 6 | 60 | 0.02 | 15 | 1000 | 70000 | - | - |
| PowerTronic | 6 | 230 | - | - | 500 | 10000 | - | - |
| ROTEK | 12 | 90 | 0.006 | 0.3 | 3000 | 10000 | 0.05 | 1.1 |
| SSB Salzbergen | 200 | 400 | 0.15 | 30 | 500 | 3000 | 0.6 | 100 |
| Stegmaier-Haupt * | 20 | 130 | - | - | - | - | 0.05 | 13 |
| T-T Electric | 100 | 700 | 1.5 | 2000 | - | 6000 | 1 | 50000 |
| Vispa * | - | - | 1 | 150 | 100 | 2300 | - | - |
| WEG Germany | - | - | 25 | 10000 | - | - | - | - |
| Weier | - | - | 0.75 | 100 | - | - | - | - |
| Willburger System | - | - | - | - | 40 | 2827 | 0.03 | 40 |

27022500 DC-Motor | 27022502 DC-Motor (IEC, Ex)

| Anbieter | Bemessungsspannung; (V) | | Bemessungsleistung; (V A) | | Nenndrehzahl; (1/min) | | Nenndrehmoment; (N m) | |
|---|---|---|---|---|---|---|---|---|
| | von | bis | von | bis | von | bis | von | bis |
| ABB * | - | - | 9 | 18000 | - | - | - | - |
| Color-Technik * | 4.5 | 12 | 0.044 | 0.26 | 4 | 34000 | 0.0019 | 3.9 |
| Dötsch Elektromotoren | - | - | 0.06 | 5000 | - | - | - | - |
| Indimas Essel * | 100 | 10000 | 0.002 | 2000 | - | - | - | - |
| Infranor | 40 | 180 | 0.19 | 2.6 | 3000 | 3000 | 0.5 | 8.5 |
| KAG | - | - | 0.0085 | 0.22 | - | - | - | - |
| KOCO Motion | 2 | 36 | 0.07 | 0.0794 | - | - | 0.002 | 0.0503 |

**27020000**
Elektrischer
Antrieb

27022600 Servomotor | 27022601 Servo-Asynchronmotor

| Anbieter | Bemessungsspannung; (V) | | Bemessungsleistung; (V A) | | Nenndrehzahl; (1/min) | | Nenndrehmoment; (N m) | |
|---|---|---|---|---|---|---|---|---|
| | von | bis | von | bis | von | bis | von | bis |
| AMK Arnold Müller | 190 | 350 | 0.13 | 80 | - | 14000 | 0.358 | 735 |
| Antriebe Neumann | - | - | 0.37 | 1500 | 580 | 8000 | 3 | 6700 |
| ATB Motorentechnik | - | - | 0.5 | 52 | - | - | - | - |
| Dötsch Elektromotoren | - | - | 0.06 | 1000 | - | - | - | - |
| EP Bruchköbel * | - | - | 0.56 | 1.2 | - | - | - | - |
| Festo * | - | - | - | - | 4300 | 6800 | - | - |
| Gather Industrie * | 230 | 400 | 0.1 | 4 | 10 | 4500 | - | - |
| GEFRAN * | 230 | 480 | 1.5 | 315 | - | - | - | - |
| Kern * | - | - | 0.2 | 5 | - | - | 0.637 | 15.9 |
| Lenze * | - | - | 0.8 | 20.3 | 1635 | 4050 | - | - |
| Leroy-Somer | 230 | 400 | 0.1 | 750 | - | 6000 | 0.1 | 4500 |
| LTi Lust | - | - | 3.6 | 90 | - | - | - | - |
| Octacom | - | - | 0.4 | 14.6 | 3000 | 8000 | 0.5 | 131.9 |
| Oswald | 300 | 690 | 10 | 1000 | 500 | 20000 | 10 | 5000 |
| PowerTronic | 220 | 380 | - | - | 2000 | 6000 | - | - |
| SEW-EURODRIVE | 230 | 415 | 0.37 | 37 | 1200 | 3000 | 2.5 | 250 |
| SSB Salzbergen | 400 | 400 | 0.25 | 750 | 700 | 15000 | 0.2 | 3600 |
| TA Techn. Antriebselemente | 42 | 42 | 0.05 | 0.274 | 2500 | 3600 | 13.5 | 145 |
| UNITEK * | 33 | 400 | 0.44 | 50 | - | - | - | - |
| Wittur | 190 | 400 | 0.4 | 22.5 | 1500 | 3000 | 1.5 | 170 |

27022600 Servomotor | 27022602 Servo-Synchronmotor

| Anbieter | Bemessungsspannung; (V) | | Bemessungsleistung; (V A) | | Nenndrehzahl; (1/min) | | Nenndrehmoment; (N m) | |
|---|---|---|---|---|---|---|---|---|
| | von | bis | von | bis | von | bis | von | bis |
| ADDA * | - | - | 0.67 | 370 | 1000 | 3000 | 0.7 | 274 |
| AMK Arnold Müller | 24 | 350 | 0.25 | 100 | - | 6000 | 0.5 | 500 |
| Angst + Pfister CH | 12 | 400 | 0.02 | 5.5 | - | 6000 | 0.8 | 67 |
| Antriebe Neumann | - | - | 0.24 | 110 | 1000 | 8000 | 0.3 | 345 |
| ATS * | 415 | 560 | - | - | 2000 | 6000 | 0.8 | 109 |
| Bahr Modultechnik | - | - | - | - | 3000 | 4500 | 1.9 | 238 |
| Bender * | 500 | 1500 | 0.1 | 7.5 | 300 | 4500 | 0.318 | 2.39 |
| Danaher Motion | 230 | 480 | - | - | 1000 | 70000 | - | - |
| dematek | 12 | 300 | 0.01 | 1.88 | - | 30000 | 0.03 | 6 |
| Dötsch Elektromotoren | - | - | 0.06 | 1000 | - | - | - | - |
| EAT * | 230 | 480 | - | - | 3000 | 6000 | - | - |
| ElectroCraft * | - | - | 1 | 92 | - | - | - | - |
| Emtec | - | - | 0.5 | 20 | - | - | - | - |
| ENGEL | 24 | 560 | 0.21 | 2.89 | 2000 | 4500 | 1.3 | 13.8 |
| ESR Pollmeier | 90 | 680 | 0.06 | 17.8 | 1000 | 15000 | 0.5 | 85 |
| Exlar Europe | 24 | 560 | 0.1 | 20 | - | - | 0.1 | 46 |
| Fritz * | - | - | 0.4 | 9.42 | 2000 | 8000 | 0.48 | 45 |
| Gemotec* | 230 | 230 | 2.7 | 5 | 4000 | 4000 | 1.5 | 4 |
| GFC Coswig | - | - | 0.47 | 1.26 | 3000 | 6000 | 0.7 | 4 |
| GHV | 200 | 230 | 0.05 | 5 | 3000 | 6000 | 0.16 | 42.9 |
| Harmonic Drive | 230 | 430 | 0.3 | 9 | 3000 | 3000 | 0.8 | 11 |
| HEIDOLPH ELEKTRO | 24 | 600 | 0.025 | 4 | 100 | 4500 | 0.07 | 15 |
| Infranor | 24 | 560 | 0.02 | 25 | 1500 | 6000 | 0.15 | 80 |
| Jenaer Antriebstechnik | 24 | 325 | 0.02 | 2 | 500 | 5000 | 0.1 | 9 |
| KEB Barntrup | 190 | 330 | 0.1 | 25 | 1500 | 6000 | 0.2 | 110 |
| Laipple / Brinkmann * | - | - | - | - | 100 | 6000 | 0.0757 | 85 |
| Lenze * | - | - | 0.25 | 10 | - | - | 0.8 | 191 |
| Leroy-Somer | 230 | 400 | 0.1 | 550 | - | 6000 | 0.2 | 400 |
| LTi Lust | - | - | 0.03 | 19 | - | - | - | - |
| MACCON | 12 | 480 | 0.01 | 8 | 100 | 10000 | 0.01 | 100 |
| NOVOTRON | 24 | 480 | 0.15 | 15 | 200 | 8000 | 0.2 | 600 |
| Octacom | - | - | 0.4 | 14.6 | 3000 | 8000 | 0.5 | 131.9 |
| Oswald | 300 | 690 | 10 | 500 | 50 | 9000 | 100 | 50000 |
| R.T.A. * | 200 | 230 | 0.005 | 3 | 2000 | 3000 | 0.157 | 9.518 |
| Schunk | 230 | 230 | 2.7 | 5 | 4000 | 4000 | 1.5 | 4 |
| SEW-EURODRIVE | 380 | 415 | - | - | 3000 | 6000 | 0.5 | 45 |
| Sigmatek * | 239 | 400 | 0.14 | 7.46 | 1000 | 8000 | 0.17 | 43.5 |
| SSB Salzbergen | 200 | 400 | 0.25 | 63 | 500 | 3000 | 0.8 | 300 |
| Stöber * | - | - | - | - | 2000 | 6000 | 0.37 | 65.4 |
| TA Techn. Antriebselemente | 42 | 42 | 0.05 | 0.274 | 2500 | 3600 | 13.5 | 145 |
| TAE* | 350 | 480 | - | - | - | - | - | - |
| WITTENSTEIN cyber motor | 6 | 600 | 0.01 | 100 | - | 30000 | 0.001 | 1000 |
| Wittur | 230 | 400 | 0.2 | 27 | 1500 | 6000 | 0.34 | 110 |

27020000

Elektrischer
Antrieb

27022600 Servomotor | 27022603 Servo-DC-Motor

| Anbieter | Bemessungsspannung; (V) | | Bemessungsleistung; (V A) | | Nenndrehzahl; (1/min) | | Nenndrehmoment; (N m) | |
|---|---|---|---|---|---|---|---|---|
| | von | bis | von | bis | von | bis | von | bis |
| Aerotech * | - | - | - | - | - | - | 0.12 | 6.8 |
| BALDOR * | 30.0 | 150.0 | - | - | 1400.0 | 5000.0 | 0.4 | 5.7 |
| Bomatec | 100 | 200 | 0.03 | 0.75 | 3000 | 5000 | 0.29 | 7.16 |
| Bretzel * | - | - | 0.066 | 0.5655 | - | - | 0.21 | 2 |
| Bühler | 3 | 48 | - | - | 3000 | 12000 | - | - |
| Danaher Motion | 230 | 680 | - | - | 1000 | 8000 | - | - |
| Dötsch Elektromotoren | - | - | 0.06 | 150 | - | - | - | - |
| Dunkermotoren | 12 | 40 | 0.006 | 0.53 | 2400 | 3500 | 0.02 | 1.5 |
| ebm-papst | 12 | 60 | 0.05 | 0.5 | 1000 | 6000 | 0.1 | 1 |
| Emtec | - | - | 0.5 | 20 | - | - | - | - |
| ENGEL | 12 | 180 | 0.1 | 0.7 | 1600 | 4000 | 0.0127 | 2.74 |
| ESR Pollmeier | 20 | 130 | 0.02 | 1.5 | 2300 | 3300 | 0.1 | 8 |
| Gather Industrie * | 12 | 48 | 0.03 | 0.15 | 10 | 4500 | - | - |
| Gefeg Neckar | 12 | 400 | 0.01 | 0.5 | 100 | 20000 | 0.002 | 1.5 |
| Gemotec* | 24 | 48 | 0.34 | 1.44 | 3000 | 3000 | 0.19 | 1.8 |
| Heytec * | - | - | 0.05 | 55 | 2000 | 3000 | 0.16 | 33.4 |
| IME | 75 | 600 | 0.007 | 6.67 | 750 | 30000 | 0.007 | 52 |
| Infranor | 12 | 230 | 0.025 | 4.5 | 1000 | 3000 | 0.05 | 15 |
| KATO * | 50 | 500 | 0.03 | 2.2 | 3000 | 5000 | 0.01 | 10.5 |
| Kern * | 24 | 140 | - | - | - | - | 0.135 | 3 |
| Leroy-Somer | 24 | 60 | 1 | 1 | - | 6000 | 0.1 | 5 |
| Logic Servoantriebe * | 288 | 368 | 0.2 | 0.68 | - | 3000 | - | - |
| maxon motor | - | 180 | 0.003 | 0.5 | - | 25000 | - | 12 |
| MEB | - | 48 | - | 1 | - | 80000 | - | 3 |
| Moog * | 325 | 565 | 0.13 | 58.6 | 2200 | 10000 | - | - |
| NOVOTRON | 50 | 150 | 0.26 | 1.7 | 1600 | 5000 | 0.5 | 5.5 |
| Schunk | 24 | 48 | 0.36 | 1.44 | 3000 | 3000 | 0.19 | 1.8 |
| TA Techn. Antriebselemente | 42 | 42 | 0.05 | 0.274 | 2500 | 3600 | 13.5 | 145 |
| TAE* | 350 | 480 | - | - | - | - | - | - |
| UNITEK * | 24 | 400 | 1.2 | 20 | - | - | - | - |

27022600 Servomotor | 27022604 Schrittmotor

| Anbieter | Bemessungsspannung; (V) | | Bemessungsleistung; (V A) | | Nenndrehzahl; (1/min) | | Nenndrehmoment; (N m) | |
|---|---|---|---|---|---|---|---|---|
| | von | bis | von | bis | von | bis | von | bis |
| Aerotech * | - | - | - | - | - | - | 0.27 | 7.42 |
| AHS * | 24 | 80 | - | - | - | - | 0.3 | 13.6 |
| ASTRO * | 15 | 550 | - | - | 1000 | 10000 | 0.026 | 260 |
| Bahr Modultechnik | 60 | 170 | - | - | - | - | - | - |
| Bretzel * | 24 | 60 | - | - | - | - | 0.48 | 5 |
| EC-Motion | - | - | - | - | - | 3000 | - | 10 |
| ElectroCraft * | - | - | - | - | 24 | 140 | - | - |
| EW HOF | - | - | - | - | 200 | 10000 | 0.1 | 12 |
| Festo * | - | - | - | - | - | - | 0.34 | 23.29 |
| ISB Industrievertretung * | 24 | 60 | - | - | - | - | 0.1 | 10 |
| Jenaer Antriebstechnik | 24 | 60 | 0.02 | 0.15 | 250 | 1000 | 0.25 | 1.2 |
| KOCO Motion | 12 | 240 | - | - | - | - | 0.13 | 13 |
| MACCON | 12 | 160 | 0.01 | 1 | 100 | 1000 | 0.1 | 20 |
| Motron | - | - | - | - | - | - | 0.06 | 10 |
| Oriental Motor | 200 | 230 | - | - | - | - | 3.3 | 37 |
| Phytron-Elektronik | 42 | 100 | - | - | - | - | 2.6 | 490 |
| Saia-Burgess | 4 | 24 | - | - | - | - | 0.001 | 0.008 |
| Stegmaier-Haupt * | 24 | 325 | - | - | - | - | 0.13 | 15 |

27022700 Anwendungsbezogener Motor | 27022701 Aufzugsmotor

| Anbieter | Bemessungsspannung; (V) | | Bemessungsleistung; (V A) | | Nenndrehzahl; (1/min) | | Nenndrehmoment; (N m) | |
|---|---|---|---|---|---|---|---|---|
| | von | bis | von | bis | von | bis | von | bis |
| ATB Antriebstech. Austria * | - | - | 3 | 36 | 1500 | 3000 | - | - |
| ATB Antriebstechnik* | - | - | 3 | 36 | 1500 | 3000 | - | - |
| ATB Motorentechnik | - | - | 3 | 36 | - | - | - | - |
| Dötsch Elektromotoren | - | - | 11 | 250 | - | - | - | - |
| Lack Elektromotoren | - | - | 0.09 | 500 | 500 | 3000 | - | - |
| Loher* | - | - | 0.5 | 100 | 500 | 1500 | - | - |
| OMS Cornberg* | - | - | 150 | 5500 | 1000 | 1500 | - | - |
| WITTENSTEIN cyber motor | 24 | 600 | 1 | 100 | 100 | 10000 | 5 | 1000 |
| Wittur | 230 | 500 | 1.8 | 100 | 50 | 300 | 170 | 4800 |

27022700 Anwendungsbezogener Motor | 27022702 Unwuchtmotor

| Anbieter | Bemessungsspannung; (V) | | Bemessungsleistung; (V A) | | Nenndrehzahl; (1/min) | | Nenndrehmoment; (N m) | |
|---|---|---|---|---|---|---|---|---|
| | von | bis | von | bis | von | bis | von | bis |
| AVITEQ * | - | - | 0.03 | 10 | 750 | 3600 | - | - |
| Dötsch Elektromotoren | - | - | 0.06 | 100 | - | - | - | - |
| Lack Elektromotoren | - | - | 0.09 | 500 | 500 | 3000 | - | - |

**27020000**
Elektrischer
Antrieb

27022700 Anwendungsbezogener Motor | 27022703 Ventilatormotor

| Anbieter | Bemessungsspannung; (V) | | Bemessungsleistung; (V A) | | Nenndrehzahl; (1/min) | | Nenndrehmoment; (N m) | |
|---|---|---|---|---|---|---|---|---|
| | von | bis | von | bis | von | bis | von | bis |
| ADDA * | - | - | 0.037 | 162 | 640 | 1500 | - | - |
| Airflow * | - | - | 0.018 | 1.2 | 850 | 1400 | - | - |
| Dötsch Elektromotoren | - | - | 0.06 | 1000 | - | - | - | - |
| ebm-papst | 12 | 690 | 0.1 | 6 | 100 | 20000 | 0.1 | 25 |
| Elektromotorenwerk Grünhain | 100 | 690 | 0.05 | 7.5 | 750 | 3000 | - | - |
| Kaiser-Motoren* | 380 | 400 | 0.05 | 15 | 750 | 3000 | 1.5 | 2.7 |
| Lack Elektromotoren | - | - | 0.09 | 500 | 500 | 3000 | - | - |

27022700 Anwendungsbezogener Motor | 27022704 Tauchpumpenmotor

| Anbieter | Bemessungsspannung; (V) | | Bemessungsleistung; (V A) | | Nenndrehzahl; (1/min) | | Nenndrehmoment; (N m) | |
|---|---|---|---|---|---|---|---|---|
| | von | bis | von | bis | von | bis | von | bis |
| Brinkmann-Pumpen * | 200 | 575 | 0.07 | 41.5 | 2700 | 3545 | - | - |
| Dötsch Elektromotoren | - | - | 0.25 | 200 | - | - | - | - |
| Eduard Lutz * | - | - | 0.37 | 11 | 1450 | 2900 | - | - |
| Elektromotorenwerk Grünhain | 100 | 690 | 0.05 | 7.5 | 1500 | 3000 | - | - |
| Franz Eisele * | - | - | 3 | 22 | - | - | - | - |
| HOMA | - | - | 0.05 | 22 | - | - | - | - |
| Lack Elektromotoren | - | - | 0.09 | 500 | 500 | 3000 | - | - |
| Weier | - | - | 5 | 20 | - | - | - | - |

27022700 Anwendungsbezogener Motor | 27022705 Spaltrohrmotor

| Anbieter | Bemessungsspannung; (V) | | Bemessungsleistung; (V A) | | Nenndrehzahl; (1/min) | | Nenndrehmoment; (N m) | |
|---|---|---|---|---|---|---|---|---|
| | von | bis | von | bis | von | bis | von | bis |
| Jauch* | 1 | 230 | - | - | 0.28 | 42 | - | - |
| Lack Elektromotoren | - | - | 0.09 | 500 | 500 | 3000 | - | - |
| Weier | - | - | 0.5 | 4 | - | - | - | - |

27022700 Anwendungsbezogener Motor | 27022706 Rollgangsmotor

| Anbieter | Bemessungsspannung; (V) | | Bemessungsleistung; (V A) | | Nenndrehzahl; (1/min) | | Nenndrehmoment; (N m) | |
|---|---|---|---|---|---|---|---|---|
| | von | bis | von | bis | von | bis | von | bis |
| Dötsch Elektromotoren | - | - | 3 | 30 | - | - | - | - |
| Karl Zimmermann * | - | - | 0.4 | 150 | 600 | 2980 | - | - |
| Lack Elektromotoren | - | - | 0.09 | 500 | 500 | 3000 | - | - |
| Weier | - | - | 0.5 | 29 | - | - | - | - |

**27020000**
Elektrischer
Antrieb

27022700 Anwendungsbezogener Motor | 27022707 Schubankermotor (Bremsfunktion)

| Anbieter | Bemessungsspannung; (V) | | Bemessungsleistung; (V A) | | Nenndrehzahl; (1/min) | | Nenndrehmoment; (N m) | |
|---|---|---|---|---|---|---|---|---|
| | von | bis | von | bis | von | bis | von | bis |
| Lack Elektromotoren | - | - | 0.09 | 500 | 500 | 3000 | - | - |

27022700 Anwendungsbezogener Motor | 27022708 Motorspindel

| Anbieter | Bemessungsspannung; (V) | | Bemessungsleistung; (V A) | | Nenndrehzahl; (1/min) | | Nenndrehmoment; (N m) | |
|---|---|---|---|---|---|---|---|---|
| | von | bis | von | bis | von | bis | von | bis |
| ATB Antriebstech. Austria * | 230 | 400 | - | - | 600 | 6000 | - | - |
| ATB Antriebstechnik* | 230 | 400 | - | - | 600 | 6000 | - | - |
| ATB Motorentechnik | - | - | 2.2 | 150 | - | - | - | - |
| Centerline * | - | - | 0.13 | 1.2 | - | - | - | - |
| Fischer Precise * | - | - | 6 | 150 | 18000 | 70000 | 2.2 | 445 |
| Hugo Reckerth * | 380 | 400 | 4.66 | 24 | 24000 | 60000 | 0.72 | 39.11 |
| HYPROSTATIK * | - | 50 | - | - | - | 7600 | - | - |
| IBAG * | - | - | 0.12 | 30 | 12000 | 140000 | 0.01761 | 355.98 |
| IMT Germany * | - | - | 0.1 | 11 | 20000 | 100000 | - | - |
| Lack Elektromotoren | - | - | 0.09 | 500 | 500 | 3000 | - | - |
| Lang Technik * | - | - | - | - | 11000 | 60000 | - | - |
| Schüssler-Technik * | - | - | 0.13 | 0.4 | 6000 | 60000 | - | - |
| Siemens Nürnberg * | - | - | 12 | 64 | 10000 | 18000 | - | - |
| SPL * | - | - | 10 | 58 | 500 | 60000 | 1.6 | 477 |
| Walter Perske | 110 | 690 | 0.2 | 40 | 1500 | 40000 | 0.1 | 100 |
| WEISS | - | - | - | 130 | - | 81000 | - | 3300 |
| WMZ* | - | - | 6.38 | 84 | 500 | 24000 | 5 | 820 |

27020000
Elektrischer
Antrieb

27022700 Anwendungsbezogener Motor | 27022709 Umrichterantrieb

| Anbieter | Bemessungsspannung; (V) | | Bemessungsleistung; (V A) | | Nenndrehzahl; (1/min) | | Nenndrehmoment; (N m) | |
|---|---|---|---|---|---|---|---|---|
| | von | bis | von | bis | von | bis | von | bis |
| ABB * | 230 | 1000 | 0.18 | 72000 | - | - | - | - |
| Antriebssysteme Faurndau | 350 | 780 | 1.5 | 400 | - | - | - | - |
| ATB Antriebstech. Austria * | - | - | 0.3 | 250 | - | - | - | - |
| ATB Antriebstechnik* | - | - | 0.3 | 250 | - | - | - | - |
| Bahr Modultechnik | 230 | 400 | 1.5 | 22 | - | - | - | - |
| Bender * | - | - | 30 | 750 | 100 | 4500 | - | - |
| Dötsch Elektromotoren | - | - | 0.06 | 1000 | - | - | - | - |
| Elektromotorenwerk Grünhain | 230 | 230 | 0.05 | 1.5 | 1500 | 3000 | - | - |
| Hiller * | 220 | 950 | 0.4 | 2500 | - | - | - | - |
| Karl Zimmermann * | - | - | 0.2 | 630 | 500 | 1500 | - | - |
| Lack Elektromotoren | - | - | 0.09 | 500 | 500 | 3000 | - | - |
| Laipple / Brinkmann * | 200 | 400 | 0.37 | 1.5 | - | - | - | - |
| Liebherr | 350 | 690 | 7.5 | 110 | 750 | 4000 | 50 | 700 |
| Loher* | - | - | 100 | 1000 | - | - | - | - |
| Menzel * | - | 670 | - | 900 | - | 1785 | - | - |
| SEW-EURODRIVE | 230 | 690 | 0.09 | 200 | 750 | 3000 | 0.66 | 1290 |
| Siemens Nürnberg * | 24 | 690 | 0.6 | 230 | - | - | - | - |
| Vacon * | 208 | 240 | 0.25 | 30 | - | - | - | - |
| Walter Perske | 110 | 690 | 0.2 | 200 | 1500 | 40000 | 0.1 | 450 |
| WITTENSTEIN cyber motor | 6 | 600 | 0.01 | 100 | - | 30000 | 0.001 | 1000 |

27022700 Anwendungsbezogener Motor | 27022790 Anwendungsbezogener Motor (nicht klassifiziert)

| Anbieter | Bemessungsspannung; (V) | | Bemessungsleistung; (V A) | | Nenndrehzahl; (1/min) | | Nenndrehmoment; (N m) | |
|---|---|---|---|---|---|---|---|---|
| | von | bis | von | bis | von | bis | von | bis |
| Aldak * | 230 | 500 | - | - | 1000 | 3300 | - | - |
| ATB Antriebstech. Austria * | - | - | 0.02 | 4.6 | - | - | - | - |
| ATB Antriebstechnik* | - | - | 0.02 | 4.66 | - | - | - | - |
| Breuer-Motoren * | 100 | 10000 | 1 | 1500 | - | - | - | - |
| CMD Compangnie Messian-Durand | - | - | - | - | 23.97 | 1350.0 | - | - |
| Dötsch Elektromotoren | - | - | 0.06 | 10000 | - | - | - | - |
| Elektromotorenwerk Grünhain | 100 | 690 | 0.05 | 7.5 | 750 | 3000 | - | - |
| Fluitronics * | - | - | 25 | 240 | 100 | 500 | 577 | 36057 |
| Lack Elektromotoren | - | - | 0.09 | 500 | 500 | 3000 | - | - |
| Neudecker & Jolitz* | - | - | 0.03 | 132 | - | - | - | - |
| Novomotec | 3 | 36 | - | - | 4810 | 9426 | 0.00101 | 0.0213 |
| Procon | 230 | 400 | 0.02 | 1 | 445 | 2840 | 5.2 | 207 |
| Schüssler-Technik * | - | - | - | - | 200 | 600 | 40 | 340 |
| SEW-EURODRIVE | 230 | 690 | 0.09 | 200 | 750 | 3000 | 0.66 | 1290 |
| Volkmann * | - | - | - | - | - | 3000 | - | - |
| Walter Perske | 110 | 690 | 0.2 | 200 | 1500 | 40000 | 0.1 | 450 |
| Weier | - | - | 8 | 56 | - | - | - | - |
| WITTENSTEIN cyber motor | 6 | 600 | 0.01 | 100 | - | 30000 | 0.001 | 1000 |
| Wittur | 360 | 460 | 3.7 | 700 | 750 | 3000 | 30 | 3885 |

27020000
Elektrischer
Antrieb

27022800 Linearantrieb | 27022801 Linearmotor

| Anbieter | Bemessungswert der Vorschubkraft; (N) | | max. Geschw. b. Bemessungskraft; (m/s) | | max. Geschw. b. max. Vorschubkraftt; (m/s) | | max. Vorschub- kraft; (N) | |
|---|---|---|---|---|---|---|---|---|
| | von | bis | von | bis | von | bis | von | bis |
| ADE-Werk * | 1200 | 10000 | 0.004 | 0.044 | - | - | - | - |
| ARIS | - | - | 0.0001 | 0.0067 | - | - | - | - |
| Baumüller * | - | - | - | - | 10 | 150 | - | - |
| BOB Bobolowski * | 53 | 3900 | - | - | - | - | 210 | 6010 |
| Bühler | 25 | 3000 | - | - | - | - | 36 | 4000 |
| Eichbauer * | 600 | 8000 | - | - | 0.25 | 10 | 200 | 12000 |
| ESR Pollmeier | 20 | 4700 | 3 | 18 | 3 | 18 | 100 | 12750 |
| Gunda Motoren * | 20 | 800 | - | - | - | - | 80 | 1200 |
| HIWIN | 170 | 1900 | - | - | - | - | 510 | 7400 |
| Jenaer Antriebstechnik | 40 | 800 | 2.5 | 25 | 2 | 10 | 164 | 1650 |
| LTi Lust | - | - | 0 | 10 | - | - | - | - |
| MACCON | 1 | 5000 | 0.01 | 5 | 0.01 | 5 | 1 | 8000 |
| NOVOTRON | 75 | 6000 | 1 | 10 | 0.36 | 7.2 | 183 | 9000 |
| Oriental Motor | 15 | 300 | 0.02 | 0.032 | 0.02 | 0.032 | 15 | 300 |
| Oswald | 510 | 7200 | 2 | 7 | 1 | 4.3 | 960 | 14690 |
| Rodriguez | 6 | 276 | 3.5 | 8.7 | 3.5 | 8.7 | 46 | 1860 |
| SEW-EURODRIVE | 240 | 9600 | 1.1 | 8 | 1 | 6 | 330 | 12600 |
| WITTENSTEIN cyber motor | 1 | 1000 | - | 10 | - | 10 | 1 | 5000 |

27023000 Getriebemotor | 27023001 AC-Getriebemotor (Festdrehzahl)

| Anbieter | Bemessungsleistung; (V A) | | Nenndrehzahl; (1/min) | | Übersetzung des Getriebes; (-) | | Nenndrehmoment; (N m) | |
|---|---|---|---|---|---|---|---|---|
| | von | bis | von | bis | von | bis | von | bis |
| ABM Greiffenberger * | 0.025 | 4 | 4.5 | 414 | 6.96 | 2022.2 | 420 | 1350 |
| AGS | 0.005 | 0.01 | 0.06 | 15 | - | - | 1 | 300 |
| ATLANTA | 0.12 | 11 | 17 | 412 | 6.75 | 82 | 7 | 1100 |
| Bahr Modultechnik | 0.18 | 0.75 | 20 | 140 | 1 | 70 | 23 | 110 |
| Bonfiglioli * | 0.6 | 30 | - | - | - | - | 13 | 9200 |
| Bretzel * | 0.01 | 0.75 | 1400 | 2800 | - | - | - | - |
| Danfoss Bauer | 0.03 | 75 | 0.3 | 580 | 2 | 13000 | 20 | 18500 |
| Demag | 0.18 | 48 | 1.7 | 955 | 2.8 | 485 | 90 | 12000 |
| dematek | 0.003 | 0.13 | - | 2000 | 5 | 300 | - | - |
| Dötsch Elektromotoren | 0.06 | 250 | - | - | - | - | - | - |
| ebm-papst | 0.01 | 0.1 | 0.6 | 250 | 10 | 4270 | 0.4 | 15 |
| Emtec | 0.1 | 110 | - | - | - | - | - | - |
| Gather Industrie * | 0.37 | 0.75 | 150 | 3000 | 230 | 230 | - | - |
| Gefeg Neckar | 0.003 | 0.5 | 1 | 1000 | 24 | 500 | 0.1 | 300 |
| GFC Coswig | 0.18 | 55 | 700 | 2800 | 5 | 2500 | 90 | 11000 |
| GHV | 0.006 | 0.09 | 0.7 | 500 | 3 | 2000 | 0.1 | 30 |
| HEIDOLPH ELEKTRO | 0.02 | 0.55 | 3 | 1000 | 3 | 180 | 0.2 | 120 |
| Indur | 0.03 | 0.55 | 0.35 | 470 | 4 | 4000 | 1 | 30 |
| Jahns Regulatoren | 10000 | 200000 | 0.01 | 500 | - | - | 1 | 200000 |
| Jan Mauer * | 0.12 | 8 | 73 | 1421 | 19.338 | 72.526 | 16 | 59 |
| JBW | - | - | 1.9 | 2520 | - | - | 0.002 | 10 |
| K .& A. Knödler | 0.12 | 1000 | 1 | 3600 | 0.12 | 20000 | 20 | 200000 |
| KEB Barntrup | 0.12 | 45 | 0.1 | 415 | 3.4 | 25000 | 2.1 | 9000 |
| Küenle * | 0.12 | 3 | 6.66 | 410 | - | - | - | - |
| Lenze * | 0.06 | 45 | - | - | - | - | 45 | 5920 |
| Neudecker & Jolitz* | 0.12 | 160 | 0.1 | 329 | 4.28 | 14126 | 200 | 32895 |
| Oriental Motor | 0.006 | 0.2 | 8.3 | 500 | 3 | 180 | 0.12 | 60 |
| planetroll | 0.37 | 200 | 20 | 700 | 4 | 150 | 4 | 90000 |
| PS-Antriebstechnik * | - | - | - | - | 1.516 | 2612.48 | - | - |
| Rexnord Betzdorf* | - | - | - | - | 2.8 | 3000 | 200 | 50000 |
| Rexnord Hameln | 0.12 | 355 | 0.1 | 550 | 2.8 | 30000 | 200 | 50000 |
| RGM Ruhrgetriebe | 0.045 | 1.1 | 0.4 | 1120 | - | - | 5 | 230 |
| rtz Antriebstk. Dietzenbach | 0.06 | 22 | - | - | 2.5 | 630 | 50 | 2300 |
| Saia-Burgess | - | - | - | 500 | - | - | - | 15 |
| SEW-EURODRIVE | 0.09 | 200 | 0.1 | 1100 | 3 | 33000 | 4 | 50000 |
| Stöber * | 120 | 77940 | 5 | 1502 | - | - | 2.5 | 7481 |
| TA Techn. Antriebselemente | 0.006 | 0.14 | 4 | 500 | 3 | 750 | 0.13 | 39.2 |
| Th. Zürrer AG | - | 3 | - | 560 | 5 | 10000 | - | 1300 |
| ZAE - AntriebsSysteme | 0.09 | 90 | 0.2 | 300 | 4.83 | 2756 | 20 | 25000 |
| ZEITLAUF | 0.0015 | 0.073 | 1.22 | 350 | 7.8 | 2135.9 | 0.4 | 30 |

**27020000**
Elektrischer
Antrieb

27023000 Getriebemotor | 27023002 AC-Getriebemotor (polumschaltbar)

| Anbieter | Bemessungsleistung; (V A) | | Nenndrehzahl; (1/min) | | Übersetzung des Getriebes; (-) | | Nenndrehmoment; (N m) | |
|---|---|---|---|---|---|---|---|---|
| | von | bis | von | bis | von | bis | von | bis |
| ABM Greiffenberger * | 0.025 | 4 | 4.5 | 414 | 6.96 | 2022.2 | 420 | 1350 |
| AGS | 0.005 | 0.01 | 0.06 | 15 | - | - | 1 | 300 |
| Blecher Motoren | 0.1 | 10 | - | - | 5 | 100 | - | - |
| Bonfiglioli * | 0.6 | 30 | - | - | - | - | 13 | 9200 |
| Danfoss Bauer | 0.03 | 30 | 0.3 | 580 | 2 | 13000 | 20 | 18500 |
| Demag | 0.06 | 4.5 | 1.7 | 955 | 2.8 | 485 | 90 | 12000 |
| dematek | 0.003 | 0.13 | - | 2000 | 5 | 300 | - | - |
| Dötsch Elektromotoren | 0.06 | 250 | - | - | - | - | - | - |
| Emtec | 0.1 | 75 | - | - | - | - | - | - |
| K .& A. Knödler | 0.12 | 1000 | 1 | 3000 | 0.12 | 20000 | 20 | 200000 |
| Neudecker & Jolitz* | 0.12 | 160 | 0.1 | 329 | 2.38 | 14126 | 200 | 32895 |
| planetroll | 0.37 | 200 | 20 | 700 | 4 | 15 | 4 | 90000 |
| Rexnord Hameln | 0.12 | 355 | 0.1 | 550 | 2.8 | 30000 | 200 | 50000 |
| RGM Ruhrgetriebe | 0.045 | 1.1 | 0.2 | 1120 | - | - | 5 | 230 |
| rtz Antriebstk. Dietzenbach | 0.04 | 14.7 | - | - | 2.5 | 630 | 50 | 2300 |
| SEW-EURODRIVE | 0.06 | 34 | 0.1 | 1100 | 3 | 33000 | 4 | 20000 |
| Speedmec | 0.1 | 10 | - | - | 5 | 100 | - | - |
| TA Techn. Antriebselemente | 0.006 | 0.14 | 4 | 500 | 3 | 750 | 0.13 | 39.2 |
| ZAE - AntriebsSysteme | 0.09 | 90 | 0.2 | 300 | 4.83 | 2756 | 20 | 25000 |

27023000 Getriebemotor | 27023003 AC-Getriebemotor (elektrisch verstellbar)

| Anbieter | Bemessungsleistung; (V A) | | Nenndrehzahl; (1/min) | | Übersetzung des Getriebes; (-) | | Nenndrehmoment; (N m) | |
|---|---|---|---|---|---|---|---|---|
| | von | bis | von | bis | von | bis | von | bis |
| Danfoss Bauer | 0.03 | 75 | 0.3 | 580 | 2 | 13000 | 20 | 18500 |
| dematek | 0.003 | 0.13 | - | 2000 | 5 | 300 | - | - |
| Dötsch Elektromotoren | 0.06 | 250 | - | - | - | - | - | - |
| Emtec | 0.1 | 75 | - | - | - | - | - | - |
| Gather Industrie * | 0.37 | 0.75 | 10 | 3000 | 230 | 230 | - | - |
| Gefeg Neckar | 0.003 | 0.5 | - | 3000 | 24 | 500 | 0.1 | 300 |
| GFC Coswig | 0.55 | 22 | 1400 | 2800 | 5 | 2500 | 90 | 10000 |
| GHV | 0.025 | 0.13 | 1.5 | 1000 | 3 | 2000 | 0.1 | 30 |
| HEIDOLPH ELEKTRO | 0.02 | 0.55 | 3 | 1000 | 3 | 180 | 0.2 | 120 |
| K .& A. Knödler | 0.12 | 1000 | 1 | 3600 | 0.12 | 20000 | 20 | 200000 |
| KEB Barntrup | 0.12 | 45 | 0.1 | 415 | 3.4 | 25000 | 2.1 | 9000 |
| LTi Lust | 0.5 | 90 | - | - | - | - | - | - |
| Oriental Motor | 0.006 | 0.09 | 90 | 1200 | 3 | 180 | 0.087 | 20 |
| planetroll | 0.1 | 7 | - | 2000 | 3 | 100 | 1 | 3000 |
| PowerTronic | - | - | - | - | 3 | 180 | - | - |
| Rexnord Hameln | 0.12 | 355 | 0.1 | 550 | 2.8 | 30000 | 200 | 50000 |
| RGM Ruhrgetriebe | 0.045 | 1.1 | 0.4 | 1120 | - | - | 5 | 230 |
| rtz Antriebstk. Dietzenbach | 0.06 | 22 | - | - | 2.5 | 630 | 50 | 2300 |
| SEW-EURODRIVE | 0.09 | 200 | 0.1 | 1100 | 3 | 33000 | 4 | 50000 |
| TA Techn. Antriebselemente | 0.006 | 0.14 | 4 | 500 | 3 | 750 | 0.13 | 39.2 |

27023000 Getriebemotor | 27023004 Getriebemotor mit angebauten dezentralen Komponenten

| Anbieter | Bemessungsleistung; (V A) | | Nenndrehzahl; (1/min) | | Übersetzung des Getriebes; (-) | | Nenndrehmoment; (N m) | |
|---|---|---|---|---|---|---|---|---|
| | von | bis | von | bis | von | bis | von | bis |
| Bahr Modultechnik | 0.09 | 1.1 | 1400 | 2800 | 5 | 20 | - | - |
| Danfoss Bauer | 0.55 | 7.5 | 0.3 | 580 | 2 | 13000 | 20 | 18500 |
| Dötsch Elektromotoren | 0.06 | 160 | - | - | - | - | - | - |
| HEIDOLPH ELEKTRO | 0.05 | 0.3 | 3 | 1000 | 3 | 180 | 0.2 | 120 |
| Infranor | 0.1 | 0.6 | 1500 | 3000 | 3 | 50 | 0.4 | 2 |
| K .& A. Knödler | 0.12 | 1000 | 1 | 3600 | 0.12 | 20000 | 20 | 200000 |
| maxon motor | 0.003 | 0.5 | - | 2000 | - | - | - | 120 |
| Neudecker & Jolitz* | 0.12 | 160 | 0.16 | 155 | 9.09 | 100042 | 200 | 32895 |
| Rexnord Betzdorf* | 0.12 | 90 | 100 | 1500 | 2.8 | 224 | 2 | 25000 |
| Rexnord Hameln | 0.12 | 355 | 0.1 | 550 | 2.8 | 30000 | 200 | 50000 |
| RGM Ruhrgetriebe | 0.09 | 0.75 | 0.2 | 1120 | - | - | 5 | 230 |
| rtz Antriebstk. Dietzenbach | 0.06 | 22 | - | - | 2.5 | 630 | 50 | 2300 |
| SEW-EURODRIVE | 0.37 | 7.5 | 0.1 | 1100 | 3 | 33000 | 4 | 20000 |

**27020000**
Elektrischer
Antrieb

27023000 Getriebemotor | 27023005 Servo-Getriebemotor (elektrisch verstellbar)

| Anbieter | Bemessungsleistung; (V A) | | Nenndrehzahl; (1/min) | | Übersetzung des Getriebes; (-) | | Nenndrehmoment; (N m) | |
|---|---|---|---|---|---|---|---|---|
| | von | bis | von | bis | von | bis | von | bis |
| dematek | 0.01 | 1.88 | - | 2000 | 5 | 300 | - | - |
| Dötsch Elektromotoren | 0.06 | 160 | - | - | - | - | - | - |
| ENGEL | 0.36 | 1.87 | 38 | 1125 | - | - | 3.4 | 240 |
| Exlar Europe | 0.1 | 20 | - | - | 24 | 560 | 0.1 | 500 |
| Gefeg Neckar | 0.01 | 0.5 | - | 3000 | 24 | 500 | 0.1 | 300 |
| Gemotec* | 0.34 | 0.727 | 20 | 60 | 51 | 161 | 7.66 | 142 |
| Harmonic Drive | 0.01 | 5 | 2000 | 3500 | 30 | 160 | 0.75 | 1080 |
| HEIDOLPH ELEKTRO | 0.025 | 1 | 1 | 1000 | 5 | 130 | 4 | 80 |
| Heytec * | 0.0885 | 4.5 | 3000 | 8500 | - | - | 0.16 | 33,4 |
| Infranor | 0.02 | 25 | 1500 | 10000 | 3 | 200 | 0.15 | 50 |
| K .& A. Knödler | 0.12 | 1000 | 1 | 3600 | 0.12 | 20000 | 20 | 200000 |
| KEB Barntrup | 0.1 | 25 | 0.1 | 415 | 3.4 | 25000 | 2.1 | 9000 |
| Leroy-Somer | 0.1 | 550 | - | 6000 | 1.25 | 1000 | 20 | 5000 |
| MACCON | 0.1 | 8 | 0.1 | 1000 | 1 | 500 | 1 | 500 |
| maxon motor | 0.003 | 0.5 | - | 2000 | - | - | - | 120 |
| motionstep * | 0.0157 | 0.18 | - | - | - | - | 0.05 | 0.48 |
| Panasonic * | 0.05 | 5 | 3000 | 5000 | - | - | 0.16 | 15.8 |
| Schunk | 0.36 | 0.72 | 20 | 60 | 51 | 161 | 7.6 | 142 |
| SEW-EURODRIVE | 0.37 | 37 | 0.1 | 1100 | 3 | 33000 | 25 | 3000 |
| Siemens Nürnberg * | - | - | 5000 | 8000 | 3.8 | 70 | - | - |
| WITTENSTEIN | 0.2 | 5 | 15 | 1000 | 4 | 220 | 4 | 1600 |
| WITTENSTEIN cyber motor | 0.2 | 5 | 15 | 1000 | 4 | 220 | 4 | 1600 |

27023000 Getriebemotor | 27023006 AC-Getriebemotor (mechanisch verstellbar)

| Anbieter | Bemessungsleistung; (V A) | | Nenndrehzahl; (1/min) | | Übersetzung des Getriebes; (-) | | Nenndrehmoment; (N m) | |
|---|---|---|---|---|---|---|---|---|
| | von | bis | von | bis | von | bis | von | bis |
| ATP * | 0.09 | 75 | 0.2 | 500 | - | - | - | - |
| Bonfiglioli * | 0.6 | 30 | - | - | - | - | 13 | 9200 |
| Dötsch Elektromotoren | 0.06 | 30 | - | - | - | - | - | - |
| Emtec | 0.1 | 45 | - | - | - | - | - | - |
| Gather Industrie * | 0.37 | 0.75 | - | - | - | - | - | - |
| K .& A. Knödler | 0.12 | 4 | 0.5 | 2000 | 1 | 605 | 0.5 | 2400 |
| planetroll | 0.03 | 11 | - | 1200 | - | - | - | 40000 |
| rtz Antriebstk. Dietzenbach | 0.12 | 2.2 | - | - | 12.5 | 3150 | 50 | 2300 |
| SEW-EURODRIVE | 0.75 | 45 | 0.1 | 1100 | 3 | 33000 | 7 | 20000 |

27023000 Getriebemotor | 27023007 DC-Getriebemotor (elektrisch verstellbar)

| Anbieter | Bemessungsleistung; (V A) | | Nenndrehzahl; (1/min) | | Übersetzung des Getriebes; (-) | | Nenndrehmoment; (N m) | |
|---|---|---|---|---|---|---|---|---|
| | von | bis | von | bis | von | bis | von | bis |
| Angst + Pfister CH | 0.00022 | 0.4 | 1 | 1500 | 2 | 3000 | 0.012 | 20 |
| Bosch Karlsruhe | 0.00016 | 0.067 | 4.5 | 700 | - | - | 0.3 | 15 |
| Bretzel * | 0.004 | 0.26 | 3000 | 5000 | - | - | - | - |
| Bühler | - | - | 4 | 1710 | - | - | - | - |
| Dötsch Elektromotoren | 0.06 | 30 | - | - | - | - | - | - |
| ebm-papst | 0.01 | 0.25 | 3 | 1300 | 3 | 1028 | 0.1 | 30 |
| Emtec | 0.1 | 45 | - | - | - | - | - | - |
| ENGEL | 0.00003 | 0.675 | 0.1 | 789 | - | - | 0.46 | 822 |
| Gather Industrie * | 0.03 | 0.15 | 10 | 3000 | 12 | 48 | - | - |
| Gefeg Neckar | 0.01 | 0.5 | - | 3000 | 24 | 500 | 0.1 | 300 |
| Gerdt Seefrid | 0.02 | 0.24 | 2 | 1150 | 4 | 3000 | 0.09 | 22 |
| Harmonic Drive | 0.002 | 0.1 | 3500 | 4500 | 50 | 110 | 0.2 | 10.2 |
| HEIDOLPH ELEKTRO | 0.025 | 0.5 | 3 | 1000 | 3 | 180 | 0.2 | 120 |
| Heynau | 0.09 | 7.2 | 500 | 4000 | 3 | 5610 | 30 | 1200 |
| K .& A. Knödler | 0.12 | 100 | 1 | 3600 | 0.12 | 200000 | 20 | 200000 |
| Lack Elektromotoren | 5 | 140 | 13 | 300 | 24 | 24 | - | - |
| Mangold * | 0.13 | 2 | 170 | 420 | - | - | 10.1 | 17 |
| maxon motor | 0.003 | 0.5 | - | 2000 | - | - | - | 120 |
| Oriental Motor | 0.015 | 0.2 | 0.4 | 800 | 200 | 240 | 0.4 | 68 |
| RGM Ruhrgetriebe | 0.028 | 0.55 | 0.8 | 1320 | - | - | 2 | 120 |
| TA Techn. Antriebselemente | 0.006 | 0.12 | 4 | 1067 | 3 | 750 | 0.04 | 20 |
| ZEITLAUF | 0.001 | 0.198 | 1.33 | 1038 | 3.18 | 2135.9 | 0.09 | 30 |

**27020000**
Elektrischer
Antrieb

## 27300000 Hydraulik

27300200 Zylinder (Hydraulik) | 27300201 Differentialzylinder (Hydraulik)

| Anbieter | Betriebsdruck; (Bar) | | Kolbendurchmesser; (mm) | | Hublänge; (mm) | | Nutzkraft; (kN) | |
|---|---|---|---|---|---|---|---|---|
| | von | bis | von | bis | von | bis | von | bis |
| AHP-Merkle * | 5 | 500 | 16 | 250 | 1 | 3000 | - | 700 |
| Alpine-Hydraulik * | - | 350 | 25 | 600 | - | 5000 | - | - |
| Aros * | 210 | 320 | 30 | 200 | - | - | - | - |
| Beetz | - | 300 | 20 | 400 | 10 | 5000 | - | - |
| CHAPEL | 10 | 350 | 20 | 250 | 1 | 5000 | 1 | 1200 |
| Herbert Hänchen * | - | 320 | 12 | 600 | 1 | 6000 | 1 | 9000 |
| HK Hydraulik | - | 250 | 20 | 200 | 25 | 6000 | - | - |
| Hochdruck- und Sonderhydr. | 500 | 2000 | 20 | 160 | 10 | 200 | 15 | 4000 |
| HZB | 10 | 1000 | 25 | 500 | - | 6000 | 1 | 5000 |
| Komage Gellner * | - | 260 | 80 | 440 | - | 500 | 300 | 5000 |
| KRACHT | - | 200 | 40 | 125 | - | 4000 | - | 250 |
| Leisen Hydraulik | 1 | 630 | 5 | 500 | 1 | 9000 | 1 | 500 |
| Montanhydraulik GmbH * | - | 500 | - | 1700 | - | 20000 | - | 20000 |
| Ruhfus | 100 | 350 | 80 | 600 | 500 | 15000 | 120 | 6780 |
| Schwindt * | 40 | 350 | 20 | 500 | - | 4800 | 1 | 5000 |
| Strautmann | 100 | 250 | 25 | 350 | - | 6000 | - | - |
| Th. Niehues | - | 250 | 32 | 320 | 5 | 6000 | 7 | 2010 |
| Voss Fluidtechnik * | 125 | 250 | 10 | 200 | - | - | - | - |
| Weber Hydraulik GmbH * | - | 600 | 10 | 500 | - | 3000 | - | 1200 |
| Wilhelm Winter * | - | - | 30 | 400 | 10 | 4000 | 10 | 650 |

Mit * gekennzeichnete Herstellerangaben entstammen Katalogdaten im Internet oder Firmenschriften.

© Roloff/Matek Bauteilkatalog 2009

27300200 Zylinder (Hydraulik) | 27300202 Gleichgangzylinder (Hydraulik)

| Anbieter | Betriebsdruck; (Bar) | | Kolbendurchmesser; (mm) | | Hublänge; (mm) | | Nutzkraft; (kN) | |
|---|---|---|---|---|---|---|---|---|
| | von | bis | von | bis | von | bis | von | bis |
| AHP-Merkle * | 5 | 500 | 16 | 250 | 1 | 3000 | - | 400 |
| Alpine-Hydraulik * | - | 350 | 25 | 600 | - | 5000 | - | - |
| Beetz | - | 300 | 20 | 400 | 10 | 5000 | - | - |
| CHAPEL | 10 | 350 | 32 | 160 | 1 | 3000 | 1 | 700 |
| Herbert Hänchen * | - | 320 | 12 | 600 | 1 | 3000 | 1 | 6000 |
| HK Hydraulik | - | 250 | 25 | 200 | 25 | 6000 | - | - |
| Hochdruck- und Sonderhydr. | 500 | 2000 | 20 | 160 | 10 | 200 | 15 | 3000 |
| HZB | 10 | 1000 | 25 | 500 | - | 3000 | 1 | 3000 |
| Komage Gellner * | - | 260 | 80 | 440 | - | 500 | 300 | 5000 |
| KRACHT | - | 250 | 40 | 125 | - | 4000 | - | 200 |
| Leisen Hydraulik | 1 | 630 | 5 | 500 | 1 | 9000 | 1 | 500 |
| Montanhydraulik GmbH * | - | 500 | - | - | - | - | - | - |
| Ruhfus | 100 | 350 | 80 | 600 | 500 | 15000 | 70 | 5600 |
| Schwindt * | 40 | 350 | 20 | 500 | - | 4000 | 1 | 5000 |
| Strautmann | 100 | 250 | 25 | 200 | - | 6000 | - | - |
| Th. Niehues | - | 250 | 40 | 320 | 5 | 6000 | 10 | 2010 |
| Wilhelm Winter * | - | - | 30 | 400 | 10 | 4000 | 10 | 650 |

27300200 Zylinder (Hydraulik) | 27300208 Teleskopzylinder (Hydraulik)

| Anbieter | Betriebsdruck; (Bar) | | Kolbendurchmesser; (mm) | | Hublänge; (mm) | | Nutzkraft; (kN) | |
|---|---|---|---|---|---|---|---|---|
| | von | bis | von | bis | von | bis | von | bis |
| Alpine-Hydraulik * | - | 210 | 40 | 200 | - | 8000 | - | - |
| Beetz | - | 160 | 20 | 400 | 100 | 10000 | - | - |
| CHAPEL | 10 | 250 | 45 | 170 | 390 | 3200 | 2 | 550 |
| HZB | 10 | 350 | 25 | 500 | - | 10000 | 1 | 3000 |
| Leisen Hydraulik | 1 | 630 | 5 | 500 | 1 | 9000 | 1 | 500 |
| Montanhydraulik GmbH * | - | 500 | - | 1700 | 1000 | 32000 | - | 20000 |
| Ruhfus | 30 | 160 | 50 | 600 | 250 | 21000 | 50 | 750 |
| Schwindt * | 40 | 250 | 20 | 500 | 100 | 6600 | 1 | 2400 |
| Th. Niehues | - | 250 | 45 | 170 | 390 | 2780 | 19 | 430 |
| Wilhelm Winter * | - | - | 30 | 400 | 10 | 4000 | 10 | 250 |

**27300000**
Hydraulik

27301100 Motor (Hydraulik) | 27301101 Axialkolbenmotor (Hydraulik)

| Anbieter | Fördervolumen; (cm³/Umdrehung) | | Betriebsdruck; (Bar) | | Drehmoment; (Nm) | | Drehzahl; (1/min) | |
|---|---|---|---|---|---|---|---|---|
| | von | bis | von | bis | von | bis | von | bis |
| Alpine-Hydraulik * | 5 | 1000 | - | 450 | - | 5500 | - | 11000 |
| Düsterloh * | 2 | 45 | - | 210 | - | 160 | 3 | 3000 |
| HK Hydraulik | 6 | 650 | 10 | 450 | - | - | 20 | 4500 |
| MW Hydraulik * | 0.6 | 200 | 20 | 180 | 0.94 | 20000 | 1 | 5000 |
| POWER-HYDRAULIK * | 0.3 | 8.2 | 10 | 250 | - | - | - | - |
| Th. Niehues | 45 | 250 | 50 | 300 | 10 | 3000 | - | - |

27301100 Motor (Hydraulik) | 27301107 Zahnradmotor (Hydraulik)

| Anbieter | Fördervolumen; (cm³/Umdrehung) | | Betriebsdruck; (Bar) | | Drehmoment; (Nm) | | Drehzahl; (1/min) | |
|---|---|---|---|---|---|---|---|---|
| | von | bis | von | bis | von | bis | von | bis |
| Alpine-Hydraulik * | 2.6 | 63 | - | 250 | - | - | - | 2500 |
| HK Hydraulik | 4 | 250 | 2 | 300 | - | - | 20 | 6000 |
| KRACHT | 5.5 | 300 | 10 | 300 | - | - | - | 4000 |
| Th. Niehues | 0.25 | 90 | 50 | 300 | 50 | 300 | 10 | 3000 |

27301100 Motor (Hydraulik) | 27301190 Motor (Hydraulik, nicht klassifiziert)

| Anbieter | Fördervolumen; (cm³/Umdrehung) | | Betriebsdruck; (Bar) | | Drehmoment; (Nm) | | Drehzahl; (1/min) | |
|---|---|---|---|---|---|---|---|---|
| | von | bis | von | bis | von | bis | von | bis |
| Alpine-Hydraulik * | 10 | 220 | - | 320 | - | - | - | - |
| Düsterloh * | 11 | 5278 | - | 250 | - | 24300 | 2 | 3000 |
| Eckart * | - | - | 10000 | 250000 | - | 85000 | - | - |
| Hägglunds * | 1250 | 250000 | - | 350 | - | 1400000 | - | 400 |
| HK Hydraulik | 3 | 5400 | 10 | 280 | - | - | - | 5000 |
| Post-Holland * | - | - | - | 250 | 500 | 32000 | - | - |
| Spitznas * | 12 | 1300 | 140 | 250 | 28 | 5175 | 3600 | 500 |
| Th. Niehues | 8 | 800 | 50 | 300 | 10 | 3000 | 20 | 4000 |

27301200 Hydraulikpumpe | 27301202 Axialkolbenpumpe (Hydraulik)

| Anbieter | Fördervolumen; (cm³/Umdrehung) | | Betriebsdruck; (Bar) | | Drehzahl; (1/min) | | Leistung; (kW) | |
|---|---|---|---|---|---|---|---|---|
| | von | bis | von | bis | von | bis | von | bis |
| Alpine-Hydraulik * | 16 | 240 | - | 350 | - | 2800 | - | - |
| B + R * | 8 | 1000 | - | 350 | - | 1500 | - | - |
| Düsterloh * | 8 | 16 | - | 210 | - | 2500 | - | - |
| HK Hydraulik | 8 | 250 | - | 250 | - | - | - | - |
| Leisen Hydraulik | - | - | 1 | 400 | - | - | - | - |
| MW Hydraulik * | 2.6 | 180 | 20 | 180 | 5 | 1450 | 2.3 | 26 |
| Oilgear Towler * | 10 | 640 | 10 | 450 | 300 | 3000 | 7.9 | 650 |
| Spitznas * | 45 | 74 | - | 280 | 2600 | 2200 | 55 | 76 |
| Th. Niehues | 76 | 200 | 50 | 300 | 50 | 3500 | 5 | 100 |

27301200 Hydraulikpumpe | 27301203 Flügelzellenpumpe (Hydraulik)

| Anbieter | Fördervolumen; (cm³/Umdrehung) | | Betriebsdruck; (Bar) | | Drehzahl; (1/min) | | Leistung; (kW) | |
|---|---|---|---|---|---|---|---|---|
| | von | bis | von | bis | von | bis | von | bis |
| Alpha-Pumpen | 35 | 600 | 1 | 10 | 700 | 1400 | 0.37 | 44 |
| Alpine-Hydraulik * | 10 | 220 | - | 340 | 600 | 2500 | - | - |
| HK Hydraulik | 43 | 270 | - | 275 | - | - | - | - |
| ixetic * | 2 | 28 | 2 | 200 | 500 | 9000 | 0.1 | 10 |
| Leisen Hydraulik | - | - | 1 | 400 | - | - | - | - |
| MW Hydraulik * | 6 | 100 | 40 | 150 | 1200 | 1800 | 1.9 | 35 |
| Th. Niehues | 20 | 300 | 50 | 300 | 50 | 3500 | 5 | 100 |

27301200 Hydraulikpumpe | 27301207 Radialkolbenpumpe (Hydraulik)

| Anbieter | Fördervolumen; (cm³/Umdrehung) | | Betriebsdruck; (Bar) | | Drehzahl; (1/min) | | Leistung; (kW) | |
|---|---|---|---|---|---|---|---|---|
| | von | bis | von | bis | von | bis | von | bis |
| Alpha-Pumpen | 4 | 2300 | 1500 | 2500 | 800 | 1000 | 15 | 550 |
| Alpine-Hydraulik * | 14 | 140 | - | 280 | - | 2800 | - | - |
| B + R * | 19 | 140 | - | 350 | - | 1800 | - | - |
| HK Hydraulik | 1.2 | 31 | - | 630 | - | - | - | - |
| ixetic * | 0.8 | 8 | 70 | 220 | 500 | 11000 | 0.2 | 4 |
| Leisen Hydraulik | - | - | 1 | 4000 | - | - | - | - |
| Stieber GmbH * | - | - | 160 | 700 | - | 1450 | 0.25 | 30 |
| Th. Niehues | 20 | 250 | 50 | 300 | 50 | 3500 | 5 | 100 |

27300000
Hydraulik

27301200 Hydraulikpumpe | 27301208 Schraubenspindelpumpe (Hydraulik)

| Anbieter | Fördervolumen; (cm³/Umdrehung) | | Betriebsdruck; (Bar) | | Drehzahl; (1/min) | | Leistung; (kW) | |
|---|---|---|---|---|---|---|---|---|
| | von | bis | von | bis | von | bis | von | bis |
| Alpha-Pumpen | 100 | 2000 | 1 | 11 | 1000 | 3000 | 4 | 15 |
| Alpine-Hydraulik * | 4 | 300 | - | 50 | - | 3000 | - | - |
| KRAL Kräutler * | 3 | 2965 | 1 | 150 | 150 | 3500 | 0.25 | 300 |
| Leisen Hydraulik | - | - | 1 | 400 | - | - | - | - |

27302000 Schlauch (Hydraulik) | 27302090 Schlauch (Hydraulik, nicht klassifiziert)

| Anbieter | Berstdruck; (bar) | | Innendurchmesser; (mm) | | Nenndruck; (bar) | | Einsatztemperatur; (°C) | |
|---|---|---|---|---|---|---|---|---|
| | von | bis | von | bis | von | bis | von | bis |
| Alfagomma * | 210 | 800 | 5 | 28 | 55 | 200 | -60 | 260 |
| AP Proksch * | 320 | 1100 | 4 | 25 | 80 | 275 | -70 | 260 |
| ART Elektromechanik * | 100 | 100 | 19 | 53 | - | - | - | - |
| B. Junge * | 276 | 827 | 5 | 25.9 | 69 | 206 | -50 | 200 |
| Bau- & Industriebdf. Hauswald * | - | - | 5 | 30 | 275 | 310 | -40 | 100 |
| BPI * | - | - | 3 | 25 | 65 | 275 | -40 | 225 |
| Brickmann * | 700 | 1100 | 5 | 13 | 175 | 275 | -40 | 250 |
| Butwillis * | - | - | 3 | 50 | 37 | 365 | -60 | 260 |
| Diehr & Rabenstein * | - | - | 4 | 25 | - | - | -50 | 280 |
| Dr. Sempf * | - | - | 6 | 25 | - | - | -50 | 300 |
| Druckluft Manglitz * | 320 | 900 | 10 | 25 | 80 | 225 | -60 | 260 |
| Dunlop Hiflex * | 320 | 1800 | 6 | 50 | 80 | 450 | -40 | 125 |
| Eduard Hengstenberg * | 350 | 1100 | 6 | 50 | 80 | 400 | -60 | 260 |
| Elutec * | - | - | 4 | 152 | - | - | -50 | 270 |
| ERIKS Nord | 160 | 1000 | 4.8 | 50.8 | 40 | 250 | -40 | 100 |
| EUROTEC * | - | - | 5 | 51 | 34 | 250 | -50 | 200 |
| EVB * | 210 | 450 | 3 | 16 | 45 | 125 | -40 | 125 |
| Finzel * | 245 | - | 22.4 | - | 56 | - | -60 | 250 |
| Firo * | 6 | 38 | 160 | - | -40 | 80 | - | - |
| GINE-FLEX | 175 | 840 | 3 | 25 | 43 | 210 | -50 | 150 |
| Gummiwarenfabrik Simon * | - | - | 6 | 18 | 16 | 16 | -35 | 220 |
| Günter Till * | - | - | 6 | 25 | 60 | 300 | -60 | 210 |
| H-S-T | 36 | 60 | 13 | 25 | 10 | 20 | -40 | 120 |
| Haug * | 660 | 1600 | 4 | 32 | 165 | 400 | -40 | 150 |
| Heide-Flex * | - | - | 4 | 32 | 60 | 276 | -50 | 150 |
| HOCH * | - | - | 6 | 25 | 33 | 450 | -60 | 260 |
| HPS * | - | - | 5 | 560 | - | - | 20 | 190 |
| HPS Mayer* | 200 | 10000 | 6 | 50 | 50 | 2500 | -50 | 250 |
| HSS * | 350 | 1200 | 2 | 13 | 120 | 720 | 20 | 80 |
| HTA * | - | - | 2.5 | 20 | 50 | 700 | - | - |
| Hydr.-Schl.-SD Lamprecht * | - | - | 6 | 25 | 100 | 600 | - | 225 |

27302000 Schlauch (Hydraulik) | 27302090 Schlauch (Hydraulik, nicht klassifiziert)

| Anbieter | Berstdruck; (bar) | | Innendurchmesser; (mm) | | Nenndruck; (bar) | | Einsatztemperatur; (°C) | |
|---|---|---|---|---|---|---|---|---|
| | von | bis | von | bis | von | bis | von | bis |
| Hydraulik Schlebusch * | 200 | 900 | 6 | 25 | 50 | 223 | -50 | 250 |
| Hydraulik-Pneumatik-K.Jade | 1120 | 1780 | 9.5 | 25.4 | 280 | 445 | - | - |
| Hydraulik-Service A. Müller * | - | - | 6 | 10 | 225 | 300 | 10 | 220 |
| Hydraulik-Service R. Koch * | - | - | 10 | 51 | 10 | 700 | -40 | 225 |
| Hydraulikservice Leins | - | - | 6.4 | 76.2 | - | - | -40 | 150 |
| Hyflexar * | - | - | 3 | 25 | 225 | 300 | -50 | 100 |
| Hypress * | 400 | 700 | 4 | 13 | 100 | 175 | -40 | 100 |
| IHB * | - | - | 5 | 184 | - | - | -50 | 270 |
| IHS * | - | - | 6 | 50 | 275 | 420 | -20 | 80 |
| Industr.-Hydr. Vogel & Partner * | - | - | 3 | 22 | 10 | 180 | -25 | 80 |
| Industriebedarf Castan * | - | 40 | 32 | 107 | 10 | 16 | - | - |
| Interhydraulik | - | - | 3 | 152 | - | - | -55 | +255 |
| Joh. Schön * | - | - | 5 | 50 | - | 135 | -50 | 100 |
| JOHANN SCHILD | - | - | 4 | 51 | 60 | 350 | -50 | 260 |
| Kaiser Hydraulik * | - | - | 5 | 32 | - | 112 | -50 | 150 |
| Karls Hydraulik * | 32 | 65 | 4.8 | 25.4 | 12 | 25 | - | - |
| Kuzuflex * | - | - | 6 | 50 | 60 | 320 | - | - |
| Lamm * | - | - | 3 | 450 | - | - | 10 | 270 |
| Leisen Hydraulik | - | - | 5 | 50 | - | - | - | - |
| Malz * | 10 | 1000 | 6.4 | 76.2 | - | - | -40 | 150 |
| Max Michl * | - | - | - | - | 70 | 400 | -57 | 150 |
| NOLD | 160 | 900 | 6.3 | 50.8 | 40 | 225 | -40 | 125 |
| Profana * | - | 1500 | 5 | 51 | - | - | -50 | 250 |
| Provas * | 360 | 1600 | 6 | 40 | 90 | 400 | -40 | 125 |
| R + M de Witt * | - | - | 4 | 25 | 50 | 300 | -50 | 150 |
| Rebi * | 240 | 800 | 6 | 25 | 60 | 200 | -40 | 250 |
| Rectus * | - | - | 2 | 12 | 7 | 20 | -40 | 120 |
| RGH Rolf Gädecke * | 550 | 1100 | 10 | 25 | 138 | 275 | -50 | 250 |
| Rudolf Dreher * | - | - | 5 | 150 | - | - | - | 120 |
| Schieffer * | 160 | 300 | 6.4 | 25.4 | 40 | 75 | - | - |
| Schmitter * | 280 | 840 | 5 | 25.9 | 70 | 210 | - | - |
| Schwefisco * | - | - | - | - | 10 | 250 | -25 | 125 |
| Semperflex * | - | - | 6 | 51 | 88 | 290 | -20 | 70 |
| Semperit * | 160 | 1000 | 5 | 51 | 40 | 250 | -40 | 120 |
| SMC * | 10 | 100 | 2 | 10 | - | - | -20 | 200 |
| SPIR STAR * | - | - | 3 | 35 | 10 | 3200 | - | - |
| T.I.M. | - | - | 2 | 9 | - | - | - | - |
| Tecalan * | 1420 | 2000 | 5 | 13 | 473 | 667 | -40 | 93 |
| Techno Gummi * | 30 | 210 | 4 | - | 10 | 80 | -20 | 100 |
| Tempel * | - | - | 5 | 20 | 100 | 225 | -40 | 180 |
| Terbrüggen * | 220 | 960 | 6 | 40 | 90 | 400 | -50 | 250 |
| Th. Niehues | 34 | 7000 | 2 | 200 | 13 | 2800 | -40 | 100 |
| Thomas Borgwardt * | - | - | 2 | 10 | - | 360 | - | 100 |

27300000
Hydraulik

27302000 Schlauch (Hydraulik) | 27302090 Schlauch (Hydraulik, nicht klassifiziert)

| Anbieter | Berstdruck; (bar) | | Innendurchmesser; (mm) | | Nenndruck; (bar) | | Einsatztemperatur; (°C) | |
|---|---|---|---|---|---|---|---|---|
| | von | bis | von | bis | von | bis | von | bis |
| Thote * | - | - | 3 | 25 | 80 | 225 | -50 | 250 |
| van den Heuvel * | 1800 | 2000 | 2 | 4 | 450 | 500 | -35 | 135 |
| Vigot * | 160 | 320 | 4.8 | 25.4 | 40 | 80 | -40 | 125 |
| Walter Patzlaff * | 250 | 860 | 6 | 20 | 63 | 225 | -40 | 125 |
| Winkler-Stiefel * | - | - | 9.5 | 31.8 | - | - | -40 | 250 |
| Xaver Bertsch * | - | - | 5 | 25 | 80 | 110 | -50 | 150 |

Bauteilkatalog

# Herstellerverzeichnis

**A**

## 1 NORM + DREH

Mettmanner Strasse 125, D-42549 Velbert, Telefon: +49 2051 2883 0, Telefax: +49 2051 2883 20, info@normdreh.de, www.normdreh.de

*ecl@sses: 23-07-15-01 Gestanzte Dichtung; 23-07-15-04 Metalldichtung; 23-07-15-90 Flachdichtung (nicht klassifiziert); 23-07-16-01 O-Ring; 23-09-01-01 Scheibe, Ring (plan, ballig, rund); 23-09-02-90 Scheibe, Ring (keilförmig, nicht klassifiziert); 23-09-03-01 Zahn-, Feder-, Spannscheibe; 23-09-03-02 Sicherungsblech (Welle, Schraube); 23-09-03-03 Sicherungsring (Querschnitt rechteckig); 23-09-03-04 Sicherungsring (Querschnitt rund); 23-10-01-01 Stift; 23-10-01-02 Spannstift, Spannhülse; 23-10-01-90 Bolzen, Stift (nicht klassifiziert); 23-10-04-01 Splint; 23-10-04-02 Federstecker; 23-10-05-90 Passfeder, Keil, Scheibenfeder (nicht klassifiziert); 23-10-06-01 Distanzhülse; 23-10-06-02 Gewindehülse; 23-11-01-01 Schraube, flach aufliegend, Außenantrieb; 23-11-01-02 Schraube, flach aufliegend, Innenantrieb; 23-11-01-03 Senkkopfschraube, Innenantrieb; 23-11-01-04 Schraube mit Rechteckkopf; 23-11-01-06 Schraube, selbstarretierend; 23-11-01-10 Sonderschraube; 23-11-01-11 Holzschraube; 23-11-01-12 Blechschraube; 23-11-01-13 Schraube, nicht flach aufliegend, Außenantrieb; 23-11-01-14 Passschraube (mit Kopf); 23-11-01-15 Dehnschraube (mit Kopf); 23-11-01-16 Rändelschraube; 23-11-01-17 Schraube (gewindeformend); 23-11-01-18 Bohrschraube; 23-11-01-19 Kopfschraube (ohne Antriebsmerkmal); 23-11-01-20 Hohlschraube; 23-11-03-01 Gewindestange; 23-11-03-02 Gewindestift, -Bolzen, Schaftschraube; 23-11-03-03 Stiftschraube, Schraubenbolzen; 23-11-07-01 Mutter (sechs-, n-kant); 23-11-07-04 Kronenmutter; 23-11-07-05 Mutter mit Klemmteil; 23-11-07-06 Überwurfmutter (Verschraubung); 23-11-07-07 Rundmutter; 23-11-07-08 Rändelmutter; 23-11-07-09 Mutter mit Scheibe, unverlierbar; 23-11-07-10 Mutter mit Handantrieb; 23-11-09-01 Gewindeeinsatz; 23-11-09-02 Einpressmutter, Gewindebuchse; 23-12-04-01 Vollniet; 23-12-04-02 Blindniet; 23-12-04-03 Hohlniet; 23-12-04-04 Nietstift*

## a+s antriebstechnik und spannsysteme

Stolper Straße 4a, D-22145 Hamburg, Telefon: +49 40 679467 0, Telefax: +49 40 679467 20, as@aunds-vertrieb.de, www.aunds-vertrieb.de

*ecl@sses: 23-02-04-02 Innenspannsystem; 23-02-04-03 Außenspannsystem*

## A. Friedr. Flender AG

Alfred-Flender-Straße 77, D-46395 Bocholt, Telefon: +49 2871 92 0, Telefax: +49 2871 92 2596, contact@flender.com, www.flender.com

*ecl@sses: 23-03-10-02 Zahnkupplung; 23-03-10-06 Lamellenkupplung; 23-03-11-01 Klauenkupplung (elastisch); 23-03-11-02 Bolzenkupplung (elastisch); 23-03-11-05 Kupplung (hochelastisch); 23-03-16-01 Hydrodynamische Kupplung; 23-32-01-01 Stirnradgetriebe; 23-32-01-03 Kegelradgetriebe; 23-32-01-05 Planetengetriebe*

## A. MANNESMANN MASCHINENFABRIK GmbH

Bliedinghauser Straße 27, D-42859 Remscheid, Telefon: +49 2191 989 0, Telefax: +49 2191 989 201, mail@amannesmann.de, www.amannesmann.de

*ecl@sses: 23-30-07-90 Trapezgewindetrieb (nicht klassifiziert); 23-30-08-90 Kugelgewindetrieb (nicht klassifiziert)*

## A.R.T. Elektromechanik-Vertriebs-GmbH

Albert-Roßhaupter-Strasse 35, D-81369 München, Telefon: +49 89 72609060, Telefax: +49 89 72609070, verkauf@artgmbh.com, www.artgmbh.com

*ecl@sses: 23-10-06-01 Distanzhülse*

## A.W. Schultze GmbH, Dichtungs- Stanzerei und technischer Bedarf

Mercatorstrasse 10, D-21502 Geesthacht, Telefon: +49 4152 8775 0, Telefax: +49 4152 8775 31, info@awschultze.de, www.awschultze.de

*ecl@sses: 23-07-09-21 Gleitringdichtung (Komplett); 23-07-12-02 Balgdichtung; 23-07-15-01 Gestanzte Dichtung; 23-07-15-02 Spiraldichtung; 23-07-15-03 Profilierte-, Ummantelte Flachdichtung; 23-07-15-04 Metalldichtung; 23-07-15-90 Flachdichtung (nicht klassifiziert); 23-07-17-01 Radial-Wellendichtring; 23-07-17-02 Axial-Wellendichtring; 23-07-18-01 Geflechtspackung; 23-07-19-01 Stangendichtung; 23-07-19-02 Kolbendichtung; 23-07-19-03 Abstreifring (translatorische Dichtung; 23-07-19-04 Führungselement, Stützring*

**A**

### ABB Automation Products Motors & Drives
Wallstadter Str. 59, D-68526 Ladenburg, Telefon: +49 6203 71 0, Telefax: +49 6203 717 2559,
motors.drives@de.abb.com, www.abb.de

*ecl@sses: 27-02-21-01 NS-Drehstrom-Asynchronmotor, Käfigläufer (IEC); 27-02-21-02 NS-Drehstrom-Asynchronmotor, Käfigläufer (IEC, Ex); 27-02-21-03 NS-Drehstrom-Asynchronmotor, Käfigläufer (NEMA); 27-02-21-04 NS-Drehstrom-Asynchronmotor, Schleifringläufer (IEC); 27-02-21-05 NS-Drehstrom-Asynchronmotor, Schleifringläufer (NEMA); 27-02-21-06 NS-Drehstrom-Asynchronmotor, Käfigläufer (polumschaltbar, IEC); 27-02-21-07 NS-Drehstrom-Asynchronmotor, Käfigläufer (polumschaltbar, IEC,Ex); 27-02-21-08 NS-Drehstrom-Asynchronmotor, Käfigläufer (polumschaltbar, NEMA); 27-02-22-01 HS-Drehstrom-Asynchronmotor, Käfigläufer (IEC); 27-02-22-02 HS-Drehstrom-Asynchronmotor, Käfigläufer (IEC, Ex); 27-02-22-03 HS-Drehstrom-Asynchronmotor, Käfigläufer (NEMA); 27-02-23-02 Kondensatormotor; 27-02-24-01 Synchronmotor (IEC); 27-02-24-02 Synchronmotor (IEC, Ex); 27-02-25-01 DC-Motor (IEC); 27-02-25-02 DC-Motor (IEC, Ex); 27-02-27-09 Umrichterantrieb*

### ABM GREIFFENBERGER ANTRIEBSTECHNIK GMBH
Friedenfelser Straße 24, D-95615 Marktredwitz, Telefon: +49 9231 67 0, Telefax: +49 9231 6 22 03,
dagmar.koziel@abm-antriebe.de, www.abm-antriebe.de

*ecl@sses: 23-04-09-01 Magnetbremse; 23-32-01-01 Stirnradgetriebe; 27-02-21-01 NS-Drehstrom-Asynchronmotor, Käfigläufer (IEC); 27-02-21-02 NS-Drehstrom-Asynchronmotor, Käfigläufer (IEC, Ex); 27-02-21-06 NS-Drehstrom-Asynchronmotor, Käfigläufer (polumschaltbar, IEC); 27-02-21-07 NS-Drehstrom-Asynchronmotor, Käfigläufer (polumschaltbar, IEC,Ex); 27-02-23-02 Kondensatormotor; 27-02-24-01 Synchronmotor (IEC); 27-02-30-01 AC-Getriebemotor (Festdrehzahl); 27-02-30-02 AC-Getriebemotor (polumschaltbar)*

### ABP-Antriebstechnik GmbH
Leopoldstraße 1, D-78112 St. Georgen / Schwarzwald, Telefon: +49 7724 9182 80, Telefax: +49 7724 9182 85,
info@abp-antrieb.de, www.abp-antrieb.de

*ecl@sses: 23-03-09-03 Stirnzahnkupplung; 23-03-10-01 Klauenkupplung (drehstarr)*

### ACE Industrie Stoßdämpfer GmbH
Albert-Einstein-Straße 15, D-40740 Langenfeld, Telefon: +49 2173 922610, Telefax: +49 2173 922619,
info@ace-ace.de, www.ace-ace.de

*ecl@sses: 23-03-09-03 Stirnzahnkupplung; 23-03-10-01 Klauenkupplung (drehstarr)*

### ADDA ANTRIEBSTECHNIK GMBH
Max-Planck-Straße 2, D-63322 Rödermark, Telefon: +49 6074 9105 0, Telefax: +49 6074 9105 20,
adda-antriebstechnik@t-online.de, www.electroadda.com

*ecl@sses: 27-02-21-01 NS-Drehstrom-Asynchronmotor, Käfigläufer (IEC); 27-02-21-06 NS-Drehstrom-Asynchronmotor, Käfigläufer (polumschaltbar, IEC); 27-02-26-02 Servo-Synchronmotor; 27-02-27-03 Ventilatormotor*

### Addinol Lube Oil GmbH
Am Haupttor / Gebäude 4609, D-06237 Leuna, Telefon: +49 3461 845 0, Telefax: +49 3461 845-555,
info@addinol.de, www.addinol.de

*ecl@sses: 23-06-12-01 Hydraulikflüssigkeit; 23-06-12-02 Wärmeträgeröl*

### ADE-Werk GmbH Antriebs- und Hebetechnik
Englerstraße 9, D-77652 Offenburg, Telefon: +49 781 209 0, Telefax: +49 781 209 99,
info@ade.de, www.ade.de

*ecl@sses: 23-30-18-90 Elektomechanischer Zylinder (nicht klassifiziert); 27-02-28-01 Linearmotor*

### Aditec GmbH

Dietrich-Bonhoeffer-Strasse 8, D-72829 Engstingen, Telefon: +49 7129 936759 0, Telefax: +49 7129 936759 20, info@aditec-technologie.de, www.aditec-technologie.de

*ecl@sses: 23-03-11-01 Klauenkupplung (elastisch); 23-05-01-01 Trockengleitlager; 23-05-01-08 Hydrodynamische Gleitlager; 23-05-01-09 Hydrostatische Gleitlager; 23-05-10-01 Axial-Rillenkugellager; 23-05-10-02 Axial-Schrägkugellager; 23-05-11-01 Axial-Zylinderrollenlager; 23-05-11-02 Axial-Nadellager; 23-07-09-21 Gleitringdichtung (Komplett); 23-07-12-02 Balgdichtung; 23-07-15-01 Gestanzte Dichtung; 23-07-15-90 Flachdichtung (nicht klassifiziert)*

### Admos Gleitlager Produktions- und Vertriebsges. mbH

Wilhelminenhofstraße 89a, D-12459 Berlin, Telefon: +49 30 53009 120, Telefax: +49 30 53009 166, info@admos-gleitlager.de, www.admos-gleitlager.de

*ecl@sses: 23-05-01-07 Mehrflächengleitlager; 23-05-01-08 Hydrodynamische Gleitlager; 23-05-01-09 Hydrostatische Gleitlager*

### Adolf Schnorr GmbH + Co. KG

Stuttgarter Strasse 37, D-71069 Sindelfingen, Telefon: +49 7031 302 0, Telefax: +49 7031 302138, mail@schnorr.de, www.schnorr.de

*ecl@sses: 23-08-04-90 Tellerfeder (nicht klassifiziert); 23-09-03-01 Zahn-, Feder-, Spannscheibe*

### Adolf Würth GmbH & Co. KG

Reinhold-Würth-Str. 12 - 17, D-74653 Ingelfingen, Telefon: +49 7940 15 0, Telefax: +49 7940 15 1000, info@wuerth.de, www02.wuerth.com

*ecl@sses: 23-11-01-17 Schraube (gewindeformend)*

### Aerotech GmbH

Südwestpark 90, D-90449 Nürnberg, Telefon: +49 911 967937 0, Telefax: +49 911 967937 20, info@aerotechgmbh.de, www.aerotechgmbh.de

*ecl@sses: 27-02-26-03 Servo-DC-Motor; 27-02-26-04 Schrittmotor*

### AGS-Stellantriebe GmbH

Hellweg 204, D-33758 Schloß Holte-Stukenbrock, Telefon: +49 5207 9915996, Telefax: +49 5207 9915997, info@ags-stellantriebe.de, www.ags-stellantriebe.de

*ecl@sses: 23-30-18-90 Elektomechanischer Zylinder (nicht klassifiziert); 23-30-24-90 Elektromechanischer Schwenkantrieb (nicht klassifiziert); 27-02-24-01 Synchronmotor (IEC); 27-02-25-01 DC-Motor (IEC); 27-02-30-01 AC-Getriebemotor (Festdrehzahl); 27-02-30-02 AC-Getriebemotor (polumschaltbar)*

### AHP-Merkle GmbH Fabrik für Hydraulik-Zylinder

Eschenweg 4, D-79232 March, Telefon: +49 7665 4208 0, Telefax: +49 7665 420888, mailbox@ahp.de, www.ahp.de

*ecl@sses: 27-30-02-01 Differentialzylinder (Hydraulik); 27-30-02-02 Gleichgangzylinder (Hydraulik)*

### AHS Antriebstechnik GmbH

Fichtenweg 17, D-64319 Pfungstadt, Telefon: +49 6157 9866110, info@ahs-antriebstechnik.de, www.ahs-antriebstechnik.de

*ecl@sses: 27-02-26-04 Schrittmotor*

### Airflow Lufttechnik GmbH

Kleine Heeg 21, D-53359 Rheinbach, Telefon: +49 2226 9205 0, Telefax: +49 2226 9205 11, info@airflow.de, www.airflow.de

*ecl@sses: 27-02-27-03 Ventilatormotor*

**A**

### AKB Antriebstechnik GmbH
Dänischburger Landstrasse 77-79, D-23569 Lübeck, Telefon: +49 451 5056000, Telefax: +49 451 5056009,
info@AKB-Antriebstechnik.de, www.akb-antriebstechnik.de

*ecl@sses: 23-32-01-01 Stirnradgetriebe*

### Aldak GmbH
Redcarstr. 18, D-53842 Troisdorf-Spich, Telefon: +49 2241 16960, Telefax: +49 2241 169616,
webmaster@aldak.de, www.aldak.de

*ecl@sses: 27-02-27-90 Anwendungsbezogener Motor (nicht klassifiziert)*

### Alfagomma Hydraulik GmbH
Stahlbaustrasse 7, D-44577 Castrop Rauxel, Telefon: +49 2305 9611120,
info@alfagomma.de, www.alfagomma.com

*ecl@sses: 27-30-20-90 Schlauch (Hydraulik, nicht klassifiziert)*

### Alfatec GmbH
Robert-Bosch-Strasse 1, D-70794 Filderstadt, Telefon: +49 7158 93936 0, Telefax: +49 7158 93936 25,
mail@alfatec.biz, www.alfatec.biz

*ecl@sses: 23-05-01-01 Trockengleitlager; 23-05-01-02 Aerodynamisches Lager; 23-05-01-03 Aerostatisches Lager; 23-05-01-04 Magnetlager; 23-05-01-05 Gelenkkopf (Gleitlager); 23-05-01-06 Gelenklager; 23-05-01-07 Mehrflächengleitlager; 23-05-01-08 Hydrodynamische Gleitlager; 23-05-01-09 Hydrostatische Gleitlager; 23-05-12-04 Axial-Radial-Rollenlager; 23-05-12-05 Kreuzrollenlager; 23-05-15-01 Stützrolle (Lager); 23-05-15-02 Kurvenrolle (Lager); 23-30-02-02 Führungsschiene (Laufrollenführung)*

### ALFORM Metallpräzisionsteile GmbH & Co. KG
Bismarckring 3, D- 65183 Wiesbaden, Telefon: +49 611 3413245, Telefax: +49 611 3607668,
anfrage@alform.de, www.alform.de

*ecl@sses: 23-17-01-01 Stirnrad (Verzahnungselement); 23-17-01-03 Kegelrad*

### Alfred Thürrauch GmbH & Co. KG Zahnrad- und Getriebefabrik
Heerstraße 30, D-71711 Murr, Telefon: +49 7144 9981 0, Telefax: +49 7144 9981 44,
info@thuerrauch.de, www.thuerrauch.de

*ecl@sses: 23-17-01-01 Stirnrad (Verzahnungselement); 23-17-01-03 Kegelrad*

### ALLES VON HOCH
Eckenerstrasse 65, D-88046 Friedrichshafen, Telefon: +49 7541 399058 0, Telefax: +49 7541 399058 9,
vertrieb@allesvonhoch.de, www.allesvonhoch.de

*ecl@sses: 23-11-01-10 Sonderschraube*

### Alpha-Pumpen-Technik GmbH
Thalenhorststrasse 9, D-28307 Bremen, Telefon: +49 421 485890,
info@alphapumpen.de, www.alphapumpen.de

*ecl@sses: 27-30-12-03 Flügelzellenpumpe (Hydraulik); 27-30-12-07 Radialkolbenpumpe (Hydraulik); 27-30-12-08 Schraubenspindelpumpe (Hydraulik)*

## Alpine-Hydraulik GmbH

Auchstrasse 5, D-87700 Memmingen, Telefon: +49 8331 9444 0, Telefax: +49 8331 944420,
alpine@alpine-hydraulik.de, www.alpine-hydraulik.de

*ecl@sses: 27-30-02-01 Differentialzylinder (Hydraulik); 27-30-02-02 Gleichgangzylinder (Hydraulik); 27-30-02-08 Teleskopzylinder (Hydraulik); 27-30-11-01 Axialkolbenmotor (Hydraulik); 27-30-11-07 Zahnradmotor (Hydraulik); 27-30-11-90 Motor (Hydraulik, nicht klassifiziert); 27-30-12-02 Axialkolbenpumpe (Hydraulik); 27-30-12-03 Flügelzellenpumpe (Hydraulik); 27-30-12-07 Radialkolbenpumpe (Hydraulik); 27-30-12-08 Schraubenspindelpumpe (Hydraulik)*

## alstertaler schrauben & präzisionsteile gmbh

Poppenbütteler Bogen 22, D-22399 Hamburg, Telefon: +49 40 6920873, Telefax: +49 40 6022651,
info@alstertaler.de, www.alstertaler.de

*ecl@sses: 23-08-04-90 Tellerfeder (nicht klassifiziert); 23-09-01-01 Scheibe, Ring (plan, ballig, rund); 23-09-01-02 Scheibe (plan, ballig, eckig); 23-10-01-01 Stift; 23-10-01-02 Spannstift, Spannhülse; 23-10-04-01 Splint; 23-10-04-02 Federstecker; 23-10-05-90 Passfeder, Keil, Scheibenfeder (nicht klassifiziert); 23-11-01-01 Schraube, flach aufliegend, Außenantrieb; 23-11-01-02 Schraube, flach aufliegend, Innenantrieb; 23-11-01-03 Senkkopfschraube, Innenantrieb; 23-11-01-04 Schraube mit Rechteckkopf; 23-11-01-10 Sonderschraube; 23-11-01-11 Holzschraube; 23-11-01-12 Blechschraube; 23-11-01-14 Passschraube (mit Kopf); 23-11-01-15 Dehnschraube (mit Kopf); 23-11-01-16 Rändelschraube; 23-11-01-18 Bohrschraube; 23-11-01-20 Hohlschraube; 23-11-01-21 Halfenschraube; 23-11-03-01 Gewindestange; 23-11-03-02 Gewindestift, -Bolzen, Schaftschraube; 23-11-03-03 Stiftschraube, Schraubenbolzen; 23-11-07-01 Mutter (sechs-, n-kant); 23-11-07-04 Kronenmutter; 23-11-07-05 Mutter mit Klemmteil; 23-11-07-07 Rundmutter; 23-11-07-08 Rändelmutter; 23-11-07-09 Mutter mit Scheibe, unverlierbar*

## Alwin Höfert Fabrikation von Spezialdichtungen

Ferdinand-Harten-Str. 15, D-22949 Ammersbeck, Telefon: +49 40 604477 0, Telefax: +49 40 6046523,
service@hoefert.de, www.hoefert.dey

*ecl@sses: 23-07-17-01 Radial-Wellendichtring; 23-07-19-01 Stangendichtung; 23-07-19-02 Kolbendichtung*

## AMF ANDREAS MAIER GmbH & Co. KG

Waiblinger Strasse 116, D-70734 Fellbach, Telefon: +49 711 5766 0, Telefax: +49 711 575725,
amf@amf.de, www.amf.de

*ecl@sses: 23-02-04-01 Spannelement (Welle-Nabe-Verbindung)*

## AMK Arnold Müller GmbH & Co. KG Antriebs- u. Steuerungstechnik

Gaußstraße 37-39, D-73230 Kirchheim/Teck, Telefon: +49 7021 5005 0, Telefax: +49 7021 5005 176,
info@amk-antriebe.de, www.amk-antriebe.de

*ecl@sses: 27-02-26-01 Servo-Asynchronmotor; 27-02-26-02 Servo-Synchronmotor*

## Amsbeck Maschinentechnik GmbH

Boschweg 15, D-48351 Everswinkel, Telefon: +49 2582 1051, Telefax: +49 2582 8655,
info@aguss.de, ww.aguss.de

*ecl@sses: 23-03-11-01 Klauenkupplung (elastisch); 23-03-11-05 Kupplung (hochelastisch); 23-03-14-07 Kupplung (Fliehkraft, reibschlüssig); 23-32-01-01 Stirnradgetriebe*

## AMTAG Alfred Merkelbach Technologies AG

Lise-Meitner-Str. 2, D-40670 Meerbusch, Telefon: +49 211 968090, Telefax: +49 211 9680933,
info@amtag.de, www.amtag.de

*ecl@sses: 23-05-01-01 Trockengleitlager; 23-05-01-08 Hydrodynamische Gleitlager*

A

**A**

### Andreas Fresemann Schraubengroßhandlung GmbH
Bahnhofstrasse 7, D-26892 Dörpen, Telefon: +49 4963 9111 0, Telefax: +49 4963 9111 26,
schrauben-fresemann@ewetel.net, www.schrauben-fresemann.de

*ecl@sses: 23-09-01-01 Scheibe, Ring (plan, ballig, rund); 23-09-01-02 Scheibe (plan, ballig, eckig); 23-09-02-90 Scheibe, Ring (keilförmig, nicht klassifiziert); 23-09-03-01 Zahn-, Feder-, Spannscheibe; 23-09-03-02 Sicherungsblech (Welle, Schraube); 23-09-03-03 Sicherungsring (Querschnitt rechteckig); 23-09-03-04 Sicherungsring (Querschnitt rund); 23-10-01-01 Stift; 23-10-01-02 Spannstift, Spannhülse; 23-10-01-90 Bolzen, Stift (nicht klassifiziert); 23-10-04-01 Splint; 23-10-04-02 Federstecker; 23-10-05-90 Passfeder, Keil, Scheibenfeder (nicht klassifiziert); 23-10-06-01 Distanzhülse; 23-10-06-02 Gewindehülse; 23-11-01-01 Schraube, flach aufliegend, Außenantrieb; 23-11-01-02 Schraube, flach aufliegend, Innenantrieb; 23-11-01-03 Senkkopfschraube, Innenantrieb; 23-11-01-04 Schraube mit Rechteckkopf; 23-11-01-06 Schraube, selbstarretierend; 23-11-01-10 Sonderschraube; 23-11-01-11 Holzschraube; 23-11-01-12 Blechschraube; 23-11-01-13 Schraube, nicht flach aufliegend, Außenantrieb; 23-11-01-14 Passschraube (mit Kopf); 23-11-01-15 Dehnschraube (mit Kopf); 23-11-01-16 Rändelschraube; 23-11-01-17 Schraube (gewindeformend); 23-11-01-18 Bohrschraube; 23-11-01-19 Kopfschraube (ohne Antriebsmerkmal); 23-11-01-20 Hohlschraube; 23-11-01-21 Halfenschraube; 23-11-03-01 Gewindestange; 23-11-03-02 Gewindestift, -Bolzen, Schaftschraube; 23-11-03-03 Stiftschraube, Schraubenbolzen; 23-11-07-01 Mutter (sechs-, n-kant); 23-11-07-04 Kronenmutter; 23-11-07-05 Mutter mit Klemmteil; 23-11-07-06 Überwurfmutter (Verschraubung); 23-11-07-07 Rundmutter; 23-11-07-08 Rändelmutter; 23-11-07-09 Mutter mit Scheibe, unverlierbar; 23-11-07-10 Mutter mit Handantrieb; 23-11-07-11 Federmutter; 23-11-09-01 Gewindeeinsatz; 23-11-09-02 Einpressmutter, Gewindebuchse; 23-12-04-01 Vollniet; 23-12-04-02 Blindniet; 23-12-04-03 Hohlniet; 23-12-04-04 Nietstift*

### Andreas Lupold Hydrotechnik GmbH
Eythstr. 11, D-72189 Vöhringen, Telefon: +49 7454 944 0, Telefax: +49 7454 944 111,
lupold@lupold.de, www.lupold.de

*ecl@sses: 23-30-19-90 Elektromechanische Hubsäule (nicht klassifiziert)*

### Andreas Müller Wwe. GmbH & Co KG
Erkelenzer Strasse 30, D-41179 Mönchengladbach, Telefon: +49 2161 581029, Telefax: +49 2161 571354,
info@andreas-mueller-wwe.de, www.andreas-mueller-wwe.de

*ecl@sses: 23-17-01-03 Kegelrad*

### André und Jürgen Malz Gbr
Hänischmühe 22, D-02796 Kurort Jonsdorf, Telefon: +49 35844 70942,
info@parkerstore-malz.de, iwww.parkerstore-malz.de

*ecl@sses: 27-30-20-90 Schlauch (Hydraulik, nicht klassifiziert)*

### Angst + Pfister AG
Thurgauerstraße 66, CH-8052 Zürich, Telefon: +41 44 306 6111, Telefax: +41 44 302 1871,
ch@angst-pfister.com, www.angst-pfister.com

*ecl@sses: 23-30-18-90 Elektomechanischer Zylinder (nicht klassifiziert); 27-02-21-01 NS-Drehstrom-Asynchronmotor, Käfigläufer (IEC); 27-02-21-02 NS-Drehstrom-Asynchronmotor, Käfigläufer (IEC, Ex); 27-02-21-06 NS-Drehstrom-Asynchronmotor, Käfigläufer (polumschaltbar, IEC); 27-02-23-02 Kondensatormotor; 27-02-25-01 DC-Motor (IEC); 27-02-26-02 Servo-Synchronmotor; 27-02-30-07 DC-Getriebemotor (elektrisch verstellbar)*

### ANT GmbH Antriebstechnik
Londonstraße 11, D-97424 Schweinfurt, Telefon: +49 9721 75110, Telefax: +49 9721 75112,
info@ant-antriebstechnik de, www.ant-antriebstechnik de

*ecl@sses: 23-30-02-01 Laufrollenführung (komplett)*

### Anton Klocke Antriebstechnik GmbH
Senner Str. 151, D-33659 Bielefeld, Telefon: +49 521 95005 01, Telefax: +49 521 95005 11,
info@klocke-antrieb.de, www.klocke-antrieb.de

*ecl@sses: 23-07-16-01 O-Ring*

## Anton Thurner Präzisionstechnik IVP

Kreuzäckerstr. 44, D-78647 Trossingen, Telefon: +49 7425 5748, Telefax: +49 7425 21748,
mail@ivp-thurner.de, www.ivp-thurner.de

*ecl@sses: 23-05-10-01 Axial-Rillenkugellager*

## Anton Uhlenbrock GmbH

Siemensstraße 41, D-48565 Steinfurt, Telefon: +49 2552 9333 0, Telefax: +49 2552 9333 61,
info@uhlenbrock.org, www.uhlenbrock.org

*ecl@sses: 23-05-07-05 Profilschienen-Wälzführung; 23-05-08-01 Rillenkugellager; 23-05-08-02 Spannlager; 23-05-08-03 Schrägkugellager; 23-05-08-06 Pendelkugellager; 23-05-09-01 Zylinderrollenlager; 23-05-09-10 Kegelrollenlager; 23-05-09-11 Pendelrollenlager; 23-05-09-13 Toroidal-Rollenlager; 23-05-10-01 Axial-Rillenkugellager; 23-05-11-01 Axial-Zylinderrollenlager; 23-05-11-03 Axial-Pendelrollenlager; 23-05-16-01 Stehlagergehäuseeinheit; 23-07-17-01 Radial-Wellendichtring; 23-09-01-01 Scheibe, Ring (plan, ballig, rund); 23-10-05-90 Passfeder, Keil, Scheibenfeder (nicht klassifiziert); 23-11-03-02 Gewindestift, -Bolzen, Schaftschraube; 23-11-07-01 Mutter (sechs-, n-kant); 23-17-02-01 Keilriemen; 23-17-02-05 Zahnriemen; 23-17-02-08 Keilriemenscheibe; 23-17-02-10 Zahnriemenscheibe; 23-17-04-03 Standardrollenkette; 23-17-04-05 Edelstahlkette; 23-17-04-09 Hohlbolzenketten; 23-17-04-11 Seitenbogenketten; 23-30-08-90 Kugelgewindetrieb (nicht klassifiziert)*

## Antriebe Neumann GmbH

Am Kirschenberg 8, D-61169 Friedberg, Telefon: +49 6031 13800, Telefax: +49 6031 6920351,
mail@neumann-antriebe.de, www.neumann-antriebe.de

*ecl@sses: 27-02-21-01 NS-Drehstrom-Asynchronmotor, Käfigläufer (IEC); 27-02-21-02 NS-Drehstrom-Asynchronmotor, Käfigläufer (IEC, Ex); 27-02-21-06 NS-Drehstrom-Asynchronmotor, Käfigläufer (polumschaltbar, IEC); 27-02-22-01 HS-Drehstrom-Asynchronmotor, Käfigläufer (IEC); 27-02-24-01 Synchronmotor (IEC); 27-02-25-01 DC-Motor (IEC); 27-02-26-01 Servo-Asynchronmotor; 27-02-26-02 Servo-Synchronmotor*

## Antriebselemente Bönisch GmbH & Co KG

Elsternweg 4, D-58708 Menden, Telefon: +49 2373 67323, Telefax: +49 2373 64991,
info@aeboenisch.de, www.aeboenisch.de

*ecl@sses: 23-17-01-01 Stirnrad (Verzahnungselement); 23-17-01-08 Zahnstange (Verzahnungselement); 23-17-02-08 Keilriemenscheibe; 23-17-02-09 Flachriemenscheibe; 23-17-02-10 Zahnriemenscheibe; 23-17-04-50 Kettenrad; 23-17-04-51 Kettenscheibe*

## Antriebsmechanik Kulling GmbH

Am Lehmberg 2, D-16928 Pritzwalk, Telefon: +49 33986 503880,
kulling-antriebsmechanik@web.de, www.kulling-antriebsmechanik.de

*ecl@sses: 23-05-07-04 Welle (Lineareinheit)*

## Antriebssysteme Faurndau GmbH

Goethestr. 45, D-73035 Göppingen, Telefon: +49 7161 2000 0, Telefax: +49 7161 2000 11,
antriebstechnik@faurndau.com, www.faurndau.com

*ecl@sses: 27-02-21-01 NS-Drehstrom-Asynchronmotor, Käfigläufer (IEC); 27-02-24-01 Synchronmotor (IEC); 27-02-27-09 Umrichterantrieb*

## Antriebstechnik Obermüller e.K.

Stahlstrasse 14, D-88339 Bad Waldsee, Telefon: +49 7524 5561, Telefax: +49 7524 8416,
info@obermueller.com, www.obermueller.com

*ecl@sses: 23-17-04-03 Standardrollenkette; 23-17-04-04 Wartungsfreie Rollenkette*

A

A

### AP Armaturen Proksch GmbH
Siemensstrasse 11, D-71409 Schwaikheim, Telefon: +49 7195 977050,
order@proksch.de, www.proksch.de

*ecl@sses: 27-30-20-90 Schlauch (Hydraulik, nicht klassifiziert)*

### APB austria precision bearings gmbh
Langwieserstr. 134, A-4802 Ebensee, Telefon: +43 6133 5016 0, Telefax: +43 6133 5016 14,
www.apb-bearings.com

*ecl@sses: 23-05-08-03 Schrägkugellager; 23-05-09-01 Zylinderrollenlager; 23-05-09-09 Innenring (Nadellager); 23-05-11-01 Axial-Zylinderrollenlager; 23-05-12-03 Nadel-Axialzylinderrollenlager; 23-05-12-04 Axial-Radial-Rollenlager; 23-05-12-05 Kreuzrollenlager; 23-05-15-01 Stützrolle (Lager); 23-05-15-02 Kurvenrolle (Lager)*

### Apeltrath & Rundt GmbH
Friedhofstr. 9-13, D-45478 Mülheim/Ruhr, Telefon: +49 208 58830 0, Telefax: +49 208 53182,
info@apeltrath-rundt.de, www.apeltrath-rundt.de

*ecl@sses: 23-05-09-12 Tonnenlager*

### Apex Dynamics GmbH
Siemensstrasse 31, D-47533 Kleve, Telefon: +49 2821 8969988, Telefax: +49 2821 896 9988,
sales@apexdyna.eu, www.apexdyna.eu

*ecl@sses: 23-32-01-05 Planetengetriebe*

### Aral Aktiengesellschaft
Wittener Str. 45, D-44807 Bochum, Telefon: +49 234 315 0, Telefax: +49 234 315-2754,
info@aral.de, www.aral.de

*ecl@sses: 23-06-01-01 Schmierstoff (flüssig); 23-06-01-03 Metallbearbeitungsöl (-flüssigkeit)*

### ARIS Antriebe und Steuerungen GmbH
Rotter Viehtrift 9, D-53842 Troisdorf-Spich, Telefon: +49 2241 25186 0,
aris@stellantriebe.de, www.stellantriebe.de

*ecl@sses: 23-30-24-90 Elektromechanischer Schwenkantrieb (nicht klassifiziert); 27-02-28-01 Linearmotor*

### Arnold & Shinjo GmbH & Co KG
Mühlgasse 14, D-74670 Forchtenberg-Ernsbach, Telefon: +49 7947 9181 0, Telefax: +49 7947 9181 50,
info@arnold-shinjo.de, www.arnold-shinjo.de

*ecl@sses: 23-11-09-02 Einpressmutter, Gewindebuchse*

### Aros Hydraulik GmbH
Föhrenweg 3-11, D-87700 Memmingen, Telefon: +49 8331 8209 0, Telefax: +49 8331 8209 45,
info@aros-hydraulik.de,

*ecl@sses: 27-30-02-01 Differentialzylinder (Hydraulik)*

### ART-Hydraulik Vertriebs GmbH
Hofmannstrasse 5a, D-81379 München, Telefon: +49 89 788002, Telefax: +49 89 788006,
r.tiddia@arthydraulik.de, www.arthydraulik.de

*ecl@sses: 27-30-20-90 Schlauch (Hydraulik, nicht klassifiziert)*

### AS Antriebstechnik & Service GmbH

Industriestraße 17, D-48734 Reken, Telefon: +49 2864 9008 0, Telefax: +49 2864 9008 80,
info@as-group.eu, www.as-group-germany.com

*ecl@sses: 23-32-01-03 Kegelradgetriebe*

### AS Tech Industrie- und Spannhydraulik GmbH

Leopold-Hoesch-Strasse 5-7, D-52511 Geilenkirchen, Telefon: +49 2451 48202 0, Telefax: +49 2451 48202 25,
info@astech-hydraulik.com, www.astech-hydraulik.com

*ecl@sses: 23-11-01-10 Sonderschraube*

### AS-Dichtungstechnik GmbH

Feldstr. 27, D-56412 Görgeshausen, Telefon: +49 6485 183 899, Telefax: +49 6485 183 901,
info@as-dichtungstechnik.de, www.as-dichtungstechnik.de

*ecl@sses: 23-07-17-01 Radial-Wellendichtring*

### Asedo GmbH + Co KG

Bahnhofstrasse 83-91, D-91601 Dombühl, Telefon: +49 9868 9855 0,
info@asedo.de, www.asedo.de

*ecl@sses: 23-05-07-04 Welle (Lineareinheit)*

### ASG Allweier Systeme GmbH

Zum Degenhardt 3, D-88662 Überlingen, Telefon: +49 7551 9207 250, Telefax: +49 7551 9207 255,
post@as-gmbh.info,

*ecl@sses: 23-32-01-05 Planetengetriebe*

### ASK-Kugellagerfabrik Artur Seyfert GmbH Askubal

Weilimdorfer Strasse 32-36, D-70825 Korntal-Münchingen, Telefon: +49 711 83008 0, Telefax: +49 711 83008 500,
ask@askubal.de, www.askubal.de

*ecl@sses: 23-05-01-05 Gelenkkopf (Gleitlager); 23-05-01-06 Gelenklager; 23-05-08-01 Rillenkugellager; 23-05-08-02 Spannlager; 23-05-08-03 Schrägkugellager; 23-05-08-06 Pendelkugellager; 23-05-09-10 Kegelrollenlager; 23-05-09-11 Pendelrollenlager; 23-05-10-01 Axial-Rillenkugellager; 23-05-15-01 Stützrolle (Lager); 23-05-15-02 Kurvenrolle (Lager); 23-05-16-01 Stehlagergehäuseeinheit; 23-05-16-02 Flanschlagergehäuseeinheit; 23-05-16-03 Spannlagergehäuseeinheit*

### Aspag AG

Europastr. 14, CH-8152 Glattbrugg, Telefon: +41 44 828 1530, Telefax: +41 44 828 1535,
www.aspag-ag.ch

*ecl@sses: 23-07-12-02 Balgdichtung*

### ASS AG Antriebstechnik Düdingen

Hauptstrasse 50, CH-3186 Düdingen, Telefon: +41 26 49299 11, Telefax: +41 26 49299 10,
antriebe@assag.ch, www.assag.ch

*ecl@sses: 23-17-01-03 Kegelrad; 23-17-01-04 Kegelradsatz; 23-32-01-03 Kegelradgetriebe; 23-32-01-05 Planetengetriebe*

### ASTRO Motorengesellschaft mbH

Große Beek 7, D-27607 Langen-Debstedt, Telefon: +49 4743 2769 0, Telefax: +49 4743 2769 29,
astro.gmbh@t-online.de, www.astro-motoren.de

*ecl@sses: 27-02-21-01 NS-Drehstrom-Asynchronmotor, Käfigläufer (IEC); 27-02-24-01 Synchronmotor (IEC); 27-02-26-04 Schrittmotor*

A

**A**

## AT-Dichtungen
Bärnreuth 54, D-95460 Bad Berneck, Telefon: +49 9273 6318, Telefax: +49 9273 8064,
info@at-dichtungen.de, www.at-dichtungen.de

*ecl@sses: 23-07-15-90 Flachdichtung (nicht klassifiziert)*

## ATB Antriebstechnik AG
Silcherstraße 74, D-73642 Welzheim, Telefon: +49 7182 14 1, Telefax: +49 7182 2887,
info@atb.de, www.atb.co.at

*ecl@sses: 27-02-21-01 NS-Drehstrom-Asynchronmotor, Käfigläufer (IEC); 27-02-22-01 HS-Drehstrom-Asynchronmotor, Käfigläufer (IEC); 27-02-22-02 HS-Drehstrom-Asynchronmotor, Käfigläufer (IEC, Ex); 27-02-23-02 Kondensatormotor; 27-02-27-01 Aufzugsmotor; 27-02-27-08 Motorspindel; 27-02-27-09 Umrichterantrieb; 27-02-27-90 Anwendungsbezogener Motor (nicht klassifiziert)*

## ATB Austria Antriebstechnik AG
Hohenstaufengasse 7, A-1010 Wien, Telefon: +43 1 90250-0, Telefax: +43 1 90250-110,
info@atb-motors.com, www.atb-motors.com

*ecl@sses: 27-02-21-01 NS-Drehstrom-Asynchronmotor, Käfigläufer (IEC); 27-02-22-01 HS-Drehstrom-Asynchronmotor, Käfigläufer (IEC); 27-02-22-02 HS-Drehstrom-Asynchronmotor, Käfigläufer (IEC, Ex); 27-02-23-02 Kondensatormotor; 27-02-27-01 Aufzugsmotor; 27-02-27-08 Motorspindel; 27-02-27-09 Umrichterantrieb; 27-02-27-90 Anwendungsbezogener Motor (nicht klassifiziert)*

## ATB Motorentechnik GmbH
Helgoländer Damm 75, D-26954 Nordenham, Telefon: +49 4731 3650, Telefax: +49 4731 365159,
nordenham@de.atb-motors.com, www.atb-motors.com

*ecl@sses: 27-02-26-01 Servo-Asynchronmotor; 27-02-27-01 Aufzugsmotor; 27-02-27-08 Motorspindel*

## ATCO GmbH
Am Kniebrühl 5, D-97816 Lohr, Telefon: +49 9352 600549, Telefax: +49 9352 600548,
atco-gmbh@t-online.de, www.atcogmbh.com

*ecl@sses: 23-03-10-01 Klauenkupplung (drehstarr); 23-03-10-05 Ganzmetallkupplung (biegenachgiebig); 23-03-11-01 Klauenkupplung (elastisch); 23-03-11-04 Kupplung (metallelastisch); 23-03-11-08 Kupplung (drehelastisch, spielfrei); 23-03-17-03 Reibschlüssige Drehmomentbegrenzer; 23-03-17-04 Formschlüssige Drehmomentbegrenzer*

## ATEK Antriebstechnik Willi Glapiak GmbH
Peiner Hag 11, D-25497 Prisdorf, Telefon: +49 4101 7953 0, Telefax: +49 4101 7953 20,
atek@atek.de, www.atek.de

*ecl@sses: 23-17-01-07 Schneckensatz; 23-32-01-04 Schneckengetriebe*

## ATLANTA Antriebssysteme E. Seidenspinner GmbH & Co. KG
Carl-Benz-Straße 16, D-74321 Bietigheim-Bissingen, Telefon: +49 7142 70010, Telefax: +49 7142 7000199,
info@atlantagmbh.de, www.atlantagmbh.de

*ecl@sses: 23-02-01-04 Gelenk; 23-02-01-06 Doppelgelenk; 23-02-04-01 Spannelement (Welle-Nabe-Verbindung); 23-03-10-01 Klauenkupplung (drehstarr); 23-03-10-02 Zahnkupplung; 23-03-11-07 Kupplung (drehelastisch); 23-17-01-01 Stirnrad (Verzahnungselement); 23-17-01-03 Kegelrad; 23-17-01-04 Kegelradsatz; 23-17-01-05 Schneckenwelle; 23-17-01-06 Schneckenrad; 23-17-01-07 Schneckensatz; 23-17-01-08 Zahnstange (Verzahnungselement); 23-17-02-05 Zahnriemen; 23-17-04-03 Standardrollenkette; 23-17-04-50 Kettenrad; 23-30-18-90 Elektomechanischer Zylinder (nicht klassifiziert); 23-32-01-03 Kegelradgetriebe; 23-32-01-04 Schneckengetriebe; 23-32-01-07 Spielarme Getriebe; 23-32-01-09 Spindelhubgetriebe; 27-02-30-01 AC-Getriebemotor (Festdrehzahl)*

### ATMA Antriebstechnik GmbH

Rudolf-Diesel-Straße 1, D-95126 Schwarzenbach (Saale), Telefon: +49 9284 9509 0, Telefax: +49 9284 9509 50, info@atma-antriebstechnik.de, www.atma-antriebstechnik.de

*ecl@sses: 23-32-01-04 Schneckengetriebe; 23-32-01-05 Planetengetriebe*

### ATP Antriebstechnik Peissl GmbH

Carl-Auer-von-Welsbach-Str.6 A, A-4614 Marchtrenk, Telefon: +43 7243 51472 0, Telefax: +43 7243 51472 10, office@atp-antriebstechnik.at, www.atp-antriebstechnik.at

*ecl@sses: 23-32-01-04 Schneckengetriebe; 27-02-30-06 AC-Getriebemotor (mechanisch verstellbar)*

### ATS Antriebstechnik GmbH

Bunsenstraße 21, D-85053 Ingolstadt, Telefon: +49 841 6220 1, Telefax: +49 841 6220 3, ats@ats-antriebstechnik.de, www.ats-antriebstechnik.de

*ecl@sses: 27-02-26-02 Servo-Synchronmotor*

### Auel Verbindungtechnik GmbH

Auf dem Bamberg 4, D-58540 Meinerzhagen, Telefon: +49 2354 904624, Telefax: +49 2354 5042, post@auel-gmbh.de, www.auel-gmbh.de

*ecl@sses: 23-12-04-03 Hohlniet*

### AUF-Vertrieb GmbH

Friedrichsstr. 13, D-26203 Wardenburg, Telefon: +49 4407 71899 00, Telefax: +49 4407 71899 99, info@auf-vertrieb.de, www.auf-vertrieb.de

*ecl@sses: 27-02-24-01 Synchronmotor (IEC)*

### August Dreckshage GmbH & Co. KG

Walter-Werning-Straße 7, D-33699 Bielefeld, Telefon: +49 521 9259 0, Telefax: +49 521 9259 299, lineartechnik@dreckshage.de, www.dreckshage.de

*ecl@sses: 23-05-01-01 Trockengleitlager; 23-05-07-01 Linear-Kugellager; 23-05-07-04 Welle (Lineareinheit); 23-05-07-05 Profilschienen-Wälzführung; 23-05-10-02 Axial-Schrägkugellager; 23-11-07-05 Mutter mit Klemmteil; 23-30-01-01 Lineargleitlager (Gleitführung); 23-30-01-03 Wellen (Gleitführung); 23-30-01-06 Lineargleitlagereinheit (Gleitführung); 23-30-02-01 Laufrollenführung (komplett); 23-30-02-02 Führungsschiene (Laufrollenführung); 23-30-02-03 Führungswagen (Laufrollenführung); 23-30-03-01 Linearkugellager, Linearkugellagerführung; 23-30-03-03 Wellen (Linearkugellagerführung); 23-30-03-06 Linearkugellagereinheit (Linearkugellagerführung); 23-30-04-01 Kugelumaufführung (Profilschienenführung, komplett); 23-30-04-02 Führungsschiene (Profilschienenführung); 23-30-04-04 Rollenumaufführung (Profilschienenführung, komplett); 23-32-01-09 Spindelhubgetriebe*

### August Friedberg GmbH

Achternbergstr. 38 a, D-45884 Gelsenkirchen, Telefon: +49 209 9132 0, Telefax: +49 209 9132 111, info@august-friedberg.de, www.august-friedberg.de

*ecl@sses: 23-11-01-01 Schraube, flach aufliegend, Außenantrieb; 23-11-01-02 Schraube, flach aufliegend, Innenantrieb; 23-11-01-10 Sonderschraube; 23-11-01-14 Passschraube (mit Kopf); 23-11-01-15 Dehnschraube (mit Kopf); 23-11-03-01 Gewindestange; 23-11-03-02 Gewindestift, -Bolzen, Schaftschraube; 23-11-03-03 Stiftschraube, Schraubenbolzen; 23-11-07-01 Mutter (sechs-, n-kant); 23-11-07-05 Mutter mit Klemmteil*

### August Kuhfuss Nachf. Ohlendorf GmbH

Münchenstr. 9, D-38118 Braunschweig, Telefon: +49 531 28178 0, Telefax: +49 531 89370 5, info@kuhfussonline.com, www.kuhfussonline.com

*ecl@sses: 23-05-09-12 Tonnenlager*

B

### Autogard Kupplungen GmbH
Im Wied 2, D-32683 Barntrup, Telefon: +49 5263 95496 0, Telefax: +49 5263 95496 9,
info@autogard.de, www.autogard.de/

*ecl@sses: 23-03-10-05 Ganzmetallkupplung (biegenachgiebig); 23-03-11-07 Kupplung (drehelastisch); 23-03-17-04 Formschlüssige Drehmomentbegrenzer*

### Avdel Deutschland GmbH
Klusriede 24,, D-30851 Langenhagen, Telefon: +49 511 7288 0, Telefax: +49 511 7288 133,
AvdelDeutschland@acument.com, www.avdel-global.com

*ecl@sses: 23-11-01-01 Schraube, flach aufliegend, Außenantrieb; 23-11-01-02 Schraube, flach aufliegend, Innenantrieb; 23-11-01-12 Blechschraube; 23-11-01-17 Schraube (gewindeformend); 23-12-04-02 Blindniet*

### AVIT-Hochdruck Rohrtechnik GmbH
Manderscheidtstr. 86/88, D-45141 Essen, Telefon: +49 201 29490 0,
verkauf@avit.de, www.avit.de

*ecl@sses: 23-11-07-06 Überwurfmutter (Verschraubung)*

### AVITEQ Vibrationstechnik GmbH
Im Gotthelf 16, D-65795 Hattersheim, Telefon: +49 6145 503 0, Telefax: +49 6145 503 200,
info@aviteq.de, www.aviteq.de

*ecl@sses: 27-02-27-02 Unwuchtmotor*

### AW. Diehr & H. Rabenstein
Meckenloher Str. 9 a, D-91126 Rednitzhembach, Telefon: +49 9122 7942 0, Telefax: +49 9122 7942 60,
www.diehr-rabenstein.de

*ecl@sses: 27-30-20-90 Schlauch (Hydraulik, nicht klassifiziert)*

### Axel Weiss Technischer Handel
Am Marktplatz 28, D-47829 Krefeld, Telefon: +49 2151 579770, Telefax: +49 2151 579772,
mail@technischer-handel-axel-weiss.de, www.technischer-handel-axa-weiss.de

*ecl@sses: 23-05-01-06 Gelenklager*

### B + R Automationstechnik GmbH
Bramscher Strasse 40, D-49586 Neuenkirchen, Telefon: +49 5465 2059890 94, Telefax: +49 5465 2059889,
info@bur-hydraulik.de,

*ecl@sses: 27-30-12-02 Axialkolbenpumpe (Hydraulik); 27-30-12-07 Radialkolbenpumpe (Hydraulik)*

### B. Junge Hydraulik u. Industrietechnik
Braunstraße 11, D-24145 Kiel, Telefon: +49 431 7194950, Telefax: +49 431 7194955,
info@jungehydraulik.de, www.jungehydraulik.de

*ecl@sses: 27-30-20-90 Schlauch (Hydraulik, nicht klassifiziert)*

### B. Ketterer Söhne GmbH & Co.
Bahnhofstraße 20, D-78120 Furtwangen, Telefon: +49 7723 9323 0, Telefax: +49 7723 9323 50,
info@ketterer.de, www.ketterer.de

*ecl@sses: 27-02-25-01 DC-Motor (IEC)*

## Bahner & Schäfer GmbH

Oelsnitzer Strasse 6, D-09385 Lugau, Telefon: +49 37295 549810, Telefax: +49 37295 67754,
info@bs-federn.de, www.bs-federn.de

*ecl@sses: 23-08-01-01 Schraubendruckfeder; 23-08-02-01 Schraubenzugfeder; 23-08-03-01 Drehfeder; 23-08-05-01*
*Blattfeder (Straßenfahrzeug); 23-08-90-01 Spiralfeder*

B

## Bahr Modultechnik GmbH

Nord Süd Str. 10a, D-31711 Luhden, Telefon: +49 5722 9933 0, Telefax: +49 5722 9933 70,
info@bahr-modultechnik.de, www.bahr-modultechnik.de

*ecl@sses: 23-11-07-01 Mutter (sechs-, n-kant); 23-11-07-07 Rundmutter; 23-17-01-03 Kegelrad; 23-17-02-10*
*Zahnriemenscheibe; 23-30-02-01 Laufrollenführung (komplett); 23-30-05-02 Rollenführung (Käfigschienenführung); 23-*
*30-06-90 Teleskopschienenführung (nicht klassifiziert); 23-30-07-90 Trapezgewindetrieb (nicht klassifiziert); 23-30-08-90*
*Kugelgewindetrieb (nicht klassifiziert); 23-30-10-90 Zahnstangentrieb (nicht klassifiziert); 23-30-11-90 Zahnriementrieb*
*(nicht klassifiziert); 23-32-01-05 Planetengetriebe; 23-32-01-10 Keilriemengetriebe; 27-02-26-02 Servo-Synchronmotor;*
*27-02-26-04 Schrittmotor; 27-02-27-09 Umrichterantrieb; 27-02-30-01 AC-Getriebemotor (Festdrehzahl); 27-02-30-04*
*Getriebemotor mit angebauten dezentralen Komponenten*

## BALDOR Electric Germany GmbH

Dieselstraße 22 A, D-85551 Kirchheim bei München, Telefon: +49 89 90508 0, Telefax: +49 89 90508 492,
sales@baldor.de, www.baldor.com

*ecl@sses: 27-02-26-03 Servo-DC-Motor*

## Bamberger Präzisionsteile

Industriestrasse 25, D-89423 Gundelfingen, Telefon: +49 9073 1234, Telefax: +49 9073 1334,
info@bamberger-gummi.com, www.bamberger-gummi.com

*ecl@sses: 23-07-09-21 Gleitringdichtung (Komplett); 23-07-12-02 Balgdichtung; 23-07-15-02 Spiraldichtung; 23-07-15-03*
*Profilierte-, Ummantelte Flachdichtung; 23-07-15-04 Metalldichtung; 23-07-15-90 Flachdichtung (nicht klassifiziert); 23-*
*07-17-01 Radial-Wellendichtring; 23-07-17-02 Axial-Wellendichtring*

## Bank Klebstoffe

Im Bienengarten 4, D-55758 Niederwörresbach, Telefon: +49 6785 7795, Telefax: +49 6785 1610,
locbank@t-online.de, www.loctite-distribution-bank.de

*ecl@sses: 23-33-01-05 Cyanacrylat-Klebstoff; 23-33-01-90 Klebstoff (technisch, nicht klassifiziert)*

## BAT Baß Antriebstechnik GmbH

Kirnwasen 1, D-91607 Gebsattel, Telefon: +49 9861 94820, Telefax: +49 9861 948262,
info@bass-antriebstechnik.de, www.bass-antriebstechnik.de

*ecl@sses: 23-32-01-01 Stirnradgetriebe; 23-32-01-04 Schneckengetriebe*

## Bau- und Industriebedarf Hauswald

Hauptstr. 178, D-01844 Neustadt, Telefon: +49 3596 602895, Telefax: +49 3596 505371,
bernd.hauswald@t-online.de, www.bau-industriebedarf-hauswald.de

*ecl@sses: 27-30-20-90 Schlauch (Hydraulik, nicht klassifiziert)*

## BAUMANN FEDERN AG

Postfach, CH-8630 Rüti, Telefon: +41 55 2868111, Telefax: +41 55 2868512,
info@baumann-springs.com, www.baumann-springs.com

*ecl@sses: 23-08-01-01 Schraubendruckfeder; 23-08-02-01 Schraubenzugfeder; 23-08-03-01 Drehfeder; 23-08-90-01*
*Spiralfeder; 23-10-01-01 Stift*

**B**

### Baumeister GmbH & Co. KG
Martinstrasse 6, D-72336 Balingen-Ostdorf, Telefon: +49 7433 1456 0, Telefax: +49 7433 1456 50,
info@baumeister-balingen.de, www.baumeister-balingen.de

*ecl@sses: 23-30-19-90 Elektromechanische Hubsäule (nicht klassifiziert)*

### Baumüller Nürnberg GmbH
Ostendstraße 80-90, D-90482 Nürnberg, Telefon: +49 911 5432 0, Telefax: +49 911 5432 130,
mail@baumueller.de, www.baumueller.de

*ecl@sses: 23-32-01-05 Planetengetriebe; 27-02-28-01 Linearmotor*

### BDAT Hauschild GmbH
Heinrich - Hertz - Str. 13, D-66773 Schwalbach, Telefon: +49 6831 95 85 32 33,
info@bdat-hauschildt.de, www.bdat-hauschildt.de

*ecl@sses: 23-17-04-03 Standardrollenkette; 23-17-04-05 Edelstahlkette; 23-17-04-06 Rollenkette mit Anbauteilen; 23-17-04-09 Hohlbolzenketten; 23-17-04-11 Seitenbogenketten; 23-17-04-30 Förderkette, großteilig; 23-17-04-50 Kettenrad; 23-17-04-51 Kettenscheibe*

### Bearing Service Wälzlager-Vertriebs GmbH
Nürnberger Str. 99, D-40599 Düsseldorf, Telefon: +49 211 999572 0, Telefax: +49 211 999572 74,
d.klostermann@bearing-service.de, www.bearing-service.de

*ecl@sses: 23-05-10-01 Axial-Rillenkugellager*

### Beetz Hydraulik GmbH
Rudolf-Diesel-Strasse 5, D-87724 Ottobeuren, Telefon: +49 8332 92140, Telefax: +49 8332 937218,
info@beetz.de, www.beetz.de

*ecl@sses: 27-30-02-01 Differentialzylinder (Hydraulik); 27-30-02-02 Gleichgangzylinder (Hydraulik); 27-30-02-08 Teleskopzylinder (Hydraulik)*

### Befestigungselemente Technik GmbH
Max-Planck-Straße 1, D-54439 Saarburg, Telefon: +49 6581 9168 0, Telefax: +49 6581 9168 79,
info@bts-saarburg.de, www.bts-saarburg.de

*ecl@sses: 23-11-07-10 Mutter mit Handantrieb*

### Belden Inc. Niederlassung Deutschland
Harnackstrasse 6, D-39104 Magdeburg, Telefon: +49 391 2525811,
rgabriel@beldenuniversal.com, www.beldenuniversal.com

*ecl@sses: 23-02-01-03 Doppelgelenkwelle*

### Beldrive Chemnitz
Annaberger Str. 240, D-09125 Chemnitz, Telefon: +49 371 5347-329, Telefax: +49 371 5347-349,
beldrive@beldrive.com, www-beldrive.com

*ecl@sses: 27-02-24-01 Synchronmotor (IEC)*

### BEN Buchele Elektromotorenwerke GmbH
Poppenreuther Straße 49a, D-90419 Nürnberg, Telefon: +49 911 3748 0, Telefax: +49 911 3748 138,
info@benbuchele.de, www.benbuchele.de

*ecl@sses: 27-02-21-01 NS-Drehstrom-Asynchronmotor, Käfigläufer (IEC); 27-02-21-04 NS-Drehstrom-Asynchronmotor, Schleifringläufer (IEC); 27-02-21-06 NS-Drehstrom-Asynchronmotor, Käfigläufer (polumschaltbar, IEC); 27-02-23-02 Kondensatormotor*

### Bender Automation Vertriebsgesellschaft mbH

Genossenschaftsstraße 16, D-75228 Ispringen, Telefon: +49 7231 5866460, Telefax: +49 7231 58664666,
info@bender-automation.de, www.bender-automation.de

*ecl@sses: 27-02-26-02 Servo-Synchronmotor; 27-02-27-09 Umrichterantrieb*

B

### Benedikt Starke e.K.

Lockweg 85, D-59846 Sundern, Telefon: +49 2933 922249 0, Telefax: +49 2933 922249 49,
info@bstarke.de, www.bstarke.de

*ecl@sses: 23-05-07-05 Profilschienen-Wälzführung*

### Benfer Spezialschrauben GmbH

Kolkstrasse 36a, D-58256 Ennepetal, Telefon: +49 2333 70413, Telefax: +49 2333 72648,
info@BenferSpezialschrauben.de, www.benferspezialschrauben.de

*ecl@sses: 23-11-01-03 Senkkopfschraube, Innenantrieb*

### BerATec-Antriebselemente Inhaber Harald Kenzler

Heinrich-Heine-Strasse 23, D-16945 Meyenburg, Telefon: +49 33968 80612, Telefax: +49 33968 89190,
beratec-antriebselemente@t-online.de, www.beratec-antriebselemente.de

*ecl@sses: 23-02-02-90 Formwelle (nicht klassifiziert); 23-03-09-01 Scheibenkupplung (starr); 23-03-09-02 Schalenkupplung; 23-03-10-02 Zahnkupplung; 23-03-11-01 Klauenkupplung (elastisch); 23-03-11-02 Bolzenkupplung (elastisch); 23-17-01-01 Stirnrad (Verzahnungselement); 23-17-04-50 Kettenrad; 23-17-04-51 Kettenscheibe*

### Berner Antriebstechnik GmbH

Am Steinacher Kreuz 24, D-90427 Nürnberg, Telefon: +49 911 936333 3, Telefax: +49 911 93633352,
info@berner-antriebstechnik.de, www.berner-antriebstechnik.de

*ecl@sses: 23-17-01-01 Stirnrad (Verzahnungselement); 23-17-01-03 Kegelrad; 23-17-01-04 Kegelradsatz; 23-17-01-08 Zahnstange (Verzahnungselement); 23-17-02-01 Keilriemen; 23-17-02-05 Zahnriemen; 23-17-02-10 Zahnriemenscheibe; 23-17-02-11 Rundriemen*

### Bervina Antriebstechnik GmbH

Erzsebet kiralyne utja 41B, H-1145 Budapest, Telefon: +36 1 222 2079, Telefax: +36 1 252 4829,
bervina@bervina.com, www.bervina.com

*ecl@sses: 23-03-11-04 Kupplung (metallelastisch); 23-17-02-05 Zahnriemen*

### BGK GmbH Endlosband Gummi-Kunststofftechnik

Badenbergstr. 28, D-89520 Heidenheim, Telefon: +49 7321 9660 0, Telefax: +49 7321 9660 20,
info@bgkendlosband.de, www.bgkendlosband.de

*ecl@sses: 23-17-02-01 Keilriemen; 23-17-02-04 Flachriemen; 23-17-02-05 Zahnriemen*

### Birn GmbH

Lahnstrasse 34-36, D-45478 Mülheim, Telefon: +49 208 99949 0, Telefax: +49 208 9994950,
mail@birn.de, www.birn.de

*ecl@sses: 23-02-04-01 Spannelement (Welle-Nabe-Verbindung); 23-02-04-03 Außenspannsystem; 23-03-11-01 Klauenkupplung (elastisch); 23-03-11-02 Bolzenkupplung (elastisch); 23-17-02-01 Keilriemen; 23-17-02-05 Zahnriemen; 23-17-02-08 Keilriemenscheibe; 23-17-02-09 Flachriemenscheibe; 23-17-02-10 Zahnriemenscheibe*

### Bischoff Autofedern und Nutzfahrzeugteile GmbH

Am Silberfeld 1, D-39418 Staßfurt, Telefon: +49 3925 960600, Telefax: +49 3925 960650,
info@Federn-Bischoff.de, www.bremsen-bischoff.de

*ecl@sses: 23-04-09-01 Magnetbremse*

B

### Bischoff-Haugg Antriebstechnik GmbH & Co. KG

Kanalstr. 6, D-86856 Hiltenfinger, Telefon: +49 8232 9614 0, Telefax: +49 8232 7329 8,
haugg@haugg.com, www.Haugg.com

*ecl@sses: 23-02-03-90 Keilwelle (nicht klassifiziert); 23-17-01-01 Stirnrad (Verzahnungselement); 23-17-01-03 Kegelrad;
23-17-01-04 Kegelradsatz; 23-17-01-05 Schneckenwelle; 23-17-01-06 Schneckenrad; 23-17-01-07 Schneckensatz; 23-17-
01-09 Zahnsegment; 23-17-02-10 Zahnriemenscheibe; 23-17-04-50 Kettenrad; 23-32-01-01 Stirnradgetriebe; 23-32-01-02
Flachgetriebe; 23-32-01-03 Kegelradgetriebe; 23-32-01-04 Schneckengetriebe; 23-32-01-05 Planetengetriebe*

### Blecher Motoren GmbH

Sprendlinger Landstraße 139, D-63069 Offenbach/Main, Telefon: +49 69 800780 0, Telefax: +49 69 800780 22,
info@blecher.de, www.blecher.de

*ecl@sses: 23-32-01-01 Stirnradgetriebe; 23-32-01-04 Schneckengetriebe; 23-32-02-01 Mechanisches Getriebe; 27-02-21-
01 NS-Drehstrom-Asynchronmotor, Käfigläufer (IEC); 27-02-21-02 NS-Drehstrom-Asynchronmotor, Käfigläufer (IEC, Ex);
27-02-21-06 NS-Drehstrom-Asynchronmotor, Käfigläufer (polumschaltbar, IEC); 27-02-30-02 AC-Getriebemotor
(polumschaltbar)*

### BOB Bobolowski Elektrische Antriebssysteme GmbH

Robert-Bosch-Str. 3, D-79585 Steinen, Telefon: +49 7627 676677, Telefax: +49 7627 8653,
info@bobolowski.com, www.bobolowski.com

*ecl@sses: 27-02-28-01 Linearmotor*

### Bodo Köhler GmbH

Bruchstrasse 39, D-44627 Herne, Telefon: +49 2323 9662 0,
bodo.koehler.gmbh@t-online.de, www.bodo-koehler-gmbh.de

*ecl@sses: 23-06-12-01 Hydraulikflüssigkeit*

### Bodo Möller Chemie GmbH

Senefelderstrasse 176-178, D-63069 Offenbach, Telefon: +49 69 8383260, Telefax: +49 69 838326 199,
info@bm-chemie.de, www.bm-chemie.de

*ecl@sses: 23-33-01-01 Sprühklebstoff; 23-33-01-05 Cyanacrylat-Klebstoff; 23-33-01-90 Klebstoff (technisch, nicht
klassifiziert)*

### Bomatec AG

Hofstraße 1, CH-8181 Höri, Telefon: (0041/44) 87210-00, Telefax: (0041/44) 87210-01,
contact@bomatec.ch,

*ecl@sses: 27-02-26-03 Servo-DC-Motor*

### Bonfiglioli Deutschland GmbH

Sperberweg 12, D-41468 Neuss, Telefon: +49 21312988 0, Telefax: +49 2131 2988 100,
www.bonfiglioli.de, bonfiglioli-duesseldorf@t-online.de

*ecl@sses: 23-32-01-04 Schneckengetriebe; 27-02-30-01 AC-Getriebemotor (Festdrehzahl); 27-02-30-02 AC-Getriebemotor
(polumschaltbar); 27-02-30-06 AC-Getriebemotor (mechanisch verstellbar)*

### Bornemann Gewindetechnik

Klus 3, D-31073 Delligsen, Telefon: +49 5187 9422 0, Telefax: +49 5187 9422 72,
box@bornemann-gewindetechnik.de, www.bornemann-gewindetechnik.de

*ecl@sses: 23-10-06-02 Gewindehülse; 23-11-03-01 Gewindestange; 23-11-09-01 Gewindeeinsatz; 23-11-09-02
Einpressmutter, Gewindebuchse; 23-30-07-90 Trapezgewindetrieb (nicht klassifiziert)*

## Bosch Rexroth AG – Produktbereich

Zur Dessel 14, D-31029 Gronau, Telefon: +49 5182 587 0, Telefax: +49 5182 587 30,
antriebstechnik-zahnkette@boschrexroth.de, www.boschrexroth.de

*ecl@sses: 23-17-04-20 Spezial- und Sonderkette; 23-17-04-50 Kettenrad*

## BPI Hydraulik GmbH

Bockhackerstraße 1, D-42499 Hückeswagen, Telefon: +49 2192 936880,
info@bpi-hydraulik.com, www.bpi-hydraulik.com

*ecl@sses: 27-30-20-90 Schlauch (Hydraulik, nicht klassifiziert)*

## Brand KG -Federnwerk-

Völlinghauser Strasse 44, D-59609 Anröchte, Telefon: +49 2947 889 0, Telefax: +49 2947 889 299,
kontakt@federn-brand.de, www.federn-brand.de

*ecl@sses: 23-08-01-01 Schraubendruckfeder; 23-08-02-01 Schraubenzugfeder; 23-08-03-01 Drehfeder; 23-08-90-01 Spiralfeder*

## Brandau Gelenkketten GmbH & Co. KG

Im Gewerbegebiet 6, D-36289 Friedewald, Telefon: +49 6674 8058, Telefax: +49 6674 8440,
info@brandau.de, www.brandau.de

*ecl@sses: 23-17-04-03 Standardrollenkette; 23-17-04-04 Wartungsfreie Rollenkette; 23-17-04-05 Edelstahlkette; 23-17-04-06 Rollenkette mit Anbauteilen; 23-17-04-07 Elastomerprofilketten; 23-17-04-09 Hohlbolzenketten; 23-17-04-10 Buchsenkette*

## Breco Antriebstechnik Breher GmbH + Co. KG

Kleiststraße 53, D-32457 Porta-Westfalica, Telefon: +49 5731, Telefax: +49 5731,
info@breco.de, www.breco.de

*ecl@sses: 23-17-02-05 Zahnriemen*

## Bretzel GmbH Antriebstechnik

Industriestr. 9, D-65760 Eschborn, Telefon: +49 6196 40319 0, Telefax: +49 6196 43047,
info@bretzel-gmbh.de, www.bretzel-gmbh.de

*ecl@sses: 23-32-01-01 Stirnradgetriebe; 23-32-01-05 Planetengetriebe; 27-02-25-01 DC-Motor (IEC); 27-02-26-03 Servo-DC-Motor; 27-02-26-04 Schrittmotor; 27-02-30-01 AC-Getriebemotor (Festdrehzahl); 27-02-30-07 DC-Getriebemotor (elektrisch verstellbar)*

## Breuer-Motoren GmbH & Co. KG

Rensingstr. 10, D-44807 Bochum, Telefon: +49 234 90426 0, Telefax: +49 234 90426 91,
info@breuer-motoren.de, www.breuer-motoren.de

*ecl@sses: 27-02-27-90 Anwendungsbezogener Motor (nicht klassifiziert)*

## Brickmann GmbH

Eugen-Geiger-Strasse 4-4a, D-76187 Karlsruhe, Telefon: +49 721 9571550,
info@brickmann.org, www.brickmann.org

*ecl@sses: 27-30-20-90 Schlauch (Hydraulik, nicht klassifiziert)*

## Brockmann Industrietechnik GmbH

Fritz-Thiele-Str. 11, D-28279 Bremen, Telefon: +49 421 83052 0, Telefax: +49 421 83052 11,
info@brockmann-bremen.de, www.brockmann-bremen.de

*ecl@sses: 23-03-11-05 Kupplung (hochelastisch)*

**B**

### Broda GmbH

Am Kiefernschlag 16, D-91126 Schwabach, Telefon: +49 9122 97697 0, Telefax: +49 9122 97697 22, email@mulbrod.de, www.mulbrod.de

*ecl@sses: 23-30-01-03 Wellen (Gleitführung); 23-30-02-01 Laufrollenführung (komplett); 23-32-01-03 Kegelradgetriebe*

### BTS BauTechnischeSysteme GmbH & Co. KG

Im Wirrigen 15, D-45731 Waltrop, Telefon: +49 2309 935 0, Telefax: +49 2309 935 100, info@bts-europe.de, www.bts-europe.de

*ecl@sses: 23-11-01-03 Senkkopfschraube, Innenantrieb*

### Buck Kardan- und Gelenkwellen

Ehrenbreitsteinerstraße 32, D-80993 München, Telefon: +49 89 1496317, Telefax: +49 89 1492593, buck.kardanwellen@arcor.de, www.buck-kardanwellen.de

*ecl@sses: 23-02-01-01 Gelenkwelle mit Längenausgleich*

### BUFAB GMBH

Am Wildzaun 30, D-64546 Mörfelden-Walldorf, Telefon: +49 6105 40000, Telefax: +49 6105 400040, www.bulten.de

*ecl@sses: 23-09-01-01 Scheibe, Ring (plan, ballig, rund); 23-11-01-01 Schraube, flach aufliegend, Außenantrieb; 23-11-01-12 Blechschraube; 23-11-07-01 Mutter (sechs-, n-kant)*

### Burgmann Industries GmbH & Co. KG

Äußere Sauerlacher Straße 6-10, D-82515 Wolfratshausen, Telefon: +49 8171 23 0, Telefax: +49 8171 23 1214, info@burgmann.com, www.burgmann.com

*ecl@sses: 23-07-09-21 Gleitringdichtung (Komplett); 23-07-15-01 Gestanzte Dichtung; 23-07-15-02 Spiraldichtung; 23-07-15-03 Profilierte-, Ummantelte Flachdichtung; 23-07-15-04 Metalldichtung; 23-07-15-90 Flachdichtung (nicht klassifiziert); 23-07-17-01 Radial-Wellendichtring; 23-07-17-02 Axial-Wellendichtring; 23-07-18-01 Geflechtspackung*

### Butwillis – Hydraulik GmbH

Rudolf-Diesel-Straße 9a, D-52525 Heinsberg, Telefon: +49 2452 23902, Telefax: +49 2452 22172, info@butwillis-hydraulik.de, www.butwillis-hydraulik.de

*ecl@sses: 27-30-20-90 Schlauch (Hydraulik, nicht klassifiziert)*

### BW-Wörn GbR, Vertreung der GRADEL BAUDIN SAS

Salbeiweg 11, D-71139 Ehningen, Telefon: +49 7034 27046 98, Telefax: +49 7034 27046 99, woern@bw-woern-gbr.de, www.bw-woern-gbr.de/

*ecl@sses: 23-11-03-01 Gewindestange; 23-30-07-90 Trapezgewindetrieb (nicht klassifiziert); 23-30-08-90 Kugelgewindetrieb (nicht klassifiziert)*

### Bühler Motor GmbH

Anne-Frank-Straße 33-35, D-90459 Nürnberg, Telefon: +49 911 4504 0, Telefax: +49 911 4504 121, marketing@buehlermotor.de, www.buehlermotor.de/

*ecl@sses: 27-02-26-03 Servo-DC-Motor; 27-02-28-01 Linearmotor; 27-02-30-07 DC-Getriebemotor (elektrisch verstellbar)*

### Bührig-Adam Wälzlager u. Antriebstechnik GmbH

Lindenallee 18, D-39179 Barleben, Telefon: +49 39203-751-0, info@buehrig-adam.de, www.buehrig-adam.de

*ecl@sses: 23-05-10-01 Axial-Rillenkugellager*

### BVE Controls GmbH – Enidine Trading Company *
Hauptstraße 435, D-79576 Weil am Rhein, Telefon: +49 7621 986790, Telefax: +49 7621 9867929,
bvecontrols@itt.com, www.bvecontrols.de

*ecl@sses: 23-18-90-01 Stoßdämpfer; 23-18-90-03 Drahtseilfedern*

### Byla GmbH
Industriestrasse 12, D-65594 Runkel, Telefon: +49 6482 9120 0, Telefax: +49 6482 9120 11,
contact@byla.de, www.byla.de

*ecl@sses: 23-33-01-05 Cyanacrylat-Klebstoff; 23-33-01-90 Klebstoff (technisch, nicht klassifiziert)*

### BÄCKER GmbH & Co. KG Kunststofftechnik
Jägersgrund 1, D-57339 Erndtebrück, Telefon: +49 2753 5950 0, Telefax: +49 2753 5950 44,
info@baecker-kunststofftechnik.com, www.baecker-kunststofftechnik.com

*ecl@sses: 23-10-06-01 Distanzhülse; 23-11-01-01 Schraube, flach aufliegend, Außenantrieb; 23-11-01-02 Schraube, flach aufliegend, Innenantrieb; 23-11-01-03 Senkkopfschraube, Innenantrieb; 23-11-01-13 Schraube, nicht flach aufliegend, Außenantrieb; 23-11-01-16 Rändelschraube; 23-11-03-01 Gewindestange; 23-11-03-02 Gewindestift, -Bolzen, Schaftschraube; 23-11-07-01 Mutter (sechs-, n-kant); 23-11-07-08 Rändelmutter; 23-11-07-10 Mutter mit Handantrieb*

### Böhler Einbauteile GmbH
Krautlandstrasse 24, D-88521 Ertingen, Telefon: +49 7371 959595, Telefax: +49 7371 959599,
info@boehlergmbh.de, www.boehlergmbh.de

*ecl@sses: 23-11-07-01 Mutter (sechs-, n-kant)*

### C+M GmbH
Vorster Heidweg 4, D-47661 Issum, Telefon: +49 2835 95738,
info@cmgmbh.de, www.cmgmbh.de

*ecl@sses: 23-06-12-01 Hydraulikflüssigkeit*

### C. Löchel Industriebedarf
Hans-Hermann-Meyer-Straße 2, D-27232 Sulingen, Telefon: +49 4271 5727, Telefax: +49 4271 6255,
info@loechel-industriebedarf.de, www.loechel-industriebedarf.de

*ecl@sses: 23-05-10-01 Axial-Rillenkugellager*

### C. Otto Gehrckens GmbH & Co. KG
Gehrstücken 9, D-25421 Pinneberg, Telefon: +49 4101 5002 0, Telefax: +49 4101 5002 83,
info@cog.de, www.cog.de

*ecl@sses: 23-07-16-01 O-Ring; 23-07-19-01 Stangendichtung; 23-07-19-02 Kolbendichtung*

### C. u. W. Keller GmbH & Co. KG Zahnräder – Getriebe
Bonner Straße 38, D-53842 Troisdorf, Telefon: +49 2241 988 0, Telefax: +49 2241 988 200,
keller@keller-getriebe.de, www.keller-getriebe.de

*ecl@sses: 23-32-01-01 Stirnradgetriebe; 23-32-01-03 Kegelradgetriebe*

### C.H. Schäfer Getriebe GmbH
Hauptstrasse 42, D-01896 Ohorn, Telefon: +49 35955 721 0, Telefax: +49 35955 72121,
info@ant-schaefer.de,

*ecl@sses: 23-32-01-01 Stirnradgetriebe; 23-32-01-02 Flachgetriebe*

C

### Carl Bechem GmbH
Weststr. 120, D-58003 Hagen, Telefon: +49 2331 935010, Telefax: +49 2331 9351 199,
bechem@bechem.de, www.bechem.de

*ecl@sses: 23-06-01-01 Schmierstoff (flüssig); 23-06-01-02 Schmierstoff (pastös); 23-06-01-03 Metallbearbeitungsöl (-flüssigkeit); 23-06-12-01 Hydraulikflüssigkeit; 23-06-12-02 Wärmeträgeröl*

### Carl Bockwoldt GmbH & Co. KG
Sehmsdorfer Str. 41-53, D-23843 Bad Oldesloe, Telefon: +49 4531 8906 0, Telefax: +49 4531 8906 79,
info@bockwoldt.de, www.bockwoldt.de

*ecl@sses: 23-32-01-01 Stirnradgetriebe; 23-32-01-02 Flachgetriebe; 23-32-01-04 Schneckengetriebe*

### Carl Haas GmbH
Oberreute 20, D-78713 Schramberg-Waldmössingen, Telefon: +49 7422 5670, Telefax: +49 7422 567239,
info@carl-haas.de, www.carl-haas.de

*ecl@sses: 23-08-01-01 Schraubendruckfeder; 23-08-05-03 Kontaktfeder; 23-08-90-01 Spiralfeder*

### Carl Knauber Holding GmbH und Co. KG
Endenicher Straße 120 - 140, D-51335 Bonn, Telefon: +49 228 512 0, Telefax: +49 228 512 120,
www.knauber-energie.de

*ecl@sses: 23-06-12-01 Hydraulikflüssigkeit*

### Carl Schlösser GmbH & Co. KG Dichtungen + Stanzteile
Wilhelmstraße 8, D-88512 Mengen, Telefon: +49 7572 606 0, Telefax: +49 7572 606 5598,
info@schloess.de, www.schloess.de

*ecl@sses: 23-07-15-01 Gestanzte Dichtung; 23-07-15-04 Metalldichtung; 23-07-15-90 Flachdichtung (nicht klassifiziert); 23-07-16-01 O-Ring; 23-09-01-01 Scheibe, Ring (plan, ballig, rund)*

### Caspar Gleitlager GmbH
Fischeräcker 6, D-74223 Flein, Telefon: +49 7131 27712 0, Telefax: +49 7131 27712 50,
info@caspar-gleitlager.de, www.caspar-gleitlager.de

*ecl@sses: 23-05-01-01 Trockengleitlager; 23-05-01-08 Hydrodynamische Gleitlager; 23-05-01-09 Hydrostatische Gleitlager; 23-30-01-01 Lineargleitlager (Gleitführung); 23-30-01-03 Wellen (Gleitführung); 23-30-01-06 Lineargleitlagereinheit (Gleitführung)*

### CEFEG GmbH Federn- und Verbindungstechnik
Winkelhoferstr. 3, D-09116 Chemnitz, Telefon: +49 371 43110-0, Telefax: +49 371 43110-12,
info@cefeg.de, www.cefeg.de

*ecl@sses: 23-08-01-01 Schraubendruckfeder; 23-08-02-01 Schraubenzugfeder; 23-08-03-01 Drehfeder; 23-08-04-90 Tellerfeder (nicht klassifiziert); 23-08-90-01 Spiralfeder; 23-09-03-01 Zahn-, Feder-, Spannscheibe*

### CENTA Antriebe Kirschey GmbH
Bergische Straße 7, D-42781 Haan, Telefon: +49 2129 912 0, Telefax: +49 2129 2790,
info@centa.de, www.centa.de

*ecl@sses: 23-05-07-04 Welle (Lineareinheit)*

### Centerline Industrieausrüstung GmbH
Bubenhecke 6, D-69509 Mörlenbach, Telefon: +49 6209 4022, Telefax: +49 6209 3500,
info@centerline-gmbh.de, www.centerline-gmbh.de

*ecl@sses: 27-02-27-08 Motorspindel*

### CHAPEL-Hydraulique GmbH

Walter-Zeidler-Strasse 20, D-24783 Osterrönfeld, Telefon: +49 4331 8427 0, Telefax: +49 4331 89307, info@chapel.de, www.chapel.de

*ecl@sses: 27-30-02-01 Differentialzylinder (Hydraulik); 27-30-02-02 Gleichgangzylinder (Hydraulik); 27-30-02-08 Teleskopzylinder (Hydraulik)*

C

### CHETRA GmbH Dichtungstechnik

Carl-Zeiss-Strasse 2, D-85748 Garching, Telefon: +49 89 329464 0, Telefax: +49 89 329464 20, chetra@chetra.de, www.chetra.de

*ecl@sses: 23-07-09-21 Gleitringdichtung (Komplett); 23-07-12-02 Balgdichtung; 23-07-18-01 Geflechtspackung*

### CHM-Technik GmbH

Zugspitzstraße 10, D-85604 Zorneding, Telefon: +49 8106 208 46, Telefax: +49 8106 2843, chm-technik@maxi-dsl.de, www.chm-gmbh.de

*ecl@sses: 23-08-01-01 Schraubendruckfeder; 23-08-02-01 Schraubenzugfeder; 23-08-04-90 Tellerfeder (nicht klassifiziert); 23-08-90-01 Spiralfeder; 23-09-01-01 Scheibe, Ring (plan, ballig, rund); 23-09-03-04 Sicherungsring (Querschnitt rund); 23-10-01-90 Bolzen, Stift (nicht klassifiziert); 23-10-05-90 Passfeder, Keil, Scheibenfeder (nicht klassifiziert); 23-11-01-01 Schraube, flach aufliegend, Außenantrieb; 23-11-01-02 Schraube, flach aufliegend, Innenantrieb; 23-11-01-03 Senkkopfschraube, Innenantrieb; 23-11-01-04 Schraube mit Rechteckkopf; 23-11-01-12 Blechschraube; 23-17-01-01 Stirnrad (Verzahnungselement); 23-17-01-03 Kegelrad; 23-17-01-06 Schneckenrad; 23-17-01-08 Zahnstange (Verzahnungselement); 23-17-02-05 Zahnriemen; 23-17-04-03 Standardrollenkette; 23-17-04-50 Kettenrad; 23-32-01-01 Stirnradgetriebe; 23-32-01-03 Kegelradgetriebe; 23-32-01-04 Schneckengetriebe*

### Chr. Mayr GmbH + Co. KG

Eichenstraße 1, D-87665 Mauerstetten, Telefon: +49 8341 804 0, Telefax: +49 8341 804 421, info@mayr.de, www.mayr.de/

*ecl@sses: 23-03-10-05 Ganzmetallkupplung (biegenachgiebig); 23-03-10-06 Lamellenkupplung; 23-03-11-08 Kupplung (drehelastisch, spielfrei); 23-03-15-01 Dauermagnetische Synchron Kupplung; 23-03-17-02 Translatorische Überlastkupplung; 23-03-17-03 Reibschlüssige Drehmomentbegrenzer; 23-03-17-04 Formschlüssige Drehmomentbegrenzer; 23-04-09-01 Magnetbremse*

### Clemens C. Jentzsch GmbH

Am Heersberg 32, D-21218 Seevetal, Telefon: +49 4105 67668 0, Telefax: +49 4105 67668 10, ccj@ccjentzsch.de, www.ccjentzsch.de

*ecl@sses: 23-07-15-01 Gestanzte Dichtung; 23-07-15-02 Spiraldichtung; 23-07-15-03 Profilierte-, Ummantelte Flachdichtung; 23-07-15-04 Metalldichtung; 23-07-15-90 Flachdichtung (nicht klassifiziert); 23-07-18-01 Geflechtspackung*

### CMD Compagnie Messian-Durand GmbH

Handelsstraße 6, D-42929 Wermelskirchen, Telefon: +49 2196 7267 0, Telefax: +49 2196 2874, info@antrieb-cmd.de, www.antrieb-cmd.de

*ecl@sses: 23-32-01-01 Stirnradgetriebe; 23-32-01-05 Planetengetriebe; 27-02-27-90 Anwendungsbezogener Motor (nicht klassifiziert)*

### Color Technik Antriebstechnik GmbH

Starkenburgstr. 6, D-64546 Mörfelden-Walldorf, Telefon: +49 6105 24044, Telefax: +49 6105 25593, color-technik@t-online.de, www.color-technik.net

*ecl@sses: 23-32-01-01 Stirnradgetriebe; 27-02-24-01 Synchronmotor (IEC); 27-02-24-02 Synchronmotor (IEC, Ex); 27-02-25-01 DC-Motor (IEC); 27-02-25-02 DC-Motor (IEC, Ex)*

**D**

### Consysta Automation GmbH
Am Sägewerk 23a, D-55124 Mainz-Gonsenheim, Telefon: +49 6131 9469 0, Telefax: +49 6131 9469 13,
email@contraves-drives.com, www.contraves-drives.com

*ecl@sses: 27-02-24-01 Synchronmotor (IEC)*

### ContiTech Antriebssysteme GmbH
Philipsbornstraße 1, D-30165 Hannover, Telefon: +49 511 938 71, Telefax: +49 511 938 5128,
industrie.as@antriebssysteme.contitech.de,

*ecl@sses: 23-32-01-10 Keilriemengetriebe*

### Control Techniques GmbH
Meysstraße 20, D-53773 Hennef, Telefon: +49 2242 877 0, Telefax: +49 2242 877 277,
controltechniques.de@emerson.com, www.controltechniques.de

*ecl@sses: 27-02-21-01 NS-Drehstrom-Asynchronmotor, Käfigläufer (IEC)*

### CPM Compact Power Motors GmbH
Feringastr. 11, D-85774 Unterföhring, Telefon: +49 89 2872468 50, Telefax: +49 89 2872468 15,
info@cp-motors.eu, www.cp-motors.eu

*ecl@sses: 27-02-24-01 Synchronmotor (IEC)*

### CROUZET GmbH
Otto-Hahn-Straße 3, D-40721 Hilden, Telefon: +49 2103 980 0, Telefax: +49 2103 980 200,
info-direkt@crouzet.com, www.crouzet.com

*ecl@sses: 27-02-24-01 Synchronmotor (IEC); 27-02-25-01 DC-Motor (IEC)*

### CSN Wichmann GmbH
Dieselstrasse 5-7, D-49076 Osnabrück, Telefon: +49 541 91312 0, Telefax: +49 541 91312 20,
ccc@wichmann-os.de, www.csn.eu

*ecl@sses: 23-02-01-01 Gelenkwelle mit Längenausgleich; 23-02-01-02 Gelenkwelle ohne Längenausgleich; 23-02-01-03 Doppelgelenkwelle; 23-02-01-04 Gelenk; 23-02-01-05 Flanschgelenk; 23-02-01-06 Doppelgelenk; 23-02-01-08 DIN Flansch (Gelenkwelle); 23-02-01-09 SAE Flansch (Gelenkwelle); 23-02-01-10 Kreuzverzahnter Flansch (Gelenkwelle); 23-02-01-11 Nabenflansch (Gelenkwelle); 23-02-01-12 Zapfenkreuz (Gelenkwelle)*

### CW Bearing GmbH
Am Neumarkt 34/36, D-22041 Hamburg, Telefon: +49 40 6710800, Telefax: +49 40 67108020,
info@cwbearing.de, www.cwbearing.de

*ecl@sses: 23-05-08-01 Rillenkugellager*

### D+H Mechatronic AG
Georg-Sasse-Straße 28-32, D-22949 Ammersbek, Telefon: +49 40 605 65 0, Telefax: +49 40 605 65 222,
www.dh-partner.com

*ecl@sses: 23-30-21-90 Elektromechanischer Kettenantrieb (nicht klassifiziert)*

### Danaher Motion GmbH
Wacholderstraße 40-42, D-40489 Düsseldorf, Telefon: +49 203 9979 0, Telefax: +49 203 9979 155,
info@danahermotion.net, www.danahermotion.net

*ecl@sses: 23-32-01-05 Planetengetriebe; 27-02-24-01 Synchronmotor (IEC); 27-02-25-01 DC-Motor (IEC); 27-02-26-02 Servo-Synchronmotor; 27-02-26-03 Servo-DC-Motor*

### Danfoss Bauer GmbH

Eberhard-Bauer-Strasse 36-60, D-73734 Esslingen, Telefon: +49 711 35180, Telefax: +49 711 3518381, info@danfoss-bauer.de, www.danfoss-bauer.de

*ecl@sses: 23-32-01-01 Stirnradgetriebe; 23-32-01-02 Flachgetriebe; 23-32-01-03 Kegelradgetriebe; 23-32-01-04 Schneckengetriebe; 27-02-21-01 NS-Drehstrom-Asynchronmotor, Käfigläufer (IEC); 27-02-21-02 NS-Drehstrom-Asynchronmotor, Käfigläufer (IEC, Ex); 27-02-21-06 NS-Drehstrom-Asynchronmotor, Käfigläufer (polumschaltbar, IEC); 27-02-21-07 NS-Drehstrom-Asynchronmotor, Käfigläufer (polumschaltbar, IEC,Ex); 27-02-23-02 Kondensatormotor; 27-02-30-01 AC-Getriebemotor (Festdrehzahl); 27-02-30-02 AC-Getriebemotor (polumschaltbar); 27-02-30-03 AC-Getriebemotor (elektrisch verstellbar); 27-02-30-04 Getriebemotor mit angebauten dezentralen Komponenten*

### Danfoss GmbH

Carl-Legien-Straße 8, D-63073 Offenbach, Telefon: +49 69 8902 0, Telefax: +49 69 8902 106, Rudolf.Duerrschnidt@danfoss-sc.de,

*ecl@sses: 23-32-02-03 Hydrostatisches Getriebe*

### Danly Deutschland GmbH

Daimlerstrasse 29, D-78083 Dauchingen, Telefon: +49 7720 9723 0, Telefax: +49 7720 9723 50, info@danly.de, www.danly.de

*ecl@sses: 23-08-01-01 Schraubendruckfeder; 23-11-01-14 Passschraube (mit Kopf); 23-30-01-01 Lineargleitlager (Gleitführung); 23-30-01-03 Wellen (Gleitführung); 23-30-03-01 Linearkugellager, Linearkugellagerführung; 23-30-03-03 Wellen (Linearkugellagerführung)*

### Daros Industrial Rings GmbH

Leibnizstrasse 52, D-07548 Gera, Telefon: +49 365 2019 0, Telefax: +49 365 2019 12, sales@daros-industrial-rings.de, www.daros-industrial-rings.de

*ecl@sses: 23-07-19-02 Kolbendichtung; 23-07-19-03 Abstreifring (translatorische Dichtung*

### Degler GmbH

Annastrasse 11, D-71384 Weinstadt, Telefon: +49 7151 98222 0, info@degler.com, www.degler.com

*ecl@sses: 23-05-07-04 Welle (Lineareinheit)*

### DekaTec Antriebstechnik GmbH

Richard-Wagner-Strasse 52, D-69259 Wilhelmsfeld, Telefon: +49 6220 521070, info@dekatec.de, www.dekatec.de

*ecl@sses: 23-32-01-05 Planetengetriebe*

### Dela GmbH & Co KG

Industriestrasse 109-113, D-57258 Freudenberg, Telefon: +49 2734 4358 0, Telefax: +49 2734 4358 21, info@dela-flanschen.de, www.dela-flanschen.de

*ecl@sses: 23-09-01-01 Scheibe, Ring (plan, ballig, rund); 23-09-01-02 Scheibe (plan, ballig, eckig); 23-09-02-90 Scheibe, Ring (keilförmig, nicht klassifiziert)*

### DELO Industrie Klebstoffe GmbH & Co. KGaA

Delo-Allee 1, D-86949 Windach, Telefon: +49 8193 9900 0, Telefax: +49 8193 9900 144, info@delo.de, www.delo.de

*ecl@sses: 23-33-01-05 Cyanacrylat-Klebstoff*

D

### Delta Antriebstechnik GmbH

Rudolf-Diesel-Straße 3, D-67227 Frankenthal, Telefon: +49 6233 73343, Telefax: +49 6233 71537, sgs-frankenthal@t-online.de, www.delta-antriebstechnik.de

*ecl@sses: 23-03-11-07 Kupplung (drehelastisch)*

### Dema Präzisionsteile GmbH

Breitenloher Weg 4, D-91166 Georgensgmünd, Telefon: +49 9172 6945 0, Telefax: +49 9172 6945 40, info@dema-GmbH.de, www.dema-gmbh.de

*ecl@sses: 23-10-01-01 Stift; 23-10-01-90 Bolzen, Stift (nicht klassifiziert); 23-10-06-01 Distanzhülse*

### Demag Cranes & Components GmbH

Ruhrstraße 28, D-58300 Wetter, Telefon: +49 2335 92 0, Telefax: +49 2335 92 7298, drives@demagcranes.com, www.demagcranes.com

*ecl@sses: 23-32-01-01 Stirnradgetriebe; 23-32-01-02 Flachgetriebe; 23-32-01-03 Kegelradgetriebe; 27-02-21-01 NS-Drehstrom-Asynchronmotor, Käfigläufer (IEC); 27-02-21-06 NS-Drehstrom-Asynchronmotor, Käfigläufer (polumschaltbar, IEC); 27-02-30-01 AC-Getriebemotor (Festdrehzahl); 27-02-30-02 AC-Getriebemotor (polumschaltbar)*

### dematek GmbH & Co. KG

Dauchinger Straße 22, D-78652 Deißlingen, Telefon: +49 7420 920040, Telefax: +49 7420 9200499, info@dematek.de, www.dematek.de

*ecl@sses: 27-02-23-02 Kondensatormotor; 27-02-26-02 Servo-Synchronmotor; 27-02-30-01 AC-Getriebemotor (Festdrehzahl); 27-02-30-02 AC-Getriebemotor (polumschaltbar); 27-02-30-03 AC-Getriebemotor (elektrisch verstellbar); 27-02-30-05 Servo-Getriebemotor (elektrisch verstellbar)*

### Depac Anstalt

Wirtschaftspark 44, FL-9492 Eschen, Telefon: +42 3 37397 00, Telefax: +42 3 37397 19, office@depac-fl.com, www.depac.at

*ecl@sses: 23-07-09-21 Gleitringdichtung (Komplett)*

### DESCH Antriebstechnik GmbH & Co. KG

Kleinbahnstraße 21, D-59759 Arnsberg, Telefon: +49 2932 300 0, Telefax: +49 2932 300899, info@desch.de, www.desch.de

*ecl@sses: 23-03-11-01 Klauenkupplung (elastisch); 23-03-11-02 Bolzenkupplung (elastisch); 23-03-14-04 Hydraulischbetätigte Schaltkupplung; 23-03-14-05 Pneumatischbetätigte Schaltkupplung; 23-03-14-06 Elektromagnetischbetätigte Schaltkupplung; 23-03-14-07 Kupplung (Fliehkraft, reibschlüssig); 23-17-02-08 Keilriemenscheibe; 23-17-02-10 Zahnriemenscheibe*

### Deutsche BP AG

Erkelenzerstr. 20, D-41179 Mönchengladbach, Telefon: +49 2161 909 30, Telefax: +49 2161 909 400, www.bpschmierstoffe.de

*ecl@sses: 23-06-01-01 Schmierstoff (flüssig); 23-06-01-03 Metallbearbeitungsöl (-flüssigkeit); 23-06-12-01 Hydraulikflüssigkeit; 23-06-12-02 Wärmeträgeröl*

### Deutsche Pentosin-Werke GmbH

Industriestrasse 39-43, D-22880 Wedel, Telefon: +49 4103 9134 0, Telefax: +49 4103 9134 71, pentosin@pentosin.de, www.pentosin.de

*ecl@sses: 23-06-12-01 Hydraulikflüssigkeit*

### Deutsche van Rietschoten & Houwens GmbH

Junkersstrasse 12, D-30179 Hannover, Telefon: +49 511 37207 0, Telefax: +49 511 637421,
info@rietschoten.de, www.rietschoten.de

*ecl@sses: 23-02-04-01 Spannelement (Welle-Nabe-Verbindung); 23-03-10-02 Zahnkupplung; 23-03-11-01
Klauenkupplung (elastisch); 23-04-09-01 Magnetbremse; 23-04-09-02 Hydraulische Bremse; 23-04-09-03 Pneumatische
Bremse; 23-04-09-04 Manuelle Bremse*

### DGM Mineralöle Dieter Gass

Hastener Strasse 8, D-42349 Wuppertal, Telefon: +49 202 473031,
Dieter.Gass@dgm-mineraloele.de, www.dgm-mineraloele.de

*ecl@sses: 23-06-01-03 Metallbearbeitungsöl (-flüssigkeit)*

**D**

### Dichtomatik GmbH

Albert-Schweitzer-Ring 1, D-22045 Hamburg, Telefon: +49 40 66989 0, Telefax: +49 40 66989 101,
mail@dichtomatik.de, www.dichtomatik.de

*ecl@sses: 23-07-19-01 Stangendichtung; 23-07-19-02 Kolbendichtung; 23-07-19-03 Abstreifring (translatorische
Dichtung; 23-07-19-04 Führungselement, Stützring*

### Dichtungselemente Hallite GmbH

Billwerder Ring 17, D-21035 Hamburg, Telefon: +49 40 734748 0, Telefax: +49 40 734748 49,
ak@hallite.de, www.hallite.co.uk

*ecl@sses: 23-07-15-90 Flachdichtung (nicht klassifiziert); 23-07-19-01 Stangendichtung; 23-07-19-02 Kolbendichtung; 23-
07-19-03 Abstreifring (translatorische Dichtung; 23-07-19-04 Führungselement, Stützring*

### Dichtungstechnik Schkölen

An der Wethau 1, D-07619 Schkölen, Telefon: +49 36694 22242, Telefax: +49 36694 36134,
ulfschrysler@aol.com, www.dichtungstechnik-schkoelen.com

*ecl@sses: 23-07-15-01 Gestanzte Dichtung; 23-07-15-02 Spiraldichtung; 23-07-15-03 Profilierte-, Ummantelte
Flachdichtung; 23-07-15-04 Metalldichtung; 23-07-15-90 Flachdichtung (nicht klassifiziert); 23-07-16-01 O-Ring*

### Dietmar Cuba Kunststoff-Verarbeitung

Bergstrasse 15a, Ortsteil Köpernitz, D-16831 Heinrichsdorf, Telefon: +49 33931 347 34, Telefax: +49 33931 347 35,
info@kunststoff-cuba.de, www.kunststoff-cuba.de

*ecl@sses: 23-11-07-08 Rändelmutter*

### dima GmbH & Co. KG

Magdeburger Str. 19, D-06420 Könnern, Telefon: +49 34691 20429, Telefax: +49 34691 51861,
info@dima-kg.de, www.dima-kg.de

*ecl@sses: 23-09-02-90 Scheibe, Ring (keilförmig, nicht klassifiziert)*

### dipac GmbH

Auelsweg 22, D-53797 Lohmar, Telefon: +49 2246 91542 0, Telefax: +49 2246 91542 28,
info@dipac.de, www.dipac.de

*ecl@sses: 23-07-12-02 Balgdichtung*

### DKL – Kugellager Christian Denkhaus

Siemensstrasse 30, D-91126 Rednitzhembach, Telefon: +49 9122 694517,
info@dkl-kugellager.de, www.dkl-kugellager.de

*ecl@sses: 23-05-08-01 Rillenkugellager*

**Double E Company**
Franz-Lenz-Straße 12E, D-49084 Osnabrück, Telefon: +49 541 50626 0, Telefax: +49 541 50626 29,
info@doubleeint.de, www.doubleeint.de

*ecl@sses: 23-04-10-01 Magnetpulverbremse*

**Druckluft Manglitz GmbH**
Fraunhoferstrasse 11a, D-82152 Planegg, Telefon: +49 89 89962115, Telefax: +49 89 8593257,
info@druckluft-manglitz.de, www.druckluft-manglitz.de

*ecl@sses: 27-30-20-90 Schlauch (Hydraulik, nicht klassifiziert)*

**DST Dauermagnet-SystemTechnik GmbH**
Hönnestraße 45, D-58809 Neuenrade, Telefon: +49 2394 616-80, Telefax: +49 2394 616-81,
info@dst-magnetic-couplings.com, www.dst-magnetic-coupling.com

*ecl@sses: 23-03-15-01 Dauermagnetische Synchron Kupplung*

**Dunkermotoren Alcatel SEL**
Allmendstraße 11, D-79848 Bonndorf, Telefon: +49 7703 930 0, Telefax: +49 7703 930 210 - 212,
info@dunkermotoren.de, www.dunkermotoren.de

*ecl@sses: 23-32-01-04 Schneckengetriebe; 23-32-01-05 Planetengetriebe; 27-02-23-02 Kondensatormotor; 27-02-25-01 DC-Motor (IEC); 27-02-26-03 Servo-DC-Motor*

**Dunlop Hiflex GmbH**
Pforzheimer Strasse 126, D-76275 Ettlingen, Telefon: +49 7243 94757 0, Telefax: +49 7243 94757 200,
info@dunlophiflex.de,

*ecl@sses: 27-30-20-90 Schlauch (Hydraulik, nicht klassifiziert)*

**Durbal GmbH & Co.**
Verrenberger Weg 2-2a, D-74613 Öhringen, Telefon: +49 7941 9460 0, Telefax: +49 7941 946090,
info@durbal.de, www.durbal.de

*ecl@sses: 23-05-01-05 Gelenkkopf (Gleitlager); 23-05-01-06 Gelenklager*

**Düsterloh Fluidtechnik GmbH**
Im Vogelsang 105, D-45527 Hattingen, Telefon: +49 2324 7090, Telefax: +49 2324 709110,
info@duesterloh.de, www.duesterloh.de

*ecl@sses: 27-30-11-01 Axialkolbenmotor (Hydraulik); 27-30-11-90 Motor (Hydraulik, nicht klassifiziert); 27-30-12-02 Axialkolbenpumpe (Hydraulik)*

**Dörken-Oel GmbH**
D-58256 Ennepetal, Telefon: +49 2333 9897 0,

*ecl@sses: 23-06-01-03 Metallbearbeitungsöl (-flüssigkeit)*

D

## Dötsch Elektromaschinen- Elektrotechnik GmbH

Sonnenstrasse 18, D-95111 Rehau, Telefon: +49 9283 1091, Telefax: +49 9283 4362,
info@motoren-doetsch.de, www.motoren-doetsch.de

*ecl@sses: 23-03-11-01 Klauenkupplung (elastisch); 23-03-11-02 Bolzenkupplung (elastisch); 23-03-11-03 Scheibenkupplung (elastisch); 23-03-11-04 Kupplung (metallelastisch); 23-03-11-05 Kupplung (hochelastisch); 23-03-11-07 Kupplung (drehelastisch); 23-03-11-08 Kupplung (drehelastisch, spielfrei); 23-03-14-06 Elektromagnetischbetätigte Schaltkupplung; 23-03-15-01 Dauermagnetische Synchron Kupplung; 23-04-09-01 Magnetbremse; 23-05-08-01 Rillenkugellager; 23-05-08-02 Spannlager; 23-05-08-03 Schrägkugellager; 23-05-08-06 Pendelkugellager; 23-05-09-01 Zylinderrollenlager; 23-05-09-11 Pendelrollenlager; 23-05-09-12 Tonnenlager; 23-05-09-13 Toroidal-Rollenlager; 23-05-10-01 Axial-Rillenkugellager; 23-05-10-02 Axial-Schrägkugellager; 23-05-10-90 Axial-Kugellager (nicht klassifiziert); 23-07-09-21 Gleitringdichtung (Komplett); 23-32-01-01 Stirnradgetriebe; 23-32-01-02 Flachgetriebe; 23-32-01-03 Kegelradgetriebe; 23-32-01-04 Schneckengetriebe; 23-32-01-05 Planetengetriebe; 23-32-01-06 Turbogetriebe; 23-32-01-07 Spielarme Getriebe; 23-32-01-08 Schaltgetriebe; 23-32-01-09 Spindelhubgetriebe; 23-32-01-10 Keilriemengetriebe; 23-32-02-01 Mechanisches Getriebe; 27-02-21-01 NS-Drehstrom-Asynchronmotor, Käfigläufer (IEC); 27-02-21-02 NS-Drehstrom-Asynchronmotor, Käfigläufer (IEC, Ex); 27-02-21-03 NS-Drehstrom-Asynchronmotor, Käfigläufer (NEMA); 27-02-21-04 NS-Drehstrom-Asynchronmotor, Schleifringläufer (IEC); 27-02-21-05 NS-Drehstrom-Asynchronmotor, Schleifringläufer (NEMA); 27-02-21-06 NS-Drehstrom-Asynchronmotor, Käfigläufer (polumschaltbar, IEC); 27-02-21-07 NS-Drehstrom-Asynchronmotor, Käfigläufer (polumschaltbar, IEC,Ex); 27-02-21-08 NS-Drehstrom-Asynchronmotor, Käfigläufer (polumschaltbar, NEMA); 27-02-22-01 HS-Drehstrom-Asynchronmotor, Käfigläufer (IEC); 27-02-22-02 HS-Drehstrom-Asynchronmotor, Käfigläufer (IEC, Ex); 27-02-22-03 HS-Drehstrom-Asynchronmotor, Käfigläufer (NEMA); 27-02-22-04 HS-Drehstrom-Asynchronmotor, Schleifringläufer (IEC); 27-02-22-05 HS-Drehstrom-Asynchronmotor, Schleifringläufer (NEMA); 27-02-23-01 Spaltpolmotor; 27-02-23-02 Kondensatormotor; 27-02-23-03 Motor mit Widerstandshilfsphase; 27-02-23-04 Universalmotor; 27-02-24-01 Synchronmotor (IEC); 27-02-24-02 Synchronmotor (IEC, Ex); 27-02-25-01 DC-Motor (IEC); 27-02-25-02 DC-Motor (IEC, Ex); 27-02-26-01 Servo-Asynchronmotor; 27-02-26-02 Servo-Synchronmotor; 27-02-26-03 Servo-DC-Motor; 27-02-27-01 Aufzugsmotor; 27-02-27-02 Unwuchtmotor; 27-02-27-03 Ventilatormotor; 27-02-27-04 Tauchpumpenmotor; 27-02-27-06 Rollgangsmotor; 27-02-27-09 Umrichterantrieb; 27-02-27-90 Anwendungsbezogener Motor (nicht klassifiziert); 27-02-30-01 AC-Getriebemotor (Festdrehzahl); 27-02-30-02 AC-Getriebemotor (polumschaltbar); 27-02-30-03 AC-Getriebemotor (elektrisch verstellbar); 27-02-30-04 Getriebemotor mit angebauten dezentralen Komponenten; 27-02-30-05 Servo-Getriebemotor (elektrisch verstellbar); 27-02-30-06 AC-Getriebemotor (mechanisch verstellbar); 27-02-30-07 DC-Getriebemotor (elektrisch verstellbar)*

E

## E. Epple GmbH & Co. KG

Hertzstraße 8, D-71083 Herrenberg, Telefon: +49 7032 97710, Telefax: +49 7032 977150,
info@epple-chemie.de, www.epple-chemie.de

*ecl@sses: 23-33-01-05 Cyanacrylat-Klebstoff; 23-33-01-90 Klebstoff (technisch, nicht klassifiziert)*

## E. Kretzschmar Antriebs- und Verfahrenstechnik Entwicklungs- u. Vertriebs GmbH

Alte Schulstrasse 32, D-51515 Kürten, Telefon: +49 2207 709 01, Telefax: +49 2207 6713,
info@e-kretzschmar.de, www.e-kretzschmar.de

*ecl@sses: 27-02-25-01 DC-Motor (IEC)*

## E. u. G. Grob Vertriebs GmbH

Eberhard-Layher-Strasse 5, D-74889 Sinsheim, Telefon: +49 7261 92630, Telefax: +49 7261 926333,
info@eug-grob.de, www.eug-grob.de

*ecl@sses: 23-02-01-01 Gelenkwelle mit Längenausgleich; 23-02-01-02 Gelenkwelle ohne Längenausgleich; 23-02-01-08 DIN Flansch (Gelenkwelle); 23-02-01-11 Nabenflansch (Gelenkwelle); 23-05-07-01 Linear-Kugellager; 23-17-01-04 Kegelradsatz; 23-17-01-05 Schneckenwelle; 23-17-01-06 Schneckenrad; 23-17-01-07 Schneckensatz; 23-30-07-90 Trapezgewindetrieb (nicht klassifiziert); 23-30-08-90 Kugelgewindetrieb (nicht klassifiziert); 23-30-18-90 Elektomechanischer Zylinder (nicht klassifiziert)*

## EAT GmbH Elektronische Antriebs-Technik

Hauferstr. 23, D-79108 Freiburg, Telefon: +49 761 130350, Telefax: +49 761 1303555,
eat-gmbh@t-online.de, www.eatgmbh.de

*ecl@sses: 27-02-26-02 Servo-Synchronmotor*

### ebm-papst St. Georgen GmbH & Co. KG

Hermann-Papst-Str. 1, D-78112 St. Georgen, Telefon: +49 7724 81 0, Telefax: +49 7724 81 1309,
info2@de.ebmpapst.com, www.ebmpapst.com

*ecl@sses: 27-02-23-01 Spaltpolmotor; 27-02-23-02 Kondensatormotor; 27-02-25-01 DC-Motor (IEC); 27-02-26-03 Servo-DC-Motor; 27-02-27-03 Ventilatormotor; 27-02-30-01 AC-Getriebemotor (Festdrehzahl); 27-02-30-07 DC-Getriebemotor (elektrisch verstellbar)*

### EC MOTION Vertrieb und Entwicklung für Antriebstechnik GmbH

Auf den Steinen 20, D-41812 Erkelenz, Telefon: +49 2164 7014 0, Telefax: +49 2164 7014 19,
info@ec-motion.de, www.ec-motion.de

*ecl@sses: 27-02-26-04 Schrittmotor*

### Eckart GmbH

Gewerbegebiet Wallroth, D-36381 Schlüchtern, Telefon: +49 6661 9628 0, Telefax: +49 6661 9628 50,
info@eckart-gmbh.de, www.eckart.net

*ecl@sses: 27-30-11-90 Motor (Hydraulik, nicht klassifiziert)*

### Eckert Präzisionsteile

Kupferzeller Strasse 42, D-74635 Kupferzell, Telefon: +49 7944 9150 0,
info@eckert-praezisionsteile.de, www.eckert-praezisionsteile.de

*ecl@sses: 23-05-07-04 Welle (Lineareinheit)*

### Edelmann Gleitlagertechnik GmbH

Am Filswehr 7, D-73207 Plochingen, Telefon: +49 7153 21793, Telefax: +49 7153 72504,
info@edelmanngleitlager.de, www.edelmanngleitlager.de

*ecl@sses: 23-05-01-08 Hydrodynamische Gleitlager; 23-05-01-09 Hydrostatische Gleitlager*

### Eduard Hengstenberg GmbH

Laubenhof 6, D-45326 Essen, Telefon: +49 201 36060, Telefax: +49 201 3606286,
info@hengstenberg-gruppe.de, www.hengstenberg-gruppe.de

*ecl@sses: 27-30-20-90 Schlauch (Hydraulik, nicht klassifiziert)*

### Ehrhard Müller KG

Klosterstraße 13, D-67547 Worms, Telefon: +49 6241 947770, Telefax: +49 6241 25145,
info@mueller-kg.de, www.mueller-kg.de

*ecl@sses: 23-03-09-01 Scheibenkupplung (starr)*

### Eichbauer GmbH

Kristein 2, A-4470 Enns, Telefon: +43 7223 83980, Telefax: +43 7223 83980 12,
mail@eichbauer-at.at, www.eichbauer-at.at

*ecl@sses: 27-02-28-01 Linearmotor*

### Eichenberger Gewinde AG

Grenzstrasse 30, CH-5736 Burg (AG), Telefon: (0041/62) 7651010, Telefax: (0041/62) 7651055,
info@gewinde.ch, www.gewinde.ch

*ecl@sses: 23-30-08-90 Kugelgewindetrieb (nicht klassifiziert)*

## Eickhoff Antriebstechnik GmbH

Hunscheidtstraße 176, D-44789 Bochum, Telefon: +49 234 975 0, Telefax: +49 234 975 2579,
kontakt@eickhoff-bochum.de, www.eickhoff-bochum.de

*ecl@sses: 23-30-18-90 Elektomechanischer Zylinder (nicht klassifiziert); 23-32-01-01 Stirnradgetriebe; 23-32-01-05 Planetengetriebe*

## Eisele Antriebstechnik GmbH

Vor dem Weißen Stein 17, D-72461 Albstadt, Telefon: +49 7432 98021 0, Telefax: +49 7432 98021 29,
info@eisele-getriebe.de, www.eisele-getriebe.de

*ecl@sses: 23-32-01-05 Planetengetriebe*

## Eisenbeiss Ges.m.b.H.

Lauriacumstr. 2, A-4470 Enns, Telefon: +43 7223 8960, Telefax: +43 7223 89678,
info@eisenbeiss.com, www.eisenbeiss.com

*ecl@sses: 23-17-01-01 Stirnrad (Verzahnungselement); 23-32-01-01 Stirnradgetriebe; 23-32-01-03 Kegelradgetriebe; 23-32-01-05 Planetengetriebe; 23-32-01-08 Schaltgetriebe*

## Eisenhart Laeppché GmbH

An der Junkerei 27, D-26389 Wilhelmshaven, Telefon: +49 4421 970 0, Telefax: +49 4421 970 132,
info@laeppche.de, www.laeppche.de

*ecl@sses: 23-05-01-01 Trockengleitlager; 23-05-01-02 Aerodynamisches Lager; 23-05-01-03 Aerostatisches Lager; 23-05-01-04 Magnetlager; 23-05-01-05 Gelenkkopf (Gleitlager); 23-05-01-06 Gelenklager; 23-05-01-07 Mehrflächengleitlager; 23-05-01-08 Hydrodynamische Gleitlager; 23-05-01-09 Hydrostatische Gleitlager; 23-05-07-01 Linear-Kugellager; 23-05-07-04 Welle (Lineareinheit); 23-05-07-05 Profilschienen-Wälzführung; 23-05-08-01 Rillenkugellager; 23-05-08-02 Spannlager; 23-05-08-03 Schrägkugellager; 23-05-08-06 Pendelkugellager; 23-05-09-01 Zylinderrollenlager; 23-05-09-02 Federrollenlager; 23-05-09-04 Nadelkranz; 23-05-09-05 Nadelhülse; 23-05-09-06 Nadelbüchse; 23-05-09-07 Nadellager, massiv; 23-05-09-09 Innenring (Nadellager); 23-05-09-10 Kegelrollenlager; 23-05-09-11 Pendelrollenlager; 23-05-09-12 Tonnenlager; 23-05-09-13 Toroidal-Rollenlager; 23-05-10-01 Axial-Rillenkugellager; 23-05-10-02 Axial-Schrägkugellager; 23-05-10-90 Axial-Kugellager (nicht klassifiziert); 23-05-11-01 Axial-Zylinderrollenlager; 23-05-11-02 Axial-Nadellager; 23-05-11-03 Axial-Pendelrollenlager; 23-05-11-04 Axial-Kegelrollenlager; 23-05-12-01 Nadel-Schrägkugellager; 23-05-12-02 Nadel-Axialkugellager; 23-05-12-03 Nadel-Axialzylinderrollenlager; 23-05-12-04 Axial-Radial-Rollenlager; 23-05-12-05 Kreuzrollenlager; 23-05-14-90 Drehverbindung (Lager, nicht klassifiziert); 23-05-15-01 Stützrolle (Lager); 23-05-15-02 Kurvenrolle (Lager); 23-05-16-01 Stehlagergehäuseeinheit; 23-05-16-02 Flanschlagergehäuseeinheit; 23-05-16-03 Spannlagergehäuseeinheit; 23-07-17-01 Radial-Wellendichtring; 23-07-17-02 Axial-Wellendichtring; 23-30-01-01 Lineargleitlager (Gleitführung); 23-30-01-03 Wellen (Gleitführung); 23-30-01-06 Lineargleitlagereinheit (Gleitführung); 23-30-02-01 Laufrollenführung (komplett); 23-30-02-02 Führungsschiene (Laufrollenführung); 23-30-02-03 Führungswagen (Laufrollenführung); 23-30-03-01 Linearkugellager, Linearkugellagerführung; 23-30-03-03 Wellen (Linearkugellagerführung); 23-30-03-06 Linearkugellagereinheit (Linearkugellagerführung); 23-30-04-01 Kugelumaufführung (Profilschienenführung, komplett); 23-30-04-02 Führungsschiene (Profilschienenführung); 23-30-04-04 Rollenumaufführung (Profilschienenführung, komplett); 23-30-05-01 Kugelführung (Käfigschienenführung); 23-30-05-02 Rollenführung (Käfigschienenführung); 23-30-05-03 Kreuzrollenführung (Käfigschienenführung); 23-30-05-04 Nadelführung (Käfigschienenführung); 23-30-06-90 Teleskopschienenführung (nicht klassifiziert); 23-30-07-90 Trapezgewindetrieb (nicht klassifiziert); 23-30-08-90 Kugelgewindetrieb (nicht klassifiziert); 23-30-09-01 Planetenrollengewindetrieb; 23-30-09-02 Rollengewindetrieb mit Rollenrückführung; 23-30-15-02 Lineartisch Laufrollenführung; 23-30-15-03 Lineartisch Linearkugellagerführung; 23-30-15-04 Lineartisch Profilschienenführung*

E

### EJOT GmbH & Co KG Geschäftsbereich Verbindungstechnik

Untere Bienhecke, D-57334 Bad Laasphe, Telefon: +49 2752 109 0, Telefax: +49 2752 109 141,
bau@ejot.de, www.ejot.de

*ecl@sses: 23-11-01-01 Schraube, flach aufliegend, Außenantrieb; 23-11-01-02 Šchraube, flach aufliegend, Innenantrieb;*
*23-11-01-03 Senkkopfschraube, Innenantrieb; 23-11-01-04 Schraube mit Rechteckkopf; 23-11-01-06 Schraube,*
*selbstarretierend; 23-11-01-10 Sonderschraube; 23-11-01-12 Blechschraube; 23-11-01-16 Rändelschraube; 23-11-01-17*
*Schraube (gewindeformend); 23-11-01-18 Bohrschraube; 23-11-01-19 Kopfschraube (ohne Antriebsmerkmal); 23-11-01-*
*20 Hohlschraube*

### ELATECH S.r.l

Via Carminati, 15 (BG), I-24012 Brembilla,
info@sitspa.it, www.elatech.com

*ecl@sses: 23-17-02-05 Zahnriemen*

### Elbe Gelenkwellen-Service GmbH

Blériotstrasse 5, D-50827 Köln, Telefon: +49 221 5974 0, Telefax: +49 221 5974 103,
elbe@elbe-gmbh.de, www.elbe-gmbh.de

*ecl@sses: 23-02-01-01 Gelenkwelle mit Längenausgleich*

### ELDIN GmbH

Frauengasse 8, D-94032 Passau, Telefon: +49 851 8518440, Telefax: +49 851 8518441,
info@eldin.de, www.eldin.ru

*ecl@sses: 27-01-03-90 Generator (< 10 MVA, nicht klassifiziert); 27-02-21-01 NS-Drehstrom-Asynchronmotor, Käfigläufer*
*(IEC)*

### ElectroCraft GmbH

Vor dem Lauch 19, D-70567 Stuttgart, Telefon: +49 711 727205 0, Telefax: +49 711 727205 44,
info@electrocraft.de, www.e-motion-controls.com

*ecl@sses: 27-02-26-02 Servo-Synchronmotor; 27-02-26-04 Schrittmotor*

### Elektrim Fritz Oberstenfeld GmbH & Co. KG

Curslacker Neuer Deich 32a, D-21029 Hamburg, Telefon: +49 40 7241680, Telefax: +49 40 7242237,
mail@elektrim-elektromotoren.de, www.elektrim-elektromotoren.de

*ecl@sses: 23-32-01-01 Stirnradgetriebe*

### Elektro-Maschinenbau Ettlingen GmbH

Nobelstr. 16, D-76275 Ettlingen, Telefon: +49 7243 3206 10, Telefax: +49 7243 3206 11,
b.moser@eme-gmbh.de, www.eme-gmbh.de

*ecl@sses: 27-01-03-90 Generator (< 10 MVA, nicht klassifiziert)*

### Elektromotorenwerk Grünhain GmbH & Co. KG

Bahnhofstr. 12, D-08344 Grünhain, Telefon: +49 3774 52 0, Telefax: +49 3774 52 15,
info@emgr.de, www.emgr.de

*ecl@sses: 27-02-21-01 NS-Drehstrom-Asynchronmotor, Käfigläufer (IEC); 27-02-21-06 NS-Drehstrom-Asynchronmotor,*
*Käfigläufer (polumschaltbar, IEC); 27-02-23-02 Kondensatormotor; 27-02-27-03 Ventilatormotor; 27-02-27-04*
*Tauchpumpenmotor; 27-02-27-09 Umrichterantrieb; 27-02-27-90 Anwendungsbezogener Motor (nicht klassifiziert)*

### ELMORE GmbH Antriebs- und Lineartechnik

Seidenweberstaße 10, D-41189 Mönchengladbach, Telefon: +49 2166 6218456, Telefax: +49 2166 854007,
info@elmore.de,

*ecl@sses: 23-30-15-04 Lineartisch Profilschienenführung; 23-32-01-05 Planetengetriebe*

## ElringKlinger Kunststofftechnik GmbH

Etzelstraße 10, D-74321 Bietigheim-Bissingen, Telefon: +49 7142 583 0, Telefax: +49 7142 583 200,
info@elringklinger-kunststoff.de, www.ElringKlinger-Kunststoff.de

*ecl@sses: 23-07-12-02 Balgdichtung; 23-07-17-01 Radial-Wellendichtring; 23-07-19-01 Stangendichtung; 23-07-19-02 Kolbendichtung; 23-07-19-03 Abstreifring (translatorische Dichtung; 23-07-19-04 Führungselement, Stützring*

## Elutec OHG

Kutterstrasse 6, D-26386 Wilhelmshaven, Telefon: +49 4421 9138800, Telefax: +49 4421 91388 22,
elutec.ohg@t-online.de, www.elu-tec.de

*ecl@sses: 27-30-20-90 Schlauch (Hydraulik, nicht klassifiziert)*

## Emil Gewehr GmbH

Eichsfelder Strasse 8, D-40595 Düsseldorf, Telefon: +49 211 7026280, Telefax: +49 211 70262830,
info@emil-gewehr.de, www.emil-gewehr.de

*ecl@sses: 23-17-02-01 Keilriemen; 23-17-02-05 Zahnriemen; 23-17-02-09 Flachriemenscheibe*

## EMM SERVICE GmbH ELEKTROMOTORENMARKT.de

Burgstrasse 38, D-06114 Halle, Telefon: +49 345 6824370, Telefax: +49 345 6824371,
info@elektromotorenmarkt.de,

*ecl@sses: 23-32-01-01 Stirnradgetriebe; 23-32-01-04 Schneckengetriebe; 27-02-21-01 NS-Drehstrom-Asynchronmotor, Käfigläufer (IEC); 27-02-21-02 NS-Drehstrom-Asynchronmotor, Käfigläufer (IEC, Ex); 27-02-21-06 NS-Drehstrom-Asynchronmotor, Käfigläufer (polumschaltbar, IEC)*

## Ems elektro-maschinenbau gmbh

Münchner Straße 72, D-86316 Friedberg, Telefon: +49 821 26097 0, Telefax: +49 821 26097 66,
info@ems-motors.de, www.ems-motors.de

*ecl@sses: 27-02-21-01 NS-Drehstrom-Asynchronmotor, Käfigläufer (IEC); 27-02-21-02 NS-Drehstrom-Asynchronmotor, Käfigläufer (IEC, Ex); 27-02-21-06 NS-Drehstrom-Asynchronmotor, Käfigläufer (polumschaltbar, IEC); 27-02-21-07 NS-Drehstrom-Asynchronmotor, Käfigläufer (polumschaltbar, IEC,Ex); 27-02-24-01 Synchronmotor (IEC); 27-02-24-02 Synchronmotor (IEC, Ex); 27-02-25-01 DC-Motor (IEC)*

## Emtec GmbH

Goethestraße 25, D-73035 Göppingen, Telefon: +49 7161 15680-0,
info@emtec-antriebe.de, www.emtec-antriebe.de

*ecl@sses: 27-02-21-01 NS-Drehstrom-Asynchronmotor, Käfigläufer (IEC); 27-02-21-02 NS-Drehstrom-Asynchronmotor, Käfigläufer (IEC, Ex); 27-02-21-04 NS-Drehstrom-Asynchronmotor, Schleifringläufer (IEC); 27-02-21-06 NS-Drehstrom-Asynchronmotor, Käfigläufer (polumschaltbar, IEC); 27-02-21-07 NS-Drehstrom-Asynchronmotor, Käfigläufer (polumschaltbar, IEC,Ex); 27-02-22-01 HS-Drehstrom-Asynchronmotor, Käfigläufer (IEC); 27-02-22-04 HS-Drehstrom-Asynchronmotor, Schleifringläufer (IEC); 27-02-23-02 Kondensatormotor; 27-02-25-01 DC-Motor (IEC); 27-02-26-02 Servo-Synchronmotor; 27-02-26-03 Servo-DC-Motor; 27-02-30-01 AC-Getriebemotor (Festdrehzahl); 27-02-30-02 AC-Getriebemotor (polumschaltbar); 27-02-30-03 AC-Getriebemotor (elektrisch verstellbar); 27-02-30-06 AC-Getriebemotor (mechanisch verstellbar); 27-02-30-07 DC-Getriebemotor (elektrisch verstellbar)*

## EMUTech

Am Wiesenhof 9, D-35080 Bad Endbach, Telefon: +49 6464 459, Telefax: +49 6464 5105,
info@emu-tech.de, www.emu-tech.de

*ecl@sses: 23-06-01-01 Schmierstoff (flüssig); 23-06-12-01 Hydraulikflüssigkeit; 23-06-12-02 Wärmeträgeröl*

E

### ENEMAC GmbH

Daimler Ring 42, D-63839 Kleinwallstadt, Telefon: +49 6022 7107 0, Telefax: +49 6022 22237, info@enemac.de, www.enemac.de

*ecl@sses: 23-03-11-04 Kupplung (metallelastisch); 23-03-17-04 Formschlüssige Drehmomentbegrenzer*

### ENGEL Elektroantriebe GmbH

Am Klingenweg 7, D-65396 Walluf, Telefon: +49 6123 994 0, Telefax: +49 6123 994 30, info@engelmotor.de, www.engelmotor.de

*ecl@sses: 23-32-01-01 Stirnradgetriebe; 23-32-01-04 Schneckengetriebe; 23-32-01-05 Planetengetriebe; 27-02-26-02 Servo-Synchronmotor; 27-02-26-03 Servo-DC-Motor; 27-02-30-05 Servo-Getriebemotor (elektrisch verstellbar); 27-02-30-07 DC-Getriebemotor (elektrisch verstellbar)*

### Enzfelder GmbH

Eichengasse 36, A-2551 Enzesfeld, Telefon: +43 2256 81287 0, Telefax: +43 2256 81287 95, office@enzfelder.at, www.enzfelder.at

*ecl@sses: 23-30-18-90 Elektomechanischer Zylinder (nicht klassifiziert); 23-30-19-90 Elektromechanische Hubsäule (nicht klassifiziert); 23-32-01-03 Kegelradgetriebe; 23-32-01-04 Schneckengetriebe; 23-32-01-05 Planetengetriebe; 23-32-01-09 Spindelhubgetriebe*

### Enßlen GmbH

Lutherstr 12, D-39576 Stendal, Telefon: +49 3931 64920, Telefax: +49 3931 649221, info@ensslen-gmbh.de, www.ensslen-gmbh.de

*ecl@sses: 27-02-21-01 NS-Drehstrom-Asynchronmotor, Käfigläufer (IEC); 27-02-21-02 NS-Drehstrom-Asynchronmotor, Käfigläufer (IEC, Ex); 27-02-21-06 NS-Drehstrom-Asynchronmotor, Käfigläufer (polumschaltbar, IEC); 27-02-21-07 NS-Drehstrom-Asynchronmotor, Käfigläufer (polumschaltbar, IEC,Ex); 27-02-22-01 HS-Drehstrom-Asynchronmotor, Käfigläufer (IEC); 27-02-22-02 HS-Drehstrom-Asynchronmotor, Käfigläufer (IEC, Ex)*

### EP Antriebstechnik GmbH

Fliederstraße 8, D-63486 Bruchköbel, Telefon: +49 6181 9704 0, Telefax: +49 6181 9704 99, info@epa-antriebe.de, www.epa-antriebe.de

*ecl@sses: 27-02-21-01 NS-Drehstrom-Asynchronmotor, Käfigläufer (IEC); 27-02-21-02 NS-Drehstrom-Asynchronmotor, Käfigläufer (IEC, Ex); 27-02-26-01 Servo-Asynchronmotor*

### Erich Haagen GmbH

Emmy-Noether-Strasse 7, D-04821 Itzehoe, Telefon: +49 4821 7381, info@erich-haagen.de, www.erich-haagen.de

*ecl@sses: 23-05-10-01 Axial-Rillenkugellager*

### ERIKS Nord GmbH RegionalCenter Hamburg

Biedenkamp 5h, D-21509 Glinde, Telefon: +49 40 7100400, hamburg@eriks.de, www.eriks.de

*ecl@sses: 27-30-20-90 Schlauch (Hydraulik, nicht klassifiziert)*

### Ernst Lingenberg GmbH

Hagener Strasse 91, D-58769 Nachrodt-Wiblingwerde, Telefon: +49 2352 3410, Telefax: +49 2352 30688, lingenberg.dichtungen@t-online.de, www.lingenberg-gmbh.de

*ecl@sses: 23-07-15-01 Gestanzte Dichtung; 23-09-01-01 Scheibe, Ring (plan, ballig, rund); 23-09-01-02 Scheibe (plan, ballig, eckig)*

### Ernst Thomas GmbH

Altenaer Str. 83, D-58675 Hemer (Westig), Telefon: +49 2372 1849, Telefax: +49 2372 1850,
info@ernstthomas.de, www.ernstthomas.de

*ecl@sses: 23-11-01-04 Schraube mit Rechteckkopf; 23-11-01-10 Sonderschraube; 23-11-01-14 Passschraube (mit Kopf); 23-11-01-15 Dehnschraube (mit Kopf); 23-11-03-01 Gewindestange; 23-11-03-02 Gewindestift, -Bolzen, Schaftschraube; 23-11-03-03 Stiftschraube, Schraubenbolzen*

### ESR Pollmeier GmbH

Lindenstraße 20, D-64372 Ober-Ramstadt, Telefon: +49 6167 9306 0, Telefax: +49 6167 9306 77,
info@esr-pollmeier.de, www.esr-pollmeier.de

*ecl@sses: 23-32-01-01 Stirnradgetriebe; 23-32-01-05 Planetengetriebe; 23-32-01-07 Spielarme Getriebe; 27-02-26-02 Servo-Synchronmotor; 27-02-26-03 Servo-DC-Motor; 27-02-28-01 Linearmotor*

F

### Eugen Klein Gelenkwellen GmbH

Parkstrasse 27-29, D-73734 Esslingen, Telefon: +49 711 38005 12, Telefax: +49 711 38005 49,
info@klein-gelenkwellen.de, www.klein-gelenkwellen.de

*ecl@sses: 23-02-01-01 Gelenkwelle mit Längenausgleich*

### EUROTEC Eiben GmbH

Friedhofstrasse 20, D-64739 Höchst, Telefon: +49 6163 939980, Telefax: +49 6163 939989,
mail@eurotec-eiben.de, www.eurotec-eiben.de

*ecl@sses: 27-30-20-90 Schlauch (Hydraulik, nicht klassifiziert)*

### EVB Handels GmbH

Hahnenstr. 31, D-28309 Bremen, Telefon: +49 421 6940444, Telefax: +49 421 6940446,
info@evb-handel.de, www.evb-handel.de

*ecl@sses: 27-30-20-90 Schlauch (Hydraulik, nicht klassifiziert)*

### eVendi GmbH & Co. KG

Bahrenfelder Chaussee 49, Haus B, D-22761 Hamburg, Telefon: +49 40 68 98 66 0, Telefax: +49 40 68 98 66 11,
Info @ eVendi.de, www.evendi.de

*ecl@sses: 23-11-01-18 Bohrschraube*

### EW HOF Antriebe und Systeme GmbH

Oberkotzauer Straße 3, D-95032 Hof, Telefon: +49 9281 585 0, Telefax: +49 9281 585 37,
info@ewhof.de, www.ewhof.de

*ecl@sses: 27-02-21-01 NS-Drehstrom-Asynchronmotor, Käfigläufer (IEC); 27-02-25-01 DC-Motor (IEC); 27-02-26-04 Schrittmotor*

### Exlar Europe GmbH

Frankfurter Str. 107, D-65479 Raunheim, Telefon: +49 6142 17590 0,
info@exlar.de, www.exlar.de

*ecl@sses: 23-30-18-90 Elektomechanischer Zylinder (nicht klassifiziert); 27-02-26-02 Servo-Synchronmotor; 27-02-30-05 Servo-Getriebemotor (elektrisch verstellbar)*

### Dr. Fritz Faulhaber GmbH & Co. KG

Daimlerstraße 23, D-71101 Schönaich, Telefon: +49 7031 638 0, Telefax: +49 7031 638 100,
info@faulhaber.de, www.faulhaber.de

*ecl@sses: 23-32-01-01 Stirnradgetriebe*

### Febrotec GmbH

Frankfurter Strasse 76, D-58553 Halver, Telefon: +49 2353 4866, Telefax: +49 2353 4301,
federn@febrotec.de, www.febrotec.de

*ecl@sses: 23-08-04-90 Tellerfeder (nicht klassifiziert)*

### Federal-Mogul Deva GmbH

Schulstrasse 20, D-35260 Stadtallendorf, Telefon: +49 6428 701 0, Telefax: +49 6428 701 108,
info@deva.de, www.deva.de

*ecl@sses: 23-05-01-01 Trockengleitlager; 23-05-01-06 Gelenklager*

### Federnfabrik Walter Fischer Inh. Christel Fischer

Parkstrasse 16A, D-34479 Breuna, Telefon: +49 5641 2218, Telefax: +49 5641 60165,
info@fischer-federn.de, www.fischer-federn.de

*ecl@sses: 23-08-01-01 Schraubendruckfeder; 23-08-02-01 Schraubenzugfeder; 23-08-03-01 Drehfeder; 23-09-01-01 Scheibe, Ring (plan, ballig, rund)*

### Federntechnik Knörzer GmbH

Sandwiesenstraße 14, D-72793 Pfullingen, Telefon: +49 7121 9784 0, Telefax: +49 7121 9784 20,
info@federntechnik.de, www.federntechnik.de

*ecl@sses: 23-08-01-01 Schraubendruckfeder; 23-08-02-01 Schraubenzugfeder; 23-08-03-01 Drehfeder; 23-08-04-90 Tellerfeder (nicht klassifiziert); 23-09-03-04 Sicherungsring (Querschnitt rund); 23-10-04-02 Federstecker*

### Federtechnik Kaltbrunn AG

Obermühlestr., CH-8722 Kaltbrunn, Telefon: +41 55 293 2020, Telefax: +41 55 293 2021,
info@faK.ch, www.federtechnik.ch

*ecl@sses: 23-08-01-01 Schraubendruckfeder; 23-08-02-01 Schraubenzugfeder; 23-08-05-01 Blattfeder (Straßenfahrzeug); 23-08-05-02 Blattfeder (Schienenfahrzeug)*

### Feinmess Dresden GmbH

Fritz-Schreiter-Str. 32, D-01259 Dresden, Telefon: +49 351 88585 0, Telefax: +49 351 858525,
info@feinmess.de, www.feinmess.de

*ecl@sses: 23-30-15-04 Lineartisch Profilschienenführung; 23-30-15-05 Lineartisch Käfigführung*

### FESTO AG & Co. KG

Ruiter Straße 82, D-73734 Esslingen-Berkheim, Telefon: +49 180 3031111, Telefax: +49 711 347 2628,
service_inernational@festo.com, www.festo.com

*ecl@sses: 23-30-18-90 Elektomechanischer Zylinder (nicht klassifiziert); 27-02-26-01 Servo-Asynchronmotor; 27-02-26-04 Schrittmotor*

### Findling Wälzlager GmbH, ABEG Group Deutschland

Schoemperlenstrasse 12, D-76185 Karlsruhe, Telefon: +49 721 55999 0, Telefax: +49 721 55999 140,
sales@findling.com, www.findling.de

*ecl@sses: 23-05-01-05 Gelenkkopf (Gleitlager); 23-05-01-06 Gelenklager; 23-05-07-01 Linear-Kugellager; 23-05-07-04 Welle (Lineareinheit); 23-05-07-05 Profilschienen-Wälzführung; 23-05-08-01 Rillenkugellager; 23-05-08-02 Spannlager; 23-05-08-03 Schrägkugellager; 23-05-08-06 Pendelkugellager; 23-05-09-01 Zylinderrollenlager; 23-05-09-04 Nadelkranz; 23-05-09-05 Nadelhülse; 23-05-09-06 Nadelbüchse; 23-05-09-07 Nadellager, massiv; 23-05-09-10 Kegelrollenlager; 23-05-09-11 Pendelrollenlager; 23-05-09-12 Tonnenlager; 23-05-10-01 Axial-Rillenkugellager; 23-05-10-02 Axial-Schrägkugellager; 23-05-10-90 Axial-Kugellager (nicht klassifiziert); 23-05-11-01 Axial-Zylinderrollenlager; 23-05-11-02 Axial-Nadellager; 23-05-11-03 Axial-Pendelrollenlager; 23-05-11-04 Axial-Kegelrollenlager; 23-05-12-01 Nadel-Schrägkugellager; 23-05-12-02 Nadel-Axialkugellager; 23-05-12-03 Nadel-Axialzylinderrollenlager; 23-05-12-04 Axial-Radial-Rollenlager*

### Finke Mineralölwerk GmbH

Grosse Riehen 10, D-28239 Bremen, Telefon: +49 4262 04262, Telefax: +49 4262 64928 39,
infofinke-mineraloelwerk.de, www.finke-mineraloelwerk.de

*ecl@sses: 23-06-12-01 Hydraulikflüssigkeit*

### Finzel Hydraulik Chemnitz

Mittelbacher Straße 8, D-09224 Chemnitz Grüna, Telefon: +49 371 815630, Telefax: +49 371 8156322,
info@finzel.de, www.finzel.com

*ecl@sses: 27-30-20-90 Schlauch (Hydraulik, nicht klassifiziert)*

### Firo Industriebedarf GmbH

Eckeseyer Strasse 146, D-58089 Hagen, Telefon: +49 2331 12560,
firo-industriebedarf@freenet.de,

*ecl@sses: 27-30-20-90 Schlauch (Hydraulik, nicht klassifiziert)*

### Fischer Precise Deutschland GmbH

Gaußstr. 2, D-70771 Leinfelden-Echterdingen, Telefon: +49 711 787827 0, Telefax: +49 711 787827 19,
fpd@fischerprecise.de, www.fischerprecise.de

*ecl@sses: 27-02-27-08 Motorspindel*

### Flohr Industrietechnik GmbH

Im Unteren Tal 1, D-79761 Waldshut-Tiengen, Telefon: +49 7751 8731 0, Telefax: +49 7751 8731 50,
info@flohr-industrietechnik.de, www.flohr-industrietechnik.de

*ecl@sses: 23-02-01-02 Gelenkwelle ohne Längenausgleich; 23-02-01-03 Doppelgelenkwelle; 23-02-01-04 Gelenk; 23-02-04-01 Spannelement (Welle-Nabe-Verbindung); 23-02-04-02 Innenspannsystem; 23-02-04-03 Außenspannsystem; 23-03-09-01 Scheibenkupplung (starr); 23-03-09-02 Schalenkupplung; 23-03-09-03 Stirnzahnkupplung; 23-03-10-02 Zahnkupplung; 23-03-10-05 Ganzmetallkupplung (biegenachgiebig); 23-03-10-06 Lamellenkupplung; 23-03-11-01 Klauenkupplung (elastisch); 23-03-11-02 Bolzenkupplung (elastisch); 23-03-11-04 Kupplung (metallelastisch); 23-03-11-05 Kupplung (hochelastisch); 23-03-11-07 Kupplung (drehelastisch); 23-03-11-08 Kupplung (drehelastisch, spielfrei); 23-17-01-01 Stirnrad (Verzahnungselement); 23-17-01-03 Kegelrad; 23-17-01-04 Kegelradsatz; 23-17-01-05 Schneckenwelle; 23-17-01-06 Schneckenrad; 23-17-01-07 Schneckensatz; 23-17-01-08 Zahnstange (Verzahnungselement); 23-17-02-01 Keilriemen; 23-17-02-04 Flachriemen; 23-17-02-05 Zahnriemen; 23-17-02-08 Keilriemenscheibe; 23-17-02-09 Flachriemenscheibe; 23-17-02-10 Zahnriemenscheibe; 23-17-02-11 Rundriemen*

### FLUITRONICS GmbH Systemhydraulik

Mündelheimer Weg 48, D-40472 Düsseldorf, Telefon: +49 211 94103 0, Telefax: +49 211 94103 33,
info@fluitronics.de, www.fluitronics.de

*ecl@sses: 27-02-27-90 Anwendungsbezogener Motor (nicht klassifiziert)*

### Fluro-Gelenklager GmbH

Siemensstraße 13, D-72348 Rosenfeld, Telefon: +49 7428 9385 0, Telefax: +49 7428 938525,
info@fluro.de, www.fluro.de

*ecl@sses: 23-05-01-05 Gelenkkopf (Gleitlager); 23-05-01-06 Gelenklager*

### Flügge Stanztechnik GmbH & Co. KG

Herscheider Strasse 26, D-58840 Plettenberg, Telefon: +49 2391 1805, Telefax: +49 2391 14537,
info@fluegge.de, www.fluegge.de

*ecl@sses: 23-09-01-01 Scheibe, Ring (plan, ballig, rund); 23-09-02-90 Scheibe, Ring (keilförmig, nicht klassifiziert); 23-09-03-02 Sicherungsblech (Welle, Schraube)*

F

### FMB-Blickle GmbH
Peter-Henlein-Str. 19, D-78056 Villingen-Schwenningen, Telefon: +49 7720 698 0, Telefax: +49 7720 698 220,
info@fmb-blickle.de, www.fmb-blickle.de

*ecl@sses: 23-06-01-03 Metallbearbeitungsöl (-flüssigkeit)*

### Forbo-Helmitin GmbH
Zweibrücker Strasse 185, D-66954 Pirmasens, Telefon: +49 6331 528 0, Telefax: +49 6331 528 201,
Forbo-Helmitin@forbo.com,

*ecl@sses: 23-17-02-04 Flachriemen; 23-17-02-05 Zahnriemen; 23-17-02-11 Rundriemen*

### Fr. Schulte Spezial- Nietenfabrikation GmbH
Am Drostenstück 36, D-58507 Lüdenscheid, Telefon: +49 2351 60226, Telefax: +49 2351 61104,
schulte-nieten@t-online.de, www.schulte-nieten.de

*ecl@sses: 23-12-04-01 Vollniet*

### Franke GmbH
Obere Bahnstraße 64, D-73431 Aalen, Telefon: +49 7361 920 0, Telefax: +49 7361 920 120,
info@franke-gmbh.de, www.franke-gmbh.de

*ecl@sses: 23-05-07-05 Profilschienen-Wälzführung; 23-05-14-90 Drehverbindung (Lager, nicht klassifiziert); 23-30-02-01 Laufrollenführung (komplett); 23-30-02-02 Führungsschiene (Laufrollenführung); 23-30-02-03 Führungswagen (Laufrollenführung); 23-30-04-01 Kugelumlaufführung (Profilschienenführung, komplett); 23-30-04-02 Führungsschiene (Profilschienenführung); 23-30-04-04 Rollenumlaufführung (Profilschienenführung, komplett); 23-30-15-04 Lineartisch Profilschienenführung; 23-30-18-90 Elektomechanischer Zylinder (nicht klassifiziert)*

### Franz Eisele & Söhne GmbH & Co. KG
Hauptstr. 2-4, D-72488 Sigmaringen, Telefon: +49 7571 109 0, Telefax: +49 7571 109 88,
info@eisele.de, www.eisele.de

*ecl@sses: 27-02-27-04 Tauchpumpenmotor*

### Franz Morat KG (GmbH & Co.) FRAMOÂ®-Antriebstechnik
Höchst 7, D-79871 Eisenbach/Hochschwarzwald, Telefon: +49 7657 88 0, Telefax: +49 7657 88 222,
info@framo-morat.com, www.framo-morat.de

*ecl@sses: 23-17-01-01 Stirnrad (Verzahnungselement); 23-17-01-07 Schneckensatz; 23-17-04-20 Spezial- und Sonderkette*

### Franz Stickling GmbH
Gersteinstr. 3, D-59227 Ahlen, Telefon: +49 2382 7019 0, Telefax: +49 2382 7019 85,
info@stickling.de, www.stickling.de

*ecl@sses: 23-07-15-01 Gestanzte Dichtung*

### Franz Wölfer Elektromaschinenfabrik Osnabrück GmbH
Industriestrasse 14, D-49082 Osnabrück, Telefon: +49 541 99022 0, Telefax: +49 541 99022 22,
F.Woelfer@t-online.de, www.woefler-motoren.de

*ecl@sses: 27-02-21-06 NS-Drehstrom-Asynchronmotor, Käfigläufer (polumschaltbar, IEC)*

### Frenzelit-Werke GmbH & Co. KG
Frankenhammer 7, D-95460 Bad Berneck, Telefon: +49 9273 72 0, Telefax: +49 9273 72222,
info@frenzelit.de, www.frenzelit.com

*ecl@sses: 23-07-15-01 Gestanzte Dichtung; 23-07-15-90 Flachdichtung (nicht klassifiziert)*

## Freudenberg Simrit GmbH & Co.KG

Höhnerweg 2-4, D-69465 Weinheim, Telefon: +49 6201 80 0, Telefax: + 49 6201 80 2793,
info@simrit.de, www.simrit.de

*ecl@sses: 23-07-09-21 Gleitringdichtung (Komplett); 23-07-12-02 Balgdichtung; 23-07-15-03 Profilierte-, Ummantelte
Flachdichtung; 23-07-16-01 O-Ring; 23-07-17-01 Radial-Wellendichtring; 23-07-17-02 Axial-Wellendichtring; 23-07-18-01
Geflechtspackung; 23-07-19-01 Stangendichtung; 23-07-19-02 Kolbendichtung; 23-07-19-03 Abstreifring (translatorische
Dichtung; 23-07-19-04 Führungselement, Stützring*

## Friedrich Braun GmbH

Geister Landweg 15, D-48153 Münster, Telefon: +49 251 98722 311, Telefax: +49 251 98722 315,
info@braun-waelzlager.de, www.braun-waelzlager.de

*ecl@sses: 23-05-08-01 Rillenkugellager; 23-05-08-03 Schrägkugellager; 23-05-08-06 Pendelkugellager; 23-06-01-01
Schmierstoff (flüssig); 23-07-17-01 Radial-Wellendichtring; 23-07-17-02 Axial-Wellendichtring*

## Frigoblock Grosskopf GmbH

Weidkamp 274, D-45356 Essen, Telefon: +49 201 613010, Telefax: +49 201 6130148,
email@frigoblock.de, www.frigoblock.de

*ecl@sses: 27-01-03-90 Generator (< 10 MVA, nicht klassifiziert)*

## Fritz Antriebstechnik GmbH

Winterhalde 7, D-73663 Berglen, Telefon: +49 7181 990293 0, Telefax: +49 7181 990293 29,
info@fritz-antriebstechnik.de, www.fritz-antriebstechnik.de

*ecl@sses: 27-02-26-02 Servo-Synchronmotor*

## Fritz Schübel GmbH & Co. KG

Rotkreuzstrasse 10, D-97080 Würzburg, Telefon: +49 93132192 0, Telefax: +49 931 32192 99,
info@schuebel-antriebstechnik.de, www.schuebel-antriebstechnik.de

*ecl@sses: 23-17-02-01 Keilriemen; 23-17-02-05 Zahnriemen*

## FSG GmbH & Co. KG

Robert-Bosch-Str. 5, D-72124 Pliezhausen, Telefon: +49 7127 8116 70, Telefax: +49 7127 8116 77,
info@fs-g.de, www.fs-g.de

*ecl@sses: 23-05-07-01 Linear-Kugellager; 23-05-15-01 Stützrolle (Lager)*

## FWT FeinwerkTechnik GmbH Geising

Dresdner Strasse 16, D-01778 Geising, Telefon: +49 35056 381 0, Telefax: +49 35056 381 30,
info@fwt-geising.de, www.fwt-geising.de

*ecl@sses: 23-17-01-01 Stirnrad (Verzahnungselement)*

## FÜSSMANN FEDERN GmbH

Am Burgberg 17, D-58642 Iserlohn, Telefon: +49 2374 3788, Telefax: +49 2374 16024,
service@fuessmann-federn.de, www.fuessmann-federn.de

*ecl@sses: 23-08-01-01 Schraubendruckfeder; 23-08-02-01 Schraubenzugfeder; 23-08-03-01 Drehfeder; 23-08-03-02
Drehstabfeder; 23-08-90-01 Spiralfeder*

F

### G. Elbe & Sohn GmbH & Co KG

Gerokstrasse 100, D-74321 Bietigheim-Bissingen, Telefon: +49 7142 353 0, Telefax: +49 7142 353 350, info@elbe.elbe-group.de,

*ecl@sses: 23-02-01-01 Gelenkwelle mit Längenausgleich; 23-02-01-02 Gelenkwelle ohne Längenausgleich; 23-02-01-03 Doppelgelenkwelle; 23-02-01-04 Gelenk; 23-02-01-05 Flanschgelenk; 23-02-01-06 Doppelgelenk; 23-02-01-12 Zapfenkreuz (Gelenkwelle)*

### Ganter GmbH & Co. KG OTTO Normteilefabrik

Triberger Strasse 3, D-78120 Furtwangen, Telefon: +49 7723 6507 0, Telefax: +49 7723 4659, Info@ganter-griff.de, www.ganter-griff.de

*ecl@sses: 23-02-01-01 Gelenkwelle mit Längenausgleich; 23-05-07-04 Welle (Lineareinheit); 23-08-01-01 Schraubendruckfeder; 23-10-01-90 Bolzen, Stift (nicht klassifiziert); 23-11-01-16 Rändelschraube; 23-11-07-08 Rändelmutter*

G

### Garlock GmbH Sealing Technologies

Falkenweg 1, D-41468 Neuss, Telefon: +49 2131 349 0, Telefax: +49 2131 349 222, garlockgmDh@garlock.com, www.garlock.de

*ecl@sses: 23-07-17-01 Radial-Wellendichtring; 23-07-18-01 Geflechtspackung*

### Gates GmbH

Eisenbahnweg 50, D-52068 Aachen, Telefon: +49 241 5108 0, Telefax: +49 241 5108 297, pv@gates.com, www..gates.com

*ecl@sses: 23-17-02-01 Keilriemen; 23-17-02-04 Flachriemen*

### Gates Mectrol GmbH

Werner-von-Siemens-Straße 2, D-64319 Pfungstadt, Telefon: +49 6157 9727 0, Telefax: +49 6157 9727 272, info@mectrol.de, www.mectrol.de

*ecl@sses: 23-17-02-05 Zahnriemen*

### Gather Industrie GmbH

Auf dem Hüls 14 - 18, D-40822 Mettmann, Telefon: +49 2104 7707 0, Telefax: +49 2104 7707 50, gather@gather-industrie.de, www.gather-industrie.de

*ecl@sses: 27-02-21-01 NS-Drehstrom-Asynchronmotor, Käfigläufer (IEC); 27-02-21-02 NS-Drehstrom-Asynchronmotor, Käfigläufer (IEC, Ex); 27-02-21-03 NS-Drehstrom-Asynchronmotor, Käfigläufer (NEMA); 27-02-21-06 NS-Drehstrom-Asynchronmotor, Käfigläufer (polumschaltbar, IEC); 27-02-21-07 NS-Drehstrom-Asynchronmotor, Käfigläufer (polumschaltbar, IEC,Ex); 27-02-21-08 NS-Drehstrom-Asynchronmotor, Käfigläufer (polumschaltbar, NEMA); 27-02-23-02 Kondensatormotor; 27-02-25-01 DC-Motor (IEC); 27-02-26-01 Servo-Asynchronmotor; 27-02-26-03 Servo-DC-Motor; 27-02-30-01 AC-Getriebemotor (Festdrehzahl); 27-02-30-03 AC-Getriebemotor (elektrisch verstellbar); 27-02-30-06 AC-Getriebemotor (mechanisch verstellbar); 27-02-30-07 DC-Getriebemotor (elektrisch verstellbar)*

### GearCon

Montfortweg 9, D-72070 Tübingen, Telefon: +49 7071 9426 34, Telefax: +49 7071 9426 71, www.gearcon.de

*ecl@sses: 23-32-01-01 Stirnradgetriebe; 23-32-01-02 Flachgetriebe; 23-32-01-03 Kegelradgetriebe; 23-32-01-04 Schneckengetriebe; 23-32-01-05 Planetengetriebe; 23-32-01-07 Spielarme Getriebe; 23-32-01-09 Spindelhubgetriebe; 23-32-01-10 Keilriemengetriebe*

### Gebr. Brinkmann GmbH Maschinen- u. Zahnräderfabrik

Remmighauser Straße 85, D-32760 Detmold, Telefon: +49 5231 562 0, Telefax: +49 5231 562 145,
info@gebr-brinkmann.de, www.gebr-brinkmann.de

*ecl@sses: 23-17-01-01 Stirnrad (Verzahnungselement); 23-32-01-01 Stirnradgetriebe; 23-32-01-02 Flachgetriebe; 23-32-01-03 Kegelradgetriebe; 23-32-01-04 Schneckengetriebe; 23-32-01-05 Planetengetriebe*

### Gebr. Hilgenberg

Viehofer Strasse 2-4, D-45127 Essen, Telefon: +49 201 81015 0, Telefax: +49 201 81015 27,
info@gebr-hilgenberg.de,

*ecl@sses: 23-05-08-01 Rillenkugellager*

### Gebr. Schürholz GmbH

Attendorner Strasse 20, D-58840 Plettenberg, Telefon: +49 2391 6071 0, Telefax: +49 2391 6071 20,
info@gebr-schuerholz.de, www.gebr-schuerholz.de

*ecl@sses: 23-12-04-01 Vollniet*

### Gebrüder Kempf GmbH

Moorstraße 4, D-36129 Gersfeld/Rhön, Telefon: +49 6654 9611 0, Telefax: +49 6654 9611 44,
info@kempf-gelenkwellen.de, www.kempf-gelenkwellen.de

*ecl@sses: 23-02-01-01 Gelenkwelle mit Längenausgleich*

### GEFEG-NECKAR Antriebssysteme GmbH

Industriestrasse 25-27, D-78559 Gosheim, Telefon: +49 7426 608 0, Telefax: +49 7426 608 410,
info@gefeg-neckar.de, www.gefeg-neckar.de

*ecl@sses: 27-02-21-01 NS-Drehstrom-Asynchronmotor, Käfigläufer (IEC); 27-02-23-02 Kondensatormotor; 27-02-23-04 Universalmotor; 27-02-25-01 DC-Motor (IEC); 27-02-26-03 Servo-DC-Motor; 27-02-30-01 AC-Getriebemotor (Festdrehzahl); 27-02-30-03 AC-Getriebemotor (elektrisch verstellbar); 27-02-30-05 Servo-Getriebemotor (elektrisch verstellbar); 27-02-30-07 DC-Getriebemotor (elektrisch verstellbar)*

### GEFRAN Deustchland GmbH

Philipp-Reis-Str. 9a, D-63500 Seligenstadt, Telefon: +49 6182 809 0, Telefax: +49 6182 809 222,
vertrieb@gefran.de, www. gefran.de

*ecl@sses: 27-02-26-01 Servo-Asynchronmotor*

### Geislinger GmbH

Hallwanger Landesstr. 3, A-5300 Hallwang/Salzburg, Telefon: +43 662 66999-0, Telefax: +43 662 66999-40,
info@geislinger.com, www.geislinger.com

*ecl@sses: 23-03-09-01 Scheibenkupplung (starr); 23-03-18-90 Kupplung mit Meßsensor (nicht klassifiziert)*

### Gelenkwellen-Service Thomas Lindner GmbH

Am Bahndamm 8, D-01728 Bannewitz, Telefon: +49 351 40034-0, Telefax: +49 351 40034 44,
lindner@lindner-gelenkwelle.de, www.lindner-gelenkwelle.de

*ecl@sses: 23-02-01-01 Gelenkwelle mit Längenausgleich*

### Gelenkwellenfabrik Wilhelm Sass KG

Brookstrasse 14, D-22145 Stapelfeld, Telefon: +49 40 7230506, Telefax: +49 40 7239161,
verkauf@w-sass.de, www.w-sass.de

*ecl@sses: 23-02-01-03 Doppelgelenkwelle; 23-02-01-08 DIN Flansch (Gelenkwelle); 23-02-01-09 SAE Flansch (Gelenkwelle)*

G

### Gemotec Fertigungstechnik GmbH

Auwiese 16, D-82386 Huglfing, Telefon: +49 7133 103 2985, Telefax: +49 7133 103 2179, automation@gemotec.com, www.gemotec.com

*ecl@sses: 23-05-07-05 Profilschienen-Wälzführung; 23-30-04-01 Kugelumlaufführung (Profilschienenführung, komplett); 23-30-05-03 Kreuzrollenführung (Käfigschienenführung); 23-30-11-90 Zahnriementrieb (nicht klassifiziert); 23-30-15-01 Lineartisch Gleitführung; 23-30-15-02 Lineartisch Laufrollenführung; 23-30-15-03 Lineartisch Linearkugellagerführung; 23-30-15-04 Lineartisch Profilschienenführung; 23-30-18-90 Elektomechanischer Zylinder (nicht klassifiziert); 23-30-19-90 Elektromechanische Hubsäule (nicht klassifiziert); 23-30-24-90 Elektromechanischer Schwenkantrieb (nicht klassifiziert); 27-02-26-02 Servo-Synchronmotor; 27-02-26-03 Servo-DC-Motor; 27-02-30-05 Servo-Getriebemotor (elektrisch verstellbar)*

### GEMOTEG GmbH + Co KG

Walkenmühleweg 49, D-72379 Hechingen, Telefon: +49 7471 9301030, Telefax: +49 7471 9301059, info@gemoteg.de, www.gemoteg.de

*ecl@sses: 23-32-01-04 Schneckengetriebe; 23-32-01-05 Planetengetriebe; 27-02-21-01 NS-Drehstrom-Asynchronmotor, Käfigläufer (IEC); 27-02-21-02 NS-Drehstrom-Asynchronmotor, Käfigläufer (IEC, Ex); 27-02-23-02 Kondensatormotor; 27-02-24-01 Synchronmotor (IEC)*

### Georg Martin GmbH

Martinstrasse 55, D-63128 Dietzenbach, Telefon: +49 6074 4099 0, Telefax: +49 6074 4099 20, info@georg-martin.de, www.georg-martin.de

*ecl@sses: 23-07-15-04 Metalldichtung; 23-07-15-90 Flachdichtung (nicht klassifiziert); 23-09-01-01 Scheibe, Ring (plan, ballig, rund); 23-09-01-02 Scheibe (plan, ballig, eckig)*

### George Handels-GmbH High-Tec-Öle u. Fette

Waldstrasse 10, D-76879 Bornheim, Telefon: +49 6348 98240, Telefax: +49 6348 982440, GEORGE-tecoil@t-online.de,

*ecl@sses: 23-06-01-03 Metallbearbeitungsöl (-flüssigkeit)*

### GERDT SEEFRID GMBH

Theodor-Heuss-Straße 35, D-61118 Bad Vibel, Telefon: +49 6101 5252 0, Telefax: +49 6101 5252 19, info@seefrid.de, www.seefrid.de

*ecl@sses: 27-02-30-07 DC-Getriebemotor (elektrisch verstellbar)*

### GERWAH GmbH

Lützeltaler Straße 3, D-63868 Grosswallstadt, Telefon: +49 6022 2204 0, Telefax: +49 6022 2204 11, info@gerwah.com, www.gerwah.com/

*ecl@sses: 23-02-04-01 Spannelement (Welle-Nabe-Verbindung); 23-02-04-02 Innenspannsystem; 23-02-04-03 Außenspannsystem; 23-03-10-05 Ganzmetallkupplung (biegenachgiebig); 23-03-11-01 Klauenkupplung (elastisch); 23-03-15-01 Dauermagnetische Synchron Kupplung; 23-03-17-04 Formschlüssige Drehmomentbegrenzer; 23-08-01-01 Schraubendruckfeder*

G

## GESI Thüringen GmbH Gewindesicherung

Industriestraße 8, D-99752 Bleicherode, Telefon: +49 36338 45624 10, Telefax: +49 36338 45624 12, drasdo@gesi-thueringen.de, www.gewindesichern.de

*ecl@sses: 23-11-01-01 Schraube, flach aufliegend, Außenantrieb; 23-11-01-02 Schraube, flach aufliegend, Innenantrieb; 23-11-01-03 Senkkopfschraube, Innenantrieb; 23-11-01-04 Schraube mit Rechteckkopf; 23-11-01-06 Schraube, selbstsarretierend; 23-11-01-10 Sonderschraube; 23-11-01-11 Holzschraube; 23-11-01-12 Blechschraube; 23-11-01-13 Schraube, nicht flach aufliegend, Außenantrieb; 23-11-01-14 Passschraube (mit Kopf); 23-11-01-15 Dehnschraube (mit Kopf); 23-11-01-16 Rändelschraube; 23-11-01-17 Schraube (gewindeformend); 23-11-01-18 Bohrschraube; 23-11-01-19 Kopfschraube (ohne Antriebsmerkmal); 23-11-01-20 Hohlschraube; 23-11-01-21 Halfenschraube; 23-11-07-01 Mutter (sechs-, n-kant); 23-11-07-04 Kronenmutter; 23-11-07-05 Mutter mit Klemmteil; 23-11-07-06 Überwurfmutter (Verschraubung); 23-11-07-07 Rundmutter; 23-11-07-08 Rändelmutter; 23-11-07-09 Mutter mit Scheibe, unverlierbar; 23-11-07-10 Mutter mit Handantrieb; 23-11-07-11 Federmutter; 23-11-09-01 Gewindeeinsatz; 23-11-09-02 Einpressmutter, Gewindebuchse*

## GESIPA Blindniettechnik GmbH

Nordendstrasse 13-39, D-64546 Mörfelden-Walldorf, Telefon: +49 6105 962 0, Telefax: +49 6105 962 287, Info@gesipa.com, www.gesipa.com

*ecl@sses: 23-12-04-02 Blindniet*

## Getriebebau NORD GmbH* & Co. KG

Rudolf-Diesel-Straße 1, D-22941 Bargteheide, Telefon: +49 4532 401 0, Telefax: +49 4532 401 253, info@nord-de.com, www.nord.com

*ecl@sses: 23-32-01-01 Stirnradgetriebe; 23-32-01-02 Flachgetriebe; 23-32-01-03 Kegelradgetriebe; 23-32-01-04 Schneckengetriebe*

## GEVAG Schrauben GmbH & Co. KG

Karlstrasse 11, D-58135 Hagen, Telefon: +49 2331 4704 0, Telefax: +49 2331 4704 18, info@gevag.de, www.gevag.de

*ecl@sses: 23-11-01-01 Schraube, flach aufliegend, Außenantrieb; 23-11-01-02 Schraube, flach aufliegend, Innenantrieb; 23-11-01-03 Senkkopfschraube, Innenantrieb; 23-11-01-12 Blechschraube; 23-11-01-17 Schraube (gewindeformend); 23-11-03-01 Gewindestange*

## GFC Getriebefabrik Coswig GmbH

Grenzstraße 5, D-01640 Coswig, Telefon: +49 3523 94 60, Telefax: +49 3523 74142, gfc-antriebe@gfc-antriebe.de, www.gfc-antriebe.de

*ecl@sses: 23-17-01-05 Schneckenwelle; 23-17-01-06 Schneckenrad; 23-17-01-07 Schneckensatz; 23-32-01-04 Schneckengetriebe; 27-02-26-02 Servo-Synchronmotor; 27-02-30-01 AC-Getriebemotor (Festdrehzahl); 27-02-30-03 AC-Getriebemotor (elektrisch verstellbar)*

## GFD-Gesellschaft für Dichtungstechnik mbH

Hofwiesenstr. 7, D-74336 Brackenheim, Telefon: +49 7135 9511 0, Telefax: +49 7135 9511 11, info@gfd-dichtungen .de, www.dichtung.com

*ecl@sses: 23-07-17-01 Radial-Wellendichtring*

## GGB Gelenkrager Heilbronn

Ochsenbrunnenstraße 9, D-74078 Heilbronn, Telefon: +49 7131 269 0, Telefax: +49 7131 269 500, germany@ggbearings.com, www.ggbearings.com

*ecl@sses: 23-05-01-01 Trockengleitlager*

G

**GHV Antriebstechnik GmbH**
Am Schammacher Feld 47, D-85567 Grafing, Telefon: +49 8092 8189 0, Telefax: +49 8092 8189 99,
mail@ghv.de, www.ghv.de

*ecl@sses: 27-02-21-01 NS-Drehstrom-Asynchronmotor, Käfigläufer (IEC); 27-02-23-02 Kondensatormotor; 27-02-26-02 Servo-Synchronmotor; 27-02-30-01 AC-Getriebemotor (Festdrehzahl); 27-02-30-03 AC-Getriebemotor (elektrisch verstellbar)*

**GINE-FLEX Hydraulikservice GbR**
Am Ring 8, D-03130 Spremberg / Schwarze Pumpe, Telefon: +49 3564 318543, Telefax: +49 3564 318543,

*ecl@sses: 27-30-20-90 Schlauch (Hydraulik, nicht klassifiziert)*

**Girmann KG**
Mittelweg 18, D-37154 Northeim, Telefon: +49 5551 3612, Telefax: +49 5551 66360,
info@girmann.com, www.girmann.com

*ecl@sses: 23-05-08-01 Rillenkugellager; 23-05-08-02 Spannlager; 23-08-01-01 Schraubendruckfeder; 23-08-02-01 Schraubenzugfeder; 23-08-90-01 Spiralfeder; 23-10-01-01 Stift; 23-10-01-90 Bolzen, Stift (nicht klassifiziert); 23-10-04-01 Splint; 23-10-04-02 Federstecker; 23-11-03-01 Gewindestange; 23-11-03-02 Gewindestift, -Bolzen, Schaftschraube; 23-11-03-03 Stiftschraube, Schraubenbolzen; 23-11-07-01 Mutter (sechs-, n-kant)*

**GKN-Walterscheid GmbH**
Hauptstr. 150, D-53797 Lohmar, Telefon: +49 2246 12 0, Telefax: +49 2246 12 3501,
info@walterscheid.gknplc.com, www.walterscheid.com

*ecl@sses: 23-02-01-01 Gelenkwelle mit Längenausgleich; 23-02-01-02 Gelenkwelle ohne Längenausgleich; 23-03-14-07 Kupplung (Fliehkraft, reibschlüssig); 23-03-17-03 Reibschlüssige Drehmomentbegrenzer*

**GLT GleitLager Technik GmbH**
Münchener Str. 1A, D-85646 Anzing, Telefon: +49 8121 2233 0, Telefax: +49 8121 2233 44,
info@glt-gleitlagertechnik.de, www.hallauer.de

*ecl@sses: 23-05-01-01 Trockengleitlager; 23-05-01-05 Gelenkkopf (Gleitlager); 23-05-01-06 Gelenklager*

**GMN Paul Müller Industrie GmbH & Co KG**
Äußere Bayreuther Strasse 230, D-90411 Nürnberg, Telefon: +49 911 5691 0, Telefax: +49 911 5691 699,
info@gmn.de, www.gmn.de

*ecl@sses: 23-03-14-08 Richtungsbetätigte (Freilaufkupplung); 23-05-08-01 Rillenkugellager; 23-05-08-03 Schrägkugellager*

**Gotzeina Drehtechnik GmbH**
Welliner Strasse 7, D-58849 Herscheid, Telefon: +49 2357 1718 0, Telefax: +49 2357 1718 20,
info@gotzeina.de, www.gotzeina.de

*ecl@sses: 23-05-07-04 Welle (Lineareinheit)*

**Graessner GmbH + Co. KG The Gear Company**
Kuckenäcker 11, D-72135 Dettenhausen, Telefon: +49 7157 123 0, Telefax: +49 7157 123 216,
mail@graessner.de, www.graessner.de

*ecl@sses: 23-32-01-01 Stirnradgetriebe; 23-32-01-03 Kegelradgetriebe*

G

## Graf Maschinenteile GmbH

Kopernikusstrasse 11, D-50126 Bergheim, Telefon: +49 2271 7601 0, Telefax: +49 2271 7601 11,
graf@maschinenteile.de, www.maschinenteile.de

*ecl@sses: 23-11-03-01 Gewindestange; 23-11-07-07 Rundmutter; 23-17-01-01 Stirnrad (Verzahnungselement); 23-17-01-03 Kegelrad; 23-17-01-04 Kegelradsatz; 23-17-01-05 Schneckenwelle; 23-17-01-06 Schneckenrad; 23-17-01-07 Schneckensatz; 23-17-01-08 Zahnstange (Verzahnungselement); 23-17-02-01 Keilriemen; 23-17-02-04 Flachriemen; 23-17-02-05 Zahnriemen; 23-17-02-10 Zahnriemenscheibe; 23-17-02-11 Rundriemen; 23-30-02-02 Führungsschiene (Laufrollenführung); 23-32-01-03 Kegelradgetriebe; 23-32-01-07 Spielarme Getriebe*

## Graphic Vision Intertech GmbH

Schönerlinder Strasse 28, D-13127 Berlin, Telefon: +49 30 940935 0,
contact@graphicvision.de, www.graphicvision.de

*ecl@sses: 23-05-07-05 Profilschienen-Wälzführung*

## Gregory & Maackens GmbH & Co. KG

Industriestr. 10, D-57368 Lennestadt, Telefon: +49 2721 13213 0, Telefax: +49 2721 13213 8,
info@gremako.de, www.gremako.de

*ecl@sses: 23-10-01-01 Stift; 23-10-01-90 Bolzen, Stift (nicht klassifiziert)*

G

## Gronemeyer Maschinenfabrik GmbH & Co.

Rohrweg 31, D-37671 Höxter, Telefon: +49 5271 9756 0, Telefax: +49 5271 33866,
info@gronemeyer.org, www.gronemeyer.org

*ecl@sses: 23-17-04-03 Standardrollenkette; 23-17-04-05 Edelstahlkette; 23-17-04-07 Elastomerprofilketten; 23-17-04-11 Seitenbogenketten; 23-17-04-12 Stauförderkette; 23-17-04-30 Förderkette, großteilig; 23-17-04-50 Kettenrad*

## GTS Gleit-Technik System GmbH & Co. KG

Dechenstrasse 17, D-40878 Ratingen, Telefon: +49 2102 9474 0, Telefax: +49 2102 9474 20,
info@gts-gmbh.com, www.gts-gmbh.com

*ecl@sses: 23-05-01-01 Trockengleitlager; 23-05-01-08 Hydrodynamische Gleitlager*

## Gummi-Technik Niemeyer GmbH

Torfstelle 6, D-21217 Seevetal, Telefon: +49 40 7691930, Telefax: +49 40 76919320,
info@gtn-seevetal.de, info@gtn-seevetal.de

*ecl@sses: 23-07-12-01 Membrandichtung*

## Gummiwarenfabrik Emil Simon GmbH & Co KG

Siemensstrasse 1, D-68809 Neulußheim, Telefon: +49 6205 39680,
info@gummifabrik-simon.de, www.gummifabrik-simon.de

*ecl@sses: 27-30-20-90 Schlauch (Hydraulik, nicht klassifiziert)*

## Gunda Electronic GmbH

Siemensstr. 16, D-88048 Friedrichshafen, Telefon: +49 7541 95284 0, Telefax: +49 7541 95284 19,
info@gunda-gmbh.de, www.gunda-gmbh.de

*ecl@sses: 27-02-21-03 NS-Drehstrom-Asynchronmotor, Käfigläufer (NEMA); 27-02-28-01 Linearmotor*

## Gutekunst & Co Federnfabriken

Carl-Zeiss-Strasse 15, D-72555 Metzingen, Telefon: +49 7123 960 0, Telefax: +49 7123 960 183,
gfedern@gutekunst-co.com, www.gutekunst-federn.de

*ecl@sses: 23-08-01-01 Schraubendruckfeder; 23-08-02-01 Schraubenzugfeder; 23-08-03-01 Drehfeder*

### Gutekunst Stahlverformung KG

Siemensstr. 11, D-72285 Pfalzgrafenweiler, Telefon: +49 07445 851611, Telefax: +49 07445 8516611,

*ecl@sses: 23-08-05-01 Blattfeder (Straßenfahrzeug)*

### Güdel AG

Carl-Benz-Str. 5, D-63674 Altenstadt, Telefon: +49 6047 9639 0, Telefax: +49 6047 9639 90,
walter.zulauf@ch.gudel.com, www.gudel.com

*ecl@sses: 23-17-01-01 Stirnrad (Verzahnungselement); 23-17-01-03 Kegelrad; 23-17-01-05 Schneckenwelle; 23-17-01-06 Schneckenrad; 23-17-01-08 Zahnstange (Verzahnungselement); 23-32-01-04 Schneckengetriebe; 23-32-01-05 Planetengetriebe*

### Günter Till GmbH & Co.KG

Schwalbenbreite 4, D-38350 Helmstedt, Telefon: +49 5351 5586 0, Telefax: +49 5351 37324,
till-he@till-hydraulik.de, www.till-hydraulik.de

*ecl@sses: 27-30-20-90 Schlauch (Hydraulik, nicht klassifiziert)*

### Gysin AG

Zelgliweg 6, CH-4452 Itingen, Telefon: +41 61 9765555, Telefax: +41 61 9765500,
www.gysin.com

*ecl@sses: 23-17-01-01 Stirnrad (Verzahnungselement); 23-17-01-03 Kegelrad; 23-17-01-05 Schneckenwelle; 23-17-01-06 Schneckenrad; 23-17-01-08 Zahnstange (Verzahnungselement); 23-17-04-50 Kettenrad*

### H-S-T Hydraulik Schlauch Technik GmbH

Mauersbergerstr. 9, D-09117 Chemnitz, Telefon: +49 371 842150, Telefax: +49 371 8421520,
info@hst-hydraulik.de, www.hst-hydraulik.de

*ecl@sses: 27-30-20-90 Schlauch (Hydraulik, nicht klassifiziert)*

### H.C. Schmidt GmbH & Co. KG

Borgwardstraße 14, D-28279 Bremen, Telefon: +49 421 46040 0,
ch.koch@dreh-und-stanz.de, www.dreh-und-stanz.de

*ecl@sses: 23-02-04-01 Spannelement (Welle-Nabe-Verbindung); 23-02-04-02 Innenspannsystem; 23-02-04-03 Außenspannsystem; 23-03-09-01 Scheibenkupplung (starr); 23-03-09-02 Schalenkupplung; 23-03-09-03 Stirnzahnkupplung; 23-03-11-01 Klauenkupplung (elastisch); 23-03-11-02 Bolzenkupplung (elastisch); 23-03-11-04 Kupplung (metallelastisch); 23-03-11-05 Kupplung (hochelastisch); 23-03-11-07 Kupplung (drehelastisch); 23-03-11-08 Kupplung (drehelastisch, spielfrei); 23-03-17-03 Reibschlüssige Drehmomentbegrenzer; 23-05-01-01 Trockengleitlager; 23-07-17-01 Radial-Wellendichtring; 23-11-03-01 Gewindestange; 23-11-03-02 Gewindestift, -Bolzen, Schaftschraube; 23-11-03-03 Stiftschraube, Schraubenbolzen; 23-17-01-01 Stirnrad (Verzahnungselement); 23-17-01-03 Kegelrad; 23-17-01-04 Kegelradsatz; 23-17-01-08 Zahnstange (Verzahnungselement); 23-17-01-09 Zahnsegment; 23-17-02-01 Keilriemen; 23-17-02-04 Flachriemen; 23-17-02-05 Zahnriemen; 23-17-02-08 Keilriemenscheibe; 23-17-02-09 Flachriemenscheibe; 23-17-02-10 Zahnriemenscheibe; 23-17-02-11 Rundriemen; 23-17-04-03 Standardrollenkette; 23-17-04-04 Wartungsfreie Rollenkette; 23-17-04-05 Edelstahlkette; 23-17-04-06 Rollenkette mit Anbauteilen; 23-17-04-07 Elastomerprofilketten; 23-17-04-08 Langgliederrollenkette; 23-17-04-09 Hohlbolzenketten; 23-17-04-10 Buchsenkette; 23-17-04-11 Seitenbogenketten; 23-17-04-20 Spezial- und Sonderkette; 23-17-04-50 Kettenrad; 23-17-04-51 Kettenscheibe; 23-30-05-02 Rollenführung (Käfigschienenführung)*

### Haarmann GmbH Schlauch- und Abdichtungstechnik

Brückenweg 1, D-35649 Bischoffen, Telefon: +49 6444 9313 0, Telefax: +49 6444 9313 18,
info@haarmann-online.de,

*ecl@sses: 23-07-12-01 Membrandichtung*

### Haas u. Kellhofer Industriehandel GmbH

Grubwaldstrasse 7, D-78224 Singen, Telefon: +49 7731 9246 0,
info@haasundkellhofer.de, www.haasundkellhofer.de

*ecl@sses: 23-05-10-01 Axial-Rillenkugellager*

### HABASIT Rossi GmbH

Babenhäuser Straße 31, D-64859 Eppertshausen, Telefon: +49 6071 969 0, Telefax: +49 6071 969 150,
info@habasit.de, www.habasit.com

*ecl@sses: 23-32-01-01 Stirnradgetriebe; 23-32-01-02 Flachgetriebe; 23-32-01-03 Kegelradgetriebe; 23-32-01-04 Schneckengetriebe; 23-32-01-05 Planetengetriebe*

### Hagmann Zahnradfabrik GmbH

Friedhofstraße 28, D-73110 Hattenhofen, Telefon: +49 7164 9430 0, Telefax: +49 7164 9430 31,
info@hagmann.de, www.hagmann.de

*ecl@sses: 23-17-01-01 Stirnrad (Verzahnungselement); 23-17-01-03 Kegelrad; 23-17-01-04 Kegelradsatz; 23-17-01-08 Zahnstange (Verzahnungselement)*

### Hala Dichtungen und Isolierteile GmbH & Co. KG

Blumenstrasse 12, D-73779 Deizisau, Telefon: +49 7153 2068, Telefax: +49 7153 72806,
info@hala-werk.de, www.hala-werk.de

*ecl@sses: 23-07-12-01 Membrandichtung*

### halstrup-walcher GmbH

Stegener Straße 10, D-79199 Kirchzarten, Telefon: +49 7661 3963 0, Telefax: +49 7661 396399,
info@halstrup-walcher.de, www.halstrup-walcher.de

*ecl@sses: 23-32-01-01 Stirnradgetriebe; 23-32-01-02 Flachgetriebe*

### Hanning & Kahl GmbH & Co.

Rudolf-Diesel-Straße 6, D-33813 Oerlinghausen, Telefon: +49 5202 707600, Telefax: +49 5202 707614,
www.hanning-kahl.com

*ecl@sses: 23-04-09-02 Hydraulische Bremse*

### Hans Brügmann GmbH & Co

Auf der Heide 8/342, D-21514 Büchen, Telefon: +49 4155 8141 0, Telefax: +49 4155 8141 80,
mail@rampa.de, www.rampa.de

*ecl@sses: 23-11-07-06 Überwurfmutter (Verschraubung)*

### Hans Müllenmeister GmbH

Heinrich-Malina-Strasse 112, D-47809 Krefeld, Telefon: +49 2151 55950,
info@muellenmeister.de, www.muellenmeister.de

*ecl@sses: 23-05-10-01 Axial-Rillenkugellager*

### Hans Peter Schulte GmbH

Unterm Knebel 3a, D-58840 Plettenberg, Telefon: +49 2391 6088 0, Telefax: +49 2391 608819,
info@hps-drehteile.de, www.hps-drehteile.de

*ecl@sses: 23-09-01-01 Scheibe, Ring (plan, ballig, rund); 23-09-01-02 Scheibe (plan, ballig, eckig); 23-10-01-01 Stift; 23-10-01-02 Spannstift, Spannhülse; 23-10-01-90 Bolzen, Stift (nicht klassifiziert); 23-10-06-01 Distanzhülse; 23-11-03-02 Gewindestift, -Bolzen, Schaftschraube*

H

### Hans Ziller GmbH

Ahornstrasse 4, D-89558 Böhmenkirch, Telefon: +49 7332 9619 0, Telefax: +49 7332 961949,
info@Ziller-federn.de, www.ziller-federn.de

*ecl@sses: 23-08-01-01 Schraubendruckfeder; 23-08-02-01 Schraubenzugfeder*

### Hansen Transmissions International

Leonardo da Vincilaan 1, B-2650 Edegem, Telefon: +32 3 4501 211, Telefax: +32 3 4501 220,
info@hansentransmissions.com, www.hansentransmissions.com/de/

*ecl@sses: 23-32-01-01 Stirnradgetriebe*

### Harhues & Teufert GmbH Linearführungen

Am Lindenkamp 41, D-42549 Velbert, Telefon: +49 2051 3115 0, Telefax: +49 2051 3115 15,
info@harhues-teufert.de, www.harhues-teufert.de

*ecl@sses: 23-05-15-01 Stützrolle (Lager); 23-05-15-02 Kurvenrolle (Lager)*

### Harmonic Drive AG

Hoenbergstraße 14, D-65555 Limburg, Telefon: +49 6431 5008 0, Telefax: +49 6431 5008 18,
info@harmonicdrive.de, www.harmonicdrive.de

*ecl@sses: 23-32-01-05 Planetengetriebe; 23-32-01-07 Spielarme Getriebe; 23-32-02-01 Mechanisches Getriebe; 27-02-26-02 Servo-Synchronmotor; 27-02-30-05 Servo-Getriebemotor (elektrisch verstellbar); 27-02-30-07 DC-Getriebemotor (elektrisch verstellbar)*

### Harms Elektromaschinen

Am Logaer Sieltief 8, D-26789 Leer, Telefon: +49 491 2894, Telefax: +49 491 66372,
anfrage@harms-elektromaschinen.de, www.harms-elektromaschinen.de

*ecl@sses: 27-02-21-01 NS-Drehstrom-Asynchronmotor, Käfigläufer (IEC); 27-02-21-02 NS-Drehstrom-Asynchronmotor, Käfigläufer (IEC, Ex); 27-02-21-03 NS-Drehstrom-Asynchronmotor, Käfigläufer (NEMA)*

### HARRY WEGNER GmbH & Co KG

Bullerdeich 51, D-20097 Hamburg, Telefon: +49 40 237007 0, Telefax: +49 40 234206,
hw@harrywegner.de, www.harrywegner.de

*ecl@sses: 23-07-15-01 Gestanzte Dichtung*

### HAT HUMMERT Antriebstechnik GmbH

Emmy-Noether-Straße 5, D-86899 Landsberg/Lech, Telefon: +49 8191 42815 0, Telefax: +49 8191 42815 29,
info@hummert-antriebstechnik.de, www.hummert-antriebstechnik.de

*ecl@sses: 23-03-09-01 Scheibenkupplung (starr); 23-03-09-02 Schalenkupplung; 23-03-11-01 Klauenkupplung (elastisch); 23-03-11-02 Bolzenkupplung (elastisch); 23-03-11-05 Kupplung (hochelastisch); 23-03-16-02 Induktionskupplung; 23-04-10-02 Wirbelstrombremse*

### Haug CNC-Rohrbiegetechnik

Bolbergstrasse 26, D-72820 Sonnenbühl, Telefon: +49 7128 304388, Telefax: +49 7128 304389,
haug-biegetechnik@t-online.de, www.haug-biegetechnik.de

*ecl@sses: 27-30-20-90 Schlauch (Hydraulik, nicht klassifiziert)*

H

## Hausmann + Haensgen Antriebstechnik

Oumunde 4, D-28757 Bremen, Telefon: +49 421 65850 0, Telefax: +49 421 65850 11,
info@hausmann-haensgen.de,

*ecl@sses: 23-02-01-06 Doppelgelenk; 23-02-04-01 Spannelement (Welle-Nabe-Verbindung); 23-02-04-02
Innenspannsystem; 23-02-04-03 Außenspannsystem; 23-03-09-01 Scheibenkupplung (starr); 23-03-09-02
Schalenkupplung; 23-03-10-02 Zahnkupplung; 23-03-10-03 Kreuzscheibenkupplung; 23-03-10-04 Parallelkurbelkupplung;
23-03-10-05 Ganzmetallkupplung (biegenachgiebig); 23-03-10-06 Lamellenkupplung; 23-03-11-01 Klauenkupplung
(elastisch); 23-03-11-02 Bolzenkupplung (elastisch); 23-03-11-05 Kupplung (hochelastisch); 23-03-11-08 Kupplung
(drehelastisch, spielfrei); 23-03-14-03 Mechanischbetätigte Schaltkupplung; 23-03-17-03 Reibschlüssige
Drehmomentbegrenzer; 23-03-17-04 Formschlüssige Drehmomentbegrenzer; 23-06-01-01 Schmierstoff (flüssig); 23-06-
01-02 Schmierstoff (pastös); 23-07-18-01 Geflechtspackung; 23-08-04-90 Tellerfeder (nicht klassifiziert); 23-10-05-90
Passfeder, Keil, Scheibenfeder (nicht klassifiziert); 23-17-01-01 Stirnrad (Verzahnungselement); 23-17-01-03 Kegelrad; 23-
17-01-04 Kegelradsatz; 23-17-01-08 Zahnstange (Verzahnungselement); 23-17-01-09 Zahnsegment; 23-17-02-01
Keilriemen; 23-17-02-04 Flachriemen; 23-17-02-05 Zahnriemen; 23-17-02-08 Keilriemenscheibe; 23-17-02-09
Flachriemenscheibe; 23-17-02-10 Zahnriemenscheibe; 23-17-02-11 Rundriemen; 23-17-04-03 Standardrollenkette; 23-17-
04-04 Wartungsfreie Rollenkette; 23-17-04-05 Edelstahlkette; 23-17-04-06 Rollenkette mit Anbauteilen; 23-17-04-50
Kettenrad; 23-17-04-51 Kettenscheibe; 23-30-07-90 Trapezgewindetrieb (nicht klassifiziert); 23-30-10-90
Zahnstangentrieb (nicht klassifiziert); 23-32-01-01 Stirnradgetriebe; 23-32-01-02 Flachgetriebe; 23-32-01-03
Kegelradgetriebe; 23-32-01-04 Schneckengetriebe; 23-32-01-10 Keilriemengetriebe; 23-33-01-05 Cyanacrylat-Klebstoff;
23-33-01-90 Klebstoff (technisch, nicht klassifiziert); 27-02-25-01 DC-Motor (IEC)*

## HBE Hydraulik-Bedarf-Echterhage GmbH

Hönnestraße 47, D-58809 Neuenrade, Telefon: +49 2394 616 0, Telefax: +49 2394 616 25,
info@hbe-hydraulik.de, www.hbe-hydraulics.com

*ecl@sses: 23-03-10-02 Zahnkupplung; 23-03-11-01 Klauenkupplung (elastisch); 23-03-11-07 Kupplung (drehelastisch); 23-
03-11-08 Kupplung (drehelastisch, spielfrei)*

## Hecker Werke GmbH + Co KG

Arthur-Hecker-Strasse 1, D-71093 Weil im Schönbuch, Telefon: +49 7157 560 0, Telefax: +49 7157 560 200,
mail@heckerwerke.de, www.heckerwerke.de

*ecl@sses: 23-07-09-21 Gleitringdichtung (Komplett); 23-07-12-02 Balgdichtung*

## Heide-Flex

Kohlenbissener Grund 23, D-29633 Münster, Telefon: +49 5192 4577, Telefax: +49 5192 18177,
info@heide-flex.de, www.heide-flex.de

*ecl@sses: 27-30-20-90 Schlauch (Hydraulik, nicht klassifiziert)*

## Heidolph Elektro GmbH & Co KG

Starenstrasse 23, D-93309 Kelheim, Telefon: +49 9441 707 0, Telefax: +49 9441 707 259,
info@heidolph.de, www.heidolph.de

*ecl@sses: 23-32-01-01 Stirnradgetriebe; 23-32-01-02 Flachgetriebe; 23-32-01-03 Kegelradgetriebe; 23-32-01-04
Schneckengetriebe; 23-32-01-05 Planetengetriebe; 27-02-21-01 NS-Drehstrom-Asynchronmotor, Käfigläufer (IEC); 27-02-
21-03 NS-Drehstrom-Asynchronmotor, Käfigläufer (NEMA); 27-02-23-01 Spaltpolmotor; 27-02-23-02 Kondensatormotor;
27-02-23-03 Motor mit Widerstandshilfsphase; 27-02-25-01 DC-Motor (IEC); 27-02-26-02 Servo-Synchronmotor; 27-02-
30-01 AC-Getriebemotor (Festdrehzahl); 27-02-30-03 AC-Getriebemotor (elektrisch verstellbar); 27-02-30-04
Getriebemotor mit angebauten dezentralen Komponenten; 27-02-30-05 Servo-Getriebemotor (elektrisch verstellbar); 27-
02-30-07 DC-Getriebemotor (elektrisch verstellbar)*

## Heinrich Abend Präzisionsschleiferei e.K.

Turbinenstrasse 2, D-68309 Mannheim, Telefon: +49 621 72786 0, Telefax: +49 621 72786 50,
info@heinrich-abend.de, www.heinrich-abend.de

*ecl@sses: 23-05-09-04 Nadelkranz; 23-05-09-05 Nadelhülse; 23-05-09-06 Nadelbüchse; 23-05-11-01 Axial-
Zylinderrollenlager; 23-05-11-02 Axial-Nadellager; 23-07-15-04 Metalldichtung; 23-09-01-01 Scheibe, Ring (plan, ballig,
rund); 23-09-01-02 Scheibe (plan, ballig, eckig); 23-17-01-05 Schneckenwelle*

H

### Heinrich Höner GmbH & Co KG

Ostarpstrasse 26, D-59302 Oelde, Telefon: +49 5245 8714 0, Telefax: +49 5245 6274,
info@hoener.de, www.hoener.de

*ecl@sses: 23-17-01-01 Stirnrad (Verzahnungselement); 23-17-01-03 Kegelrad; 23-17-01-04 Kegelradsatz; 23-17-01-05
Schneckenwelle; 23-17-01-06 Schneckenrad; 23-17-01-07 Schneckensatz; 23-17-01-08 Zahnstange (Verzahnungselement)*

### Heinrich Kamps GmbH

Bismarckstrasse 103, D-41061 Mönchengladbach, Telefon: +49 2161 22071,
info@muellenmeister.de, www.muellenmeister.de

*ecl@sses: 23-05-10-01 Axial-Rillenkugellager*

### Heinrich Skau e.K

Feldschmiede 1, D-25524 Itzehoe, Telefon: +49 4821 6751 0,
info@HeinrichSkau.de, www.HeinrichSkau.de

*ecl@sses: 23-05-10-01 Axial-Rillenkugellager*

### Heinrich Wana GmbH

Sophie-Charlotten-Strasse 40, D-14059 Berlin, Telefon: +49 30 3269320,
wana@wana.de, www.wana.de

*ecl@sses: 23-02-01-01 Gelenkwelle mit Längenausgleich*

### heinz mayer GmbH

Zellerstraße 11, D-73271 Holzmaden, Telefon: +49 7023 9501 0, Telefax: +49 70239501 40,
info@heinz-mayer.de, www.heinz-mayer.de

*ecl@sses: 23-30-15-04 Lineartisch Profilschienenführung; 23-30-15-05 Lineartisch Käfigführung*

### Heinz Soyer GmbH Bolzenschweißtechnik

Inninger Strasse 14, D-82237 Wörthsee, Telefon: +49 8153 885 0, Telefax: +49 8153 8030,
info@soyer.de, www.soyer.de

*ecl@sses: 23-10-01-01 Stift; 23-10-01-90 Bolzen, Stift (nicht klassifiziert)*

### Heinz Strecker GmbH

Hartlingsgraben 2, D-36129 Gersfeld/Rhön, Telefon: +49 6656 9657 0,
info@strecker-technik.de, www.strecker-technik.de

*ecl@sses: 23-02-01-01 Gelenkwelle mit Längenausgleich; 23-02-01-02 Gelenkwelle ohne Längenausgleich; 23-02-01-03
Doppelgelenkwelle; 23-02-01-04 Gelenk; 23-02-01-05 Flanschgelenk; 23-02-01-12 Zapfenkreuz (Gelenkwelle)*

### Heinze GmbH

Bremer Weg 184, D-29223 Celle,
info@ais-online.de, www.ais-online.de

*ecl@sses: 23-11-01-21 Halfenschraube*

### HEINZMANN GmbH + Co. KG

Am Haselbach 1, D-79677 Schönau, Telefon: +49 7673 8208 0, Telefax: +49 7673 8208 199,
info@heinzmann.de, www.heinzmann.de

*ecl@sses: 27-02-25-01 DC-Motor (IEC)*

H

### Heitmann & Bruun GmbH

Nordkanalstr. 49 d, D-20097 Hamburg, Telefon: +49 40 236484 80, Telefax: +49 40 236484 84,
heicorad@t-online.de, www.heitmann-und-bruun.de

*ecl@sses: 23-17-01-01 Stirnrad (Verzahnungselement); 23-17-01-03 Kegelrad; 23-17-01-08 Zahnstange
(Verzahnungselement); 23-17-04-03 Standardrollenkette; 23-17-04-04 Wartungsfreie Rollenkette; 23-17-04-05
Edelstahlkette; 23-17-04-20 Spezial- und Sonderkette*

### HEKO Ketten GmbH

Eisenbahnstraße 2, D-58739 Wickede, Telefon: +49 2377 9180 0, Telefax: +49 2377 1028,
info@heko.com, www.heko.com

*ecl@sses: 23-17-04-50 Kettenrad*

### Helgerit GmbH

Hallstattstr. 16, D-72766 Reutlingen, Telefon: +49 7123 92345 0, Telefax: +49 7123 92345 67,
info@helgerit.de, www.helgerit.de

*ecl@sses: 23-05-01-01 Trockengleitlager; 23-05-01-08 Hydrodynamische Gleitlager*

### Helmut Claus GmbH & Co. KG

Am Rosenhügel 39, D-42553 Velbert, Telefon: +49 2053 7257, Telefax: +49 2053 7266,
info@claus-antriebstechnik de, www.claus-antriebstechnik de

*ecl@sses: 23-32-01-01 Stirnradgetriebe; 23-32-01-04 Schneckengetriebe; 23-32-01-05 Planetengetriebe*

### Helmut Rossmanith GmbH Antriebs- und Regeltechnik

Stuttgarter Straße 159, D-73066 Uhingen, Telefon: +49 7161 3090 0, Telefax: +49 7161 3090 90,
verkauf@rossmanith.de, www.rossmanith.de

*ecl@sses: 23-03-10-06 Lamellenkupplung; 23-17-01-01 Stirnrad (Verzahnungselement); 23-32-01-01 Stirnradgetriebe; 23-
32-01-04 Schneckengetriebe*

### Henschel Antriebstechnik GmbH

Henschelplatz 1, D-34127 Kassel, Telefon: +49 561 801 6827, Telefax: +49 561 802 3383,
antriebstechnik@henschelgroup.com, www.henschelgroup.com

*ecl@sses: 23-17-01-01 Stirnrad (Verzahnungselement); 23-17-01-05 Schneckenwelle; 23-17-01-06 Schneckenrad; 23-17-
01-07 Schneckensatz; 23-17-01-08 Zahnstange (Verzahnungselement); 23-17-01-09 Zahnsegment; 23-32-01-01
Stirnradgetriebe; 23-32-01-02 Flachgetriebe; 23-32-01-04 Schneckengetriebe; 23-32-01-06 Turbogetriebe; 23-32-01-08
Schaltgetriebe*

### HEPCO Linearsysteme – Hepco Motion

Bahnhofstraße 16, D-90537 Feucht, Telefon: +49 9128 9271 0, Telefax: +49 9128 9271 50,
info.de@hepcomotion.com, www.hepcomotion.com

*ecl@sses: 23-05-01-01 Trockengleitlager; 23-05-07-01 Linear-Kugellager; 23-05-07-05 Profilschienen-Wälzführung; 23-05-
14-90 Drehverbindung (Lager, nicht klassifiziert); 23-05-15-01 Stützrolle (Lager); 23-17-01-08 Zahnstange
(Verzahnungselement); 23-17-01-09 Zahnsegment; 23-30-01-01 Lineargleitlager (Gleitführung); 23-30-01-03 Wellen
(Gleitführung); 23-30-02-01 Laufrollenführung (komplett); 23-30-02-02 Führungsschiene (Laufrollenführung); 23-30-02-03
Führungswagen (Laufrollenführung); 23-30-03-01 Linearkugellager, Linearkugellagerführung; 23-30-03-03 Wellen
(Linearkugellagerführung); 23-30-04-01 Kugelumlaufführung (Profilschienenführung, komplett); 23-30-04-02
Führungsschiene (Profilschienenführung); 23-30-06-90 Teleskopschienenführung (nicht klassifiziert); 23-30-08-90
Kugelgewindetrieb (nicht klassifiziert); 23-30-10-90 Zahnstangentrieb (nicht klassifiziert); 23-30-11-90 Zahnriementrieb
(nicht klassifiziert); 23-30-15-02 Lineartisch Laufrollenführung; 23-30-15-04 Lineartisch Profilschienenführung*

H

### Herbert Hänchen GmbH & Co. KG

Brunnwiesenstraße 3, D-73760 Ostfildern-Ruit, Telefon: +49 711 44139 0, Telefax: +49 711 44139 100,
info@haenchen.de,

*ecl@sses: 27-30-02-01 Differentialzylinder (Hydraulik); 27-30-02-02 Gleichgangzylinder (Hydraulik)*

### Hermann Fröhlich Maschinenelemente GmbH

Gewerbegebiet Larsheck 12, D-56271 Kleinmaischeid, Telefon: +49 2689 6006, Telefax: +49 2689 5598,
info@maschinenelemente.com, www.maschinenelemente.com

*ecl@sses: 23-09-01-01 Scheibe, Ring (plan, ballig, rund); 23-10-05-90 Passfeder, Keil, Scheibenfeder (nicht klassifiziert)*

### Herzog AG

Brambach 38, D-78713 Schramberg-Sulgen, Telefon: +49 7422 5660, Telefax: +49 7422 56615,
info@herzog.ag, www.herzog.ag

*ecl@sses: 23-06-01-02 Schmierstoff (pastös); 23-17-02-01 Keilriemen; 23-17-02-11 Rundriemen*

### Heynau Getriebe + Service GmbH

Tuchwalkerstraße 5, D-84034 Landshut, Telefon: +49 871 7801 0, Telefax: +49 871 7801 140,
info@heynau.de, www.heynau.de

*ecl@sses: 23-17-01-01 Stirnrad (Verzahnungselement); 23-32-01-01 Stirnradgetriebe; 23-32-01-02 Flachgetriebe; 23-32-01-05 Planetengetriebe; 23-32-01-07 Spielarme Getriebe; 23-32-01-08 Schaltgetriebe; 23-32-02-01 Mechanisches Getriebe; 27-02-30-07 DC-Getriebemotor (elektrisch verstellbar)*

### Heytec Antriebstechnik GmbH

Lerchenstraße 115, D-80995 München, Telefon: +49 89 312135 0, Telefax: +49 89 3132526,
Info@heytec.de, www.heytec.de

*ecl@sses: 23-32-01-01 Stirnradgetriebe; 23-32-01-04 Schneckengetriebe; 23-32-01-05 Planetengetriebe; 27-02-26-03 Servo-DC-Motor; 27-02-30-05 Servo-Getriebemotor (elektrisch verstellbar)*

### HFB Wälzlager-Gehäusetechnik GmbH

Siemensstr. 33, D-74722 Buchen, Telefon: +49 6281 5266 0, Telefax: +49 6281 5266 33,
info@hfb-waelzlager.de, www.hfb-waelzlager.de

*ecl@sses: 23-03-11-01 Klauenkupplung (elastisch); 23-05-08-01 Rillenkugellager; 23-05-16-01 Stehlagergehäuseeinheit; 23-05-16-02 Flanschlagergehäuseeinheit; 23-05-16-03 Spannlagergehäuseeinheit*

### Hiller Antriebssysteme GmbH

In der Vorstadt 19/1, D-72768 Reutlingen, Telefon: +49 7121 580708, Telefax: +49 7121 580738,
info@hiller-antriebssysteme.de, www.hiller-antriebssysteme.de

*ecl@sses: 27-02-27-09 Umrichterantrieb*

### Hirschmann GmbH

Kirchentannenstraße 9, D-78737 Fluorn-Winzeln, Telefon: +49 7402 1830, Telefax: +49 7402 18310,
info@hirschmanngmbh.com, www.hirschmanngmbh.com

*ecl@sses: 23-05-01-05 Gelenkkopf (Gleitlager); 23-05-01-06 Gelenklager*

### Hirt Präzisionsdrehteile

Zimmerstr. 1, D-78083 Dauchingen, Telefon: +49 7720 638 49, Telefax: +49 7720 649 86,
hirt.praezision@t-online.de, www.hirt-praezision.de

*ecl@sses: 23-10-01-01 Stift*

## HIWIN GmbH

Brücklesbünd 2, D-77654 Offenburg, Telefon: +49 781 93278 0, Telefax: +49 781 93278 90,
info@hiwin.de, www.hiwin.de

*ecl@sses: 23-05-07-01 Linear-Kugellager; 23-05-07-05 Profilschienen-Wälzführung; 23-30-03-01 Linearkugellager, Linearkugellagerführung; 23-30-04-01 Kugelumlaufführung (Profilschienenführung, komplett); 23-30-04-04 Rollenumlaufführung (Profilschienenführung, komplett); 23-30-18-90 Elektomechanischer Zylinder (nicht klassifiziert); 23-30-19-90 Elektromechanische Hubsäule (nicht klassifiziert); 27-02-28-01 Linearmotor*

## HK Hydraulik-Kontor GmbH

Gerlingweg 86, D-25335 Elmshorn, Telefon: +49 4121 80060, Telefax: +49 4121 800620,
info@hk-hydraulik-kontor.de, www.hk-hydraulik-kontor.de

*ecl@sses: 27-30-02-01 Differentialzylinder (Hydraulik); 27-30-02-02 Gleichgangzylinder (Hydraulik); 27-30-11-01 Axialkolbenmotor (Hydraulik); 27-30-11-07 Zahnradmotor (Hydraulik); 27-30-11-90 Motor (Hydraulik, nicht klassifiziert); 27-30-12-02 Axialkolbenpumpe (Hydraulik); 27-30-12-03 Flügelzellenpumpe (Hydraulik); 27-30-12-07 Radialkolbenpumpe (Hydraulik)*

## HOBERG Industrietechnik GmbH & Co KG

Röntgenstrasse 31, D-57439 Attendorn, Telefon: +49 2722 93740, Telefax: +49 2722 959229,
hoberg@hoberg-industrietechnik.de, www.hoberg-industrietechnik.de

*ecl@sses: 23-08-04-90 Tellerfeder (nicht klassifiziert)*

## Hoch Hydraulik GmbH

Am Galgenfeld 8, D-77736 Zell, Telefon: +49 7835 63139 0, Telefax: +49 7835 63139 29,
info@hoch-hydraulik.de, www.hoch-hydraulik.de

*ecl@sses: 27-30-20-90 Schlauch (Hydraulik, nicht klassifiziert)*

## Hochdruck- und Sonderhydraulik Leipzig GmbH

Edisonstr. 12, D-04435 Schkeuditz, Telefon: +49 34204 61120, Telefax: +49 34204 356724,
hslmail@online.de, www.hochdruckhydraulik-leipzig.de

*ecl@sses: 27-30-02-01 Differentialzylinder (Hydraulik); 27-30-02-02 Gleichgangzylinder (Hydraulik)*

## HOMA Pumpenfabrik GmbH

Industriestr. 1, D-53819 Neunkirchen-Seelscheid, Telefon: +49 2247 7020, Telefax: +49 2247 70244,
info@homa-pumpen.de, www.homa-pumpen.de

*ecl@sses: 27-02-27-04 Tauchpumpenmotor*

## Hormuth GmbH

Wieblinger Weg 96, D-69123 Heidelberg, Telefon: +49 6221 8476 0, Telefax: +49 6221 8476 10,
info@hormuth.de, www.hormuth.de

*ecl@sses: 23-17-02-01 Keilriemen; 23-17-02-05 Zahnriemen*

## Howaldt & Söhne Antriebstechnik GmbH

Fackenburger Allee 80, D-23554 Lübeck, Telefon: +49 451 472121, Telefax: +49 451 471733,
kontakt@howaldt-soehne.de, www.howaldt-soehne.de

*ecl@sses: 23-03-09-02 Schalenkupplung*

## HPS Hydraulik & Pneumatik Service GmbH

Raiffeisenstrasse 5, D-97209 Veitshöchheim, Telefon: +49 931 46786 0, Telefax: +49 931 46786 29,
info@parkerstore.org,

*ecl@sses: 27-30-20-90 Schlauch (Hydraulik, nicht klassifiziert)*

H

### HPS Mayer e.K.

Karl-Morian-Strasse 26, D-47167 Duisburg, Telefon: +49 203 9354660,
info@hps-mayer.de, www.hps-mayer.de

*ecl@sses: 27-30-20-90 Schlauch (Hydraulik, nicht klassifiziert)*

### HS United European Connectors GmbH & Co. KG

Hohe Birke 6, D-92283 Lautenhofen, Telefon: +49 9157 928980, Telefax: +49 9157 926377,
www.hs-schatz.de

*ecl@sses: 23-08-05-03 Kontaktfeder*

### HS-Teleskopschienen Harald Schenk GmbH

Salamanderstr 24, D-73663 Berglen-Hösslinswart, Telefon: +49 7181 72657, Telefax: +49 7181256368,
info@hs-teleskopschienen.de, www.hs-teleskopschienen.de

*ecl@sses: 23-30-06-90 Teleskopschienenführung (nicht klassifiziert)*

### HSS Hydraulik und Antriebstechnik GmbH

Albstraße 1, D-78609 Tuningen, Telefon: +49 7464 98830, Telefax: +49 7464 988370,
info@hss-hydraulik.de, www.hss-hydraulik.de

*ecl@sses: 27-30-20-90 Schlauch (Hydraulik, nicht klassifiziert)*

### HTA Hydrauliktechnik Altmark KG

Kurze Strasse 5c, D-39576 Stendal, Telefon: +49 3931 258991,
hydrauliktechnik-altmark@email.de, www.hydrauliktechnik-altmark.de

*ecl@sses: 27-30-20-90 Schlauch (Hydraulik, nicht klassifiziert)*

### Hubert Graf GmbH

Am Stadtwalde 13, D-48432 Rheine, Telefon: +49 5971 91109 0, Telefax: +49 5971 91109 29,
info@hubert-graf.de, www.hubert-graf.de

*ecl@sses: 23-05-10-01 Axial-Rillenkugellager*

### HUEBER Getriebebau GmbH Sondergetriebe u. Normgetriebe

Binger Landstraße 37, D-55606 Kirn, Telefon: +49 6752 1390, Telefax: +49 6752 13950,
getriebe@hueber-gmbh.de, www.hueber-gmbh.de

*ecl@sses: 23-32-01-01 Stirnradgetriebe; 23-32-01-03 Kegelradgetriebe; 23-32-01-04 Schneckengetriebe; 23-32-01-05 Planetengetriebe; 23-32-01-06 Turbogetriebe; 23-32-01-07 Spielarme Getriebe; 23-32-01-08 Schaltgetriebe*

### Hugo Dürholt GmbH & Co. KG

Dabringhauser Str. 19, D-42929 Wermelskirchen, Telefon: +49 2196 94701 0, Telefax: +49 2196 94701 47,
info@hugo-duerholt.de, www.hugo-duerholt.de

*ecl@sses: 23-11-03-02 Gewindestift, -Bolzen, Schaftschraube*

### Hugo Reckerth GmbH

Raiffeisenstr. 15, D-70794 Filderstadt, Telefon: +49 711 722579 0, Telefax: +49 711 722579 29,
info@reckerth.de, www.reckerth.de

*ecl@sses: 27-02-27-08 Motorspindel*

### Hunger DFE GmbH Dichtungs- u. Führungselemente

Alfred-Nobel-Straße 26, D-97080 Würzburg, Telefon: +49 931 90097 0, Telefax: +49 931 90097 30,
info@hunger-dichtungen.de, www.hunger-dichtungen.de

*ecl@sses: 23-05-01-01 Trockengleitlager; 23-05-01-05 Gelenkkopf (Gleitlager); 23-05-01-06 Gelenklager; 23-07-09-21 Gleitringdichtung (Komplett); 23-07-15-02 Spiraldichtung; 23-07-15-90 Flachdichtung (nicht klassifiziert); 23-07-17-01 Radial-Wellendichtring; 23-07-17-02 Axial-Wellendichtring; 23-07-18-01 Geflechtspackung; 23-07-19-01 Stangendichtung; 23-07-19-02 Kolbendichtung; 23-07-19-03 Abstreifring (translatorische Dichtung; 23-07-19-04 Führungselement, Stützring*

### HWG Wälzlager Horst Weidner GmbH

Benzstrasse 58, D-71272 Renningen, Telefon: +49 7159 9377 0, Telefax: +49 7159 9377 88,
info@h-w-g.com, www.hwg-waelzlager.de

*ecl@sses: 23-05-09-12 Tonnenlager*

### Hübsch Industrietechnik

Am Kirchbichl 19, D-93476 Blaibach, Telefon: +49 9941 9088730,
post@industek.de, www.industek.de

*ecl@sses: 23-05-08-03 Schrägkugellager*

H

### Hydraulik Gergen GmbH

Geistkircher Str. 14, D-66386 St. Ingbert, Telefon: +49 6894 59041, Telefax: +49 6894 590460,
http://www.gergen-jung.com

*ecl@sses: 23-32-01-04 Schneckengetriebe; 23-32-01-05 Planetengetriebe*

### Hydraulik Leisen

Lindenstr. 6-10a, D-53842 Troisdorf-Spich, Telefon: +49 2241 402953, Telefax: +49 2241 43326,
info@lothar-leisen.de, www.lothar-leisen.de

*ecl@sses: 27-30-02-01 Differentialzylinder (Hydraulik); 27-30-02-02 Gleichgangzylinder (Hydraulik); 27-30-02-08 Teleskopzylinder (Hydraulik); 27-30-12-02 Axialkolbenpumpe (Hydraulik); 27-30-12-03 Flügelzellenpumpe (Hydraulik); 27-30-12-07 Radialkolbenpumpe (Hydraulik); 27-30-12-08 Schraubenspindelpumpe (Hydraulik); 27-30-20-90 Schlauch (Hydraulik, nicht klassifiziert)*

### Hydraulik W. Schlebusch

Am Lindengarten 1, D-40723 Hilden, Telefon: +49 2103 62770,
schlebusch-hilden@t-online.de, www.schlebusch-hydraulik.de

*ecl@sses: 27-30-20-90 Schlauch (Hydraulik, nicht klassifiziert)*

### Hydraulik-Pneumatik-Kontor Jade GmbH

Bismarckstrasse 264, D-26389 Wilhelmshaven, Telefon: +49 4421 7707 0, Telefax: +49 4421 7707 99,
info@hpkj.de,

*ecl@sses: 27-30-20-90 Schlauch (Hydraulik, nicht klassifiziert)*

### Hydraulik-Schläuche-Schnelldienst Lamprecht

Rudolstädter Straße 234, D-99198 Urbich, Telefon: +49 361 4233653, Telefax: +49 361 4233654,
heiko@lamprecht-online.de, www.hydraulikdienst.de

*ecl@sses: 27-30-20-90 Schlauch (Hydraulik, nicht klassifiziert)*

### Hydraulik-Service A. Müller e.K.

Am Stadtwalde 101, D-48432 Rheine, Telefon: +49 5971 70572, Telefax: +49 5971 83698,
mail@hydraulik-service-mueller.de, www.hydraulik-service-mueller.de

*ecl@sses: 27-30-20-90 Schlauch (Hydraulik, nicht klassifiziert)*

### Hydraulik-Service Ronny Koch
Dresdener Straße 51, D-02625 Bautzen, Telefon: +49 3591 351127, Telefax: +49 3591 351137,
info@hydraulik-koch.de, www.hydraulik-koch.de

*ecl@sses: 27-30-20-90 Schlauch (Hydraulik, nicht klassifiziert)*

### Hydraulikservice Leins
Thomashardterstr. 61, D-73669 Lichtenwald, Telefon: +497153 988285,
info@hs-leins.de, www.hs-leins.de

*ecl@sses: 27-30-20-90 Schlauch (Hydraulik, nicht klassifiziert)*

### Hydroteknik GmbH
Langenberger Weg 27, D-24941 Flensburg, Telefon: +49 461 16036 0, Telefax: +49 461 16036 20,
info@hydroteknik.de, www.hydroteknik.de

*ecl@sses: 23-06-12-01 Hydraulikflüssigkeit*

### Hyflexar Hydrauliktechnik GmbH
Spanger Str. 34, D-40599 Düsseldorf, Telefon: +49 211 74967600, Telefax: +49 211 7487373,
info@hyflexar.de, www.hyflexar.de/kontakt_Duesseldorf.html

*ecl@sses: 27-30-20-90 Schlauch (Hydraulik, nicht klassifiziert)*

### Hülsebusch Dichtungstechnik
Surick 113, D-46286 Dorsten, Telefon: +49 2369 4475, Telefax: +49 2369 4617,
info@huelsebusch-dichtungstechnik.de, www.huelsebusch-dichtungstechnik.de

*ecl@sses: 23-07-17-01 Radial-Wellendichtring*

### Hypneu GmbH
Zwickauer Str. 137, D-09116 Chemnitz, Telefon: +49 371 382650, Telefax: +49 371 3826521,
verkauf@hypneu.de, www.hypneu.de

*ecl@sses: 23-06-12-01 Hydraulikflüssigkeit*

### Hypress Hydraulik GmbH
Eisenweg 5, D-58540 Meinerzhagen, Telefon: +49 2354 70885 0, Telefax: +49 2354 7088515,
info@hypress.de, www.hypress.de

*ecl@sses: 27-30-20-90 Schlauch (Hydraulik, nicht klassifiziert)*

### HYPROSTATIK Schönfeld GmbH
Felix-Hollenbergstr. 3, D-73035 Göppingen, Telefon: +49 7161 96595 90, Telefax: +49 7161 96595 920,
www.hyprostatik.de

*ecl@sses: 27-02-27-08 Motorspindel*

### HZB Hydraulikzylinderbau GmbH
Waffenschmidtstrasse 2, D-50767 Köln, Telefon: +49 221 5901089, Telefax: +49 221 5907101,
hydraulik@hzb-gmbh.de, www.hzb-gmbh.de

*ecl@sses: 27-30-02-01 Differentialzylinder (Hydraulik); 27-30-02-02 Gleichgangzylinder (Hydraulik); 27-30-02-08 Teleskopzylinder (Hydraulik)*

### Häfele GmbH & Co KG
Adolf-Häfele-Str. 1, D-72202 Nagold, Telefon: +49 7452 95 0, Telefax: +49 7452 95 0,
info@haefele.de, www.hafele.com

*ecl@sses: 23-11-01-02 Schraube, flach aufliegend, Innenantrieb*

## Hägglunds Drives GmbH

Steinkulle 3, D-42781 Haan, Telefon: +49 2129 93150, Telefax: +49 2129 931599,
info@de.hagglunds.com, www.hagglunds.com

*ecl@sses: 27-30-11-90 Motor (Hydraulik, nicht klassifiziert)*

## IB Blumenauer KG

Hauptstrasse 7, D-83112 Frasdorf, Telefon: +49 8052 374, Telefax: +49 8052 4355,
Ã®nfo@ib-blumenauer.com, www.ib-blumenauer.com

*ecl@sses: 23-03-09-01 Scheibenkupplung (starr)*

## IBA Automation Hennies GmbH

Danatusstr. 117, D-50259 Pulheim, Telefon: +49 2234 89005, Telefax: +49 2234 8618,
info@iba-automation.com, www.iba.hennies.de

*ecl@sses: 27-02-24-01 Synchronmotor (IEC)*

## IBAG Deutschland GmbH

Schreinerweg 10, D-51789 Lindlar, Telefon: +49 2266 4780 0, Telefax: +49 2266 4780 69,
ibag@ibag-hsc.de, www.ibag-hsc.de

*ecl@sses: 27-02-27-08 Motorspindel*

## IBC Wälzlager GmbH

Industriegebiet Oberbiel, D-35606 Solms-Oberbiel, Telefon: +49 6441 9553 02, Telefax: +49 6441 53015,
ibc@ibc-waelzlager.com,

*ecl@sses: 23-05-09-07 Nadellager, massiv*

## IBK Wiesehahn GmbH

Raiffeisenstrasse 5, D-46244 Bottrop, Telefon: +49 2045 8903 0, Telefax: +49 2045 8903 20,
info@ibk.de, www.ibk.de

*ecl@sses: 23-07-12-01 Membrandichtung*

## IDG-Dichtungstechnik GmbH

Heinkelstrasse 1, D-73230 Kirchheim, Telefon: +49 7021 9833 0, Telefax: +49 7021 9833 50,
info@idg-gmbh.com, www.idg-gmbh.de

*ecl@sses: 23-07-17-01 Radial-Wellendichtring; 23-07-17-02 Axial-Wellendichtring; 23-07-19-01 Stangendichtung; 23-07-19-02 Kolbendichtung; 23-07-19-03 Abstreifring (translatorische Dichtung; 23-07-19-04 Führungselement, Stützring*

## IDT Industrie- und Dichtungstechnik GmbH

Adlerstrasse 18, D-45307 Essen, Telefon: +49 201 855110, Telefax: +49 201 8553555,
essen@idt-dichtungen.de, www.idt-dichtungen.de

*ecl@sses: 23-07-15-02 Spiraldichtung; 23-07-15-04 Metalldichtung; 23-07-15-90 Flachdichtung (nicht klassifiziert)*

## IEW Industrial Equipment Westendorff GmbH

Am Tönisberg 3, D-40699 Erkrath, Telefon: +49 211 20004 0, Telefax: +49 211 2000430,
info@iew-gmbh.de,

*ecl@sses: 23-11-01-10 Sonderschraube*

## IFA-Maschinenbau GmbH

Industriestraße 6, D-39340 Haldensleben, Telefon: +49 3904 473 0, Telefax: +49 3904 473 111,
info@ifa-maschinenbau.de, www.ifa-maschinenbau.de

*ecl@sses: 23-02-01-12 Zapfenkreuz (Gelenkwelle)*

### igus GmbH

Spicher Strasse 1a, D-51147 Köln, Telefon: +49 2203 9649 0, Telefax: +49 2203 9649 222,
info@igus.de, www.igus.de

*ecl@sses: 23-05-08-01 Rillenkugellager; 23-05-14-90 Drehverbindung (Lager, nicht klassifiziert); 23-05-16-02 Flanschlagergehäuseeinheit; 23-08-04-90 Tellerfeder (nicht klassifiziert); 23-09-01-01 Scheibe, Ring (plan, ballig, rund); 23-30-06-90 Teleskopschienenführung (nicht klassifiziert)*

### IHB Industrie- und Hydraulikbedarf GmbH

Luigstr. 25, D-75428 Illingen, Telefon: +49 7042 80107 0, Telefax: +49 7042 801079,
info@ihb-illingen.com, www.ihb-illingen.com

*ecl@sses: 27-30-20-90 Schlauch (Hydraulik, nicht klassifiziert)*

### IHS Industrie & Handwerk Service

Friedensstraße 82, D-02959 Schleife, Telefon: +49 35773 70442, Telefax: +49 35773 76660,
team@ihs-schleife.de, www.ihs-schleife.de

*ecl@sses: 27-30-20-90 Schlauch (Hydraulik, nicht klassifiziert)*

### IME GmbH Gesellschaft für Antriebssysteme

Berner Feld 42, D-78628 Rottweil, Telefon: +49 741 174290, Telefax: +49 741 17347,
ime@ime-gmbri.de, www.ime-gmbh.de

*ecl@sses: 27-02-26-03 Servo-DC-Motor*

### IMO Holding GmbH

Imostraße 1, D-91350 Gremsdorf, Telefon: +49 9193 6395 0,
antriebseinheit@imo.de, www.imo.de

*ecl@sses: 23-05-14-90 Drehverbindung (Lager, nicht klassifiziert)*

### IMS Schmiedeprodukte GmbH

Industriestrasse 5, D-47877 Willich, Telefon: +49 2154 427263,
info@industrievertretung-sigl.com, www.industrievertretung-sigl.com

*ecl@sses: 23-05-07-04 Welle (Lineareinheit)*

### IMT Germany GmbH

Ludwig-Rinn-Str. 14-16, D-35452 Heuchelheim, Telefon: +49 641 961034 0, Telefax: +49 641 961034 50,
info@imt.de, www.imt.de

*ecl@sses: 27-02-27-08 Motorspindel*

## INA Schaeffler KG

Georg-Schäfer-Sraße 30, D-97421 Schweinfurt, Telefon: +49 9721 910, Telefax: +49 9721 913435, info.de@schaeffler.com, www.ina.com

*ecl@sses: 23-05-07-01 Linear-Kugellager; 23-05-07-04 Welle (Lineareinheit); 23-05-07-05 Profilschienen-Wälzführung; 23-05-08-01 Rillenkugellager; 23-05-08-02 Spannlager; 23-05-08-03 Schrägkugellager; 23-05-08-06 Pendelkugellager; 23-05-09-01 Zylinderrollenlager; 23-05-09-04 Nadelkranz; 23-05-09-05 Nadelhülse; 23-05-09-06 Nadelbüchse; 23-05-09-07 Nadellager, massiv; 23-05-09-09 Innenring (Nadellager); 23-05-09-10 Kegelrollenlager; 23-05-09-11 Pendelrollenlager; 23-05-09-12 Tonnenlager; 23-05-10-01 Axial-Rillenkugellager; 23-05-10-02 Axial-Schrägkugellager; 23-05-10-90 Axial-Kugellager (nicht klassifiziert); 23-05-11-01 Axial-Zylinderrollenlager; 23-05-11-02 Axial-Nadellager; 23-05-11-03 Axial-Pendelrollenlager; 23-05-11-04 Axial-Kegelrollenlager; 23-05-12-01 Nadel-Schrägkugellager; 23-05-12-02 Nadel-Axialkugellager; 23-05-12-03 Nadel-Axialzylinderrollenlager; 23-05-12-04 Axial-Radial-Rollenlager; 23-05-12-05 Kreuzrollenlager; 23-05-14-90 Drehverbindung (Lager, nicht klassifiziert); 23-05-15-01 Stützrolle (Lager); 23-05-15-02 Kurvenrolle (Lager); 23-05-16-01 Stehlagergehäuseeinheit; 23-05-16-02 Flanschlagergehäuseeinheit; 23-05-16-03 Spannlagergehäuseeinheit; 23-06-01-02 Schmierstoff (pastös); 23-30-01-01 Lineargleitlager (Gleitführung); 23-30-01-03 Wellen (Gleitführung); 23-30-01-06 Lineargleitlagereinheit (Gleitführung); 23-30-02-01 Laufrollenführung (komplett); 23-30-02-02 Führungsschiene (Laufrollenführung); 23-30-02-03 Führungswagen (Laufrollenführung); 23-30-03-01 Linearkugellager, Linearkugellagerführung; 23-30-03-03 Wellen (Linearkugellagerführung); 23-30-03-06 Linearkugellagereinheit (Linearkugellagerführung); 23-30-04-01 Kugelumlaufführung (Profilschienenführung, komplett); 23-30-04-02 Führungsschiene (Profilschienenführung); 23-30-04-04 Rollenumlaufführung (Profilschienenführung, komplett); 23-30-05-01 Kugelführung (Käfigschienenführung); 23-30-05-02 Rollenführung (Käfigschienenführung); 23-30-05-03 Kreuzrollenführung (Käfigschienenführung); 23-30-05-04 Nadelführung (Käfigschienenführung); 23-30-09-01 Planetenrollengewindetrieb; 23-30-15-01 Lineartisch Gleitführung; 23-30-15-02 Lineartisch Laufrollenführung; 23-30-15-03 Lineartisch Linearkugellagerführung; 23-30-15-04 Lineartisch Profilschienenführung*

## Indimas e.K.

Schlehenweg 1, D-29690 Essel, Telefon: +49 5071 96891 0, Telefax: +49 5071 96891 01, info@indimas.de, www.indimas.de

*ecl@sses: 27-02-21-01 NS-Drehstrom-Asynchronmotor, Käfigläufer (IEC); 27-02-21-02 NS-Drehstrom-Asynchronmotor, Käfigläufer (IEC, Ex); 27-02-21-03 NS-Drehstrom-Asynchronmotor, Käfigläufer (NEMA); 27-02-21-06 NS-Drehstrom-Asynchronmotor, Käfigläufer (polumschaltbar, IEC); 27-02-21-07 NS-Drehstrom-Asynchronmotor, Käfigläufer (polumschaltbar, IEC,Ex); 27-02-21-08 NS-Drehstrom-Asynchronmotor, Käfigläufer (polumschaltbar, NEMA); 27-02-22-01 HS-Drehstrom-Asynchronmotor, Käfigläufer (IEC); 27-02-22-02 HS-Drehstrom-Asynchronmotor, Käfigläufer (IEC, Ex); 27-02-22-03 HS-Drehstrom-Asynchronmotor, Käfigläufer (NEMA); 27-02-25-01 DC-Motor (IEC); 27-02-25-02 DC-Motor (IEC, Ex)*

## Indur Antriebstechnik AG

Margarethenstrasse 87, CH-4008 Basel, Telefon: (0041/61) 2792900, Telefax: (0041/61) 2792910, info@indur.ch, www.indur.ch

*ecl@sses: 27-02-30-01 AC-Getriebemotor (Festdrehzahl)*

## Industrie Hydraulik Jasinski

Neue Chaussee 1a, D-65589 Hadamar, Telefon: +49 6433 949598, jochen@industrie-hydraulik-jasinski.de, www.industrie-hydraulik-jasinski.de

*ecl@sses: 23-06-12-01 Hydraulikflüssigkeit*

## Industrie-Hydraulik Vogel & Partner GmbH

August-Borsig-Ring 15, D-15566 Schöneiche, Telefon: +49 30 6493581, Telefax: +49 30 6493584, schoeneiche@vogel-gruppe.de, www.vogel-gruppe.de

*ecl@sses: 27-30-20-90 Schlauch (Hydraulik, nicht klassifiziert)*

### Industriebedarf Castan GmbH
Steinbeisstraße 20-22, D-71636 Ludwigsburg, Telefon: +49 7141 29430, Telefax: +49 7141 294355,
info@industriebedarf-castan.com, www.industriebedarf-castan.com

*ecl@sses: 27-30-20-90 Schlauch (Hydraulik, nicht klassifiziert)*

### Industrievertretung Schlenk
Pöhlesgasse 15, D-89134 Blaustein, Telefon: +49 7304 80389 0, Telefax: +49 7304 80389 20,
info@schlenk-ind.de, www.schlenk-ind.de

*ecl@sses: 23-08-01-01 Schraubendruckfeder; 23-08-02-01 Schraubenzugfeder; 23-11-01-01 Schraube, flach aufliegend,
Außenantrieb; 23-11-03-01 Gewindestange*

### INFRANOR GmbH
Donaustraße 19a, D-63452 Hanau, Telefon: +49 6181 18012 0, Telefax: +49 6181 18012 90,
www.infranor.de

*ecl@sses: 27-02-25-02 DC-Motor (IEC, Ex); 27-02-26-02 Servo-Synchronmotor; 27-02-26-03 Servo-DC-Motor; 27-02-30-04
Getriebemotor mit angebauten dezentralen Komponenten; 27-02-30-05 Servo-Getriebemotor (elektrisch verstellbar)*

### INKOMA Maschinenbau GmbH
Neue Reihe 44, D-38162 Schandelah, Telefon: +49 5306 9221 0, Telefax: +49 5 306 9221 50,
INKOMA@t-online.de, www.inkoma.de

*ecl@sses: 23-32-01-03 Kegelradgetriebe*

### Interhydraulik
Am Buddenberg 18, D-59379 Selm, Telefon: +49 2592 9780, Telefax: +49 2592 978100,
info@interhydraulik.de, www.interhydraulik.de

*ecl@sses: 27-30-20-90 Schlauch (Hydraulik, nicht klassifiziert)*

### Interprecise Donath GmbH
Ostring 2, D-90587 Obermichelbach, Telefon: +49 911 76630 0, Telefax: +49 911 76630 30,
info@interprecise.de, www.interprecise.de

*ecl@sses: 23-05-15-02 Kurvenrolle (Lager)*

### Interroll Fördertechnik GmbH
Höferhof 16, D-42929 Wermelskirchen, Telefon: +49 2193 23 0, Telefax: +49 2193 23 122,
a.theer@interroll.com, www.interroll.de

*ecl@sses: 27-02-21-01 NS-Drehstrom-Asynchronmotor, Käfigläufer (IEC); 27-02-25-01 DC-Motor (IEC)*

### INTORQ GmbH & Co. KG (ehemals Lenze Bremsen GmbH)
Wülmser Weg 5, D-31855 Aerzen, Telefon: +49 5154 9539 01, Telefax: +49 5154 9539 10,
info@intorq.de, www.intorq.de

*ecl@sses: 23-03-14-03 Mechanischbetätigte Schaltkupplung; 23-04-09-01 Magnetbremse*

### ISB-Industrievertretung Siegfried Bauer
Moorenweiser Strasse 33, D-82299 Türkenfeld, Telefon: +49 8193 8262, Telefax: +49 8193 4183,
isb.wlw@isb-industrievertretung.de, www.isb-industrievertretung.de

*ecl@sses: 27-02-26-04 Schrittmotor*

I

### Isel Germany AG, Eichenzell

Bürgermeister-Ebert-Straße 40, D-36124 Eichenzell, Telefon: +49 6659 981 0, Telefax: +49 6659 981 776,
automation@isel.com, www.isel-germany.de

*ecl@sses: 23-05-07-04 Welle (Lineareinheit)*

### ISG-SCHÄFER GMBH

Grevenhauser Weg 32, D-40882 Ratingen, Telefon: +49 2102 705192, Telefax: +49 2102 705193,
j.schaefer@isg-schaefer.de, www.isg-schaefer.de

*ecl@sses: 23-11-01-15 Dehnschraube (mit Kopf)*

### IVT Verbindungselemente GmbH

Wasserburgstrasse 54, D-58809 Neuenrade, Telefon: +49 2394 911007, Telefax: +49 2394 911009,
info@i-vt.de, www.i-vt.de

*ecl@sses: 23-11-01-16 Rändelschraube*

### IWIS KETTEN Joh. Winklhofer & Söhne GmbH & Co. KG

Albert-Roßhaupter-Straße 53, D-81369 München, Telefon: +49 89 76909 0, Telefax: +49 89 76909 1333,
sales@iwis.com, www.iwis.com

*ecl@sses: 23-17-04-03 Standardrollenkette; 23-17-04-10 Buchsenkette; 23-17-04-50 Kettenrad; 23-17-04-51 Kettenscheibe*

### ixetic Bad Homburg GmbH

Georg Schaeffler Str. 3, D-61352 Bad Homburg, Telefon: +49 6172 1220, Telefax: +49 6172 122892,
info@ixetic.de, www.ixetic.de

*ecl@sses: 27-30-12-03 Flügelzellenpumpe (Hydraulik); 27-30-12-07 Radialkolbenpumpe (Hydraulik)*

J

### J. Helmke & Co.

Ludwig-Erhard-Ring 7-9, D-31157 Sarstedt, Telefon: +49 511 8703 0, Telefax: +49 511 863930,
helmke@helmke.de, www.helmke.de

*ecl@sses: 27-02-21-01 NS-Drehstrom-Asynchronmotor, Käfigläufer (IEC); 27-02-22-01 HS-Drehstrom-Asynchronmotor, Käfigläufer (IEC)*

### Jacob Nettekoven Techn. Handels-GmbH

Filzengraben 12-16, D-50676 Köln, Telefon: +49 221 921552 0, Telefax: +49 221 921552 9,
service@nettekoven.de, www.nettekoven.de

*ecl@sses: 23-07-15-01 Gestanzte Dichtung; 23-07-15-04 Metalldichtung; 23-07-15-90 Flachdichtung (nicht klassifiziert)*

### Jahns Regulatoren GmbH

Sprendlinger Landstraße 150, D-63069 Offenbach, Telefon: +49 69 831086, Telefax: +49 69 837059,
Info@jahns-hydraulik.de, www.jahns-hydraulik.de

*ecl@sses: 23-32-01-05 Planetengetriebe; 27-02-30-01 AC-Getriebemotor (Festdrehzahl)*

### JAKOB GmbH & Co. Antriebstechnik KG

Daimler Ring 42, D-63839 Kleinwallstadt, Telefon: +49 6022 2208 0, Telefax: +49 6022 2208 22,
info@jakobantriebstechnik.de, www.jakobantriebstechnik.de/

*ecl@sses: 23-02-01-01 Gelenkwelle mit Längenausgleich; 23-03-10-01 Klauenkupplung (drehstarr); 23-03-10-05 Ganzmetallkupplung (biegenachgiebig); 23-03-11-01 Klauenkupplung (elastisch); 23-03-11-04 Kupplung (metallelastisch); 23-03-11-08 Kupplung (drehelastisch, spielfrei); 23-03-17-04 Formschlüssige Drehmomentbegrenzer*

### Jakob Hülsen GmbH & Co. KG
Maysweg 14, D-47918 Tönisvorst, Telefon: +49 2151 993280, Telefax: +49 2151 9932899, www.huelsen.de

*ecl@sses: 23-10-06-01 Distanzhülse*

### Jan Mauer Elektromotoren GmbH
Rahlstedter Grenzweg 13, D-22143 Hamburg, Telefon: +49 40 67045331, Telefax: +49 40 67045331, info@motor-mauer.de, www.motor-mauer.de

*ecl@sses: 27-02-21-01 NS-Drehstrom-Asynchronmotor, Käfigläufer (IEC); 27-02-21-06 NS-Drehstrom-Asynchronmotor, Käfigläufer (polumschaltbar, IEC); 27-02-30-01 AC-Getriebemotor (Festdrehzahl)*

### Jauch Feingerätebau Karl Jauch GmbH
Daimlerstrasse 14, D-78083 Dauchingen, Telefon: +49 7720 5001, Telefax: +49 7720 63987, info@jauch-feingeraetebau.de, www.jauch-feingeraetebau.de

*ecl@sses: 27-02-24-01 Synchronmotor (IEC); 27-02-27-05 Spaltrohrmotor*

### JAURE S.A
Ernio bidea, s/n Apdo. 47, E-20150 ZIZURKIL, Telefon: +34 943 69 00 54, Telefax: +34 943 69 02 95, infojaure@emerson-ept.com, www.jaure.com

*ecl@sses: 23-03-10-02 Zahnkupplung*

### JBW Getriebe Motoren München GmbH
Bodenseestraße 228, D-82143 München, Telefon: +49 89 89701033, Telefax: +49 89 89701000, info@elektromotore.eu, www.elektromotore.eu

*ecl@sses: 27-02-30-01 AC-Getriebemotor (Festdrehzahl)*

### Jenaer Antriebstechnik GmbH
Buchaer Straße 1, D-07745 Jena, Telefon: +49 3641 63376 55, Telefax: +49 3641 63376 26, info@jat-gmbh.de, www.jat-gmbh.de

*ecl@sses: 27-02-26-02 Servo-Synchronmotor; 27-02-26-04 Schrittmotor; 27-02-28-01 Linearmotor*

### Joachim Uhing KG GmbH & Co.
Kieler Straße 23, D-24247 Mielkendorf, Telefon: +49 4347 906 0, Telefax: +49 4347 906 40, sales@uhing.com, www.uhing.de

*ecl@sses: 23-30-11-90 Zahnriementrieb (nicht klassifiziert)*

### Jochen Langer
Am Entenweiher 5, D-63322 Rödermark, Telefon: +49 6074 84080, Telefax: +49 6074 840822, info@langer-industrievertretungen.de, www.langer-industrievertretungen.de

*ecl@sses: 23-09-01-01 Scheibe, Ring (plan, ballig, rund)*

### Joh. Schön Hydraulik und Schlauchtechnk GmbH
Senator-Apelt-Straße 49, D-28197 Bremen, Telefon: +49 421 543285, Telefax: +49 421 547572, info@schoen-hydraulik.de, www.schoen-hydraulik.de

*ecl@sses: 27-30-20-90 Schlauch (Hydraulik, nicht klassifiziert)*

### JOHANN SCHILD GmbH
Nilling 6, D-83413 Fridolfing, Telefon: +49 8684 98800, Telefax: +49 8684 988020, info@schild.de, www.schild.de

*ecl@sses: 27-30-20-90 Schlauch (Hydraulik, nicht klassifiziert)*

## Johann Vitz GmbH & Co.

Uhlandstr. 24, D-42549 Velbert, Telefon: +49 2051 6085 0, Telefax: +49 2051 6085 285,
info@vitz.de, www.vitz.de

*ecl@sses: 23-08-01-01 Schraubendruckfeder; 23-08-02-01 Schraubenzugfeder; 23-08-03-01 Drehfeder; 23-08-05-03 Kontaktfeder; 23-08-90-01 Spiralfeder*

## Johannes Steiner GmbH & Co. KG

Carl-Benz-Straße 4, D-78564 Wehingen, Telefon: +49 7426 525 - 0, Telefax: +49 7426 525 - 50,
Info@johsteiner.de, www.johsteiner.com

*ecl@sses: 23-11-07-06 Überwurfmutter (Verschraubung)*

## John & Molt GmbH

Biedenkamp 5 e, D-21509 Glinde, Telefon: +49 40 714 880 0, Telefax: +49 40 714 880 50,
info@johnmolt.de, www.johnmolt.de

*ecl@sses: 23-05-01-06 Gelenklager; 23-10-05-90 Passfeder, Keil, Scheibenfeder (nicht klassifiziert); 23-10-06-01 Distanzhülse; 23-11-01-14 Passschraube (mit Kopf)*

## Jokisch GmbH

Industriestrasse 5, D-33813 Oerlinghausen, Telefon: +49 5202 9734 0, Telefax: +49 5202 9734 49,
info@jokisch-fluids.de, www.jokisch-fluids.de

*ecl@sses: 23-06-01-03 Metallbearbeitungsöl (-flüssigkeit)*

## Josef Fleckner GmbH & Co. KG

Bannewerthstr. 4, D-58840 Plettenberg, Telefon: +49 2391 9546 0, Telefax: +49 2391 9546 46,
info@fleckner.de, www.fleckner.de

*ecl@sses: 23-09-03-02 Sicherungsblech (Welle, Schraube)*

**J**

## Joseph Dresselhaus GmbH & Co. KG

Zeppelinstraße 13, D-32051 Herford, Telefon: +49 5221 932 0, Telefax: +49 5221 932 400,
info@dresselhaus.de, www.dresselhaus.de

*ecl@sses: 23-08-04-90 Tellerfeder (nicht klassifiziert); 23-09-01-01 Scheibe, Ring (plan, ballig, rund); 23-09-02-90 Scheibe, Ring (keilförmig, nicht klassifiziert); 23-09-03-01 Zahn-, Feder-, Spannscheibe; 23-09-03-02 Sicherungsblech (Welle, Schraube); 23-09-03-04 Sicherungsring (Querschnitt rund); 23-10-01-01 Stift; 23-10-01-02 Spannstift, Spannhülse; 23-10-01-90 Bolzen, Stift (nicht klassifiziert); 23-10-04-01 Splint; 23-10-04-02 Federstecker; 23-10-05-90 Passfeder, Keil, Scheibenfeder (nicht klassifiziert); 23-11-01-01 Schraube, flach aufliegend, Außenantrieb; 23-11-01-02 Schraube, flach aufliegend, Innenantrieb; 23-11-01-03 Senkkopfschraube, Innenantrieb; 23-11-01-04 Schraube mit Rechteckkopf; 23-11-01-06 Schraube, selbstarretierend; 23-11-01-10 Sonderschraube; 23-11-01-11 Holzschraube; 23-11-01-12 Blechschraube; 23-11-01-13 Schraube, nicht flach aufliegend, Außenantrieb; 23-11-01-14 Passschraube (mit Kopf); 23-11-01-15 Dehnschraube (mit Kopf); 23-11-01-16 Rändelschraube; 23-11-01-17 Schraube (gewindeformend); 23-11-01-18 Bohrschraube; 23-11-01-19 Kopfschraube (ohne Antriebsmerkmal); 23-11-01-20 Hohlschraube; 23-11-01-21 Halfenschraube; 23-11-03-01 Gewindestange; 23-11-03-02 Gewindestift, -Bolzen, Schaftschraube; 23-11-07-01 Mutter (sechs-, n-kant); 23-11-07-04 Kronenmutter; 23-11-07-05 Mutter mit Klemmteil; 23-11-07-06 Überwurfmutter (Verschraubung); 23-11-07-07 Rundmutter; 23-11-07-08 Rändelmutter; 23-11-07-09 Mutter mit Scheibe, unverlierbar; 23-11-07-10 Mutter mit Handantrieb; 23-12-04-01 Vollniet; 23-12-04-02 Blindniet; 23-12-04-03 Hohlniet; 23-12-04-04 Nietstift*

## K & A Knödler GmbH Maschinenbau

Schönbuchstraße 1, D-73760 Ostfildern, Telefon: +49 711 44814 0, Telefax: +49 711 44814 40, info@knoedler-getriebe.de, www.knoedler-getriebe.de

*ecl@sses: 23-32-01-01 Stirnradgetriebe; 23-32-01-02 Flachgetriebe; 23-32-01-03 Kegelradgetriebe; 23-32-01-04 Schneckengetriebe; 23-32-01-07 Spielarme Getriebe; 23-32-01-08 Schaltgetriebe; 23-32-02-01 Mechanisches Getriebe; 27-02-21-01 NS-Drehstrom-Asynchronmotor, Käfigläufer (IEC); 27-02-30-01 AC-Getriebemotor (Festdrehzahl); 27-02-30-02 AC-Getriebemotor (polumschaltbar); 27-02-30-03 AC-Getriebemotor (elektrisch verstellbar); 27-02-30-04 Getriebemotor mit angebauten dezentralen Komponenten; 27-02-30-05 Servo-Getriebemotor (elektrisch verstellbar); 27-02-30-06 AC-Getriebemotor (mechanisch verstellbar); 27-02-30-07 DC-Getriebemotor (elektrisch verstellbar)*

## K.H. Brinkmann GmbH & Co. KG

Friedrichstrasse 2, D-58791 Werdohl, Telefon: +49 2392 5006 0, Telefax: +49 2392 5006 180, Kontakt@BrinkmannPumps.de, www.brinkmannpumps.de

*ecl@sses: 27-02-27-04 Tauchpumpenmotor*

## KACHELMANN GETRIEBE Vertriebs- und Konstrukti

Forchenheimer Str. 44 null, D-96129 Strullendorf, Telefon: +49 9543 84550, Telefax: +49 9543 845510, info@kachelmann.de, www.kachelmann.de

*ecl@sses: 23-32-01-01 Stirnradgetriebe; 23-32-01-03 Kegelradgetriebe*

## KACO GmbH + Co. KG

Rosenbergstraße 22, D-74072 Heilbronn, Telefon: +49 7131 6360, Telefax: +49 7131 636386, Info@Kaco.de, www.kaco.de

*ecl@sses: 23-07-09-21 Gleitringdichtung (Komplett); 23-07-17-01 Radial-Wellendichtring; 23-07-19-01 Stangendichtung; 23-07-19-02 Kolbendichtung; 23-07-19-03 Abstreifring (translatorische Dichtung*

## KAG Kählig Antriebstechnik GmbH

Pappelweg 4, D-30179 Hannover, Telefon: +49 511 674930, Telefax: +49 511 6749 367, info@kag-hannover.de,

*ecl@sses: 27-02-25-01 DC-Motor (IEC); 27-02-25-02 DC-Motor (IEC, Ex)*

## KAHI Antriebstechnik GmbH

Mönichhusen 20, D-32549 Bad Oeynhausen, Telefon: +49 5731 5302 0, Telefax: +49 5731 5302 50, info@kb-chains.de, www.kb-chains.de

*ecl@sses: 23-17-01-01 Stirnrad (Verzahnungselement); 23-17-01-03 Kegelrad; 23-17-01-04 Kegelradsatz; 23-17-01-08 Zahnstange (Verzahnungselement); 23-17-04-03 Standardrollenkette; 23-17-04-04 Wartungsfreie Rollenkette; 23-17-04-05 Edelstahlkette; 23-17-04-06 Rollenkette mit Anbauteilen; 23-17-04-07 Elastomerprofilketten; 23-17-04-08 Langgliederrollenkette; 23-17-04-09 Hohlbolzenketten; 23-17-04-10 Buchsenkette; 23-17-04-11 Seitenbogenketten; 23-17-04-12 Stauförderkette; 23-17-04-20 Spezial- und Sonderkette; 23-17-04-30 Förderkette, großteilig; 23-17-04-50 Kettenrad; 23-17-04-51 Kettenscheibe*

## Kaiser Hydraulik Vertriebs GmbH

An der Garnbleiche 17, D-52349 Düren, Telefon: +49 2421 59080, Telefax: +49 2421 59087667, schlauchtechnik@hess-gruppe.de, www.kaiserhydraulik.de

*ecl@sses: 27-30-20-90 Schlauch (Hydraulik, nicht klassifiziert)*

## Kaiser-Motoren

Kieler Straße 558, D-24536 Neumünster, Telefon: +49 4321 9977 0, Telefax: +49 4321 9977 0, otto@kaiser-motoren.de, www.kaiser-motoren.de

*ecl@sses: 27-02-27-03 Ventilatormotor*

K

### KANIA Antriebstechnik

Kania + Edinger GmbH, D-32825 Blomberg-Donop, Telefon: +49-5235 50158-0, Telefax: +49-5235 50158-11, info@kania-antriebstechnik.de,

*ecl@sses: 23-03-14-04 Hydraulischbetätigte Schaltkupplung; 23-03-14-06 Elektromagnetischbetätigte Schaltkupplung; 23-04-09-01 Magnetbremse; 23-04-09-02 Hydraulische Bremse; 23-32-01-01 Stirnradgetriebe; 23-32-01-02 Flachgetriebe; 23-32-01-03 Kegelradgetriebe; 23-32-01-04 Schneckengetriebe; 23-32-01-07 Spielarme Getriebe; 27-02-21-01 NS-Drehstrom-Asynchronmotor, Käfigläufer (IEC); 27-02-21-03 NS-Drehstrom-Asynchronmotor, Käfigläufer (NEMA); 27-02-21-06 NS-Drehstrom-Asynchronmotor, Käfigläufer (polumschaltbar, IEC); 27-02-21-08 NS-Drehstrom-Asynchronmotor, Käfigläufer (polumschaltbar, NEMA); 27-02-23-02 Kondensatormotor*

### Karl Hemb GmbH

Robert-Bosch-Str. 5, D-32547 Bad Oeynhausen, Telefon: +49 5731 21078, Telefax: +49 5731 21079, hembkg@aol.com, www.hemb-gmbh.de

*ecl@sses: 23-17-04-50 Kettenrad; 23-17-04-51 Kettenscheibe*

### Karl Hipp GmbH Präzisionsgewindespindeln

Hohenzollernweg 4, D-72393 Burladingen, Telefon: +49 7475 9519 0, Telefax: +49 7475 9519 19, post@karl-hipp.de, www.karl-hipp.de

*ecl@sses: 23-30-07-90 Trapezgewindetrieb (nicht klassifiziert); 23-30-08-90 Kugelgewindetrieb (nicht klassifiziert)*

### Karl L. Althaus GmbH & Co KG

Otto-Rentzing-Strasse 10, D-58675 Hemer, Telefon: +49 2372 1861, Telefax: +49 2372 18640, info@k-l-althaus.de, www.k-l-althaus.de

*ecl@sses: 23-09-03-04 Sicherungsring (Querschnitt rund)*

### Karl Späh GmbH & Co. KG

Industriestrasse 4-12, D-72516 Scheer, Telefon: +49 7572 602 0, Telefax: +49 7572 602 167, info@spaeh.de, www.spaeh.de

*ecl@sses: 23-07-15-01 Gestanzte Dichtung; 23-07-15-02 Spiraldichtung; 23-07-15-03 Profilierte-, Ummantelte Flachdichtung; 23-07-15-04 Metalldichtung; 23-07-15-90 Flachdichtung (nicht klassifiziert); 23-07-19-04 Führungselement, Stützring*

### Karl Zimmermann GmbH

Gewerbehof 10-14, D-51469 Bergisch Gladbach, Telefon: +49 2202 2007 0, Telefax: +49 2202 20 07 50, info@karl-zimmermann-gmbh.de, www.karlzimmermanngmbh.de

*ecl@sses: 27-02-21-01 NS-Drehstrom-Asynchronmotor, Käfigläufer (IEC); 27-02-21-02 NS-Drehstrom-Asynchronmotor, Käfigläufer (IEC, Ex); 27-02-21-03 NS-Drehstrom-Asynchronmotor, Käfigläufer (NEMA); 27-02-21-06 NS-Drehstrom-Asynchronmotor, Käfigläufer (polumschaltbar, IEC); 27-02-21-07 NS-Drehstrom-Asynchronmotor, Käfigläufer (polumschaltbar, IEC,Ex); 27-02-21-08 NS-Drehstrom-Asynchronmotor, Käfigläufer (polumschaltbar, NEMA); 27-02-27-06 Rollgangsmotor; 27-02-27-09 Umrichterantrieb*

### Karl-Friedrich Eckhoff

Haßlinghauser Str. 156, D-58285 Gevelsberg, Telefon: +49 2332 554 088, Telefax: +49 2332 554 233, eckhoffschwelm@aol.com, www.eckhoffschwelm.de

*ecl@sses: 23-11-07-01 Mutter (sechs-, n-kant); 23-11-07-04 Kronenmutter; 23-11-07-07 Rundmutter*

### Karls Hydraulik GmbH

Zähringerstraße 19, D-68723 Schwetzingen, Telefon: +49 6202 3070, Telefax: +49 6202 17481, karls-hydraulik@freenet.de, www.karls-hydraulik.de

*ecl@sses: 27-30-20-90 Schlauch (Hydraulik, nicht klassifiziert)*

K

**KATO Engineering GmbH**

Heerstr. 55e, D-78628 Rottweil, Telefon: +49 741 17575810, Telefax: +49 741 17575811,
info@kato-engineering.de, www.kato-engeering.de

*ecl@sses: 27-02-26-03 Servo-DC-Motor*

**Kautz Zahnradfabrik GmbH**

Hatzenfelder Str. 86, D-42281 Wuppertal, Telefon: +49 202 26563 0, Telefax: +49 202 26563 29,
mail@kautz.de, www.kautz.de

*ecl@sses: 23-17-01-01 Stirnrad (Verzahnungselement); 23-17-01-04 Kegelradsatz; 23-17-01-05 Schneckenwelle; 23-17-01-06 Schneckenrad; 23-17-01-08 Zahnstange (Verzahnungselement)*

**KBK Antriebstechnik GmbH**

Furtwänglerweg 30, D-63911 Klingenberg, Telefon: +49 9372 134450, Telefax: +49 9372 134730,
info@kbk-antriebstechnik.de,

*ecl@sses: 23-02-04-01 Spannelement (Welle-Nabe-Verbindung); 23-02-04-02 Innenspannsystem; 23-02-04-03 Außenspannsystem; 23-03-10-01 Klauenkupplung (drehstarr); 23-03-17-04 Formschlüssige Drehmomentbegrenzer*

**KEB Antriebstechnik GmbH**

Wildbacher Str. 5, D-08289 Schneeberg, Telefon: +49 3772 67 0, Telefax: +49 3772 67 81,
www.keb.de

*ecl@sses: 23-32-01-01 Stirnradgetriebe; 23-32-01-02 Flachgetriebe*

**KEB Karl E. Brinkmann GmbH Antriebstechnik**

Försterweg 36-38, D-32683 Barntrup, Telefon: +49 5263 401 0, Telefax: +49 5263 401 116,
info@keb.de, www.keb.de

*ecl@sses: 23-03-14-06 Elektromagnetischbetätigte Schaltkupplung; 23-04-09-01 Magnetbremse; 23-32-01-01 Stirnradgetriebe; 23-32-01-02 Flachgetriebe; 23-32-01-03 Kegelradgetriebe; 23-32-01-04 Schneckengetriebe; 23-32-01-05 Planetengetriebe; 27-02-26-02 Servo-Synchronmotor; 27-02-30-01 AC-Getriebemotor (Festdrehzahl); 27-02-30-03 AC-Getriebemotor (elektrisch verstellbar); 27-02-30-05 Servo-Getriebemotor (elektrisch verstellbar)*

**Keller & Kalmbach GmbH**

Siemensstrasse 19, D-85716 Unterschleißheim, Telefon: +49 89 8395 0, Telefax: +49 89 8395 267,
info@keller-kalmbach.com, www.keller-kalmbach.com

*ecl@sses: 23-08-04-90 Tellerfeder (nicht klassifiziert); 23-09-02-90 Scheibe, Ring (keilförmig, nicht klassifiziert); 23-09-03-01 Zahn-, Feder-, Spannscheibe; 23-09-03-02 Sicherungsblech (Welle, Schraube); 23-10-01-02 Spannstift, Spannhülse; 23-10-04-01 Splint; 23-10-05-90 Passfeder, Keil, Scheibenfeder (nicht klassifiziert); 23-11-01-01 Schraube, flach aufliegend, Außenantrieb; 23-11-01-02 Schraube, flach aufliegend, Innenantrieb; 23-11-01-03 Senkkopfschraube, Innenantrieb; 23-11-01-11 Holzschraube; 23-11-01-12 Blechschraube; 23-11-01-14 Passschraube (mit Kopf); 23-11-01-16 Rändelschraube; 23-11-01-17 Schraube (gewindeformend); 23-11-01-18 Bohrschraube; 23-11-01-21 Halfenschraube; 23-11-03-01 Gewindestange; 23-11-03-02 Gewindestift, -Bolzen, Schaftschraube; 23-11-03-03 Stiftschraube, Schraubenbolzen; 23-11-07-01 Mutter (sechs-, n-kant); 23-11-07-04 Kronenmutter; 23-11-07-05 Mutter mit Klemmteil; 23-11-07-08 Rändelmutter; 23-11-07-09 Mutter mit Scheibe, unverlierbar; 23-11-09-01 Gewindeeinsatz; 23-12-04-01 Vollniet; 23-12-04-02 Blindniet*

**Kemmerich Elektromotoren**

Hückeswagenerstr. 120, D-51647 Gummersbach, Telefon: +49 2261 65767, Telefax: +49 2261 24548,
info@elektromotoren.de, www.elektromotoren.de

*ecl@sses: 27-02-21-06 NS-Drehstrom-Asynchronmotor, Käfigläufer (polumschaltbar, IEC); 27-02-21-07 NS-Drehstrom-Asynchronmotor, Käfigläufer (polumschaltbar, IEC,Ex); 27-02-24-01 Synchronmotor (IEC); 27-02-25-01 DC-Motor (IEC)*

K

## Kendrion Binder Magnete GmbH Power Transmission

Mönchweilerstraße 1, D-78048 VS-Villingen, Telefon: +49 7721 877 0, Telefax: +49 7721 877 348,
info@kendrionAT.com, www.kendrionat.com

*ecl@sses: 23-03-14-06 Elektromagnetischbetätigte Schaltkupplung; 23-04-09-01 Magnetbremse*

## Kentenich Industriebedarf GmbH

Siegburger Strasse 42c, D-53229 Bonn, Telefon: +49 228 42110 0,
info@kentenich-bonn.de, www.kentenich-bonn.de

*ecl@sses: 23-05-10-01 Axial-Rillenkugellager*

## Kerb-Konus-Vertriebs-GmbH

Wernher-von-Braun-Strasse 7, D-92224 Amberg, Telefon: +49 9621 679 0, Telefax: +49 9621 679444,
KKV-Amberg@kerbkonus.de, www.kerbkonus.de

*ecl@sses: 23-11-09-01 Gewindeeinsatz*

## Kern GmbH

Gutenbergstraße 11, D-88046 Friedrichshafen, Telefon: +49 7541 5016 0, Telefax: +49 7541 5016 28,
www.kern-antriebstechnik.de

*ecl@sses: 27-02-26-01 Servo-Asynchronmotor; 27-02-26-03 Servo-DC-Motor*

## Dipl.-Ing. Uwe Kerschbaumer

Dreieichstrasse 67, D-63128 Dietzenbach, Telefon: +49 6074 47663, Telefax: +49 6074 47663,
dipl.ing.u.kerschbaumer@t-online.de,

*ecl@sses: 23-17-01-01 Stirnrad (Verzahnungselement)*

K

## Ketten Fuchs GmbH

Ulrich-Gminder-Str. 14, D-72654 Neckartenzlingen, Telefon: +49 7127 9370 60, Telefax: +49 7127 9370 70,
info@ketten-fuchs.de, www.ketten-fuchs.de

*ecl@sses: 23-02-03-90 Keilwelle (nicht klassifiziert); 23-17-01-01 Stirnrad (Verzahnungselement); 23-17-01-08 Zahnstange (Verzahnungselement); 23-17-02-05 Zahnriemen; 23-17-02-10 Zahnriemenscheibe; 23-17-04-03 Standardrollenkette; 23-17-04-04 Wartungsfreie Rollenkette; 23-17-04-05 Edelstahlkette; 23-17-04-06 Rollenkette mit Anbauteilen; 23-17-04-08 Langgliederrollenkette; 23-17-04-09 Hohlbolzenketten; 23-17-04-10 Buchsenkette; 23-17-04-11 Seitenbogenketten; 23-17-04-12 Stauförderkette; 23-17-04-30 Förderkette, großteilig; 23-17-04-50 Kettenrad*

## Ketten Kugellager Korsten GmbH

Kerpener Str. 55, D-50374 Erftstadt, Telefon: +49 2235 6527, Telefax: +49 2235 67203,
info@kekuko.de, www.kekuko.de/

*ecl@sses: 23-17-02-10 Zahnriemenscheibe; 23-17-04-03 Standardrollenkette; 23-17-04-05 Edelstahlkette; 23-17-04-06 Rollenkette mit Anbauteilen; 23-17-04-50 Kettenrad*

## Ketten-Wild GmbH

Fürstenrieder Strasse 273, D-81377 München, Telefon: +49 89 5435981 0, Telefax: +49 89 5435981 11,
vertrieb@kettenwild.de, www.kettenwild.de

*ecl@sses: 23-02-01-10 Kreuzverzahnter Flansch (Gelenkwelle); 23-05-08-01 Rillenkugellager; 23-05-16-01 Stehlagergehäuseeinheit; 23-11-03-01 Gewindestange; 23-11-07-01 Mutter (sechs-, n-kant); 23-11-07-07 Rundmutter; 23-17-01-01 Stirnrad (Verzahnungselement); 23-17-01-03 Kegelrad; 23-17-01-05 Schneckenwelle; 23-17-01-06 Schneckenrad; 23-17-01-08 Zahnstange (Verzahnungselement); 23-17-04-03 Standardrollenkette; 23-17-04-06 Rollenkette mit Anbauteilen; 23-17-04-10 Buchsenkette; 23-17-04-50 Kettenrad; 23-30-11-90 Zahnriementrieb (nicht klassifiziert)*

### Kettenfabrik Unna GmbH & Co KG

Max-Planck-Strasse 2, D-59423 Unna, Telefon: +49 2303 8806 0, Telefax: +49 2303 8806 88,
info@kettenfabrik-unna.de, www.kettenfabrik-unna.de

*ecl@sses: 23-17-04-03 Standardrollenkette; 23-17-04-20 Spezial- und Sonderkette; 23-17-04-50 Kettenrad*

### KettenWulf Betriebs GmbH

Zum Hohenstein 15, D-59889 Eslohe-Kückelheim, Telefon: +49 2973 8010, Telefax: +49 2973 801228,
service@kettenwulf.com, www.kettenwulf.com

*ecl@sses: 23-17-04-03 Standardrollenkette; 23-17-04-09 Hohlbolzenketten; 23-17-04-10 Buchsenkette*

### KISTENPFENNIG AG

Wöhlerstrasse 2-6, D-55120 Mainz, Telefon: +49 6131 96299 0, Telefax: +49 6131 96299 77,
kuki@kuki.de, www.kuki.de

*ecl@sses: 23-17-02-10 Zahnriemenscheibe*

### Klier Getriebe München

Schraudolphstraße 27, D-80799 München, Telefon: +49 89 2715066, Telefax: +49 89 2730268,
klier-gmbh@t-online.de, www.klier-gmbh.de

*ecl@sses: 23-11-03-01 Gewindestange; 23-11-07-01 Mutter (sechs-, n-kant); 23-11-07-07 Rundmutter; 23-17-01-01 Stirnrad (Verzahnungselement); 23-17-01-03 Kegelrad; 23-17-01-04 Kegelradsatz; 23-17-01-05 Schneckenwelle; 23-17-01-06 Schneckenrad; 23-17-01-07 Schneckensatz; 23-17-01-08 Zahnstange (Verzahnungselement); 23-17-01-09 Zahnsegment; 23-17-04-50 Kettenrad; 23-17-04-51 Kettenscheibe; 23-32-01-03 Kegelradgetriebe; 23-32-01-04 Schneckengetriebe; 23-32-01-09 Spindelhubgetriebe*

### KLINGER GmbH Idstein

Rich.-Klinger-Str. 37, D-65510 Idstein, Telefon: +49 6126 4016 0, Telefax: +49 6126 4016 11,
mail@klinger.de, www.klinger.de

*ecl@sses: 23-07-15-01 Gestanzte Dichtung*

### Klüber Lubrication München KG

Geisenhausenerstraße 7, D-81379 München, Telefon: +49 89 7876 0, Telefax: +49 89 7876 333,
domestic.sales@klueber.com, www.klueber.de

*ecl@sses: 23-06-01-01 Schmierstoff (flüssig); 23-06-01-02 Schmierstoff (pastös); 23-06-01-03 Metallbearbeitungsöl (-flüssigkeit)*

### KM Technology-Chemie

Auer Str. 4, D-89257 Illertissen, Telefon: +49 7303 9285 22, Telefax: +49 7303 9285 48,
info@km-technology.de, www.km-technology.de

*ecl@sses: 23-06-01-02 Schmierstoff (pastös)*

### KMS Stoßdämpfer GmbH

Am Langen Graben 30, D-52353 Düren, Telefon: +49 2421 37208, Telefax: +49 2421 37282,
info@kms.kuehnle.de, www.kms-kuehnle.de

*ecl@sses: 23-18-90-01 Stoßdämpfer*

## Knapp Wälzlagertechnik GmbH

Ringstrasse 26, D-70736 Fellbach, Telefon: +49 711 585680 0, Telefax: +49 711 585680 80,
info@knapp-waelzlagertechnik.de, www.knapp-waelzlagertechnik.de

*ecl@sses: 23-05-01-01 Trockengleitlager; 23-05-01-05 Gelenkkopf (Gleitlager); 23-05-01-06 Gelenklager; 23-05-07-01 Linear-Kugellager; 23-05-07-04 Welle (Lineareinheit); 23-05-07-05 Profilschienen-Wälzführung; 23-05-08-01 Rillenkugellager; 23-05-08-02 Spannlager; 23-05-08-03 Schrägkugellager; 23-05-08-06 Pendelkugellager; 23-05-09-01 Zylinderrollenlager; 23-05-09-02 Federrollenlager; 23-05-09-04 Nadelkranz; 23-05-09-05 Nadelhülse; 23-05-09-06 Nadelbüchse; 23-05-09-07 Nadellager, massiv; 23-05-09-09 Innenring (Nadellager); 23-05-09-10 Kegelrollenlager; 23-05-09-11 Pendelrollenlager; 23-05-09-12 Tonnenlager; 23-05-10-01 Axial-Rillenkugellager; 23-05-10-02 Axial-Schrägkugellager; 23-05-10-90 Axial-Kugellager (nicht klassifiziert); 23-05-11-01 Axial-Zylinderrollenlager; 23-05-11-02 Axial-Nadellager; 23-05-11-03 Axial-Pendelrollenlager; 23-05-12-01 Nadel-Schrägkugellager; 23-05-12-02 Nadel-Axialkugellager; 23-05-12-03 Nadel-Axialzylinderrollenlager; 23-05-12-05 Kreuzrollenlager; 23-05-14-90 Drehverbindung (Lager, nicht klassifiziert); 23-05-15-01 Stützrolle (Lager); 23-05-15-02 Kurvenrolle (Lager); 23-05-16-01 Stehlagergehäuseeinheit; 23-05-16-02 Flanschlagergehäuseeinheit; 23-05-16-03 Spannlagergehäuseeinheit; 23-07-17-01 Radial-Wellendichtring; 23-07-17-02 Axial-Wellendichtring; 23-10-01-90 Bolzen, Stift (nicht klassifiziert); 23-30-02-01 Laufrollenführung (komplett); 23-30-02-02 Führungsschiene (Laufrollenführung); 23-30-02-03 Führungswagen (Laufrollenführung); 23-30-03-01 Linearkugellager, Linearkugellagerführung; 23-30-03-03 Wellen (Linearkugellagerführung); 23-30-03-06 Linearkugellagereinheit (Linearkugellagerführung); 23-30-04-01 Kugelumaufführung (Profilschienenführung, komplett); 23-30-04-02 Führungsschiene (Profilschienenführung); 23-30-04-04 Rollenumaufführung (Profilschienenführung, komplett); 23-30-05-01 Kugelführung (Käfigschienenführung); 23-30-05-02 Rollenführung (Käfigschienenführung); 23-30-05-04 Nadelführung (Käfigschienenführung); 23-30-08-90 Kugelgewindetrieb (nicht klassifiziert); 23-33-01-90 Klebstoff (technisch, nicht klassifiziert)*

## Knipping Verbindungstechnik GmbH

In der Helle 7, D-58566 Kierspe, Telefon: +49 2359 6630, Telefax: 49 2359 663266,
kvt@knipping.com, www.knipping.com

*ecl@sses: 23-11-01-01 Schraube, flach aufliegend, Außenantrieb; 23-11-01-03 Senkkopfschraube, Innenantrieb; 23-11-01-06 Schraube, selbstarretierend; 23-11-01-10 Sonderschraube; 23-11-01-12 Blechschraube; 23-11-01-13 Schraube, nicht flach aufliegend, Außenantrieb; 23-11-01-14 Passschraube (mit Kopf); 23-11-01-16 Rändelschraube; 23-11-01-17 Schraube (gewindeformend); 23-11-01-18 Bohrschraube; 23-11-01-19 Kopfschraube (ohne Antriebsmerkmal)*

K

## KOCO Motion GmbH

Niedereschacher Straße 54, D-78083 Dauchingen, Telefon: +49 7720 995858 1, Telefax: +49 7720 995858 9,
info@kocomotion.de, www.kocomotion.de

*ecl@sses: 27-02-21-01 NS-Drehstrom-Asynchronmotor, Käfigläufer (IEC); 27-02-25-01 DC-Motor (IEC); 27-02-25-02 DC-Motor (IEC, Ex); 27-02-26-04 Schrittmotor*

## Koellmann Gear

Schwesterstr. 50, D-42285 Wuppertal, Telefon: +49 202 481 0, Telefax: +49 202 481 296,
info@koellmann-gear.com, www.koellmann-gear.com

*ecl@sses: 23-32-01-01 Stirnradgetriebe*

## Komage Gellner Maschinenfabrik KG

Dr.-Hermann-Gellner-Strasse 1, D-54427 Kell am See, Telefon: +49 6589 9142 0, Telefax: +49 6589 9142 19,
info@komage.de, www.komage.de

*ecl@sses: 27-30-02-01 Differentialzylinder (Hydraulik); 27-30-02-02 Gleichgangzylinder (Hydraulik)*

## KOSEIKO OHG

Abrichstrasse 15, D-79108 Freiburg, Telefon: +49 761 15629820, Telefax: +49 761 15629823,
mail@koseiko.de, www.koseiko.de

*ecl@sses: 23-05-10-01 Axial-Rillenkugellager*

### Kownatzki KG Zahnrad- u. Getriebefabrik

Weckstrasse 19, D-79664 Wehr, Telefon: +49 7761 9288 0, Telefax: +49 7761 9288 299,
info@kownatzki.de, www.kownatzki.de

*ecl@sses: 23-17-01-05 Schneckenwelle*

### KRACHT GmbH

Gewerbestraße 20, D-58791 Werdohl, Telefon: +49 2392 935 0, Telefax: +49 2392 935 209,
info@kracht-hydraulik.de, www.kracht-hydraulik.de

*ecl@sses: 27-30-02-01 Differentialzylinder (Hydraulik); 27-30-02-02 Gleichgangzylinder (Hydraulik); 27-30-11-07 Zahnradmotor (Hydraulik)*

### KRAL Kräutler GmbH & Co.

Bildgasse 40, A-6893 Lustenau, Telefon: +43 5577 866440, Telefax: +43 5577 88433,
www.kral.at

*ecl@sses: 27-30-12-08 Schraubenspindelpumpe (Hydraulik)*

### Kremer GmbH Gummi-Kunststoff-Fertigungstechnik

Kinzigstrasse 9/Industriegebiet, D-63607 Wächtersbach, Telefon: +49 6053 6161 0, Telefax: +49 6053 9739,
info@kremer-reiff.de, www.kremer-reiff.de

*ecl@sses: 23-07-12-02 Balgdichtung*

### Kremp-Wetzlar Präzisionsräder Christian Kremp GmbH + Co KG

Hörnsheimer Eck 13a, D-35578 Wetzlar, Telefon: +49 6441 9793 0, Telefax: +49 6441 9793 20,
info@kremp-wetzlar.com, www.kremp-wetzlar.com

*ecl@sses: 23-17-01-01 Stirnrad (Verzahnungselement); 23-17-01-03 Kegelrad; 23-17-01-05 Schneckenwelle; 23-17-01-06 Schneckenrad; 23-17-01-08 Zahnstange (Verzahnungselement); 23-17-02-10 Zahnriemenscheibe; 23-17-04-50 Kettenrad; 23-30-10-90 Zahnstangentrieb (nicht klassifiziert)*

### Krone Dichtungen Steinau

Karl-Winnacker-Strasse 16, D-36396 Steinau, Telefon: +49 6663 8098 0, Telefax: +49 6663 8098 28,
krone@ecos.net, www.schlauchringe.de

*ecl@sses: 23-07-15-01 Gestanzte Dichtung; 23-07-15-90 Flachdichtung (nicht klassifiziert)*

### KTR Kupplungstechnik GmbH

Rodder Damm 170, D-48432 Rheine, Telefon: +49 5971 798 0, Telefax: +49 5971 798 698,
mail@ktr.com, www.ktr.com

*ecl@sses: 23-02-04-01 Spannelement (Welle-Nabe-Verbindung); 23-02-04-02 Innenspannsystem; 23-02-04-03 Außenspannsystem; 23-03-10-02 Zahnkupplung; 23-03-10-06 Lamellenkupplung; 23-03-11-01 Klauenkupplung (elastisch); 23-03-11-02 Bolzenkupplung (elastisch); 23-03-11-05 Kupplung (hochelastisch); 23-03-11-07 Kupplung (drehelastisch); 23-03-11-08 Kupplung (drehelastisch, spielfrei); 23-03-14-03 Mechanischbetätigte Schaltkupplung; 23-03-15-01 Dauermagnetische Synchron Kupplung; 23-03-17-03 Reibschlüssige Drehmomentbegrenzer; 23-03-17-04 Formschlüssige Drehmomentbegrenzer*

### Kudernak GmbH

Paul-Ehrlich-Strasse 17, D-63322 Rödermark, Telefon: +49 6074 8431 0, Telefax: +49 6074 8431 10,
info@kudernak.de, www.kudernak.de

*ecl@sses: 23-07-15-03 Profilierte-, Ummantelte Flachdichtung*

K

## Kugel- und Rollenlagerwerk Leipzig GmbH

Gutenbergstr. 6, D-04178 Leipzig, Telefon: +49 341 45320 22, Telefax: +49 341 45320 19,
www.krwleipzig.de

*ecl@sses: 23-05-08-01 Rillenkugellager; 23-05-08-03 Schrägkugellager; 23-05-09-01 Zylinderrollenlager; 23-05-09-10*
*Kegelrollenlager; 23-05-09-11 Pendelrollenlager; 23-05-09-12 Tonnenlager; 23-05-10-02 Axial-Schrägkugellager; 23-05-*
*11-01 Axial-Zylinderrollenlager*

## Kugellager Hagenauer

Waldkraiburger Str. 10, D-93073 Neutraubling, Telefon: +49 9401 92560, Telefax: +49 9401 80475,
www.kugellager-hagenauer.com

*ecl@sses: 23-05-10-01 Axial-Rillenkugellager; 23-05-10-02 Axial-Schrägkugellager*

## Kugellager Schleer Freiburg GmbH

Waltershofener Str. 17, D-79111 Freiburg, Telefon: +49 761 49074 15, Telefax: +49 761 49074 44,
mschleer@schleer.de, www.schleer.de

*ecl@sses: 23-05-10-01 Axial-Rillenkugellager*

## Kugellager Vertrieb Max Stibi GmbH

Eiffestrasse 432, D-20537 Hamburg, Telefon: +49 40 3800992,
info@tth-hamburg.de, www.max-stibi.de

*ecl@sses: 23-05-10-01 Axial-Rillenkugellager*

## Kuhlmann Befestigungselemente GmbH & Co. KG

Herforder Strasse 200, D-33609 Bielefeld, Telefon: +49 521 23810 0, Telefax: +49 521 23810 70,
info@befestigungselemente.com,

*ecl@sses: 23-07-17-01 Radial-Wellendichtring; 23-07-17-02 Axial-Wellendichtring; 23-08-04-90 Tellerfeder (nicht*
*klassifiziert); 23-09-01-01 Scheibe, Ring (plan, ballig, rund); 23-09-02-90 Scheibe, Ring (keilförmig, nicht klassifiziert); 23-*
*09-03-01 Zahn-, Feder-, Spannscheibe; 23-09-03-02 Sicherungsblech (Welle, Schraube); 23-10-01-01 Stift; 23-10-01-02*
*Spannstift, Spannhülse; 23-10-01-90 Bolzen, Stift (nicht klassifiziert); 23-10-04-01 Splint; 23-10-04-02 Federstecker; 23-10-*
*05-90 Passfeder, Keil, Scheibenfeder (nicht klassifiziert); 23-10-06-02 Gewindehülse; 23-11-01-01 Schraube, flach*
*aufliegend, Außenantrieb; 23-11-01-02 Schraube, flach aufliegend, Innenantrieb; 23-11-01-03 Senkkopfschraube,*
*Innenantrieb; 23-11-01-06 Schraube, selbstarretierend; 23-11-01-11 Holzschraube; 23-11-01-12 Blechschraube; 23-11-01-*
*13 Schraube, nicht flach aufliegend, Außenantrieb; 23-11-01-14 Passschraube (mit Kopf); 23-11-01-16 Rändelschraube;*
*23-11-01-17 Schraube (gewindeformend); 23-11-01-18 Bohrschraube; 23-11-01-20 Hohlschraube; 23-11-01-21*
*Halfenschraube; 23-11-03-01 Gewindestange; 23-11-03-02 Gewindestift, -Bolzen, Schaftschraube; 23-11-03-03*
*Stiftschraube, Schraubenbolzen; 23-11-07-01 Mutter (sechs-, n-kant); 23-11-07-04 Kronenmutter; 23-11-07-05 Mutter mit*
*Klemmteil; 23-11-07-08 Rändelmutter; 23-11-07-10 Mutter mit Handantrieb; 23-11-09-01 Gewindeeinsatz; 23-11-09-02*
*Einpressmutter, Gewindebuchse; 23-12-04-02 Blindniet; 23-12-04-03 Hohlniet; 23-12-04-04 Nietstift*

## Kuhn GmbH Elastomerverarbeitung

Stettiner Strasse 13, D-63571 Gelnhausen, Telefon: +49 6051 9207 0, Telefax: +49 6051 9207 25,
vertrieb@kuhn-elastomer.de, www.kuhn-elastomer.de

*ecl@sses: 23-07-15-03 Profilierte-, Ummantelte Flachdichtung*

## Kurt Maier Motor-Press

Birkenweg 18, D-37589 Kalefeld, Telefon: +49 5553 9901 0, Telefax: +49 5553 4967,
info@kmmp.de, www.kmmp.de

*ecl@sses: 23-04-09-01 Magnetbremse*

K

### Kuzuflex A.S.
Enge Strasse 15, D-31737 Rinteln, Telefon: +49 5751 922052,
bilgin@kuzuflex.com, www.kuzuflex.com

*ecl@sses: 27-30-20-90 Schlauch (Hydraulik, nicht klassifiziert)*

### KVT Koenig-Verbindungstechnik GmbH
Max-Eyth-Str. 14, D-89186 Illerrieden, Telefon: +49 7306 782 0, Telefax: +49 7306 2251,
wutz@kvt-koenig.de, www.kvt-koenig.de

*ecl@sses: 23-11-09-01 Gewindeeinsatz*

### KW Engineering
Heiterblickstr. 42, D-04347 Leipzig, Telefon: +49 341 2315 577,
kw-engineering@t-online.de,

*ecl@sses: 23-03-09-01 Scheibenkupplung (starr); 23-03-10-02 Zahnkupplung; 23-03-10-05 Ganzmetallkupplung
(biegenachgiebig); 23-03-11-01 Klauenkupplung (elastisch); 23-03-11-07 Kupplung (drehelastisch); 23-03-14-03
Mechanischbetätigte Schaltkupplung; 23-03-17-03 Reibschlüssige Drehmomentbegrenzer*

### KWD Kupplungswerk Dresden GmbH
Löbtauer Straße 45, D-01159 Dresden, Telefon: +49 351 4999 0, Telefax: +49 351 4999 233,
kwd@kupplungswerk-dresden.de, www.kupplungswerk-dresden.de/

*ecl@sses: 23-03-10-02 Zahnkupplung; 23-03-10-06 Lamellenkupplung; 23-03-11-01 Klauenkupplung (elastisch); 23-03-11-
02 Bolzenkupplung (elastisch); 23-03-11-05 Kupplung (hochelastisch); 23-03-11-07 Kupplung (drehelastisch); 23-03-14-03
Mechanischbetätigte Schaltkupplung; 23-03-14-04 Hydraulischbetätigte Schaltkupplung; 23-03-14-05
Pneumatischbetätigte Schaltkupplung; 23-03-17-03 Reibschlüssige Drehmomentbegrenzer; 23-04-09-02 Hydraulische
Bremse*

### Küenle Antriebssysteme GmbH
Saarstrasse 41 - 43, D-71282 Hemmingen, Telefon: +49 7150 942 0, Telefax: +49 7150 942 270,
www.kueenle.de

*ecl@sses: 23-32-01-04 Schneckengetriebe; 27-02-21-01 NS-Drehstrom-Asynchronmotor, Käfigläufer (IEC); 27-02-21-02
NS-Drehstrom-Asynchronmotor, Käfigläufer (IEC, Ex); 27-02-21-04 NS-Drehstrom-Asynchronmotor, Schleifringläufer (IEC);
27-02-21-05 NS-Drehstrom-Asynchronmotor, Schleifringläufer (NEMA); 27-02-21-06 NS-Drehstrom-Asynchronmotor,
Käfigläufer (polumschaltbar, IEC); 27-02-21-07 NS-Drehstrom-Asynchronmotor, Käfigläufer (polumschaltbar, IEC,Ex); 27-
02-22-01 HS-Drehstrom-Asynchronmotor, Käfigläufer (IEC); 27-02-22-02 HS-Drehstrom-Asynchronmotor, Käfigläufer (IEC,
Ex); 27-02-30-01 AC-Getriebemotor (Festdrehzahl)*

### König & Ronneberger GmbH & Co KG
Buntenbeck 17, D-42327 Wuppertal, Telefon: +49 202 27842 0, Telefax: +49 202 27842 22,
info@koero.de, www.koero.de

*ecl@sses: 23-07-15-90 Flachdichtung (nicht klassifiziert)*

### L. Kissling & Co. AG Maschinenfabrik
Schärenmoosstrasse 76, CH-8052 Zürich, Telefon: +41 44 3089797, Telefax: +41 44 3089798,
info@kissgear.ch, www.kissgear.de

*ecl@sses: 23-32-01-01 Stirnradgetriebe; 23-32-01-02 Flachgetriebe; 23-32-01-03 Kegelradgetriebe; 23-32-01-04
Schneckengetriebe; 23-32-01-05 Planetengetriebe; 23-32-01-07 Spielarme Getriebe; 23-32-01-08 Schaltgetriebe*

L

## Lack Elektromotoren Schorndorf

Paul-Strähle-Str. 24, D-73614 Schorndorf, Telefon: +49 7181 97776 0, Telefax: +49 7181 97776 49,
info@lack-elektromotoren.com, www.lack-elektromotoren.de

*ecl@sses: 27-02-21-01 NS-Drehstrom-Asynchronmotor, Käfigläufer (IEC); 27-02-21-02 NS-Drehstrom-Asynchronmotor,*
*Käfigläufer (IEC, Ex); 27-02-21-06 NS-Drehstrom-Asynchronmotor, Käfigläufer (polumschaltbar, IEC); 27-02-23-02*
*Kondensatormotor; 27-02-27-01 Aufzugsmotor; 27-02-27-02 Unwuchtmotor; 27-02-27-03 Ventilatormotor; 27-02-27-04*
*Tauchpumpenmotor; 27-02-27-05 Spaltrohrmotor; 27-02-27-06 Rollgangsmotor; 27-02-27-07 Schubankermotor*
*(Bremsfunktion); 27-02-27-08 Motorspindel; 27-02-27-09 Umrichterantrieb; 27-02-27-90 Anwendungsbezogener Motor*
*(nicht klassifiziert); 27-02-30-07 DC-Getriebemotor (elektrisch verstellbar)*

## Laipple / Brinkmann GmbH

Ziegelhau 13, D-73099 Adelberg, Telefon: +49 7166 910010, Telefax: +49 7166 9100126,
info@laipple-keb.de, www.laipple-keb.de/

*ecl@sses: 23-04-09-04 Manuelle Bremse; 23-32-01-01 Stirnradgetriebe; 23-32-01-03 Kegelradgetriebe; 23-32-01-04*
*Schneckengetriebe; 23-32-01-05 Planetengetriebe; 27-02-21-01 NS-Drehstrom-Asynchronmotor, Käfigläufer (IEC); 27-02-*
*21-02 NS-Drehstrom-Asynchronmotor, Käfigläufer (IEC, Ex); 27-02-26-02 Servo-Synchronmotor; 27-02-27-09*
*Umrichterantrieb*

## Lamm Hydraulik

Bergheimer Straße 123, D-69115 Heidelberg, Telefon: +49 6221 21580, Telefax: +49 6221 4348129,
info@hydraulik-heidelberg.de, www.hydraulik-heidelberg.de

*ecl@sses: 27-30-20-90 Schlauch (Hydraulik, nicht klassifiziert)*

## Lang Technik GmbH

Zabergäustr. 5, D-73765 Neuhausen, Telefon: +49 7158 9038 0, Telefax: +49 7158 7240,
info@lang-technik.de, www.lang-technik.de

*ecl@sses: 27-02-27-08 Motorspindel*

## LANGE & CO. KG

Frankfurter Straße 201A, D-34134 Kassel, Telefon: +49 561 94173 0, Telefax: +49 561 94173 33,
info@schrauben-lange.de, www.schrauben-lange.de

*ecl@sses: 23-11-01-21 Halfenschraube*

## Langen & Sondermann GmbH + Co KG Federnwerk

Bergkampstrasse 57, D-44534 Lünen, Telefon: +49 2306 75057 0, Telefax: +49 2306 57672,
Post@Langen-Sondermann.de, www.langen-sondermann.de

*ecl@sses: 23-08-05-02 Blattfeder (Schienenfahrzeug)*

## Langguth & Co. GmbH

Puscherstr. 1, D-90411 Nürnberg, Telefon: +49 911 95214 0, Telefax: +49 911 529 8805,
info@langguth-antriebe.de, www.langguth-antriebe.de

*ecl@sses: 23-32-01-04 Schneckengetriebe*

## Leader Global Technologies Germany GmbH

Obertiefenbacher Str. 16, D-65614 Beselich, Telefon: +49 6484 891-0196, Telefax: +49 6484 891-937,
leader-gasket@onlin.de, www.leader-gasket.com

*ecl@sses: 23-07-15-03 Profilierte-, Ummantelte Flachdichtung*

L

### Lederer GmbH

Katzbachstrasse 4, D-58256 Ennepetal, Telefon: +49 2333 8309 0, Telefax: +49 2333 830950, info@lederer-online.com, www.lederer-online.com

*ecl@sses: 23-09-01-01 Scheibe, Ring (plan, ballig, rund); 23-09-01-02 Scheibe (plan, ballig, eckig); 23-09-03-01 Zahn-, Feder-, Spannscheibe; 23-09-03-02 Sicherungsblech (Welle, Schraube); 23-09-03-03 Sicherungsring (Querschnitt rechteckig); 23-09-03-04 Sicherungsring (Querschnitt rund); 23-10-01-01 Stift; 23-10-04-01 Splint; 23-10-06-02 Gewindehülse; 23-11-01-01 Schraube, flach aufliegend, Außenantrieb; 23-11-01-02 Schraube, flach aufliegend, Innenantrieb; 23-11-01-03 Senkkopfschraube, Innenantrieb; 23-11-01-11 Holzschraube; 23-11-01-12 Blechschraube; 23-11-01-19 Kopfschraube (ohne Antriebsmerkmal); 23-11-03-01 Gewindestange; 23-11-03-02 Gewindestift, -Bolzen, Schaftschraube; 23-11-03-03 Stiftschraube, Schraubenbolzen; 23-11-07-01 Mutter (sechs-, n-kant); 23-11-07-04 Kronenmutter; 23-11-07-05 Mutter mit Klemmteil; 23-11-07-07 Rundmutter; 23-11-07-08 Rändelmutter; 23-11-07-10 Mutter mit Handantrieb; 23-11-09-01 Gewindeeinsatz*

### LEITERMANN GmbH & CO. Fachmarkt KG

Dorfstraße 16, D-04618 Göpfersdorf, Telefon: +49 37608 2906 00, Telefax: +49 37608 2906 19, shop@handwerker-versand.de, www.handwerker-versand.de

*ecl@sses: 23-11-03-03 Stiftschraube, Schraubenbolzen*

### Lenze GmbH & Co. KG

Hans-Lenze-Straße 1, D-31855 Aerzen, Telefon: +49 5154 820, Telefax: +49 5154 822800, Lenze@Lenze.de, www.lenze.de

*ecl@sses: 27-02-30-01 AC-Getriebemotor (Festdrehzahl)*

### Lenze Vertrieb GmbH

Ludwig-Erhard-Str. 52-56, D-72760 Reutlingen, Telefon: +49 7121 93939 0, Telefax: +49 7121 93939 29, info@lenze.de, www.lenze.de

*ecl@sses: 23-32-01-01 Stirnradgetriebe; 23-32-01-02 Flachgetriebe; 23-32-01-03 Kegelradgetriebe; 27-02-26-01 Servo-Asynchronmotor; 27-02-26-02 Servo-Synchronmotor*

### Leroy-Somer Elektromotoren GmbH

Eschborner Landstraße 166, D-60489 Frankfurt/Main, Telefon: +49 69 780708 0, Telefax: +49 69 7894138, germany-frankfurt@leroysomer.de, www.leroysomer.com

*ecl@sses: 23-32-01-01 Stirnradgetriebe; 23-32-01-02 Flachgetriebe; 23-32-01-03 Kegelradgetriebe; 23-32-01-04 Schneckengetriebe; 23-32-01-10 Keilriemengetriebe; 27-01-02-90 Generator (10-100 MVA, nicht klassifiziert); 27-01-03-90 Generator (< 10 MVA, nicht klassifiziert); 27-02-21-01 NS-Drehstrom-Asynchronmotor, Käfigläufer (IEC); 27-02-21-02 NS-Drehstrom-Asynchronmotor, Käfigläufer (IEC, Ex); 27-02-21-04 NS-Drehstrom-Asynchronmotor, Schleifringläufer (IEC); 27-02-21-06 NS-Drehstrom-Asynchronmotor, Käfigläufer (polumschaltbar, IEC); 27-02-21-07 NS-Drehstrom-Asynchronmotor, Käfigläufer (polumschaltbar, IEC,Ex); 27-02-23-02 Kondensatormotor; 27-02-24-01 Synchronmotor (IEC); 27-02-25-01 DC-Motor (IEC); 27-02-26-01 Servo-Asynchronmotor; 27-02-26-02 Servo-Synchronmotor; 27-02-26-03 Servo-DC-Motor; 27-02-30-05 Servo-Getriebemotor (elektrisch verstellbar)*

### LFD Handelsgesellschaft mbH

Giselherstraße 9, D-44319 Dortmund, Telefon: +49 231 97725-0, info@lfd.eu, www.lfd.eu

*ecl@sses: 23-05-10-01 Axial-Rillenkugellager*

### LHG GleitlagerKomponenten GmbH & Co. KG

Högerstraße 38a, D-85646 Anzing, Telefon: +49 8121 2530-0, info@lhg-gleitkomp.de, www.lhg-gleitkomp.de

*ecl@sses: 23-05-01-01 Trockengleitlager; 23-05-01-05 Gelenkkopf (Gleitlager); 23-05-01-06 Gelenklager*

L

## Liebermann GmbH & Co. KG

Unterdorf 5, D-78628 Rottweil, Telefon: +49 741 21000, Telefax: +49 741 21050,
drehteile-liebermann@t-online.de, www.drehteile-liebermann.de

*ecl@sses: 23-10-01-90 Bolzen, Stift (nicht klassifiziert); 23-10-06-02 Gewindehülse; 23-11-03-01 Gewindestange*

## Liebherr-Werk Biberach GmbH

Hans-Liebherr-Str. 45, D-88400 Biberach, Telefon: +49 7351 41 0, Telefax: +49 7351 41 2225,
www.liebherr.com

*ecl@sses: 23-05-14-90 Drehverbindung (Lager, nicht klassifiziert); 23-32-01-05 Planetengetriebe; 27-02-21-01 NS-Drehstrom-Asynchronmotor, Käfigläufer (IEC); 27-02-21-04 NS-Drehstrom-Asynchronmotor, Schleifringläufer (IEC); 27-02-21-06 NS-Drehstrom-Asynchronmotor, Käfigläufer (polumschaltbar, IEC); 27-02-27-09 Umrichterantrieb*

## LINAK GmbH

An der Berufsschule 7, D-63667 Nidda, Telefon: +49 6043 9655 0, Telefax: +49 6043 9655 60,
info@linak.de, www.linak.de

*ecl@sses: 23-30-18-90 Elektomechanischer Zylinder (nicht klassifiziert); 23-30-19-90 Elektromechanische Hubsäule (nicht klassifiziert)*

## Linde AG Geschäftsbereich Linde Hydraulics

Großostheimer Straße 198, D-63741 Aschaffenburg, Telefon: +49 6021 99 0, Telefax: +49 6021 99 4202,
info@linde-hydraulik.de, www.linde-hydraulik.de

*ecl@sses: 23-32-02-03 Hydrostatisches Getriebe*

## Lineartechnik Korb GmbH

Düsseldorfer Strasse 7, D-71332 Waiblingen, Telefon: +49 7151 93700 0, Telefax: +49 7151 93700 50,
ltk@lineartechnik-korb.com, www.lineartechnik-korb.com

*ecl@sses: 23-05-07-01 Linear-Kugellager; 23-05-07-04 Welle (Lineareinheit); 23-05-07-05 Profilschienen-Wälzführung; 23-05-08-01 Rillenkugellager; 23-05-08-03 Schrägkugellager; 23-05-08-06 Pendelkugellager; 23-05-09-01 Zylinderrollenlager; 23-05-09-10 Kegelrollenlager; 23-05-09-11 Pendelrollenlager; 23-05-10-01 Axial-Rillenkugellager; 23-05-10-02 Axial-Schrägkugellager; 23-05-10-90 Axial-Kugellager (nicht klassifiziert); 23-05-11-01 Axial-Zylinderrollenlager; 23-05-11-03 Axial-Pendelrollenlager; 23-05-16-01 Stehlagergehäuseeinheit; 23-05-16-02 Flanschlagergehäuseeinheit; 23-30-03-01 Linearkugellager, Linearkugellagerführung; 23-30-03-03 Wellen (Linearkugellagerführung); 23-30-03-06 Linearkugellagereinheit (Linearkugellagerführung); 23-30-04-01 Kugelumlaufführung (Profilschienenführung, komplett); 23-30-04-02 Führungsschiene (Profilschienenführung); 23-30-04-04 Rollenumlaufführung (Profilschienenführung, komplett); 23-30-05-03 Kreuzrollenführung (Käfigschienenführung); 23-30-05-04 Nadelführung (Käfigschienenführung); 23-30-08-90 Kugelgewindetrieb (nicht klassifiziert); 23-30-09-01 Planetenrollengewindetrieb; 23-30-09-02 Rollengewindetrieb mit Rollenrückführung; 23-30-15-03 Lineartisch Linearkugellagerführung; 23-30-15-04 Lineartisch Profilschienenführung*

## LINNEMANN GmbH

Heerweg 14-16, D-72070 Tübingen, Telefon: +49 7071 97555 0, Telefax: +49 7071 97555 10,
info@linnemann-online.com, www.linnemann-online.com

*ecl@sses: 23-07-16-01 O-Ring*

## Lippische Eisenindustrie GmbH

Alter Weg 57, D-32760 Detmold, Telefon: +49 5231 564 0, Telefax: +49 5231 564 147,
info@lippische-eisen.de, www.lippische-eisen.de

*ecl@sses: 23-11-07-01 Mutter (sechs-, n-kant); 23-11-07-04 Kronenmutter; 23-11-07-05 Mutter mit Klemmteil; 23-11-07-06 Überwurfmutter (Verschraubung); 23-11-07-07 Rundmutter; 23-11-07-08 Rändelmutter; 23-11-07-09 Mutter mit Scheibe, unverlierbar*

L

### Lloyd Dynamowerke GmbH & Co. KG

Hastedter Osterdeich 250, D-28207 Bremen, Telefon: +49 421 4589 0, Telefax: +49 421 4589 260,
info@ldw.de, www.ldw.de

*ecl@sses: 27-01-02-90 Generator (10-100 MVA, nicht klassifiziert); 27-01-03-90 Generator (< 10 MVA, nicht klassifiziert);
27-02-22-01 HS-Drehstrom-Asynchronmotor, Käfigläufer (IEC); 27-02-22-02 HS-Drehstrom-Asynchronmotor, Käfigläufer
(IEC, Ex); 27-02-22-04 HS-Drehstrom-Asynchronmotor, Schleifringläufer (IEC); 27-02-24-01 Synchronmotor (IEC); 27-02-24-
02 Synchronmotor (IEC, Ex); 27-02-25-01 DC-Motor (IEC)*

### LOGic GmbH & Co. KG

Grubstraße 15, D-79279 Vörstetten, Telefon: +49 7666 9328 71, Telefax: +49 7666 9328 89,
age@logic-gmbh.com, www.logic-gmbh.de

*ecl@sses: 27-02-26-03 Servo-DC-Motor*

### Loher GmbH

Hans-Loher-Straße 32, D-94099 Ruhstorf, Telefon: +49 8531 390, Telefax: +49 8531 32895,
info@loher.de, www.loher.de

*ecl@sses: 27-01-02-90 Generator (10-100 MVA, nicht klassifiziert); 27-02-22-01 HS-Drehstrom-Asynchronmotor,
Käfigläufer (IEC); 27-02-22-02 HS-Drehstrom-Asynchronmotor, Käfigläufer (IEC, Ex); 27-02-22-03 HS-Drehstrom-
Asynchronmotor, Käfigläufer (NEMA); 27-02-22-04 HS-Drehstrom-Asynchronmotor, Schleifringläufer (IEC); 27-02-22-05
HS-Drehstrom-Asynchronmotor, Schleifringläufer (NEMA); 27-02-27-01 Aufzugsmotor; 27-02-27-09 Umrichterantrieb*

### Lohmann Gleit- und Wälzlagertechnik

Carl-Zeiss-Straße 4, D-32278 Kirchlengern, Telefon: +49 5223 9987 0, Telefax: +49 5223 9987 22,
info@lohmann-gleitlager.de, www.lohmann-gleitlager.de

*ecl@sses: 23-03-10-02 Zahnkupplung; 23-03-10-05 Ganzmetallkupplung (biegenachgiebig); 23-03-10-06
Lamellenkupplung; 23-03-11-01 Klauenkupplung (elastisch); 23-03-11-02 Bolzenkupplung (elastisch); 23-03-11-05
Kupplung (hochelastisch); 23-03-11-07 Kupplung (drehelastisch); 23-03-16-01 Hydrodynamische Kupplung; 23-05-01-01
Trockengleitlager*

### Lorber u. Schramm GmbH

Eberhardstrasse 32, D-72762 Reutlingen, Telefon: +49 7121 334502, Telefax: +49 7121 334675,
lorber-schramm@t-online.de,

*ecl@sses: 23-11-03-01 Gewindestange*

### Lothar Melchior

Koksstrasse 5, D-58135 Hagen, Telefon: +49 2331 403824, Telefax: +49 2331 403802,
info@LM-Melchior.com, www.lm-melchior.com

*ecl@sses: 23-10-05-90 Passfeder, Keil, Scheibenfeder (nicht klassifiziert)*

### LSC – Linear Service Center GmbH

Emeranstraße 45, D-85622 Feldkirchen, Telefon: +49 89 900983-0, Telefax: +49 89 900983-15,
info@lineartechnik-lsc.de, www.lineartechnik-lsc.de

*ecl@sses: 23-05-07-01 Linear-Kugellager; 23-05-07-04 Welle (Lineareinheit); 23-30-02-02 Führungsschiene
(Laufrollenführung); 23-30-02-03 Führungswagen (Laufrollenführung); 23-30-03-01 Linearkugellager,
Linearkugellagerführung; 23-30-03-03 Wellen (Linearkugellagerführung); 23-30-04-01 Kugelumlaufführung
(Profilschienenführung, komplett); 23-30-04-02 Führungsschiene (Profilschienenführung); 23-30-04-04
Rollenumlaufführung (Profilschienenführung, komplett)*

L

### Lti Drives GmbH

Gewerbestr. 5-9, D-35633 Lahnau, Telefon: +49 6441966 0, Telefax: +49 6441 966 137, info@lt-i.com, www.lt-i.com

*ecl@sses: 27-02-26-01 Servo-Asynchronmotor; 27-02-26-02 Servo-Synchronmotor; 27-02-28-01 Linearmotor; 27-02-30-03 AC-Getriebemotor (elektrisch verstellbar)*

### LTM Industrietechnik Fritz Mayer Inh. Michael Meyer e.K.

Thalkirchner Strasse 62, D-80337 München, Telefon: +49 89 530551, Telefax: +49 89 536641, office@ltm.de, www.ltm.de

*ecl@sses: 23-05-08-01 Rillenkugellager; 23-05-08-03 Schrägkugellager; 23-05-08-06 Pendelkugellager; 23-05-09-01 Zylinderrollenlager; 23-05-09-10 Kegelrollenlager; 23-05-09-11 Pendelrollenlager*

### Lubeck Beschläge

Mommsenstr. 4, D-42289 Wuppertal, Telefon: +49 202 264802 0, Telefax: +49 202 264802 11, info@lubeck-beschlaege.de, www.lubeck-beschlaege.de

*ecl@sses: 23-10-01-90 Bolzen, Stift (nicht klassifiziert); 23-11-07-01 Mutter (sechs-, n-kant)*

### LUBRICANT CONSULT GMBH

Gutenbergstrasse 13, D-63477 Maintal, Telefon: +49 6109 7650 0, Telefax: +49 6109 7650 51, webmaster@lubcon.com, www.lubcon.com

*ecl@sses: 23-06-01-01 Schmierstoff (flüssig)*

### Ludwig Meister GmbH & Co KG

Otto-Hahn-Strasse 11, D-85221 Dachau, Telefon: +49 8131 3331 0, Telefax: +49 8131 3331 99, info@meisterkg.de, www.meisterkg.de

*ecl@sses: 23-05-10-01 Axial-Rillenkugellager*

### Lutz-Jesco GmbH

Am Bostelberge 19, D-30900 Wedemark, Telefon: +49 5130 58020, Telefax: +49 5130 580268, info@jesco.de, www.jesco.de

*ecl@sses: 27-02-27-04 Tauchpumpenmotor*

M

### Lux & Co GmbH

Gottesweg 72-76, D-50969 Köln, Telefon: +49 221 4973051, Telefax: +49 221 4973709, info@luxco.de, www.luxco.de

*ecl@sses: 23-07-15-01 Gestanzte Dichtung; 23-07-15-90 Flachdichtung (nicht klassifiziert); 23-17-02-01 Keilriemen; 23-17-02-04 Flachriemen; 23-17-02-05 Zahnriemen; 23-17-02-08 Keilriemenscheibe; 23-17-02-11 Rundriemen; 23-17-02-90 Riementrieb (nicht klassifiziert)*

### Lütgert & Co GmbH

Friedrichsdorfer Str 48, D-33335 Gütersloh, Telefon: +49 5241 7407 0, Telefax: +49 5241 7407 90, info@luetgert-antriebe.de, www.luetgert-antriebe.de

*ecl@sses: 23-17-02-08 Keilriemenscheibe; 23-17-02-09 Flachriemenscheibe; 23-17-02-90 Riementrieb (nicht klassifiziert)*

### M.A.T. MALMEDIE ANTRIEBSTECHNIK GMBH

Dycker Feld 28, D-42653 Solingen, Telefon: +49 212 25811 0, Telefax: +49 212 25811 31, info@malmedie.com, www.malmedie.com

*ecl@sses: 23-03-10-02 Zahnkupplung*

### MACCON GmbH

Kühbachstrasse 9, D-81543 München, Telefon: +49 89 651220 0, Telefax: +49 89 655217,
sales@maccon.de, www.maccon.de

*ecl@sses: 23-03-14-06 Elektromagnetischbetätigte Schaltkupplung; 23-03-17-03 Reibschlüssige Drehmomentbegrenzer; 23-30-18-90 Elektomechanischer Zylinder (nicht klassifiziert); 27-01-03-90 Generator (< 10 MVA, nicht klassifiziert); 27-02-24-01 Synchronmotor (IEC); 27-02-26-02 Servo-Synchronmotor; 27-02-26-04 Schrittmotor; 27-02-28-01 Linearmotor; 27-02-30-05 Servo-Getriebemotor (elektrisch verstellbar)*

### Mafdel

Z.I. Lafayette, F-38790 St Georges dEsperanche, Telefon: +33 047896, Telefax: +33 047896,
mafdel@mafdel.fr, www.mafdel-belts.com

*ecl@sses: 23-17-02-01 Keilriemen; 23-17-02-11 Rundriemen*

### Magneta GmbH & Co KG

Dibbetweg 31, D-31855 Aerzen, Telefon: +49 5154 953131, Telefax: +49 5154 953141,
info@magneta.de, www.megneta.de

*ecl@sses: 23-03-14-06 Elektromagnetischbetätigte Schaltkupplung; 23-04-10-01 Magnetpulverbremse*

### Magtrol AG

Route de Moncor 4 b, CH-1701 Fribourg / Schweiz, Telefon: +41 26407 3000, Telefax: +41 26407 3001,
magtrol@magtrol.ch, www.magtrol.ch

*ecl@sses: 23-04-09-01 Magnetbremse; 23-04-10-01 Magnetpulverbremse; 23-04-10-02 Wirbelstrombremse; 23-04-10-03 Hysteresebremse*

### Manfred Machholz

Versbacher Str. 229, D-97078 Würzburg, Telefon: +49 931 20 08 23 12, Telefax: +49 931 20 08 23 16,
info@Handwerkerschrauben.de, www.handwerkerschrauben.de

*ecl@sses: 23-11-01-03 Senkkopfschraube, Innenantrieb; 23-11-01-14 Passschraube (mit Kopf); 23-11-01-18 Bohrschraube; 23-11-03-01 Gewindestange; 23-11-03-02 Gewindestift, -Bolzen, Schaftschraube; 23-11-07-05 Mutter mit Klemmteil*

### Mangold

Ziegelsteinstraße 32, D-90411 Nürnberg, Telefon: +49 911 362021, Telefax: +49 911 362298,
info@a-mangold.de, www.a-mangold.de

*ecl@sses: 23-17-02-05 Zahnriemen*

### Marc Seifert

Holzbachstraße 6, D-82110 Germering, Telefon: +49 89 7458468, Telefax: +49 89 74502172,
info@normschrauben.de, www.normschrauben.de

*ecl@sses: 23-11-01-14 Passschraube (mit Kopf)*

### Marelli Central Europe GmbH

Heilswannenweg 50, D-31008 Eltz, Telefon: +49 5068 462-400, Telefax: +49 5068 462-199,
germany@marellimotori.com, www.marellimotori.com

*ecl@sses: 27-02-21-01 NS-Drehstrom-Asynchronmotor, Käfigläufer (IEC); 27-02-24-01 Synchronmotor (IEC)*

**M**

## Mark Burkhardt Engineering

Falkenweg 4A, D-65606 Villmar, Telefon: +49 6482 941500, Telefax: +49 6482 941502,
info@burkhardt-engineering.de, www.burkhardt-engineering.de

*ecl@sses: 27-02-21-01 NS-Drehstrom-Asynchronmotor, Käfigläufer (IEC); 27-02-21-02 NS-Drehstrom-Asynchronmotor, Käfigläufer (IEC, Ex); 27-02-21-03 NS-Drehstrom-Asynchronmotor, Käfigläufer (NEMA); 27-02-21-04 NS-Drehstrom-Asynchronmotor, Schleifringläufer (IEC); 27-02-21-05 NS-Drehstrom-Asynchronmotor, Schleifringläufer (NEMA); 27-02-21-06 NS-Drehstrom-Asynchronmotor, Käfigläufer (polumschaltbar, IEC); 27-02-21-07 NS-Drehstrom-Asynchronmotor, Käfigläufer (polumschaltbar, IEC,Ex); 27-02-21-08 NS-Drehstrom-Asynchronmotor, Käfigläufer (polumschaltbar, NEMA); 27-02-24-01 Synchronmotor (IEC)*

## Maschinen und Antriebstechnik Hubert Flamang GmbH & Co KG

Max-Planck-Strasse 18, D-59423 Unna, Telefon: +49 2303 98602 0, Telefax: +49 2303 98602 6,
info@flamang.de, www.flamang.de

*ecl@sses: 23-03-14-08 Richtungsbetätigte (Freilaufkupplung); 23-03-17-03 Reibschlüssige Drehmomentbegrenzer*

## Maschinen- und Antriebstechnik Maschinenbau GmbH & Co KG

Glasewitzer Chaussee 29, D-18273 Güstrow, Telefon: +49 3843 3449 0, Telefax: +49 3843 3449 90,
info@maguestrow.de, www.maguestrow.de

*ecl@sses: 23-17-01-01 Stirnrad (Verzahnungselement); 23-17-01-09 Zahnsegment; 23-17-04-50 Kettenrad*

## Maschinenelemente Schleelein GmbH

Im Geisbaum 6, D-63329 Egelsbach, Telefon: +49 6103 3033939, Telefax: +49 6103 3033949,
post@schleelein.de, www.schleelein.de

*ecl@sses: 23-17-04-03 Standardrollenkette; 23-17-04-50 Kettenrad; 23-17-04-51 Kettenscheibe*

## Maschinenfabrik Mönninghoff GmbH & Co KG

Bessemer Straße 100, D-44793 Bochum, Telefon: +49 234 3335 0, Telefax: +49 234 3335 200,
sales@moenninghoff.de, www.moenninghoff.de

*ecl@sses: 23-03-10-06 Lamellenkupplung; 23-03-11-01 Klauenkupplung (elastisch); 23-03-11-03 Scheibenkupplung (elastisch); 23-03-11-08 Kupplung (drehelastisch, spielfrei); 23-03-14-03 Mechanischbetätigte Schaltkupplung; 23-03-14-05 Pneumatischbetätigte Schaltkupplung; 23-03-14-06 Elektromagnetischbetätigte Schaltkupplung; 23-03-17-03 Reibschlüssige Drehmomentbegrenzer; 23-03-17-04 Formschlüssige Drehmomentbegrenzer*

M

## Maschinentechnik Pretzschendorf GmbH

Dresdner Straße 18 a, D-01774 Pretzschendorf, Telefon: +49-35058 4690,
info@maschinentechnik.de, www.maschinentechnik.de

*ecl@sses: 23-10-05-90 Passfeder, Keil, Scheibenfeder (nicht klassifiziert)*

## MAT-Con

Hohenlohestr. 9, D-36043 Fulda, Telefon: +49 661 9426347, Telefax: +49 661 2911950,
mail@mat-con.de, www.mat-con.de

*ecl@sses: 27-02-30-07 DC-Getriebemotor (elektrisch verstellbar)*

## Max Lamb GmbH & Co. KG

Am Bauhof 2, D-97076 Würzburg, Telefon: +49 931 2794 0, Telefax: +49 931 274557,
info@lamb.de, www.lamb.de

*ecl@sses: 23-05-09-12 Tonnenlager*

## Max Michl GmbH

Zusamstraße 7, D-86165 Augsburg, Telefon: +49 821 272610, Telefax: +49 821 2726150,
augsburg@michl.de, www.michl.de

*ecl@sses: 27-30-20-90 Schlauch (Hydraulik, nicht klassifiziert)*

## Max Mothes GmbH

Suitbertusstrasse 149, D-40223 Düsseldorf, Telefon: +49 211 9332 0, Telefax: +49 211 9332 260,
info@maxmothes.de, www.maxmothes.de

*ecl@sses: 23-08-04-90 Tellerfeder (nicht klassifiziert); 23-09-01-01 Scheibe, Ring (plan, ballig, rund); 23-09-01-02 Scheibe (plan, ballig, eckig); 23-09-02-90 Scheibe, Ring (keilförmig, nicht klassifiziert); 23-09-03-01 Zahn-, Feder-, Spannscheibe; 23-09-03-02 Sicherungsblech (Welle, Schraube); 23-09-03-04 Sicherungsring (Querschnitt rund); 23-10-01-01 Stift; 23-10-01-02 Spannstift, Spannhülse; 23-10-04-01 Splint; 23-10-04-02 Federstecker; 23-10-05-90 Passfeder, Keil, Scheibenfeder (nicht klassifiziert); 23-10-06-01 Distanzhülse; 23-10-06-02 Gewindehülse; 23-11-01-01 Schraube, flach aufliegend, Außenantrieb; 23-11-01-02 Schraube, flach aufliegend, Innenantrieb; 23-11-01-03 Senkkopfschraube, Innenantrieb; 23-11-01-04 Schraube mit Rechteckkopf; 23-11-01-12 Blechschraube; 23-11-01-13 Schraube, nicht flach aufliegend, Außenantrieb; 23-11-01-14 Passschraube (mit Kopf); 23-11-01-16 Rändelschraube; 23-11-03-01 Gewindestange; 23-11-03-02 Gewindestift, -Bolzen, Schaftschraube; 23-11-03-03 Stiftschraube, Schraubenbolzen; 23-11-07-01 Mutter (sechs-, n-kant); 23-11-07-04 Kronenmutter; 23-11-07-05 Mutter mit Klemmteil*

## Max Müller GmbH & Co KG

Wiegenkamp 16, D-46414 Rhede, Telefon: +49 2872 1014, Telefax: +49 2872 5097,
info@maxmueller.de, www.maxmueller.de

*ecl@sses: 23-09-01-01 Scheibe, Ring (plan, ballig, rund)*

## maxon motor ag

Brünigstraße 220, CH-6072 Sachseln, Telefon: +41 41 6661500, Telefax: +41 41 6661650,
bucheli.a@maxonmotor.com, www.maxonmotor.com

*ecl@sses: 27-02-25-01 DC-Motor (IEC); 27-02-26-03 Servo-DC-Motor; 27-02-30-04 Getriebemotor mit angebauten dezentralen Komponenten; 27-02-30-05 Servo-Getriebemotor (elektrisch verstellbar); 27-02-30-07 DC-Getriebemotor (elektrisch verstellbar)*

**M**

## MB Dichtungen GmbH

Indersdorferstr. 1, D-85305 Jetzendorf, Telefon: +49 8137 99822 0, Telefax: +49 8137 99822 20,
info@mb-dichtungen.de, www.mb-dichtungen.de

*ecl@sses: 23-07-15-01 Gestanzte Dichtung; 23-07-15-02 Spiraldichtung; 23-07-15-03 Profilierte-, Ummantelte Flachdichtung; 23-07-15-04 Metalldichtung; 23-07-15-90 Flachdichtung (nicht klassifiziert); 23-07-18-01 Geflechtspackung*

## mbo Oßwald GmbH & Co KG

Steingasse 13, D-97900 Külsheim, Telefon: +49 9345 670 0, Telefax: +49 9345 6255,
info@mbo-osswald.de, www.mbo-osswald.de

*ecl@sses: 23-05-01-05 Gelenkkopf (Gleitlager); 23-05-01-06 Gelenklager; 23-09-03-02 Sicherungsblech (Welle, Schraube); 23-09-03-03 Sicherungsring (Querschnitt rechteckig); 23-09-03-04 Sicherungsring (Querschnitt rund); 23-10-01-90 Bolzen, Stift (nicht klassifiziert); 23-10-04-01 Splint; 23-10-04-02 Federstecker; 23-10-05-90 Passfeder, Keil, Scheibenfeder (nicht klassifiziert); 23-10-06-01 Distanzhülse; 23-10-06-02 Gewindehülse; 23-11-01-10 Sonderschraube; 23-11-01-16 Rändelschraube; 23-11-03-01 Gewindestange; 23-11-03-02 Gewindestift, -Bolzen, Schaftschraube; 23-11-03-03 Stiftschraube, Schraubenbolzen; 23-11-07-08 Rändelmutter*

## MDS GmbH & Co. KG

Ditthornstrasse 22, D-93055 Regensburg, Telefon: +49 941 6042 212, Telefax: +49 941 6042 162,
anfrage@autoriv.com, www.mds-technologie.com

*ecl@sses: 23-10-01-01 Stift; 23-10-01-02 Spannstift, Spannhülse; 23-10-06-01 Distanzhülse; 23-10-06-02 Gewindehülse; 23-11-01-01 Schraube, flach aufliegend, Außenantrieb; 23-11-01-02 Schraube, flach aufliegend, Innenantrieb; 23-11-01-03 Senkkopfschraube, Innenantrieb; 23-11-01-04 Schraube mit Rechteckkopf; 23-11-01-06 Schraube, selbstarretierend; 23-11-01-10 Sonderschraube; 23-11-01-11 Holzschraube; 23-11-01-12 Blechschraube; 23-11-01-13 Schraube, nicht flach aufliegend, Außenantrieb; 23-11-01-14 Passschraube (mit Kopf); 23-11-01-15 Dehnschraube (mit Kopf); 23-11-01-16 Rändelschraube; 23-11-01-17 Schraube (gewindeformend); 23-11-01-18 Bohrschraube; 23-11-01-19 Kopfschraube (ohne Antriebsmerkmal); 23-11-01-20 Hohlschraube; 23-11-01-21 Halfenschraube; 23-11-03-01 Gewindestange; 23-11-03-02 Gewindestift, -Bolzen, Schaftschraube; 23-11-03-03 Stiftschraube, Schraubenbolzen; 23-11-07-01 Mutter (sechs-, n-kant); 23-11-07-04 Kronenmutter; 23-11-07-05 Mutter mit Klemmteil; 23-11-07-06 Überwurfmutter (Verschraubung); 23-11-07-07 Rundmutter; 23-11-07-08 Rändelmutter; 23-11-07-09 Mutter mit Scheibe, unverlierbar; 23-11-07-10 Mutter mit Handantrieb; 23-11-07-11 Federmutter; 23-11-09-01 Gewindeeinsatz; 23-11-09-02 Einpressmutter, Gewindebuchse; 23-12-04-01 Vollniet; 23-12-04-02 Blindniet; 23-12-04-03 Hohlniet*

## MEB Präzisionsantriebe

Goethestraße 34, D-72184 Eutingen, Telefon: +49 7457 5770, Telefax: +49 7457 5880,
info@meb-motoren.de, www.meb-motoren.de

*ecl@sses: 27-02-26-03 Servo-DC-Motor*

## MECO Metallwerk

Jöllenbecker Str. 44a, D-33613 Bielefeld, Telefon: +49 521 68063 + 131381, Telefax: +49 521 131059,
info@meco-bielefeld.de, www.meco-bielefeld.de

*ecl@sses: 23-11-01-20 Hohlschraube*

## MEGADYNE GmbH

Robert-Bosch-Straße 5, D-89275 Elchingen, Telefon: +49 7308 9665 0, Telefax: +49 7308 9665 25,
info@megadyne.de, www.megadyne.de

*ecl@sses: 23-17-02-01 Keilriemen; 23-17-02-04 Flachriemen; 23-17-02-05 Zahnriemen; 23-17-02-10 Zahnriemenscheibe*

M

## mentec GmbH

Am Gielbrunnen 14, D-67304 Eisenberg, Telefon: +49 6351 4905 0, Telefax: +49 6351 4905 29,
info@mentec.de, www.mentec-ttk.de

*ecl@sses: 23-11-01-02 Schraube, flach aufliegend, Innenantrieb*

## Menzel Elektromotoren GmbH

Neues Ufer 19-25, D-10553 Berlin, Telefon: +49 30 3499220,
www.menzel-elektromotoren.com

*ecl@sses: 27-02-27-09 Umrichterantrieb*

## Mercanta GmbH

Feldheider Strasse 46, D-40699 Erkrath, Telefon: +49 2104 31070, Telefax: +49 2104 35668,
info@mercanta.de, www.mercanta.de

*ecl@sses: 23-08-04-90 Tellerfeder (nicht klassifiziert); 23-09-03-01 Zahn-, Feder-, Spannscheibe; 23-09-03-02 Sicherungsblech (Welle, Schraube); 23-09-03-03 Sicherungsring (Querschnitt rechteckig)*

## Metallverarbeitung Grünes Herz eG

Zainhammer, D-98587 Unterschönau, Telefon: +49 36847 358 0, Telefax: +49 36847 358 29,
info@gruenes-herz-eg.de, www.gruenes-herz-eg.de

*ecl@sses: 23-10-01-01 Stift; 23-10-01-90 Bolzen, Stift (nicht klassifiziert)*

### Metallwarenfabrik Armbruster GmbH & Co

Allmand 21, D-74670 Forchtenberg, Telefon: +49 7947 9102 0, Telefax: +49 7947 9102 22,
info@mfo-waelzlager.com, www.mfo-waelzlager.com

*ecl@sses: 23-09-03-02 Sicherungsblech (Welle, Schraube); 23-10-01-02 Spannstift, Spannhülse*

### Metallwarenfabrik Hermann Winker GmbH & Co KG

Dellinger Weg 1, D-78549 Spaichingen, Telefon: +49 7424 7040, Telefax: +49 7424 3150,
gl@hewi-sicherungsmuttern.de, www.hewi-sicherungsmuttern.de

*ecl@sses: 23-09-01-01 Scheibe, Ring (plan, ballig, rund); 23-11-07-01 Mutter (sechs-, n-kant); 23-11-07-05 Mutter mit Klemmteil; 23-11-07-07 Rundmutter; 23-11-07-09 Mutter mit Scheibe, unverlierbar*

### METER Deutschland GmbH & Co. KG

Schmalauweg 1, D-66424 Homburg, Telefon: +49 6841 972950, Telefax: +49 6841 9729523,
wilhelm@meter-webwide.de, www.meter-webwide.de

*ecl@sses: 23-05-10-01 Axial-Rillenkugellager*

### MIBA FRICTEC GmbH

Peter-Mitterbauer-Straße 1, A-4661 Roitham, Telefon: +43 7613902 0, Telefax: +43 76139020 4190,
frictec.oe@miba.com, www.miba.com

*ecl@sses: 23-03-10-06 Lamellenkupplung*

### Michael Haase GmbH

Dorfstrasse 50, D-17039 Neverin, Telefon: +49 39608 20501, Telefax: +49 39608 20501,
michael-haase-gmbh@gmx.net, www.michael-haase-gmbh.de

*ecl@sses: 23-02-01-01 Gelenkwelle mit Längenausgleich*

### Michalk & Co OHG Befestigungssysteme

Uhlendiekstrasse 98-106, D-32257 Bünde, Telefon: +49 5223 6881 0, Telefax: +49 5223 6881 29,
info@michalk-ohg.de,

*ecl@sses: 23-09-01-01 Scheibe, Ring (plan, ballig, rund); 23-11-01-11 Holzschraube; 23-11-03-01 Gewindestange; 23-11-03-02 Gewindestift, -Bolzen, Schaftschraube*

### Micromotion GmbH

An der Fahrt 13, D-55124 Mainz, Telefon: +49 6131 66927 0, Telefax: +49 6131 66927 20,
info@micromotion-gmbh.de,

*ecl@sses: 23-32-01-05 Planetengetriebe*

### MikronTec GmbH

Behringstraße 3, D-63814 Mainaschaff, Telefon: +49 60 21781120, Telefax: +49 60 21781133,
info@mikrontec.de, www.mikrontec.de

*ecl@sses: 23-05-07-04 Welle (Lineareinheit)*

### Milles + Hofmann

Auf der Kaule 23-27, D-51427 Bergisch Gladbach, Telefon: +49 2204 96970, Telefax: +49 2204 969769,
info@milles-hofmann.de, www.milles-hofmann.de

*ecl@sses: 23-11-03-01 Gewindestange*

M

## MISUMI Europa GmbH

Katharina-Paulus-Strasse 6, D-65824 Schwalbach, Telefon: +49 6196 7746 0, Telefax: +49 6196 7746 360, verkauf@misumi.de, www.misumi.de

*ecl@sses: 23-03-10-06 Lamellenkupplung; 23-03-11-01 Klauenkupplung (elastisch); 23-05-01-01 Trockengleitlager; 23-05-07-01 Linear-Kugellager; 23-05-07-04 Welle (Lineareinheit); 23-05-07-05 Profilschienen-Wälzführung; 23-05-08-01 Rillenkugellager; 23-05-08-03 Schrägkugellager; 23-05-10-01 Axial-Rillenkugellager; 23-05-15-01 Stützrolle (Lager); 23-05-15-02 Kurvenrolle (Lager); 23-05-16-01 Stehlagergehäuseeinheit; 23-05-16-02 Flanschlagergehäuseeinheit; 23-08-90-01 Spiralfeder; 23-11-01-14 Passschraube (mit Kopf); 23-11-01-16 Rändelschraube; 23-11-07-08 Rändelmutter; 23-17-01-01 Stirnrad (Verzahnungselement); 23-17-02-04 Flachriemen; 23-17-02-05 Zahnriemen; 23-17-02-09 Flachriemenscheibe; 23-17-02-10 Zahnriemenscheibe; 23-17-02-90 Riementrieb (nicht klassifiziert); 23-17-04-03 Standardrollenkette; 23-17-04-05 Edelstahlkette; 23-17-04-06 Rollenkette mit Anbauteilen; 23-17-04-50 Kettenrad; 23-30-01-01 Lineargleitlager (Gleitführung); 23-30-01-03 Wellen (Gleitführung); 23-30-01-06 Lineargleitlagereinheit (Gleitführung); 23-30-03-01 Linearkugellager, Linearkugellagerführung; 23-30-03-03 Wellen (Linearkugellagerführung); 23-30-03-06 Linearkugellagereinheit (Linearkugellagerführung); 23-30-04-01 Kugelumlaufführung (Profilschienenführung, komplett); 23-30-04-02 Führungsschiene (Profilschienenführung); 23-30-05-01 Kugelführung (Käfigschienenführung); 23-30-05-03 Kreuzrollenführung (Käfigschienenführung); 23-30-07-90 Trapezgewindetrieb (nicht klassifiziert); 23-30-08-90 Kugelgewindetrieb (nicht klassifiziert); 23-30-15-04 Lineartisch Profilschienenführung*

## Mobac GmbH

Bunsenstrasse 1, D-24145 Kiel, Telefon: +49 431 650277, Telefax: +49 431 650511, mobac@t-online.de, www.mobac.de

*ecl@sses: 23-04-10-03 Hysteresebremse*

## Montanhydraulik GmbH

Bahnhofstraße 39, D-59439 Holzwickede, Telefon: (02301) 916-0, Telefax: (02301) 916-126, info@montanhydraulik.com, www.montanhydraulik.de

*ecl@sses: 27-30-02-01 Differentialzylinder (Hydraulik); 27-30-02-02 Gleichgangzylinder (Hydraulik); 27-30-02-08 Teleskopzylinder (Hydraulik)*

## Moog GmbH

Hanns-Klemm-Strasse 28, D-71034 Böblingen, Telefon: +49 7031 622 0, Telefax: +49 7031 622 100, sales-hms@moog.de,

*ecl@sses: 27-02-26-03 Servo-DC-Motor*

M

## motionstep

Kirchheimer Straße 6, D-81929 München, Telefon: +49 89 944687 82, Telefax: +49 89 944687 83, info@motionstep.de, www.motionstep.de

*ecl@sses: 27-02-30-05 Servo-Getriebemotor (elektrisch verstellbar)*

## MOTOVARIO GmbH

Pfützenstraße 75, D-64347 Griesheim, Telefon: +49 6155 84290 0, Telefax: +49 6155 84290 30, info@motovario.de, www.motovario.de

*ecl@sses: 23-32-01-01 Stirnradgetriebe; 23-32-01-02 Flachgetriebe; 23-32-01-03 Kegelradgetriebe; 23-32-01-04 Schneckengetriebe*

## Motron Steuersysteme GmbH

m Gewerbegebiet 6, D-91093 Hessdorf, Telefon: +49 9135 7388 0, Telefax: +49 9135 7388 37, motron@t-online.de, www.motron.de

*ecl@sses: 27-02-26-04 Schrittmotor*

### MSF Technik Vathauer GmbH & Co KG

Am Hessentuch 6-8, D-32758 Detmold, Telefon: +49 5231 66193, Telefax: +49 5231 66856,
info@msf-technik.de,

*ecl@sses: 23-32-01-01 Stirnradgetriebe; 23-32-01-02 Flachgetriebe; 23-32-01-04 Schneckengetriebe; 27-02-21-01 NS-Drehstrom-Asynchronmotor, Käfigläufer (IEC)*

### MSK Maschinenbau Wende GmbH

Röckertstrasse 21, D-97271 Kleinrinderfeld, Telefon: +49 9366 1851,
info@msk-wende.de, www.msk-wende.de

*ecl@sses: 23-05-07-04 Welle (Lineareinheit)*

### MTK Bearings

J. Chantraineplantsoen 5, D-3070 Kortenberg, Telefon: +32 2 7580070, Telefax: +32 2 7580075,
info@mtk-bearings.com, www.mtk-bearings.com

*ecl@sses: 23-05-09-01 Zylinderrollenlager*

### Mulco-Europe EWIV

Heinrich-Nordhoff-Ring 14, D-30826 Garbsen, Telefon: +49 5131 4522-0, Telefax: +49 5131 4522-110,
info@mulco.de, www.mulco.de

*ecl@sses: 23-05-08-01 Rillenkugellager; 23-17-02-04 Flachriemen; 23-17-02-05 Zahnriemen; 23-32-01-01 Stirnradgetriebe*

### Murtfeldt Kunststoffe GmbH & Co. KG

Heßlingsweg 14-16, D-44309 Dortmund, Telefon: +49 231 206090, Telefax: +49 231 251021,
www.murtfeldt.de

*ecl@sses: 23-17-04-50 Kettenrad*

### MW Hydraulik Maschinenwerke Frankfurt GmbH

Lange Hecke 3, D-63796 Kahl, Telefon: +49 6188 812912, Telefax: +49 6188 8454,
info@mw-hydraulik.de, www.mw-hydraulik.de

*ecl@sses: 27-30-11-01 Axialkolbenmotor (Hydraulik); 27-30-12-02 Axialkolbenpumpe (Hydraulik); 27-30-12-03 Flügelzellenpumpe (Hydraulik)*

**M**

### Mühl Schraubengroßhandlung

Industriestraße 7-9, D-33818 Leopoldshöhe, Telefon: +49 5202 1042, Telefax: +49 5202 1690,
info@dm-muehl.de, www.dm-muehl.de

*ecl@sses: 23-02-04-01 Spannelement (Welle-Nabe-Verbindung); 23-08-04-90 Tellerfeder (nicht klassifiziert); 23-09-01-02 Scheibe (plan, ballig, eckig); 23-09-03-01 Zahn-, Feder-, Spannscheibe; 23-09-03-03 Sicherungsring (Querschnitt rechteckig); 23-10-01-02 Spannstift, Spannhülse; 23-10-05-90 Passfeder, Keil, Scheibenfeder (nicht klassifiziert); 23-11-01-02 Schraube, flach aufliegend, Innenantrieb; 23-11-01-03 Senkkopfschraube, Innenantrieb; 23-11-01-13 Schraube, nicht flach aufliegend, Außenantrieb; 23-11-01-14 Passschraube (mit Kopf); 23-11-01-16 Rändelschraube; 23-11-01-17 Schraube (gewindeformend); 23-11-01-18 Bohrschraube; 23-11-03-01 Gewindestange; 23-11-03-02 Gewindestift, -Bolzen, Schaftschraube; 23-11-03-03 Stiftschraube, Schraubenbolzen; 23-11-07-01 Mutter (sechs-, n-kant); 23-11-07-05 Mutter mit Klemmteil; 23-11-07-08 Rändelmutter; 23-11-09-01 Gewindeeinsatz*

### Münchener Federn-Zentrale e.K.

Westendstrasse 125, D-80339 München, Telefon: +49 89 507261, Telefax: +49 89 503802,
info@federnzentrale.de, www.federnzentrale.de

*ecl@sses: 23-08-01-01 Schraubendruckfeder; 23-08-02-01 Schraubenzugfeder*

## Myonic GmbH

Steinbeisstr. 4, D-88299 Leutkirch, Telefon: +49 7561 978 0, Telefax: +49 7561 978 288,
info@myonic.com, www.myonic.com

*ecl@sses: 23-05-08-01 Rillenkugellager; 23-05-08-03 Schrägkugellager; 23-05-10-01 Axial-Rillenkugellager*

## Mädler GmbH

Tränkestrasse 8, D-70597 Stuttgart, Telefon: +49 711 72095 0, Telefax: +49 711 72095 33,
wlw@maedler.de, www.tedata.com

*ecl@sses: 23-02-01-01 Gelenkwelle mit Längenausgleich; 23-02-01-03 Doppelgelenkwelle; 23-02-01-04 Gelenk; 23-02-01-06 Doppelgelenk; 23-02-03-90 Keilwelle (nicht klassifiziert); 23-02-04-01 Spannelement (Welle-Nabe-Verbindung); 23-02-04-02 Innenspannsystem; 23-02-04-03 Außenspannsystem; 23-03-09-02 Schalenkupplung; 23-03-10-02 Zahnkupplung; 23-03-10-03 Kreuzscheibenkupplung; 23-03-10-05 Ganzmetallkupplung (biegenachgiebig); 23-03-10-06 Lamellenkupplung; 23-03-11-01 Klauenkupplung (elastisch); 23-03-11-04 Kupplung (metallelastisch); 23-03-11-05 Kupplung (hochelastisch); 23-03-11-07 Kupplung (drehelastisch); 23-03-11-08 Kupplung (drehelastisch, spielfrei); 23-03-17-03 Reibschlüssige Drehmomentbegrenzer; 23-03-17-04 Formschlüssige Drehmomentbegrenzer; 23-05-01-01 Trockengleitlager; 23-05-01-05 Gelenkkopf (Gleitlager); 23-05-01-06 Gelenklager; 23-05-01-07 Mehrflächengleitlager; 23-05-01-08 Hydrodynamische Gleitlager; 23-05-07-01 Linear-Kugellager; 23-05-07-04 Welle (Lineareinheit); 23-05-07-05 Profilschienen-Wälzführung; 23-05-16-01 Stehlagergehäuseeinheit; 23-05-16-02 Flanschlagergehäuseeinheit; 23-05-16-03 Spannlagergehäuseeinheit; 23-07-12-02 Balgdichtung; 23-09-03-02 Sicherungsblech (Welle, Schraube); 23-09-03-03 Sicherungsring (Querschnitt rechteckig); 23-10-01-90 Bolzen, Stift (nicht klassifiziert); 23-10-05-90 Passfeder, Keil, Scheibenfeder (nicht klassifiziert); 23-11-01-16 Rändelschraube; 23-11-03-01 Gewindestange; 23-11-07-01 Mutter (sechs-, n-kant); 23-11-07-05 Mutter mit Klemmteil; 23-11-07-08 Rändelmutter; 23-17-01-01 Stirnrad (Verzahnungselement); 23-17-01-03 Kegelrad; 23-17-01-04 Kegelradsatz; 23-17-01-05 Schneckenwelle; 23-17-01-06 Schneckenrad; 23-17-01-07 Schneckensatz; 23-17-01-08 Zahnstange (Verzahnungselement); 23-17-02-01 Keilriemen; 23-17-02-05 Zahnriemen; 23-17-02-08 Keilriemenscheibe; 23-17-02-10 Zahnriemenscheibe; 23-17-04-03 Standardrollenkette; 23-17-04-04 Wartungsfreie Rollenkette; 23-17-04-05 Edelstahlkette; 23-17-04-06 Rollenkette mit Anbauteilen; 23-17-04-10 Buchsenkette; 23-17-04-20 Spezial- und Sonderkette; 23-17-04-50 Kettenrad; 23-17-04-51 Kettenscheibe; 23-30-01-01 Lineargleitlager (Gleitführung); 23-30-01-03 Wellen (Gleitführung); 23-30-03-01 Linearkugellager, Linearkugellagerführung; 23-30-03-03 Wellen (Linearkugellagerführung); 23-30-03-06 Linearkugellagereinheit (Linearkugellagerführung); 23-30-04-01 Kugelumaufführung (Profilschienenführung, komplett); 23-30-04-02 Führungsschiene (Profilschienenführung)*

## Mörz Feinmechanik GmbH

Pößnecker Str. 46, D-07318 Saalfeld/Saale, Telefon: +49 03671 5792 0, Telefax: +49 03671 517620,
info@moerz-feinmechanik.de, www.moerz-feinmechanik.de

*ecl@sses: 27-02-24-01 Synchronmotor (IEC)*

**N**

## Nabtesco Precision Europe GmbH

Klosterstraße 49, D-40211 Düsseldorf, Telefon: +49 211 17379 0, Telefax: +49 211 364677,
info@nabtesco-precision.de, www.nabtesco-precision.de

*ecl@sses: 23-32-01-07 Spielarme Getriebe*

## Nadella GmbH

Rudolf-Diesel-Straße 28, D-71154 Nufringen, Telefon: +49 703295400, Telefax: +49 7032 954025,
info@nadella.de, www.nadella.de

*ecl@sses: 23-05-09-07 Nadellager, massiv*

## NAF Neunkirchener Achsenfabrik

Weyhausenstraße 2, D-91077 Neunkirchen am Brand, Telefon: +49 9134 702-0, Telefax: +49 9134 702-640,
alfred.saam@nafaxles.com, www.nafaxles.com

*ecl@sses: 23-32-01-05 Planetengetriebe*

### Natterer GmbH & Co. KG
Kemptener Strasse 8, D-88131 Lindau, Telefon: +49 8382 72944,
info@natterer-lindau.de, www.natterer-lindau.de

*ecl@sses: 23-05-10-01 Axial-Rillenkugellager*

### NBE Elektrische Maschinen und Geräte GmbH
Am Teich 3, D-06116 Halle / Saale, Telefon: +49 345 560 8800, Telefax: +49 345 560 1468,
info@nbe-online.de, www.nbe-online.de

*ecl@sses: 27-01-03-90 Generator (< 10 MVA, nicht klassifiziert)*

### NBR Gehäuse- und Wälzlager GmbH
Geister Landweg 15, D-48153 Münster, Telefon: +49 251 98722222, Telefax: +49 251 98722215,
info@nbr-gehaeuselager.de, www.nbr-gehaeuselager.de

*ecl@sses: 23-05-08-01 Rillenkugellager; 23-05-08-03 Schrägkugellager; 23-05-08-06 Pendelkugellager; 23-06-01-01 Schmierstoff (flüssig); 23-07-16-01 O-Ring; 23-07-17-01 Radial-Wellendichtring*

### NEFF Gewindetriebe GmbH
Karl Benz Strasse 24, D-71093 Weil im Schönbuch, Telefon: +49 7167 538900,
www.neff-gewindetrieb.de, info@neff-gewindetriebe.de

*ecl@sses: 23-30-07-90 Trapezgewindetrieb (nicht klassifiziert); 23-30-08-90 Kugelgewindetrieb (nicht klassifiziert); 23-30-19-90 Elektromechanische Hubsäule (nicht klassifiziert); 23-32-01-09 Spindelhubgetriebe*

### Neudecker & Jolitz
Venneweg 28, D-48712 Gescher, Telefon: +49 2542 910 0, Telefax: +49 2542 910290,
info@neudecker-jolitz.de, www.neudecker-jolitz.de

*ecl@sses: 23-04-09-01 Magnetbremse; 23-04-09-02 Hydraulische Bremse; 23-32-01-01 Stirnradgetriebe; 23-32-01-04 Schneckengetriebe; 27-01-02-90 Generator (10-100 MVA, nicht klassifiziert); 27-02-21-01 NS-Drehstrom-Asynchronmotor, Käfigläufer (IEC); 27-02-21-02 NS-Drehstrom-Asynchronmotor, Käfigläufer (IEC, Ex); 27-02-21-03 NS-Drehstrom-Asynchronmotor, Käfigläufer (NEMA); 27-02-27-90 Anwendungsbezogener Motor (nicht klassifiziert); 27-02-30-01 AC-Getriebemotor (Festdrehzahl); 27-02-30-02 AC-Getriebemotor (polumschaltbar); 27-02-30-04 Getriebemotor mit angebauten dezentralen Komponenten*

**N**

### Neugart GmbH & Co KG
Keltenstr. 16, D-77971 Kippenheim, Telefon: +49 7825 847 0, Telefax: +49 7825 847 102,
vertrieb@neugart.de, www.neugart.de

*ecl@sses: 23-17-01-01 Stirnrad (Verzahnungselement); 23-17-01-03 Kegelrad; 23-17-01-05 Schneckenwelle; 23-17-01-08 Zahnstange (Verzahnungselement); 23-32-01-05 Planetengetriebe*

### Neukirch Schmierstoffe
Alte Vockenroter Steige 19, D-97877 Wertheim, Telefon: +49 9342 9169393, Telefax: +49 9342 9169443,
schmierstoffe@neukirch.info, www.neukirch24.de

*ecl@sses: 23-06-12-01 Hydraulikflüssigkeit*

### Nexen Europe Group N.V.
K.-Astrid-Laan 59 B 12, B-1780 Wemmel/Brussels, Telefon: +32 2 461 0260, Telefax: +32 2 461 0248,
europe@nexengroup.com, www.nexeneurope.com

*ecl@sses: 23-03-14-03 Mechanischbetätigte Schaltkupplung; 23-04-09-03 Pneumatische Bremse*

### NKE Austria GmbH
Ennser Straße 41a, A-4407 Steyr-Gleink, Telefon: +43 7252 86667, Telefax: +43 7252 8666759,
office@nke.at, www.nke.at

*ecl@sses: 23-05-08-01 Rillenkugellager; 23-05-08-03 Schrägkugellager; 23-05-08-06 Pendelkugellager; 23-05-09-01 Zylinderrollenlager; 23-05-09-07 Nadellager, massiv; 23-05-09-09 Innenring (Nadellager); 23-05-09-10 Kegelrollenlager; 23-05-09-11 Pendelrollenlager; 23-05-10-01 Axial-Rillenkugellager; 23-05-11-01 Axial-Zylinderrollenlager; 23-05-11-02 Axial-Nadellager; 23-05-11-03 Axial-Pendelrollenlager; 23-05-15-01 Stützrolle (Lager); 23-05-15-02 Kurvenrolle (Lager)*

### NOLD Hydraulik + Pneumatik GmbH
Enzisreute 38, D-88339 Bad Waldsee, Telefon: +49 7524 9720 0, Telefax: +49 7524 9720 70,
info@nold.de, www.nold.de

*ecl@sses: 27-30-20-90 Schlauch (Hydraulik, nicht klassifiziert)*

### Norddeutsche Seekabelwerke GmbH & Co KG
Kabelstrasse 9-11, D-26954 Nordenham, Telefon: +49 4731 82 0, Telefax: +49 4731 82 1301,
nsw@corning.com, www.nsw.com

*ecl@sses: 23-17-02-01 Keilriemen; 23-17-02-04 Flachriemen; 23-17-02-05 Zahnriemen; 23-17-02-11 Rundriemen*

### Nordform Max Storch GmbH & Co. KG
Schützenwall 16-20, D-22844 Norderstedt, Telefon: +49 40 521973 0, Telefax: +49 40 521973 10,
info@nfmst.de, www.nfmst.de

*ecl@sses: 23-08-04-90 Tellerfeder (nicht klassifiziert); 23-09-01-01 Scheibe, Ring (plan, ballig, rund)*

### norelem Normelemente oHG
Volmarstrasse 2, D-71706 Markgröningen, Telefon: +49 7145 206 0, Telefax: +49 7145 20666,
info@norelem.de, www.norelem.de

*ecl@sses: 23-11-01-21 Halfenschraube; 23-11-03-02 Gewindestift, -Bolzen, Schaftschraube; 23-11-03-03 Stiftschraube, Schraubenbolzen; 23-11-07-01 Mutter (sechs-, n-kant); 23-11-09-01 Gewindeeinsatz*

### Nosta GmbH
An der Bahn 5, D-89420 Höchstädt / Donau, Telefon: +49 9074 42 0,
nosta@nosta.com, www.nosta.com

*ecl@sses: 23-11-07-01 Mutter (sechs-, n-kant)*

### Novamelt GmbH
Öflinger Strasse 120, D-79664 Wehr, Telefon: +49 7762 7085 0, Telefax: +49 7762 7085 48,
info@novamelt.de, www.novamelt.de

*ecl@sses: 23-33-01-04 Schmelzklebstoff*

### Novomotec GmbH
Hermannstraße 9a, D-85579 Neubiberg, Telefon: +49 89 60019 213, Telefax: +49 89 60019 062,
info@novomotec.de, www.novomotec.de

*ecl@sses: 27-02-25-01 DC-Motor (IEC); 27-02-27-90 Anwendungsbezogener Motor (nicht klassifiziert)*

### NovoNox Components
Volmarstraße 1, D-71706 Markgröningen, Telefon: +49 7145 936117, Telefax: +49 7145 936116,
i.tauber@novonox.com, www.novonox.com

*ecl@sses: 23-03-11-08 Kupplung (drehelastisch, spielfrei); 23-11-01-11 Holzschraube; 23-11-07-01 Mutter (sechs-, n-kant)*

N

### NOVOTRON Industrie-Automation GmbH
Mauserstraße 31, D-71640 Ludwigsburg, Telefon: +49 7141 2969 0, Telefax: +49 7141 2969 22,
info@novotron-online.com, www.novotron.de

*ecl@sses: 27-02-26-02 Servo-Synchronmotor; 27-02-26-03 Servo-DC-Motor; 27-02-28-01 Linearmotor*

### Nozag AG
Pünten 4, CH-8602 Wangen, Telefon: +41 44 8051717, Telefax: +41 44 8051718,
info@nozag.ch, www.nozag.ch

*ecl@sses: 23-03-11-01 Klauenkupplung (elastisch); 23-05-07-04 Welle (Lineareinheit); 23-17-01-01 Stirnrad*
*(Verzahnungselement); 23-17-01-03 Kegelrad; 23-17-01-04 Kegelradsatz; 23-17-01-05 Schneckenwelle; 23-17-01-06*
*Schneckenrad; 23-17-01-07 Schneckensatz; 23-17-01-08 Zahnstange (Verzahnungselement); 23-17-04-03*
*Standardrollenkette; 23-17-04-04 Wartungsfreie Rollenkette; 23-17-04-05 Edelstahlkette; 23-17-04-06 Rollenkette mit*
*Anbauteilen; 23-17-04-50 Kettenrad; 23-17-04-51 Kettenscheibe; 23-30-07-90 Trapezgewindetrieb (nicht klassifiziert); 23-*
*30-18-90 Elektomechanischer Zylinder (nicht klassifiziert); 23-30-19-90 Elektromechanische Hubsäule (nicht klassifiziert);*
*23-32-01-03 Kegelradgetriebe; 23-32-01-04 Schneckengetriebe; 23-32-01-07 Spielarme Getriebe*

### NSK Deutschland GmbH
Harkortstraße 15, D-40880 Ratingen, Telefon: +49 2102 481 0, Telefax: +49 2102 481 229,
info-de@nsk.com, www.nsk.com

*ecl@sses: 23-05-08-01 Rillenkugellager; 23-05-08-02 Spannlager; 23-05-08-03 Schrägkugellager; 23-05-08-06*
*Pendelkugellager; 23-05-09-01 Zylinderrollenlager; 23-05-09-04 Nadelkranz; 23-05-09-05 Nadelhülse; 23-05-09-06*
*Nadelbüchse; 23-05-09-07 Nadellager, massiv; 23-05-09-09 Innenring (Nadellager); 23-05-09-10 Kegelrollenlager; 23-05-*
*09-11 Pendelrollenlager; 23-05-10-01 Axial-Rillenkugellager; 23-05-10-02 Axial-Schrägkugellager; 23-05-10-90 Axial-*
*Kugellager (nicht klassifiziert); 23-05-11-01 Axial-Zylinderrollenlager; 23-05-11-02 Axial-Nadellager; 23-05-11-03 Axial-*
*Pendelrollenlager; 23-05-11-04 Axial-Kegelrollenlager; 23-05-12-05 Kreuzrollenlager; 23-05-15-01 Stützrolle (Lager); 23-*
*05-15-02 Kurvenrolle (Lager); 23-05-16-01 Stehlagergehäuseeinheit; 23-05-16-02 Flanschlagergehäuseeinheit; 23-05-16-*
*03 Spannlagergehäuseeinheit*

### NWT Haug GmbH
Gärtlesäcker 13, D-72280 Dornstetten-Aach, Telefon: +49 7443 4205, Telefax: +49 7443 20397,
info@nwtgmbh.de, www.nwtgmbh.de

*ecl@sses: 23-02-04-03 Außenspannsystem*

### Octacom.Antriebstechnik GmbH
Dieselstraße 3, D-61239 Ober-Mörlen, Telefon: +49 6002 9398 0, Telefax: +49 6002 9398 15,
www.octacom-antriebstechnik.de

*ecl@sses: 27-02-26-01 Servo-Asynchronmotor; 27-02-26-02 Servo-Synchronmotor*

### OILES Deutschland GmbH
Boschstraße 3, D-61239 Ober-Mörlen, Telefon: +49 6002 9392 0, Telefax: +49 6002 9392 22,
ralf.weintritt@oiles.de, www.oiles.de

*ecl@sses: 23-05-01-01 Trockengleitlager; 23-05-01-06 Gelenklager*

### Oilgear Towler GmbH
Im Gotthelf 8-10, D-65795 Hattersheim, Telefon: +49 6145 3770, Telefax: +49 6145 30770,
info@oilgear.de, www.oilgear.de

*ecl@sses: 27-30-12-02 Axialkolbenpumpe (Hydraulik)*

O

### OKS Spezialschmierstoffe GmbH

Triebstraße 9, D-80993 München, Telefon: +49 89 149892 0, Telefax: +49 89 14192 19,
info@oks-germany.com, www.oks-germany.com

*ecl@sses: 23-06-01-01 Schmierstoff (flüssig); 23-06-01-02 Schmierstoff (pastös); 23-06-01-03 Metallbearbeitungsöl (-flüssigkeit)*

### omniTECHNIK Mikroverkapselungs GmbH

Triebstrasse 9, D-80993 München, Telefon: +49 89 143381 0, Telefax: +49 89 143381 11,
contact@omnitechnik.com,

*ecl@sses: 23-06-01-01 Schmierstoff (flüssig); 23-33-01-90 Klebstoff (technisch, nicht klassifiziert)*

### OMS-Antriebstechnik OHG

Bahnhofstr. 12, D-36219 Cornberg, Telefon: +49 5650 969 0, Telefax: +49 5650 969 100,
info@oms-antrieb.de, www.oms-antrieb.de

*ecl@sses: 27-02-27-01 Aufzugsmotor*

### Online Schraubenhandel e.Kfr.

, D-78054 Villingen-Schwenningen, Telefon: +49 7720 304880, Telefax: +49 7720 304881,
info@online-schraubenhandel.de, www.online-schraubenhandel.de

*ecl@sses: 23-11-01-03 Senkkopfschraube, Innenantrieb; 23-11-01-11 Holzschraube; 23-11-01-12 Blechschraube*

### Optibelt GmbH

Corveyer Allee 15, D-37671 Höxter, Telefon: +49 5271 621, Telefax: +49 5271 976200,
info@optibelt.com, www.optibelt.com

*ecl@sses: 23-17-02-01 Keilriemen*

### Oriental Motor (Europa) GmbH

Schiess-Straße 74, D-40549 Düsseldorf, Telefon: +49 211 52067 00, Telefax: +49 211 52067 099,
info@orientalmotor.de, www.orientalmotor.de

*ecl@sses: 23-30-18-90 Elektomechanischer Zylinder (nicht klassifiziert); 27-02-21-01 NS-Drehstrom-Asynchronmotor, Käfigläufer (IEC); 27-02-23-02 Kondensatormotor; 27-02-25-01 DC-Motor (IEC); 27-02-26-04 Schrittmotor; 27-02-28-01 Linearmotor; 27-02-30-01 AC-Getriebemotor (Festdrehzahl); 27-02-30-03 AC-Getriebemotor (elektrisch verstellbar); 27-02-30-07 DC-Getriebemotor (elektrisch verstellbar)*

### Orosol Mineralölvertrieb GmbH

Alemannenweg 24, D-58119 Hagen, Telefon: +49 23 34 50 36 0,
orosol@t-online.de, www.orosol.de

*ecl@sses: 23-06-12-01 Hydraulikflüssigkeit*

O

### Ortlinghaus – Werke GmbH

Kenkhauser Str. 125, D-42929 Wermelskirchen, Telefon: +49 2196 85 0, Telefax: +49 2196 85 5306,
info@ortlinghaus.com, www.ortlinghaus.de

*ecl@sses: 23-03-11-05 Kupplung (hochelastisch); 23-03-14-03 Mechanischbetätigte Schaltkupplung; 23-03-14-04 Hydraulischbetätigte Schaltkupplung; 23-03-14-05 Pneumatischbetätigte Schaltkupplung; 23-03-14-06 Elektromagnetischbetätigte Schaltkupplung; 23-04-09-02 Hydraulische Bremse; 23-04-09-03 Pneumatische Bremse*

### Ossenberg-Engels GmbH

Springer Strasse 62, D-58762 Altena, Telefon: +49 2352 71088, Telefax: +49 2352 75901,
info@ossenberg-engels.de, www.ossenberg-engels.de

*ecl@sses: 23-06-12-03 Bremsflüssigkeit; 23-10-01-01 Stift; 23-11-03-01 Gewindestange; 23-11-03-02 Gewindestift, -Bolzen, Schaftschraube; 23-11-03-03 Stiftschraube, Schraubenbolzen; 23-12-04-04 Nietstift*

### Dr. W. Ostermann DOB-Getriebebau GmbH & Co

Gewerbeschulstrasse 80-86, D-42289 Wuppertal, Telefon: +49 202 25509 0, Telefax: +49 202 25509 33, info@dob-getriebebau.de,

*ecl@sses: 23-17-01-01 Stirnrad (Verzahnungselement); 23-32-01-01 Stirnradgetriebe; 23-32-01-02 Flachgetriebe; 23-32-01-03 Kegelradgetriebe; 23-32-01-04 Schneckengetriebe; 23-32-01-08 Schaltgetriebe; 23-32-01-09 Spindelhubgetriebe*

### Oswald GmbH Regelbare Elektromotoren

Benzstraße 12, D-63897 Miltenberg/Main, Telefon: +49 9371 9719 0, Telefax: +49 9371 9719 66, oswald@oswald.de, www.oswald.de

*ecl@sses: 27-01-03-90 Generator (< 10 MVA, nicht klassifiziert); 27-02-21-01 NS-Drehstrom-Asynchronmotor, Käfigläufer (IEC); 27-02-24-01 Synchronmotor (IEC); 27-02-26-01 Servo-Asynchronmotor; 27-02-26-02 Servo-Synchronmotor; 27-02-28-01 Linearmotor*

### Otto Aschmann GmbH & Co KG

Zur Eisenhütte 4, D-46047 Oberhausen, Telefon: +49 208 82064 0, info@otto-aschmann.de, www.otto-aschmann.de

*ecl@sses: 23-05-09-10 Kegelrollenlager; 23-05-09-12 Tonnenlager*

### Otto Glas Handels-GmbH

Schellenbruckstrasse 7, D-84307 Eggenfelden, Telefon: +49 8721 9622 0, Telefax: +49 8721 9622 44, info@go-glas.de, www.go-glas.de

*ecl@sses: 23-05-08-03 Schrägkugellager; 23-05-10-01 Axial-Rillenkugellager; 23-32-01-01 Stirnradgetriebe*

### Otto Huber GmbH

Heubergstrasse 2, D-78583 Böttingen, Telefon: +49 7429 9312 0, Telefax: +49 7429 931250, info@otto-huber.de, www-otto-huber.de

*ecl@sses: 27-02-23-01 Spaltpolmotor*

### Otto Roth GmbH & Co KG

Rutesheimer Str. 22, D-70499 Stuttgart, Telefon: +49 711 1388 0, Telefax: +49 711 1388 233, wlw@ottoroth.de, www.ottoroth.de

*ecl@sses: 23-07-15-90 Flachdichtung (nicht klassifiziert); 23-08-04-90 Tellerfeder (nicht klassifiziert); 23-09-01-01 Scheibe, Ring (plan, ballig, rund); 23-09-01-02 Scheibe (plan, ballig, eckig); 23-09-03-01 Zahn-, Feder-, Spannscheibe; 23-09-03-02 Sicherungsblech (Welle, Schraube); 23-09-03-04 Sicherungsring (Querschnitt rund); 23-10-01-01 Stift; 23-10-01-02 Spannstift, Spannhülse; 23-10-04-01 Splint; 23-10-04-02 Federstecker; 23-10-05-90 Passfeder, Keil, Scheibenfeder (nicht klassifiziert); 23-10-06-01 Distanzhülse; 23-11-01-01 Schraube, flach aufliegend, Außenantrieb; 23-11-01-02 Schraube, flach aufliegend, Innenantrieb; 23-11-01-03 Senkkopfschraube, Innenantrieb; 23-11-01-11 Holzschraube; 23-11-01-12 Blechschraube; 23-11-01-14 Passschraube (mit Kopf); 23-11-01-16 Rändelschraube; 23-11-01-17 Schraube (gewindeformend); 23-11-01-18 Bohrschraube; 23-11-01-21 Halfenschraube; 23-11-03-01 Gewindestange; 23-11-03-02 Gewindestift, -Bolzen, Schaftschraube; 23-11-03-03 Stiftschraube, Schraubenbolzen; 23-11-07-01 Mutter (sechs-, n-kant); 23-11-07-04 Kronenmutter; 23-11-07-05 Mutter mit Klemmteil; 23-11-07-08 Rändelmutter; 23-11-09-01 Gewindeeinsatz; 23-12-04-01 Vollniet; 23-12-04-02 Blindniet*

### Overhoff Verbindungstechnik GmbH

Ostenschlahstraße 13-21, D-58675 Hemer (Westig), Telefon: +49 2372 10110, Telefax: +49 2372 3406, info@overhoff.de, www.overhoff.de

*ecl@sses: 23-10-01-90 Bolzen, Stift (nicht klassifiziert); 23-12-04-01 Vollniet; 23-12-04-03 Hohlniet; 23-12-04-04 Nietstift*

O

### P+S Polyurethan-Elastomere GmbH & Co. KG

Thüringer Straße 4, D-49356 Diepholz, Telefon: +49 5441 5980 0, Telefax: +49 5441 5980 88,
info@pus-polyurethan.de,

*ecl@sses: 23-07-15-01 Gestanzte Dichtung; 23-07-15-90 Flachdichtung (nicht klassifiziert)*

### P. J. Prause DUROTEC GmbH

Dieselstrasse 14, D-59823 Arnsberg, Telefon: +49 2931 6540, Telefax: +49 2931 6570,
info@prause-durotec.de, www.prause-durotec.de

*ecl@sses: 23-08-05-01 Blattfeder (Straßenfahrzeug)*

### Paco Cortés Inh. Francisco Cortés Incio

Gewerbestrasse 28, D-58791 Werdohl, Telefon: +49 2392 02392,
pcortes@t-online.de, www.pacocortes.de

*ecl@sses: 23-06-12-01 Hydraulikflüssigkeit*

### PAN-METALLGESELLSCHAFT Baumgärtner GmbH & Co. KG

Am Oberen Luisenpark 3, D-68165 Mannheim, Telefon: +49 621 42303 0, Telefax: +49 621 42303 33,
panmet@t-online.de, www.pan-metall.com

*ecl@sses: 23-05-01-01 Trockengleitlager; 23-05-01-06 Gelenklager; 23-05-01-08 Hydrodynamische Gleitlager; 23-05-01-09 Hydrostatische Gleitlager*

### Panasonic Elektric Works Dtschl. GmbH

Rudolf-Diesel-Str. 2, D-83607 Holzkirchen, Telefon: +49 8024 6480, Telefax: +49 8024 648555,
info-de@eu.pewg.panasonic.com, www.panasonic-electric-works.de

*ecl@sses: 27-02-30-05 Servo-Getriebemotor (elektrisch verstellbar)*

### Parker Hannifin GmbH

Am Metallwerk 9, D-33659 Bielefeld, Telefon: +49 521 4048 0, Telefax: +49 521 4048 4280,
www.parker.com

*ecl@sses: 23-30-02-01 Laufrollenführung (komplett); 23-30-07-90 Trapezgewindetrieb (nicht klassifiziert); 23-30-08-90 Kugelgewindetrieb (nicht klassifiziert); 23-30-11-90 Zahnriementrieb (nicht klassifiziert); 23-30-18-90 Elektomechanischer Zylinder (nicht klassifiziert)*

### PBC Lineartechnik GmbH

Niermannsweg 11-15, D-40699 Erkrath, Telefon: +49 211 416073 10,
info@peco-germany.com, www.peco-germany.com

*ecl@sses: 23-30-01-01 Lineargleitlager (Gleitführung); 23-30-01-03 Wellen (Gleitführung); 23-30-01-06 Lineargleitlagereinheit (Gleitführung); 23-30-02-01 Laufrollenführung (komplett); 23-30-02-02 Führungsschiene (Laufrollenführung); 23-30-02-03 Führungswagen (Laufrollenführung); 23-30-03-01 Linearkugellager, Linearkugellagerführung; 23-30-03-03 Wellen (Linearkugellagerführung); 23-30-03-06 Linearkugellagereinheit (Linearkugellagerführung)*

### PECO Peltzer & Co Verbindungselemente und Kunststoff GmbH &

Industriestrasse 12, D-58809 Neuenrade, Telefon: +49 2392 9683 0, Telefax: +49 2392 9683 99,
info@peco-germany.com, www.peco-germany.com

*ecl@sses: 23-11-01-03 Senkkopfschraube, Innenantrieb*

### Pekrun Getriebebau GmbH

Köbbingser Mühle 14, D-58640 Iserlohn, Telefon: +49 2371 945 0, Telefax: +49 2371 945 209,
info@pekrun.de, www.pekrun.de

*ecl@sses: 23-32-01-01 Stirnradgetriebe; 23-32-01-03 Kegelradgetriebe; 23-32-01-04 Schneckengetriebe; 23-32-01-05 Planetengetriebe; 23-32-01-06 Turbogetriebe; 23-32-01-08 Schaltgetriebe*

P

### Peromatic GmbH
Gubelstr. 28, CH-8050 Zürich, Telefon: +41 43 3006060, Telefax: +41 43 3006079,
info@peromatic.ch, www.peromatic.ch

*ecl@sses: 23-32-01-05 Planetengetriebe; 27-02-25-01 DC-Motor (IEC)*

### Peter Keller
Breitwasenring 17, D-72135 Dettenhausen, Telefon: +49 7157 520690,
keller.antriebe@t-online.de, www.keller-antriebe.de

*ecl@sses: 23-02-01-02 Gelenkwelle ohne Längenausgleich*

### Pfaff-silberblau Hebezeugfabrik GmbH & Co. KG
Am Silberpark 2-8, D-86438 Kissing, Telefon: +49 8233 2121 800, Telefax: +49 8233 2121 805,
contact@pfaff-silberblau.de, www.pfaff-silberblau.de

*ecl@sses: 23-30-18-90 Elektomechanischer Zylinder (nicht klassifiziert); 23-30-19-90 Elektromechanische Hubsäule (nicht klassifiziert); 23-32-01-09 Spindelhubgetriebe*

### Pfefferkorn – Simov GbR pro Seal Dichtungstechnik /TECHNO GUMMA Produktion
Moorfleeter Strasse 25b, D-22113 Hamburg, Telefon: +49 40 78079091, Telefax: +49 40 782309,
prosealdichtung@aol.com, www.pro-seal.de

*ecl@sses: 23-07-15-90 Flachdichtung (nicht klassifiziert)*

### Pfinder KG
Rudolf-Diesel-Strasse 14, D-71032 Böblingen, Telefon: +49 7031 2701 0,
pfinder@pfinder.de, www.pfinder.de

*ecl@sses: 23-06-01-03 Metallbearbeitungsöl (-flüssigkeit)*

### Philipp Lahres GmbH & Co
Friedensstrasse 3-5, D-69469 Weinheim, Telefon: +49 6201 5973 0, Telefax: +49 6201 58141,
info@philipp-lahres.de, www.philipp-lahres.de

*ecl@sses: 23-05-07-04 Welle (Lineareinheit)*

### Phytron-Elektronik GmbH
Industriestraße 12, D-82194 Gröbenzell, Telefon: +49 8142 503 0, Telefax: +49 8142 503 190,
info@phytron.de, www.phytron.de

*ecl@sses: 27-02-26-04 Schrittmotor*

P

### Pieron GmbH
Schlavenhorst 41, D-46395 Bocholt, Telefon: +49 2871 2121 0, Telefax: +49 2871 2121 21,
c.fehler@pieron.de, www.pieron.de

*ecl@sses: 23-08-01-01 Schraubendruckfeder; 23-08-03-01 Drehfeder; 23-08-05-03 Kontaktfeder; 23-09-03-03 Sicherungsring (Querschnitt rechteckig); 23-09-03-04 Sicherungsring (Querschnitt rund)*

### PINTSCH BAMAG Antriebs- und Verkehrstechnik GmbH
Hünxer Strasse 149, D-46537 Dinslaken, Telefon: +49 2064 602 0, Telefax: +49 2064 602 266,
info@pintschbamag.de, www.pintschbamag.de

*ecl@sses: 23-04-09-04 Manuelle Bremse*

### Pirtek Koblenz Rolf Merz e.K.
Industriestrasse 22b, D-56218 Mülheim-Kärlich, Telefon: +49 261 94249800,
info@pirtek-koblenz.de, www.pirtek-koblenz.de

*ecl@sses: 23-06-12-01 Hydraulikflüssigkeit*

### PIV Drives GmbH

Industriestraße 3, D-61352 Bad Homburg, Telefon: +49 6172 102 0, Telefax: +49 6172 102 8000,
marketing@piv-drives.com, www.piv-drives.com

*ecl@sses: 23-32-01-01 Stirnradgetriebe; 23-32-01-03 Kegelradgetriebe; 23-32-02-01 Mechanisches Getriebe*

### planetroll GmbH & Co. KG

Brunnenbergstraße 11-13, D-89597 Munderkingen, Telefon: +49 7393 9518 0, Telefax: +49 7393 9518 98,
office@planetroll.de, www.planetroll.de

*ecl@sses: 23-32-01-05 Planetengetriebe; 23-32-01-07 Spielarme Getriebe; 23-32-02-01 Mechanisches Getriebe; 27-02-30-01 AC-Getriebemotor (Festdrehzahl); 27-02-30-02 AC-Getriebemotor (polumschaltbar); 27-02-30-03 AC-Getriebemotor (elektrisch verstellbar); 27-02-30-06 AC-Getriebemotor (mechanisch verstellbar)*

### PLANTE SPECIAL METALS

Kleingasse 23b, D-79206 Breisach-Oberrimsingen, Telefon: +49 7664 403830, Telefax: +49 7664 403831,
info@plantespecialmetals.com, www.plantespecialmetals.com

*ecl@sses: 23-11-03-01 Gewindestange*

### platzmann federn gmbh & co. Kg

Spannstiftstrasse 41, D-58119 Hagen, Telefon: +49 2334 9596-0, Telefax: +49 2334 9596-97,
info@platzmann.de, www.platzmann.de

*ecl@sses: 23-08-01-01 Schraubendruckfeder; 23-08-02-01 Schraubenzugfeder; 23-08-03-01 Drehfeder; 23-08-05-03 Kontaktfeder*

### Plettenberg Elektromotoren

Rostocker Straße 30, D-34225 Baunatal, Telefon: +49 5601 9796 0, Telefax: +49 5601 9796 11,
info@plettenberg-motoren com, www.plettenberg-motoren.de

*ecl@sses: 27-02-25-01 DC-Motor (IEC)*

### Post-Holland GmbH & Co.

Hohe Wacht 2, D-63607 Wächtersbach, Telefon: +49 6053 1713, Telefax: +49 6053 5458,
www.post-holland.de,

*ecl@sses: 27-30-11-90 Motor (Hydraulik, nicht klassifiziert)*

### POWER-HYDRAULIK GmbH

Gottlieb-Daimler-Straße 4, D-72172 Sulz-Holzhausen, Telefon: +49 7454 95840, Telefax: +49 7454 958422,
power@power-hydraulik.de, www.power-hydraulik.de

*ecl@sses: 27-30-11-01 Axialkolbenmotor (Hydraulik)*

P

### Powertronic Drive Systems GmbH

Hartmannstrasse 36, D-12207 Berlin, Telefon: +49 30 7719635, Telefax: +49 30 7715036,
info@power-tronic.com, www.antriebe.com

*ecl@sses: 27-02-23-01 Spaltpolmotor; 27-02-23-02 Kondensatormotor; 27-02-25-01 DC-Motor (IEC); 27-02-26-01 Servo-Asynchronmotor; 27-02-30-03 AC-Getriebemotor (elektrisch verstellbar)*

### Precima Magnettechnik GmbH

Röckerstr. 16, D-31675 Bückeburg, Telefon: +49 5722 89332 0, Telefax: +49 5722 893322,
info@precima.net, www.precima.net

*ecl@sses: 23-04-09-01 Magnetbremse*

### Pro-Seals Dichtungen GmbH

Im Benzwasen 18, D-71522 Backnang, Telefon: +49 7191 344239 0, Telefax: +49 7191 368754,
info@proseals.de, www.proseals.de

*ecl@sses: 23-07-15-90 Flachdichtung (nicht klassifiziert)*

### Procon Antriebstechnik GmbH

In Ellinghoven 18, D-41844 Wegberg, Telefon: +49 2434 928900, Telefax: +49 2434 928902,
info@trommelmotor.de, www.trommelmotor.de

*ecl@sses: 27-02-27-90 Anwendungsbezogener Motor (nicht klassifiziert)*

### PRODAN GmbH

Siedlerstr. 8, D-71126 Gäufelden, Telefon: +49 7032 9577 00, Telefax: +49 7032 9577 27,
info@prodan-gmbh.de, www.prodan-gmbh.de

*ecl@sses: 23-03-14-03 Mechanischbetätigte Schaltkupplung; 23-03-14-04 Hydraulischbetätigte Schaltkupplung; 23-03-14-05 Pneumatischbetätigte Schaltkupplung; 23-03-14-06 Elektromagnetischbetätigte Schaltkupplung; 23-03-17-03 Reibschlüssige Drehmomentbegrenzer; 23-04-09-01 Magnetbremse; 23-04-09-02 Hydraulische Bremse; 23-04-09-03 Pneumatische Bremse; 23-04-09-04 Manuelle Bremse*

### Profana GmbH

Im Derrück 7, D-76776 Neuburg, Telefon: +49 7273 94945 0, Telefax: +49 7273 94945 59,
mail@profana.de, www.profana.de

*ecl@sses: 27-30-20-90 Schlauch (Hydraulik, nicht klassifiziert)*

### Profil Verbindungstechnik GmbH & Co. KG

Otto-Hahn-Strasse 22-24, D-61381 Friedrichsdorf, Telefon: +49 6175 7990, Telefax: +49 6175 7794,
info@profil.eu, www.profil.eu

*ecl@sses: 23-11-03-02 Gewindestift, -Bolzen, Schaftschraube*

### Propack Dichtungen und Packungen GmbH

Rudolf-Diesel-Ring 28, D-82054 Sauerlach, Telefon: +49 8104 6640 40, Telefax: +49 8104 6640 44,
propack@propack.net, www.propack.net

*ecl@sses: 23-07-17-01 Radial-Wellendichtring*

### Provas GmbH

Gartenstraße 17-23, D-07407 Rudolstadt, Telefon: +49 3672 422670, Telefax: +49 3672 422740,
provas-ru@t-online.de,

*ecl@sses: 27-30-20-90 Schlauch (Hydraulik, nicht klassifiziert)*

### Präzisionstechnik GmbH

Cansteinstrasse 7-8, D-06110 Halle, Telefon: +49 345 1213031, Telefax: +49 345 1213030,
info@praezisionstechnik-gmbh.de, www.praezisionstechnik-gmbh.de

*ecl@sses: 23-08-01-01 Schraubendruckfeder; 23-08-02-01 Schraubenzugfeder*

### PS Plastik & Stahl GmbH

Treppenstrasse 7, D-58638 Iserlohn, Telefon: +49 2371 9195 0, Telefax: +49 2371 9195 19,
info@plastik-stahl.de, www.plastik-stahl.de

*ecl@sses: 23-05-07-04 Welle (Lineareinheit)*

## PS-Antriebstechnik GmbH

Zum Grenzgraben 29, D-76698 Ubstadt-Weiher, Telefon: +49 7251 96280, Telefax: +49 7251 962828, info@ps-antriebstechnik.de, www.ps-antriebstechnik.de

*ecl@sses: 23-32-01-01 Stirnradgetriebe; 23-32-01-03 Kegelradgetriebe; 23-32-01-04 Schneckengetriebe; 23-32-01-05 Planetengetriebe; 27-02-30-01 AC-Getriebemotor (Festdrehzahl)*

## PSL Wälzlager GmbH

Waldstrasse 23/B 3, D-63128 Dietzenbach, Telefon: +49 6074 828983 0, Telefax: +49 6074 828983 31, info@psl-gmbh.de, www.psl-gmbh.de

*ecl@sses: 23-05-09-01 Zylinderrollenlager; 23-05-09-10 Kegelrollenlager; 23-05-09-11 Pendelrollenlager; 23-05-10-01 Axial-Rillenkugellager; 23-05-11-01 Axial-Zylinderrollenlager; 23-05-11-04 Axial-Kegelrollenlager; 23-05-14-90 Drehverbindung (Lager, nicht klassifiziert)*

## Pulsgetriebe Dipl.-Ing. W. & J. Puls GmbH & Co

Hansastrasse 17-21, D-76189 Karlsruhe, Telefon: +49 721 50008 0, Telefax: +49 721 50008 88, info@pulsgetriebe.de,

*ecl@sses: 23-32-01-05 Planetengetriebe*

## PWL Philipp Lahres GmbH & Co.

Friedensstr. 3, 69469 Weinheim, Telefon: +49 620159730, Telefax: +49 620158141, info@philipp-lahres.de, www.philipp-lahres.de

*ecl@sses: 23-11-03-01 Gewindestange*

## QUICK-OHM Küpper & Co. GmbH

Unterdahl 24B, D-42349 Wuppertal, Telefon: +49 202 404352, Telefax: +49 202 404397, contact@quick-ohm.de,

*ecl@sses: 23-10-06-01 Distanzhülse*

## R + M de Wit GmbH

Dieselstraße 26, D-42579 Heiligenhaus, Telefon: +49 2056 9822-0, info@rm-dewit.com, www.rm-dewit.com

*ecl@sses: 27-30-20-90 Schlauch (Hydraulik, nicht klassifiziert)*

## R + W Antriebselemente GmbH

Alexander-Wiegand-Straße 8, D-63911 Klingenberg, Telefon: +49 9372 9864 0, Telefax: +49 9372 9864 20, info@rw-kupplungen de, www.rw-kupplungen.de/

*ecl@sses: 23-03-10-01 Klauenkupplung (drehstarr); 23-03-10-05 Ganzmetallkupplung (biegenachgiebig); 23-03-10-06 Lamellenkupplung; 23-03-11-01 Klauenkupplung (elastisch); 23-03-11-04 Kupplung (metallelastisch); 23-03-11-05 Kupplung (hochelastisch); 23-03-11-07 Kupplung (drehelastisch); 23-03-11-08 Kupplung (drehelastisch, spielfrei); 23-03-17-02 Translatorische Überlastkupplung; 23-03-17-03 Reibschlüssige Drehmomentbegrenzer; 23-03-17-04 Formschlüssige Drehmomentbegrenzer*

R

## R. Tübben GmbH & Co. KG OPORTET-Kühlschmiertechnik

Fritz-Baum-Allee 7-9, D-47506 Neukirchen-Vluyn, Telefon: +49 2845 941158, Telefax: +49 2845 941160, info@oportet.de, www.oportet.de

*ecl@sses: 23-06-01-03 Metallbearbeitungsöl (-flüssigkeit)*

## R.E.G. AG

Robert-Bosch-Str. 2-4, D-76532 Baden-Baden, Telefon: +49 7221 972100, Telefax: +49 7221 9721029, info@reg-ag.de, www.reg-ag.de

*ecl@sses: 23-32-01-04 Schneckengetriebe*

### R.T.A. Deutschland GmbH

Bublitzer Str. 34, D-40599 Düsseldorf, Telefon: +49 211 7496686 0, Telefax: +49 211 7496686 6,
info@rta-deutschland.de, www.rta-deutschland.de

*ecl@sses: 27-02-26-02 Servo-Synchronmotor*

### Raja-Lovejoy GmbH

Friedrichstraße 6, D-58791 Werdohl, Telefon: +49 2392 509 0, Telefax: +49 2392 509 509,
info@rajalovejoy.de, www.rajalovejoy.de

*ecl@sses: 23-03-10-01 Klauenkupplung (drehstarr); 23-03-10-02 Zahnkupplung; 23-03-10-03 Kreuzscheibenkupplung*

### Randack Spezialschrauben GmbH

Delsterner Strasse 148e, D-58091 Hagen, Telefon: +49 2331 97075, Telefax: +49 2331 71252,
kontakt@rs-randack.de, www.rs-randack.de

*ecl@sses: 23-10-06-01 Distanzhülse; 23-10-06-02 Gewindehülse; 23-11-01-01 Schraube, flach aufliegend, Außenantrieb;
23-11-01-02 Schraube, flach aufliegend, Innenantrieb; 23-11-01-03 Senkkopfschraube, Innenantrieb; 23-11-01-04
Schraube mit Rechteckkopf; 23-11-01-10 Sonderschraube; 23-11-01-13 Schraube, nicht flach aufliegend, Außenantrieb;
23-11-01-14 Passschraube (mit Kopf); 23-11-01-15 Dehnschraube (mit Kopf); 23-11-01-16 Rändelschraube; 23-11-01-19
Kopfschraube (ohne Antriebsmerkmal); 23-11-01-20 Hohlschraube; 23-11-01-21 Halfenschraube; 23-11-03-01
Gewindestange; 23-11-03-03 Stiftschraube, Schraubenbolzen; 23-11-07-01 Mutter (sechs-, n-kant); 23-11-07-04
Kronenmutter; 23-11-07-05 Mutter mit Klemmteil; 23-11-07-07 Rundmutter*

### Rauh-Hydraulik GmbH

Hallstadter Str. 63, D-96052 Bamberg, Telefon: +49 951 96636 0, Telefax: +49 951 96636 98,
bamberg@rauh-hydraulik.de, www.rauh-hydraulik.de

*ecl@sses: 23-06-12-01 Hydraulikflüssigkeit*

### Rebi-GmbH

Friedenstrasse 127-129, D-42699 Solingen, Telefon: +49 212 262520,
info@rebi-gmbh.de, www.rebi-gmbh.de

*ecl@sses: 27-30-20-90 Schlauch (Hydraulik, nicht klassifiziert)*

### Reckfort RWA GmbH

Meisenstraße 96, D-33607 Bielefeld, Telefon: +49 521 39 91 45 60, Telefax: +49 521 39 91 45 68,
info@reckfort-rwa.de, www.reckfort-rwa.de

*ecl@sses: 23-30-21-90 Elektromechanischer Kettenantrieb (nicht klassifiziert)*

### Rectus GmbH

Daimlerstr. 7, D-71735 Eberdingen, Telefon: +49 7042 1000, Telefax: +49 7042 10047,
verkauf@rectus.de, www.rectus.de

*ecl@sses: 27-30-20-90 Schlauch (Hydraulik, nicht klassifiziert)*

### Dipl.-Ing. Herwarth Reich GmbH Maschinenfabrik Bochum

Vierhausstraße 53, D-44807 Bochum, Telefon: +49 234 95916 0, Telefax: +49 234 95916 16,
mail@reich-kupplungen.de, www.reich-kupplungen.de

*ecl@sses: 23-03-10-02 Zahnkupplung; 23-03-10-05 Ganzmetallkupplung (biegenachgiebig); 23-03-10-06
Lamellenkupplung; 23-03-11-01 Klauenkupplung (elastisch); 23-03-11-02 Bolzenkupplung (elastisch); 23-03-11-05
Kupplung (hochelastisch); 23-03-11-07 Kupplung (drehelastisch)*

R

## Reiner Schmid

Neptunstrasse 50, D-42699 Solingen, Telefon: +49 212 320705, Telefax: +49 212 320823, info@schmid-federn.de, www.schmid-federn.de

*ecl@sses: 23-08-01-01 Schraubendruckfeder; 23-08-02-01 Schraubenzugfeder; 23-08-05-03 Kontaktfeder*

## REINZ-Dichtungs-GmbH

Reinzstraße 3-7, D-89233 Neu-Ulm, Telefon: +49 731 7046 369, Telefax: +49 731 7046 399, reinz.info@dana.com, www.reinz.com

*ecl@sses: 23-07-15-01 Gestanzte Dichtung*

## Reker-Nuts GmbH

Industriestr. 7 e, D-33397 Rietberg - Mastholte, Telefon: +49 5244 9704 0, Telefax: +49 5244 9704 99, zentrale@reker-nuts.de, www.rekernuts.de

*ecl@sses: 23-11-07-01 Mutter (sechs-, n-kant)*

## RENK AG Werk Hannover

Weltausstellungsallee 21, D-30539 Hannover, Telefon: +49 511 86010, Telefax: +49 511 8601201, info.hannover@renk.biz,

*ecl@sses: 23-05-01-08 Hydrodynamische Gleitlager*

## RENK AG Werk Rheine

Rodder Damm 170, D-48432 Rheine, Telefon: +49 5971 790 0, Telefax: +49 5971 790 208 - 256, info.rheine@renk.biz,

*ecl@sses: 23-03-11-02 Bolzenkupplung (elastisch); 23-03-11-07 Kupplung (drehelastisch); 23-32-01-01 Stirnradgetriebe; 23-32-01-06 Turbogetriebe*

## RENK Aktiengesellschaft

Gögginger Straße 73, D-86159 Augsburg, Telefon: +49 821 5700 0, Telefax: +49 821 5700 226 - 460, press@renk.biz,

*ecl@sses: 23-32-01-05 Planetengetriebe*

## RENOLD ARNOLD & STOLZENBERG GMBH RENOLD DIVISION

Juliusmühle, D-37574 Einbeck, Telefon: +49 5562 81 163, Telefax: +49 5562 81 164, rdallner@renold.com, www.arnold-und-stolzenberg.de

*ecl@sses: 23-17-04-03 Standardrollenkette; 23-17-04-04 Wartungsfreie Rollenkette; 23-17-04-05 Edelstahlkette; 23-17-04-06 Rollenkette mit Anbauteilen; 23-17-04-07 Elastomerprofilketten; 23-17-04-08 Langgliederrollenkette; 23-17-04-09 Hohlbolzenketten; 23-17-04-10 Buchsenkette; 23-17-04-11 Seitenbogenketten; 23-17-04-12 Stauförderkette; 23-17-04-20 Spezial- und Sonderkette; 23-17-04-30 Förderkette, großteilig; 23-17-04-50 Kettenrad; 23-17-04-51 Kettenscheibe*

R

## Rexnord Antriebstechnik Dortmund

Überwasserstraße 64, D-44147 Dortmund, Telefon: +49 231 8294 0, Telefax: +49 231 827274, customerservice.bsd@rexnord.com, www.rexnord.de

*ecl@sses: 23-02-04-03 Außenspannsystem; 23-03-10-06 Lamellenkupplung; 23-03-14-03 Mechanischbetätigte Schaltkupplung; 23-03-14-04 Hydraulischbetätigte Schaltkupplung; 23-03-14-05 Pneumatischbetätigte Schaltkupplung; 23-03-14-06 Elektromagnetischbetätigte Schaltkupplung; 23-03-14-07 Kupplung (Fliehkraft, reibschlüssig); 23-03-14-08 Richtungsbetätigte (Freilaufkupplung); 23-03-17-03 Reibschlüssige Drehmomentbegrenzer; 23-04-09-01 Magnetbremse; 23-04-09-02 Hydraulische Bremse*

### Rexnord Kette GmbH

Industriestraße 1, D-57518 Betzdorf, Telefon: +49 2741 2840, Telefax: +49 2741 284411,
rexinfo@rexnord.com, www.rexnord.de

*ecl@sses: 23-03-10-06 Lamellenkupplung; 23-03-11-05 Kupplung (hochelastisch); 23-03-11-07 Kupplung (drehelastisch);*
*23-03-14-04 Hydraulischbetätigte Schaltkupplung; 23-03-14-05 Pneumatischbetätigte Schaltkupplung; 23-03-14-06*
*Elektromagnetischbetätigte Schaltkupplung; 23-04-09-04 Manuelle Bremse; 23-17-04-03 Standardrollenkette; 23-17-04-*
*04 Wartungsfreie Rollenkette; 23-17-04-05 Edelstahlkette; 23-17-04-08 Langgliederrollenkette; 23-17-04-09*
*Hohlbolzenketten; 23-17-04-11 Seitenbogenketten; 23-17-04-20 Spezial- und Sonderkette; 27-02-30-01 AC-Getriebemotor*
*(Festdrehzahl); 27-02-30-04 Getriebemotor mit angebauten dezentralen Komponenten*

### Rexnord-Stephan GmbH & Co. KG

Ohsener Straße 79-83, D-31789 Hameln, Telefon: +49 5151 780 0, Telefax: +49 5151 44534,
info@rexnord-stephan.de, www.rexnord-stephan.de

*ecl@sses: 23-32-01-01 Stirnradgetriebe; 23-32-01-02 Flachgetriebe; 23-32-01-03 Kegelradgetriebe; 27-02-30-01 AC-*
*Getriebemotor (Festdrehzahl); 27-02-30-02 AC-Getriebemotor (polumschaltbar); 27-02-30-03 AC-Getriebemotor*
*(elektrisch verstellbar); 27-02-30-04 Getriebemotor mit angebauten dezentralen Komponenten*

### RGH Rolf Gädecke Hydraulik GmbH

Schnatwinkel 13, D-31688 Nienstädt, Telefon: +49 5721 830030, Telefax: +49 5721 3533,
Gaedecke-Hydraulik-Gmbh@t-online.de, www.gaedecke-hydraulik.de

*ecl@sses: 27-30-20-90 Schlauch (Hydraulik, nicht klassifiziert)*

### RH Industrieservice & Antriebstechnik

Unter dem Taubertsberg 8, D-36433 Bad Salzungen, Telefon: +49 3695 85145 0,
info@pti-deutschland.de, www.pti-deutschland.de

*ecl@sses: 23-02-04-01 Spannelement (Welle-Nabe-Verbindung); 23-02-04-02 Innenspannsystem; 23-03-11-07 Kupplung*
*(drehelastisch); 23-05-01-05 Gelenkkopf (Gleitlager); 23-05-01-06 Gelenklager; 23-05-08-01 Rillenkugellager; 23-05-08-02*
*Spannlager; 23-05-08-03 Schrägkugellager; 23-05-08-06 Pendelkugellager; 23-05-09-01 Zylinderrollenlager; 23-05-09-04*
*Nadelkranz; 23-05-09-05 Nadelhülse; 23-05-09-06 Nadelbüchse; 23-05-09-09 Innenring (Nadellager); 23-05-09-10*
*Kegelrollenlager; 23-05-09-11 Pendelrollenlager; 23-05-10-01 Axial-Rillenkugellager; 23-05-10-02 Axial-Schrägkugellager;*
*23-05-11-04 Axial-Kegelrollenlager; 23-05-12-01 Nadel-Schrägkugellager; 23-05-15-01 Stützrolle (Lager); 23-05-15-02*
*Kurvenrolle (Lager); 23-05-16-01 Stehlagergehäuseeinheit; 23-05-16-02 Flanschlagergehäuseeinheit; 23-05-16-03*
*Spannlagergehäuseeinheit; 23-17-04-03 Standardrollenkette; 23-17-04-05 Edelstahlkette; 23-17-04-06 Rollenkette mit*
*Anbauteilen; 23-17-04-07 Elastomerprofilketten; 23-17-04-08 Langgliederrollenkette; 23-17-04-09 Hohlbolzenketten; 23-*
*17-04-50 Kettenrad; 23-17-04-51 Kettenscheibe*

### Rhein-Getriebe GmbH

Grünstraße 34, D-40667 Meerbusch, Telefon: +49 2132 99698 0, Telefax: +49 2132 99698 63,
info@rhein-getriebe.de, www.rhein-getriebe.de

*ecl@sses: 23-32-01-01 Stirnradgetriebe; 23-32-01-04 Schneckengetriebe; 23-32-01-05 Planetengetriebe*

### RINGFEDER VBG GMBH

Oberschlesienstraße 15, D-47807 Krefeld, Telefon: +49 2151 835 0, Telefax: +49 2151 835 200 - 207,
zentrale@ringfeder.de, www.ringfeder.de

*ecl@sses: 23-08-01-01 Schraubendruckfeder*

### Ringhoffer Verzahnungstechnik GmbH & Co KG

Erscheckweg 8, D-72664 Kohlberg, Telefon: +49 7025 9205 0, Telefax: +49 7025 9205 29,
info@ringhoffer.de, www.ringhoffer.de

*ecl@sses: 23-17-01-01 Stirnrad (Verzahnungselement); 23-17-01-03 Kegelrad; 23-17-01-04 Kegelradsatz; 23-17-01-05*
*Schneckenwelle; 23-17-01-06 Schneckenrad; 23-17-01-07 Schneckensatz; 23-17-01-08 Zahnstange (Verzahnungselement);*
*23-17-01-09 Zahnsegment*

R

### Ringspann GmbH

Schaberweg 30-34, D-61348 Bad Homburg, Telefon: +49 6172 275 0, Telefax: +49 6172 275 275,
mailbox@ringspann.com, www.ringspann.de

*ecl@sses: 23-04-09-04 Manuelle Bremse*

### RivetLi

Buchenweg 4, D-86465 Heretsried, Telefon: +49 8293 9606250, Telefax: +49 8293 9606251,
RivetLi@aol.com,

*ecl@sses: 23-12-04-03 Hohlniet*

### RK Rose + Krieger GmbH

Potsdamer Straße 9, D-32423 Minden, Telefon: +49 571 9335 0, Telefax: +49 571 9335 119,
info@rk-online.de, www.rk-online.de

*ecl@sses: 23-30-15-01 Lineartisch Gleitführung; 23-30-15-02 Lineartisch Laufrollenführung; 23-30-15-03 Lineartisch Linearkugellagerführung; 23-30-15-04 Lineartisch Profilschienenführung; 23-30-18-90 Elektomechanischer Zylinder (nicht klassifiziert); 23-30-19-90 Elektromechanische Hubsäule (nicht klassifiziert)*

### RMF Richener Metallwarenfabrik Gmbh + Co

Erlen 6, D-75031 Eppingen-Richen, Telefon: +49 7262 9165 0, Telefax: +49 7262 9165 20,
info@rmf-richen.de, www.rmf-richen.de

*ecl@sses: 23-05-01-01 Trockengleitlager*

### Robert Adolf Hessmer

Unterm Grünen Berg 12-14, D-58840 Plettenberg, Telefon: +49 2391 9195 11, Telefax: +49 2391 9195 25,
info@hessmer-plettenberg.de, www.hessmer-plettenberg.de

*ecl@sses: 23-11-03-01 Gewindestange; 23-11-03-02 Gewindestift, -Bolzen, Schaftschraube; 23-11-03-03 Stiftschraube, Schraubenbolzen*

### Robert Bosch GmbH Automotive Aftermarket Abt. AA/MKC

Auf der Breit 5, D-76227 Karlsruhe, Telefon: +49 721 942 0, Telefax: +49 721 942 2520,
contact.i.business@de.bosch.com, www.bosch-elektromotoren.de

*ecl@sses: 27-02-25-01 DC-Motor (IEC); 27-02-30-07 DC-Getriebemotor (elektrisch verstellbar)*

### Robert Sihn GmbH & Co. KG

Birkenstrasse 3, D-75223 Niefern-Öschelbronn, Telefon: +49 07233 76 0, Telefax: +4907233 6 105,
vertrieb@robertsihn.de, www.robertsihn.de

*ecl@sses: 23-11-01-20 Hohlschraube*

R

## Rodriguez GmbH
Ernst-Abbe-Straße 20, D-52249 Eschweiler, Telefon: +49 2403 780 0, Telefax: +49 2403 780 60,
info@rodriguez.de, www.rodriguez.de

*ecl@sses: 23-05-01-01 Trockengleitlager; 23-05-07-01 Linear-Kugellager; 23-05-07-04 Welle (Lineareinheit); 23-05-08-01 Rillenkugellager; 23-05-08-03 Schrägkugellager; 23-05-09-10 Kegelrollenlager; 23-05-10-90 Axial-Kugellager (nicht klassifiziert); 23-05-12-04 Axial-Radial-Rollenlager; 23-05-12-05 Kreuzrollenlager; 23-05-16-01 Stehlagergehäuseeinheit; 23-05-16-02 Flanschlagergehäuseeinheit; 23-05-16-03 Spannlagergehäuseeinheit; 23-30-01-01 Lineargleitlager (Gleitführung); 23-30-01-03 Wellen (Gleitführung); 23-30-01-06 Lineargleitlagereinheit (Gleitführung); 23-30-03-01 Linearkugellager, Linearkugellagerführung; 23-30-03-06 Linearkugellagereinheit (Linearkugellagerführung); 23-30-04-01 Kugelumlaufführung (Profilschienenführung, komplett); 23-30-04-02 Führungsschiene (Profilschienenführung); 23-30-05-03 Kreuzrollenführung (Käfigschienenführung); 23-30-07-90 Trapezgewindetrieb (nicht klassifiziert); 23-30-08-90 Kugelgewindetrieb (nicht klassifiziert); 23-30-11-90 Zahnriementrieb (nicht klassifiziert); 23-30-15-01 Lineartisch Gleitführung; 23-30-15-02 Lineartisch Laufrollenführung; 23-30-15-03 Lineartisch Linearkugellagerführung; 23-30-15-04 Lineartisch Profilschienenführung; 23-30-15-05 Lineartisch Käfigführung; 23-30-18-90 Elektomechanischer Zylinder (nicht klassifiziert); 23-30-19-90 Elektromechanische Hubsäule (nicht klassifiziert); 27-02-28-01 Linearmotor*

## Ingenieurbüro Röder
Liebigstr. 1a, D-85757 Karlsfeld, Telefon: +49 8131 391998 40, Telefax: +49 8131 391998 44,
info@buero-roeder.de, www.buero-roeder.de

*ecl@sses: 23-02-01-01 Gelenkwelle mit Längenausgleich; 23-02-01-02 Gelenkwelle ohne Längenausgleich; 23-02-01-03 Doppelgelenkwelle; 23-02-01-04 Gelenk; 23-02-01-05 Flanschgelenk; 23-02-01-06 Doppelgelenk; 23-02-01-08 DIN Flansch (Gelenkwelle); 23-02-01-09 SAE Flansch (Gelenkwelle); 23-02-01-10 Kreuzverzahnter Flansch (Gelenkwelle); 23-02-01-11 Nabenflansch (Gelenkwelle); 23-02-01-12 Zapfenkreuz (Gelenkwelle); 23-02-03-90 Keilwelle (nicht klassifiziert); 23-03-09-02 Schalenkupplung; 23-03-10-03 Kreuzscheibenkupplung; 23-03-10-04 Parallelkurbelkupplung; 23-03-10-05 Ganzmetallkupplung (biegenachgiebig); 23-03-10-06 Lamellenkupplung; 23-03-11-01 Klauenkupplung (elastisch); 23-03-11-02 Bolzenkupplung (elastisch); 23-03-11-03 Scheibenkupplung (elastisch); 23-03-11-04 Kupplung (metallelastisch); 23-03-11-05 Kupplung (hochelastisch); 23-03-11-07 Kupplung (drehelastisch); 23-03-11-08 Kupplung (drehelastisch, spielfrei); 23-03-14-06 Elektromagnetischbetätigte Schaltkupplung; 23-03-14-07 Kupplung (Fliehkraft, reibschlüssig)*

## Dr. Werner Röhrs KG
Oberstdorfer Strasse 11-15, D-87527 Sonthofen, Telefon: +49 8321 614 0, Telefax: +49 8321 614 139,
info@roehrs.de, www.roehrs.de

*ecl@sses: 23-08-01-01 Schraubendruckfeder; 23-08-02-01 Schraubenzugfeder; 23-08-04-90 Tellerfeder (nicht klassifiziert)*

## Rolf Dieter Winkemann GmbH
Ferdinand-Werner-Strasse 15, D-56479 Seck, Telefon: +49 2664 999383, Telefax: +49 2664 999384,
mail@winkemann-zerspanung.de, www.winkemann-zerspannung.de

*ecl@sses: 23-11-07-01 Mutter (sechs-, n-kant)*

## ROLLON GmbH Lineartechnik
Industriegebiet Voisweg, D-40878 Ratingen, Telefon: +49 2102 8745 0, Telefax: +49 2102 8745 10,
info@rollon.de, www.rollon.de

*ecl@sses: 23-30-02-01 Laufrollenführung (komplett); 23-30-02-02 Führungsschiene (Laufrollenführung); 23-30-02-03 Führungswagen (Laufrollenführung); 23-30-04-01 Kugelumlaufführung (Profilschienenführung, komplett); 23-30-04-02 Führungsschiene (Profilschienenführung); 23-30-05-01 Kugelführung (Käfigschienenführung); 23-30-06-90 Teleskopschienenführung (nicht klassifiziert)*

## ROLLSTAR AG
Schlattweg 323, CH-5704 Ecliswilv, Telefon: +41 62 7698040, Telefax: +41 62 7698041,
info@roflstar.com, www.rollstar.ch

*ecl@sses: 23-32-01-05 Planetengetriebe; 23-32-01-08 Schaltgetriebe*

R

## Romani GmbH

Lohmühlenweg 1, D-97447 Gerolzhofen, Telefon: +49 9382 9799 0, Telefax: +49 9382 9799 29,
info@Romani-GmbH.de, www.romani-gmbh.de

*ecl@sses: 23-03-10-01 Klauenkupplung (drehstarr); 23-03-10-05 Ganzmetallkupplung (biegenachgiebig); 23-03-17-02 Translatorische Überlastkupplung; 23-05-07-01 Linear-Kugellager; 23-05-07-04 Welle (Lineareinheit); 23-05-07-05 Profilschienen-Wälzführung; 23-30-02-01 Laufrollenführung (komplett); 23-30-02-02 Führungsschiene (Laufrollenführung); 23-30-02-03 Führungswagen (Laufrollenführung); 23-30-03-01 Linearkugellager, Linearkugellagerführung; 23-30-03-03 Wellen (Linearkugellagerführung); 23-30-03-06 Linearkugellagereinheit (Linearkugellagerführung); 23-30-04-01 Kugelumlaufführung (Profilschienenführung, komplett); 23-30-04-02 Führungsschiene (Profilschienenführung); 23-30-04-04 Rollenumlaufführung (Profilschienenführung, komplett); 23-30-05-01 Kugelführung (Käfigschienenführung); 23-30-05-02 Rollenführung (Käfigschienenführung); 23-30-05-03 Kreuzrollenführung (Käfigschienenführung); 23-30-05-04 Nadelführung (Käfigschienenführung); 23-30-06-90 Teleskopschienenführung (nicht klassifiziert); 23-30-07-90 Trapezgewindetrieb (nicht klassifiziert); 23-30-08-90 Kugelgewindetrieb (nicht klassifiziert); 23-30-09-01 Planetenrollengewindetrieb; 23-30-09-02 Rollengewindetrieb mit Rollenrückführung; 23-30-15-01 Lineartisch Gleitführung; 23-30-15-02 Lineartisch Laufrollenführung; 23-30-15-03 Lineartisch Linearkugellagerführung; 23-30-15-04 Lineartisch Profilschienenführung; 23-30-15-05 Lineartisch Käfigführung; 23-30-18-90 Elektomechanischer Zylinder (nicht klassifiziert); 23-30-19-90 Elektromechanische Hubsäule (nicht klassifiziert)*

## ROSTA AG

Hauptstrasse 58, CH-5502 Hunzenschwil, Telefon: +41 62 8972421, Telefax: +41 62 8971510,
info@rosta.ch, www.rosta.ch

*ecl@sses: 23-02-04-01 Spannelement (Welle-Nabe-Verbindung)*

## ROTAX Zahnrad- und Getriebefabrik GmbH

Benzstraße 1, D-71282 Hemmingen, Telefon: +49 7150 9431 0, Telefax: +49 7150 41299,
info@rotax.de, www.rotax.de

*ecl@sses: 23-17-01-01 Stirnrad (Verzahnungselement); 23-17-01-05 Schneckenwelle; 23-17-01-06 Schneckenrad; 23-17-04-50 Kettenrad*

## ROTEK KG

Coloradostrasse 11-13, D-27580 Bremerhaven, Telefon: +49 471 98409 0, Telefax: +49 471 98409 29,
info@rotek-motoren.de, www.rotek-motoren.de

*ecl@sses: 27-02-23-01 Spaltpolmotor; 27-02-23-02 Kondensatormotor; 27-02-24-01 Synchronmotor (IEC); 27-02-25-01 DC-Motor (IEC)*

## ROTHE ERDE GmbH

Tremoniastrasse 5-11, D-44137 Dortmund, Telefon: +49 231 186 0, Telefax: +49 231 186 2500,
info@thyssenkrupp.com, www.rotheerde.com

*ecl@sses: 23-07-17-01 Radial-Wellendichtring; 23-07-17-02 Axial-Wellendichtring*

R

## RRG Industrietechnik GmbH

Brunshofstr. 10, D-45470 Mülheim/Ruhr, Telefon: +49 208 3783 0, Telefax: +49 208 3783 158,
info@rrg.de, www.rrg.de

*ecl@sses: 23-07-15-90 Flachdichtung (nicht klassifiziert); 23-17-02-01 Keilriemen; 23-17-02-04 Flachriemen; 23-17-02-05 Zahnriemen; 23-17-02-10 Zahnriemenscheibe; 23-17-02-11 Rundriemen*

## RS Antriebstechnik GmbH

Oberstdorfer Straße 24, D-87527 Sonthofen, Telefon: +49 8321 60771 0, Telefax: +49 832160771 99,
info@rs-antriebstechnik.de, www.rs-antriebstechnik.de

*ecl@sses: 23-17-01-01 Stirnrad (Verzahnungselement); 23-17-01-09 Zahnsegment*

### RS-Trading Industrieprodukte Im- und Export

Neugasse 8, D-35428 Langgöns, Telefon: +49 6403 76007, Telefax: +49 6403 940265,
rs-trading@t-online.de, www.rs-trading.de

*ecl@sses: 23-11-01-01 Schraube, flach aufliegend, Außenantrieb; 23-11-01-02 Schraube, flach aufliegend, Innenantrieb; 23-11-01-10 Sonderschraube*

### rtz – Antriebstechnik GmbH

Waldstraße 23/B7, D-63128 Dietzenbach, Telefon: +49 6074 48162 0, Telefax: +49 6074 48162 20,
info@rtz-antriebstechnik.de, www.rtz-antriebstechnik.de

*ecl@sses: 23-02-04-01 Spannelement (Welle-Nabe-Verbindung); 23-32-01-01 Stirnradgetriebe; 23-32-01-02 Flachgetriebe; 23-32-01-03 Kegelradgetriebe; 23-32-01-04 Schneckengetriebe; 23-32-01-05 Planetengetriebe; 23-32-01-07 Spielarme Getriebe; 23-32-02-01 Mechanisches Getriebe; 27-02-21-01 NS-Drehstrom-Asynchronmotor, Käfigläufer (IEC); 27-02-21-02 NS-Drehstrom-Asynchronmotor, Käfigläufer (IEC, Ex); 27-02-21-03 NS-Drehstrom-Asynchronmotor, Käfigläufer (NEMA); 27-02-21-06 NS-Drehstrom-Asynchronmotor, Käfigläufer (polumschaltbar, IEC); 27-02-21-07 NS-Drehstrom-Asynchronmotor, Käfigläufer (polumschaltbar, IEC,Ex); 27-02-21-08 NS-Drehstrom-Asynchronmotor, Käfigläufer (polumschaltbar, NEMA); 27-02-23-02 Kondensatormotor; 27-02-30-01 AC-Getriebemotor (Festdrehzahl); 27-02-30-02 AC-Getriebemotor (polumschaltbar); 27-02-30-03 AC-Getriebemotor (elektrisch verstellbar); 27-02-30-04 Getriebemotor mit angebauten dezentralen Komponenten; 27-02-30-06 AC-Getriebemotor (mechanisch verstellbar)*

### Rudolf Craemer GmbH & Co

Von-Vincke-Strasse 61, D-58553 Halver, Telefon: +49 2353 9148 0, Telefax: +49 2353 9148 10,
Mail@rudolf-craemer.de, www.rudolf-craemer.de

*ecl@sses: 23-08-01-01 Schraubendruckfeder*

### Rudolf Dreher

Ebinger Strasse 27, D-72479 Straßberg, Telefon: +49 7434 9366 0, Telefax: +49 7434 996611,
dreher-strassberg@t-online.de, www.rudolf-dreher.de

*ecl@sses: 27-30-20-90 Schlauch (Hydraulik, nicht klassifiziert)*

### Rudolf Rafflenbeul Stahlwarenfabrik GmbH + Co.

Eilper Strasse 126-128, D-58091 Hagen, Telefon: +49 2331 2002 0, Telefax: +49 2331 21874,
info@rafflenbeul.de, www.parker.com

*ecl@sses: 23-09-01-01 Scheibe, Ring (plan, ballig, rund)*

### Ruhfus Systemhydraulik GmbH

Büdericher Strasse 7, D-41460 Neuss, Telefon: +49 2131 914 6, Telefax: +49 2131 914 810,
service@ruhfus.com,

*ecl@sses: 27-30-02-01 Differentialzylinder (Hydraulik); 27-30-02-02 Gleichgangzylinder (Hydraulik); 27-30-02-08 Teleskopzylinder (Hydraulik)*

### RUHRGETRIEBE KG

Am Förderturm 29, D-45472 Mülheim/Ruhr, Telefon: +49 208 780680, Telefax: +49 208 498000,
info@ruhrgetriebe.de, www.ruhrgetriebe.de

*ecl@sses: 23-32-01-04 Schneckengetriebe; 27-02-30-01 AC-Getriebemotor (Festdrehzahl); 27-02-30-02 AC-Getriebemotor (polumschaltbar); 27-02-30-03 AC-Getriebemotor (elektrisch verstellbar); 27-02-30-04 Getriebemotor mit angebauten dezentralen Komponenten; 27-02-30-07 DC-Getriebemotor (elektrisch verstellbar)*

### Rögelberg Getriebe GmbH & Co. KG

Am Rögelberg 10, D-49716 Meppen, Telefon: +49 5932 507 0, Telefax: +49 5932 507 102,
info@roegelberg-getriebe.de, www.roegelberg-getriebe.de

*ecl@sses: 23-32-01-01 Stirnradgetriebe*

## S.F.K components GmbH

Ganghoferstr. 36, D-82291 Mammendorf, Telefon: +49 8145 809555, Telefax: +49 8145 809672, info@skf-components.com, www.skf-components.com

*ecl@sses: 23-07-09-21 Gleitringdichtung (Komplett); 23-07-17-01 Radial-Wellendichtring; 23-07-19-01 Stangendichtung; 23-07-19-02 Kolbendichtung; 23-07-19-03 Abstreifring (translatorische Dichtung; 23-07-19-04 Führungselement, Stützring*

## Saia-Burgess Halver GmbH & Co. KG

Weissenpferd 9, D-58553 Halver, Telefon: +49 2353 911 0, Telefax: +49 2353 911 230, sales-d@saia-burgess.com, www.saia-burgess.com

*ecl@sses: 23-32-01-01 Stirnradgetriebe; 27-02-23-01 Spaltpolmotor; 27-02-26-04 Schrittmotor; 27-02-30-01 AC-Getriebemotor (Festdrehzahl)*

## Sattler GmbH

Salmünsterer Str. 1, D-63607 Wächtersbach, Telefon: +49 6053 2710, Telefax: +49 6053 4569, info@sattler-scm.de, www.sattler-scm.de

*ecl@sses: 23-07-15-90 Flachdichtung (nicht klassifiziert)*

## Sauer Danfoss GmbH & Co. oHG

Krokamp 35, D-24539 Neumünster, Telefon: +49 4321 871-0, Telefax: +49 4321 871-121, Offinfo@sauer-danfoss.com, www.sauer-danfoss.com

*ecl@sses: 23-32-02-03 Hydrostatisches Getriebe*

## Sauter, Bachmann AG Zahnräderfabrik

Zaunweg 10, CH-8754 Netstal, Telefon: +41 5564540 11, Telefax: +41 5564540 00, info@sauterbachmann.ch, www.sauterbachmann.ch

*ecl@sses: 23-17-01-01 Stirnrad (Verzahnungselement); 23-17-01-03 Kegelrad; 23-17-01-06 Schneckenrad*

## SBN Wälzlager GmbH

Vogelbacher Weg 73, D-66424 Homburg/Saar, Telefon: +49 6841 756300, Telefax: +49 6841 756309, info@sbn.de, www.sbn.de

*ecl@sses: 23-05-08-01 Rillenkugellager; 23-05-08-03 Schrägkugellager; 23-05-08-06 Pendelkugellager; 23-05-10-01 Axial-Rillenkugellager*

## SBS-Feintechnik

Hermann-Burger-Straße 31, D-78136 Schonach, Telefon: +49 7722 8670, Telefax: +49 7722 867299, Infoservice@SBS-Feintechnik.com, www.sbs-feintechnik.de

*ecl@sses: 23-17-01-01 Stirnrad (Verzahnungselement); 23-17-01-03 Kegelrad; 23-17-01-07 Schneckensatz; 23-32-01-01 Stirnradgetriebe*

## Scan Tube GmbH

Justus-Staudt-Strasse 1, D-65555 Limburg, Telefon: +49 6431 5988 0, Telefax: +49 6431 5988 20, info.de@scantube.com, www.scantube.com

*ecl@sses: 23-07-15-90 Flachdichtung (nicht klassifiziert)*

S

## Schad Förderelemente GmbH & Co. KG

Am Mühlgraben 3, D-35410 Hungen, Telefon: +49 6402 5050 02, Telefax: +49 6402 5050 03, info@schad-rollen.de, www.schad-rollen.de

*ecl@sses: 23-05-15-01 Stützrolle (Lager)*

### Scherdel GmbH
Scherdelstr. 2, D-95615 Marktredwitz, Telefon: +49 9231 603 0, Telefax: +49 9231 62938, info@scherdel.de, www.scherdel.de

*ecl@sses: 23-08-90-01 Spiralfeder*

### Schieffer GmbH & Co KG
Am Mondschein 23, D-59557 Lippstadt, Telefon: +49 2941 7550, Telefax: +49 2941 755240, info@schieffer.de, www.schieffer-group.com

*ecl@sses: 27-30-20-90 Schlauch (Hydraulik, nicht klassifiziert)*

### Schlögl Hydraulik GmbH
Nürnberger Straße 170, D-92533 Wernberg-Köblitz, Telefon: +49 9604 9212 0, Telefax: +49 9604 913 60, info@hysw.de, www.hysw.de

*ecl@sses: 23-06-12-01 Hydraulikflüssigkeit*

### Schmeing GmbH & Co. KG -SMG-
Ostring 26, D-46325 Raesfeld, Telefon: +49 2865 909 0, Telefax: +49 2865 909 256, info@smg-plastics.de, www.smg-plastics.de

*ecl@sses: 23-05-08-01 Rillenkugellager; 23-05-08-06 Pendelkugellager; 23-05-09-01 Zylinderrollenlager; 23-05-10-01 Axial-Rillenkugellager; 23-05-16-01 Stehlagergehäuseeinheit; 23-05-16-02 Flanschlagergehäuseeinheit*

### SCHMIDT-KUPPLUNG GmbH
Wilhelm-Mast-Straße 15, D-38304 Wolfenbüttel, Telefon: +49 5331 9552 500, Telefax: +49 5331 9552 552, info@schmidt-kupplung.de, www.schmidt-kupplung.de

*ecl@sses: 23-03-10-03 Kreuzscheibenkupplung; 23-03-10-04 Parallelkurbelkupplung; 23-03-10-05 Ganzmetallkupplung (biegenachgiebig)*

### Schmierstoffe Hartenberger e. K.
Hauptstrasse 15a, D-55767 Oberbrombach, Telefon: +49 6787 8375, Telefax: +49 6787 1536, info@schmierstoffe-hartenberger.de, www.schmierstoffe-hartenberger.de

*ecl@sses: 23-06-01-03 Metallbearbeitungsöl (-flüssigkeit)*

### Schmitter Hydraulik GmbH
Josef-Schmitter-Allee 5, D-97450 Arnstein, Telefon: +49 9363 600, Telefax: +49 9363 6014, kontakt@schmitter-hydraulik.de, www.schmitter-hydraulik.de

*ecl@sses: 27-30-20-90 Schlauch (Hydraulik, nicht klassifiziert)*

### Schmitz & Krause GbR
Paul-Rücker-Strasse 20, D-47059 Duisburg, Telefon: +49 203 82103, schmitz-krause@arcor.de, www.dreherei-duisburg.de

*ecl@sses: 23-05-07-04 Welle (Lineareinheit)*

### Schneider Befestigungstechnik GmbH
Wiedstr. 5, D-53560 Vettelschoß, Telefon: +49 2645 974975, Telefax: +49 2645 974885, schneider-bft@t-online.de, www.schneider-befestigungstechnik.de

*ecl@sses: 23-11-03-01 Gewindestange; 23-11-03-02 Gewindestift, -Bolzen, Schaftschraube; 23-11-07-01 Mutter (sechs-, n-kant)*

## Schneider Electric Motion Deutschland GmbH

Breslauer Strasse 7, D-77933 Lahr, Telefon: +49 7821 94601, Telefax: +49 7821 946313,
info@schneider-electric-motion.com, www.schneider-electric-motion.com

*ecl@sses: 27-02-24-01 Synchronmotor (IEC)*

## Schock Metallwerk GmbH

Siemensstraße 1-3, D-73660 Urbach, Telefon: +49 7181 808 0, Telefax: +49 7181 808299,
info@schock-metall.de, www.schock-metall.de

*ecl@sses: 23-30-06-90 Teleskopschienenführung (nicht klassifiziert)*

## Schrauben Betzer GmbH & Co. KG

Heedfelder Str. 61-63, D-58509 Lüdenscheid, Telefon: +49 2351 9692 0, Telefax: +49 2351 9692 96,
www.betzer.de

*ecl@sses: 23-11-01-10 Sonderschraube*

## Schrauben Jäger AG

Industriestraße 15, D-76189 Karlsruhe, Telefon: +49 721 57006 0, Telefax: +49 721 5700611,
verkauf@schrauben-jaeger.de, www.schrauben-jaeger.de

*ecl@sses: 23-11-01-01 Schraube, flach aufliegend, Außenantrieb; 23-11-01-11 Holzschraube; 23-11-07-01 Mutter (sechs-, n-kant)*

## Schrauben und Draht Union GmbH & Co KG

Wallbaumweg 45-49, D-44894 Bochum, Telefon: +49 234 269 0, Telefax: +49 234 235 921,
info@sdu-bo.de, www.schrauben-und-draht-union.de

*ecl@sses: 23-08-01-01 Schraubendruckfeder; 23-08-02-01 Schraubenzugfeder; 23-08-03-01 Drehfeder; 23-08-04-90 Tellerfeder (nicht klassifiziert); 23-09-01-01 Scheibe, Ring (plan, ballig, rund); 23-09-01-02 Scheibe (plan, ballig, eckig); 23-09-02-90 Scheibe, Ring (keilförmig, nicht klassifiziert); 23-09-03-01 Zahn-, Feder-, Spannscheibe; 23-09-03-02 Sicherungsblech (Welle, Schraube); 23-09-03-03 Sicherungsring (Querschnitt rechteckig); 23-10-01-01 Stift; 23-10-01-02 Spannstift, Spannhülse; 23-10-01-90 Bolzen, Stift (nicht klassifiziert); 23-10-04-01 Splint; 23-10-04-02 Federstecker; 23-10-05-90 Passfeder, Keil, Scheibenfeder (nicht klassifiziert); 23-11-01-01 Schraube, flach aufliegend, Außenantrieb; 23-11-01-02 Schraube, flach aufliegend, Innenantrieb; 23-11-01-03 Senkkopfschraube, Innenantrieb; 23-11-01-04 Schraube mit Rechteckkopf; 23-11-01-11 Holzschraube; 23-11-01-12 Blechschraube; 23-11-01-14 Passschraube (mit Kopf); 23-11-01-15 Dehnschraube (mit Kopf); 23-11-01-16 Rändelschraube; 23-11-01-17 Schraube (gewindeformend); 23-11-01-18 Bohrschraube; 23-11-01-19 Kopfschraube (ohne Antriebsmerkmal); 23-11-01-21 Halfenschraube; 23-11-03-01 Gewindestange; 23-11-03-02 Gewindestift, -Bolzen, Schaftschraube; 23-11-03-03 Stiftschraube, Schraubenbolzen; 23-11-07-01 Mutter (sechs-, n-kant); 23-11-07-04 Kronenmutter; 23-11-07-05 Mutter mit Klemmteil; 23-11-07-07 Rundmutter; 23-11-07-08 Rändelmutter; 23-11-07-10 Mutter mit Handantrieb; 23-11-09-01 Gewindeeinsatz; 23-11-09-02 Einpressmutter, Gewindebuchse; 23-12-04-01 Vollniet; 23-12-04-02 Blindniet; 23-12-04-03 Hohlniet*

## Schraubenangebot24

Kleine Masch 12, D-49201 Dissen, Telefon: +49 5421 9357673, Telefax: +49 5421 930378,
info@schraubenangebot24.de, www.schraubenangebot24.de

*ecl@sses: 23-11-03-02 Gewindestift, -Bolzen, Schaftschraube; 23-11-07-04 Kronenmutter*

S

## SchraubenExpress

D-14656 Brieselang, Telefon: +49 33234 23953,
info@SchraubenExpress.de, www.schraubenexpress.de

*ecl@sses: 23-11-03-01 Gewindestange*

### Schray GmbH & Co. KG

Bettenberg 11, D-72175 Dornhan, Telefon: +49 7455 9392 0, Telefax: +49 7455 9392 15,
info@schray-antriebstechnik.de, www.schray-antriebstechnik.de

*ecl@sses: 23-17-01-01 Stirnrad (Verzahnungselement); 23-17-01-06 Schneckenrad*

### Schreiber Industriebedarf GmbH

Pforzheimer Str. 45, D-75449 Wurmberg, Telefon: +49 7044 9029 80, Telefax: +49 7044 9029 81,
info@schreiber-industriebedarf.de, www.fittingline.com

*ecl@sses: 23-07-15-04 Metalldichtung; 23-08-01-01 Schraubendruckfeder; 23-08-02-01 Schraubenzugfeder*

### Schunk GmbH & Co. KG

Bahnhofstr. 106-134,, D-74348 Lauffen, Telefon: +49 7133 103 0, Telefax: +49 7133 103 2399,
info@de.schunk.com, www.schunk.de

*ecl@sses: 23-05-07-05 Profilschienen-Wälzführung; 23-30-04-01 Kugelumlaufführung (Profilschienenführung, komplett); 23-30-05-03 Kreuzrollenführung (Käfigschienenführung); 23-30-11-90 Zahnriementrieb (nicht klassifiziert); 23-30-15-01 Lineartisch Gleitführung; 23-30-15-02 Lineartisch Laufrollenführung; 23-30-15-03 Lineartisch Linearkugellagerführung; 23-30-15-04 Lineartisch Profilschienenführung; 23-30-18-90 Elektomechanischer Zylinder (nicht klassifiziert); 23-30-19-90 Elektromechanische Hubsäule (nicht klassifiziert); 23-30-24-90 Elektromechanischer Schwenkantrieb (nicht klassifiziert); 27-02-26-02 Servo-Synchronmotor; 27-02-26-03 Servo-DC-Motor; 27-02-30-05 Servo-Getriebemotor (elektrisch verstellbar)*

### Schunk Maschinenbau GmbH

Lagerhausstrasse 4, D-83043 Bad Aibling, Telefon: +49 8061 2531, Telefax: +49 8061 36146,
schunkmaschinenbau@t-online.de,

*ecl@sses: 23-05-01-07 Mehrflächengleitlager; 23-05-01-09 Hydrostatische Gleitlager*

### Schwaderer GmbH

Isarstraße 5, D-71522 Backnang, Telefon: +49 7191 9 52 53 0, Telefax: +49 7191 9 52 53 80,
info@schwaderer.com, www.schwaderer.com

*ecl@sses: 23-11-01-20 Hohlschraube*

### Schwartz GmbH Technische Kunststoffe

Hagdornstrasse 3, D-46509 Xanten, Telefon: +49 2801 76 0, Telefax: +49 2801 76 55,
info@schwartz-plastic.com, www.schwartz-plastic.com

*ecl@sses: 23-05-15-01 Stützrolle (Lager); 23-05-15-02 Kurvenrolle (Lager); 23-17-04-50 Kettenrad; 23-17-04-51 Kettenscheibe*

### Schwefisco Betriebstechnik GmbH

Auf dem Knapp 33, D-42855 Remscheid, Telefon: +49 2191 93910, Telefax: +49 2191 939130,
mail@schwefisco.com, www.schwefisco.com

*ecl@sses: 27-30-20-90 Schlauch (Hydraulik, nicht klassifiziert)*

### Schwindt Hydraulik GmbH

Wernerusstr. 14, D-29227 Celle, Telefon: +49 5141 8861850, Telefax: +49 5141 8861859,

*ecl@sses: 27-30-02-01 Differentialzylinder (Hydraulik); 27-30-02-02 Gleichgangzylinder (Hydraulik); 27-30-02-08 Teleskopzylinder (Hydraulik)*

### Schüssler-Technik eK

Im Altgefälle 10, D-75181 Pforzheim, Telefon: +49 7231 9616 0, Telefax: +49 7231 9616 16,
info@schuessler-technik.de, www.schuessler-technik.de

*ecl@sses: 27-02-27-08 Motorspindel; 27-02-27-90 Anwendungsbezogener Motor (nicht klassifiziert)*

S

## Seal Concept Dichtungen und Halbzeuge GmbH

Hans-Sachs-Str. 2, D-86399 Bobingen, Telefon: +49 8234 9671 0, Telefax: +49 8234 9671 24,
natascha.george@oilcontrol.de, www.sealconcept.com

*ecl@sses: 23-07-17-01 Radial-Wellendichtring; 23-07-17-02 Axial-Wellendichtring; 23-07-19-01 Stangendichtung; 23-07-19-02 Kolbendichtung; 23-07-19-03 Abstreifring (translatorische Dichtung; 23-07-19-04 Führungselement, Stützring*

## SEAL MAKER Produktions- und Vertriebs GmbH

Viktor-Kaplan-Allee 7, A-7023 Pöttelsdorf, Telefon: +43 2626 20085, Telefax: +43 2626 20085 66,
office@seal-maker.com, www.seal-maker.com

*ecl@sses: 23-07-09-21 Gleitringdichtung (Komplett); 23-07-17-01 Radial-Wellendichtring; 23-07-17-02 Axial-Wellendichtring; 23-07-19-01 Stangendichtung; 23-07-19-02 Kolbendichtung; 23-07-19-03 Abstreifring (translatorische Dichtung; 23-07-19-04 Führungselement, Stützring*

## SEALWARE INTERNATIONAL Dichtungstechnik GmbH

Am Fleckenberg 9, D-65549 Limburg, Telefon: +49 6431 95850, Telefax: +49 6431 9585 25,
info@sealware.de, www.sealware.de

*ecl@sses: 23-07-17-01 Radial-Wellendichtring; 23-07-17-02 Axial-Wellendichtring*

## Seeger-Orbis GmbH & Co oHG

Wiesbadener Strasse 243, D-61462 Königstein, Telefon: +49 6174 205 0, Telefax: +49 6174 205 209,
info@seeger-orbis.de, www.seeger-orbis.de

*ecl@sses: 23-09-03-03 Sicherungsring (Querschnitt rechteckig); 23-09-03-04 Sicherungsring (Querschnitt rund)*

## Semperflex Rivalit GmbH

Steinhardter Straße 32, D-55596 Waldböckelheim, Telefon: +49 6758 92920,
rivalit@rivalit.de, www.rivalit.de

*ecl@sses: 27-30-20-90 Schlauch (Hydraulik, nicht klassifiziert)*

## Semperit Gummiwerk Deggendorf GmbH

Land-Au 30, D-94469 Deggendorf, Telefon: +49 991 2702 0, Telefax: +49 991 2702 100,
semperit-deggendorf@t-online.de,

*ecl@sses: 27-30-20-90 Schlauch (Hydraulik, nicht klassifiziert)*

## Dr. Sempf Schlauchleitungen GmbH

Griesbergstraße 7, D-31162 Bad Salzdetfurth, Telefon: +49 5063 5284, Telefax: +49 5063 5287,
dr-sempf@t-online.de, www.sempf-schlauchleitungen.de

*ecl@sses: 27-30-20-90 Schlauch (Hydraulik, nicht klassifiziert)*

## SEVA-Tec GmbH

Lether Gewerbestrasse 10, D-26197 Großenkneten, Telefon: +49 4435 9309 0, Telefax: +49 4435 9309 10,
info@seva-tec.de, www.seva-tec.de

*ecl@sses: 23-32-01-01 Stirnradgetriebe; 23-32-01-02 Flachgetriebe; 23-32-01-03 Kegelradgetriebe; 23-32-01-04 Schneckengetriebe; 27-02-21-01 NS-Drehstrom-Asynchronmotor, Käfigläufer (IEC)*

S

### SEW-EURODRIVE GmbH & Co KG

Ernst-Blickle-Straße 42, D-76646 Bruchsal, Telefon: +49 7251 75 0, Telefax: +49 7251 75 1970,
sew@sew-eurodrive.de, www.sew-eurodrive.de

*ecl@sses: 23-32-02-01 Mechanisches Getriebe; 27-02-21-01 NS-Drehstrom-Asynchronmotor, Käfigläufer (IEC); 27-02-21-02 NS-Drehstrom-Asynchronmotor, Käfigläufer (IEC, Ex); 27-02-21-03 NS-Drehstrom-Asynchronmotor, Käfigläufer (NEMA); 27-02-21-06 NS-Drehstrom-Asynchronmotor, Käfigläufer (polumschaltbar, IEC); 27-02-21-07 NS-Drehstrom-Asynchronmotor, Käfigläufer (polumschaltbar, IEC, Ex); 27-02-21-08 NS-Drehstrom-Asynchronmotor, Käfigläufer (polumschaltbar, NEMA); 27-02-26-01 Servo-Asynchronmotor; 27-02-26-02 Servo-Synchronmotor; 27-02-27-09 Umrichterantrieb; 27-02-27-90 Anwendungsbezogener Motor (nicht klassifiziert); 27-02-28-01 Linearmotor; 27-02-30-01 AC-Getriebemotor (Festdrehzahl); 27-02-30-02 AC-Getriebemotor (polumschaltbar); 27-02-30-03 AC-Getriebemotor (elektrisch verstellbar); 27-02-30-04 Getriebemotor mit angebauten dezentralen Komponenten; 27-02-30-05 Servo-Getriebemotor (elektrisch verstellbar); 27-02-30-06 AC-Getriebemotor (mechanisch verstellbar)*

### SHB Saalfelder Hebezeugbau GmbH

Straße der Freiheit 1, D-07318 Saalfeld, Telefon: +49 3671 441 0, Telefax: +49 3671 441 181,
shb@shb-net.de, www.shb-net.de

*ecl@sses: 23-03-11-02 Bolzenkupplung (elastisch); 23-03-11-03 Scheibenkupplung (elastisch)*

### Sibalco W. Siegrist & Co. GmbH

Käppelinstrasse 12, D-79576 Weil am Rhein, Telefon: +49 7621 78011, Telefax: +49 7621 78013,
info@sibalco.de, www.sibalco.de

*ecl@sses: 23-11-01-01 Schraube, flach aufliegend, Außenantrieb; 23-11-01-02 Schraube, flach aufliegend, Innenantrieb; 23-11-01-13 Schraube, nicht flach aufliegend, Außenantrieb; 23-11-01-16 Rändelschraube; 23-11-03-01 Gewindestange; 23-11-03-02 Gewindestift, -Bolzen, Schaftschraube; 23-11-07-01 Mutter (sechs-, n-kant); 23-11-07-08 Rändelmutter; 23-12-04-02 Blindniet; 23-17-01-01 Stirnrad (Verzahnungselement)*

### SIBRE Siegerland Bremsen Emde GmbH + Co.

Auf der Sfücke 1-5, D-35708 Haiger, Telefon: +49 2773 9400 0, Telefax: +49 2773 9400 10,
info@sibre.de, www.sibre.de

*ecl@sses: 23-03-11-07 Kupplung (drehelastisch)*

### SIEGLING GmbH

Lilienthalstraße 6/8, D-30179 Hannover, Telefon: +49 511 6704 0, Telefax: +49 511 6704 305,
info@siegling.com, www.forbo-siegling.de

*ecl@sses: 23-17-02-04 Flachriemen; 23-17-02-05 Zahnriemen; 23-17-02-11 Rundriemen*

### Siemens AG A&D EA

Rupert-Mayer-Str. 44, D-81379 München, Telefon: +49 89 208000, Telefax: +49 89 2080036263,
www.siemens.de

*ecl@sses: 23-03-10-06 Lamellenkupplung; 23-03-11-05 Kupplung (hochelastisch); 27-02-27-08 Motorspindel; 27-02-27-09 Umrichterantrieb; 27-02-30-05 Servo-Getriebemotor (elektrisch verstellbar)*

### Siemens Geared Motors GmbH

Bahnhofstr. 40 - 44, D-72072 Tübingen-Kilchberg, Telefon: +49 7071 707 0, Telefax: +49 7071 707 400,
sales-sgm.aud@siemens.com, www.siemens.com

*ecl@sses: 23-03-16-01 Hydrodynamische Kupplung; 23-32-01-01 Stirnradgetriebe; 23-32-01-03 Kegelradgetriebe; 23-32-01-05 Planetengetriebe*

S

## SIGMATEK GmbH

Marie-Curie-Str. 9, D-76829 Landau in der Pfalz, Telefon: +49 6341 9421 0, Telefax: +49 6341 9421 21,
office@sigmatek,de, www.sigmatek.de

*ecl@sses: 27-02-26-02 Servo-Synchronmotor*

## SIKA Deutschland GmbH

Stuttgarter Strasse 139, D-72574 Bad Urach, Telefon: +49 7125 940 0, Telefax: +49 7125 940 763,
industry@de.sika.com,

*ecl@sses: 23-33-01-90 Klebstoff (technisch, nicht klassifiziert)*

## Silka Deutschland GmbH

Kornwestheimer Str. 103-107, D-70439 Stuttgart, Telefon: +49 711 80090,
info@de.sika.com, www.silka-industry.de

*ecl@sses: 23-33-01-90 Klebstoff (technisch, nicht klassifiziert)*

## Simon RWA Systems GmbH

Medienstraße 8, D-94036 Passau, Telefon: +49 851 9 88 70 - 0, Telefax: +49 851 9 88 70 - 70,
www.simon-rwa.de/

*ecl@sses: 23-30-21-90 Elektromechanischer Kettenantrieb (nicht klassifiziert)*

## Sipos Aktorik GmbH

Im Erlet 2, D-90518 Altdorf, Telefon: +49 9187 9227 0,
info@sipos.de, www.sipos.de

*ecl@sses: 23-30-24-90 Elektromechanischer Schwenkantrieb (nicht klassifiziert)*

## SIT Antriebselemente GmbH

Rieseler Feld 9 (Gewerbegebiet West), D-33034 Brakel, Telefon: +49 5272 3928 0, Telefax: +49 5272 3928 90,
M.Heinemeyer@SIT-Antriebselemente.de,

*ecl@sses: 23-02-04-01 Spannelement (Welle-Nabe-Verbindung); 23-03-10-02 Zahnkupplung; 23-03-10-06*
*Lamellenkupplung; 23-03-11-01 Klauenkupplung (elastisch); 23-03-11-08 Kupplung (drehelastisch, spielfrei); 23-17-02-01*
*Keilriemen; 23-17-02-04 Flachriemen; 23-17-02-05 Zahnriemen; 23-17-02-08 Keilriemenscheibe; 23-17-02-10*
*Zahnriemenscheibe*

## SKF ECONOMOS Deutschland GmbH

Robert-Bosch-Straße 11, D-74321 Bietigheim-Bissingen, Telefon: +49 7142 593 0, Telefax: +49 7142 593 110,
bietigheim@economos.com, www.economos.com

*ecl@sses: 23-07-12-02 Balgdichtung; 23-07-15-01 Gestanzte Dichtung; 23-07-15-90 Flachdichtung (nicht klassifiziert); 23-*
*07-17-01 Radial-Wellendichtring; 23-07-17-02 Axial-Wellendichtring; 23-07-19-01 Stangendichtung; 23-07-19-02*
*Kolbendichtung; 23-07-19-03 Abstreifring (translatorische Dichtung; 23-07-19-04 Führungselement, Stützring*

S

### SKF GmbH

Gunnar-Wester-Straße 12, D-97421 Schweinfurt, Telefon: +49 9721 56 0, Telefax: +49 9721 56 6000, info@skf.com, www.skf.com

*ecl@sses: 23-05-01-01 Trockengleitlager; 23-05-01-05 Gelenkkopf (Gleitlager); 23-05-01-06 Gelenklager; 23-05-07-01 Linear-Kugellager; 23-05-07-04 Welle (Lineareinheit); 23-05-07-05 Profilschienen-Wälzführung; 23-05-08-01 Rillenkugellager; 23-05-08-02 Spannlager; 23-05-08-03 Schrägkugellager; 23-05-08-06 Pendelkugellager; 23-05-09-01 Zylinderrollenlager; 23-05-09-04 Nadelkranz; 23-05-09-05 Nadelhülse; 23-05-09-06 Nadelbüchse; 23-05-09-07 Nadellager, massiv; 23-05-09-09 Innenring (Nadellager); 23-05-09-10 Kegelrollenlager; 23-05-09-11 Pendelrollenlager; 23-05-09-12 Tonnenlager; 23-05-09-13 Toroidal-Rollenlager; 23-05-10-01 Axial-Rillenkugellager; 23-05-10-02 Axial-Schrägkugellager; 23-05-11-01 Axial-Zylinderrollenlager; 23-05-11-02 Axial-Nadellager; 23-05-11-03 Axial-Pendelrollenlager; 23-05-11-04 Axial-Kegelrollenlager; 23-05-15-01 Stützrolle (Lager); 23-05-15-02 Kurvenrolle (Lager); 23-07-09-21 Gleitringdichtung (Komplett); 23-07-16-01 O-Ring; 23-07-17-01 Radial-Wellendichtring; 23-07-17-02 Axial-Wellendichtring; 23-07-19-01 Stangendichtung; 23-07-19-02 Kolbendichtung; 23-07-19-03 Abstreifring (translatorische Dichtung; 23-07-19-04 Führungselement, Stützring; 23-30-01-01 Lineargleitlager (Gleitführung); 23-30-01-03 Wellen (Gleitführung); 23-30-02-02 Führungsschiene (Laufrollenführung); 23-30-02-03 Führungswagen (Laufrollenführung); 23-30-03-01 Linearkugellager, Linearkugellagerführung; 23-30-03-03 Wellen (Linearkugellagerführung); 23-30-03-06 Linearkugellagereinheit (Linearkugellagerführung); 23-30-04-01 Kugelumlaufführung (Profilschienenführung, komplett); 23-30-04-02 Führungsschiene (Profilschienenführung); 23-30-05-01 Kugelführung (Käfigschienenführung); 23-30-05-02 Rollenführung (Käfigschienenführung); 23-30-05-03 Kreuzrollenführung (Käfigschienenführung); 23-30-08-90 Kugelgewindetrieb (nicht klassifiziert); 23-30-09-01 Planetenrollengewindetrieb; 23-30-09-02 Rollengewindetrieb mit Rollenrückführung; 23-30-15-02 Lineartisch Laufrollenführung; 23-30-15-03 Lineartisch Linearkugellagerführung; 23-30-15-04 Lineartisch Profilschienenführung; 23-30-15-05 Lineartisch Käfigführung; 23-30-18-90 Elektomechanischer Zylinder (nicht klassifiziert); 23-30-19-90 Elektromechanische Hubsäule (nicht klassifiziert); 23-30-21-90 Elektromechanischer Kettenantrieb (nicht klassifiziert); 23-30-24-90 Elektromechanischer Schwenkantrieb (nicht klassifiziert)*

### Skiffy GmbH

Memelerstraße 26, D-42781 Haan, Telefon: +49 2129 94 31-3, Telefax: +49 2129 94 31 44, infode@skiffy.com, www.skiffy.com

*ecl@sses: 23-10-06-01 Distanzhülse; 23-10-06-02 Gewindehülse*

### SKR-Antriebstechnik GmbH

Talwiesen 1, D-72532 Gomadingen, Telefon: +49 7121 4858 0, Telefax: +49 7121 4858 68, info@skr.biz, www.skr.biz

*ecl@sses: 23-02-04-01 Spannelement (Welle-Nabe-Verbindung); 23-17-01-01 Stirnrad (Verzahnungselement); 23-17-02-01 Keilriemen; 23-17-02-04 Flachriemen; 23-17-02-05 Zahnriemen; 23-17-02-08 Keilriemenscheibe; 23-17-02-09 Flachriemenscheibe; 23-17-02-10 Zahnriemenscheibe; 23-17-02-11 Rundriemen; 23-17-02-90 Riementrieb (nicht klassifiziert)*

### SLF Spindel- und Lagertechnik Fraureuth GmbH

Fabrikgelände 5, D-08427 Fraureuth, Telefon: +49 3761 801 0, Telefax: +49 3761 801 150, slf@slf-fraureuth.de, www.slf-fraureuth.de

*ecl@sses: 23-05-08-01 Rillenkugellager; 23-05-09-01 Zylinderrollenlager; 23-05-10-01 Axial-Rillenkugellager; 23-05-11-01 Axial-Zylinderrollenlager; 23-05-12-04 Axial-Radial-Rollenlager*

### SMC Pneumatik GmbH

Boschring 13-15, D-63329 Egelsbach, Telefon: +49 6103 402 0, Telefax: +49 6103 402 139, info@smc-pneumatik.de, www.smc-pneumatik.de

*ecl@sses: 27-30-20-90 Schlauch (Hydraulik, nicht klassifiziert)*

### SNR Wälzlager Deutschland GmbH

Wahlerstr. 6, D-40472 Düsseldorf, Telefon: +49 211 65806 0, Telefax: +49 211 65888 86, info@snr.de, www.snr.de

*ecl@sses: 23-05-07-01 Linear-Kugellager; 23-05-07-04 Welle (Lineareinheit); 23-30-04-01 Kugelumlaufführung (Profilschienenführung, komplett); 23-30-15-04 Lineartisch Profilschienenführung*

S

## Speedmec GmbH

Sprendlinger Landstraße 180, D-63069 Offenbach, Telefon: +49 69 8300 979-0, Telefax: +49 69 8300 979-20, info@speedmec.de, www.speedmec.de

*ecl@sses: 23-32-01-01 Stirnradgetriebe; 23-32-01-04 Schneckengetriebe; 23-32-02-01 Mechanisches Getriebe; 27-02-21-01 NS-Drehstrom-Asynchronmotor, Käfigläufer (IEC); 27-02-21-02 NS-Drehstrom-Asynchronmotor, Käfigläufer (IEC, Ex); 27-02-21-06 NS-Drehstrom-Asynchronmotor, Käfigläufer (polumschaltbar, IEC); 27-02-30-02 AC-Getriebemotor (polumschaltbar)*

## Spicer Gelenkwellenbau GmbH

Schnieringstraße 49, D-45329 Essen, Telefon: +49 201 81240, Telefax: +49 201 8124459, industrial@dana.com, www.gwb-essen.de

*ecl@sses: 23-02-01-01 Gelenkwelle mit Längenausgleich; 23-02-01-02 Gelenkwelle ohne Längenausgleich; 23-02-01-05 Flanschgelenk; 23-02-01-08 DIN Flansch (Gelenkwelle); 23-02-01-09 SAE Flansch (Gelenkwelle); 23-02-01-10 Kreuzverzahnter Flansch (Gelenkwelle)*

## Spieth-Maschinenelemente GmbH & Co. KG

Alleenstraße 41, D-73730 Esslingen, Telefon: +49 711 930730 0, Telefax: +49 711 930730 7, info@spieth-maschinenelemente.de, www.spieth-maschinenelemente.de

*ecl@sses: 23-05-01-08 Hydrodynamische Gleitlager; 23-11-07-05 Mutter mit Klemmteil*

## SPIR STAR AG

Auf der Rut 3, D-64668 Rimbach-Mitlechtern, Telefon: +49 6253 98890, Telefax: +49 6253 988933, info@spirstar.de, www.spirstar.de

*ecl@sses: 27-30-20-90 Schlauch (Hydraulik, nicht klassifiziert)*

## Spitznas Maschinenfabrik GmbH

Fellerstraße 4, D-42555 Velbert, Telefon: +49 2052 605 0, Telefax: +49 2052 605 29, vertrieb@spitznas.de, www.spitznas.de

*ecl@sses: 27-30-11-90 Motor (Hydraulik, nicht klassifiziert); 27-30-12-02 Axialkolbenpumpe (Hydraulik)*

## SPL Spindel und Präzisionslager GmbH

Am Gewerbegebiet 7, D-04720 Ebersbach b. Döbeln, Telefon: +49 3431 6784 0, Telefax: +49 3431 6784 50, spl@spl-spindel.de, www.spl-spindel.de

*ecl@sses: 27-02-27-08 Motorspindel*

## SPN SCHWABEN PRÄZISION Fritz Hopf GmbH

Glashütter Straße 2-6, D-86720 Nördlingen, Telefon: +49 9081 214 0, Telefax: +49 9081 22881, info@spn-nopf.de, www.spn-hopf.de

*ecl@sses: 23-17-01-01 Stirnrad (Verzahnungselement); 23-17-01-08 Zahnstange (Verzahnungselement); 23-17-01-09 Zahnsegment; 23-30-10-90 Zahnstangentrieb (nicht klassifiziert); 23-30-24-90 Elektromechanischer Schwenkantrieb (nicht klassifiziert); 23-32-01-01 Stirnradgetriebe; 23-32-01-04 Schneckengetriebe; 23-32-01-05 Planetengetriebe; 23-32-01-07 Spielarme Getriebe*

S

## SSB-ANTRIEBSTECHNIK GmbH & Co. KG

Neuenkirchener Straße 13, D-48499 Salzbergen, Telefon: +49 5976 946 0, Telefax: +49 5976 946 139, info@ssb-antriebstechnik.de, www.ssb-antriebstechnik.de

*ecl@sses: 23-30-18-90 Elektomechanischer Zylinder (nicht klassifiziert); 23-30-19-90 Elektromechanische Hubsäule (nicht klassifiziert); 23-30-24-90 Elektromechanischer Schwenkantrieb (nicht klassifiziert); 27-01-02-90 Generator (10-100 MVA, nicht klassifiziert); 27-01-03-90 Generator (< 10 MVA, nicht klassifiziert); 27-02-24-01 Synchronmotor (IEC); 27-02-25-01 DC-Motor (IEC); 27-02-26-01 Servo-Asynchronmotor; 27-02-26-02 Servo-Synchronmotor*

### Stadler Antriebselemente GmbH & Co. KG

Max-Holder-Str. 11/2, D-72555 Metzingen, Telefon: +49 7123 20 715, Telefax: +49 7123 20 852,
info@antriebselemente.com, www.antriebselemente.com

*ecl@sses: 23-02-02-90 Formwelle (nicht klassifiziert); 23-02-03-90 Keilwelle (nicht klassifiziert); 23-17-01-01 Stirnrad*
*(Verzahnungselement); 23-17-01-03 Kegelrad; 23-17-01-04 Kegelradsatz; 23-17-01-05 Schneckenwelle; 23-17-01-06*
*Schneckenrad; 23-17-01-07 Schneckensatz; 23-17-01-08 Zahnstange (Verzahnungselement); 23-17-01-09 Zahnsegment;*
*23-17-04-50 Kettenrad*

### Stamag Ersatzteil- und Industrievertrieb GmbH

Queiser-Ring 10, D-06188 Landsberg, Telefon: +49 34602 6920,
info@stamag.de, www.stamag.de

*ecl@sses: 23-05-10-01 Axial-Rillenkugellager*

### STC-Steyr Deutschland GmbH

Rosenthaler Str. 40/41, D-10178 Berlin, Telefon: +49 30 720 225 39 60, Telefax: +49 30 720 225 39 61,
info@stc-steyr.de, www.stc-steyr.de

*ecl@sses: 23-05-08-01 Rillenkugellager; 23-05-08-03 Schrägkugellager; 23-05-08-06 Pendelkugellager; 23-05-09-01*
*Zylinderrollenlager; 23-05-09-10 Kegelrollenlager; 23-05-09-11 Pendelrollenlager; 23-05-09-12 Tonnenlager; 23-05-10-01*
*Axial-Rillenkugellager; 23-05-11-01 Axial-Zylinderrollenlager; 23-05-11-03 Axial-Pendelrollenlager*

### Stefan Bülte GmbH & Co. KG

Carl-Sonnenschein-Str. 22, D-59348 Lüdinghausen, Telefon: +49 2591 9194 0, Telefax: +49 2591 9194 5977,
bulte@bulte.com, www.bulte.com

*ecl@sses: 23-11-01-19 Kopfschraube (ohne Antriebsmerkmal)*

### Stegmaier-Haupt GmbH

Untere Röte 5, D-69231 Rauenberg, Telefon: +49 6222 61021, Telefax: +49 6222 64988,
stegmaier-haupt@t-online.de, www.stegmaier-haupt.de

*ecl@sses: 27-02-25-01 DC-Motor (IEC); 27-02-26-04 Schrittmotor*

### Steidle GmbH Minimalmengen-Kühlschmierung MMKS

Röttgerweg 12, D-51371 Leverkusen, Telefon: +49 214 82511 25, Telefax: +49 214 82511 26,
zentral@steidle-mmks.de,

*ecl@sses: 23-06-01-03 Metallbearbeitungsöl (-flüssigkeit)*

### Steiner GmbH Metallwarenfabrik

Wellendinger Strasse 14, D-78665 Frittlingen, Telefon: +49 7426 96301 0, Telefax: +49 7426 96301 50,
info@steiner-metallwaren.de, www.steiner-metallwaren.de

*ecl@sses: 23-11-03-01 Gewindestange*

### Steinlen Elektromaschinenbau GmbH

Ehlbeek 21, D-30938 Burgwedel, Telefon: +49 5139 8070 0, Telefax: +49 5139 8070 60,
info@steinlen.de, www.steinlen.de

*ecl@sses: 23-04-09-01 Magnetbremse*

### Sternberg AG

Uentropstrasse 1, D-57392 Schmallenberg, Telefon: +49 2972 97230, Telefax: +49 2972 97238,
info@sternberg-ag.com, www.sternberg-ag.de

*ecl@sses: 23-10-04-01 Splint; 23-10-04-02 Federstecker*

S

## Sternberg GmbH

Hockenheimer Straße 5, D-09337 Hohenstein-Ernsthal, Telefon: +49 3723 76931 0, Telefax: +49 3723 76931 39, sternberggmbh@web.de, www.sternberggmbh.de

*ecl@sses: 23-10-01-01 Stift; 23-10-01-90 Bolzen, Stift (nicht klassifiziert); 23-10-06-01 Distanzhülse; 23-10-06-02 Gewindehülse; 23-11-01-01 Schraube, flach aufliegend, Außenantrieb; 23-11-01-02 Schraube, flach aufliegend, Innenantrieb; 23-11-01-03 Senkkopfschraube, Innenantrieb; 23-11-01-04 Schraube mit Rechteckkopf; 23-11-01-10 Sonderschraube; 23-11-01-14 Passschraube (mit Kopf); 23-11-01-15 Dehnschraube (mit Kopf); 23-11-03-02 Gewindestift, - Bolzen, Schaftschraube; 23-11-03-03 Stiftschraube, Schraubenbolzen; 23-11-07-04 Kronenmutter; 23-11-07-07 Rundmutter*

## Stiebel-Getriebebau GmbH & Co KG

Industriestrasse 12, D-51545 Waldbröl, Telefon: +49 2291 791 0, Telefax: +49 2291 791 290, info@stiebel.de, www.stiebel.de

*ecl@sses: 23-32-01-01 Stirnradgetriebe; 23-32-01-03 Kegelradgetriebe; 23-32-01-08 Schaltgetriebe; 23-32-01-10 Keilriemengetriebe*

## Stieber GmbH

Hatschekstrasse 36, D-69126 Heidelberg, Telefon: +49 6221 3047 0, Telefax: +49 6221 3047 14, sales@stieber.de,

*ecl@sses: 27-30-12-07 Radialkolbenpumpe (Hydraulik)*

## Strautmann Hydraulik GmbH

Gausekamp 15, D-49326 Melle, Telefon: +49 5429 94040, Telefax: +49 5429 9404 43, strautmann-hydraulik@t-online.de, www.strautmann-hydraulik.de

*ecl@sses: 27-30-02-01 Differentialzylinder (Hydraulik); 27-30-02-02 Gleichgangzylinder (Hydraulik)*

## Stromag AG

Hansastraße 120, D-59425 Unna, Telefon: +49 2303 102 0, Telefax: +49 2303 102 227, werbung@stromag.de, www.stromag.com

*ecl@sses: 23-03-10-02 Zahnkupplung; 23-03-11-01 Klauenkupplung (elastisch); 23-03-11-03 Scheibenkupplung (elastisch); 23-03-11-05 Kupplung (hochelastisch); 23-03-14-03 Mechanischbetätigte Schaltkupplung; 23-03-14-04 Hydraulischbetätigte Schaltkupplung; 23-03-14-05 Pneumatischbetätigte Schaltkupplung; 23-03-14-06 Elektromagnetischbetätigte Schaltkupplung; 23-03-16-02 Induktionskupplung; 23-04-09-01 Magnetbremse; 23-04-09-02 Hydraulische Bremse; 23-04-09-03 Pneumatische Bremse; 23-04-10-02 Wirbelstrombremse*

## Stross GmbH Antriebstechnik

Töpferstrasse 9, D-86830 Schwabmünchen, Telefon: +49 8232 95977 0, Telefax: +49 8232 95977 9, info@stross.de, www.stross.de

*ecl@sses: 23-30-07-90 Trapezgewindetrieb (nicht klassifiziert); 23-30-08-90 Kugelgewindetrieb (nicht klassifiziert); 23-30-09-01 Planetenrollengewindetrieb; 23-30-09-02 Rollengewindetrieb mit Rollenrückführung; 23-30-11-90 Zahnriementrieb (nicht klassifiziert); 23-30-18-90 Elektomechanischer Zylinder (nicht klassifiziert)*

## STRÖTER Antriebstechnik GmbH

Krefelder Straße 117, D-40549 Düsseldorf, Telefon: +49 211 95600 0, Telefax: +49 211 504415, info@stroeter.com, www.stroeter.com

*ecl@sses: 23-32-01-01 Stirnradgetriebe; 23-32-01-03 Kegelradgetriebe; 23-32-01-04 Schneckengetriebe; 23-32-02-01 Mechanisches Getriebe*

S

## STS Metalle GmbH

Carl-Zeiss-Strasse 1, D-63755 Alzenau, Telefon: +49 6023 96540, info@sts-metalle.de, www.sts-metalle.de

*ecl@sses: 23-11-03-01 Gewindestange*

### Sturm Präzision GmbH

Neckarstrasse 47/1, D-78727 Oberndorf, Telefon: +49 7423 8693 0, Telefax: +49 7423 8693 29, info@sturm-praezision.de, www.sturm-praezision.de

*ecl@sses: 23-05-12-05 Kreuzrollenlager*

### Stüwe GmbH & Co. KG

Zum Ludwigstal 35, D-45527 Hattingen, Telefon: +49 2324 394 0, Telefax: +49 2324 394 30, info@stuewe.de, stuewe.de

*ecl@sses: 23-02-04-01 Spannelement (Welle-Nabe-Verbindung); 23-02-04-02 Innenspannsystem; 23-02-04-03 Außenspannsystem*

### STÖBER Antriebstechnik GmbH & Co. KG

Kieselbronner Straße 12, D-75177 Pforzheim, Telefon: +49 7231 582 0, Telefax: +49 7231 582 1000, mail@stoeber.de, www.stoeber.de

*ecl@sses: 23-32-01-01 Stirnradgetriebe; 23-32-01-04 Schneckengetriebe; 23-32-01-05 Planetengetriebe; 23-32-01-07 Spielarme Getriebe; 23-32-02-01 Mechanisches Getriebe; 27-02-26-02 Servo-Synchronmotor; 27-02-30-01 AC-Getriebemotor (Festdrehzahl)*

### SUCO Robert Scheuffele GmbH & Co. KG

Keplerstraße 12-14, D-74321 Bietigheim-Bissingen, Telefon: +49 7142 597 0, Telefax: +49 7142 597 19, suco@suco.de, www.suco.de

*ecl@sses: 23-04-10-01 Magnetpulverbremse*

### SUMITOMO (SHI) CYCLO DRIVE GERMANY GmbH

Cyclostraße 92, D-85229 Markt Indersdorf, Telefon: +49 8136 66 0, Telefax: +49 8136 5771, marktind@sce-cyclo.com, www.sumitomodriveeurope.com

*ecl@sses: 23-32-01-01 Stirnradgetriebe; 23-32-01-03 Kegelradgetriebe*

### SWR Europe

Dieselstrasse 27 b-c, D-44805 Bochum, Telefon: +49 234 68738 11, Telefax: +49 234 68738 19, sales@swr-europe.de, info@t-race.com

*ecl@sses: 23-17-02-01 Keilriemen*

### Süssco GmbH & Co. KG

Oehleckerring 8-10, D-22419 Hamburg, Telefon: +49 40 53100-60, Telefax: +49 40 53110-25, info@suessco.de, www.suessco.de

*ecl@sses: 23-30-06-90 Teleskopschienenführung (nicht klassifiziert)*

### Süther & Schön GmbH

Bonifaciusring 18, D-45309 Essen, Telefon: +49 201 85525 0, Telefax: +49 201 555013, info@suether-schoen.com, www.suether-schoen.de

*ecl@sses: 23-08-01-01 Schraubendruckfeder; 23-09-01-01 Scheibe, Ring (plan, ballig, rund); 23-10-01-90 Bolzen, Stift (nicht klassifiziert); 23-10-04-01 Splint; 23-10-04-02 Federstecker; 23-11-01-04 Schraube mit Rechteckkopf; 23-11-03-01 Gewindestange*

S

## T RACE GmbH

Heidestraße 33, D-51399 Burscheid, Telefon: +49 2174 499388 0,
post@t-race.de, www.t-race.de

*ecl@sses: 23-05-07-01 Linear-Kugellager; 23-05-07-04 Welle (Lineareinheit); 23-05-07-05 Profilschienen-Wälzführung; 23-30-02-01 Laufrollenführung (komplett); 23-30-02-02 Führungsschiene (Laufrollenführung); 23-30-02-03 Führungswagen (Laufrollenführung); 23-30-05-01 Kugelführung (Käfigschienenführung); 23-30-06-90 Teleskopschienenführung (nicht klassifiziert); 23-30-15-04 Lineartisch Profilschienenführung*

## T-T Electric Deutschland

Helgolandstraße 67, D-70439 Stuttgart, Telefon: +49 711 3804 410, Telefax: +49 711 3804 411,
info@thrige-electric.de, www.thrige-electric.de

*ecl@sses: 27-02-21-01 NS-Drehstrom-Asynchronmotor, Käfigläufer (IEC); 27-02-21-03 NS-Drehstrom-Asynchronmotor, Käfigläufer (NEMA); 27-02-23-02 Kondensatormotor; 27-02-23-03 Motor mit Widerstandshilfsphase; 27-02-25-01 DC-Motor (IEC)*

## T.I.M. – Technischer Industriebedarf Müller

Kennedystrasse 72, D-63477 Maintal, Telefon: +49 6181 3049423,
info@tim-industriebedarf.de, www.tim-industriebedarf.de

*ecl@sses: 27-30-20-90 Schlauch (Hydraulik, nicht klassifiziert)*

## TA Technische Antriebselemente GmbH

Lademannbogen 45, D-22339 Hamburg, Telefon: +49 40 538 2001, Telefax: +49 40 538 2001,
info@tea-hamburg.de, www.technische-antriebselemente.de

*ecl@sses: 23-02-01-01 Gelenkwelle mit Längenausgleich; 23-02-01-02 Gelenkwelle ohne Längenausgleich; 23-02-01-03 Doppelgelenkwelle; 23-02-01-06 Gelenk; 23-02-01-06 Doppelgelenk; 23-02-04-01 Spannelement (Welle-Nabe-Verbindung); 23-03-09-03 Stirnzahnkupplung; 23-03-10-02 Zahnkupplung; 23-03-10-03 Kreuzscheibenkupplung; 23-03-10-05 Ganzmetallkupplung (biegenachgiebig); 23-03-10-06 Lamellenkupplung; 23-03-11-01 Klauenkupplung (elastisch); 23-03-11-04 Kupplung (metallelastisch); 23-03-11-05 Kupplung (hochelastisch); 23-03-11-07 Kupplung (drehelastisch); 23-03-11-08 Kupplung (drehelastisch, spielfrei); 23-03-14-08 Richtungsbetätigte (Freilaufkupplung); 23-03-15-01 Dauermagnetische Synchron Kupplung; 23-03-16-03 Dauermagnetische Schlupfkupplung; 23-03-17-03 Reibschlüssige Drehmomentbegrenzer; 23-03-17-04 Formschlüssige Drehmomentbegrenzer; 23-05-01-05 Gelenkkopf (Gleitlager); 23-05-01-06 Gelenklager; 23-05-07-01 Linear-Kugellager; 23-05-07-04 Welle (Lineareinheit); 23-05-12-04 Axial-Radial-Rollenlager; 23-05-15-01 Stützrolle (Lager); 23-05-15-02 Kurvenrolle (Lager); 23-07-12-02 Balgdichtung; 23-17-01-01 Stirnrad (Verzahnungselement); 23-17-01-03 Kegelrad; 23-17-01-04 Kegelradsatz; 23-17-01-05 Schneckenwelle; 23-17-01-06 Schneckenrad; 23-17-01-07 Schneckensatz; 23-17-01-08 Zahnstange (Verzahnungselement); 23-17-04-03 Standardrollenkette; 23-17-04-04 Wartungsfreie Rollenkette; 23-17-04-05 Edelstahlkette; 23-17-04-50 Kettenrad; 23-17-04-51 Kettenscheibe; 23-30-01-01 Lineargleitlager (Gleitführung); 23-30-01-03 Wellen (Gleitführung); 23-30-01-06 Lineargleitlagereinheit (Gleitführung); 23-30-02-01 Laufrollenführung (komplett); 23-30-02-02 Führungsschiene (Laufrollenführung); 23-30-02-03 Führungswagen (Laufrollenführung); 23-30-03-01 Linearkugellager, Linearkugellagerführung; 23-30-03-03 Wellen (Linearkugellagerführung); 23-30-03-06 Linearkugellagereinheit (Linearkugellagerführung); 23-30-04-02 Führungsschiene (Profilschienenführung); 23-30-04-04 Rollenumlaufführung (Profilschienenführung, komplett); 23-30-10-90 Zahnstangentrieb (nicht klassifiziert); 23-30-11-90 Zahnriementrieb (nicht klassifiziert); 23-30-15-01 Lineartisch Gleitführung; 23-30-15-02 Lineartisch Laufrollenführung; 23-30-15-03 Lineartisch Linearkugellagerführung; 23-30-15-04 Lineartisch Profilschienenführung; 23-30-18-90 Elektomechanischer Zylinder (nicht klassifiziert); 23-30-19-90 Elektromechanische Hubsäule (nicht klassifiziert); 23-32-01-01 Stirnradgetriebe; 23-32-01-03 Kegelradgetriebe; 23-32-01-04 Schneckengetriebe; 23-32-01-05 Planetengetriebe; 23-32-01-07 Spielarme Getriebe; 23-32-01-08 Schaltgetriebe; 23-32-01-09 Spindelhubgetriebe; 27-02-21-01 NS-Drehstrom-Asynchronmotor, Käfigläufer (IEC); 27-02-23-02 Kondensatormotor; 27-02-26-01 Servo-Asynchronmotor; 27-02-26-02 Servo-Synchronmotor; 27-02-26-03 Servo-DC-Motor; 27-02-30-01 AC-Getriebemotor (Festdrehzahl); 27-02-30-02 AC-Getriebemotor (polumschaltbar); 27-02-30-03 AC-Getriebemotor (elektrisch verstellbar); 27-02-30-07 DC-Getriebemotor (elektrisch verstellbar)*

T

## TAE Antriebstechnik GmbH

Am Kappengraben 20, D-61273 Wehrheim, Telefon: +49 6081 9513 0, Telefax: +49 6081 9800 52,
info@tae-antriebstechnik.de, www.tae-antriebstechnik.de

*ecl@sses: 27-02-26-02 Servo-Synchronmotor; 27-02-26-03 Servo-DC-Motor*

### TANDLER Zahnrad-und Getriebefabrik GmbH & Co. KG
Kornstraße 297-301, D-28201 Bremen, Telefon: +49 421 5363 6, Telefax: +49 421 5363 801,
tandler@tandler.de, www.tandler.de

*ecl@sses: 23-17-01-01 Stirnrad (Verzahnungselement); 23-17-01-03 Kegelrad; 23-17-01-04 Kegelradsatz; 23-17-01-05
Schneckenwelle; 23-17-01-08 Zahnstange (Verzahnungselement); 23-32-01-03 Kegelradgetriebe; 23-32-01-05
Planetengetriebe; 23-32-01-07 Spielarme Getriebe; 23-32-01-08 Schaltgetriebe; 23-32-02-01 Mechanisches Getriebe*

### TAS Schäfer GmbH
Osterfeldstrasse 75, D-58300 Wetter, Telefon: +49 2335 97810, Telefax: +49 2335 72956,
info@tas-schaefer.de, www.tas-schaefer.de

*ecl@sses: 23-02-04-01 Spannelement (Welle-Nabe-Verbindung); 23-02-04-02 Innenspannsystem; 23-02-04-03
Außenspannsystem*

### TAT-Technom Antriebstechnik GmbH
Haidbachstr. 1, A-4061 Pasching / OÖ, Telefon: +43 7229 648400, Telefax: +43 7229 61817,
tat@tat.at, www.tat.at

*ecl@sses: 23-03-14-05 Pneumatischbetätigte Schaltkupplung; 23-03-14-06 Elektromagnetischbetätigte Schaltkupplung*

### TDS Duddeck Dichtungen GmbH
Herner Str. 456, D-44807 Bochum, Telefon: +49 234 953900 0, Telefax: +49 234 95390 20,
info@tds-dichtungen.de, www.tds-dichtungen.de

*ecl@sses: 23-07-17-01 Radial-Wellendichtring; 23-07-19-03 Abstreifring (translatorische Dichtung*

### Tecalan GmbH
Londorfer Straße 53, D-35305 Grünberg, Telefon: +49 6401 917630, Telefax: +49 6401 917670,
hopp@tecalan.de, www.tecalan.de

*ecl@sses: 27-30-20-90 Schlauch (Hydraulik, nicht klassifiziert)*

### Tecfast Verbindungssysteme GmbH
Rechbergstrasse 1, D-73770 Denkendorf, Telefon: +49 711 934461 0, Telefax: +49 711 934461 22,
contact@tecfast.de, www.tecfast.de

*ecl@sses: 23-12-04-02 Blindniet*

### Tech. Industriebedarf Pickard GmbH & Co.KG
Herzogenbuscher Strasse 50, D-54292 Trier, Telefon: +49 0651 918880,
wlw@tip-trier.de, www.tip-trier.de

*ecl@sses: 23-05-08-03 Schrägkugellager; 23-05-10-01 Axial-Rillenkugellager*

### Techno Gummi GmbH
Bergstrasse 13, D-40822 Mettmann, Telefon: +49 2104 91080,
info@technogummi.com, www.technogummi.com

*ecl@sses: 27-30-20-90 Schlauch (Hydraulik, nicht klassifiziert)*

### TECHNO-PARTS GmbH Dichtungs- und Kunststofftechnik
Alte Bottroper Strasse 81, D-45356 Essen, Telefon: +49 201 86606 0, Telefax: +49 201 8660668,
vk@techno-parts.de, www.techno-parts.de

*ecl@sses: 23-05-01-01 Trockengleitlager; 23-07-15-01 Gestanzte Dichtung; 23-07-15-02 Spiraldichtung; 23-07-15-03
Profilierte-, Ummantelte Flachdichtung; 23-07-15-04 Metalldichtung; 23-07-15-90 Flachdichtung (nicht klassifiziert); 23-
07-16-01 O-Ring; 23-07-17-01 Radial-Wellendichtring; 23-07-18-01 Geflechtspackung; 23-07-19-01 Stangendichtung; 23-
07-19-02 Kolbendichtung; 23-07-19-03 Abstreifring (translatorische Dichtung; 23-07-19-04 Führungselement, Stützring*

### Tedima Maschinen und Anlagen GmbH

Carl-Sonnenschein-Straße 70, D-47809 Krefeld, Telefon: +49 2151 15608 10, Telefax: +49 2151 15608 25, info@tedima.de, www.tedima.de

*ecl@sses: 23-07-17-01 Radial-Wellendichtring*

### Tempel Hydraulik & Reinigungstechnik

Gewerbepark Schwarze Kiefern, D-09633 Halsbrücke, Telefon: +49 3731 30490, Telefax: +49 3731 304990, post@tempel.de, www.tempel.de

*ecl@sses: 27-30-20-90 Schlauch (Hydraulik, nicht klassifiziert)*

### Terbrüggen GmbH

Buchenweg 8, D-58710 Menden, Telefon: +49 2373 984424, Telefax: +49 2373 984426, info@terbrueggen-gmbh.de, www.terbrueggen-gmbh.de

*ecl@sses: 27-30-20-90 Schlauch (Hydraulik, nicht klassifiziert)*

### Th. Niehues GmbH

Bahnhofstraße 81, D-48308 Senden-Bösensell, Telefon: +49 2536 990 01, Telefax: +49 2536 990 19, info@niehues.com, www.niehues.com

*ecl@sses: 27-30-02-01 Differentialzylinder (Hydraulik); 27-30-02-02 Gleichgangzylinder (Hydraulik); 27-30-02-08 Teleskopzylinder (Hydraulik); 27-30-11-01 Axialkolbenmotor (Hydraulik); 27-30-11-07 Zahnradmotor (Hydraulik); 27-30-11-90 Motor (Hydraulik, nicht klassifiziert); 27-30-12-02 Axialkolbenpumpe (Hydraulik); 27-30-12-03 Flügelzellenpumpe (Hydraulik); 27-30-12-07 Radialkolbenpumpe (Hydraulik); 27-30-20-90 Schlauch (Hydraulik, nicht klassifiziert)*

### TH.ZÜRRER AG Getriebemotoren / Antriebstechnik

Birmensdorferstrasse 470, CH-8055 Zürich, Telefon: +41 1 4632555, Telefax: +41 1 4638706, info@zurrer.ch, www.zurrer.ch

*ecl@sses: 23-32-01-04 Schneckengetriebe; 23-32-01-07 Spielarme Getriebe; 27-02-30-01 AC-Getriebemotor (Festdrehzahl)*

### THD Technischer Handel Denniger

Olfener Strasse 33, D-64757 Rothenberg, Telefon: +49 6068 4785515, info@technischer-handel-denniger.de, www.technischer-handel-denniger.de

*ecl@sses: 23-05-10-01 Axial-Rillenkugellager*

### Theo Halter GmbH

Gleisstr. 36, D-68766 Hockenheim, Telefon: +49 6205 94510, Telefax: +49 6205 945150, info@halter-motoren.de, www.halter-motoren.de

*ecl@sses: 27-02-22-01 HS-Drehstrom-Asynchronmotor, Käfigläufer (IEC)*

### Theodor Cordes GmbH & Co KG

Im Südfeld 3, D-48308 Senden, Telefon: +49 2536 9939 0, Telefax: +49 2536 9939 20, email@cordes-info.de,

*ecl@sses: 23-07-09-21 Gleitringdichtung (Komplett)*

T

### THG Titan-Halbzeug GmbH

Schwalmstrasse 291, D-41238 Mönchengladbach, Telefon: +49 2166 621900, Telefax: +49 2166 6219010, info@thg-titan.com, www.thg-titan.com

*ecl@sses: 23-11-03-01 Gewindestange*

### THK GmbH
Hubert-Wollenberg-Straße 13-15, D-40878 Ratingen, Telefon: +49 2102 7425 0, Telefax: +49 2102 7425 299,
info@thk.de, www.thk.eu

*ecl@sses: 23-30-04-01 Kugelumlaufführung (Profilschienenführung, komplett)*

### Thomas Borgwardt
Dorfstraße 8, D-17153 Zettemin, Telefon: +49 39951 2223, Telefax: +49 39951 2222,
info@gws-borgwardt.de, www.gws-borgwardt.de

*ecl@sses: 27-30-20-90 Schlauch (Hydraulik, nicht klassifiziert)*

### Thomas Ratsch Quality products
Aiblinger Str. 33, D-83104 Hohenthann, Telefon: +49 8065 1809 13, Telefax: +49 8065 1809 17,
kontakt@qualityproducts.de, www.qualityproducts.de

*ecl@sses: 23-11-01-01 Schraube, flach aufliegend, Außenantrieb; 23-11-01-02 Schraube, flach aufliegend, Innenantrieb*

### Thorlümke & Schöpp GmbH
Neuenkirchener Strasse 76, D-33332 Gütersloh, Telefon: +49 5241 59004,
mail@ts-industriebedarf.de, www.ts-industriebedarf.de

*ecl@sses: 23-05-10-01 Axial-Rillenkugellager*

### Thote Industriebedarf GmbH
Edisonstrasse 7, D-24558 Henstedt Ulzburg, Telefon: +49 4193 77077,
info@thote.com, www.thote.com

*ecl@sses: 27-30-20-90 Schlauch (Hydraulik, nicht klassifiziert)*

### Thümer-Teile
Neubau 19, D-09661 Hainichen, Telefon: +49 37207 839327, Telefax: +49 721 151430660,
c.thuemer@t-teile.de, www.t-teile.de

*ecl@sses: 23-09-01-01 Scheibe, Ring (plan, ballig, rund)*

### Torlopp Industrie- und Messtechnik GmbH Abt.W
Kastanienweg 1, D-25578 Dägeling, Telefon: +49 4821 8979 0, Telefax: +49 4821 8979 77,
info@torlopp-gmbh.de,

*ecl@sses: 23-09-01-01 Scheibe, Ring (plan, ballig, rund); 23-10-01-01 Stift; 23-10-01-90 Bolzen, Stift (nicht klassifiziert)*

### TOSS Verpackungssysteme GmbH & Co. KG
Danziger Strasse 15, D-35418 Buseck, Telefon: +49 6408 9091 0, Telefax: +49 6408 4355,
info@toss-gmbh.de, www.toss-gmbh.de

*ecl@sses: 23-30-15-05 Lineartisch Käfigführung*

### Tramec Getriebe GmbH
Schützenstr. 14 a, D-77933 Lahr, Telefon: +49 7821 9949701, Telefax: +49 7821 9949731,
info@tramec-getriebe.de, www.tramec-getriebe.de

*ecl@sses: 23-32-01-01 Stirnradgetriebe; 23-32-01-03 Kegelradgetriebe; 23-32-01-04 Schneckengetriebe*

### Transmotec
Im Himmelreich 32, D-90584 Allersberg, Telefon: +49 9176 90450, Telefax: +49 9176 90363,
bernd.schmidt@transmotec.com, www.transmotec.de

*ecl@sses: 23-32-01-01 Stirnradgetriebe; 23-32-01-05 Planetengetriebe*

T

### Dr. Erich Tretter GmbH + Co. Maschinenelemente

Am Desenbach 10 u. 12, D-73098 Rechberghausen, Telefon: +49 7161 95334 0, Telefax: +49 7161 510 96,
info@tretter.de, www.tretter.de

*ecl@sses: 23-02-04-01 Spannelement (Welle-Nabe-Verbindung); 23-03-17-03 Reibschlüssige Drehmomentbegrenzer; 23-05-07-01 Linear-Kugellager; 23-05-07-04 Welle (Lineareinheit); 23-05-07-05 Profilschienen-Wälzführung; 23-05-16-01 Stehlagergehäuseeinheit; 23-05-16-02 Flanschlagergehäuseeinheit; 23-30-02-01 Laufrollenführung (komplett); 23-30-02-02 Führungsschiene (Laufrollenführung); 23-30-02-03 Führungswagen (Laufrollenführung); 23-30-03-01 Linearkugellager, Linearkugellagerführung; 23-30-03-03 Wellen (Linearkugellagerführung); 23-30-03-06 Linearkugellagereinheit (Linearkugellagerführung); 23-30-04-01 Kugelumlaufführung (Profilschienenführung, komplett); 23-30-04-02 Führungsschiene (Profilschienenführung); 23-30-04-04 Rollenumlaufführung (Profilschienenführung, komplett); 23-30-08-90 Kugelgewindetrieb (nicht klassifiziert); 23-30-15-03 Lineartisch Linearkugellagerführung; 23-30-15-04 Lineartisch Profilschienenführung; 23-30-15-05 Lineartisch Käfigführung*

### Trietex Antriebstechnik GmbH

Dammstrasse 5a, D-79588 Efringen-Kirchen, Telefon: +49 7628 9100 0, Telefax: +49 7628 9100 40,
info@trietex.de, www.trietex.com

*ecl@sses: 27-02-24-01 Synchronmotor (IEC); 27-02-24-02 Synchronmotor (IEC, Ex)*

### Trinon Titanium GmbH

Augartenstrasse 1, D-76137 Karlsruhe, Telefon: +49 721 93270 0, Telefax: +49 721 24991,
trinon@trinon.com, www.trinon.com

*ecl@sses: 23-11-01-01 Schraube, flach aufliegend, Außenantrieb; 23-11-01-02 Schraube, flach aufliegend, Innenantrieb; 23-11-01-03 Senkkopfschraube, Innenantrieb; 23-11-03-01 Gewindestange; 23-11-07-01 Mutter (sechs-, n-kant)*

### TSCHAN GmbH

Zweibrücker Straße 104, D-66538 Neunkirchen/Saar, Telefon: +49 6821 866 0, Telefax: +49 6821 88353,
postmaster@tschan.de, www.tschan.de

*ecl@sses: 23-03-10-02 Zahnkupplung; 23-03-10-05 Ganzmetallkupplung (biegenachgiebig); 23-03-10-06 Lamellenkupplung; 23-03-11-01 Klauenkupplung (elastisch); 23-03-11-02 Bolzenkupplung (elastisch); 23-03-11-05 Kupplung (hochelastisch); 23-03-11-07 Kupplung (drehelastisch)*

### Tsubakimoto Europe B.V.

Aventurijn 1200, NL-3316 LB Dordrecht, Telefon: +31 78 620 4000, Telefax: +31 78 620 4001,
info@tsubaki.eu, www.tsubaki.eu

*ecl@sses: 23-03-14-08 Richtungsbetätigte (Freilaufkupplung); 23-17-04-11 Seitenbogenketten; 23-17-04-12 Stauförderkette; 23-17-04-30 Förderkette, großteilig*

### TTH – Technikhandel GmbH Magdeburg

August-Bebel-Damm 24-30, D-39126 Magdeburg, Telefon: +49 391 501411,
tth_magdeburg@t-online.de,

*ecl@sses: 23-11-03-01 Gewindestange*

### TTH – Techno-Transfer Handelsgesellschaft mbH

Eiffestrasse 432, D-20537 Hamburg, Telefon: +49 40 383346,
info@tth-hamburg.de, www.tth-hamburg.de

*ecl@sses: 23-05-10-01 Axial-Rillenkugellager*

**T**

### ttv GmbH technische teile vertrieb

Josef-Henle-Strasse 9e, D-89257 Illertissen, Telefon: +49 7303 928740, Telefax: +49 7303 9287450,
wlw@ttv-dichtungen.de, www.ttv-dichtungen.de

*ecl@sses: 23-07-15-01 Gestanzte Dichtung*

### Tweer & Lösenbeck GmbH & Co KG Schraubenfabrik

Zu den Hohlwegen 4, D-58513 Lüdenscheid, Telefon: +49 2351 95435 0, Telefax: +49 2351 95435 10, email@tweer-loesenbeck.de, www.tweer-loesenbeck.de

*ecl@sses: 23-11-01-02 Schraube, flach aufliegend, Innenantrieb; 23-11-01-03 Senkkopfschraube, Innenantrieb; 23-11-01-06 Schraube, selbstarretierend; 23-11-01-10 Sonderschraube; 23-11-01-11 Holzschraube; 23-11-01-12 Blechschraube; 23-11-01-17 Schraube (gewindeformend); 23-11-01-19 Kopfschraube (ohne Antriebsmerkmal)*

### TWK-ELEKTRONIK GmbH

Heinrichstraße 85, D-40239 Düsseldorf, Telefon: +49 211 632067, Telefax: +49 211 637705, info@twk.de, www.tkw

*ecl@sses: 23-02-01-04 Gelenk; 23-03-11-01 Klauenkupplung (elastisch)*

### Uder Elektromechanik GmbH

Otto-Weil-Strasse 10, D-66299 Friedrichsthal, Telefon: +49 6897 9800 0, Telefax: +49 6897 9800 60, info@uder-elektro.de, www.uder-elektro.de

*ecl@sses: 27-02-21-06 NS-Drehstrom-Asynchronmotor, Käfigläufer (polumschaltbar, IEC); 27-02-21-07 NS-Drehstrom-Asynchronmotor, Käfigläufer (polumschaltbar, IEC,Ex); 27-02-23-01 Spaltpolmotor; 27-02-23-02 Kondensatormotor*

### UKF Universal-Kugellager-Fabrik GmbH

Kienhorststr. 53, D-13403 Berlin, Telefon: +49 30 410004-0, Telefax: +49 30 41320-46, kontakt@ukf.de, www.ukf.de

*ecl@sses: 23-05-08-01 Rillenkugellager; 23-05-08-03 Schrägkugellager; 23-05-10-02 Axial-Schrägkugellager*

### ULMAN Dichtungstechnik GmbH

Otto-Hahn-Strasse 17, D-71069 Sindelfingen, Telefon: +49 7031 732610, Telefax: +49 7031 7326144, ulman@ulman.de,

*ecl@sses: 23-07-16-01 O-Ring*

### Ulrich Traude Gleitlager und -elemente

Aich 56, D-85667 Oberpframmern, Telefon: +49 8106 309562, Telefax: +49 8106 309561, info@traude.de, www.traude.de

*ecl@sses: 23-05-01-01 Trockengleitlager*

### UNITEK Industrie Elektronik GmbH

Hans-Paul-Kaysser-Str. 1, D-71397 Leutenbach, Telefon: +49 7195 92830, Telefax: +49 7195 928329, info@unitek-online.de, www.unitek-online.de

*ecl@sses: 27-02-26-01 Servo-Asynchronmotor; 27-02-26-03 Servo-DC-Motor*

### Urny Antriebselemente

Mittelweg 99, D-59302 Oelde, Telefon: +49 2522 92007 0, Telefax: +49 2522 92007 22, info@urny-ketten.com, www.urny-ketten.com

*ecl@sses: 23-17-04-03 Standardrollenkette; 23-17-04-05 Edelstahlkette; 23-17-04-06 Rollenkette mit Anbauteilen; 23-17-04-07 Elastomerprofilketten; 23-17-04-08 Langgliederrollenkette; 23-17-04-09 Hohlbolzenketten; 23-17-04-12 Stauförderkette; 23-17-04-20 Spezial- und Sonderkette; 23-17-04-50 Kettenrad; 23-17-04-51 Kettenscheibe*

**U**

### ÜV Überlastschutz u. Verbindungssysteme GmbH

Sudetenstraße 27, D-63853 Mömlingen, Telefon: +49 6022 681700, Telefax: +49 6022 681701, info@uev-gmbh.de,

*ecl@sses: 23-03-10-05 Ganzmetallkupplung (biegenachgiebig)*

## Vacon GmbH

Gladbecker Straße 425, D-45329 Essen, Telefon: +49 201 80670 0, Telefax: +49 201 80670 99,
vacon@vacon.de, www.vacon.de

*ecl@sses: 27-02-27-09 Umrichterantrieb*

## van den Heuvel Hydraulik GmbH & Co. KG

Brookweg 29, D-49661 Cloppenburg, Telefon: +49 4471 980190, Telefax: +49 4471 6785,
info@vandenheuvel.de, www.vandenheuvel.de

*ecl@sses: 27-30-20-90 Schlauch (Hydraulik, nicht klassifiziert)*

## Vebatec GmbH

Lacheweg 29, D-63303 Dreieich, Telefon: +49 6103 728878,
info@vebatec.de, www.vebatec.de

*ecl@sses: 23-33-01-90 Klebstoff (technisch, nicht klassifiziert)*

## Verbindungselemente ENGEL GMBH

Weltestrasse 2 + 4, D-88250 Weingarten, Telefon: +49 751 407 0, Telefax: +49 751 47250,
engel@schrauben-engel.de, www.schrauben-engel.de

*ecl@sses: 23-08-04-90 Tellerfeder (nicht klassifiziert); 23-09-01-01 Scheibe, Ring (plan, ballig, rund); 23-09-01-02 Scheibe (plan, ballig, eckig); 23-11-01-01 Schraube, flach aufliegend, Außenantrieb; 23-11-01-02 Schraube, flach aufliegend, Innenantrieb; 23-11-01-03 Senkkopfschraube, Innenantrieb; 23-11-01-11 Holzschraube; 23-11-01-12 Blechschraube; 23-11-01-16 Rändelschraube; 23-11-01-17 Schraube (gewindeformend); 23-11-01-18 Bohrschraube; 23-11-03-01 Gewindestange; 23-11-03-02 Gewindestift, -Bolzen, Schaftschraube; 23-11-03-03 Stiftschraube, Schraubenbolzen; 23-11-07-01 Mutter (sechs-, n-kant); 23-11-07-04 Kronenmutter; 23-11-07-05 Mutter mit Klemmteil; 23-11-07-06 Überwurfmutter (Verschraubung); 23-11-07-07 Rundmutter; 23-11-09-01 Gewindeeinsatz; 23-11-09-02 Einpressmutter, Gewindebuchse; 23-12-04-02 Blindniet*

## Verkaufsbüro: Trelleborg Forsheda Pipe Seals / Trelleborg ETM GmbH

Handwerkstrasse 5-7, D-70565 Stuttgart, Telefon: +49 711 7864 0, Telefax: +49 711 78640 344,
maria.banas@trelleborg.com, www.trelleborg.com

*ecl@sses: 23-07-09-21 Gleitringdichtung (Komplett); 23-07-15-90 Flachdichtung (nicht klassifiziert); 23-07-16-01 O-Ring; 23-07-17-01 Radial-Wellendichtring; 23-07-17-02 Axial-Wellendichtring*

## Vigot GmbH

Ingolstädter Straße 7, D-28219 Bremen, Telefon: +49 421 389940, Telefax: +49 421 3899439,
post@vigot.de, www.vigot.de

*ecl@sses: 27-30-20-90 Schlauch (Hydraulik, nicht klassifiziert)*

## VISPA GmbH

Luhdorfer Str. 39, D-21423 Winsen, Telefon: +49 4171 71013, Telefax: +49 4171 71016,
vispa@vispa.de, www.vispa.de

*ecl@sses: 27-02-25-01 DC-Motor (IEC)*

## VMA Verbindungs- Meß- und Antriebstechnik Gm

Fliederweg 2, D-63814 Mainaschaff, Telefon: +49 6021 7902 0, Telefax: +49 6021 7902 20,
info@vma-nc.de, www.vma-nc.de

*ecl@sses: 23-02-04-01 Spannelement (Welle-Nabe-Verbindung); 23-03-09-02 Schalenkupplung; 23-03-09-03 Stirnzahnkupplung; 23-03-10-05 Ganzmetallkupplung (biegenachgiebig); 23-03-11-01 Klauenkupplung (elastisch); 23-03-14-03 Mechanischbetätigte Schaltkupplung; 23-03-14-07 Kupplung (Fliehkraft, reibschlüssig)*

V

### Vogel Verzahntechnik GmbH & Co KG

Scheidwasenstraße 6, D-72663 Grossbettlingen, Telefon: +49 7022 9467 0, Telefax: +49 7022 9467 29, Verzahntechnik@vogel-online.de, www.vogel-online.de

*ecl@sses: 23-32-01-03 Kegelradgetriebe*

### Voith Turbo BHS Getriebe GmbH

Hans-Böckler-Strasse 7, D-87527 Sonthofen, Telefon: +49 8321 802 0, Telefax: +49 8321 802 685, industry@voith.com, www.voith.com

*ecl@sses: 23-03-10-05 Ganzmetallkupplung (biegenachgiebig); 23-32-01-01 Stirnradgetriebe*

### Voith Turbo GmbH & Co. KG Werk Crailsheim

Voithstraße 1, D-74564 Crailsheim, Telefon: +49 7951 32 0, Telefax: +49 7951 32 500, industry@voith.com, www.voithturbo.de

*ecl@sses: 23-02-01-01 Gelenkwelle mit Längenausgleich; 23-02-01-02 Gelenkwelle ohne Längenausgleich; 23-02-01-04 Gelenk; 23-02-01-06 Doppelgelenk; 23-02-01-12 Zapfenkreuz (Gelenkwelle); 23-02-04-01 Spannelement (Welle-Nabe-Verbindung); 23-03-09-03 Stirnzahnkupplung; 23-03-11-03 Scheibenkupplung (elastisch); 23-03-11-04 Kupplung (metallelastisch); 23-03-11-05 Kupplung (hochelastisch); 23-03-11-07 Kupplung (drehelastisch); 23-03-14-04 Hydraulischbetätigte Schaltkupplung; 23-03-16-01 Hydrodynamische Kupplung; 23-03-17-03 Reibschlüssige Drehmomentbegrenzer; 23-04-11-90 Fluidbremse (nicht klassifiziert); 23-32-02-02 Hydrodynamisches Getriebe*

### Volkmann Elektromaschinenbau GmbH

Potsdamer Str. 16, D-14550 Groß Kreutz, Telefon: +49 33207 302280, Telefax: +49 33207 32282, info@volkmann-elmot.eu, www.volkmann-elmot.de

*ecl@sses: 27-02-27-90 Anwendungsbezogener Motor (nicht klassifiziert)*

### von Beckfort & Co. Schrauben- und Nietenfabrik

Kemmannstr. 120, D-42349 Wuppertal, Telefon: +49 202 473077, Telefax: +49 202 476090, info@beckfort.de, www.beckfort.de

*ecl@sses: 23-11-01-01 Schraube, flach aufliegend, Außenantrieb; 23-11-01-02 Schraube, flach aufliegend, Innenantrieb; 23-11-01-03 Senkkopfschraube, Innenantrieb; 23-11-01-10 Sonderschraube; 23-11-01-12 Blechschraube; 23-11-01-19 Kopfschraube (ohne Antriebsmerkmal); 23-12-04-01 Vollniet; 23-12-04-03 Hohlniet*

### VR Dichtungen GmbH

F.-W.Raiffeisen-Strasse 13, D-52531 Übach-Palenberg, Telefon: +49 2451 48208 0, Telefax: +49 2451 48208 27, info@vr-dichtungen.com, www.vr-dichtungen.com

*ecl@sses: 23-07-17-01 Radial-Wellendichtring*

### VSM – Vereinigte Schmirgel- und Maschinen-Fabriken AG

Siegmundstrasse 17, D-30165 Hannover, Telefon: +49 511 3526 0, Telefax: +49 511 3521315, info@vsmag.de, www.vsmag.de

*ecl@sses: 27-01-02-90 Generator (10-100 MVA, nicht klassifiziert)*

### Vulkan Kupplungs- und Getriebebau B. Hachkforth GmbH & Co. K

Heerstrasse 66, D-44653 Herne, Telefon: +49 2325 922 0, Telefax: +49 2325 71110, info@vulkan24.com, www.vulkan-vkg.de

*ecl@sses: 23-03-11-05 Kupplung (hochelastisch)*

V

## Vöhrs GmbH & Co KG

Neuebrücke 1, D-58566 Kierspe, Telefon: +49 2359 7011, Telefax: +49 2359 291331, info@voehrs.de, www.voehrs.de

*ecl@sses: 23-11-07-01 Mutter (sechs-, n-kant)*

## W. Stennei Antriebselemente GmbH

Vinckeweg 4-8, D-47119 Duisburg, Telefon: +49 203 809070, Telefax: +49 203 82010, info@stennei.de, www.stennei.de

*ecl@sses: 23-02-04-01 Spannelement (Welle-Nabe-Verbindung); 23-17-02-01 Keilriemen; 23-17-02-04 Flachriemen; 23-17-02-08 Keilriemenscheibe; 23-17-02-09 Flachriemenscheibe; 23-17-04-03 Standardrollenkette; 23-17-04-50 Kettenrad; 23-17-04-51 Kettenscheibe; 23-32-01-02 Flachgetriebe; 23-32-01-10 Keilriemengetriebe*

## WAELAG Wälzlager Vertriebs GmbH

Emmericher Str. 31, D-90411 Nürnberg, Telefon: +49 911 59776-0, Telefax: +49 911 5984-313, info@waelag.de, www.waelag.de

*ecl@sses: 23-05-01-01 Trockengleitlager; 23-05-01-05 Gelenkkopf (Gleitlager); 23-05-01-06 Gelenklager; 23-05-07-01 Linear-Kugellager; 23-05-07-04 Welle (Lineareinheit); 23-05-07-05 Profilschienen-Wälzführung; 23-05-08-01 Rillenkugellager; 23-05-08-02 Spannlager; 23-05-08-03 Schrägkugellager; 23-05-08-06 Pendelkugellager; 23-05-09-01 Zylinderrollenlager; 23-05-09-04 Nadelkranz; 23-05-09-05 Nadelhülse; 23-05-09-06 Nadelbüchse; 23-05-09-07 Nadellager, massiv; 23-05-09-09 Innenring (Nadellager); 23-05-09-10 Kegelrollenlager; 23-05-09-11 Pendelrollenlager; 23-05-09-12 Tonnenlager; 23-05-10-01 Axial-Rillenkugellager; 23-05-10-02 Axial-Schrägkugellager; 23-05-10-90 Axial-Kugellager (nicht klassifiziert); 23-05-11-01 Axial-Zylinderrollenlager; 23-05-11-02 Axial-Nadellager; 23-05-11-03 Axial-Pendelrollenlager; 23-05-11-04 Axial-Kegelrollenlager; 23-05-12-01 Nadel-Schrägkugellager; 23-05-12-02 Nadel-Axialkugellager; 23-05-12-03 Nadel-Axialzylinderrollenlager; 23-05-12-04 Axial-Radial-Rollenlager; 23-05-12-05 Kreuzrollenlager; 23-05-14-90 Drehverbindung (Lager, nicht klassifiziert); 23-05-15-01 Stützrolle (Lager); 23-05-15-02 Kurvenrolle (Lager); 23-05-16-01 Stehlagergehäuseeinheit; 23-05-16-02 Flanschlagergehäuseeinheit; 23-05-16-03 Spannlagergehäuseeinheit; 23-07-15-04 Metalldichtung; 23-07-17-01 Radial-Wellendichtring; 23-30-01-01 Lineargleitlager (Gleitführung); 23-30-01-03 Wellen (Gleitführung); 23-30-01-06 Lineargleitlagereinheit (Gleitführung); 23-30-02-01 Laufrollenführung (komplett); 23-30-02-02 Führungsschiene (Laufrollenführung); 23-30-02-03 Führungswagen (Laufrollenführung); 23-30-03-01 Linearkugellager, Linearkugellagerführung; 23-30-03-03 Wellen (Linearkugellagerführung); 23-30-03-06 Linearkugellagereinheit (Linearkugellagerführung); 23-30-04-01 Kugelumaufführung (Profilschienenführung, komplett); 23-30-04-02 Führungsschiene (Profilschienenführung); 23-30-04-04 Rollenumaufführung (Profilschienenführung, komplett); 23-30-08-90 Kugelgewindetrieb (nicht klassifiziert); 23-30-11-90 Zahnriementrieb (nicht klassifiziert); 23-30-18-90 Elektomechanischer Zylinder (nicht klassifiziert)*

## Wagener & Simon Wasi GmbH & Co. KG

Emil-Wagener-Strasse 5, D-42289 Wuppertal, Telefon: +49 202 2632 0, Telefax: +49 202 2632 407, technics@wasi.de, www.wasi.de

*ecl@sses: 23-08-04-90 Tellerfeder (nicht klassifiziert); 23-09-01-01 Scheibe, Ring (plan, ballig, rund); 23-09-01-02 Scheibe (plan, ballig, eckig); 23-09-02-90 Scheibe, Ring (keilförmig, nicht klassifiziert); 23-09-03-01 Zahn-, Feder-, Spannscheibe; 23-09-03-02 Sicherungsblech (Welle, Schraube); 23-09-03-04 Sicherungsring (Querschnitt rund); 23-10-01-02 Spannstift, Spannhülse; 23-10-01-90 Bolzen, Stift (nicht klassifiziert); 23-10-04-02 Federstecker; 23-11-01-01 Schraube, flach aufliegend, Außenantrieb; 23-11-01-02 Schraube, flach aufliegend, Innenantrieb; 23-11-01-03 Senkkopfschraube, Innenantrieb; 23-11-03-02 Gewindestift, -Bolzen, Schaftschraube; 23-11-07-01 Mutter (sechs-, n-kant); 23-11-07-05 Mutter mit Klemmteil; 23-12-04-02 Blindniet*

## Walter Hasenkämper Schrauben- u. Mutternfabri

Am Sinnerhoop 34, D-58273 Gevelsberg, Telefon: +49 2332 5530 0, Telefax: +49 2332 5530 180, info@wh-schrauben.de, www.wh-schrauben.de

*ecl@sses: 23-11-01-14 Passschraube (mit Kopf); 23-11-03-01 Gewindestange; 23-11-03-02 Gewindestift, -Bolzen, Schaftschraube*

W

### Walter Patzlaff

Elisabethstrasse 14, D-45139 Essen, Telefon: +49 201 292513,
info@staplerservice-essen.de, www.staplerservice-essen.de

*ecl@sses: 27-30-20-90 Schlauch (Hydraulik, nicht klassifiziert)*

### Walter Perske GmbH

Friedrich-Ebert-Straße 80-84, D-68167 Mannheim, Telefon: +49 621 330900, Telefax: +49 621 3309033,
permo@perske.de, www.perske.de

*ecl@sses: 27-02-21-01 NS-Drehstrom-Asynchronmotor, Käfigläufer (IEC); 27-02-21-02 NS-Drehstrom-Asynchronmotor, Käfigläufer (IEC, Ex); 27-02-21-03 NS-Drehstrom-Asynchronmotor, Käfigläufer (NEMA); 27-02-24-01 Synchronmotor (IEC); 27-02-24-02 Synchronmotor (IEC, Ex); 27-02-27-08 Motorspindel; 27-02-27-09 Umrichterantrieb; 27-02-27-90 Anwendungsbezogener Motor (nicht klassifiziert)*

### Walter Voss Fluidtechnik GmbH

Alt Bossel 20, D-45549 Sprockhövel, Telefon: +49 2324 9704 0, Telefax: +49 2324 7570,
info@walter-voss.de, www.walter-voss.de

*ecl@sses: 27-30-02-01 Differentialzylinder (Hydraulik)*

### WALTHER FLENDER GRUPPE

Schwarzer Weg 100-106, D-40593 Düsseldorf, Telefon: +49 211 7007 00, Telefax: +49 211 7007 227,
info@walther.flender.de, www.walther-flender.de/

*ecl@sses: 23-17-02-01 Keilriemen; 23-17-02-04 Flachriemen*

### WAT-Schrauben GmbH & Co. KG

Mausegatt 18-20, D-44866 Bochum, Telefon: +49 2327 9844 0, Telefax: +49 2327 9844 44,
info@watschrauben.de, www.wat-schrauben.com

*ecl@sses: 23-10-05-90 Passfeder, Keil, Scheibenfeder (nicht klassifiziert); 23-11-01-16 Rändelschraube*

### WATT DRIVE Antriebstechnik GmbH ZLN: WATT DRIVE GMBH

Wöllersdorfer Straße 68, A-2753 Markt, Telefon: +43 2633 404 0, Telefax: +432633 404 267,
watt@wattdrive.com, www.wattdrive.de

*ecl@sses: 23-32-01-01 Stirnradgetriebe; 23-32-01-02 Flachgetriebe; 23-32-01-03 Kegelradgetriebe; 23-32-01-04 Schneckengetriebe*

### Weber Hydraulik GmbH

Heilbronner Strasse 30, D-74363 Güglingen, Telefon: +49 7135 710, Telefax: +49 7135 71301,
info@weber.de, www.weber.de

*ecl@sses: 27-30-02-01 Differentialzylinder (Hydraulik)*

### Weforma Dämpfungstechnik GmbH

Werther Strasse 44, D-52224 Stolberg, Telefon: +49 2402 9892 0, Telefax: +49 2402 989220,
info@weforma.com, www.weforma.com

*ecl@sses: 23-04-09-02 Hydraulische Bremse, 23-18-90-01 Stoßdämpfer*

### WEG GERMANY GMBH

Alfred-Nobel-Straße 7-9, D-50226 Frechen, Telefon: +49 2234 95353 0, Telefax: +49 2234 95353 10,
info@weg-germany.de, www.weg-germany.de

*ecl@sses: 27-02-21-01 NS-Drehstrom-Asynchronmotor, Käfigläufer (IEC); 27-02-21-02 NS-Drehstrom-Asynchronmotor, Käfigläufer (IEC, Ex); 27-02-21-03 NS-Drehstrom-Asynchronmotor, Käfigläufer (NEMA); 27-02-21-04 NS-Drehstrom-Asynchronmotor, Schleifringläufer (IEC); 27-02-21-05 NS-Drehstrom-Asynchronmotor, Schleifringläufer (NEMA); 27-02-21-06 NS-Drehstrom-Asynchronmotor, Käfigläufer (polumschaltbar, IEC); 27-02-21-07 NS-Drehstrom-Asynchronmotor,*

W

*Käfigläufer (polumschaltbar, IEC,Ex); 27-02-21-08 NS-Drehstrom-Asynchronmotor, Käfigläufer (polumschaltbar, NEMA); 27-02-22-01 HS-Drehstrom-Asynchronmotor, Käfigläufer (IEC); 27-02-22-02 HS-Drehstrom-Asynchronmotor, Käfigläufer (IEC, Ex); 27-02-22-03 HS-Drehstrom-Asynchronmotor, Käfigläufer (NEMA); 27-02-22-04 HS-Drehstrom-Asynchronmotor, Schleifringläufer (IEC); 27-02-22-05 HS-Drehstrom-Asynchronmotor, Schleifringläufer (NEMA); 27-02-23-02 Kondensatormotor; 27-02-24-01 Synchronmotor (IEC); 27-02-25-01 DC-Motor (IEC)*

### Wegertseder GmbH
Gewerbegebiet Dorfbach 5, D-94496 Ortenburg, Telefon: +49 8542 417 400, Telefax: +49 8542 417 401, info@wegertseder.com, www.wegertseder.com

*ecl@sses: 23-11-01-01 Schraube, flach aufliegend, Außenantrieb; 23-11-01-11 Holzschraube; 23-11-01-12 Blechschraube*

### Wegima Antriebselemente GmbH
Zum Lonnenhohl 22, D-44319 Dortmund, Telefon: +49 35058 469 0, info@maschinentechnik.de, www.maschinentechnik.de

*ecl@sses: 23-02-04-01 Spannelement (Welle-Nabe-Verbindung); 23-03-11-07 Kupplung (drehelastisch); 23-03-17-04 Formschlüssige Drehmomentbegrenzer; 23-17-02-08 Keilriemenscheibe; 23-17-02-10 Zahnriemenscheibe*

### Weidinger Industrietechnik GmbH
Marktplatz 9, D-90542 Eckental / Brand, Telefon: +49 9126 285012, Telefax: +49 9126 285011, info@weidingergmbh.de, www.weidingergmbh.de

*ecl@sses: 23-02-04-01 Spannelement (Welle-Nabe-Verbindung); 23-02-04-02 Innenspannsystem; 23-02-04-03 Außenspannsystem; 23-30-01-01 Linearleitlager (Gleitführung); 23-30-01-03 Wellen (Gleitführung); 23-30-01-06 Linearleitlagereinheit (Gleitführung); 23-30-04-02 Führungsschiene (Profilschienenführung)*

### Weier Antriebe und Energietechnik GmbH
Otto-Hahn-Straße 7, D-23701 Eutin, Telefon: +49 4521 804 0, Telefax: +49 4521 804 44, www.weier-energie.de

*ecl@sses: 27-02-21-01 NS-Drehstrom-Asynchronmotor, Käfigläufer (IEC); 27-02-21-04 NS-Drehstrom-Asynchronmotor, Schleifringläufer (IEC); 27-02-24-01 Synchronmotor (IEC); 27-02-25-01 DC-Motor (IEC); 27-02-27-04 Tauchpumpenmotor; 27-02-27-05 Spaltrohrmotor; 27-02-27-06 Rollgangsmotor; 27-02-27-90 Anwendungsbezogener Motor (nicht klassifiziert)*

### WEISS Spindeltechnologie GmbH
Rudolf-Diesel-Strasse 35, D-97424 Schweinfurt, Telefon: +49 9721 7701-0, Telefax: +49 9721 7701-133, info@weissgmbh.de, www.weissgmbh.de

*ecl@sses: 27-02-27-08 Motorspindel*

### Welte Cardan & Hydraulik Service GmbH
Gottlieb-Daimler-Straße 30, D-71106 Magstadt, Telefon: +49 7159 941030, Telefax: +49 7159 941033, info.magstadt@welte-group.com, www.welte-group.com

*ecl@sses: 23-02-01-03 Doppelgelenkwelle*

### Welte-Wenu GmbH
Ahornstraße 1 - 7, D-89231 Neu-Ulm, Telefon: +49 731 9755-0, Telefax: +49 731 9755-245, info.neu-ulm@welte-group.com, www.welte-group.com/neu-ulm

*ecl@sses: 23-02-01-01 Gelenkwelle mit Längenausgleich; 23-02-01-02 Gelenkwelle ohne Längenausgleich; 23-02-01-04 Gelenk; 23-02-01-05 Flanschgelenk; 23-02-01-06 Doppelgelenk; 23-02-01-08 DIN Flansch (Gelenkwelle); 23-02-01-09 SAE Flansch (Gelenkwelle); 23-02-01-10 Kreuzverzahnter Flansch (Gelenkwelle); 23-02-01-11 Nabenflansch (Gelenkwelle); 23-02-01-12 Zapfenkreuz (Gelenkwelle)*

W

## WELTER Zahnrad GmbH

Karl-Kammer-Str. 7, D-77933 Lahr, Telefon: +49 7821 923 0, Telefax: +49 7821 923 129,
maschinen@welter-lahr.de, www.welter-lahr.de

*ecl@sses: 23-17-01-01 Stirnrad (Verzahnungselement); 23-17-01-03 Kegelrad; 23-17-01-05 Schneckenwelle; 23-17-01-06 Schneckenrad*

## Westring Dichtungstechnik Graßmann GmbH

Talbenden 4, D-52353 Düren, Telefon: +49 2428 8029 0, Telefax: +49 2428 8029 29,
westring.mg@t-online.de, www.westring-dichtungstechnik.de

*ecl@sses: 23-07-15-01 Gestanzte Dichtung; 23-07-15-02 Spiraldichtung; 23-07-15-03 Profilierte-, Ummantelte Flachdichtung; 23-07-15-04 Metalldichtung; 23-07-15-90 Flachdichtung (nicht klassifiziert); 23-07-16-01 O-Ring; 23-07-17-01 Radial-Wellendichtring; 23-07-17-02 Axial-Wellendichtring; 23-07-18-01 Geflechtspackung; 23-07-19-01 Stangendichtung; 23-07-19-02 Kolbendichtung; 23-07-19-03 Abstreifring (translatorische Dichtung; 23-07-19-04 Führungselement, Stützring*

## WIAG Antriebstechnik GmbH

Im Weizenfeld 4, D-59556 Lippstadt, Telefon: +49 2945 8090, Telefax: +49 2945 80910,
info@wiag.de, www.wiag.de

*ecl@sses: 23-17-01-01 Stirnrad (Verzahnungselement); 23-17-01-09 Zahnsegment; 23-17-02-01 Keilriemen; 23-17-02-04 Flachriemen; 23-17-02-05 Zahnriemen; 23-17-02-08 Keilriemenscheibe; 23-17-02-09 Flachriemenscheibe; 23-17-02-10 Zahnriemenscheibe*

## Wieland Antriebstechnik GmbH

Philipp-Reis-Strasse 7, D-31832 Springe, Telefon: +49 5041 9427 0, Telefax: +49 5041 9427 77,
info@wieland-antriebstechnik.de, www.wieland-antriebstechnik.de

*ecl@sses:*

## Wilhelm Böllhoff GmbH & Co. KG

Archimedesstr. 1-4, D-33649 Bielefeld, Telefon: +49 521 4482 01, Telefax: +49 521 4493 64,
info@boellhoff.com, www.boellhoff.com

*ecl@sses: 23-08-04-90 Tellerfeder (nicht klassifiziert); 23-09-01-01 Scheibe, Ring (plan, ballig, rund); 23-09-01-02 Scheibe (plan, ballig, eckig); 23-09-03-01 Zahn-, Feder-, Spannscheibe; 23-09-03-02 Sicherungsblech (Welle, Schraube); 23-10-01-01 Stift; 23-10-01-02 Spannstift, Spannhülse; 23-10-04-01 Splint; 23-10-04-02 Federstecker; 23-10-05-90 Passfeder, Keil, Scheibenfeder (nicht klassifiziert); 23-11-01-01 Schraube, flach aufliegend, Außenantrieb; 23-11-01-02 Schraube, flach aufliegend, Innenantrieb; 23-11-01-03 Senkkopfschraube, Innenantrieb; 23-11-01-11 Holzschraube; 23-11-01-12 Blechschraube; 23-11-01-14 Passschraube (mit Kopf); 23-11-01-16 Rändelschraube; 23-11-01-17 Schraube (gewindeformend); 23-11-01-18 Bohrschraube; 23-11-01-19 Kopfschraube (ohne Antriebsmerkmal); 23-11-03-01 Gewindestange; 23-11-03-02 Gewindestift, -Bolzen, Schaftschraube; 23-11-07-01 Mutter (sechs-, n-kant); 23-11-07-04 Kronenmutter; 23-11-07-05 Mutter mit Klemmteil; 23-11-07-08 Rändelmutter; 23-11-07-09 Mutter mit Scheibe, unverlierbar; 23-11-07-10 Mutter mit Handantrieb; 23-11-09-01 Gewindeeinsatz; 23-11-09-02 Einpressmutter, Gewindebuchse; 23-12-04-02 Blindniet; 23-12-04-03 Hohlniet*

## Wilhelm Löbke Federn GmbH

Spannstiftstrasse 31, D-58119 Hagen, Telefon: +49 2334 961357, Telefax: +49 2334 961396,
team@loebke-federn.de, www.loebke-federn.de

*ecl@sses: 23-08-01-01 Schraubendruckfeder; 23-08-02-01 Schraubenzugfeder; 23-08-03-01 Drehfeder; 23-10-04-02 Federstecker*

W

## Wilhelm Sahlberg GmbH

Friedr.-Schüle-Str.20, D-85622 Feldkirchen, Telefon: +49 89 99135-132, Telefax: +49 89 99135-120,

*ecl@sses: 23-02-04-01 Spannelement (Welle-Nabe-Verbindung); 23-02-04-02 Innenspannsystem; 23-02-04-03 Außenspannsystem; 23-03-11-01 Klauenkupplung (elastisch); 23-03-11-02 Bolzenkupplung (elastisch); 23-03-11-08 Kupplung (drehelastisch, spielfrei); 23-05-08-01 Rillenkugellager; 23-05-08-03 Schrägkugellager; 23-05-08-06 Pendelkugellager; 23-05-09-01 Zylinderrollenlager; 23-05-09-10 Kegelrollenlager; 23-05-09-11 Pendelrollenlager; 23-05-10-01 Axial-Rillenkugellager; 23-05-11-01 Axial-Zylinderrollenlager; 23-05-11-03 Axial-Pendelrollenlager; 23-06-01-01 Schmierstoff (flüssig); 23-06-01-02 Schmierstoff (pastös); 23-06-01-03 Metallbearbeitungsöl (-flüssigkeit); 23-07-15-01 Gestanzte Dichtung; 23-07-15-02 Spiraldichtung; 23-07-15-03 Profilierte-, Ummantelte Flachdichtung; 23-07-15-04 Metalldichtung; 23-07-15-90 Flachdichtung (nicht klassifiziert); 23-07-17-01 Radial-Wellendichtring; 23-07-17-02 Axial-Wellendichtring; 23-07-18-01 Geflechtspackung; 23-17-02-01 Keilriemen; 23-17-02-04 Flachriemen; 23-17-02-05 Zahnriemen; 23-17-02-08 Keilriemenscheibe; 23-17-02-09 Flachriemenscheibe; 23-17-02-10 Zahnriemenscheibe; 23-17-02-11 Rundriemen; 23-17-04-03 Standardrollenkette; 23-17-04-04 Wartungsfreie Rollenkette; 23-17-04-05 Edelstahlkette; 23-17-04-50 Kettenrad; 23-17-04-51 Kettenscheibe; 23-30-04-01 Kugelumlaufführung (Profilschienenführung, komplett); 23-30-04-02 Führungsschiene (Profilschienenführung); 23-30-08-90 Kugelgewindetrieb (nicht klassifiziert); 23-33-01-05 Cyanacrylat-Klebstoff; 23-33-01-90 Klebstoff (technisch, nicht klassifiziert)*

## WILHELM VOGEL GMBH Antriebstechnik

Stattmannstraße 2-6, D-72644 Oberboihingen, Telefon: +49 7022 6001 0, Telefax: +49 7022 6001 33, info@vogel-online.de, www.vogel-online.de

*ecl@sses: 23-17-01-01 Stirnrad (Verzahnungselement); 23-17-01-03 Kegelrad; 23-32-01-03 Kegelradgetriebe; 23-32-01-05 Planetengetriebe; 23-32-01-07 Spielarme Getriebe; 23-32-01-08 Schaltgetriebe*

## Wilhelm Winter GmbH & Co.KG Maschinenbau

Dechenstrasse 1,3+7, D-40878 Ratingen, Telefon: +49 2102 9954 0, Telefax: +49 2102 995499, info@wilhelmwinter.de, www.wilhelmwinter.de

*ecl@sses: 27-30-02-01 Differentialzylinder (Hydraulik); 27-30-02-02 Gleichgangzylinder (Hydraulik); 27-30-02-08 Teleskopzylinder (Hydraulik)*

## Willburger System GmbH

Auf den Schuchen 11, D-82418 Seehausen, Telefon: +49 8841 3028, Telefax: +49 8841 5158, info@willburger.de, www.willburger-gmbh.eu

*ecl@sses: 27-02-21-01 NS-Drehstrom-Asynchronmotor, Käfigläufer (IEC); 27-02-25-01 DC-Motor (IEC)*

## Willi Elbe Gelenkwellen GmbH & Co. KG

Hofäckerstraße 10, D-71732 Tamm, Telefon: +49 7141 20500, Telefax: +49 7141 205057, info@willielbe.de, www.willielbegroup.de

*ecl@sses: 23-02-01-01 Gelenkwelle mit Längenausgleich*

## WINKEL GMBH

Am Illinger Eck 7, D-75428 Illingen, Telefon: +49 7042 8250 0, Telefax: +49 7042 23888, winkel@winkel.de, www.winkel.de

*ecl@sses: 23-05-09-01 Zylinderrollenlager*

## Winkler-Stiefel Hydraulik-Pneumatik GmbH

Gewerbepark Am Wald 3a, D-98693 Ilmenau, Telefon: +49 3677 6473 0, Telefax: +49 3677 6473 41, ws@winkler-stiefel.de,

*ecl@sses: 27-30-20-90 Schlauch (Hydraulik, nicht klassifiziert)*

W

### Wippermann jr. GmbH

Delsterner Straße 133, D-58091 Hagen, Telefon: +49 2331 7820, Telefax: +49 2331 782356,
info@wippermann.com, www.wippermann.com

*ecl@sses: 23-17-04-03 Standardrollenkette; 23-17-04-04 Wartungsfreie Rollenkette; 23-17-04-05 Edelstahlkette; 23-17-04-06 Rollenkette mit Anbauteilen; 23-17-04-08 Langgliederrollenkette; 23-17-04-09 Hohlbolzenketten; 23-17-04-10 Buchsenkette; 23-17-04-11 Seitenbogenketten; 23-17-04-12 Stauförderkette; 23-17-04-20 Spezial- und Sonderkette; 23-17-04-50 Kettenrad; 23-17-04-51 Kettenscheibe*

### Wisura Mineralölwerk Goldgrabe & Scheft GmbH & Co

Am Gaswerk 2-10, D-28197 Bremen, Telefon: +49 421 54903 0, Telefax: +49 421 54903 25,
info@wisura.de, www.wisura.de

*ecl@sses: 23-06-01-03 Metallbearbeitungsöl (-flüssigkeit)*

### WITTENSTEIN alpha GmbH

Walter-Wittenstein-Str. 1, D-97999 Igersheim, Telefon: +49 7931 493-0, Telefax: +49 7931 493-200,
info-alpha@wittenstein.de, www.wittenstein-alpha.de

*ecl@sses: 23-03-10-01 Klauenkupplung (drehstarr); 23-17-01-08 Zahnstange (Verzahnungselement); 23-32-01-03 Kegelradgetriebe; 23-32-01-04 Schneckengetriebe; 23-32-01-05 Planetengetriebe*

### WITTENSTEIN cyber motor GmbH

Walter-Wittenstein-Str. 1, D-97999 Igersheim, Telefon: +49 7931 493-0, Telefax: +49 7931 493-200,
info-wcm@wittenstein.de, www.wittenstein-cyber-motor.de

*ecl@sses: 27-02-26-02 Servo-Synchronmotor; 27-02-27-01 Aufzugsmotor; 27-02-27-09 Umrichterantrieb; 27-02-27-90 Anwendungsbezogener Motor (nicht klassifiziert); 27-02-28-01 Linearmotor; 27-02-30-05 Servo-Getriebemotor (elektrisch verstellbar)*

### Wittenstein motion control GmbH

Walter-Wittenstein-Str. 1, D-97999 Igersheim, Telefon: +49 7931 493 0, Telefax: +49 7931 493 200,
info-wmc@wittenstein.de, www.wittenstein-motion-control.de

*ecl@sses: 27-02-30-05 Servo-Getriebemotor (elektrisch verstellbar)*

### Wittur Electric Drives GmbH

Offenburger Straße 3, D-01189 Dresden, Telefon: +49 351 4044 0, Telefax: +49 351 4044 111,
info@wittur-edrives.de, www.wittur-edrives.de

*ecl@sses: 27-02-26-01 Servo-Asynchronmotor; 27-02-26-02 Servo-Synchronmotor; 27-02-27-01 Aufzugsmotor; 27-02-27-90 Anwendungsbezogener Motor (nicht klassifiziert)*

### WL Liedtke Antriebstechnik

Böcklerstr. 1, D-31789 Hameln, Telefon: +49 5151 9889 0, Telefax: +49 5151 67312,
liedtke@liedtke-antriebstechnik.de, www.liedtke-antriebstechnik.de

*ecl@sses: 27-02-21-01 NS-Drehstrom-Asynchronmotor, Käfigläufer (IEC)*

### WMH Herion Antriebstechnik GmbH

Stanglmühle 9 - 11, D-85283 Wolnzach, Telefon: +49 8442 9699 0, Telefax: +49 8442 9699 288,
info@wmh-herion.de, www.wmh-herion.de/de/index.asp

*ecl@sses: 23-17-01-01 Stirnrad (Verzahnungselement)*

W

### WMZ Werkzeugmaschinenbau Ziegenhain GmbH
Am Entenfang 24, D-34613 Schwalmstadt, Telefon: +49 6691 9461 0, Telefax: +49 6691 9461 20,
info@wmz-gmbh.de, www.wmz-gmbh.de

*ecl@sses: 27-02-27-08 Motorspindel*

### Wojtek Pawlowski
Römerstr. 369 a, D-47178 Duisburg, Telefon: +49 203 5787627,
info@pawlowksi, www.pawlowski.de

*ecl@sses: 23-11-01-18 Bohrschraube*

### Wolfgang Preinfalk GmbH
Im Oberen Werk 4, D-66386 St. Ingbert, Telefon: +49 6894 3101 0, Telefax: +49 6894 3101 200,
pw@preinfalk.de, www.preinfalk.de

*ecl@sses: 23-32-01-01 Stirnradgetriebe; 23-32-01-05 Planetengetriebe*

### Wollersen Antriebstechnik GmbH & Co. KG
Arsterdamm 107, D-28277 Bremen, Telefon: +49 421 949250,
wollersen@ewetel.net, www.wollersen-antriebstechnik.de

*ecl@sses: 23-05-09-12 Tonnenlager*

### Wolters GmbH
Ottilienstrasse 19, D-33332 Gütersloh, Telefon: +49 5241 109 0, Telefax: +49 5241 109 110,
info@wolters-gmbh.de, www.wolters-gmbh.de

*ecl@sses: 23-11-07-04 Kronenmutter; 23-11-07-05 Mutter mit Klemmteil*

### WORO GmbH
Leobersdorferstr. 133, A-2560 Berndorf, Telefon: +43 2672 87775,
office@woro.at, www.woro.at

*ecl@sses: 23-30-18-90 Elektomechanischer Zylinder (nicht klassifiziert)*

### WSW Wälzlager Wolfgang Streich GmbH & Co
Ravensberger Bleiche 5, D-33649 Bielefeld, Telefon: +49 521 94703 0, Telefax: +49 521 94703 33,
info@wsw-waelzlager.de, www.wsw-waelzlager.de

*ecl@sses: 23-05-01-01 Trockengleitlager; 23-05-01-05 Gelenkkopf (Gleitlager); 23-05-01-06 Gelenklager; 23-07-17-01 Radial-Wellendichtring; 23-10-01-90 Bolzen, Stift (nicht klassifiziert)*

### Wumag Elevant GmbH & Co KG
Düsseldorfer Strasse 100, D-47809 Krefeld, Telefon: +49 2151 526 200, Telefax: +49 2151 526 230,
elevant@wumag.de,

*ecl@sses: 23-02-01-01 Gelenkwelle mit Längenausgleich*

### Wälzlager Schiller GmbH
Heinrich-Goebel-Str. 15, D-41515 Grevenbroich, Telefon: +49 2181 2275 0, Telefax: +49 2181 2275 22,
m.schiller@waelzlager-schiller.de, www.waelzlager-schiller.de

*ecl@sses: 23-05-08-03 Schrägkugellager; 23-05-10-01 Axial-Rillenkugellager*

W

### Xaver Bertsch GmbH
Isarstraße 34a, D-90451 Nürnberg, Telefon: +49 911 962720, Telefax: +49 911 9627232, info@bertsch-gmbh.de, www.bertsch-gmbh.de

*ecl@sses: 27-30-20-90 Schlauch (Hydraulik, nicht klassifiziert)*

### Yacht Steel
Dehnhaide 13, D-22081 Hamburg, Telefon: +49 40 6795 1234, Telefax: +49 40 6795 1235, sales@yacht-steel.com, www.yacht-steel.com

*ecl@sses: 23-09-01-02 Scheibe (plan, ballig, eckig); 23-09-03-04 Sicherungsring (Querschnitt rund); 23-10-01-90 Bolzen, Stift (nicht klassifiziert); 23-10-04-02 Federstecker; 23-11-01-11 Holzschraube; 23-11-01-12 Blechschraube; 23-11-03-01 Gewindestange; 23-11-07-01 Mutter (sechs-, n-kant); 23-12-04-02 Blindniet*

### ZAE – Antriebs Systeme GmbH & Co KG
Schützenstraße 105, D-22761 Hamburg, Telefon: +49 40 85393 03, Telefax: +49 40 85393 232, info@zae.de, www.zae.de

*ecl@sses: 23-32-01-03 Kegelradgetriebe; 23-32-01-04 Schneckengetriebe; 23-32-01-07 Spielarme Getriebe; 27-02-30-01 AC-Getriebemotor (Festdrehzahl); 27-02-30-02 AC-Getriebemotor (polumschaltbar)*

### ZAHNRADBAU RUGER GMBH
An der Spreeschanze 14, D-13599 Berlin, Telefon: +49 30 3343104 /3345727, Telefax: +49 30 3346063, info@zahnrad-ruger.de, www.zahnrad-ruger.de

*ecl@sses: 23-17-01-01 Stirnrad (Verzahnungselement); 23-17-01-07 Schneckensatz*

### ZEITLAUF GmbH antriebstechnik & Co KG
Industriestraße 9, D-91207 Lauf a. d. Pegnitz, Telefon: +49 9123 945 0, Telefax: +49 9123 945 145, info@zeitlauf.com, www.zeitlauf.de

*ecl@sses: 23-32-01-01 Stirnradgetriebe; 23-32-01-03 Kegelradgetriebe; 23-32-01-04 Schneckengetriebe; 23-32-01-05 Planetengetriebe; 23-32-01-07 Spielarme Getriebe; 27-02-30-01 AC-Getriebemotor (Festdrehzahl); 27-02-30-07 DC-Getriebemotor (elektrisch verstellbar)*

### ZF Friedrichshafen AG
Graf-von-Soden-Platz 1, D-88046 Friedrichshafen, Telefon: +49 7541 77 0, Telefax: +49 7541 77 908000, postoffice@zf.com, www.zf.com

*ecl@sses: 23-03-14-06 Elektromagnetischbetätigte Schaltkupplung*

### ZIEHL-ABEGG AG Motoren Ã² Ventilatoren Ã² Regelsysteme
Zeppelinstr. 28, D-74653 Künzelsau, Telefon: +49 7940 16 0, Telefax: +49 7940 16 499, info@ziehl-abegg.de, www.ziehl-abegg.de

*ecl@sses: 27-01-03-90 Generator (< 10 MVA, nicht klassifiziert); 27-02-24-01 Synchronmotor (IEC)*

### ZIMM Maschinenelemente GmbH + Co
Millennium Park 3, A-6890 Lustenau, Telefon: +43 5577 806 0, Telefax: 43 5577 806 8, sales@zimm-austria.com, www.zimm-austria.com

*ecl@sses: 23-17-01-01 Stirnrad (Verzahnungselement); 23-32-01-03 Kegelradgetriebe; 23-32-01-04 Schneckengetriebe*

### ZIMMER-GmbH Technische Werkstätten

Im Salmenkopf 5, D-77866 Rheinau, Telefon: +49 7844 91380, Telefax: +49 7844 913880,
www.zimmer-gmbh.de

*ecl@sses: 23-18-90-01 Stossdämpfer*

### Ing.-Büro Zimmermann GmbH Technische Zulieferprodukte

Am Knick 6, D-22113 Oststeinbek, Telefon: +49 40 714878 0, Telefax: +49 40 714878 78,
anfrage@ib-z.de, www-ib-z.de

*ecl@sses: 23-12-04-02 Blindniet*

### ZOLLERN Dorstener Antriebstechnik GmbH & Co.

Hüttenstr. 1, D-46284 Dorsten, Telefon: +49 2362 670, Telefax: +49 2362 67403,
www.zollern.de

*ecl@sses: 23-05-01-08 Hydrodynamische Gleitlager*

### ZVL Deutschland GmbH

Zum Ludwigstal 30, D-45527 Hattingen, Telefon: +49 2324 9364 0,
info@zvl-waelzlager.de, www.zvl-waelzlager.de

*ecl@sses: 23-05-08-01 Rillenkugellager; 23-05-08-03 Schrägkugellager; 23-05-08-06 Pendelkugellager; 23-05-09-01 Zylinderrollenlager; 23-05-09-10 Kegelrollenlager; 23-05-09-11 Pendelrollenlager; 23-05-10-01 Axial-Rillenkugellager; 23-05-16-01 Stehlagergehäuseeinheit; 23-05-16-02 Flanschlagergehäuseeinheit; 23-09-03-02 Sicherungsblech (Welle, Schraube)*

### ZZ-Antriebe GmbH

An der Tagweide 12, D-76139 Karlsruhe, Telefon: +49 721 6205 0, Telefax: +49 721 6205 10,
info@zz-antriebe.de,

*ecl@sses: 23-32-01-03 Kegelradgetriebe*

XYZ